GEOMETRÍA Y TRIGONOMETRÍA

DR. J. A. BALDOR

TEXTO REVISADO POR LOS PROFESORES DE MATEMÁTICAS: MARCELO SANTALÓ SORS Y PABLO E. SUARDIAZ CALVET

CONTIENE REPASOS ALGEBRAICOS, TABLAS TRIGONOMÉTRICAS Y EJERCICIOS ADICIONALES

PRIMERA REIMPRESIÓN
MÉXICO, 2009

GRUPO EDITORIAL PATRIA

Para establecer comunicación con nosotros puede hacerlo por:

correo:
Renacimiento 180, Col. San Juan Tlihuaca, Azcapotzalco, 02400, México, D.F.

fax pedidos:
(01 55) 5354 9109 • 5354 9102

e-mail:
info@editorialpatria.com.mx

home page:
www.editorialpatria.com.mx

Dirección editorial: Javier Enrique Callejas
Coordinación editorial: Alma Sámano Castillo
Revisión técnica: Alex Polo Velázquez
Diseño de portada: Juan Bernardo Rosado Solís
Ilustraciones: José Luis Mendoza Monroy
Diagramación: SEDITOGRAF

Geometría y Trigonometría

Miembro de la Cámara Nacional de la Industria Editorial Mexicana
Registro Núm. 43

ISBN: 978-970-817-002-4 (segunda edición)
ISBN: 978-24-0781-8 (primera edición)

Impreso en México
Printed in Mexico

Primera edición: Publicaciones Cultural, S.A. de C.V., 1983
Primera edición: Grupo Patria Cultural, S.A. de C.V., 2005
Segunda edición: Grupo Editorial Patria, S.A. de C.V., 2008
Primera reimpresión: 2009

Prólogo a la Segunda edición

Ahora toca el turno de presentar la nueva edición de uno de los libros más importantes de la enseñanza de Geometría y Trigonometría en idioma español, un libro más de la colección personal de Aurelio Baldor.

En esta nueva edición de tan conocido y respetado autor, se incorporaron las virtudes de distintos profesionales: pedagogos, editores, diseñadores y expertos en una de las disciplinas más importantes de las matemáticas, quienes con su dedicación, conocimientos, creatividad y perseverancia lograron actualizar y modernizar el material, garantizando la experiencia de Grupo Editorial Patria, las virtudes del material y la gran calidad autoral de Aurelio Baldor.

En las siguientes páginas están contenidas las sugerencias que nos hicieron para preparar esta edición, que entre otras características incluye:

I. La revisión exhaustiva del contenido técnico, lo que determinó la modificación de los ejemplos y los ejercicios, y la utilización de un lenguaje moderno, así como la actualización de la terminología, los tipos de cambio y las monedas utilizadas en Latinoamérica.
II. La presentación de un diseño moderno y atractivo con nuevos gráficos e ilustraciones que facilitan la comprensión de los temas.
III. Un CD interactivo diseñado para ser un gran apoyo para los alumnos y profesores en el proceso de enseñanza y aprendizaje de la materia, cuyo contenido está ligado a las secciones del libro y contiene:

   a. Un video multimedia interactivo en el que se explican los orígenes de la Geometría y sus ramas del conocimiento, así como sus aplicaciones actuales en la vida cotidiana y en otras disciplinas, lo que refleja su importancia.
   b. Herramientas como consulta de tablas y fórmulas, áreas y volúmenes importantes de las figuras geométricas, y un glosario de términos clave.
   c. Animaciones que presentan los temas que conforman el libro, así como claros y útiles ejemplos paso a paso, que los alumnos podrán repetir un sinnúmero de veces.
   d. Una sección de autoevaluación por tema de las 6 unidades que lo conforman, en la que se podrá ejercitar el avance y conocimiento adquirido; en ella se incluyen 5 exámenes por unidad que pueden ser resueltos de manera interactiva (y obtener la calificación al momento) o con opción de imprimirlos para compartirlos con la clase. También se incluye la pequeña sección: Instrucción para la resolución de problemas, que ayudará al alumno en esta tarea.
   e. La opción de contactarnos a partir del registro del usuario, y de su equipo de cómputo, a través de nuestra página de Internet.

Esperamos que disfrutes esta edición tanto como nosotros.

Los editores

Prólogo a la Primera edición

El estudio de la Geometría en la enseñanza media es uno de los punto que más se ha discutido y se discute en las conferencia nacionales e internacionales, que sobre la enseñanza de la Matemática se celebran en todo el mundo.

En primer lugar, debemos precisar a qué ciclo damos el nombre de enseñanza media y para ello lo mejor será indicar la edad que comprende, y que de una manera general son los estudio realizados de los 12 a los 17 o 18 años, divididos en dos etapas: enseñanza secundaria o prevocacional de los 12 a los 15 años (tres años) y enseñanza preparatoria* de los 15 a los 18 (tres años). En muchos países los seis años forman el bachillerato.

En segundo lugar, debemos señalar lo que entendemos por "matemáticas moderna" y por "revolución de las matemáticas escolares". Las características de la nueva matemática son, dice el Dr. Luis A. Santaló (Argentina) *"su poder de síntesis y la variedad de nuevos dominios en que es aplicable, consecuencias de su gran generalidad y de su construcción axiomática"*. El poder de síntesis permite que teorías de distinto origen, y desarrolladas independientemente, se vean englobadas como casos particulares de teorías más amplias. La variedad de nuevos dominios se ha logrado con teorías modernas que, como la teoría de juegos de J. von Neumann, han permitido tratar matemáticamente disciplinas del campo de la economía, la sociología, la estrategia, etc., que antes se mantenían al margen de las ciencias exactas. La biología también necesita de ramas matemáticas como la estadística.

Al hablar de "revolución de las matemáticas escolares" nos referimos, principalmente, a la búsqueda de lo que hay que suprimir de la matemática tradicional para poder dedicar un tiempo a la enseñanza de temas que antaño se reservaban a estudios en un nivel superior. También la revolución se refiere a la manera de enseñar los temas tradicionales y los nuevos, sin perder de vista que la mayor parte de lo que se llama "matemáticas antiguas" sigue siendo lo más importante y debe continuar enseñándose.

Al aplicar estos conceptos a la Geometría, nos encontramos con una situación bien curiosa: al decir muchos matemáticos que la Geometría de Euclides debe desaparecer, porque no tiene nada que ver con la matemáticas moderna, que es estéril y que se halla fuera del camino principal de los adelantos matemáticos, pudiendo relegarse a los archivos para uso de los historiadores del mañana, criterios, que se resumen en la célebre frase de Dieudonné en el Seminario de Royaumont (Francia) "¡abajo Euclides, basta de triángulos!", han logrado, al ser mal interpretados, que no se enseñe geometría sintética y, en consecuencia, son ya muchos los países latinoamericanos en los que, prácticamente, el estudiante no conoce esta disciplina, con lo que su formación matemática, presenta serias deficiencias. Pero son muchos los profesores de América Latina que opinan como el Prof. Omar Catunda (Brasil), quien en la *Primera Conferencia Interamericana sobre Enseñanza de la Matemática* celebrada en Bogotá (Colombia) en 1961, dijo: en mi país no debe decirse "abajo Euclides" sino "¡al menos Euclides!".

* En México también se tiene el ciclo vocacional de tres años equivalente a una preparatoria.

La mala interpretación que ha conducido al estado de cosas que señalamos procede principalmente de no haber precisado lo que se entiende por enseñanza media. Lo dicho por Dieudonné y otros profesores universitarios sobre Euclides, se refiere a la enseñanza de la Geometría en el grado superior de la segunda enseñanza (15 a 18 años). Es en este grado donde, después de haber adquirido los conocimientos básicos de álgebra moderna, ha de volverse a la Geometría pero con tratamiento analítico y en forma vectorial. Un tratamiento analítico a partir del concepto de espacio vectorial, permitirá volver a la axiomática por el camino algebraico de los espacios vectoriales.

Pero en la enseñanza primaria (6 a 12 años) los alumnos deben adquirir la cantidad de ideas geométricas que sirvan de base para aprender, de los 12 a los 15 años, la parte de geometría euclidiana necesaria para llegar a los conceptos de punto, figura, recta, plano y espacio, como construcciones puramente mentales y generalizar las relaciones entre estos elementos hasta el punto, como dice el Dr. Fehr (EE. UU.), *"de poder establecer cortas cadenas deductivas de teoremas sobre algo menos que una base axiomática"*.

Este criterio viene apoyado en el hecho de que si pensamos en todos los alumnos que cursan la segunda enseñanza, no solamente en los futuros matemáticos, la geometría euclidiana crea un hábito de raciocinio que la hace importante para la conformación del individuo organizado. Y no es válida la opinión de algunos profesores de que es más útil iniciar a las mentes jóvenes en una estructura matemática axiomática enseñando las estructuras del Álgebra, porque la introducción del álgebra moderna se ha visto que es difícil y hay que hacerlo en una etapa superior (de los 16 a los 18 años) y siempre que se haya alcanzado una formación matemática bastante completa.

El texto del Prof. Baldor tiende al concepto actual de la enseñanza de la Geometría en el ciclo secundario (12 a 15 años). No se trata de enseñar una Geometría euclidiana al estilo clásico, sino aprovechar el valor formativo de esta materia en el sentido axiomático, que constituye la esencia de toda la matemática, estableciendo los teoremas como "cortas cadenas deductivas sobre algo menos que una base estrictamente axiomática". La obra señala un provechoso término medio entre la enseñanza de tipo clásico y lo que podríamos llamar un enfoque contemporáneo de la Geometría que debe iniciarse en el grado superior del bachillerato y en la Universidad.

Éste es el punto de vista que actualmente se está dando a los textos de Geometría euclidiana en la mayoría de los países. En el Seminario de Aarhus organizado por la International Commission for Mathematical Instruction (I.C.M.I.) celebrado del 30 de mayo al 2 de junio de 1960 en Dinamarca y en la reunión celebrada en Bolonia (Italia) del 4 al 7 de octubre de 1961, concentraron principalmente sus trabajos en el estudio de los axiomas que permitan conservar la geometría de Euclides.

De los textos tradicionales el autor ha suprimido un gran número de teoremas, lemas, escolios y corolarios, principalmente en la geometría del espacio. Ha conservado el enunciado de muchas propiedades pues el alumno debe aprender lo más posible. También ha procurado que el alumno vea en la deducción matemática un método para comprender cosas no evidentes, soslayando las demostraciones complicadas de proposiciones, cuyo enunciado, parezca al alumno de una claridad tal que no sienta la necesidad de una justificación. El suprimir demostraciones complicadas de propiedades evidentes, hace más agradable el estudio de la matemática y permite hacer ver al alumno, con mayor facilidad, los fines que la matemática persigue. Muchas de estas propiedades se pueden aceptar como postulados cuya comprobación suele ser sencilla.

La inclusión de la Trigonometría puede ser debido a la necesidad de ajustarse a la mayoría de los programa oficiales de la materia. En realidad, la Trigonometría tiende a desaparecer como disciplina independiente y así debe entenderlo el Prof. Baldor al incluirla como unos capítulos de la Geometría. La importancia de la Trigonometría en el siglo pasado, en América, era por la necesidad de su aplicación en la navegación, la agrimensura y la astronomía. En la actualidad, lo más importante de la Trigonometría es el estudio de las propiedades de las funciones trigonométricas y por esto su estudio, en nivel superior, ha pasado a formar parte de la teoría de funciones. La parte elemental que incluye el Prof. Baldor en su texto, es un buen fundamento para los estudios posteriores.

Sobre la didáctica del libro se puede decir que el autor utiliza en esta obra, muy acertadamente, el color como eficaz ayuda para desarrollar el espíritu estético y, en algunos casos, descubrir, de manera óptica, ciertos conceptos y relaciones.

Para que el alumno pueda aprovechar el texto a su máximo, necesita de la ayuda del profesor. Es éste quien tendrá que decidir, en cada caso, lo que debe suprimirse y lo que debe ampliarse. La experiencia le indicará el valor efectivo de la obra para el fin que le está señalado: establecer las bases para una mejor comprensión de los temas de Geometría que le serán enseñados en el ciclo superior, según las nuevas normas señaladas en las distintas reuniones internacionales de los organismos dedicados al estudio de la enseñanza de la matemática en nuestra época.

México, julio de 1966.

MARCELO SANTALÓ
Profesor de la Escuela Nacional Preparatoria
de la Universidad Nacional Autónoma de México

ÍNDICE

Breve reseña histórica

Los primeros conocimientos geométricos que tuvo el hombre consistían en un conjunto de reglas prácticas. Para que la Geometría fuera considerada como ciencia tuvieron que pasar muchos siglos, hasta llegar a los griegos.

Es en Grecia donde se ordenan los conocimientos empíricos adquiridos por el hombre a través del tiempo y,al reemplazar la observación y la experiencia por deducciones racionales, se eleva la Geometría al plano rigurosamente científico.

BABILONIA

En la Mesopotamia, región situada entre el Tigris y el Éufrates, floreció una civilización cuya antiguedad se remonta a 57 siglos aproximadamente.

Los babilonios fueron, hace cerca de 6,000 años, los inventores de la rueda. Tal vez de ahí provino su afán por descubrir las propiedades de la circunferencia, y esto los condujo a que la relación entre la longitud de la circunferencia y su diámetro era igual a 3. Este valor es famoso porque también seda en el Antiguo Testamento (Primer Libro de los Reyes).

Los babilonios lo hallaron considerando que la longitud de la circunferencia era un valor intermedio entre los perímetros de los cuadrados inscrito y circunscrito a una circunferencia.

Cultivaron la Astronomía y conociendo que el año tiene aproximadamente 360 días, dividieron la circunferencia en 360 partes iguales obteniendo el grado sexagesimal.

También sabía trazar el hexágono regular inscrito y conocía una fórmula para hallar el área del trapecio rectángulo.

EGIPTO

La base de la civilización egipcia fue la agricultura. La aplicación de los conocimientos geométricos para dividir la tierra fue la causa de que se diera a esta parte de las Matemáticas el nombre de Geometría, que significa medida de la tierra.

Los reyes de Egipto dividieron las tierras en parcelas. Cuando el Nilo en sus crecidas periódicas se llevaba parte de las tierras, los agrimensores tenían que rehacer las divisiones y calcular cuánto debía pagar el dueño de la parcela por concepto de impuesto, ya que éste era proporcional a la superficie cultivada.

Pero la necesidad de medir las tierras no fue el único motivo que tuvieron los egipcios para estudiar las Matemáticas, pues sus sacerdotes cultivaron la Geometría aplicándola a la construcción.

Hace más de 20 siglos fue construida la "Gran Pirámide". Un pueblo que emprendió una obra de tal magnitud que poseía, sin lugar a dudas, extensos conocimientos de Geometría y Astronomía, ya que se ha comprobado que, además de la precisión con que están determinadas sus dimensiones, la Gran Pirámide de Egipto está perfectamente orientada.

La Matemática egipcia la conocemos principalmente a través de los papiros. Entre los problemas geométricos que aparecen resueltos en ellos se encuentran los siguientes:

1. *Área del triángulo isósceles.*
2. *Área del trapecio isósceles.*
3. *Área del círculo.*

Además, en los papiros hay un estudio sobre los cuadrados que hace pensar que los egipcios conocían algunos casos particulares de la propiedad del triángulo rectángulo, que más tarde inmortalizó a Pitágoras.

GRECIA

La Geometría de los egipcios era eminentemente empírica, ya que no se basaba en un sistema lógico deducido a partir de axiomas y postulados.

Los grandes pensadores griegos no se contentaron con saber reglas y resolver "problemas particulares"; no se sintieron satisfechos hasta obtener explicaciones racionales de las cuestiones en general y, especialmente, de las geométricas.

En Grecia comienza la Geometría como ciencia deductiva. Aunque es probable que algunos matemáticos griegos como Tales, Herodoto, Pitágoras, etc., fueran a Egipto iniciarse en los conocimientos geométricos ya existentes en dicho país, su gran mérito está en que es a ellos a quienes de debe la transformación de la Geometría en ciencia deductiva.

Tales de Mileto (Siglo VII a. C.). Representa los comienzos de la Geometría como ciencia racional. Fue uno de los "siete sabios" y fundador de la escuela jónica a la que pertenecieron Anaximandro, Anaxágoras, etcétera.

En su edad madura, se dedicó al estudio de la Filosofía y de las ciencias, especialmente de la Geometría.

Sus estudios lo condujeron a resolver ciertas cuestiones como la determinación de distancias inaccesibles, la igualdad de los ángulos de la base en el triángulo isósceles, el valor del ángulo inscrito y la demostración de los conocidos teoremas que llevan su nombre, relativos a la proporcionalidad de segmentos determinados en dos rectas cortadas por un sistema de paralelas.

Pitágoras de Samos (Siglo VI a. C.). Se dice que fue discípulo de Tales, pero apartándose de la escuela jónica fundó en Crotona, Italia, la escuela pitagórica.

Hemos dicho que los egipcios conocieron la propiedad del triángulo rectángulo cuyos lados miden 3, 4 y 5 unidades, en los que se verifica la relación $5^2 = 3^2 + 4^2$, pero el descubrimiento de la relación $a^2 = b^2 + c^1$ para cualquier triángulo rectángulo y su demostración se deben indiscutiblemente a Pitágoras.

Se atribuye también a la escuela pitagórica la demostración de la propiedad de la suma de los ángulos internos de un triángulo y la construcción geométrica del polígono estrellado de cinco lados.

Euclides (Siglo IV a. C.). Escribió una de las obras más famosas de todos los tiempos, llamada *Elementos*, que consta de 13 capítulos titulados "libros". De esta obra se han hecho tantas ediciones que sólo la aventaja *La Biblia*.

Euclides construyó la Geometría partiendo de definiciones, postulados y axiomas con los cuales demuestró teoremas que, a su vez, le sirvieron para demostrar otros teoremas.

El edificio geométrico construido por Euclides ha sobrevivido hasta nuestros días. El contenido de los 13 libros es el siguiente:

a) **Libro I.** Relación de igualdad de triángulos. Teoremas sobre paralelas. Suma de los ángulos de un polígono. Igualdad de las áreas de triángulos o paralelogramos de igual base y altura. Teorema de Pitágoras.
b) **Libro II.** Conjunto de relaciones de igualdad entre área de rectángulos que conducen a la resolución geométrica de la ecuación de segundo grado.
c) **Libro III.** Circunferencia, ángulo inscrito.
d) **Libro IV.** Construcción de polígonos regulares inscritos o circunscritos a una circunferencia.
e) **Libro V.** Teorema general de la medida de magnitudes bajo forma geométrica, hasta los números irracionales.
f) **Libro VI.** Proporciones. Triángulos semejantes.
g) **Libro VII, VIII** y **IX.** Aritmética: proporciones, máximo común divisor y números primos.
h) **Libro X.** Números inconmensurables bajo forma geométrica a partir de los radicales cuadráticos.
i) **Libros XI** y **XII.** Geometría del espacio y, en particular, relación entre volúmenes de prismas y pirámides; cilindro y cono; proporcionalidad del volumen de una esfera al cubo del diámetro.
j) **Libro XIII.** Construcción de los cinco poliedros regulares.

Platón (Siglo IV a. C.). En la primera mitad de este siglo, se inició en Atenas un movimiento científico a través de la Academia de Platón. Para él, la Matemática no tiene finalidad práctica, sino simplemente se cultiva con el único fin de conocer. Por esta razón, se opuso a las aplicaciones de la Geometría. Dividió la Geometría en elemental y superior. La Geometría elemental comprendía todos los problemas que se podía resolver con regla y compás. La Geometría superior estudiaba los tres problemas más famosos de la Geometría antigua no resolubles con regla y compás:

1. *La cuadratura del círculo.* Se trata, como indica su nombre, de construir el lado de un cuadrado que tenga la misma área que un círculo dado, utilizando solamente la regla y el compás.
2. *La trisección del ángulo.* El problema de dividir un ángulo en tres partes iguales utilizando solamente la regla y el compás no es, más que en casos particulares, resoluble.
3. *La duplicación del cubo.* Este problema consiste en hallar, mediante una construcción geométrica, en la que se utilice sólo la regla y el compás, un cubo que tenga un volumen doble del de un cubo dado.

Estos tres problemas se pueden resolver, con la regla y el compás, con toda la aproximación que se desee. Y se resuelven exactamente utilizando curvas especiales. No se trata por consiguiente de problemas que no se hayan resuelto en la práctica, sino de problemas de importancia puramente teórica.

Arquímedes de Siracusa (287-212 a. C.). Estudió en Alejandría. Se encuentra en él una mentalidad práctica, un genio técnico, que lo llevó a investigar problemas de orden físico y resolverlos por métodos nuevos. Por esto, después de grandes disputas con los euclidianos, se retiró a Siracusa donde puso sus descubrimientos al servicio de la técnica.

Calculó un valor más aproximado de π, el área de la elipse, el volumen del cono, de la esfera, etc. Estudió la llamada espiral de Arquímedes que sirve para la trisección del ángulo.

Apolonio de Pérga (260-200 a. C.). Estudió ampliamente las secciones cónicas que, dieciocho siglos después, sirvieron a Kepler en sus trabajos de Astronomía, determinado casi todas sus propiedades. En su obra se encuentran las ideas que condujeron a Descartes a inventar la Geometría Analítica, 20 siglos después.

Herón de Alejandría (Siglo II d. C.). Demostró la conocida fórmula que lleva su nombre, para hallar el área de un triángulo en función de sus lados.

GEOMETRÍAS NO EUCLIDIANAS

Los *Elementos* de Euclides fue considerada como una obra en la que sigue el método axiomático, ya que partiendo de proposiciones previamente establecidas: definiciones, axiomas y postulados, se deduce toda la Geometría en una forma lógica.

Posteriormente, se ha visto que tiene varias fallas lógicas, es decir, en el texto no se cumplen todas las exigencias que impone la lógica. Sin embargo, todos los defectos que pueden señalarse resultan insignificantes comparados con el mérito extraordinario de haber construido una ciencia deductiva a partir de conocimiento empíricos.

De los cinco postalados de Euclides, el V es el que, desde un principio, llamó más la atención: Por un punto exterior a una recta pasa una y solamente una paralela. Durante 20 siglos se trató de demostrar esto, es decir, convertirlo en teorema. Finalmente, se pensó que si de verdad era un postulado, el hecho de negarlo, aceptando los demás, no debía conducir a contradicción alguna.

De esta manera procedieron Lobatchevsky (1793-1856) y Riemann (1826-1866).

La Geometría de Riemann sustituye el postulado V de Euclides por el siguiente:

Por un punto exterior a una recta no pasa ninguna paralela.

Y la Geometría de Lobatchevsky lo sustituye por el que dice:

Por un punto exterior a una recta pasan dos paralelas que separan las infinitas rectas no secantes de las infinitas secantes.

Con estos nuevos postulados construyeron nueva Geometría que se llaman Geometría no euclidianas.

Papiro de Rhind (18-16 a. C.). El documento egipcio más importante que se conoce es el Papiro de Rhind, atribuido a Ahmes, quien dejó asentado que el área del círculo *B* era casi 3 1/7 veces el área del cuadrado *A* que se trazara con su radio. Al llevar a la realidad las magistrales obras de las pirámides, es evidente que los egipcios conocían cómo trazar una perpendicular a una línea. Asimismo, sabían hallar las áreas del cuadrado y el triángulo, y usaban la plomada.

Capítulo I

GENERALIDADES

MÉTODO DEDUCTIVO 1

Es el usado en la ciencia y, principalmente, en la Geometría. Este método consiste en encadenar conocimientos que se suponen verdaderos, de tal manera que se obtienen nuevos conocimientos. Es decir, resultan nuevas proposiciones como consecuencia lógica de otras anteriores.

No todas las proposiciones son consecuencia de otras. Hay algunas que se aceptan como ciertas por sí mismas, como los axiomas y postulados.

Además, existen las definiciones, que son proposiciones que exponen con claridad y precisión los caracteres de una cosa. Una característica de la Geometría moderna consiste en evitar la definición de conceptos primarios que tienen poco o ningún sentido. Así, por ejemplo, las definiciones tan conocidas de Euclides: Punto es lo que no tiene partes; línea es una longitud sin anchura, etc., se basan en conceptos como partes y anchura, cuyas definiciones son más complejas que lo que se trata de definir.

AXIOMA 2

Es una proposición tan sencilla y evidente que se admite sin demostración.

Ejemplo

El todo es mayor que cualquiera de sus partes.

3 POSTULADO

Es una proposición no tan evidente como un axioma, pero que también se admite sin demostración.

Ejemplo

Hay infinitos puntos.

4 TEOREMA

Es una proposición que puede ser demostrada. La demostración consta de un conjunto de razonamientos que conducen a la evidencia de la verdad de la proposición.

En el enunciado de todo teorema se distinguen dos partes: la hipótesis, que es lo que se supone, y la tesis, que es lo que se quiere demostrar.

Ejemplo

La suma de los ángulos interiores de un triángulo es igual a dos ángulos rectos.

Hipótesis

A, B y C son los ángulos interiores de un triángulo.

Tesis

La suma de los ángulos A, B y C es igual a dos ángulos rectos.

En la demostración se utilizan los conocimientos adquiridos hasta ese momento, relacionados de una manera lógica.

5 COROLARIO

Es una proposición que se deduce de un teorema como consecuencia del mismo.

Ejemplo

Del teorema: La suma de los ángulos interiores de un triángulo es igual a dos ángulos rectos, se deduce el siguiente corolario: La suma de los ángulos agudos de un triángulo rectángulo es igual a un ángulo recto.

TEOREMA RECÍPROCO 6

Todo teorema tiene su recíproco. La hipótesis y la tesis del recíproco son, respectivamente, la tesis y la hipótesis del otro teorema que, en este caso, se llama teorema directo.

Ejemplo

El recíproco del teorema: La suma de los ángulos interiores de un triángulo es igual a dos ángulos rectos dice: Si la suma de los ángulos interiores de un polígono es igual a dos ángulos rectos, el polígono es un triángulo.

La hipótesis y la tesis del recíproco son:

Hipótesis

Polígono cuyos ángulos interiores suman dos ángulos rectos.

Tesis

El polígono es un triángulo.

No siempre los teoremas recíprocos son verdaderos. Así, por ejemplo, hay un teorema que dice: **Las diagonales de un cuadrado son iguales** y su recíproco es: **Si las diagonales de un paralelogramo son iguales, la figura es un cuadrado.** Este recíproco es falso porque la figura puede ser un rectángulo que también tiene sus diagonales iguales.

LEMA 7

Es una proposición que sirve de base a la demostración de un teorema. Es como un teorema preliminar a otro que se considera más importante.

Ejemplo

Para demostrar el volumen de una pirámide se emplea el lema que dice: **Un prisma triangular se puede descomponer en tres tetraedros equivalentes.**

Actualmente, se ha prescindido bastante del uso de la palabra lema y se le suele llamar teorema, o bien, teorema preliminar.

NOTA O ESCOLIO* 8

Es una observación que se hace sobre un teorema previamente demostrado.

Ejemplo

Después de demostrar el teorema que dice: **En una misma circunferencia o en circunferencias iguales, a mayor arco corresponde mayor cuerda** (tomando en cuenta arcos menores a una semicircunferencia), se podría añadir como nota. **Si no se consideran arcos menores a una semicircunferencia, a mayor arco corresponde menor cuerda.**

* La palabra escolio es sustituto de observación o de nota.

9

PROBLEMA

Es una proposición en la que se pide construir una figura que reúna ciertas condiciones (los problemas gráficos), o bien, calcular el valor de alguna magnitud geométrica (los problemas numéricos).

Ejemplos

Problema gráfico. Construir la circunferencia que pasa por tres puntos dados.

Problema numérico. Calcular la altura de un triángulo equilátero cuyos lados miden 6 cm.

10

PUNTO

Ya hemos dicho que el punto no se define. La idea de punto está sugerida por la huella que deja en el papel un lápiz bien afilado.

Un punto geométrico es imaginado tan pequeño que carece de dimensión.

Admitimos el siguiente postulado:

Hay infinitos puntos.

NOTACIÓN:
Los puntos se suelen designar por letras mayúsculas y representar por un trazo, un círculo pequeño o una cruz. Así decimos, el punto *A*, el punto *B*, etc. (Fig. 1).

Figura 1

11

LÍNEA

Son tipos especiales de conjuntos de puntos. Entre los más notables están:

Línea recta. La imagen de ese conjunto de puntos es un rayo luminoso y el borde de una regla, entre otros.

Figura 2

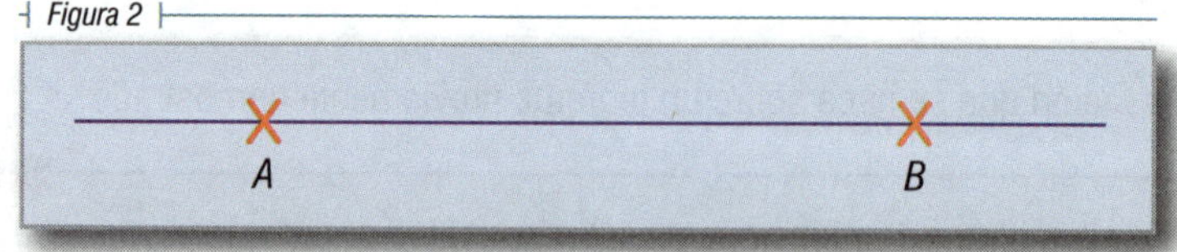

Una recta geométrica se extiende sin límite en dos sentidos, es decir, no comienza ni termina. Por tanto, admitimos los siguientes postulados:

1. Por dos puntos pasa una recta y solamente una.
2. Dos rectas no pueden tener más que un solo punto común.

La recta se suele designar por dos de sus puntos con el símbolo ↔ encima. Así, la recta *AB* (Fig. 2) se representa $\overleftrightarrow{AB}$.

Línea curva. Una imagen de línea curva es la circunferencia. Actualmente, se considera que las líneas curvas pueden o no tener trazos rectos (Fig. 3).

Figura 3

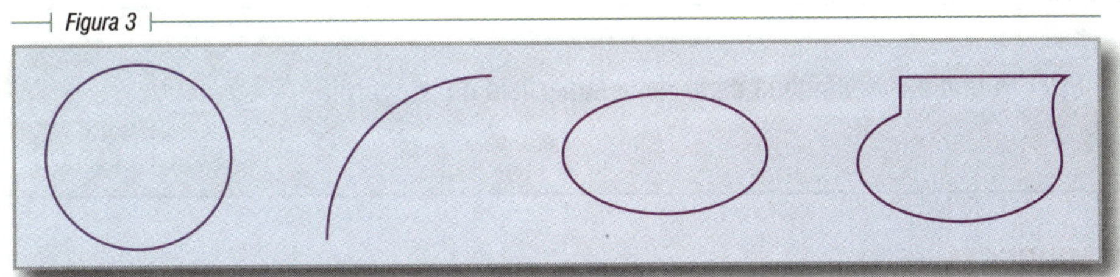

Un tipo especial de curva es la línea quebrada, formada por trazos rectos. Al principio extraña llamar curva a una línea formada por trazos rectos, pero conviene acostumbrarse a esta nueva nomenclatura por la utilidad que tiene en estudios más avanzados.

Otro tipo especial de línea curva es la cerrada. Ésta se define como la curva que se puede trazar de tal manera que empieza y termina en el mismo punto y éste es el único que se toca dos veces. Este tipo de curva tiene un punto interior y uno exterior, por lo que admitimos el siguiente postulado:

Al unir un punto interior *A* con uno exterior *B* de una curva simple cerrada, se corta dicha curva (Fig. 4).

Figura 4

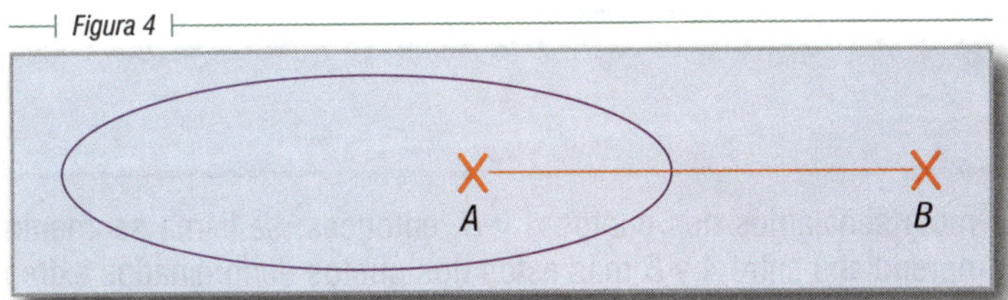

Una línea tiene una sola dimensión: longitud.

CUERPOS FÍSICOS Y CUERPOS GEOMÉTRICOS

12

Son cuerpos físicos todas las cosas que nos rodean: libros, lápices, mesas, etc. Tienen forma y color; están hechos de una sustancia determinada y ocupan un lugar en el espacio.

Hay esquemas ideales de ciertos cuerpos físicos de los cuales la Geometría considera solamente su forma y tamaño. Son los cuerpos geométricos o sólidos (Fig. 5). Son los prismas, conos, esferas, etcétera.

Los cuerpos sólidos tienen tres dimensiones: largo, ancho y alto.

Figura 5

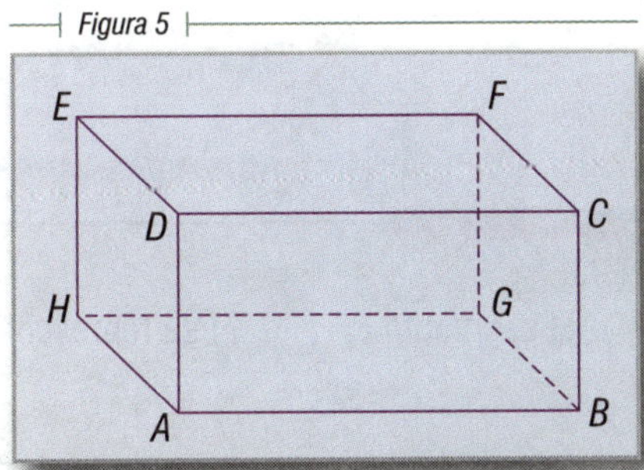

13 SUPERFICIES

Son los límites que separan a los cuerpos del espacio que los rodea.

Las superficies tienen dos dimensiones: largo y ancho.

Ejemplo

ABCD es una parte, llamada cara, de la superficie de la figura 5.

14 SEMIRRECTA

Si sobre una recta señalamos un punto *A*, se llama semirrecta al conjunto de puntos formado por el *A* y todos los que le siguen o todos los que le preceden. El punto *A* es el origen de la semirrecta.

Una semirrecta se suele representar por el origen y otro punto de ella, con el símbolo $\rightarrow$ encima.

Así, la semirrecta de origen *C* y otro punto *D* (Fig. 6) se representa por $\overrightarrow{CD}$.

Figura 6

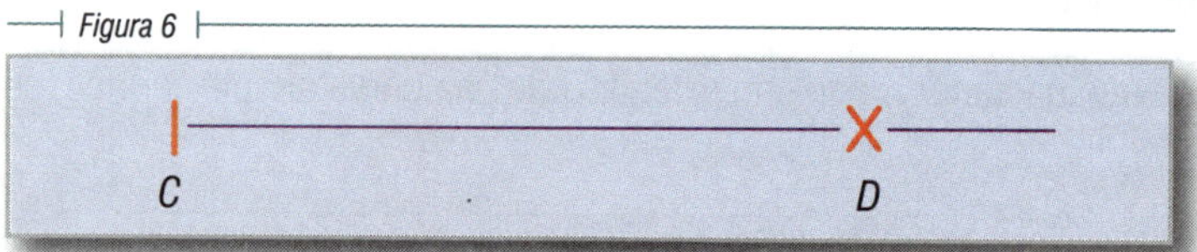

15 SEGMENTO

Si sobre una recta señalamos dos puntos *A* y *B*, entonces, se llama segmento al conjunto de puntos comprendidos entre *A* y *B* más estos dos puntos denominados extremos del segmento. Generalmente, al punto que se nombre en primer lugar se le llama origen y al otro, extremo.

Se admite el siguiente postulado:

La distancia más corta entre dos puntos es el segmento que les une.

Un segmento se designa por las letras de sus extremos y con un trazo encima.

Figura 7

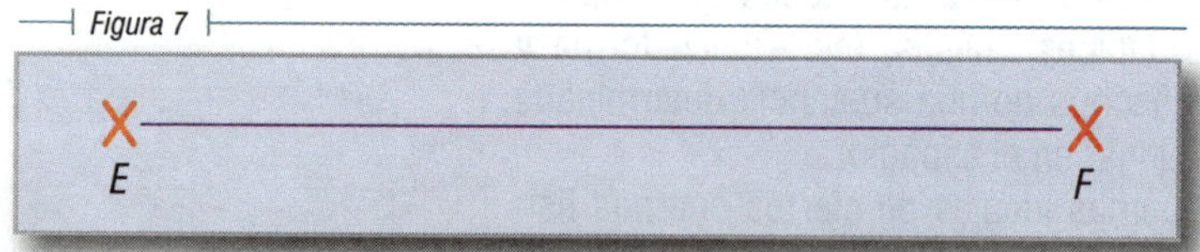

Ejemplo

El segmento *EF* (Fig. 7) se representa así: $\overline{EF}$.

PLANO 16

Una superficie como una pared, el piso, etc., nos sugiere la idea de lo que en Geometría se llama plano. Son conjuntos parciales de infinitos puntos.

Un plano, en Matemáticas, se imagina de extensión ilimitada. Se suele representar por un paralelogramo como el *ABCD* (Fig. 8) y se nombra por tres de sus puntos no alineados o por una letra griega. Así, el plano de la figura 8 se nombra: plano *ABC*, o bien, plano α.

Figura 8

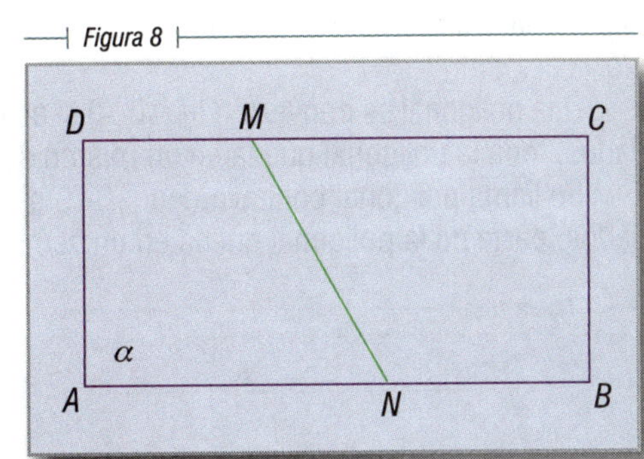

Dos propiedades características de los planos son las dadas por los siguientes postulados:

Por tres puntos no alineados pasa un plano y solamente uno.

Si una recta tiene dos puntos comunes con un plano, toda la recta está contenida en el plano.

SEMIPLANO 17

Toda recta $\overleftrightarrow{MN}$ (Fig. 8) de un plano se divide en dos regiones llamadas semiplanos. Cada punto del plano pertenece a uno de los semiplanos, excepto los puntos de la recta que pertenecen a los dos.

Se admite el siguiente postulado de la separación del plano:

Dos puntos de un mismo semiplano determinan un segmento que no corta a la recta que da origen a los dos semiplanos; y dos puntos de distinto semiplano determinan un segmento que corta a la recta.

INTERSECCIÓN DE PLANOS 18

Se admite el siguiente postulado:

Dos planos tienen un punto y una recta común.

En este caso se dice que los dos planos se cortan y a la recta común se le llama recta de intersección. En la figura 9, la recta *RS* es la intersección de los dos planos *ABC* y *NMP*.

Figura 9

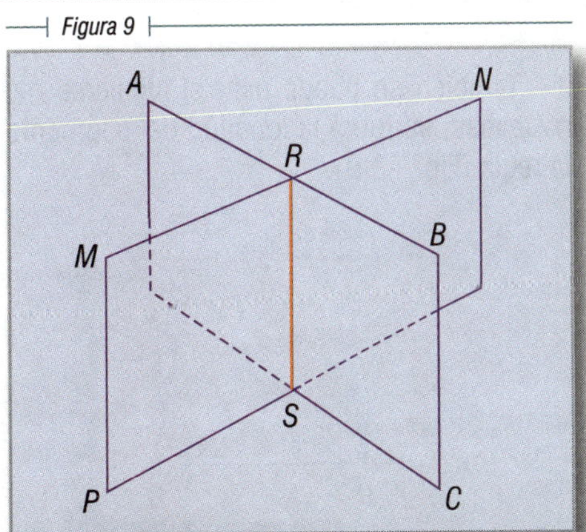

19 POLIGONALES CÓNCAVAS Y CONVEXAS

A las líneas quebradas se les llama también poligonales y, en este caso, los segmentos que las forman reciben el nombre de lados y a los puntos comunes de los lados se les nombran vértices.

Una poligonal es convexa (Fig. 10-A) si al prolongar en los dos sentidos cualquiera de sus lados, toda la poligonal queda en un mismo semiplano.

Se llama poligonal cóncava (Fig. 10-B) si al prolongar en los dos sentidos alguno de sus lados, parte de la poligonal queda en un semiplano y parte en el otro.

Figura 10-A

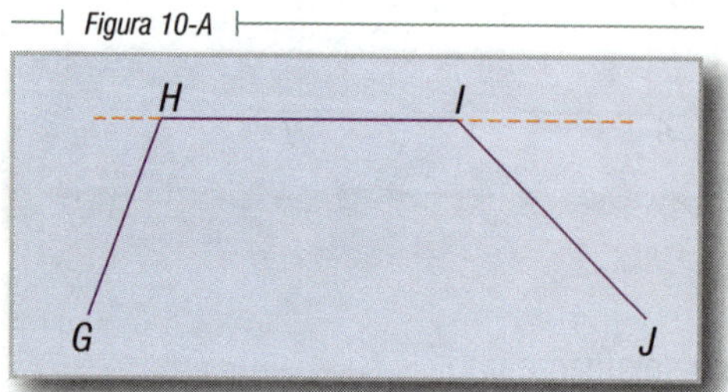

Figura 10-B

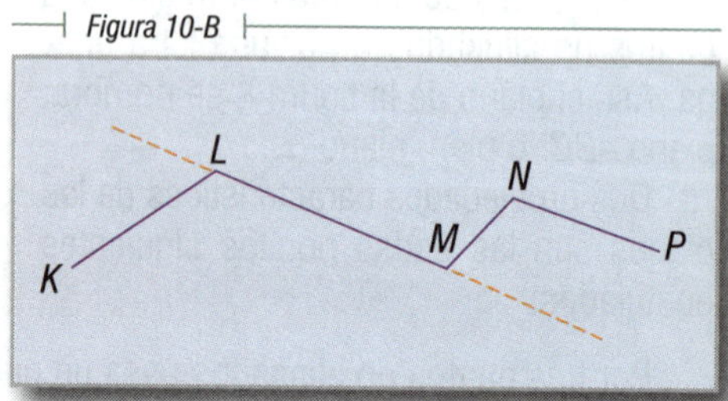

20 MEDIDA DE SEGMENTOS

Medir un segmento es compararlo con otro elegido como unidad. Para este fin se usan las unidades de longitud del Sistema Métrico Decimal, del Sistema Inglés o de cualquier otro sistema.

Los instrumentos usados son las reglas graduadas, cintas, etcétera.

Así, para medir el segmento $\overline{AB}$ (Fig. 11) se hace coincidir una división cualquiera (generalmente el cero) de la regla con uno de los extremos del segmento y se observa la división que está más en coincidencia con el otro extremo. La diferencia entre ambas lecturas da el valor de la longitud del segmento.

Figura 11

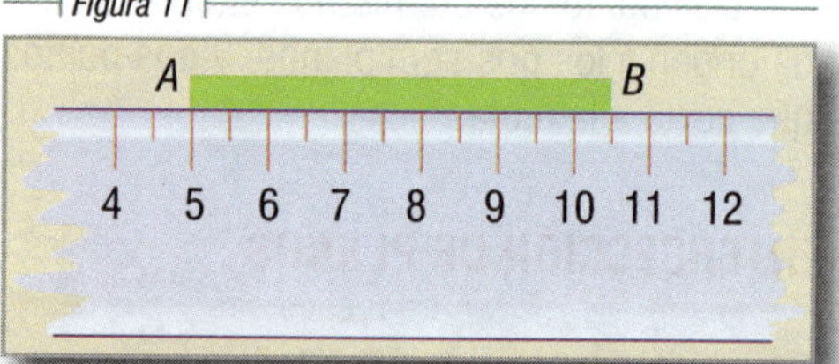

En este caso tenemos:

Extremo B = 10.5 cm
Extremo A = 5 cm
Longitud $\overline{AB}$ = 5.5 cm

También se puede usar el siguiente método: con un compás que tiene ambas puntas metálicas, se toma la longitud del segmento (Fig. 12-A) y se transporta esta abertura sobre la regla (Fig. 12-B).

Figura 12-A

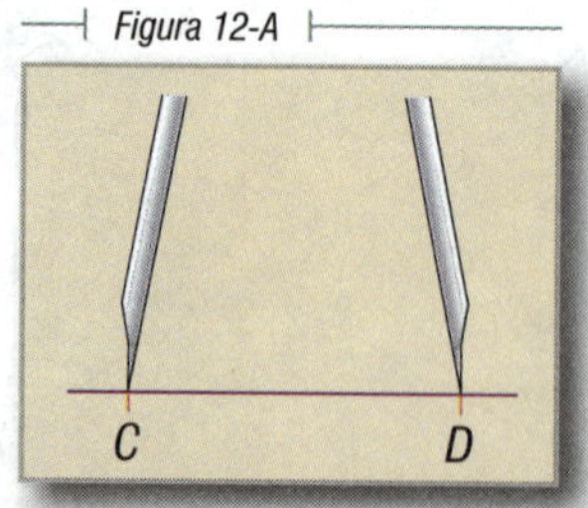

Figura 12-B

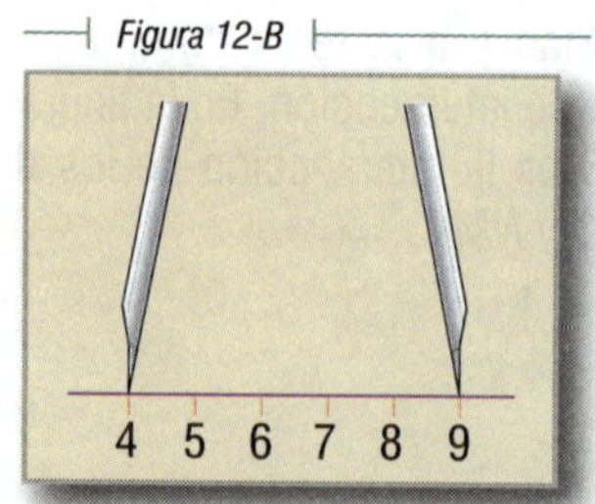

ERROR 21

Las medidas, en la práctica, por lo general son aproximadas. A la diferencia entre la verdadera longitud del segmento y el valor obtenido se le llama error de medida. El error puede ser por exceso, cuando se toma un valor mayor o menor que el verdadero, o por defecto. El error se debe a las imperfecciones de nuestros sentidos, a los instrumentos que empleamos, o a otras causas.

OPERACIONES CON SEGMENTOS 22

Se puede proceder gráficamente así:

a) Suma de segmentos. Para sumar, por ejemplo, los segmentos $\overline{AB}$, $\overline{CD}$, $\overline{EF}$, procederemos así:

Figura 13

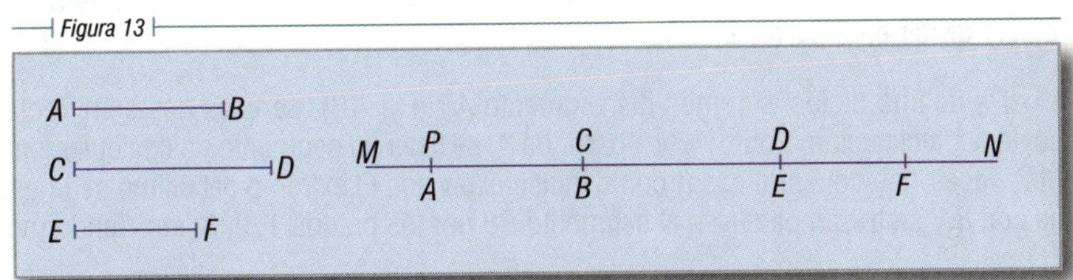

Sobre una recta indefinida $\overleftrightarrow{MN}$ (Fig. 13) y a partir de un punto cualquiera *P*, se llevan los segmentos que se van a sumar, en un sentido determinado, uno a continuación de otro, haciendo que el extremo de cada sumando coincida con el origen del siguiente. El segmento $\overline{AF}$, que tiene por origen el origen del primero y por extremo el extremo del último, representa la suma:

$$\overline{AB} + \overline{CD} + \overline{EF} = \overline{AF}$$

b) Sustracción de segmentos. Para la diferencia de los segmentos $\overline{AB} - \overline{CD}$ se procede así:

Figura 14

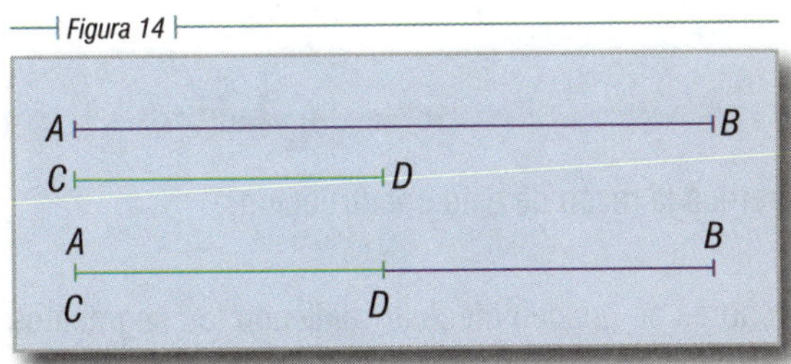

Sobre el segmento minuendo $\overline{AB}$ (Fig. 14) se lleva el segmento sustraendo $\overline{CD}$, de manera tal que coincidan *A* y *C*.

El segmento resultante $\overline{DB}$ representa la diferencia. Es decir:

$$\overline{AB} - \overline{CD} = \overline{DB}$$

c) Multiplicación de un segmento por un número real. El producto del segmento $\overline{AB}$ por un número natural, 4, por ejemplo, se obtiene llevando sobre una recta cualquiera $\overleftrightarrow{MN}$ (Fig. 15) y a partir de un punto cualquiera de ella, *P*, el segmento $\overline{AB}$, tantas veces como indica el número, 4 en este caso, por el cual se va a multiplicar. Así:

$$\overline{PR} = 4\,\overline{AB}$$

Figura 15

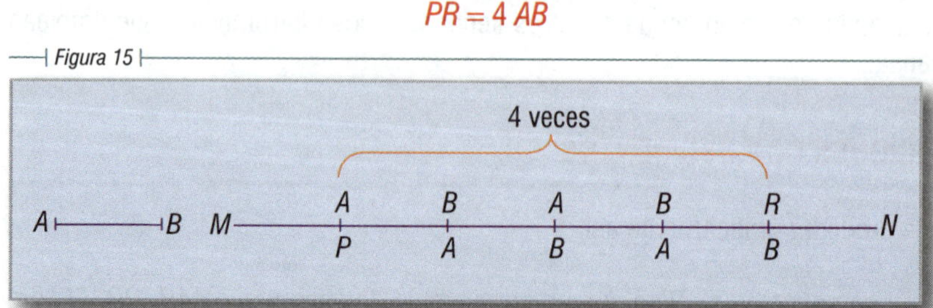

d) División de un segmento en un número de partes iguales. Sea el segmento $\overline{AB}$ que se quiere dividir en 8 partes iguales.

A partir de uno de los extremos del segmento $\overline{AB}$ (Fig. 16), se traza una semirrecta $\overrightarrow{AC}$, con cualquier inclinación. Sobre $\overrightarrow{AC}$ y a partir de *A*, se lleva un segmento de cualquier longitud *b*, tantas veces (8 en nuestro caso) como indica el divisor. El extremo del último segmento *b*, se une con *B* y se trazan paralelas al segmento $\overline{B8}$ por los puntos 1, 2, 3, etc. Tendremos:

$$x = \frac{\overline{AB}}{8}$$

Figura 16

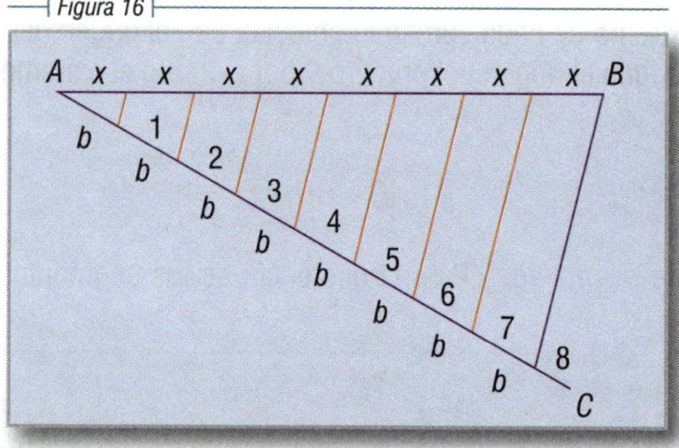

Más adelante veremos la razón de esta construcción.

Observación

Las operaciones anteriores se pueden efectuar midiendo los segmentos y operando con las medidas obtenidas.

23 IGUALDAD Y DESIGUALDAD DE SEGMENTOS

Si al superponer dos segmentos $\overline{AB}$ y $\overline{CD}$ (Fig. 17) se pueden hacer coincidir los dos extremos del primer segmento con los dos extremos del segundo, dichos segmentos son iguales (=).

Cuando no se cumple la condición anterior, se dice que son desiguales.

De dos segmentos desiguales, uno de ellos es mayor que (>) o menor que (<) el otro. Así, $\overline{AB} > \overline{EF}$ y $\overline{EF} < \overline{AB}$ (Fig. 17).

Figura 17

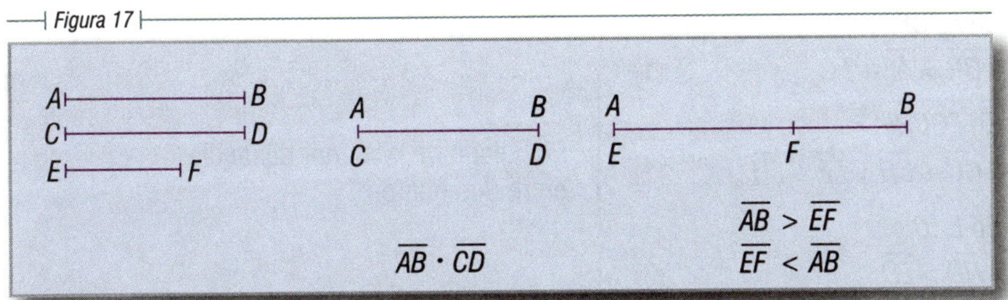

GEOMETRÍA 24

La Geometría elemental es la rama de las Matemáticas que estudia las propiedades intrínsecas de las figuras, es decir, las que no se alteran con el movimiento de las mismas.

Cuando estudia figuras contenidas en un plano (o sea, de dos dimensiones), se llama Geometría plana. Si estudia cuerpos geométricos (de tres dimensiones), se llama Geometría del espacio.

Hay otras Geometrías que constituyen especialidades dentro del campo de las Matemáticas: Geometría analítica, Geometría descriptiva, Geometría proyectiva, etcétera.

TEOREMA 1 25

En dos poligonales convexas, de extremos comunes, la envolvente es mayor que la envuelta.

Figura 18

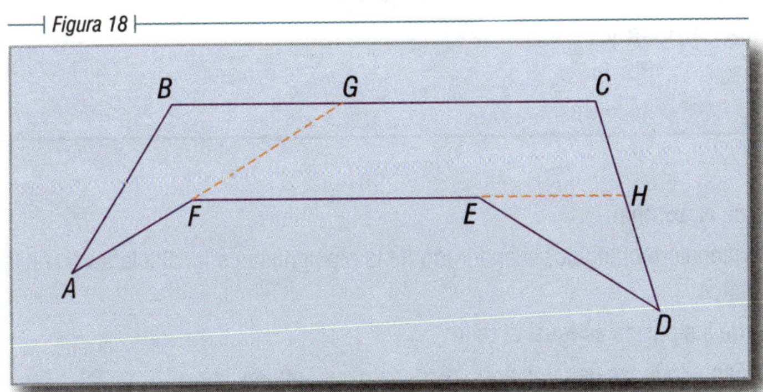

Hipótesis

ABCD poligonal envolvente (Fig. 18).
AFED poligonal envuelta.
A y *D* extremos comunes.

Tesis

$$\overline{AB} + \overline{BC} + \overline{CD} > \overline{AF} + \overline{FE} + \overline{ED}$$

Construcción auxiliar. Prolonguemos $\overline{AF}$ hasta cortar a $\overline{BC}$ en G y a $\overline{FE}$ hasta cortar a $\overline{CD}$ en H.

Demostración

En $ABGF$:

$\overline{AB}+\overline{BG}>\overline{AF}+\overline{FG}$ (1)

En $FGCHE$:

$\overline{FG}+\overline{GC}+\overline{CH}>\overline{FE}+\overline{EH}$ (2)

En EHD:

$\overline{EH}+\overline{HD}>\overline{ED}$ (3)

(1), (2), (3): Postulado de la menor distancia entre dos puntos.

Sumando de manera ordenada (1), (2) y (3), tenemos:

$$\overline{AB}+\overline{BG}+\overline{FG}+\overline{GC}+\overline{CH}+\overline{EH}+\overline{HD}>\overline{AF}+\overline{FG}+\overline{FE}+\overline{EH}+\overline{ED} \quad (4)$$

Pero:

$\overline{BG}+\overline{GC}=\overline{BC}$ (5)

$\overline{CH}+\overline{HD}=\overline{CD}$ (6)

(5), (6): Suma de segmentos.

Sustituyendo (5) y (6), en (4), tenemos:

$$\overline{AB}+\overline{BC}+\overline{CD}+\overline{FG}+\overline{EH}>\overline{AF}+\overline{FG}+\overline{FE}+\overline{EH}+\overline{ED} \quad (7)$$

Simplificando: $\overline{AB}+\overline{BC}+\overline{CD}>\overline{AF}+\overline{FE}+\overline{ED}$

como se quería demostrar.

Ejercicios

1. Señalar cuál es el axioma:
   a) En todo triángulo rectángulo, el cuadrado de la hipotenusa es igual a la suma de los cuadrados de los catetos.
   b) La suma de las partes es igual al todo.
   c) En todo triángulo isósceles, los ángulos de la base son iguales.

   R. *b*)

2. Señalar cuál es el postulado:
   a) El todo es mayor que cualquiera de las partes.
   b) Todo punto en la bisectriz de un ángulo equidista de los lados del ángulo.
   c) Hay infinitos puntos.

   R. *c*)

3. Señalar cuál es el teorema:

a) Las diagonales de un rectángulo se cortan en su punto medio.

b) Dos cantidades iguales a una tercera, son iguales entre sí.

c) La parte es menor que el todo.

R. *a*)

4. Representar los segmentos y sumarlos gráficamente.

a) $\overline{AB} = 1.5$ cm

b) $\overline{CD} = 2$ cm

c) $\overline{EF} = 3$ cm

5. Representar los segmentos y restarlos gráficamente.

a) $\overline{MN} = 8$ cm

b) $\overline{PQ} = 3$ cm

6. Multiplicar de manera gráfica el segmento $\overline{AB} = 2$ cm por 3.

7. Dividir de manera gráfica el segmento $\overline{AB} = 9$ cm en tres partes iguales.

8. Si *B* es el punto medio de $\overline{AD}$, *C* es el punto medio de $\overline{BD}$ y $\overline{AD} = 20$ cm; hallar $\overline{AB}$, $\overline{BC}$ y $\overline{CD}$.

Ejercicio 8

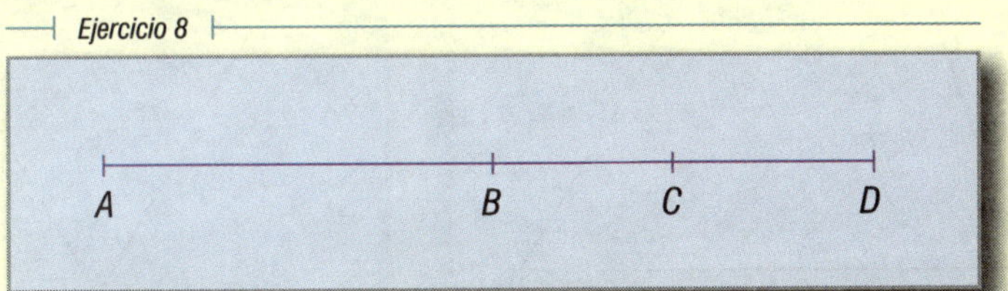

R. $\overline{AB} = 10$ cm;
$\overline{DC} = \overline{BC} = 5$ cm

9. Demostrar que: $\overline{AB} + \overline{BC} + \overline{CD} + \overline{DE} > \overline{AG} + \overline{GF} + \overline{FE}$.

Ejercicio 9

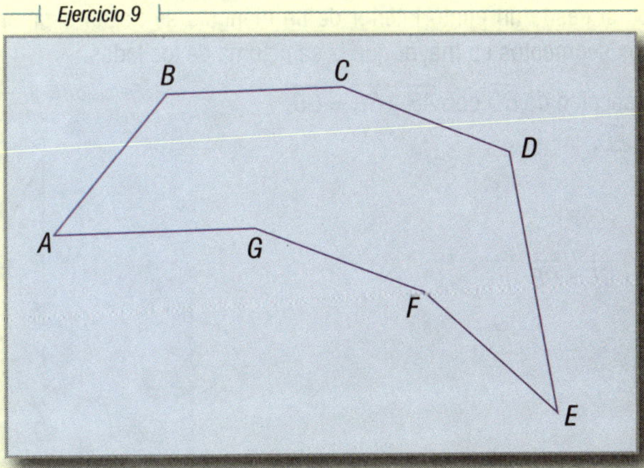

10. Si: $\overline{MN} = \overline{QR} = \overline{2PQ}$; $\overline{NP} = \overline{MN} + 1$ y $\overline{MR} = 50$ cm.

Hallar: $\overline{MN}$, $\overline{NP}$, $\overline{PQ}$ y $\overline{QR}$.

Ejercicio 10

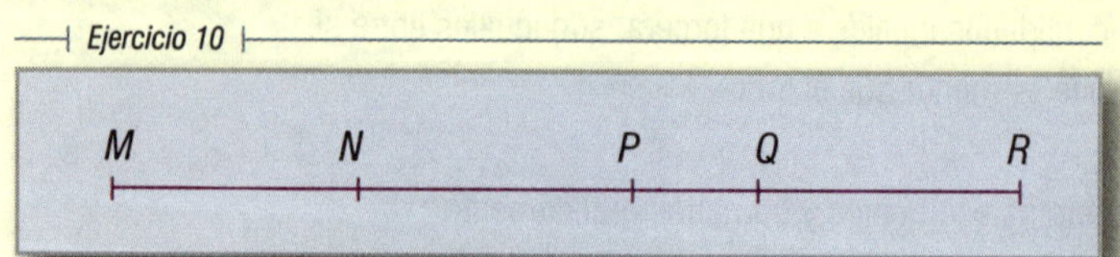

R. $\overline{MN} = 14$ cm,
$\overline{NP} = 15$ cm,
$\overline{PQ} = 7$ cm,
$\overline{QR} = 14$ cm

11. Demostrar: $\overline{AB} + \overline{BC} + \overline{CD} + \overline{DA} > \overline{EF} + \overline{FG} + \overline{GH} + \overline{HE}$.

Ejercicio 11

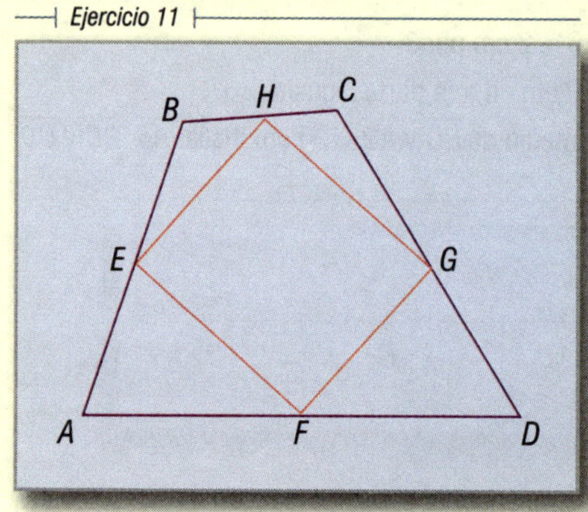

Ejercicio 12

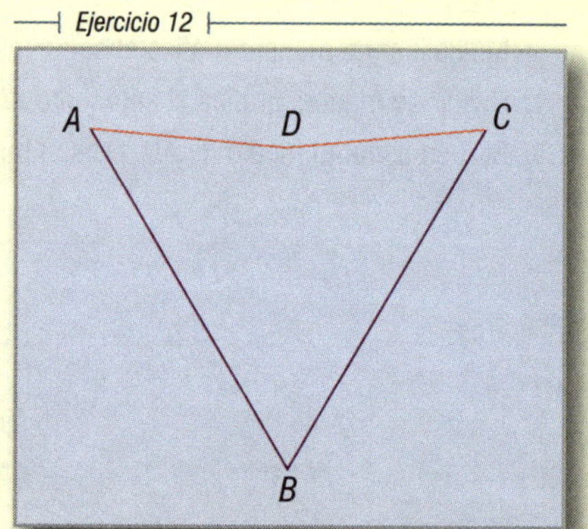

12. Si $\overline{AD} = \overline{DC}$ y $\overline{AB} = \overline{BC}$, demostrar que $\overline{AB} > \overline{AD}$.
13. Demostrar que la suma de dos segmentos que se cortan es mayor que la suma de los segmentos que unen sus extremos.
14. Demostrar que si desde un punto interior de un triángulo se trazan segmentos a los vértices, la suma de dichos segmentos es mayor que la semisuma de los lados.
15. Si E es la intersección de $\overline{CD}$ con $\overline{AB}$ y $\overline{CG} = \overline{GD}$, $\overline{CF} = \overline{FD}$, $\overline{CE} = \overline{ED}$,

demostrar que:

$$\overline{CG} > \overline{CF} > \overline{CE}$$

Ejercicio 15

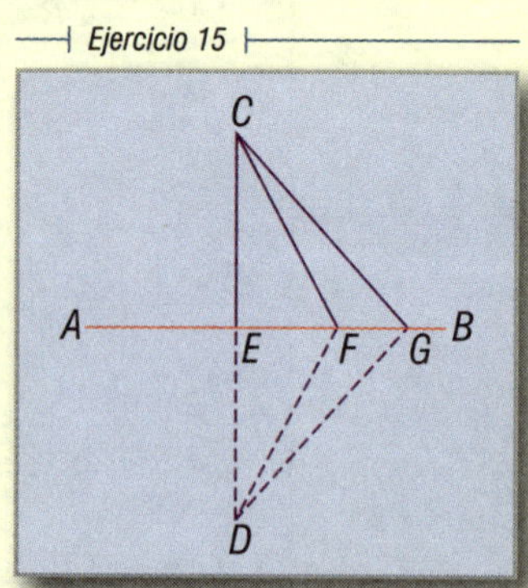

16. Demostrar que: $\overline{AB} + \overline{CD} > \overline{AF} + \overline{FC} + \overline{DE} + \overline{EB}$.

Ejercicio 16

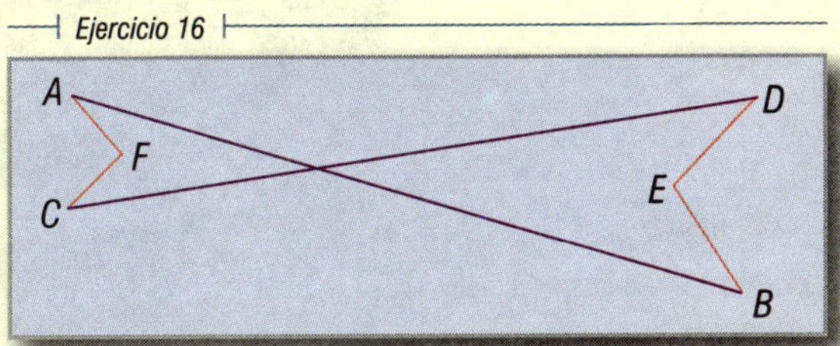

17. Demostrar que el perímetro del $\triangle ABC$ es mayor que el perímetro del $\triangle ADC$.

Ejercicio 17

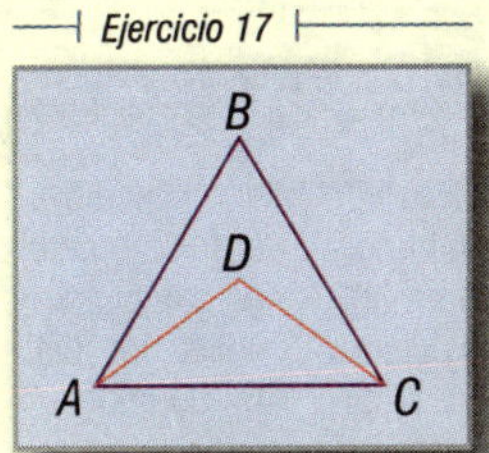

18. Demostrar que el perímetro del $\triangle ABC$ es mayor que el perímetro del $\triangle EDF$.

Ejercicio 18

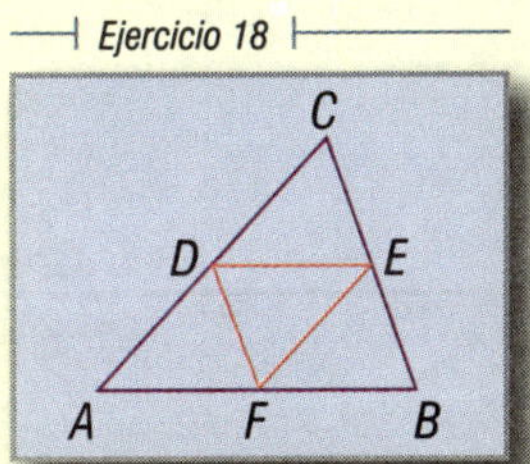

19. Demostrar que el perímetro del rectángulo *ABCD* es mayor que el perímetro del rectángulo *MNPQ*.

Ejercicio 19

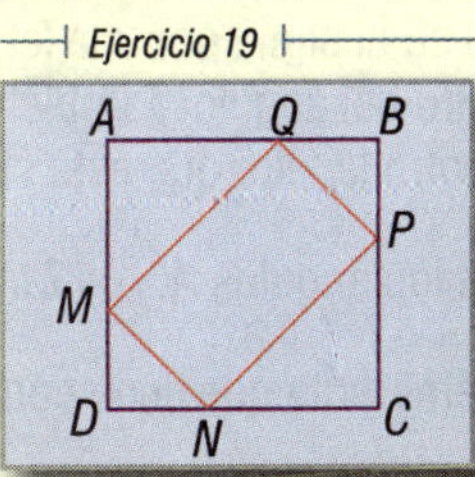

20. Demostrar que el perímetro del rectángulo *ABDE* es mayor que el perímetro del triángulo *ACE*.

Ejercicio 20

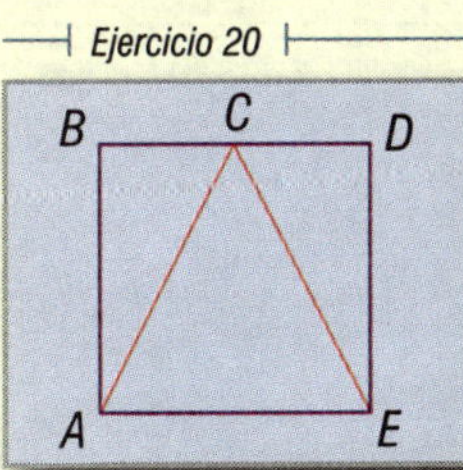

Los caldeos. Hacia el III milenio a. C., dieron una gran importancia al cuadrado y al círculo. La división del círculo en 360 partes es aportación de esta civilización. También dividieron el año en 360 días. Así les era fácil dividir el círculo y la circunferencia en seis partes iguales. Probablemente éste fue el fundamento del cómputo sexagesimal que usaron. Sirvió para la construcción de las ruedas de las carrozas. La rueda, aplicación del círculo, es una creación suya y data de casi 6,000 años.

Capítulo II

ÁNGULOS

26 ÁNGULO

Es la abertura formada por dos semirrectas con un mismo origen llamado vértice. Las semirrectas se llaman lados. El ángulo se designa por una letra mayúscula situada en el vértice. A veces se usa una letra griega dentro del ángulo. También podemos usar tres letras mayúsculas de manera que quede en el centro la letra que está situada en el vértice del ángulo.

En la figura 19 se representan los ángulos A, α y MNP o PNM.

Bisectriz de un ángulo es la semirrecta que tiene como origen el vértice y lo divide en dos ángulos iguales.

En la figura 19 la semirrecta $\overrightarrow{NQ}$ es la bisectriz del $\angle N$ si $\angle MNQ = \angle QNP$.

Figura 19

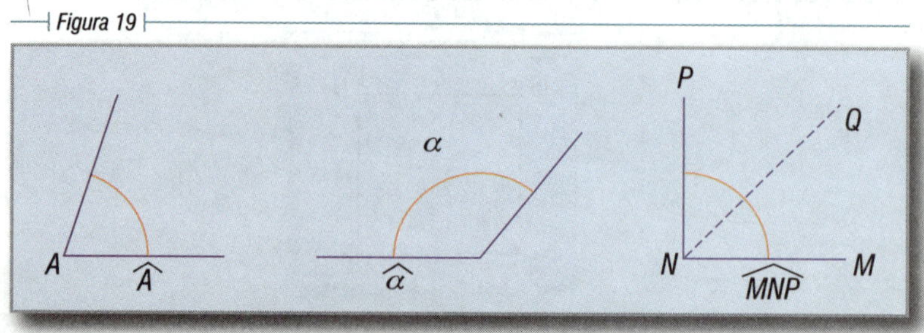

MEDIDA DE ÁNGULOS

27

Medir un ángulo es compararlo con otro que se considera una unidad. Desde la antigüedad, se ha tomado como unidad el grado sexagesimal que se obtiene así:

Se considera a la circunferencia dividida en 360 partes iguales y un ángulo de un grado es el que tiene el vértice en el centro y sus lados pasan por dos divisiones consecutivas. Cada división de la circunferencia se llama también grado.

Cada grado se considera dividido en 60 partes iguales llamadas minutos y cada minuto en 60 partes iguales llamadas segundos.

Los símbolos para estas unidades son:

a) Grado °.
b) Minuto '.
c) Segundo ''.

Ejemplo

Si un ángulo *ABC* mide 38 grados 15 minutos 12 segundos, se escribe:

38°15'12''

Sistema centesimal. En la actualidad, a veces también se considera a la circunferencia dividida en 400 partes iguales, llamadas grados centesimales. Cada grado tiene 100 minutos centesimales y cada minuto tiene 100 segundos centesimales.

Ejemplo

Si un ángulo *ABC* mide 72 grados 50 minutos 18 segundos centesimales, se escribe:

$72^g\ 50^m\ 18^s$

Sistema circular. En este sistema se usa como unidad el ángulo llamado radián.

Un radián es el ángulo cuyos lados comprenden un arco cuya longitud es igual al radio de la circunferencia.

De manera que si la longitud del arco *AB* (Fig. 20) es igual a *r*, entonces, $\angle AOB = 1$ radián.

Figura 20

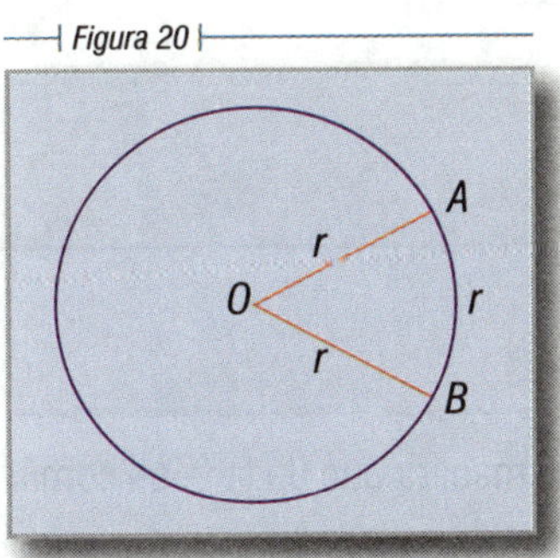

Como la longitud de una circunferencia es 2π radios, resulta que un ángulo de 360° equivale a 2π radianes, es decir, 6.28 radianes, dándole a π el valor de 3.14.

Un radián equivale a 57°18' (se obtiene dividiendo 360° entre 2π).

En este libro, si no se advierte lo contrario, usaremos el sistema sexagesimal.

28 RELACIÓN ENTRE GRADO SEXAGESIMAL Y EL RADIÁN

Si representamos con S la medida de un ángulo en grados sexagesimales y con R la medida del mismo ángulo en radianes, podemos establecer la siguiente proporción:

$$\frac{S}{360^\circ}=\frac{R}{2\pi} \qquad \pi = 3.14$$

Al simplificar:

$$\frac{S}{180^\circ}=\frac{R}{\pi}$$

Ejemplos

1) Expresar en radianes un ángulo de 90°:

$$\frac{S}{180}=\frac{R}{\pi}$$

$$\frac{90}{180}=\frac{R}{\pi}$$

$$\therefore \quad R=\frac{90\,\pi}{180^\circ}=\frac{\pi}{2}$$

y como $\pi = 3.14$, también podemos escribir:

$$R=\frac{3.14}{2}=1.57$$

2) Expresar en grados sexagesimales un ángulo de 6.28 radianes:

$$\frac{S}{180}=\frac{R}{\pi}, \qquad \frac{S}{180}=\frac{6.28}{3.14}, \qquad \pi = 3.14$$

$$\therefore \quad S=\frac{180\times 6.28}{3.14}$$

$$\therefore \quad S=360^\circ$$

29 ÁNGULOS ADYACENTES

Son los que están formados de manera que un lado es común y los otros dos lados pertenecen a la misma recta.

Ejemplo

Figura 21

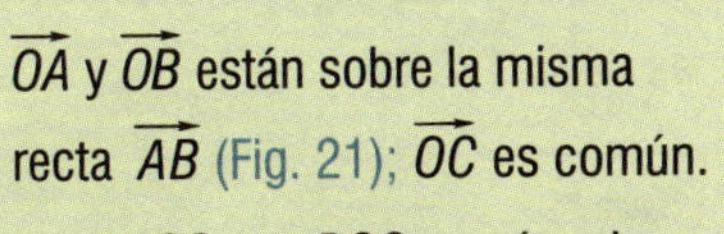

$\overrightarrow{OA}$ y $\overrightarrow{OB}$ están sobre la misma recta $\overrightarrow{AB}$ (Fig. 21); $\overrightarrow{OC}$ es común.

$\therefore$ $\angle AOC$ y $\angle BOC$ son ángulos adyacentes.

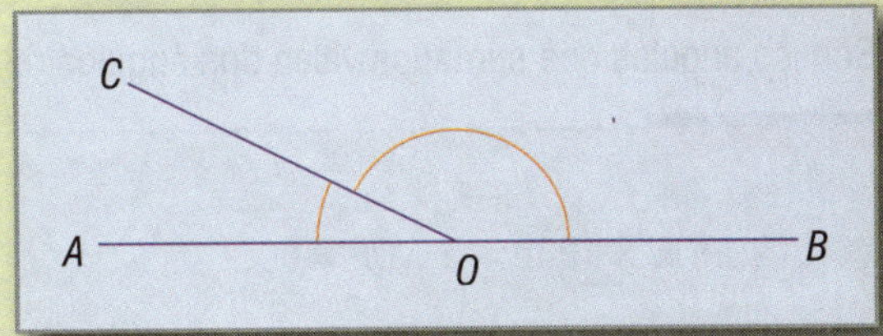

ÁNGULO RECTO 30

Es el que mide 90° (Fig. 22).

$\angle AOB = 1\ \angle \text{recto} = 90°$

Figura 22

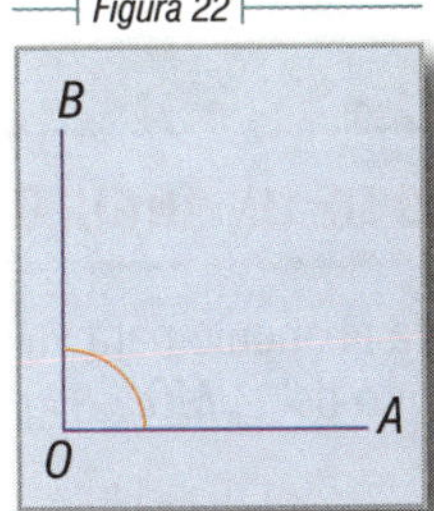

ÁNGULO LLANO 31

Es aquel (Fig. 23) en el cual un lado es la prolongación del otro. Mide 180°.

$\angle MON = 1\ \angle \text{llano} = 180°$

Figura 23

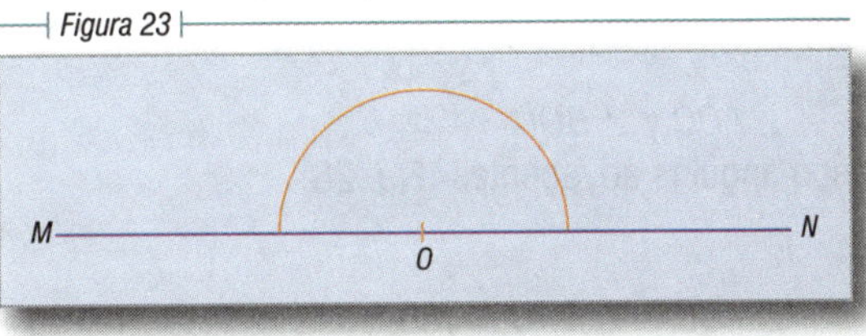

ÁNGULOS COMPLEMENTARIOS 32

Son dos ángulos que sumados valen un ángulo recto, es decir, 90°.

Ejemplo

Si (Fig. 24):

$\angle AOB = 60°$

$\angle BOC = 30°,$

al sumar:

$\angle AOB + \angle BOC = 90°$

y los ángulos AOB y BOC son complementarios.

Figura 24

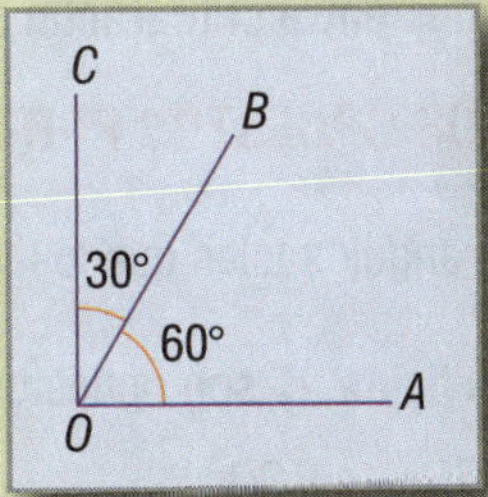

COMPLEMENTO DE UN ÁNGULO 33

Se llama complemento de un ángulo a lo que le falta a éste para igualar un ángulo recto.

El complemento del $\angle AOB$ (Fig. 24) es 30° y el complemento del $\angle BOC$ es 60°.

34 ÁNGULOS SUPLEMENTARIOS

Son los ángulos que sumados valen dos ángulos rectos, es decir, 180°.

Ejemplo

Si (Fig. 25):

$\angle MON = 120°, \quad \angle NOP = 60°,$

al sumar:

$\angle MON + \angle NOP = 180°$

y los ángulos *MON* y *NOP* son suplementarios.

Figura 25

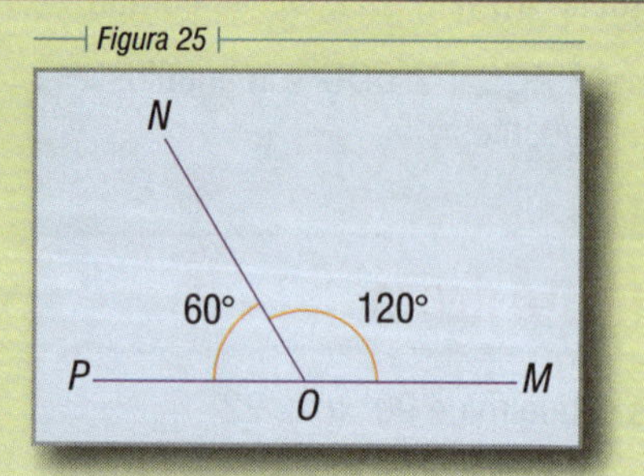

35 SUPLEMENTO DE UN ÁNGULO

Es lo que le falta al ángulo para valer dos ángulos rectos.

El suplemento del $\angle MON$ (Fig. 25) es 60° y el suplemento del $\angle NOP$ es 120°.

36 TEOREMA 2

Dos ángulos adyacentes son suplementarios.

Figura 26

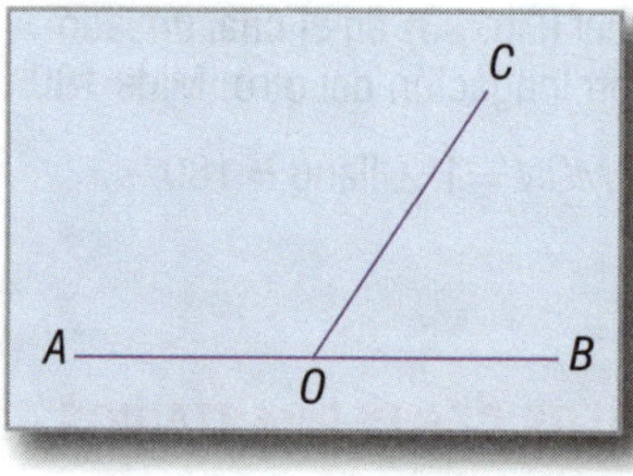

Hipótesis

$\angle AOC$ y $\angle BOC$

son ángulos adyacentes (Fig. 26).

Tesis

$\angle AOC + \angle BOC = 180°$

Demostración

$\angle AOC + \angle BOC = \angle BOA$ (1) Por suma de ángulos

$\angle BOA = 180°$ (2) Por ángulo llano

Luego: $\angle AOC + \angle BOC = 180°$, por el axioma que dice: **Dos cosas iguales a una tercera son iguales entre sí (carácter transitivo de la igualdad).**

37 ÁNGULOS OPUESTOS POR EL VÉRTICE

Son dos ángulos tales que los lados de uno de ellos son las prolongaciones de los lados del otro.

En la figura 27 son opuestos por el vértice:

$\angle AOC$ y $\angle BOD$,

$\angle AOD$ y $\angle BOC$.

Figura 27

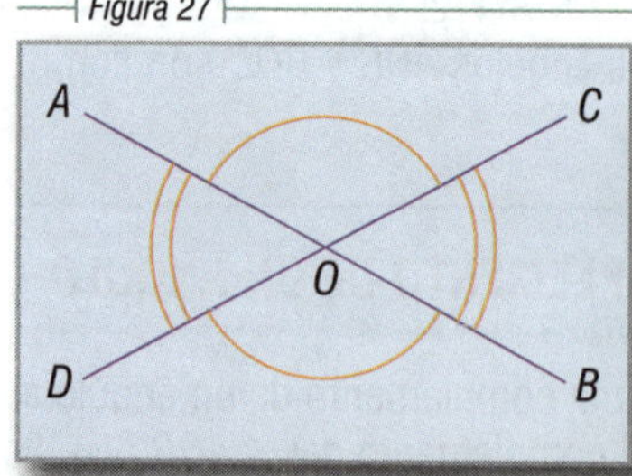

TEOREMA 3 38

Los ángulos opuestos por el vértice son iguales.

Hipótesis

$\angle AOD$ y $\angle BOC$ son opuestos por el vértice (Fig. 28).

Tesis

$\angle AOD = \angle BOC$

Figura 28

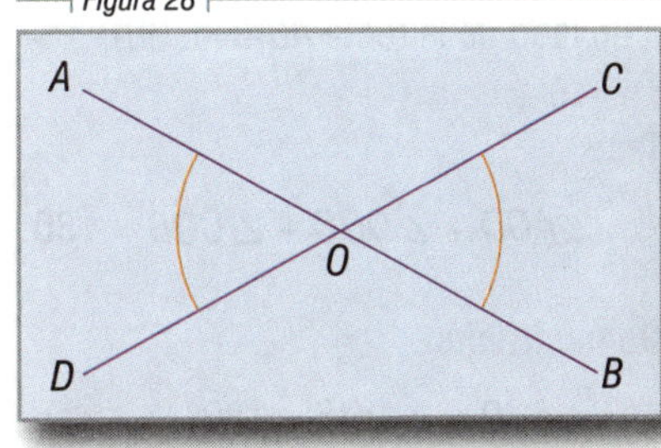

Demostración

$\angle AOD + \angle AOC = 2R$ Por ser adyacentes

Trasponiendo $\angle AOC$:

$\angle AOD = 2R - \angle AOC$ (1)

$\angle BOC + \angle AOC = 2R$ Adyacentes

Trasponiendo $\angle AOC$:

$\angle BOC = 2R - \angle AOC$ (2)

Comparando las igualdades (1) y (2):

$\angle AOD = \angle BOC$ Carácter transitivo de la igualdad

Análogamente, se demuestra que $\angle AOC = \angle BOD$.

ÁNGULOS CONSECUTIVOS 39

Dos ángulos se llaman consecutivos si sólo tienen un lado común.

Varios ángulos son consecutivos si el primero es consecutivo del segundo, el segundo del tercero y así sucesivamente.

Ejemplos

1) Los ángulos *COD* y *DOE* (Fig. 29) son consecutivos.

2) Los ángulos *AOB*, *BOC*, *COD*, *DOE*, *EOF* y *FOA* (Fig. 29) son consecutivos.

Figura 29

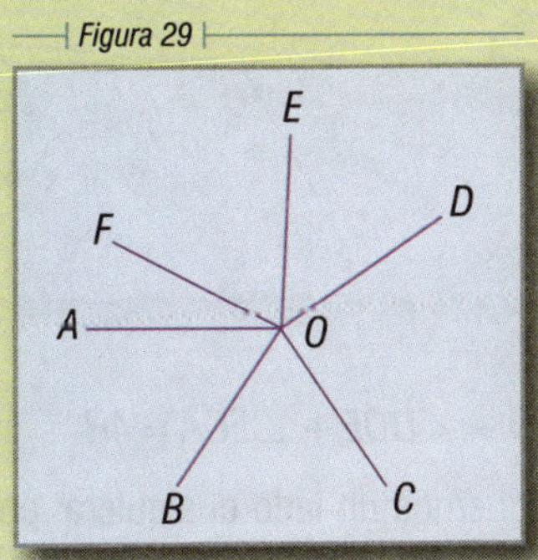

40 TEOREMA 4

Los ángulos consecutivos formados a un lado de una recta suman 180°.

Figura 30

Hipótesis

$\angle AOD$, $\angle DOC$ y $\angle COB$
son ángulos consecutivos formados a un lado de la recta AB (Fig. 30).

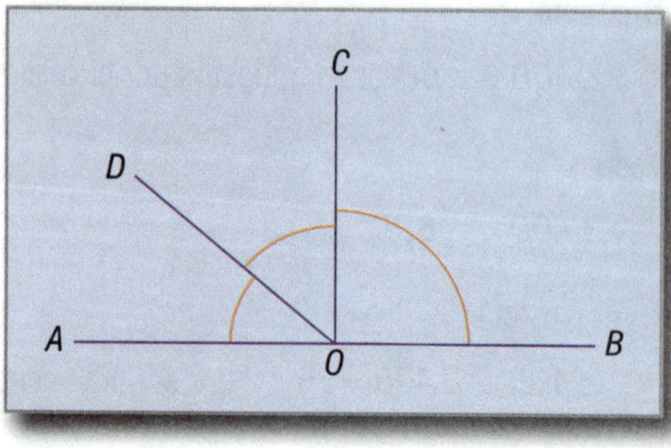

Tesis

$$\angle AOD + \angle DOC + \angle COB = 180°$$

Demostración

$\angle AOD + \angle DOB = 180°$ (1) Adyacentes

Pero:

$\angle DOB = \angle DOC + \angle COB$ (2) Suma de ángulos

Sustituyendo (2) en (1) tenemos:

$$\angle AOD + \angle DOC + \angle COB = 180°$$

41 TEOREMA 5

La suma de los ángulos consecutivos alrededor de un punto equivale a cuatro ángulos rectos.

Hipótesis

$\angle AOB$, $\angle BOC$, $\angle COD$, $\angle DOE$ y $\angle EOA$ (Fig. 31) son ángulos consecutivos alrededor del punto O.

Figura 31

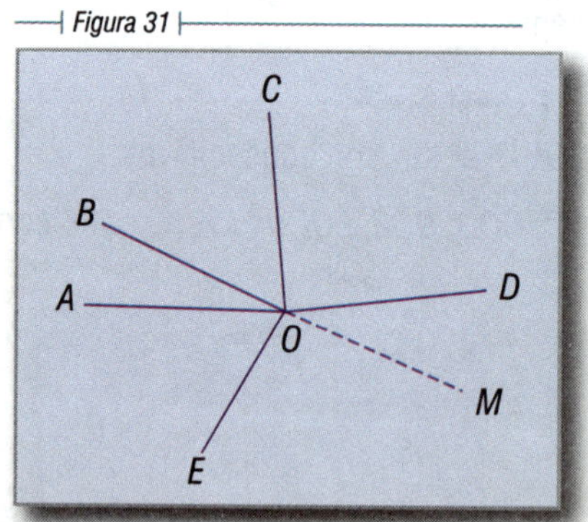

Tesis

$$\angle AOB + \angle BOC + \angle COD + \angle DOE + \angle EOA = 4R$$

Construcción auxiliar. Prolonguemos un lado cualquiera; por ejemplo BO, de manera que el $\angle DOE$ quede dividido en $\angle DOM$ y $\angle MOE$, tales que $\angle DOM + \angle MOE = \angle DOE$.

Demostración

$\angle BOC + \angle COD + \angle DOM = 2R$ (1) Consecutivos a un lado de una recta
$\angle AOB + \angle EOA + \angle MOE = 2R$ (2) La misma razón anterior

Sumando miembro a miembro las igualdades (1) y (2):

$$\angle AOB + \angle BOC + \angle COD + \angle EOA + \angle DOM + \angle MOE = 4R \quad (3)$$

Pero:

$\angle DOM + \angle MOE = \angle DOE$ (4) Suma de ángulos

Sustituyendo (4) en (3):

$$\angle AOB + \angle BOC + \angle COD + \angle EOA + \angle DOE = 4R$$

como se quería demostrar.

Ejercicios

1. Expresar los siguientes ángulos en el sistema sexagesimal:
   a) 3.14 rad
   b) 9.42 rad

   R. 180°, 540°

2. Expresar los siguientes ángulos en el sistema circular:
   a) 45°
   b) 135°

   R. 0.785 rad, 2.35 rad

3. $\angle AOC$ y $\angle COB$ están en la relación 2:3. Hallarlos.

   R. $\angle AOC = 72°$, $\angle COB = 108°$

Ejercicio 3

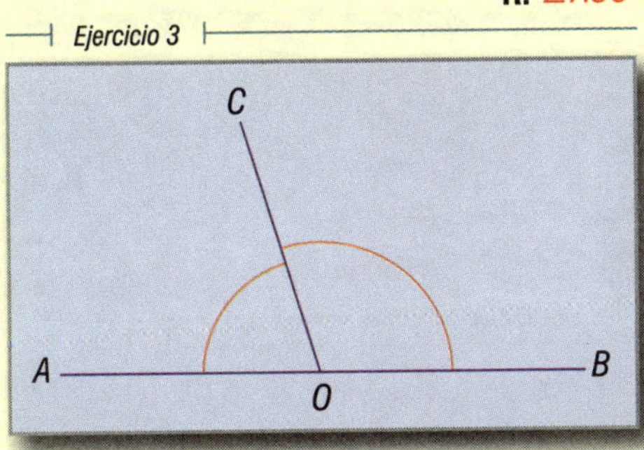

4. Si:
   $\angle AOD = 2x$,
   $\angle DOC = 5x$,
   $\angle COB = 3x$
   ¿cuánto mide cada ángulo?

   R. $\angle AOD = 36°$,
   $\angle DOC = 90°$,
   $\angle COB = 54°$

Ejercicio 4

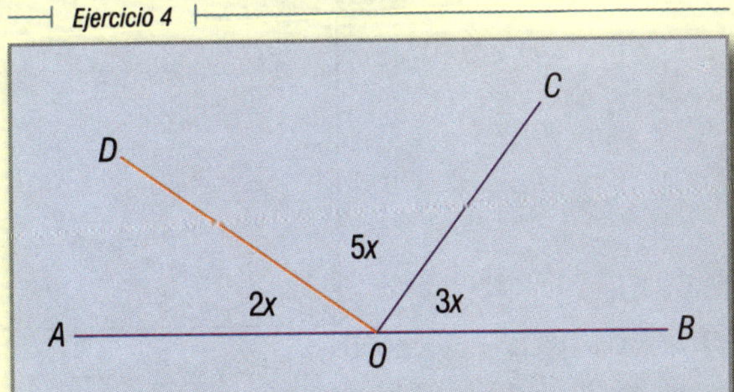

5. Hallar los complementos de los siguientes ángulos:

a) 18° — **R.** 72°,

b) 36°52' — 53°8',

c) 48°39'15'' — 41°20'45''

6. Encontrar los suplementos de los siguientes ángulos:

a) 78° — **R.** 102°,

b) 92°15' — 87°45',

c) 123°9'16'' — 56°50'44''

7. Si el $\angle AOB$ es recto y $\angle AOC$ y $\angle BOC$ están en la relación 4:5, ¿cuánto vale cada ángulo?

R. $\angle AOC = 40°$, $\angle BOC = 50°$

Ejercicio 7

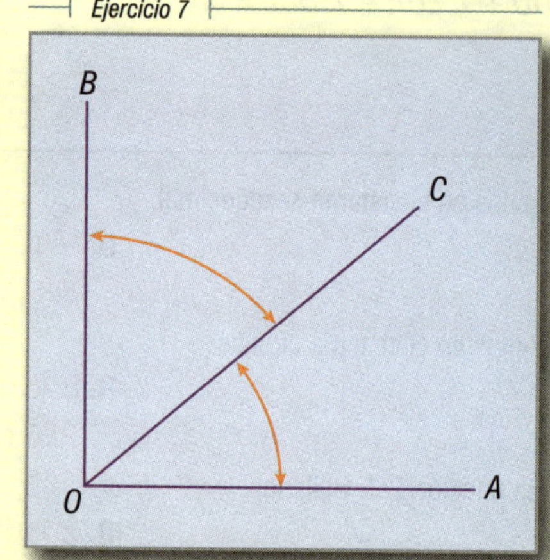

8. Si el $\angle AOD$ es recto y

$\angle AOB = 2x$,

$\angle BOC = 3x$,

$\angle COD = 4x$,

¿cuánto vale cada ángulo?

R. $\angle AOB = 20°$,

$\angle BOC = 30°$,

$\angle COD = 40°$

Ejercicio 8

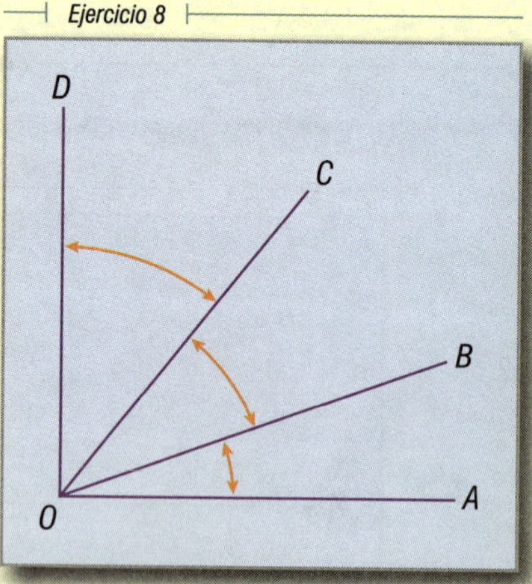

9. Si $\angle BOC = 2\angle AOB$,
hallar: $\angle AOB$, $\angle COD$, $\angle BOC$, $\angle AOD$.

R. $\angle AOB = \angle COD = 60°$,
$\angle BOC = \angle AOD = 120°$

Ejercicio 9

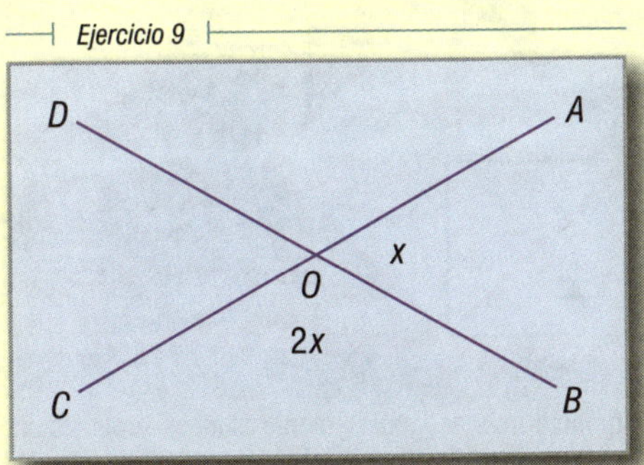

10. Si $\angle MON$ y $\angle NOP$ están en la relación 4:5, ¿cuánto mide cada uno?

R. $\angle MON = \angle POQ = 80°$,
$\angle NOP = \angle MOQ = 100°$

Ejercicio 10

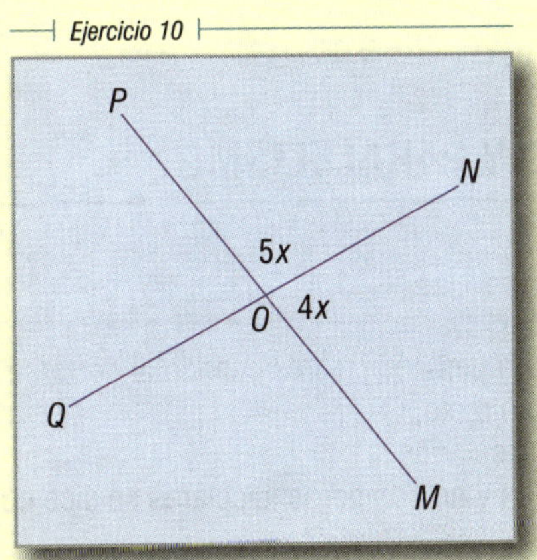

11. Hallar el ángulo que es igual a su complemento. **R.** 45°
12. Encontrar el ángulo que es el doble de su complemento. **R.** 60°
13. Hallar el ángulo que es igual a la mitad de su complemento. **R.** 30°
14. Un ángulo y su complemento están en relación 5:4. Hallar dicho ángulo y su complemento. **R.** 50° y 40°
15. Hallar el ángulo que es igual a su suplemento. **R.** 90°
16. Encontrar el ángulo que es igual a la mitad de su suplemento. **R.** 60°
17. Hallar el ángulo que es igual al doble de su suplemento. **R.** 120°
18. Un ángulo y su suplemento están en relación 5:1. Hallarlos. **R.** 150° y 30°
19. Dos ángulos están en relación 3:4 y su suma es igual a 70°. Hallarlos. **R.** 30° y 40°
20. Dos ángulos se encuentran en relación 4:9 y su suma es igual a 130°. Hallarlos. **R.** 40° y 90°

Los indios y la Geometría. El documento indio más antiguo referente a la Geometría es el *Sulva-Sutra* de Apastamba, anterior al siglo VII a. C. El nombre de este documento significa "reglas relativas a la ciencia", y en él se enuncian explícitamente algunas proposiciones a las que se refiere la ilustración. Una de ellas no vuelve a aparecer hasta el Menón de Platón. En el siglo V de nuestra era, Ariabhata da a π (pi) el valor de 3.1416.

Capítulo III

PERPENDICULARIDAD Y PARALELISMO

42 DEFINICIONES

Se dice que dos rectas son perpendiculares cuando al cortarse forman cuatro ángulos iguales. Cada uno es un ángulo recto.

El símbolo de perpendicular es $\perp$.

Si dos rectas se cortan y no son perpendiculares se dice que son *oblicuas*.

Ejemplo

En la figura 32 $\overleftrightarrow{CD} \perp \overleftrightarrow{AB}$.

$$\angle 1 = \angle 2 = \angle 3 = \angle 4 = 90°$$

Figura 32

C
2 1
A O B
3 4
D

CARÁCTER RECÍPROCO DE LA PERPENDICULARIDAD 43

Si una recta es perpendicular a otra, ésta es perpendicular a la primera.

Es decir, si $\overleftrightarrow{CD} \perp \overleftrightarrow{AB}$ (Fig. 32), entonces, $\overleftrightarrow{AB} \perp \overleftrightarrow{CD}$.

POSTULADO 44

Por un punto fuera de una recta, en un plano, pasa una perpendicular a dicha recta y sólo una.

Figura 33

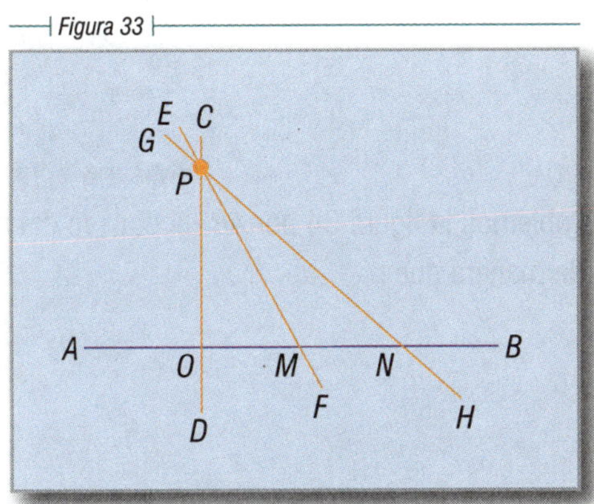

En la figura 33 tenemos una recta $\overleftrightarrow{AB}$ y un punto P fuera de ella.

Entre todas las rectas que pasan por P y cortan a la recta $\overleftrightarrow{AB}$, admitimos que sólo una, $\overleftrightarrow{CD}$, es perpendicular a $\overleftrightarrow{AB}$.

Tracemos también las rectas $\overleftrightarrow{EF}$ y $\overleftrightarrow{GH}$, de tal manera que intersequen a $\overleftrightarrow{AB}$ en M y N.

El punto O de intersección se llama pie de la perpendicular.

Los puntos M, N, etc., de intersección de las oblicuas se llaman pies de las oblicuas.

TEOREMA 6 45

Si por un punto exterior a una recta trazamos una perpendicular y varias oblicuas, se verifica (Fig. 34):

1. **El segmento de perpendicular comprendido entre el punto y la recta es menor que cualquier segmento de oblicua.**
2. **Los segmentos de oblicuas cuyos pies equidistan del pie de la perpendicular son iguales.**
3. **De dos segmentos de oblicuas cuyos pies no equidistan del pie de la perpendicular, es mayor aquel que dista más.**

Para la demostración de este teorema utilizaremos el siguiente postulado del movimiento:

Una figura geométrica puede moverse sin cambiar de tamaño ni forma.

Hipótesis

$\overleftrightarrow{PC} \perp \overleftrightarrow{AB}$ y $\overleftrightarrow{PF}$, $\overleftrightarrow{PD}$, $\overleftrightarrow{PE}$ oblicuas a $\overleftrightarrow{AB}$.

En la figura 34 : $\overline{CF} = \overline{CD}$,

$\overline{CE} > \overline{CD}$.

Figura 34

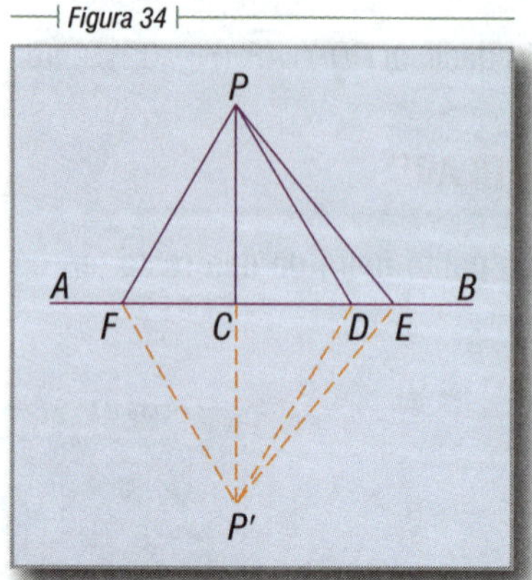

Tesis

1. $\overline{PC} < \overline{PD}$
2. $\overline{PF} = \overline{PD}$
3. $\overline{PE} > \overline{PD}$

Construcción auxiliar. Doblemos la figura 34 por $\overleftrightarrow{AB}$ (postulado del movimiento). El punto P ocupará la posición P', de manera que:

$\overline{CP'} = \overline{CP}$
$\overline{P'F} = \overline{PF}$
$\overline{P'D} = \overline{PD}$
$\overline{P'E} = \overline{PE}$

Demostración

Primera parte:

La distancia más corta entre dos puntos es la recta: $\overline{PC} + \overline{CP'} < \overline{PD} + \overline{DP'}$ (1)

Pero: $\overline{PC} = \overline{CP'}$ (2)

Construcción: $\overline{PD} = \overline{DP'}$ (3)

Sustituyendo (2) y (3) en (1): $\therefore \quad \overline{PC} + \overline{PC} < \overline{PD} + \overline{PD}$

Sumando: $\therefore \quad 2\overline{PC} < 2\overline{PD}$

Trasponiendo: $\therefore \quad \overline{PC} < \dfrac{2\overline{PD}}{2}$

Simplificando: $\therefore \quad \overline{PC} < \overline{PD}$

Segunda parte:

Doblemos la figura 34 por $\overleftrightarrow{PP'}$, de manera que llevemos el semiplano de la izquierda sobre el semiplano de la derecha. El punto F coincidirá con el punto D porque $\overline{FC} = \overline{CD}$. Entonces, tendremos que $\overline{PF} = \overline{PD}$ por coincidir sus extremos, ya que el punto P es común y por dos puntos pasa una recta y solamente una (postulado).

Tercera parte:

	$\overline{PE}+\overline{P'E}>\overline{PD}+\overline{P'D}$	(4)	Envolvente y envuelta
Pero:	$\overline{PE}=\overline{P'E}$	(5)	Construcción
	$\overline{PD}=\overline{P'D}$	(6)	
Sustituyendo (5) y (6) en (4):	$\overline{PE}+\overline{PE}>\overline{PD}+\overline{PD}$		
Sumando:	$2\overline{PE}>2\overline{PD}$		
Trasponiendo:	$\overline{PE}>\dfrac{2\overline{PD}}{2}$		
Simplificando:	$\overline{PE}>\overline{PD}$		

RECÍPROCO 46

Si por un punto exterior a una recta se trazan varias rectas que cortan a la primera, se dice que:

1. **El menor de todos los segmentos comprendidos entre el punto y la recta es perpendicular a ésta.**
2. **Si dos segmentos oblicuos son iguales, sus pies equidistan del pie de la perpendicular.**
3. **Si dos segmentos oblicuos son desiguales, el pie del segmento mayor dista más del pie de la perpendicular que el pie del segmento menor.**

DISTANCIA DE UN PUNTO A UNA RECTA 47

Es la longitud del segmento perpendicular trazado desde el punto a la recta. Este segmento tiene las propiedades de ser único y el menor posible.

PARALELISMO 48

Se dice que dos rectas de un plano son paralelas cuando al prolongarlas no tienen ningún punto común.

El paralelismo tiene la propiedad recíproca; es decir, si una recta es paralela a otra, esta otra es paralela a la primera.

Se acepta que toda recta es paralela a sí misma. Esta propiedad se llama propiedad idéntica.

El paralelismo se expresa con el signo ||. Así, $\overleftrightarrow{AB} \parallel \overleftrightarrow{CD}$ (Fig. 35).

Figura 35

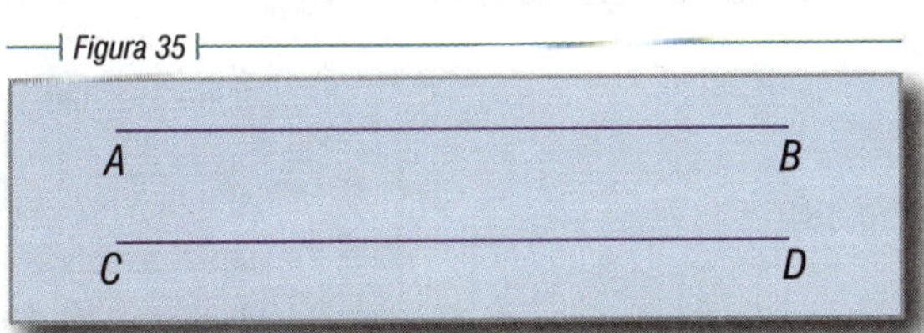

49 **TEOREMA 7**

Dos rectas de un plano, perpendiculares a una tercera, son paralelas entre sí.

Figura 36

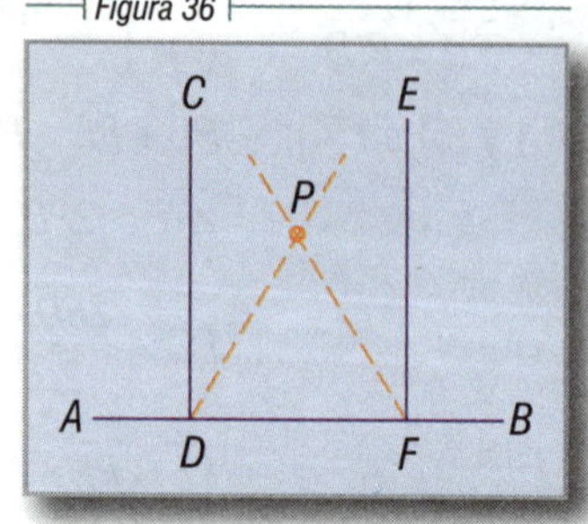

Hipótesis

$\overleftrightarrow{CD} \perp \overleftrightarrow{AB}$, $\overleftrightarrow{EF} \perp \overleftrightarrow{AB}$

Tesis

$\overleftrightarrow{CD} \parallel \overleftrightarrow{EF}$

Demostración

Supongamos que $\overleftrightarrow{CD}$ no es paralela a $\overleftrightarrow{EF}$. En este caso se cortaría en algún punto; por ejemplo, en P.

Pero entonces tendríamos que por P pasarían dos perpendiculares a la misma recta $\overleftrightarrow{AB}$, lo cual es imposible (postulado, sección 44). Luego, $\overleftrightarrow{CD}$ y $\overleftrightarrow{EF}$ no pueden tener ningún punto común y, por tanto, son paralelas. Es decir, $\overleftrightarrow{CD} \parallel \overleftrightarrow{EF}$.

50 **COROLARIO**

Por un punto exterior a una recta, pasa una paralela a dicha recta.

Sea $\overleftrightarrow{AB}$ la recta dada y E el punto exterior. Por E trazamos $\overleftrightarrow{EF} \perp \overleftrightarrow{AB}$ y en el punto E trazamos $\overleftrightarrow{CD} \perp \overleftrightarrow{EF}$; resulta entonces que $\overleftrightarrow{CD} \parallel \overleftrightarrow{AB}$, en virtud del teorema anterior (Fig. 37).

Figura 37

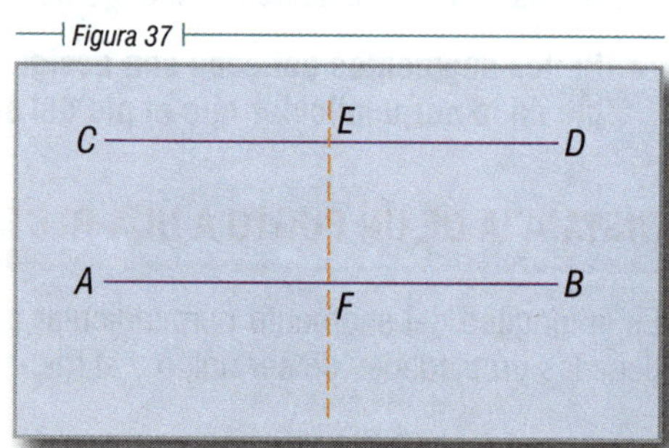

51 **POSTULADO DE EUCLIDES**

Por un punto exterior a una recta pasa una sola paralela a dicha recta.

En el capítulo I, ya se hicieron las observaciones correspondientes a este postulado, muy discutido y cuya negación dio origen a la Geometría no euclidiana.

52 **COROLARIO I**

Dos rectas paralelas a una tercera son paralelas entre sí.

Figura 38

Hipótesis

$\overleftrightarrow{CD} \parallel \overleftrightarrow{AB}$ (Fig 38),

$\overleftrightarrow{EF} \parallel \overleftrightarrow{AB}$

Tesis

$\overleftrightarrow{EF} \parallel \overleftrightarrow{CD}$

Demostración

Si $\overleftrightarrow{EF}$ y $\overleftrightarrow{CD}$ no fueran paralelas, se cortarían en un punto P.

Entonces, por el punto P pasarían dos paralelas a $\overleftrightarrow{AB}$, lo cual es contrario al postulado de Euclides.

Por tanto: $\overleftrightarrow{EF} \parallel \overleftrightarrow{CD}$

COROLARIO II 53

Si una recta corta a otra, corta también a las paralelas a ésta.

Figura 39

Hipótesis

$\overleftrightarrow{AB} \parallel \overleftrightarrow{CD}$ (Fig. 39),

$\overleftrightarrow{EF}$ corta a $\overleftrightarrow{AB}$ en P.

Tesis

$\overleftrightarrow{EF}$ corta a $\overleftrightarrow{CD}$.

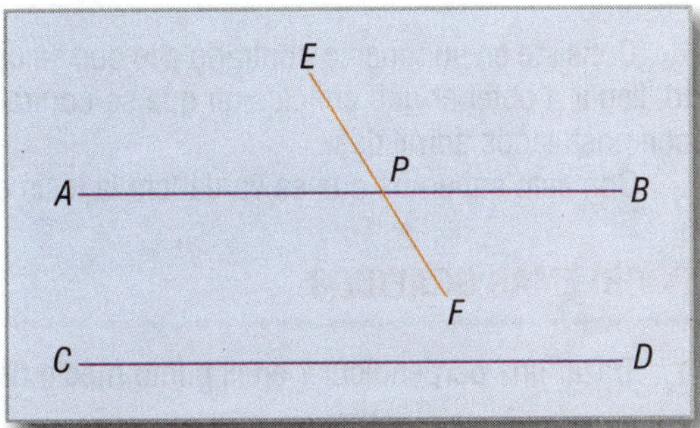

Demostración

Supongamos que $\overleftrightarrow{EF}$ no corta a $\overleftrightarrow{CD}$. Entonces, sería paralela a ella. Pero esto es imposible porque tendríamos por el mismo punto P dos paralelas a $\overleftrightarrow{CD}$: la recta $\overleftrightarrow{AB}$ y la recta $\overleftrightarrow{EF}$. Por tanto, $\overleftrightarrow{EF}$ corta a $\overleftrightarrow{CD}$.

COROLARIO III 54

Si una recta es perpendicular a otra, también es perpendicular a toda paralela a esta otra.

Hipótesis

$\overleftrightarrow{AB} \parallel \overleftrightarrow{CD}$ (Fig. 40),

$\overleftrightarrow{GH} \parallel \overleftrightarrow{AB}$

Figura 40

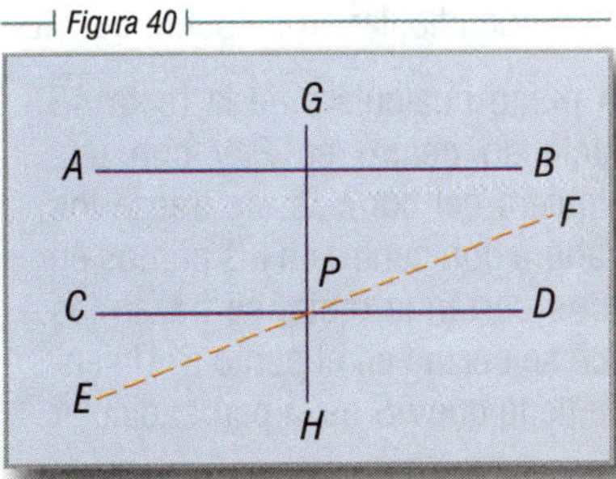

Tesis

$\overleftrightarrow{GH} \perp \overleftrightarrow{CD}$

Demostración

Si $\overleftrightarrow{GH}$ corta a $\overleftrightarrow{AB}$, también corta a $\overleftrightarrow{CD}$. Supongamos que el punto de intersección es P y que $\overleftrightarrow{GH}$ no es perpendicular a $\overleftrightarrow{CD}$. Entonces, por P podríamos trazar $\overleftrightarrow{EF} \perp \overleftrightarrow{GH}$ y tendríamos: $\overleftrightarrow{EF} \parallel \overleftrightarrow{AB}$, es decir, que por el mismo punto P pasarían dos paralelas a $\overleftrightarrow{AB}$; las $\overleftrightarrow{CD}$ y $\overleftrightarrow{EF}$. Esto es imposible, por tanto: $\overleftrightarrow{GH} \perp \overleftrightarrow{CD}$.

55 CARACTERES DEL PARALELISMO

1. Idéntico: **Toda recta es paralela a sí misma.**
2. Recíproco: **Si una recta es paralela a otra, ésta es paralela a la primera.**
3. Transitivo: **Dos rectas paralelas a una tercera son paralelas entre sí.**

56 MÉTODO DE DEMOSTRACIÓN POR REDUCCIÓN AL ABSURDO

En los teoremas sobre paralelismo, se ha empleado el método llamado por reducción al absurdo.

Consiste en suponer lo contrario a lo que se quiere demostrar y, mediante un razonamiento, llegar a obtener una conclusión que se contradice con otros teoremas ya demostrados o con postulados admitidos.

Con esto sabemos que es verdadera la tesis que queremos demostrar.

57 PROBLEMAS GRÁFICOS

1. Trazar una perpendicular en el punto medio de un segmento.

Sea el segmento $\overline{AB}$ (Fig. 41). Con una abertura de compás mayor que la mitad del segmento y haciendo centro en A y B, sucesivamente, se trazan los arcos o, m, n y p, que se cortan en C y D, respectivamente. Uniendo C con D tenemos la perpendicular en el punto medio H del segmento $\overline{AB}$.

Figura 41

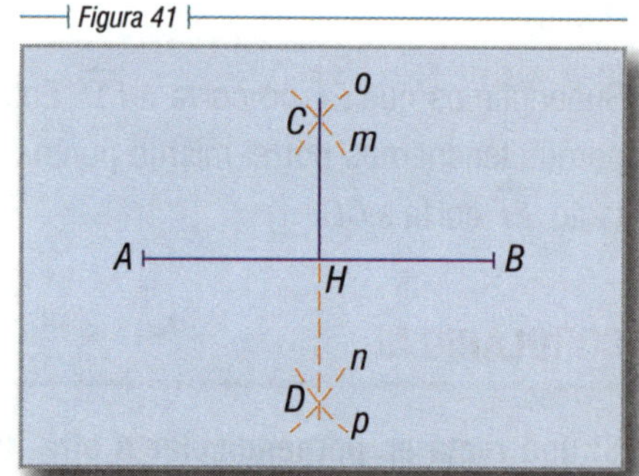

2. Trazar una perpendicular en un punto cualquiera de una recta.

Sea P un punto cualquiera de la recta $\overleftrightarrow{AB}$ (Fig. 42). Haciendo centro en P y con una abertura cualquiera del compás, se trazan los arcos m y n; ahora con centro en los puntos en que estos arcos cortan la recta, se trazan los arcos q y r que se cortan en el punto S. Uniendo S con P se tiene que $\overline{PS}$ es la perpendicular buscada.

Figura 42

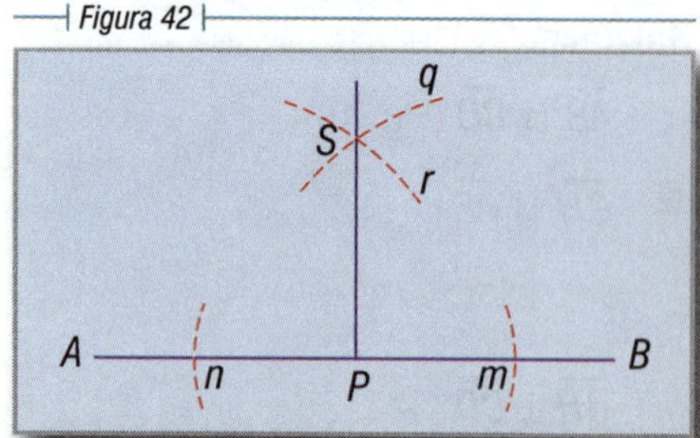

3. Trazar una perpendicular en un extremo de un segmento sin prolongarlo (Fig. 43).

Sea $\overline{AB}$ el segmento. Para trazar la perpendicular en un extremo *B*, se hace centro en este punto y con una abertura cualquiera de compás se traza el arco *p g r* que corta a $\overline{AB}$ en *C*. Haciendo centro en *C* y con la misma abertura, se señala el punto *D*; haciendo centro en *D* se obtiene el punto *E*. Haciendo centro en *D* y *E*, sucesivamente, se trazan los arcos *s* y *t* que se cortan en *U*. Uniendo *U* con *B* tendremos la perpendicular buscada.

Figura 43

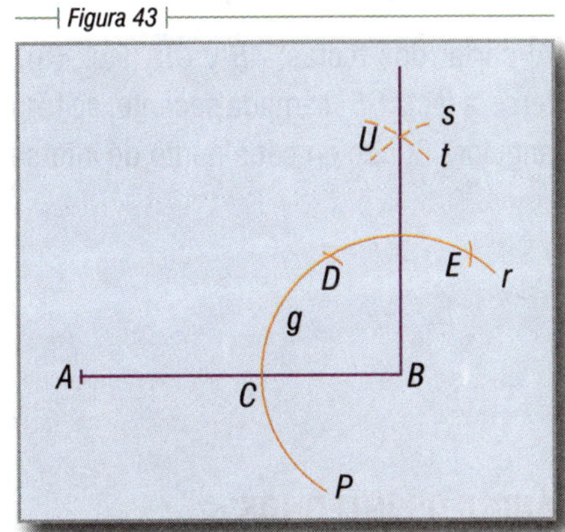

4. Por un punto *P* exterior a una recta $\overleftrightarrow{AB}$ trazar una paralela (Fig. 44-A).

Por un punto cualquiera *C* de la recta y con radio $\overline{CP}$, se traza el arco $\widehat{PD}$. Haciendo centro en *P* y con el mismo radio se traza el arco $\widehat{CE}$.

Con centro en *C* y tomando una abertura de compás igual a $\overline{PD}$ se señala el punto *M*.

La recta $\overleftrightarrow{PM}$ es paralela a la recta $\overleftrightarrow{AB}$ y pasa por *P*.

Figura 44-A

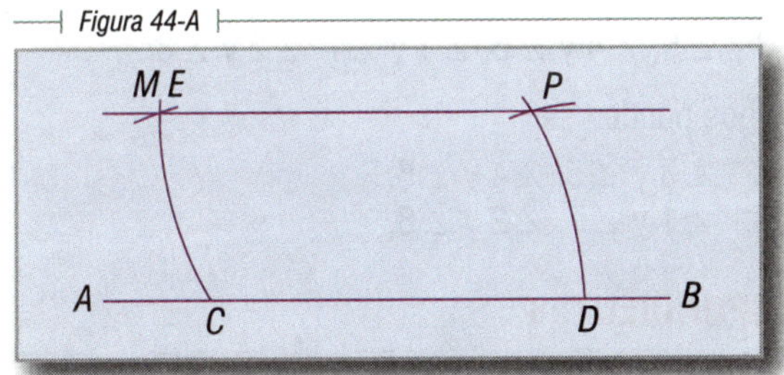

5. Trazar la bisectriz de un ángulo.

Sea el ángulo *ABC* (Fig. 44-B).

Haciendo centro en el vértice *B* se traza el arco $\widehat{MN}$.

Con centro en *M* trazamos el arco *r* y con centro en *N* el arco *s*. Entonces, *r* y *s* se cortan en *P*.

La semirrecta $\overrightarrow{BP}$ es la bisectriz del ángulo *ABC*.

Figura 44-B

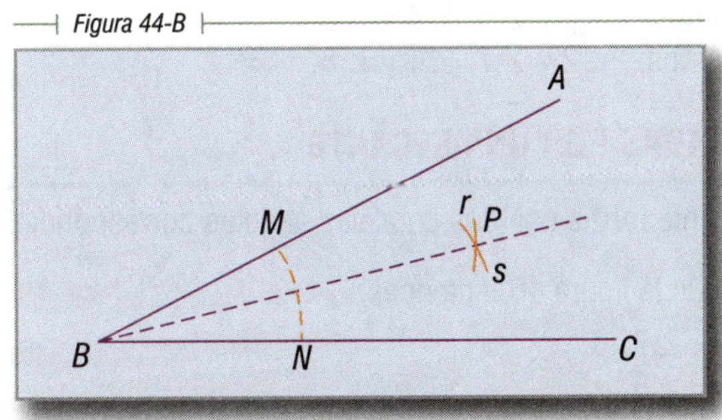

58 RECTAS CORTADAS POR UNA SECANTE

Al cortar dos rectas, $\overleftrightarrow{AB}$ y $\overleftrightarrow{CD}$ (Fig. 45), con una tercera recta $\overleftrightarrow{SS'}$ llamada secante, se forman ocho ángulos. Cuatro en cada punto de intersección.

Figura 45

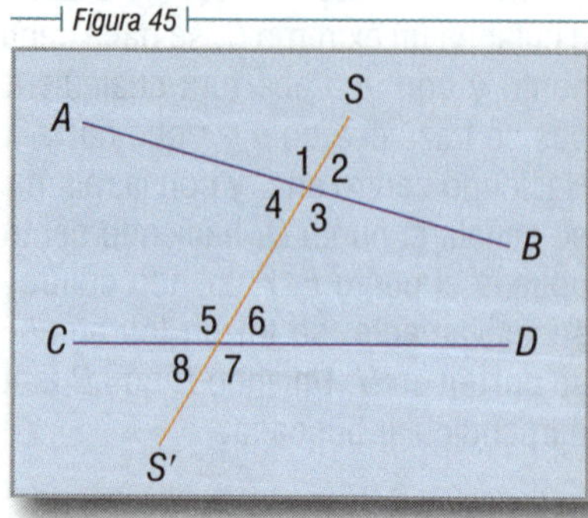

59 ÁNGULOS INTERNOS

Son los $\angle 4$, $\angle 3$, $\angle 6$, $\angle 5$.

60 ÁNGULOS EXTERNOS

Son los $\angle 1$, $\angle 2$, $\angle 8$, $\angle 7$.

61 ÁNGULOS ALTERNOS

Son los pares de $\angle 3$ y $\angle 5$, $\angle 4$ y $\angle 6$, $\angle 1$ y $\angle 7$, $\angle 2$ y $\angle 8$.

Los ángulos alternos pueden ser:

1. Alternos internos: $\angle 3$ y $\angle 5$, $\angle 4$ y $\angle 6$.
2. Alternos externos: $\angle 1$ y $\angle 7$, $\angle 2$ y $\angle 8$.

62 ÁNGULOS CORRESPONDIENTES

Son los pares de $\angle 1$ y $\angle 5$, $\angle 2$ y $\angle 6$, $\angle 3$ y $\angle 7$, $\angle 4$ y $\angle 8$.

63 ÁNGULOS CONJUGADOS

Son dos ángulos internos, o dos externos, situados en un mismo semiplano respecto a la secante.

Los ángulos conjugados pueden ser:

1. Conjugados internos: $\angle 3$ y $\angle 6$, $\angle 4$ y $\angle 5$.
2. Conjugados externos: $\angle 2$ y $\angle 7$, $\angle 1$ y $\angle 8$.

64 PARALELAS CORTADAS POR UNA SECANTE

Postulado: Toda secante forma con dos paralelas ángulos correspondientes iguales.

Si $\overleftrightarrow{AB} \parallel \overleftrightarrow{CD}$, según la figura 46, entonces:

$\angle 1 = \angle 5$, $\angle 3 = \angle 7$,
$\angle 2 = \angle 6$, $\angle 4 = \angle 8$.

Figura 46

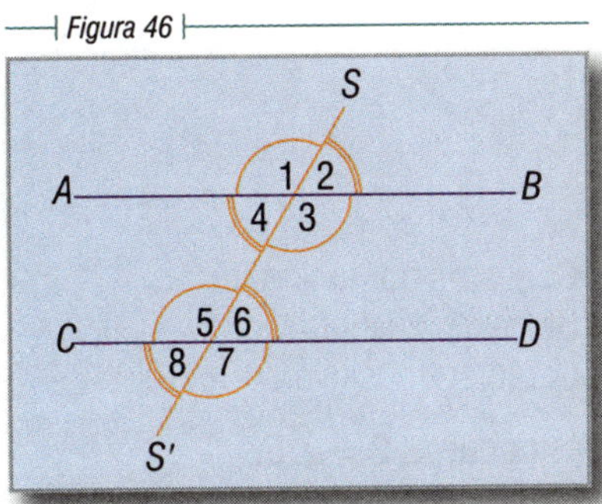

LEMA 65

Admitido el postulado anterior se demuestra que: **Si una secante forma con dos rectas de un plano ángulos correspondientes iguales, dichas rectas son paralelas.**

Hipótesis

$\angle 1 = \angle 2$ (Fig. 47).

Figura 47

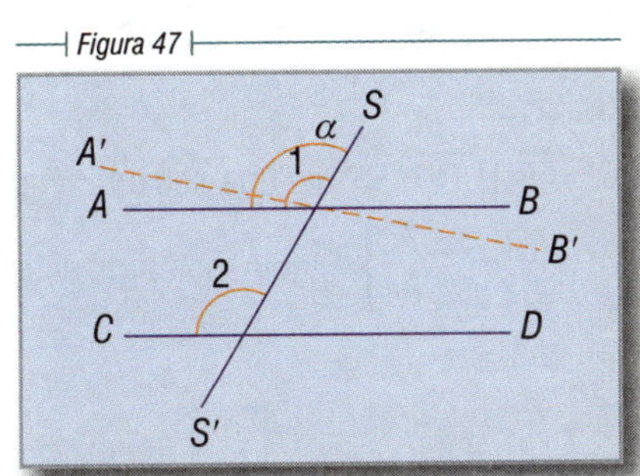

Tesis

$\overleftrightarrow{AB} \parallel \overleftrightarrow{CD}$

Demostración

Por el método de reducción al absurdo: Supongamos que $\overleftrightarrow{AB}$ no es paralela a $\overleftrightarrow{CD}$. Entonces, podremos trazar $\overleftrightarrow{A'B'} \parallel \overleftrightarrow{CD}$ (postulado de Euclides).

Tendríamos: $\angle \alpha = \angle 2$, en virtud del postulado.

Comparando esta igualdad con la hipótesis, tenemos:

$\angle \alpha = \angle 2,\ \angle 1 = \angle 2\ \therefore\ \angle \alpha = \angle 1$ Carácter transitivo

Esta conclusión es absurda a menos que la recta $\overleftrightarrow{A'B'}$ coincida con la recta $\overleftrightarrow{AB}$. Luego, $\overleftrightarrow{AB} \parallel \overleftrightarrow{CD}$, como se quería demostrar.

TEOREMA 8 66

Toda secante forma con dos paralelas ángulos alternos internos iguales.

Figura 48

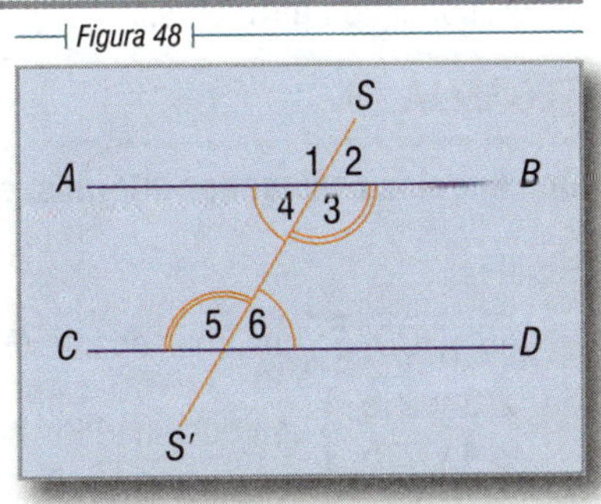

Hipótesis

$\overleftrightarrow{AB} \parallel \overleftrightarrow{CD}$, $\overleftrightarrow{SS'}$ es una secante (Fig. 48), entonces:

$\left.\begin{array}{l} \angle 4 \text{ y } \angle 6 \\ \angle 3 \text{ y } \angle 5 \end{array}\right\}$ son ángulos alternos internos

Tesis

$\angle 4 = \angle 6$
$\angle 3 = \angle 5$

Demostración

	$\angle 4 = \angle 2$	Opuestos por el vértice
	$\angle 2 = \angle 6$	Correspondientes
$\therefore$	$\angle 4 = \angle 6$	Carácter transitivo

Análogamente, se demuestra que $\angle 3 = \angle 5$.

67 RECÍPROCO

Si una secante forma con dos rectas de un plano ángulos alternos internos iguales, dichas rectas son paralelas.

68 TEOREMA 9

Toda secante forma con dos paralelas ángulos alternos externos iguales.

Hipótesis

$\overleftrightarrow{AB} \parallel \overleftrightarrow{CD}$; $\overleftrightarrow{SS'}$ es una secante (Fig. 49),

$\left.\begin{matrix}\angle 1 \text{ y } \angle 7\\ \angle 2 \text{ y } \angle 8\end{matrix}\right\}$ ángulos alternos externos

Figura 49

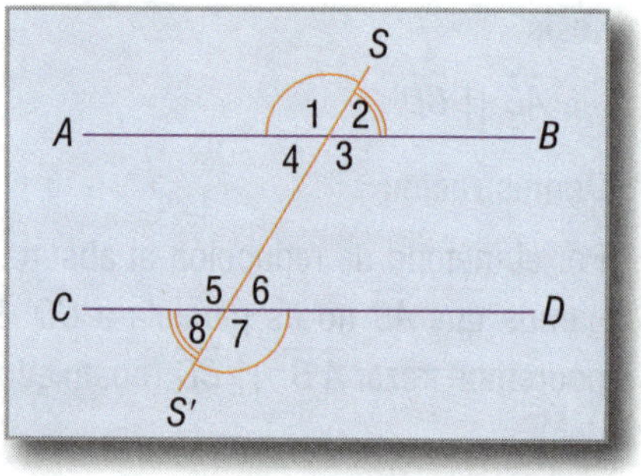

Tesis

$\angle 1 = \angle 7$
$\angle 2 = \angle 8$

Demostración

$\angle 1 = \angle 3$	(1)	Opuestos por el vértice
$\angle 3 = \angle 7$	(2)	Correspondientes

Al comparar (1) y (2): $\angle 1 = \angle 7$ Carácter transitivo

Análogamente, se demuestra que $\angle 2 = \angle 8$.

69 RECÍPROCO

Si una secante forma con dos rectas de un plano, ángulos alternos externos iguales, dichas rectas son paralelas.

70 TEOREMA 10

Dos ángulos conjugados internos, entre paralelas, son suplementarios.

Hipótesis

$\overleftrightarrow{AB} \parallel \overleftrightarrow{CD}$, $\overleftrightarrow{SS'}$ es una secante (Fig. 50),

$\left.\begin{matrix}\angle 3 \text{ y } \angle 6\\ \angle 4 \text{ y } \angle 5\end{matrix}\right\}$ son conjugados internos

Tesis

$\angle 3 + \angle 6 = 2R$
$\angle 4 + \angle 5 = 2R$

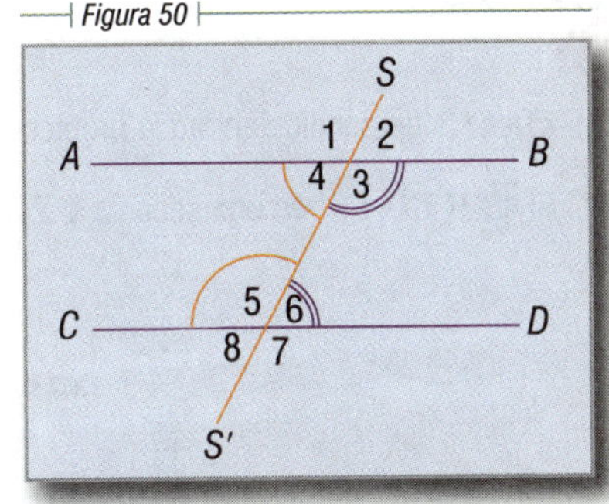

Figura 50

Demostración

$\angle 5 + \angle 6 = 2R$ (1) Por adyacentes
$\angle 5 = \angle 3$ (2) Por alternos internos

Sustituyendo (2) en (1):

$\angle 3 + \angle 6 = 2R$

Por el axioma que dice: **Un número se puede sustituir por otro igual en cualquier operación entre números.**

Análogamente, se demuestra que $\angle 4 + \angle 5 = 2R$.

RECÍPROCO 71

Si una secante forma con dos rectas de un plano ángulos conjugados internos suplementarios, dichas rectas son paralelas.

TEOREMA 11 72

Los ángulos conjugados externos, entre paralelas, son suplementarios.

Hipótesis

$\overleftrightarrow{AB} \parallel \overleftrightarrow{CD}$, $\overleftrightarrow{SS'}$ es una secante (Fig. 51),

$\left.\begin{matrix}\angle 1 \text{ y } \angle 8 \\ \angle 2 \text{ y } \angle 7\end{matrix}\right\}$ son conjugados externos

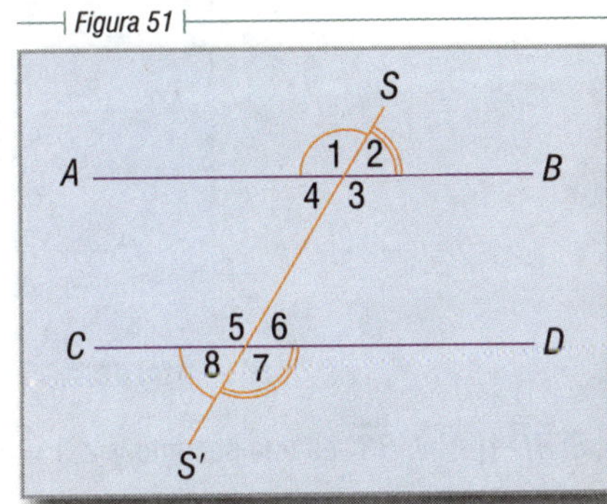

Figura 51

Tesis

$\angle 1 + \angle 8 = 2R$,
$\angle 2 + \angle 7 = 2R$

Demostración

$\angle 7 + \angle 8 = 2R$ (1) Por adyacentes
$\angle 7 = \angle 1$ (2) Por alternos externos

Sustituyendo (2) en (1):

$\angle 1 + \angle 8 = 2R$

Análogamente, se demuestra que $\angle 2 + \angle 7 = 2R$.

RECÍPROCO 73

Si una secante forma con dos rectas de un plano ángulos conjugados externos suplementarios, dichas rectas son paralelas.

Ejercicios

1. ¿Tiene la perpendicularidad la propiedad recíproca? ¿Y la propiedad idéntica? **R.** Sí, no.
2. Si $\overleftrightarrow{AB} \parallel \overleftrightarrow{CD}$, $\overleftrightarrow{SS'}$ es una secante y $\angle 1 = 120°$; hallar los otros ángulos.

R. $\angle 2 = \angle 4 = \angle 6 = \angle 8 = 60°$,
$\angle 3 = \angle 5 = \angle 7 = 120°$.

Ejercicio 2

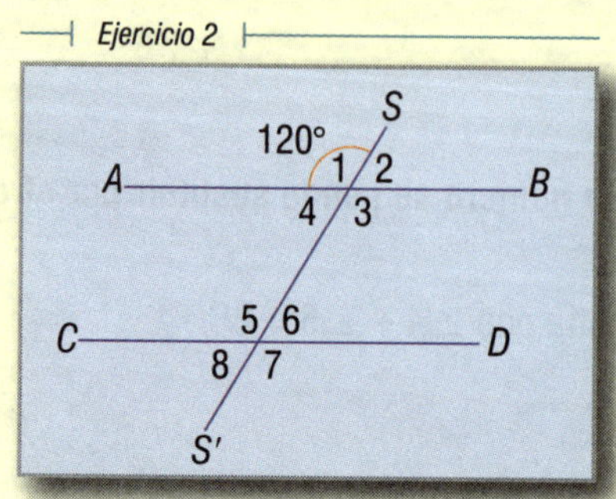

3. Si $\overleftrightarrow{MN} \parallel \overleftrightarrow{PQ}$, $\overleftrightarrow{SS'}$ es una secante y $\angle 7 = \frac{\angle 8}{2}$, hallar los otros ángulos.

R. $\angle 1 = \angle 3 = \angle 5 = \angle 7 = 60°$,
$\angle 2 = \angle 4 = \angle 6 = \angle 8 = 120°$.

Ejercicio 3

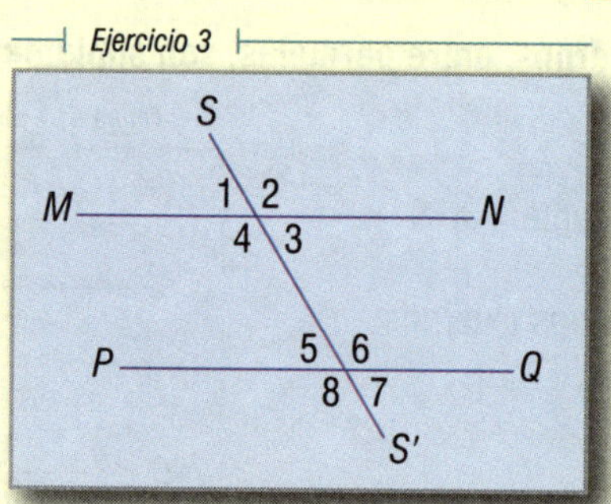

4. Si $\overleftrightarrow{PQ} \parallel \overleftrightarrow{MN}$, $\overleftrightarrow{SS'}$ es una secante y $\angle 1 = 5x$, $\angle 6 = 13x$, hallar todos los ángulos.

R. $\angle 1 = \angle 3 = \angle 5 = \angle 7 = 50°$,
$\angle 2 = \angle 4 = \angle 6 = \angle 8 = 130°$.

Ejercicio 4

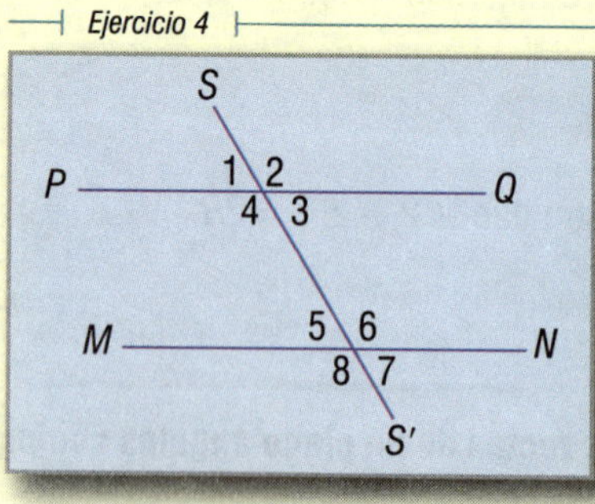

5. Si $\overleftrightarrow{AB} \parallel \overleftrightarrow{CD}$, demostrar que: $\angle 1 + \angle 2 + \angle 3 = 2R$

Ejercicio 5

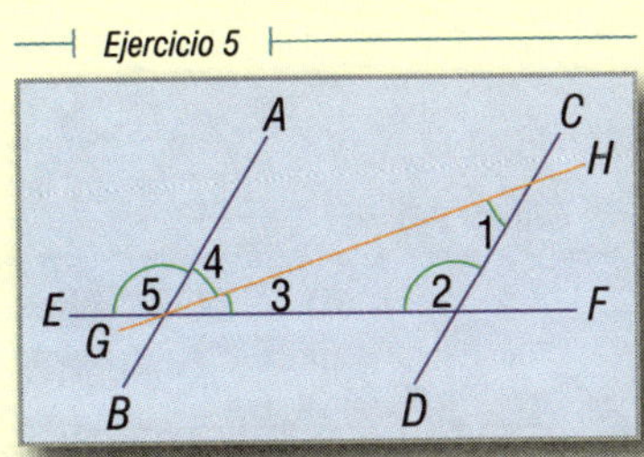

6. La recta $\overleftrightarrow{CE}$ es bisectriz del $\angle BCD$ y $\angle A = \angle B$.
Demostrar que: $\overleftrightarrow{EC} \parallel \overleftrightarrow{AB}$.

Ejercicio 6

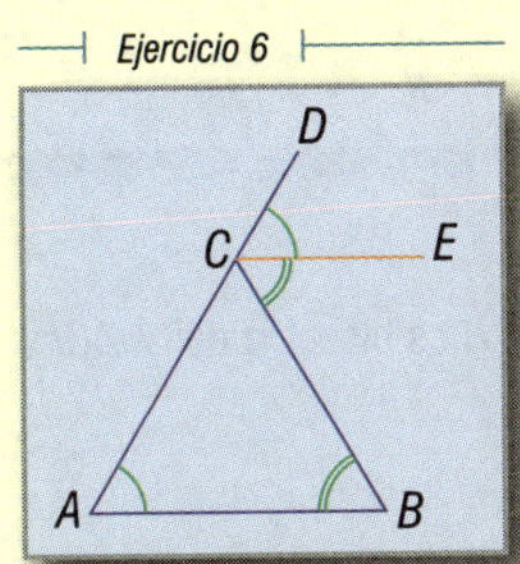

7. Si $\overleftrightarrow{AD} \parallel \overleftrightarrow{BC}$, $\overleftrightarrow{CD} \parallel \overleftrightarrow{AB}$, $\angle BAD = 2x$ y $\angle ABC = 6x$, hallar: $\angle ABC$, $\angle BCD$, $\angle CDA$, $\angle DAB$.

R. $\angle ABC = \angle CDA = 135°$,
$\angle BCD = \angle DAB = 45°$.

Ejercicio 7

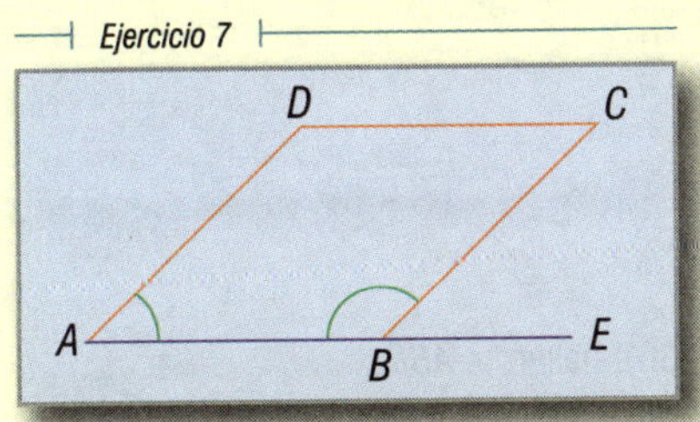

8. Si $\overleftrightarrow{AB} \parallel \overleftrightarrow{CD}$, $\overleftrightarrow{EF} \parallel \overleftrightarrow{GH}$ y $\angle EMN = 60°$, hallar $\angle HPD$.

R. $\angle HPD = 120°$

Ejercicio 8

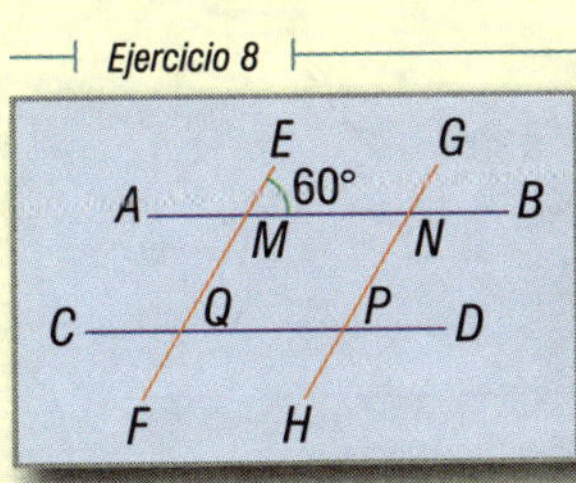

9. Si $\overleftrightarrow{EH} \parallel \overleftrightarrow{DA}$, $\overleftrightarrow{LK} \parallel \overleftrightarrow{MJ}$ y $\angle ABJ = 100°$, hallar: $\angle FGB$ y $\angle CFG$.

R. $\angle FGB = 80°$,
$\angle CFG = 100°$.

Ejercicio 9

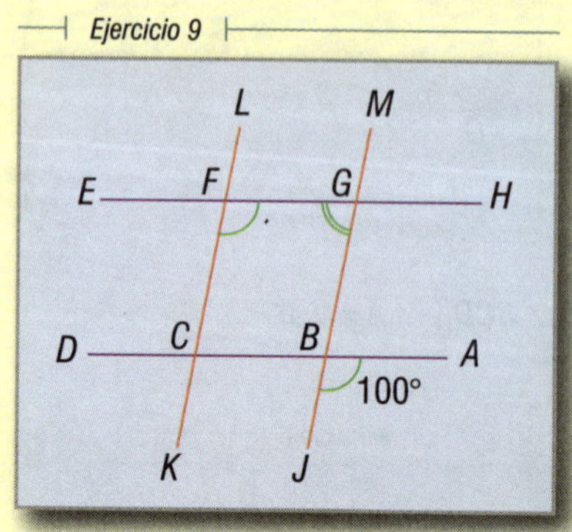

10. Si $\overleftrightarrow{AB} \parallel \overleftrightarrow{CD}$, $\overleftrightarrow{EF}$ es una secante, $\overrightarrow{GH}$ es bisectriz del $\angle AGI$ y $\angle AGH = 30°$, hallar: $\angle CIF$.

R. $\angle CIF = 120°$

Ejercicio 10

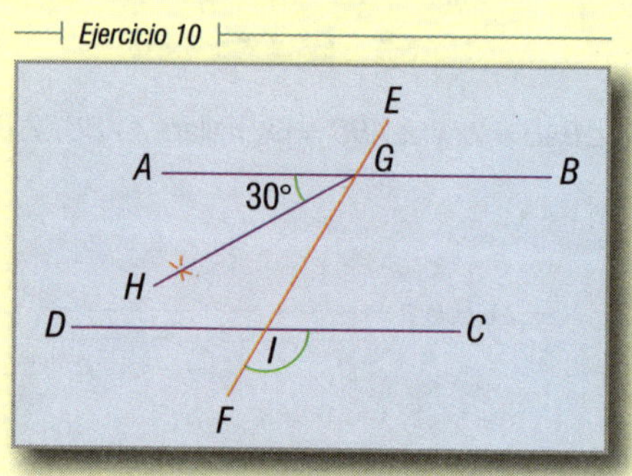

11. Si $\overleftrightarrow{AB} \parallel \overleftrightarrow{MN}$ y $\angle CON = 130°$, hallar: $\angle ABC$.

R. $\angle ABC = 50°$

Ejercicio 11

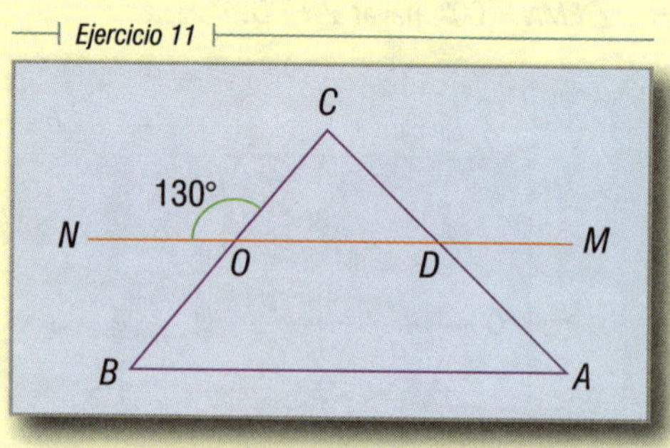

Los fenicios. Hacia el año 1500 a. C., recorrían el Mediterráneo vendiendo toda clase de mercancías. La navegación les dio valiosas experiencias sobre el cielo y la Tierra, que ningún otro pueblo había tenido antes. Sabían que la Tierra era esférica por la observación de los barcos que aparecían en el horizonte: mástiles y velas en primer lugar. Descubrieron la estrella polar y observaron la posición de las sombras proyectadas por un cuerpo iluminado por el Sol.

Capítulo IV

ÁNGULOS CON LADOS PARALELOS O PERPENDICULARES

TEOREMA 12 74

Dos ángulos que tienen sus lados respectivamente paralelos y dirigidos en el mismo sentido son iguales.

Figura 52

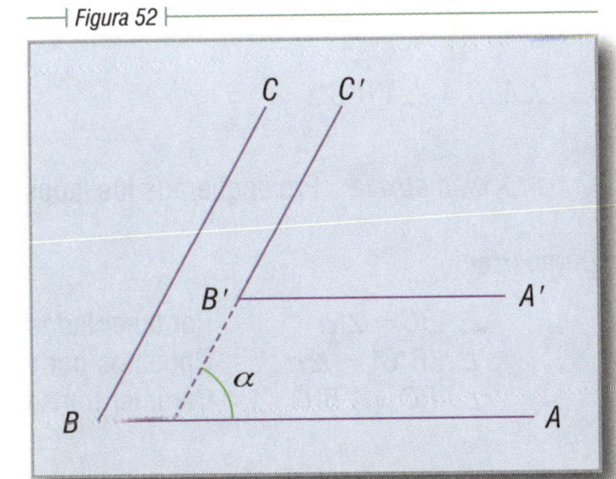

Hipótesis

$\overrightarrow{BA} \parallel \overrightarrow{B'A'}$ (Fig. 52),

$\overrightarrow{BC} \parallel \overrightarrow{B'C'}$.

$\angle ABC$ y $\angle A'B'C'$ tienen sus lados dirigidos en el mismo sentido.

Tesis

$\angle ABC = \angle A'B'C'$

Construcción auxiliar. Prolonguemos el lado $\overrightarrow{C'B'}$ hasta que corte el lado $\overrightarrow{BA}$ y se forme el $\angle \alpha$.

Demostración

	$\angle ABC = \angle\alpha$	Por correspondientes
	$\angle A'B'C' = \angle\alpha$	Por correspondientes
$\therefore$	$\angle ABC = A'B'C'$	Carácter transitivo

75 TEOREMA 13

Dos ángulos que tienen sus lados respectivamente paralelos y dirigidos en sentido contrario son iguales.

Hipótesis

$\overrightarrow{BA} \parallel \overrightarrow{B'A'}$ (Fig. 53),

$\overrightarrow{BC} \parallel \overrightarrow{B'C'}$.

$\angle ABC$ y $\angle A'B'C'$ tienen sus lados dirigidos en sentido contrario.

Figura 53

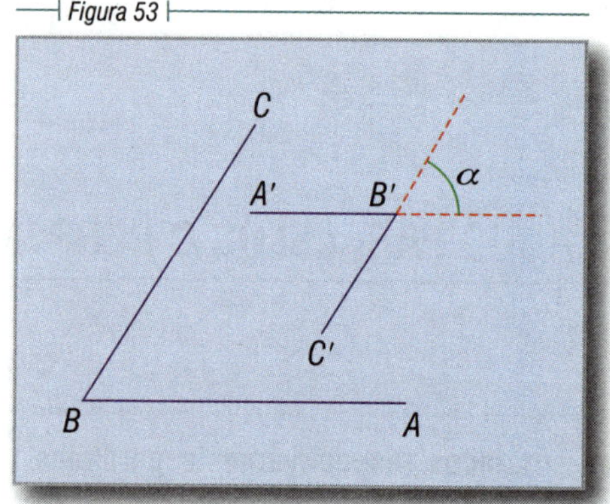

Tesis

$\angle ABC = \angle A'B'C'$

Construcción auxiliar. Prolonguemos los lados $\overrightarrow{A'B'}$ y $\overrightarrow{C'B'}$ para formar el $\angle\alpha$.

Demostración

	$\angle ABC = \angle\alpha$	Por tener lados paralelos y dirigidos en el mismo sentido
	$\angle A'B'C' = \angle\alpha$	Opuestos por el vértice
$\therefore$	$\angle ABC = A'B'C'$	Carácter transitivo

76 TEOREMA 14

Si dos ángulos tienen sus lados respectivamente paralelos y están dirigidos en el mismo sentido, y los otros dos en sentido contrario, dichos ángulos son suplementarios.

Hipótesis

$\overrightarrow{BA} \parallel \overrightarrow{B'A'}$ y en sentido contrario (Fig. 54),

$\overrightarrow{BC} \parallel \overrightarrow{B'C'}$ y en el mismo sentido.

Figura 54

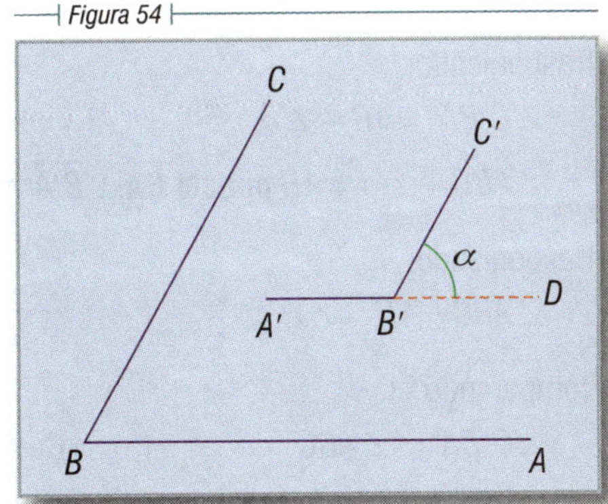

Tesis

$\angle ABC + \angle A'B'C' = 2R$

Construcción auxiliar. Prolonguemos $\overleftrightarrow{AB}$ formándose el ángulo α.

Demostración

$\angle A'B'C' + \angle\alpha = 2R$	(1)	Por adyacentes
$\angle\alpha = \angle ABC$	(2)	Por tener lados paralelos y del mismo sentido

Sustituyendo (2) en (1) tenemos: por el axioma: **Un número se puede sustituir por otro igual en cualquier operación entre números.**

$\angle A'B'C' + \angle ABC = 2R$

TEOREMA 15 77

Dos ángulos agudos cuyos lados son respectivamente perpendiculares son iguales.

Hipótesis

$\overrightarrow{BA} \perp \overrightarrow{B'A'}$ (Fig. 55),

$\overrightarrow{BC} \perp \overrightarrow{B'C'}$,

$\angle ABC < 1R$,

$\angle A'B'C' < 1R$

Figura 55

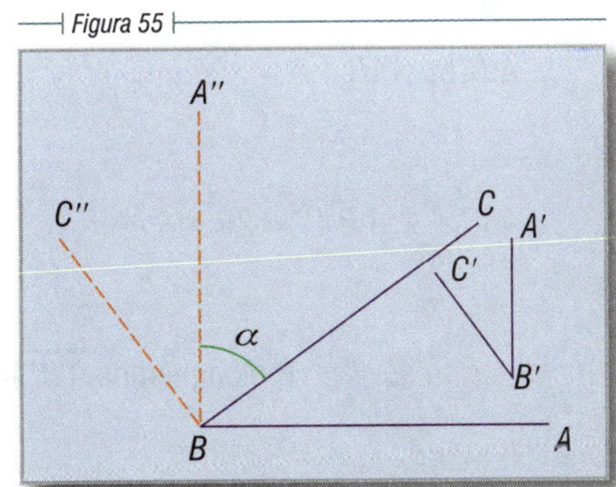

Tesis

$\angle ABC = \angle A'B'C'$

Construcción auxiliar. Tracemos por B las semirrectas $\overrightarrow{BA''} \parallel \overrightarrow{B'A'}$ y $\overrightarrow{BC''} \parallel \overrightarrow{B'C'}$, de manera que $\angle A''BC'' = \angle A'B'C'$ por tener lados paralelos y del mismo sentido. Además, se forma el $\angle\alpha$.

Demostración

$\angle C''BA'' + \angle\alpha = 1R$ por ser $\overleftrightarrow{BC} \perp \overleftrightarrow{B'C'}$ y $\overleftrightarrow{BC''} \parallel \overleftrightarrow{B'C'}$, según la sección 54, es $\overleftrightarrow{BC} \perp \overleftrightarrow{BC''}$.

Trasponiendo:

$\angle C''BA'' = 1R - \angle\alpha$ (1)

$\angle ABC + \angle\alpha = 1R$ por ser $\overleftrightarrow{BA} \perp \overleftrightarrow{B'A'}$ y $\overleftrightarrow{BA''} \parallel \overleftrightarrow{B'A'}$ es, según la sección 54, $\overleftrightarrow{BA''} \perp \overleftrightarrow{BA}$.

Trasponiendo:

$\angle ABC = 1R - \angle\alpha$ (2)

Comparando (1) y (2):

$\angle C''BA'' = \angle ABC$ (3) Carácter transitivo

Pero:

$\angle C''BA'' = \angle A'B'C'$ (4) Lados paralelos en el mismo sentido

Sustituyendo (4) en (3), tenemos:

$\angle A'B'C' = \angle ABC$

78 TEOREMA 16

Dos ángulos, uno agudo y otro obtuso, que tienen sus lados respectivamente perpendiculares, son suplementarios.

Figura 56

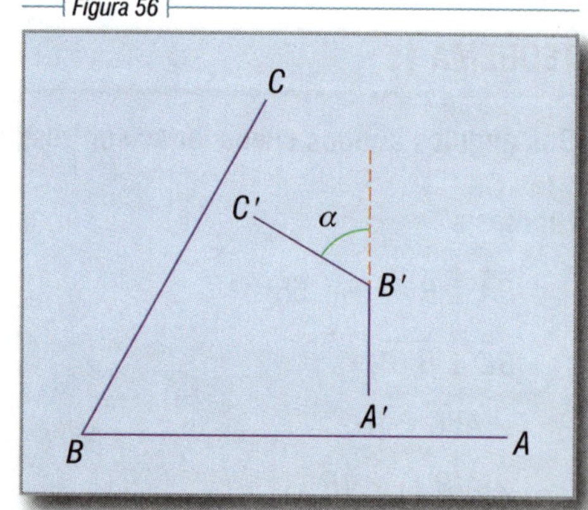

Hipótesis

$\overleftrightarrow{B'A'} \perp \overleftrightarrow{BA}$ (Fig. 56),

$\overleftrightarrow{B'C'} \perp \overleftrightarrow{BC}$,

$\angle ABC < 1R$,

$\angle A'B'C' > 1R$.

Tesis

$\angle ABC + \angle A'B'C' = 2R$

Construcción auxiliar. Prolonguemos $\overleftrightarrow{A'B'}$ hasta que se forme el $\angle\alpha$.

Demostración

$\angle ABC = \angle\alpha$ (1) Por tener lados perpendiculares y ser los dos ángulos agudos

$\angle A'B'C' + \alpha = 180°$ (2) Por adyacentes

Sustituyendo (1) en (2) resulta: $\angle A'B'C' + \angle ABC = 180°$

TEOREMA 17

79

Dos ángulos obtusos que tienen sus lados respectivamente perpendiculares son iguales (Fig. 57).

Figura 57

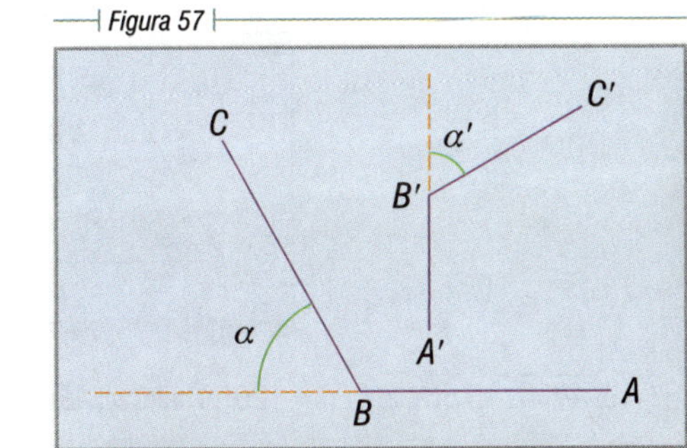

Hipótesis

$\overleftrightarrow{B'A'} \perp \overleftrightarrow{BA}$,

$\overleftrightarrow{B'C'} \perp \overleftrightarrow{BC}$,

$\angle ABC > 1R$,

$\angle A'B'C' > 1R$.

Tesis

$\angle ABC = \angle A'B'C'$

Construcción auxiliar. Prolonguemos $\overleftrightarrow{AB}$ y $\overleftrightarrow{A'B'}$, formándose los ángulos: $\angle\alpha$ y $\angle\alpha'$, que son iguales por ser agudos y tener sus lados respectivamente perpendiculares.

Demostración

$\angle ABC + \angle\alpha = 2R$ Adyacentes

Trasponiendo:

$\angle ABC = 2R - \angle\alpha$ (1)

También:

$\angle A'B'C' = 2R - \angle\alpha'$ (2)

Pero: $\angle\alpha' = \angle\alpha$ (3) Por agudos y lados perpendiculares

Sustituyendo (3) en (2):

$\angle A'B'C' = 2R - \angle\alpha$ (4)

Comparando (1) y (4), tenemos:

$\angle ABC = \angle A'B'C'$ Carácter transitivo

Ejercicios

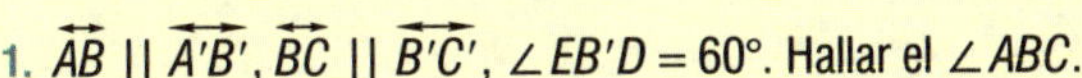

1. $\overleftrightarrow{AB} \parallel \overleftrightarrow{A'B'}$, $\overleftrightarrow{BC} \parallel \overleftrightarrow{B'C'}$, $\angle EB'D = 60°$. Hallar el $\angle ABC$. **R.** $\angle ABC = 60°$

Ejercicio 1

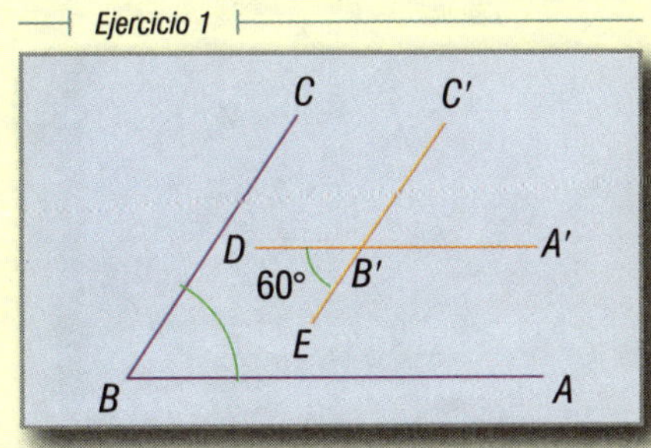

2. $\overleftrightarrow{PN} \parallel \overleftrightarrow{RS}$, $\overleftrightarrow{MN} \parallel \overleftrightarrow{RQ}$, $\angle MNP = 60°$. Hallar $\angle QRS$.

R. $\angle QRS = 120°$

Ejercicio 2

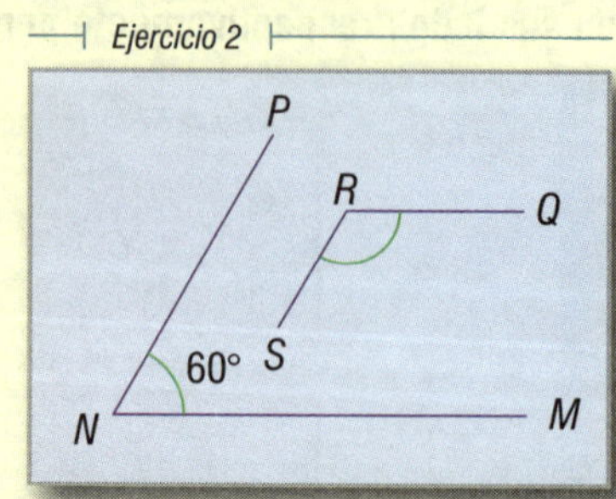

3. $\overleftrightarrow{EF} \perp \overleftrightarrow{AB}$, $\overleftrightarrow{DE} \perp \overleftrightarrow{BC}$, $\angle DEF = 120°$. Hallar $\angle ABC$.

R. $\angle ABC = 60°$

Ejercicio 3

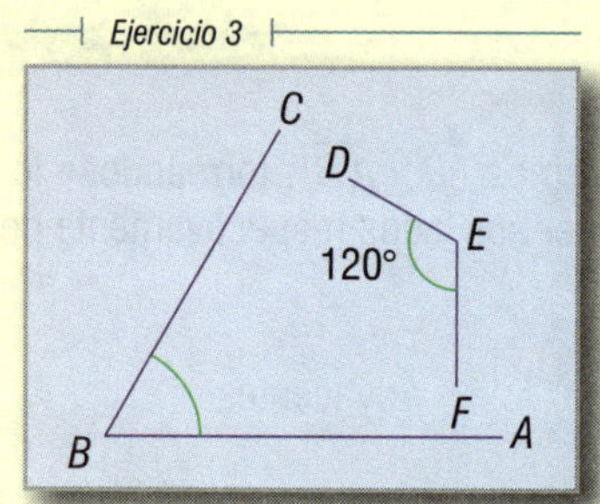

4. $\overleftrightarrow{TU} \perp \overleftrightarrow{RQ}$, $\overleftrightarrow{UV} \perp \overleftrightarrow{RS}$, $\angle WUX = 30°$. Hallar $\angle QRS$.

R. $\angle QRS = 30°$

Ejercicio 4

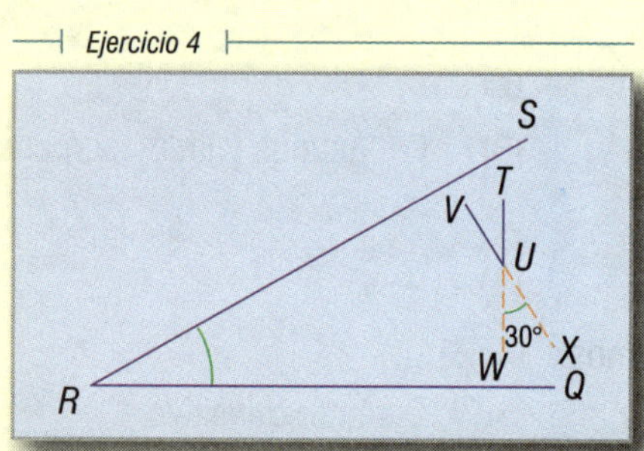

5. $\overleftrightarrow{AB} \parallel \overleftrightarrow{PQ}$, $\overleftrightarrow{BC} \parallel \overleftrightarrow{MN}$, $\angle ABC = 70°$. Hallar: $\angle MOP$, $\angle NOP$, $\angle NOQ$ y $\angle MOQ$.

R. $\angle MOP = 70°$, $\angle NOP = 110°$, $\angle NOQ = 70°$, $\angle MOQ = 110°$

Ejercicio 5

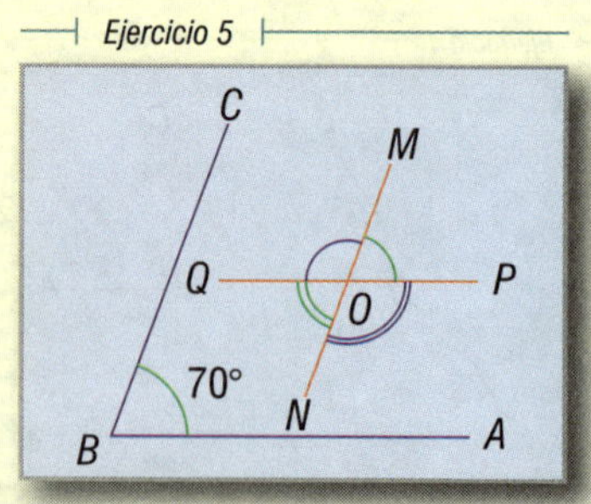

6. $\overleftrightarrow{A'B'} \parallel \overleftrightarrow{AB}$, $\overleftrightarrow{B'C'} \parallel \overleftrightarrow{BC}$, $\overleftrightarrow{MN} \perp \overleftrightarrow{AB}$, $\overleftrightarrow{NP} \perp \overleftrightarrow{BC}$, $\angle MNP = 48°$. Hallar $\angle A'B'C'$.

R. $\angle A'B'C' = 48°$

Ejercicio 6

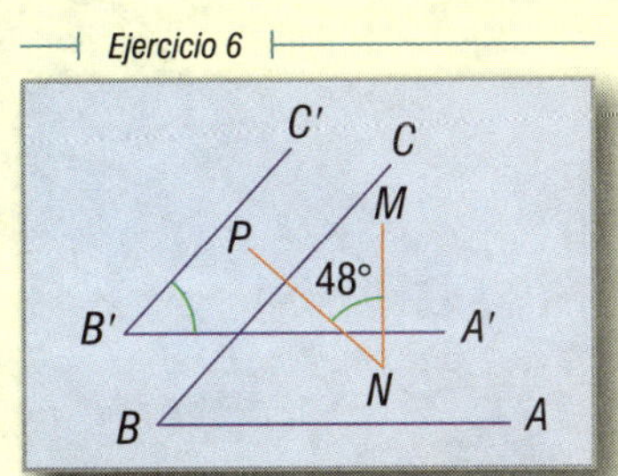

7. $\overleftrightarrow{AB} \perp \overleftrightarrow{ED}$, $\overleftrightarrow{BF} \perp \overleftrightarrow{CD}$, $\angle CDE = 150°$. Hallar $\angle ABC$.

R. $\angle ABC = 30°$

Ejercicio 7

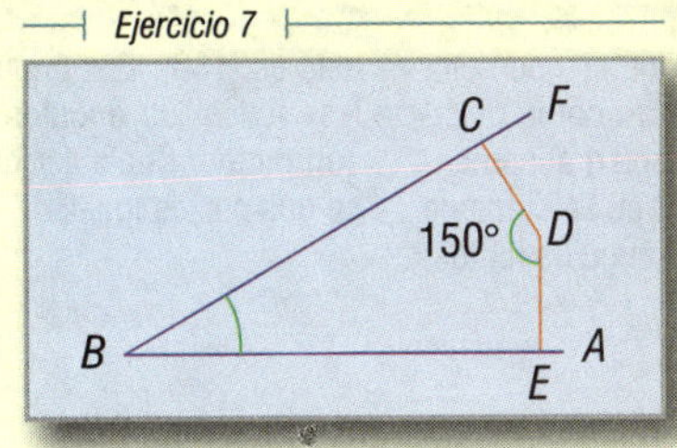

8. $\overleftrightarrow{AB} \parallel \overleftrightarrow{ED}$, $\overleftrightarrow{BC} \perp \overleftrightarrow{EF}$, $\overleftrightarrow{HI} \parallel \overleftrightarrow{ED}$, $\overleftrightarrow{HK} \parallel \overleftrightarrow{EF}$, $\angle JHI = 150°$. Hallar $\angle ABC$.

R. $\angle ABC = 30°$

Ejercicio 8

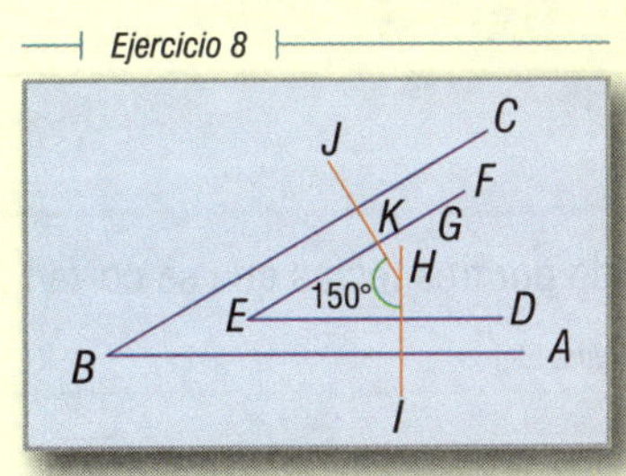

9. $\overleftrightarrow{AC} \parallel \overleftrightarrow{DE}$, $\overleftrightarrow{EF} \parallel \overleftrightarrow{CD}$, $\angle EBC = 2\ \angle BED$.
Hallar $\angle B$, $\angle C$, $\angle D$, $\angle E$.

R. $\angle B = 120°$, $\angle D = 120°$,
$\angle C = 60°$, $\angle E = 60°$

Ejercicio 9

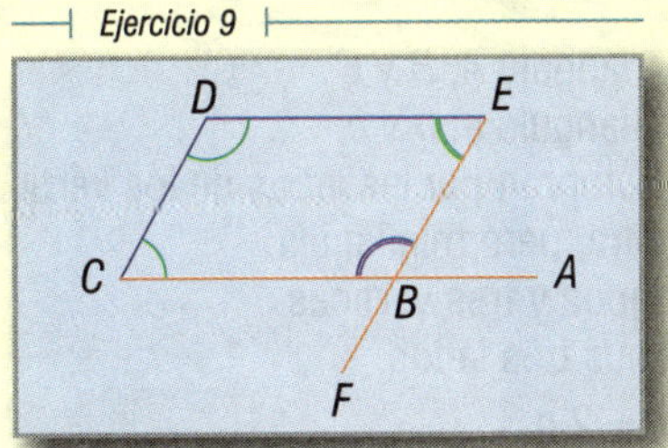

10. $\overleftrightarrow{GE} \parallel \overleftrightarrow{AC} \parallel \overleftrightarrow{IK}$, $\overleftrightarrow{AG} \parallel \overleftrightarrow{CE} \parallel \overleftrightarrow{JL}$, $\angle FOD = 60°$.
Hallar $\angle A$, $\angle C$, $\angle E$, $\angle G$.

R. $\angle A = 60°$, $\angle C = 120°$,
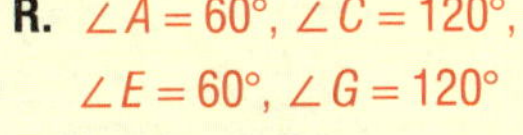
$\angle E = 60°$, $\angle G = 120°$

Ejercicio 10

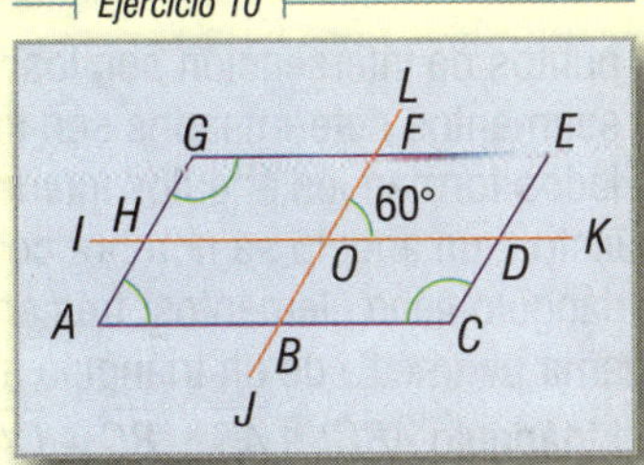

Tales de Mileto (640-545 o 546). Fue el primer geómetra griego y uno de los siete sabios de Grecia. Tuvo como discípulo y protegido a Pitágoras. En la ilustración son gráficamente mostrados algunos axiomas enseñados por él: La suma de los tres ángulos de un triángulo es igual a dos ángulos rectos, esto es, 180°. Los ángulos opuestos por el vértice son iguales. Todos los ángulos inscritos en una semicircunferencia son rectos. Cualquier diámetro divide exactamente al círculo en dos partes iguales.

Capítulo V

TRIÁNGULOS Y GENERALIDADES

80 TRIÁNGULO

Es la porción de plano limitado por tres rectas que se cortan dos a dos (Fig. 58).

Figura 58

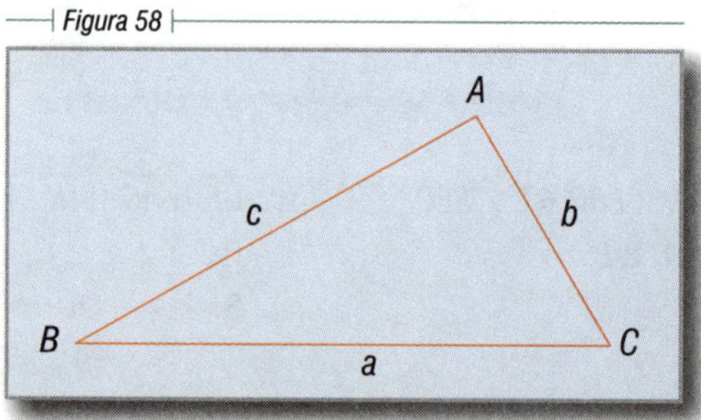

Los puntos de intersección son los vértices del triángulo *A*, *B* y *C*.

Los segmentos determinados son los lados del triángulo *a*, *b* y *c*.

Los lados forman los ángulos interiores que se nombran por las letras de los vértices. El lado opuesto a un ángulo se nombra con la misma letra, pero minúscula.

Un triángulo tiene elementos: tres ángulos, tres lados y tres vértices.

Se llama perímetro de un triángulo a la suma de sus tres lados.

En el triángulo *ABC*: $\overline{AB} + \overline{BC} + \overline{CA} = a + b + c = 2p$

donde *p* representa el semiperímetro (mitad del perímetro).

CLASIFICACIÓN DE LOS TRIÁNGULOS

a) Atendiendo a sus lados:

Triángulo isósceles. Es el que tiene dos lados iguales (Fig. 59).

Figura 59

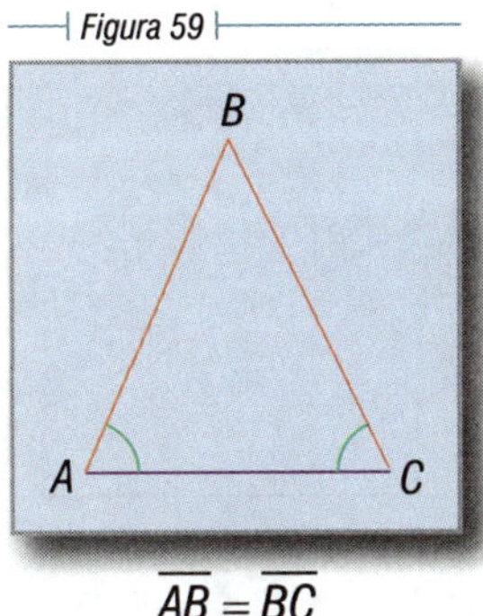

$\overline{AB} = \overline{BC}$

Más adelante veremos que los ángulos opuestos a dichos lados también son iguales. Es decir:

Si $\overline{AB} = \overline{BC}$, también, $\angle A = \angle C$.

El lado desigual se suele llamar base del triángulo.

Triángulo equilátero. Es el que tiene sus tres lados iguales (Fig. 60).

Los tres ángulos también son iguales.

Figura 60

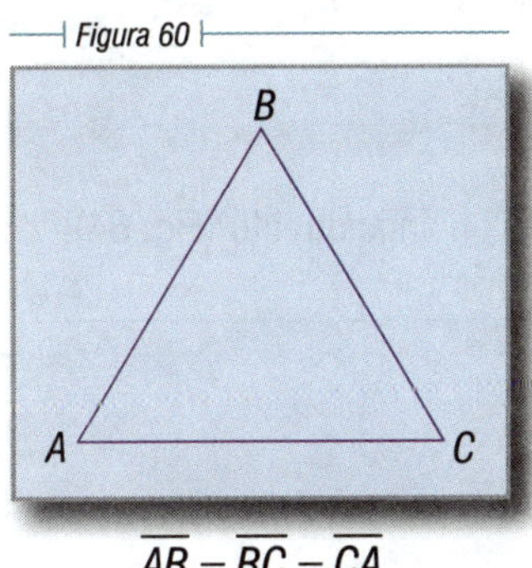

$\overline{AB} = \overline{BC} = \overline{CA}$

Triángulo escaleno. Es el que tiene sus tres lados diferentes (Fig. 61):

$\overline{AB} \neq \overline{AC} \neq \overline{BC}$ y $\angle A \neq \angle B \neq \angle C$. Sus ángulos también son desiguales.

Figura 61

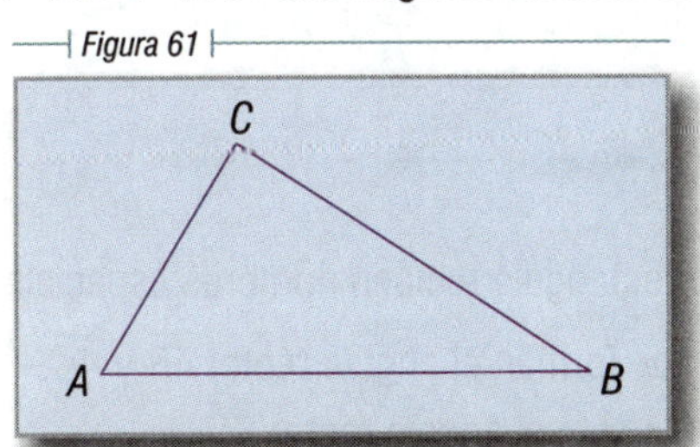

b) Atendiendo a sus ángulos:

Acutángulo. Es el que tiene los tres ángulos agudos (Fig. 62):

$\angle A < 1R$, $\angle B < 1R$, $\angle C < 1R$.

Figura 62

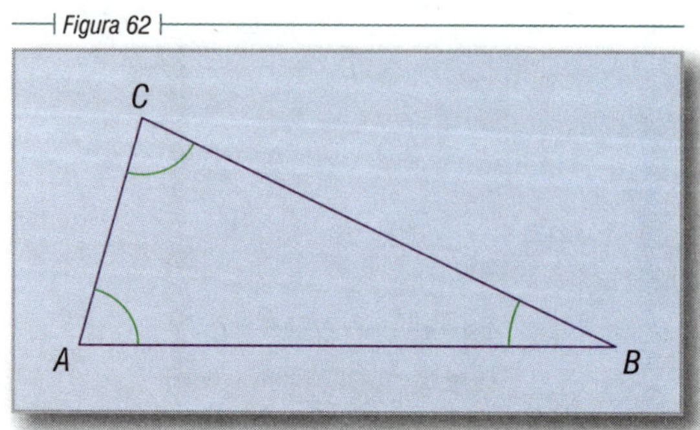

Obtusángulo. Es el que tiene un ángulo obtuso (Fig. 63): $\angle A > 1R$.

Figura 63

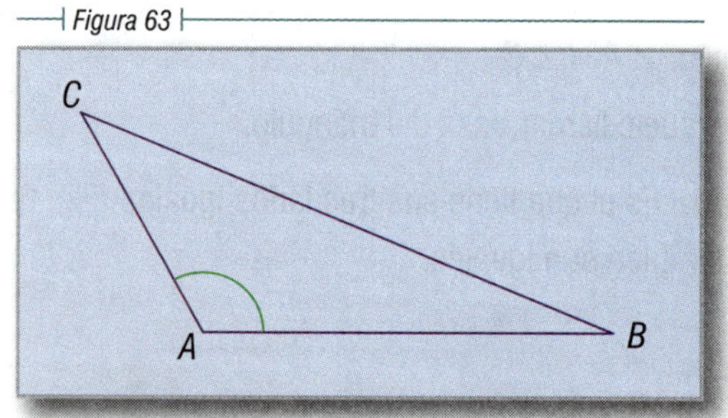

Rectángulo. Es el que tiene un ángulo recto (Fig. 64): $\angle A = 1R$.

Figura 64

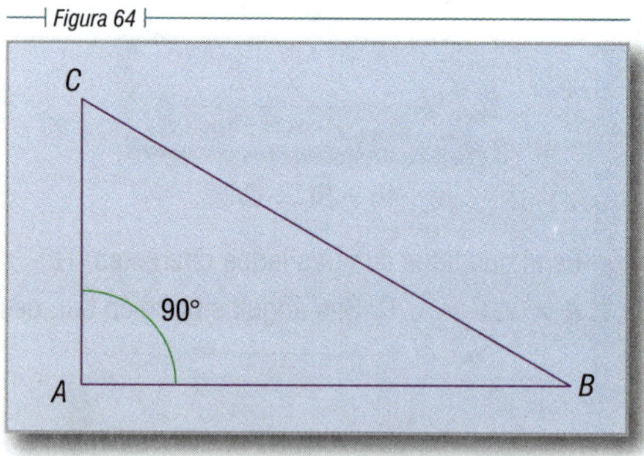

Los lados del triángulo rectángulo reciben nombres especiales:

Catetos son los lados que forman el ángulo recto: $\overline{AB}$ y $\overline{AC}$.

Hipotenusa es el lado opuesto al ángulo recto: $\overline{BC}$.

RECTAS Y PUNTOS NOTABLES EN EL TRIÁNGULO

82

a) Mediana. Es el segmento trazado desde un vértice hasta el punto medio del lado opuesto: $\overline{AR}$, $\overline{BP}$ y $\overline{CQ}$ (Fig. 65).

Figura 65

$$\overline{AP} = \overline{PC}$$
$$\overline{AQ} = \overline{BQ}$$
$$\overline{BR} = \overline{CR}$$

Hay tres medianas, una correspondiente a cada lado. Se designan con la letra m y un subíndice que indica el lado:

$$\overline{AR} = m_a$$
$$\overline{BP} = m_b$$
$$\overline{CQ} = m_c$$

El punto de intersección, G, de las tres medianas se llama baricentro.

b) Altura. Es la perpendicular trazada desde un vértice, al lado opuesto o a su prolongación: $\overline{AM}$, $\overline{BP}$ y $\overline{CN}$ (Fig. 66-A).

Hay tres alturas, una correspondiente a cada lado. Se designan con la letra h y un subíndice que indica el lado (Fig. 66-B).

$$\overline{AM} = h_a$$
$$\overline{BP} = h_b$$
$$\overline{CN} = h_c$$

Figura 66-A

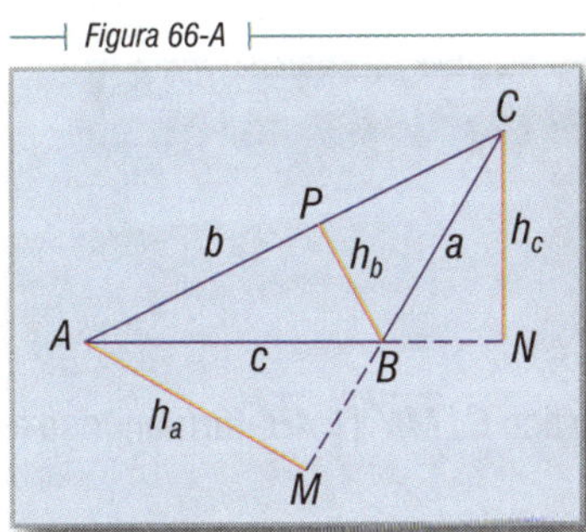

Figura 66-B

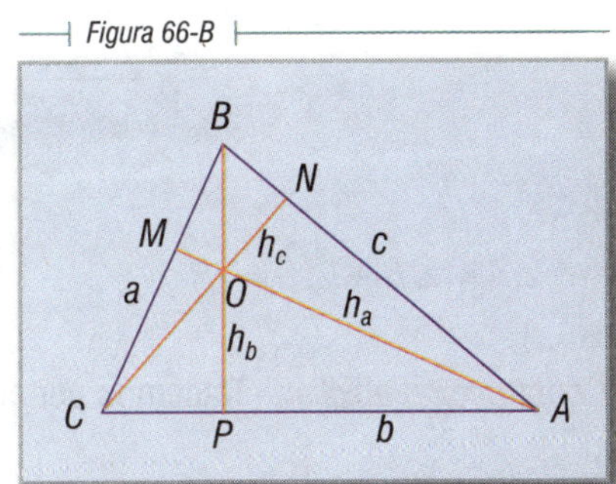

El punto O donde concurren las tres alturas se llama ortocentro,

c) Bisectriz. Es la recta notable que corresponde a la bisectriz de un ángulo interior. Consecuentemente, hay tres bisectrices, una para cada ángulo, que se nombran generalmente con letras griegas: α (alfa), β (beta), γ (gamma) (Fig. 67).

Figura 67

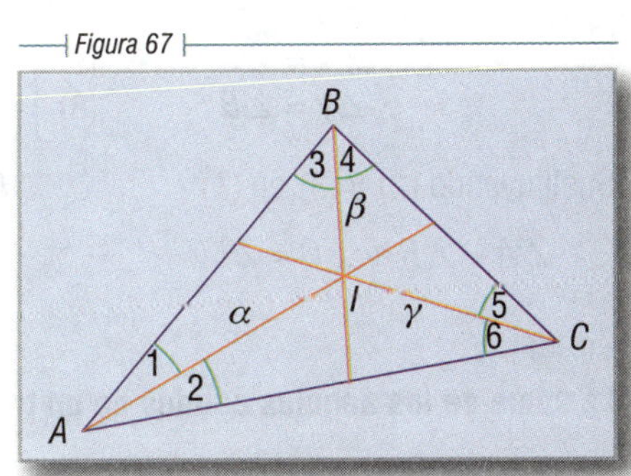

$$\angle 1 = \angle 2$$
$$\angle 3 = \angle 4$$
$$\angle 5 = \angle 6$$

El punto I donde concurren las tres bisectrices se llama incentro.

d) Mediatriz. Es la perpendicular en el punto medio de cada lado. Existen tres mediatrices que se denominan con la letra *M* y un subíndice que indica el lado (Fig. 68):

$\overline{KS} = M_a$
$\overline{KU} = M_b$
$\overline{KT} = M_c$

El punto *K* de intersección de las tres mediatrices se llama circuncentro.

Figura 68

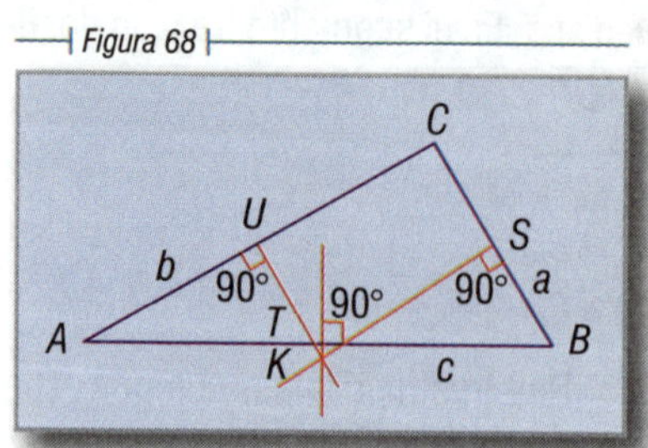

83 **TEOREMA 18**

La suma de los tres ángulos interiores de un triángulo vale dos ángulos rectos.

Hipótesis

$\angle A$, $\angle B$ y $\angle C$ son los ángulos interiores del $\triangle ABC$ (Fig. 69).

Figura 69

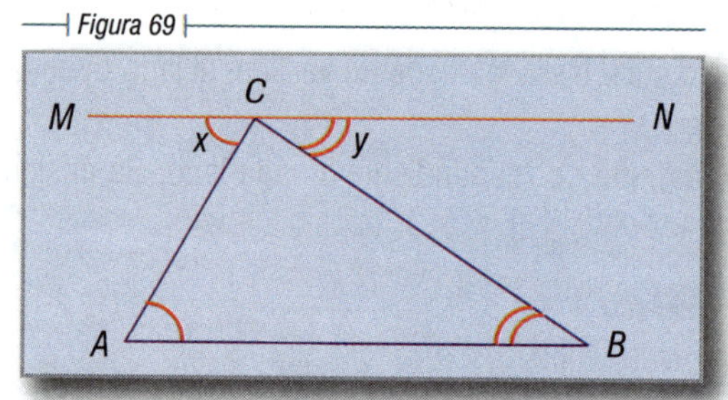

Tesis

$\angle A + \angle B + \angle C = 2R$

Construcción auxiliar. Tracemos por el vértice C, $\overleftrightarrow{MN} \parallel \overleftrightarrow{AB}$. formándose los $\angle x$ y $\angle y$.

Demostración

$\angle x + \angle C + \angle y = 2R$ (1) Consecutivos a un lado de una recta

Pero: $\angle x = \angle A$ (2); $\angle y = \angle B$ (3) — Alternos internos entre paralelas

Sustituyendo (2) y (3) en (1): Un número se puede sustituir por otro igual en cualquier operación entre números

$\angle A + \angle B + \angle C = 2R$

Corolario

La suma de los ángulos agudos de un triángulo rectángulo vale un ángulo recto.

En efecto, si los tres ángulos suman dos ángulos rectos y uno de ellos mide un ángulo recto, la suma de los otros dos deberá valer un ángulo recto.

ÁNGULO EXTERIOR DE UN TRIÁNGULO 84

Es el formado por un lado y la prolongación de otro.

Ejemplo

$\angle x$, $\angle y$ y $\angle z$ son los ángulos exteriores del $\triangle ABC$ (Fig. 70).

Figura 70

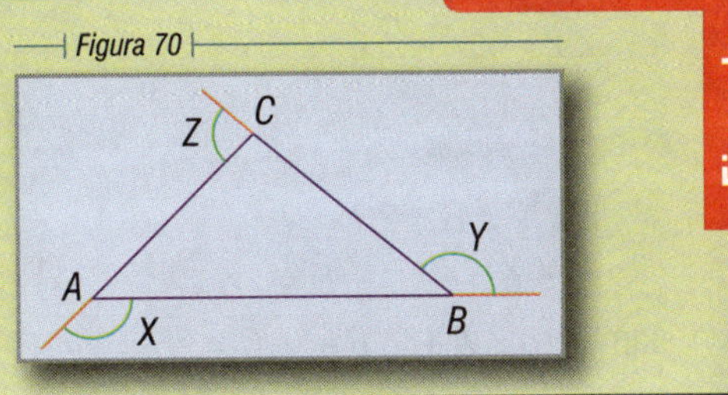

TEOREMA 19 85

La suma de los ángulos exteriores de un triángulo es igual a cuatro ángulos rectos.

Figura 71

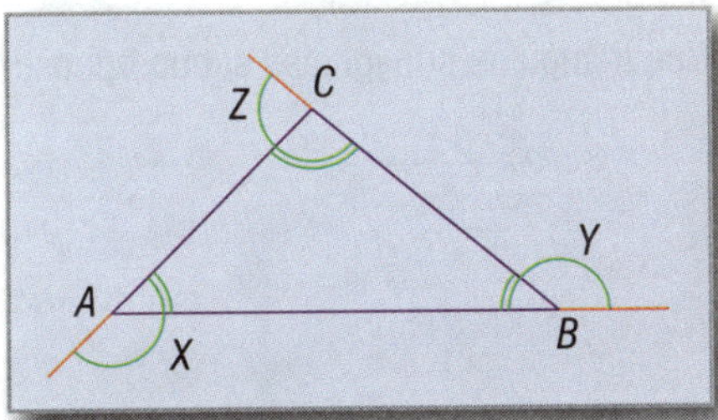

Hipótesis

$\angle x$, $\angle y$ y $\angle z$ son los ángulos exteriores del $\triangle ABC$ (Fig. 71).

Tesis

$\angle x + \angle y + \angle z = 4R$

Demostración

$\angle A + \angle x = 2R$ (1)
$\angle B + \angle y = 2R$ (2) Adyacentes
$\angle C + \angle z = 2R$ (3)

Sumando (1), (2) y (3): $\angle A + \angle B + \angle C + \angle x + \angle y + \angle z = 6R$ (4)

Pero: $\angle A + \angle B + \angle C = 2R$ (5) Suma de ángulos interiores

Sustituyendo (5) en (4):

$2R + \angle x + \angle y + \angle z = 6R$ Un número se puede sustituir por otro igual en cualquier operación entre números

$\therefore \angle x + \angle y + \angle z = 6R - 2R$ Trasponiendo

$\therefore \angle x + \angle y + \angle z = 4R$ Simplificando

TEOREMA 20 86

Todo ángulo exterior de un triángulo es igual a la suma de los dos ángulos interiores no adyacentes.

Hipótesis

En el $\triangle ABC$ (Fig. 72): $\angle x =$ ángulo exterior.

$\angle A$ y $\angle C =$ ángulos interiores no adyacentes a $\angle x$.

Figura 72

Tesis

$\angle x = \angle A + \angle C$

Demostración

$\angle x + \angle B = 2R$		Adyacentes
$\therefore \angle x = 2R - \angle B$	(1)	Trasponiendo
También: $\angle A + \angle B + \angle C = 2R$		Suma de los ángulos interiores
$\therefore \angle A + \angle C = 2R - \angle B$	(2)	Trasponiendo
Comparando (1) y (2), tenemos:		
$\angle x = \angle A + \angle C$		Carácter transitivo

87 IGUALDAD DE TRIÁNGULOS

Dos triángulos son iguales si superpuestos coinciden.

Figura 73-A

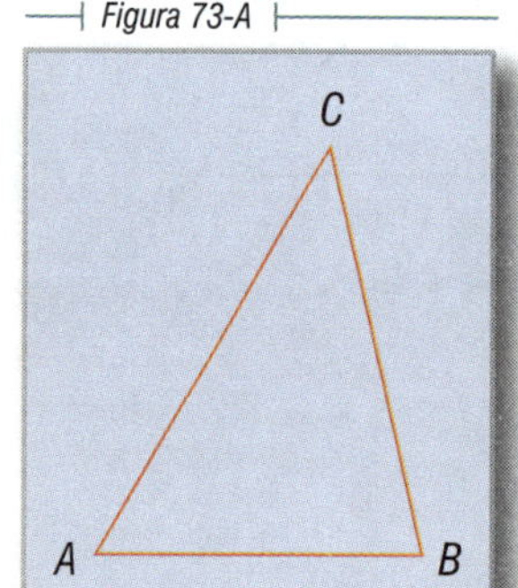

Figura 73-B

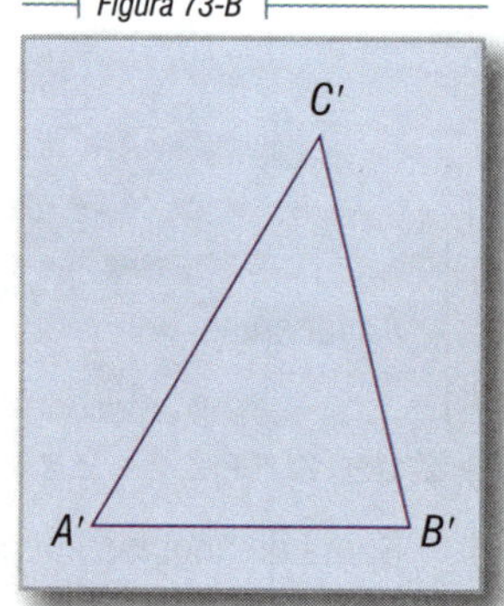

Figura 73-C

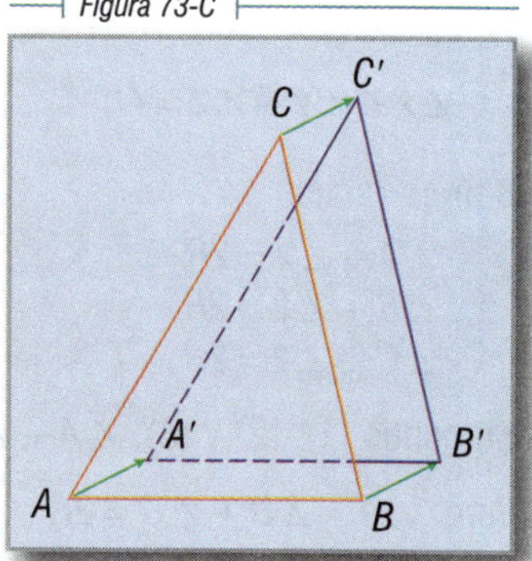

Así, por ejemplo, al llevar el triángulo *ABC* (Fig. 73-A) sobre el triángulo *A′B′C′* (Fig. 73-B), observamos que al coincidir *A* con *A′* vemos que *B* (Fig. 73-C) coincide con *B′* y *C* con *C′*, es decir, que el triángulo *ABC* coincide con el triángulo *A′B′C′*, decimos que:

$$\triangle ABC = \triangle A'B'C'$$

Entonces, se cumplen las seis condiciones siguientes:

$$\overline{AB} = \overline{A'B'} \qquad \angle A = \angle A'$$
$$\overline{BC} = \overline{B'C'} \qquad \angle B = \angle B'$$
$$\overline{CA} = \overline{C'A'} \qquad \angle C = \angle C'$$

No obstante, para demostrar que dos triángulos son iguales, no es necesario demostrar estas seis igualdades, puesto que veremos que si se cumplen tres de ellas, siempre que por lo menos una se refiera a los lados, necesariamente se cumplen las otras tres condiciones.

Es decir, en el capítulo siguiente demostraremos que dos triángulos son iguales si tienen iguales:

1. Un lado y los dos ángulos adyacentes (Fig. 74):

Si $\overline{AB} = \overline{A'B'}$, $\angle A = \angle A'$, $\angle B = \angle B'$,
entonces, $\triangle ABC = \triangle A'B'C'$.

Figura 74-A

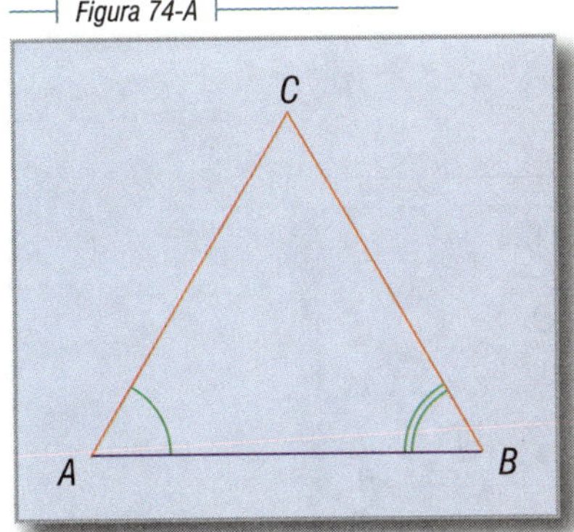

Figura 74-B

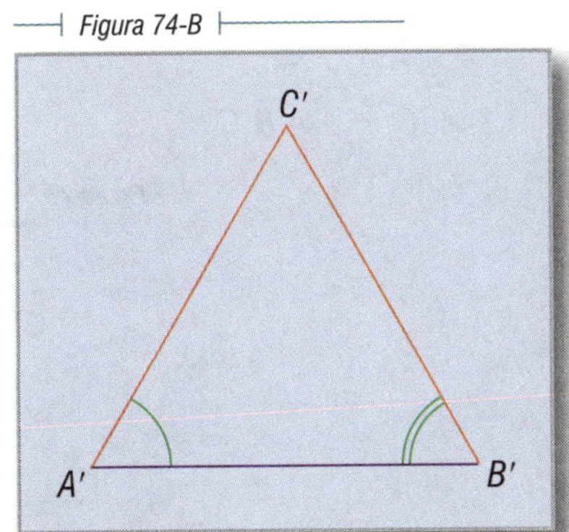

2. Dos lados y el ángulo comprendido entre ellos (Fig. 75):

Si $\overline{AC} = \overline{A'C'}$, $\overline{AB} = \overline{A'B'}$, $\angle A = \angle A'$,
entonces, $\triangle ABC = \triangle A'B'C'$.

Figura 75-A

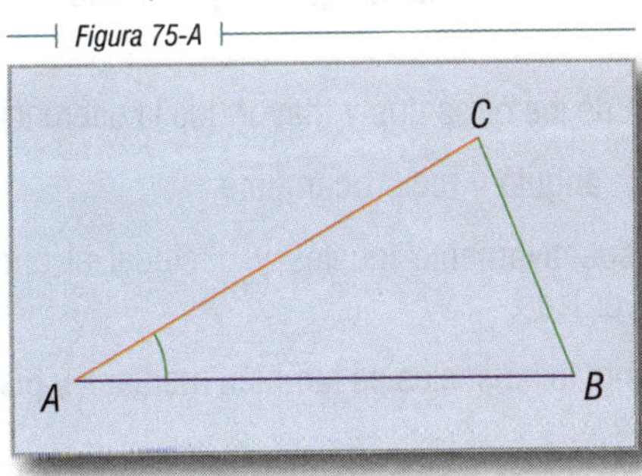

Figura 75-B

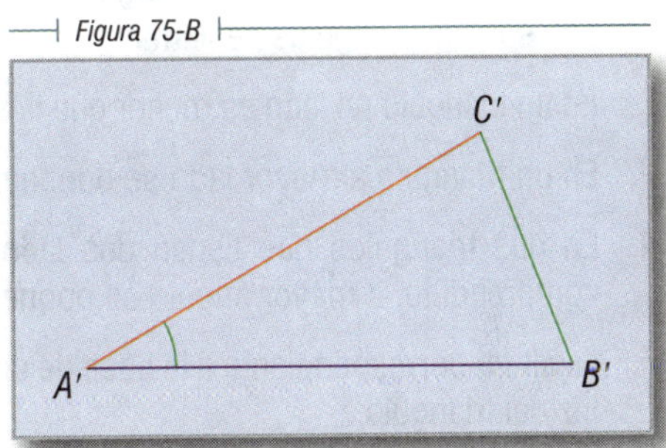

3. Los tres lados (Fig. 76.):

Si $\overline{AB} = \overline{A'B'}$, $\overline{BC} = \overline{B'C'}$, $\overline{CA} = \overline{C'A'}$,
entonces, $\triangle ABC = \triangle A'B'C'$.

Figura 76-A

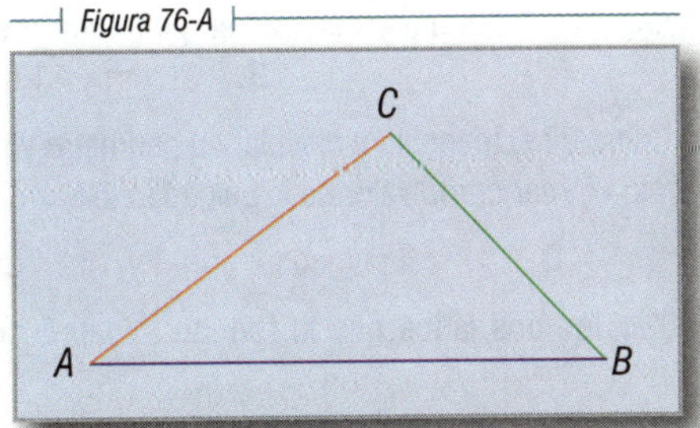

Figura 76-B

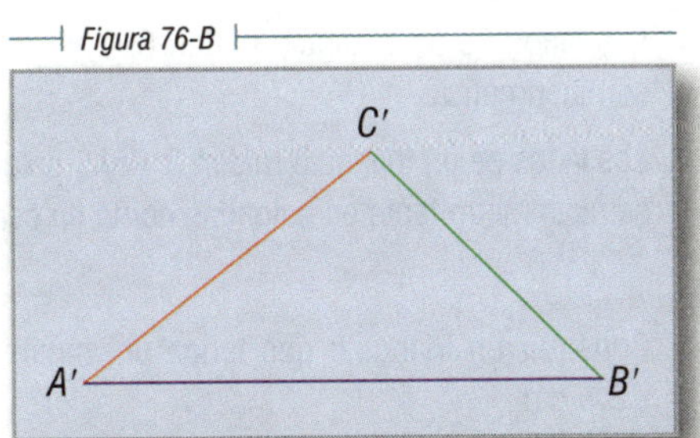

OBSERVACIÓN

Los alumnos creen que dos triángulos también son iguales si tienen sus tres ángulos iguales. Esto no es cierto, hay triángulos como *ABC* y *A'B'C'* (Fig. 77), que tienen sus tres ángulos respectivamente iguales y, sin embargo, los triángulos no son iguales. Más adelante veremos que estos triángulos se llaman semejantes.

Si: $\angle A = \angle A'$
$\angle B = \angle B'$
$\angle C = \angle C'$
$\therefore \quad \triangle ABC \neq \triangle A'B'C'$

Figura 77

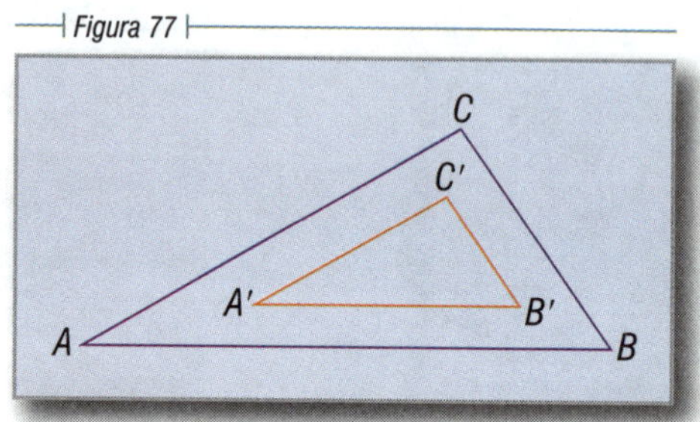

88 PROPIEDADES DE LOS TRIÁNGULOS

1. En dos triángulos iguales a ángulos iguales se oponen lados iguales y recíprocamente. Estos lados y ángulos se llaman homólogos.
2. En un triángulo un lado es menor que la suma de los otros dos y mayor que la diferencia.
3. En un triángulo a mayor lado se opone mayor ángulo y recíprocamente.
4. En dos triángulos que tienen dos lados respectivamente iguales y desigual el ángulo comprendido, a mayor ángulo se opone mayor lado.
5. La altura correspondiente a la base de un triángulo isósceles es también mediana y bisectriz del triángulo.

Ejercicios

1. Los lados de un triángulo miden 6, 7 y 9 cm. Construir el triángulo y calcular su perímetro y su semiperímetro. **R.** 22 cm y 11 cm
2. Los lados de un triángulo miden 3, 4 y 5 pulgadas. Construir el triángulo y calcular su perímetro y su semiperímetro tanto en pulgadas como en centímetros. (Tomar como valor de la pulgada 2.54 cm.) **R.** 12 y 6 pulgadas, 30.48 y 15.24 cm
3. Construir un triángulo que tenga un ángulo de 50° y los dos lados que lo forman midan 5 cm y 3.5 cm.

4. Construir un triángulo que tenga un ángulo que mida 60° y los dos lados que lo forman midan 3 y 4 pulgadas. Trazar las tres medianas y señalar el baricentro.
5. Construir un triángulo que tenga un lado que mida 7 cm y los dos ángulos adyacentes midan 30° y 70°. Trazar las tres alturas y señalar el ortocentro.
6. Construir un triángulo que tenga un lado que mida 4 pulgadas y los ángulos adyacentes midan 40° y 50°. Trazar las bisectrices y señalar el incentro.
7. Construir un triángulo equilátero de 5 cm de lado. Trazar las mediatrices y señalar el circuncentro.
8. Construir un triángulo rectángulo cuyos catetos midan 3 cm y 4 cm.
9. Construir un triángulo rectángulo que tenga un cateto que mida 8 cm y cuya hipotenusa mida 10 cm. Dibujar las tres alturas.
10. Construir un triángulo rectángulo que tenga un cateto que mida 6 cm y un ángulo agudo de 50°. Dibujar las tres mediatrices.
11. Construir un triángulo rectángulo que tenga una hipotenusa que mida 5 cm y un ángulo que mida 45°. Dibujar las tres medianas.
12. ¿Cuánto vale el ángulo de un triángulo equilátero? **R.** 60°
13. Dos ángulos de un triángulo miden 40 y 30° respectivamente. ¿Cuánto mide el tercer ángulo y cada uno de los ángulos exteriores? **R.** 110°, 140°, 150°, 70°
14. Los ángulos en la base de un triángulo isósceles miden 40° cada uno. ¿Cuánto mide el ángulo opuesto a la base? **R.** 100°
15. ¿Puede ser obtuso el ángulo en la base de un triángulo isósceles?
16. ¿Puede construirse un triángulo cuyos lados midan 10, 5 y 4 cm?
17. ¿Puede ser equilátero un triángulo rectángulo?

Pitágoras (585-500 a. C.). Místico y aristócrata, mezcló su ciencia con cierta religión y magia; el símbolo de su secta es el pentágono estrellado, que ostenta la ilustración. El concepto de arranque de sus enseñanzas geométricas es el punto, que para él era lo más simple que existía; es, decía: "la unidad que tiene una posición". Todos los demás cuerpos geométricos son "pluralidad", porque están constituidos por un número infinito de puntos. Sentó su teorema sobre los triángulos.

Capítulo VI

CASOS DE IGUALDAD DE TRIÁNGULOS

89 PRIMER CASO. TEOREMA 21

Dos triángulos son iguales si tienen un lado igual y respectivamente iguales los ángulos adyacentes a ese lado.

Hipótesis

En la figura 78 tenemos que:

$$\overline{AB} = \overline{A'B'},\ \angle A = \angle A',\ \angle B = \angle B'$$

Figura 78-A

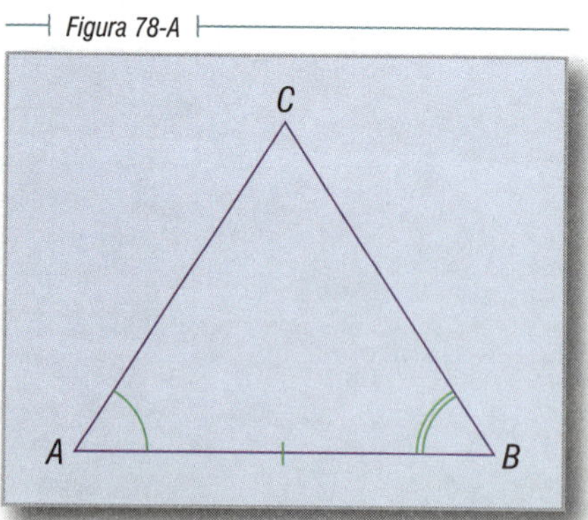

Figura 78-B

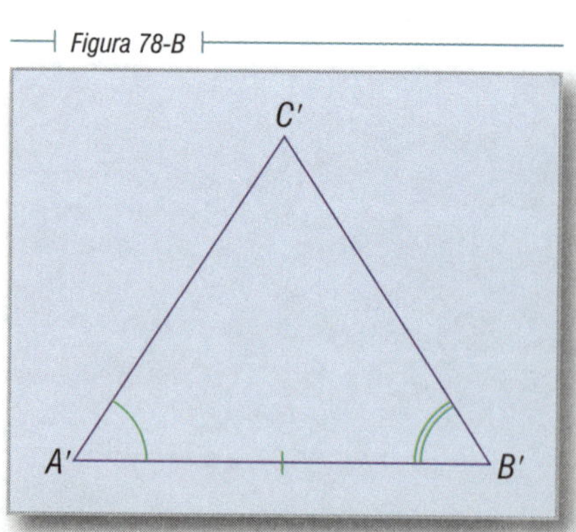

Tesis

$\triangle ABC = \triangle A'B'C'$

Demostración

Llevemos el $\triangle ABC$ sobre $\triangle A'B'C'$, de manera que el vértice A coincida con el vértice A' y el lado $\overline{AB}$ coincida con el lado $\overline{A'B'}$ (postulado del movimiento). Entonces:

El vértice B coincidirá con el vértice B'.	Porque $\overline{AB} = \overline{A'B'}$ por hipótesis.
El lado $\overline{BC}$ coincidirá con $\overline{B'C'}$.	Porque $\angle B = \angle B'$ por hipótesis.
El lado $\overline{AC}$ coincidirá con $\overline{A'C'}$.	Porque $\angle A = \angle A'$ por hipótesis.
$\therefore$ El vértice C coincidirá con C'.	Postulado (dos rectas que se cortan tienen un solo punto en común).

Todos los elementos del $\triangle ABC$ han coincidido con los elementos del $\triangle A'B'C'$.

$$\therefore \quad \triangle ABC = \triangle A'B'C'$$

SEGUNDO CASO. TEOREMA 22 90

Dos triángulos son iguales si tienen dos lados y el ángulo comprendido entre ellos respectivamente iguales.

Hipótesis

$\overline{AB} = \overline{A'B'}$, $\overline{AC} = \overline{A'C'}$, $\angle A = \angle A'$ (Fig. 79).

Figura 79-A

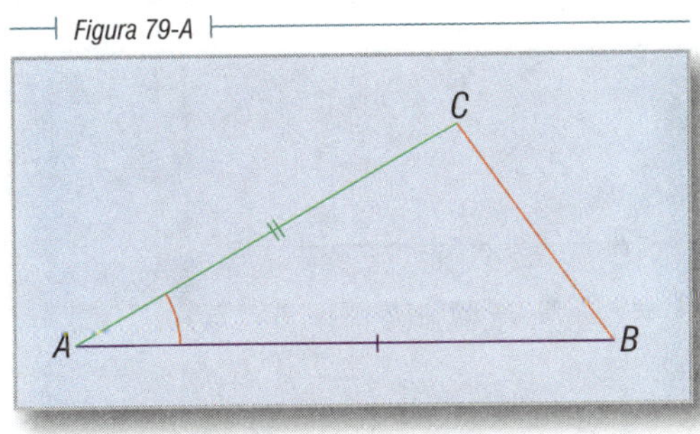

Figura 79-B

Tesis

$\triangle ABC = \triangle A'B'C'$

Demostración

Llevemos el $\triangle ABC$ sobre el $\triangle A'B'C'$ de manera que el $\angle A$ coincida con el $\angle A'$.	Postulado del movimiento.
El vértice B coincidirá con el vértice B'.	Porque $\overline{AB} = \overline{A'B'}$ por hipótesis.
El vértice C coincidirá con el vértice C'.	Porque $\overline{AC} = \overline{A'C'}$ por hipótesis.
$\overline{BC}$ coincidirá con $\overline{B'C'}$.	Postulado (dos puntos determinan una recta).
Todos los elementos han coincidido.	$\therefore \quad \triangle ABC = \triangle A'B'C'$

Corolario

En todo triángulo isósceles *ABC* a lados iguales se oponen ángulos iguales. En efecto, basta considerar el triángulo dado y el mismo invertido ACB y ver que superpuestos coinciden los ángulos de la base: el ángulo B con el C y el C con el B.

91 TERCER CASO. TEOREMA 23

Dos triángulos son iguales si tienen sus tres lados respectivamente iguales.

Hipótesis

$\overline{AB} = \overline{A'B'}$, $\overline{BC} = \overline{B'C'}$, $\overline{CA} = \overline{C'A'}$ (Fig. 80).

Figura 80-A

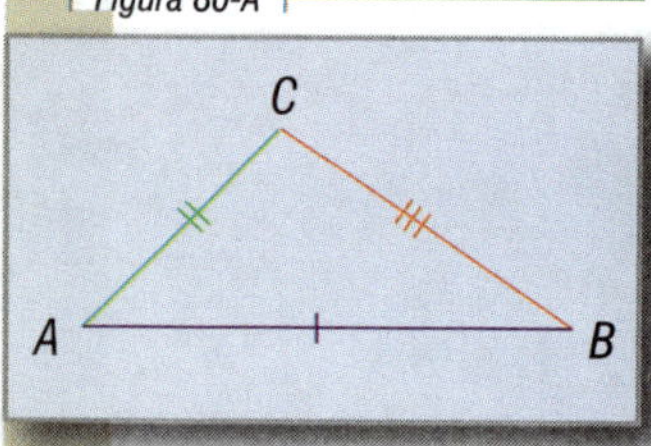

Figura 80-B

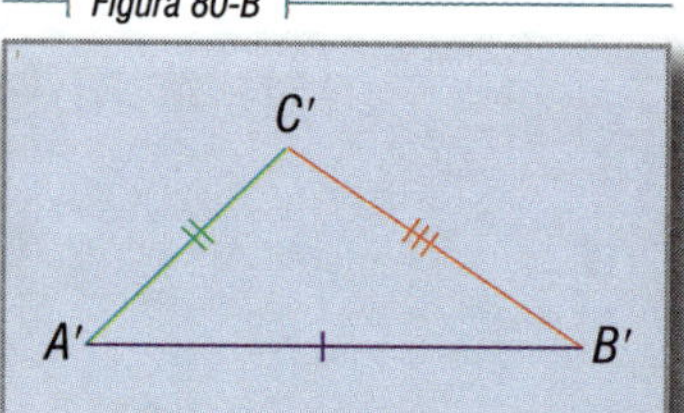

Figura 80-C

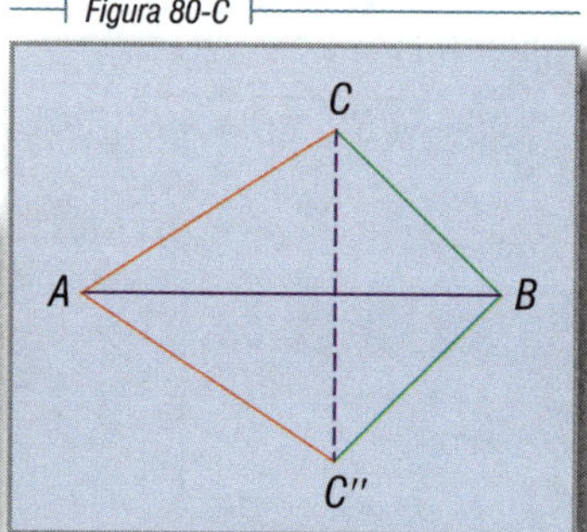

Tesis

$\triangle ABC = \triangle A'B'C'$

Construcción auxiliar. Llevemos el $\triangle A'B'C'$ sobre el $\triangle ABC$, de manera que $\overline{A'B'}$ coincida con $\overline{AB}$ y el vértice C' en el semiplano opuesto al que contiene a C. Sea C'' la posición del vértice C'. Los lados $\overline{A'B'}$ y $\overline{B'C'}$ ocuparán las posiciones $\overline{AC''}$ y $\overline{BC''}$, respectivamente. Uniendo C con C'' se formarán $\triangle ACC''$ y $\triangle BCC''$, ambos isósceles, ya que $\overline{AC} = \overline{AC''}$ y $\overline{BC} = \overline{BC''}$ por hipótesis; entonces, $\angle ACC'' = \angle AC''C$ y $\angle BCC'' = \angle BC''C$ por ser ángulos en la base de triángulos isósceles.

Demostración

$\triangle ACC'' = \angle AC''C$	Construcción
$\angle BCC'' = \angle BC''C$	Construcción

$\angle ACC'' + \angle BCC'' = \angle AC''C + \angle BC''C$ (1) Sumando miembro a miembro:

Pero:

$\angle ACC'' + \angle BCC'' = \angle C$ (2) Suma de ángulos

y $\angle AC''C + \angle BC''C = \angle C'' + \angle C'$ (3) Suma de ángulos

Sustituyendo (2) y (3) en (1), Axioma

tenemos: $\angle C = \angle C''$

Hipótesis

$\therefore \quad \overline{AC} = \overline{A'C'}$

$\overline{BC} = \overline{B'C'}$

Demostración

$\angle C = \angle C'$

$\therefore \quad \triangle ABC = \triangle A'B'C'$ Por el segundo caso

IGUALDAD DE TRIÁNGULOS RECTÁNGULOS

92

Todos los triángulos rectángulos tienen un elemento igual: el ángulo recto, basta que se cumplan solamente dos condiciones para la igualdad de los mismos.

En la igualdad de triángulos rectángulos podemos considerar los siguientes casos:

1. **La hipotenusa y un ángulo agudo iguales** (Fig. 81):

$$\triangle A = \triangle A' = 1R$$

Figura 81-A

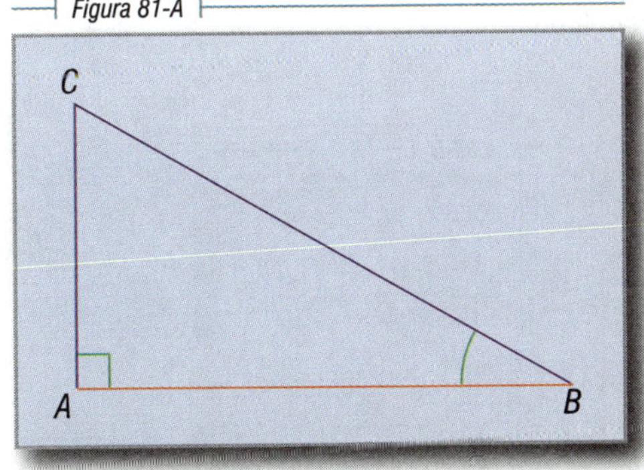

Figura 81-B

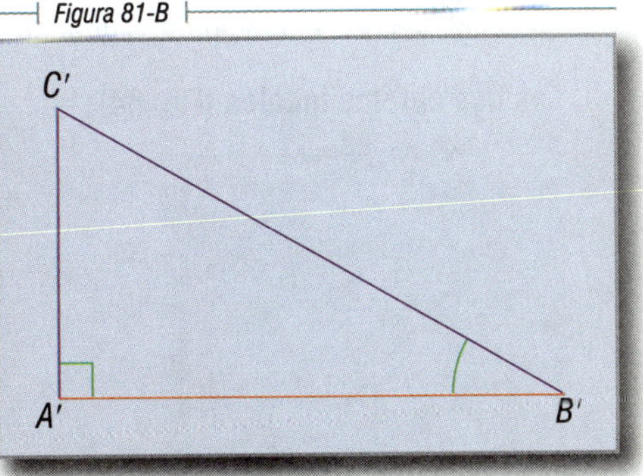

Si $\overline{BC} = \overline{B'C'}$ y $\angle B = \angle B'$, entonces, $\triangle ABC = \triangle A'B'C'$ porque al ser iguales los ángulos $\angle B$ y $\angle B'$ también lo son los $\angle C$ y $\angle C'$ que son complementos de ángulos iguales. Los dos triángulos tienen iguales un lado y los dos ángulos adyacentes.

2. Un cateto y un ángulo agudo iguales.

a) Un cateto y el ángulo adyacente (Fig. 82):

$$\angle A = \angle A' = 1R$$

Figura 82-A

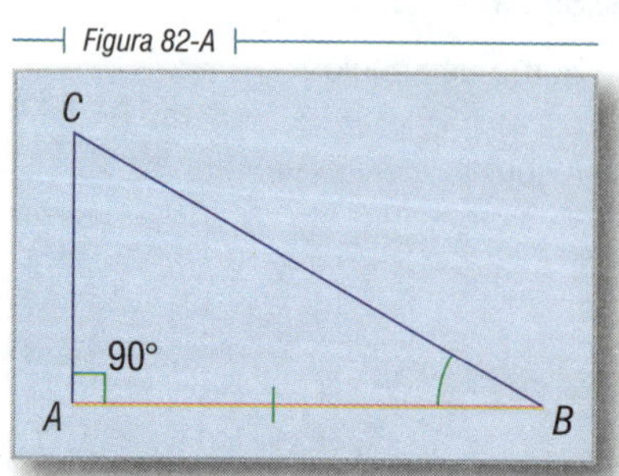

Figura 82-B

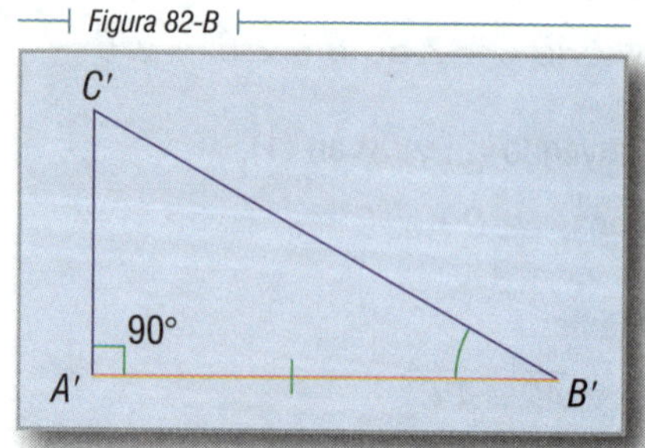

Si $\overline{AB} = \overline{A'B'}$ y $\angle B = \angle B'$, entonces, $\triangle ABC = \triangle A'B'C'$, por tener un lado igual e iguales los dos ángulos adyacentes.

b) Un cateto y el ángulo opuesto (Fig. 83):

$$\angle A = \angle A' = 1R$$

Figura 83-A

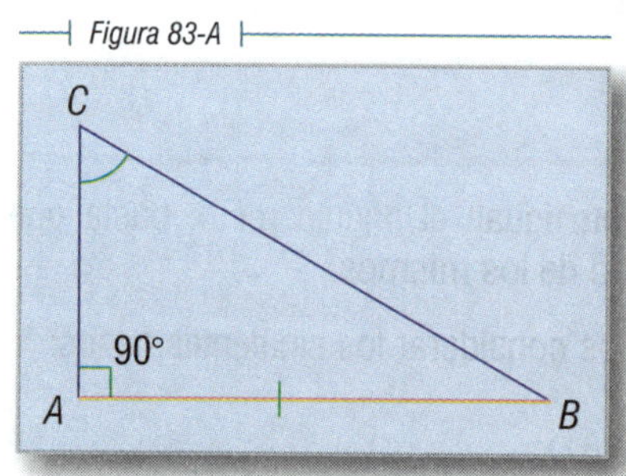

Figura 83-B

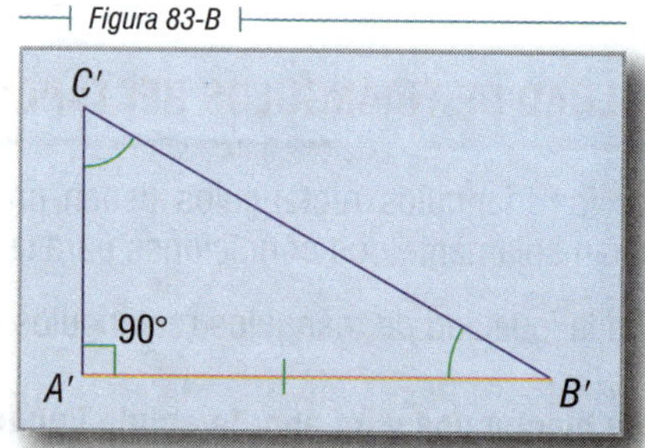

Si $\overline{AB} = \overline{A'B'}$ y $\angle C = \angle C'$, entonces, $\triangle ABC = \triangle A'B'C'$, porque al ser iguales los $\angle C$ y $\angle C'$ también lo son $\angle B$ y $\angle B'$, que son sus complementos. Los dos triángulos tienen iguales un lado y los dos ángulos adyacentes.

3. Los dos catetos iguales (Fig. 84):

Figura 84-A

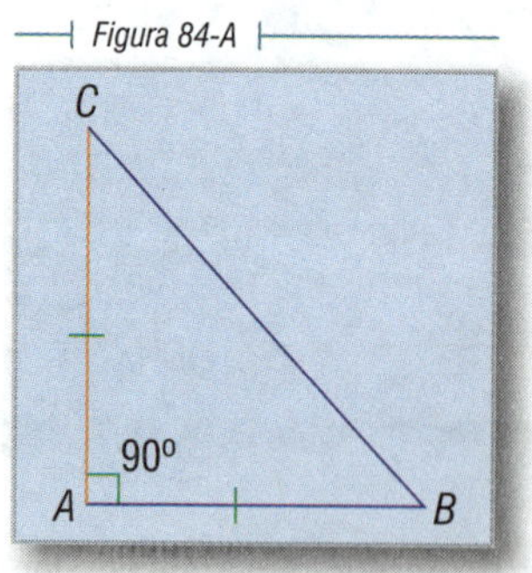

Figura 84-B

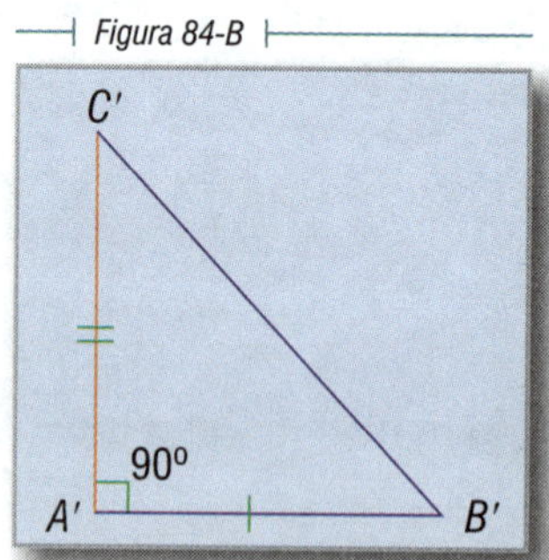

Si $\overline{AB} = \overline{A'B'}$ y $\overline{AC} = \overline{A'C'}$, entonces, $\triangle ABC = \triangle A'B'C'$ por tener dos lados iguales e igual el ángulo comprendido, ya que $\angle A = \angle A' = 1R$.

4. La hipotenusa y un cateto iguales (Fig. 85):

Figura 85-A

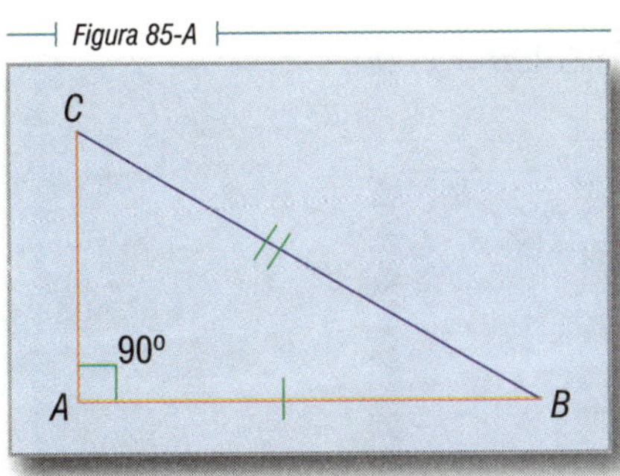

Figura 85-B

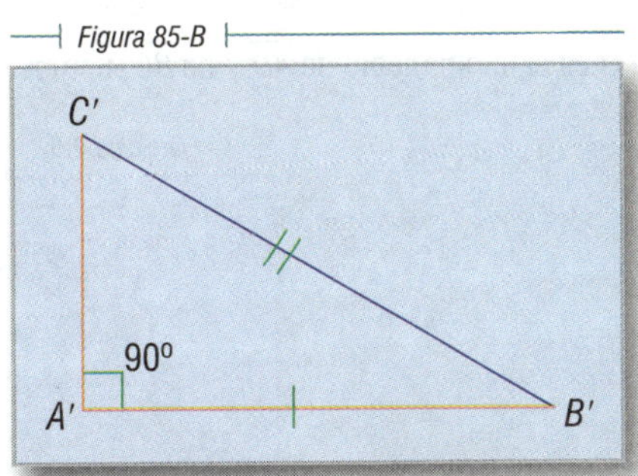

Si $\overline{BC} = \overline{B'C'}$ y $\overline{AB} = \overline{A'B'}$, entonces, $\triangle ABC = \triangle A'B'C'$. En efecto, más adelante, al estudiar el teorema de Pitágoras, veremos que si dos triángulos rectángulos tienen iguales la hipotenusa y un cateto, también tienen igual el otro cateto.

De aquí resulta que los dos triángulos $ABC = A'B'C'$ tienen sus tres lados iguales y, por tanto, son iguales.

APLICACIONES DE LA IGUALDAD DE TRIÁNGULOS

93

1. Para demostrar que dos segmentos son iguales suele ser útil demostrar que se oponen a ángulos iguales en triángulos iguales.

2. Para demostrar que dos ángulos son iguales suele ser útil demostrar que dichos ángulos se oponen a lados iguales en triángulos iguales.

Ejercicios

1. Si $\angle 1 = \angle 2$ y $\angle 3 = \angle 4$, demostrar que $\triangle ABC = \triangle ABD$.
2. Si $\overline{AC} = \overline{AD}$ y $\angle 1 = \angle 2$, demostrar que $\triangle ABC = \triangle ABD$.
3. Si $\overline{AC} = \overline{AD}$ y $\overline{BC} = \overline{BD}$, demostrar que $\triangle ABC = \triangle ABD$.

Ejercicios 1-2-3

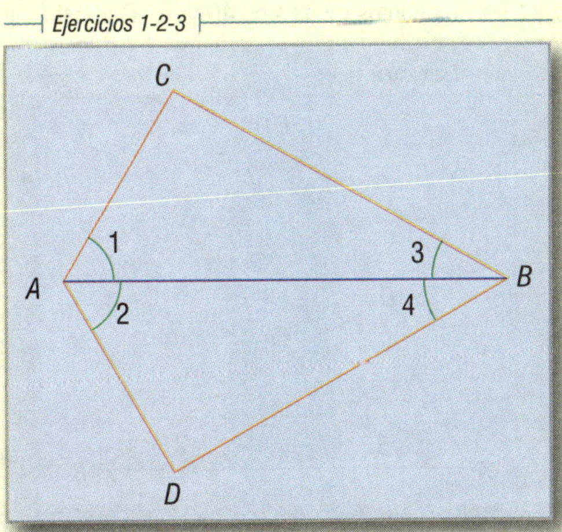

4. Si $\overleftrightarrow{AB} \parallel \overleftrightarrow{CD}$ y $\overline{AB} = \overline{CD}$, demostrar que $\triangle AOB = \triangle COD$.

5. Si O es el punto medio de $\overline{AD}$ y de $\overline{BC}$, demostrar que $\triangle AOB = \triangle COD$.

Ejercicios 4-5

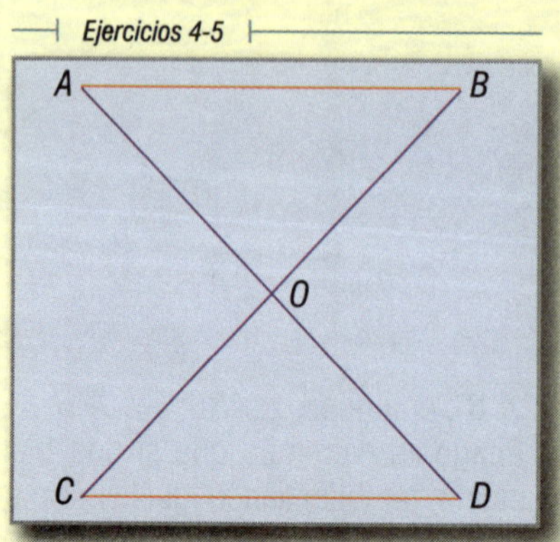

6. Si $\overleftrightarrow{AB} \parallel \overleftrightarrow{CD}$, demostrar que $\triangle ACD = \triangle ACB$.

7. Si $\overline{CD} = \overline{AB}$ y $\angle 1 = \angle 3$, demostrar que $\triangle ACD = \triangle ACB$ y $\overline{BC} = \overline{AD}$.

8. Si $\overline{AD} = \overline{BC}$ y $\overline{CD} = \overline{AB}$, demostrar que $\triangle ACD = \triangle ACB$ y $\angle D = \angle B$.

Ejercicios 6-7-8

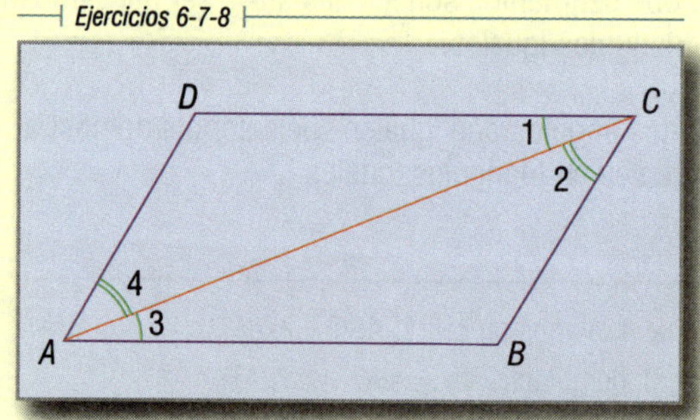

9. $\triangle ABC$ es isósceles; D y F son los puntos medios de $\overline{AC}$ y $\overline{BC}$. Demostrar que $\overline{AF} = \overline{BD}$ y $\angle 1 = \angle 2$.

Ejercicio 9

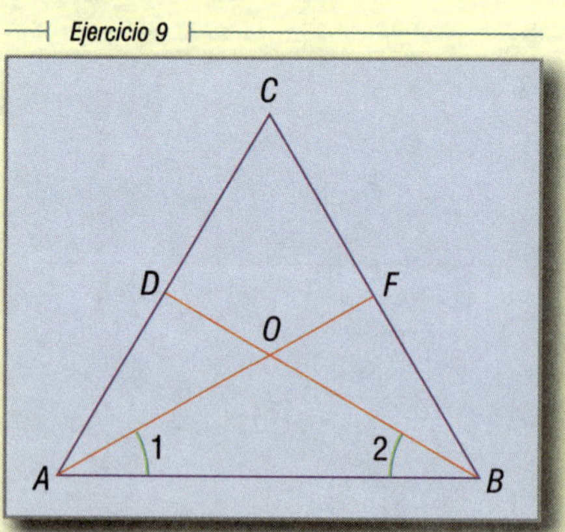

10. $\triangle ABC$ es isósceles, D y F son los puntos medios de $\overline{AC}$ y $\overline{BC}$.

Demostrar que $\overline{AO} = \overline{BO}$, $\overline{DO} = \overline{FO}$ y $\angle 3 = \angle 4$.

Ejercicio 10

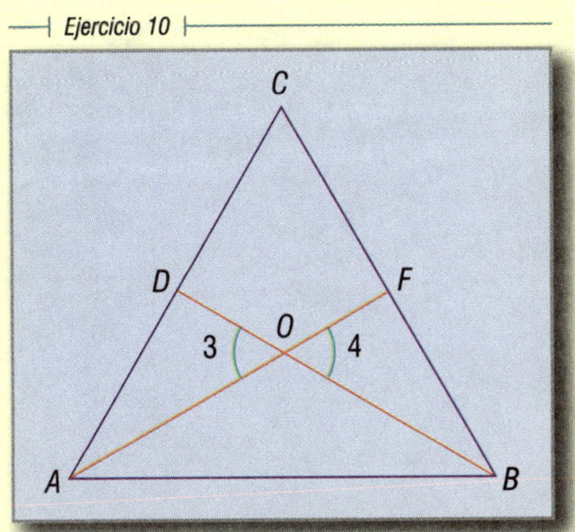

11. Si $\overleftrightarrow{BD} \perp \overleftrightarrow{AC}$, $\angle 1 = \angle 2$ y $\overline{AD} = \overline{CD}$, demostrar que $\triangle ABD = \triangle CBD$.

12. Si $\overleftrightarrow{BD} \perp \overleftrightarrow{AC}$ y $\angle A = \angle C$, demostrar que $\triangle ABD = \triangle CBD$.

13. Si $\overleftrightarrow{BD} \perp \overleftrightarrow{AC}$ y $\angle 1 = \angle 2$, demostrar que $\triangle ABD = \triangle CBD$, $\overline{AD} = \overline{CD}$, $\angle A = \angle C$.

Ejercicios 11-12-13

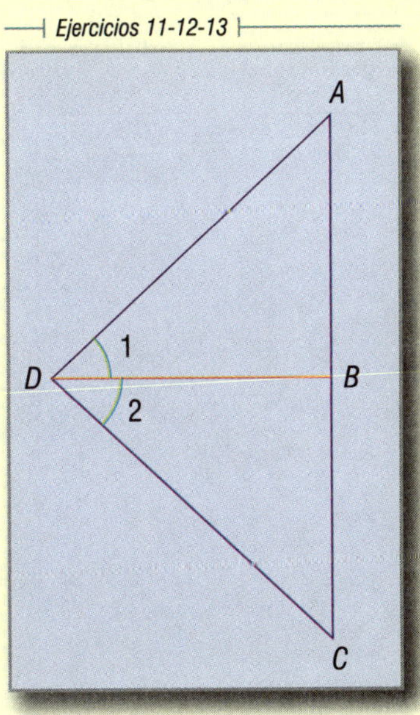

14. Si $\overleftrightarrow{BD} \perp \overleftrightarrow{AC}$ y B es el punto medio de $\overline{AC}$, demostrar que $\angle 1 = \angle 2$.

15. Si $\overleftrightarrow{BD} \perp \overleftrightarrow{AC}$ y $\overline{AD} = \overline{CD}$, demostrar que $\overline{AB} = \overline{BC}$.

Ejercicios 14-15

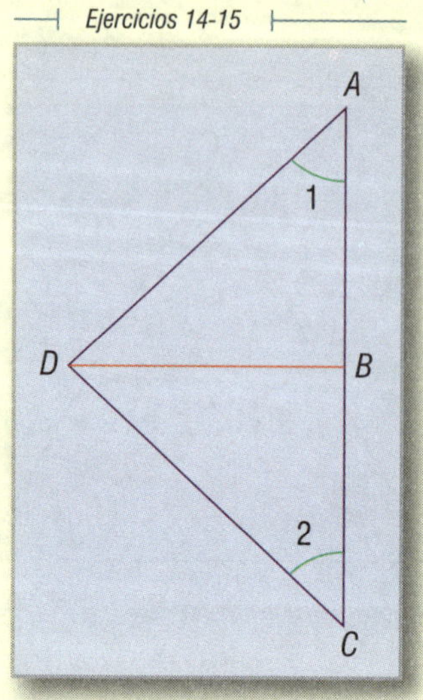

16. Si $\overleftrightarrow{DA} \perp \overleftrightarrow{AB}$ y $\overleftrightarrow{CB} \perp \overleftrightarrow{AB}$, demostrar que $\triangle ABD = \triangle ABC$.

17. Si $\overleftrightarrow{DA} \perp \overleftrightarrow{AB}$, $\overleftrightarrow{CB} \perp \overleftrightarrow{AB}$ y $\overline{AD} = \overline{BC}$, demostrar que $\triangle ABD = \triangle ABC$.

18. Si $\overleftrightarrow{DA} \perp \overleftrightarrow{AB}$, $\overleftrightarrow{CB} \perp \overleftrightarrow{AB}$ y $\angle C = \angle D$, demostrar que $\triangle ABD = \triangle ABC$.

19. Si $\overleftrightarrow{DA} \perp \overleftrightarrow{AB}$, $\overleftrightarrow{CB} \perp \overleftrightarrow{AB}$ y $\angle 1 = \angle 2$, demostrar que $\triangle ABD = \triangle ABC$.

20. Si $\overleftrightarrow{DA} \perp \overleftrightarrow{AB}$, $\overleftrightarrow{CB} \perp \overleftrightarrow{AB}$, $\overline{AC} = \overline{BD}$ y $\angle C = \angle D$, demostrar que $\triangle ABD = \triangle ABC$.

Ejercicios 16-17-18-19-20

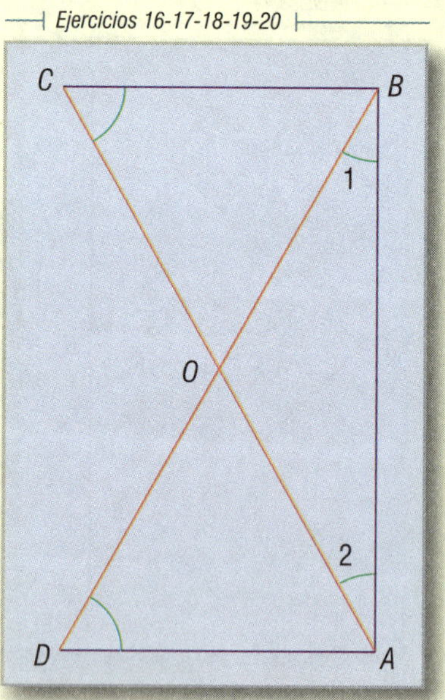

Platón (427 o 428-347 o 348 a. C.). En la Academia, lugar donde impartió sus enseñanzas, se podía leer la siguiente inscripción: **NADIE ENTRE QUE NO SEPA GEOMETRÍA.** Platón sostiene en el Timeo que Dios dio a todas las cosas la mayor perfección posible componiendo sus elementos (fuego, tierra, aire y agua) por medio de los cuerpos geométricos más perfectos: tetraedro, octaedro, icosaedro y cubo. Platón contempló la Geometría más con ojos de poeta que con mirada científica.

POLÍGONOS

DEFINICIONES

94

Se llama polígono a la porción de plano limitada por una curva cerrada, llamada línea poligonal.

El polígono es convexo (Fig. 86-A) cuando está formado por una poligonal convexa, y es cóncavo (Fig. 86-B) si se encuentra constituido por una poligonal cóncava.

Los lados y vértices de la poligonal son los lados y vértices del polígono.

Figura 86-A

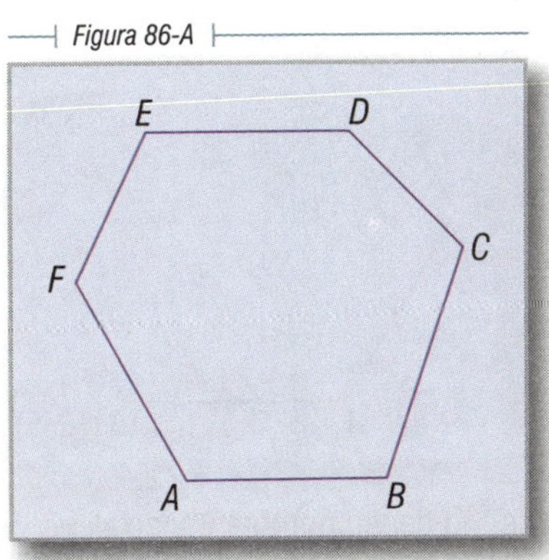

Figura 86-B

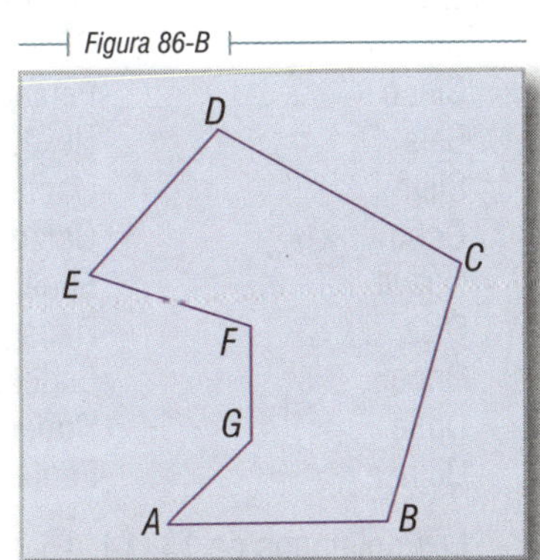

Ángulos internos o interiores de un polígono son aquéllos formados por cada dos lados consecutivos.

Ángulos exteriores o externos de un polígono son los ángulos adyacentes a los interiores, obtenidos de la prolongación de los lados en un mismo sentido.

En la figura 87 tenemos:

Ángulos internos $\begin{cases} \angle ABC & \angle DEF \\ \angle BCD & \angle EFA \\ \angle CDE & \angle FAB \end{cases}$ Ángulos externos $\begin{cases} \angle 1 & \angle 4 \\ \angle 2 & \angle 5 \\ \angle 3 & \angle 6 \end{cases}$

Figura 87

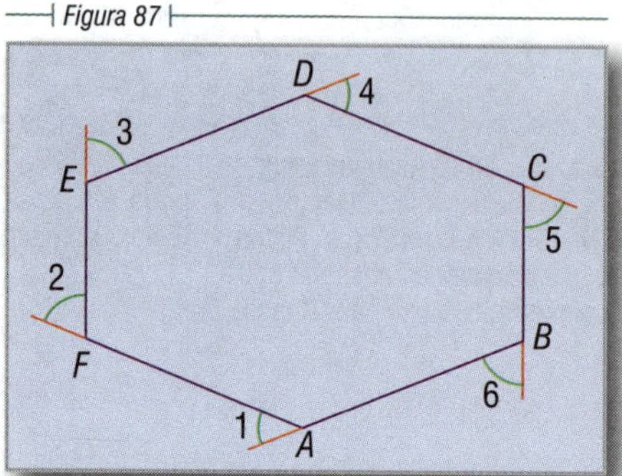

Los lados del polígono son los lados de la poligonal: $\overline{AB}$, $\overline{BC}$, $\overline{CD}$, etcétera.

El número de lados del polígono es igual al número de vértices y de ángulos. La línea poligonal que limita al polígono se llama contorno. Perímetro de un polígono es la longitud de su contorno, es decir, la suma de sus lados. En la figura 87:

$$\text{Perímetro} = \overline{AB} + \overline{BC} + \overline{CD} + \overline{DE} + \overline{EF} + \overline{FA}$$

Polígono regular (Fig. 88) es el que tiene todos sus lados y ángulos iguales, es decir, que es equilátero y equiángulo.

De acuerdo con el número de lados, los polígonos reciben nombres especiales. El polígono de menor número de lados es el triángulo.

Número de lados	Nombre
Tres	Triángulo
Cuatro	Cuadrilátero
Cinco	Pentágono
Seis	Hexágono
Siete	Heptágono
Ocho	Octágono
Nueve	Eneágono
Diez	Decágono
Once	Endecágono
Doce	Dodecágono
Quince	Pentedecágono

Figura 88

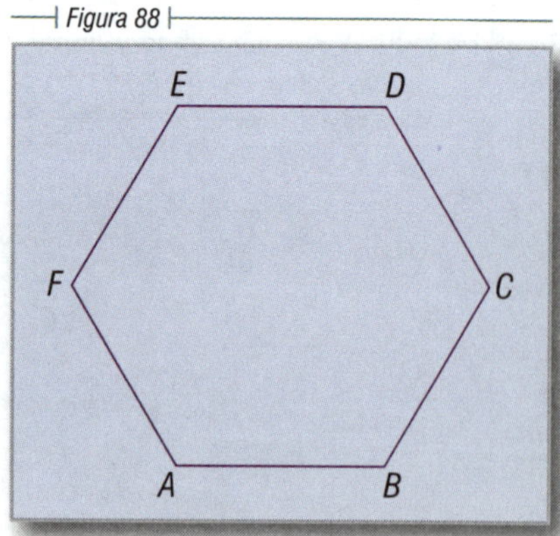

Los polígonos de 13, 14, 16, 17, 18, 19, etc. lados, no tienen nombre especial.

DIAGONAL 95

Se llama diagonal al segmento determinado por dos vértices no consecutivos.

En la figura 89, los segmentos $\overline{AC}$ y $\overline{BD}$ son diagonales.

Figura 89

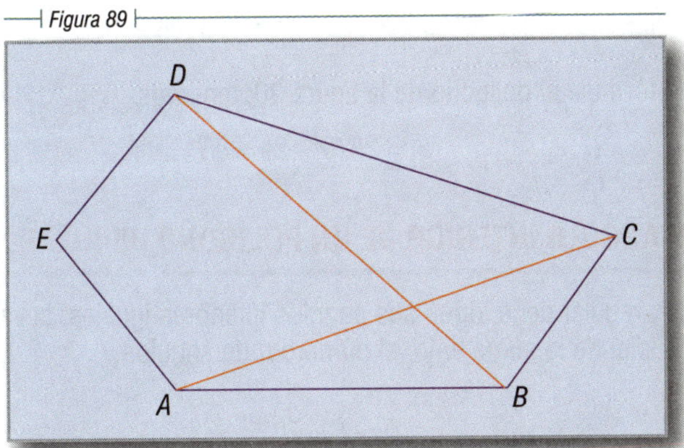

TEOREMA 24 96

La suma de los ángulos interiores (S_i) de un polígono convexo es igual a tantas veces dos ángulos rectos, como lados menos dos tiene el polígono.

Hipótesis

$\angle A$, $\angle B$, $\angle C$, etc., son los ángulos interiores de un polígono convexo de n lados.

Tesis

$$S_i = \angle A + \angle B + \cdot \cdot \cdot = 2R(n-2)$$

Construcción auxiliar. Desde un vértice cualquiera, tracemos todas las diagonales que parten de ese vértice. El polígono quedará descompuesto en $n - 2$ triángulos.

Figura 90

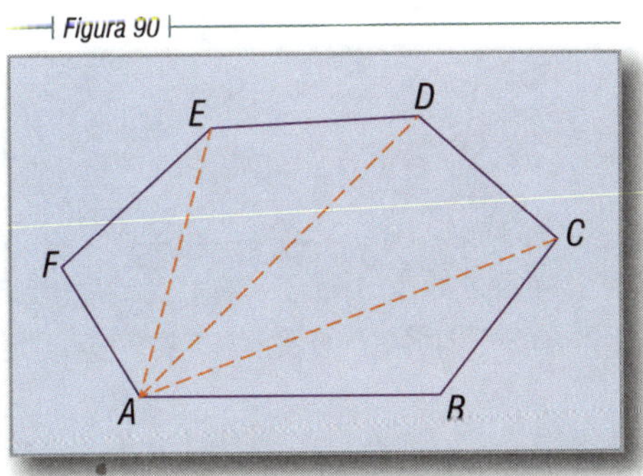

Demostración

La suma de los ángulos interiores de los $n - 2$ triángulos es igual a la suma de los ángulos interiores del polígono.

La suma de los ángulos interiores de cada triángulo es igual a dos ángulos rectos, es decir, $2R$.

Como el número de triángulos en que se ha descompuesto el polígono de n lados es $n - 2$, resulta:

$$S_i = \text{Suma de los ángulos interiores del polígono} = 2R\,(n - 2)$$

Aplicando la fórmula al polígono de la figura 90, tenemos:

$$S_i = 2R(6 - 2) = 8R.$$

97 VALOR DE UN ÁNGULO INTERIOR DE UN POLÍGONO REGULAR

Como el polígono regular tiene todos sus ángulos interiores iguales, el valor i de uno de ellos lo hallaremos dividiendo la suma entre el número n de ángulos.

$$i = \frac{S_i}{n}$$

Y como $S_i = 2R(n - 2)$, resulta:

$$i = \frac{2R(n-2)}{n}$$

98 TEOREMA 25

La suma de los ángulos exteriores (S_e) de todo polígono convexo es igual a cuatro ángulos rectos (Fig. 91).

Figura 91

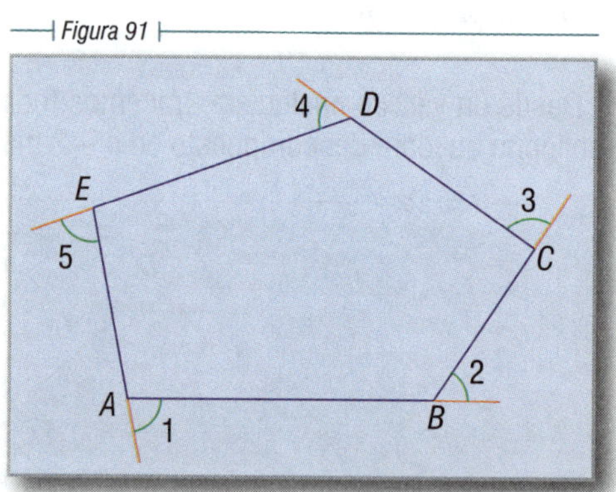

Hipótesis

$\angle 1$, $\angle 2$, etc. , son los ángulos exteriores de un polígono convexo de n lados.

Tesis

$S_e = \angle 1 + \angle 2 + \ldots = 4R$

Demostración

El ángulo exterior y el ángulo interior en cada vértice suman dos ángulos rectos por ser adyacentes. Multiplicando este valor por el número de vértices n, tendremos la suma de todos los ángulos interiores, más la suma de todos los ángulos exteriores, es decir:

$$S_i + S_e = 2R \cdot n$$

de donde $S_e = 2R \cdot n - S_i$ (1)

pero: $S_i = 2R(n-2)$ (2)

Sustituyendo (2) en (1), tenemos:

$$S_e = 2Rn - 2R(n-2)$$
$$S_e = 2Rn - 2Rn + 4R \therefore \qquad S_e = 4R$$

VALOR DE UN ÁNGULO EXTERIOR DE UN POLÍGONO REGULAR 99

Como todos los ángulos interiores de un polígono regular son iguales, los exteriores también lo serán. Para hallar el valor de "e" de un ángulo exterior, dividiremos la suma de todos ellos entre el número de ángulos que hay. Es decir:

$$e = \frac{S_e}{n}$$

y como $S_i = 4R$, resulta:

$$e = \frac{4R}{n}$$

TEOREMA 26 100

El número de diagonales que pueden trazarse desde un vértice es igual al número de lados menos tres.

Hipótesis

$ABC\ldots$ es un polígono de n lados y d es el número de diagonales desde un vértice.

Tesis

$d = n - 3$

Demostración

Si desde un vértice cualquiera se trazan todas las diagonales posibles, siempre habrá tres vértices a los cuales no se puede trazar diagonal: el vértice desde el cual se trazan y los dos vértices contiguos.

Como el número de vértices es igual al número de lados n, resulta:

$$d = n - 3$$

Aplicando la fórmula al pentágono de la figura 92 resulta: d = número de diagonales desde un vértice = $5 - 3 = 2$.

Figura 92

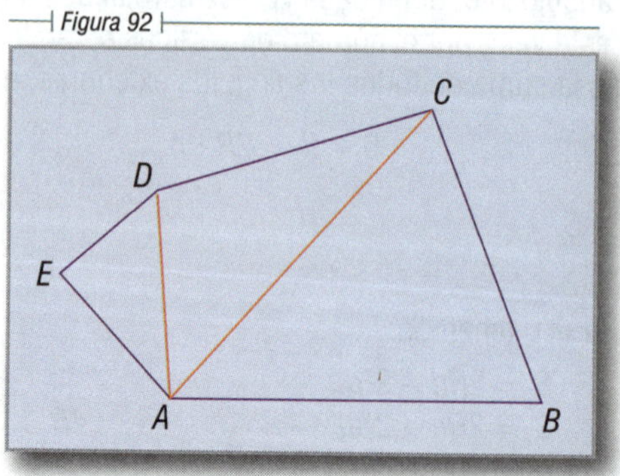

101 TEOREMA 27

Si n es el número de lados del polígono, el número total de diagonales D que pueden trazarse desde todos los vértices está dada por la fórmula $D = \frac{n(n-3)}{2}$.

Figura 93

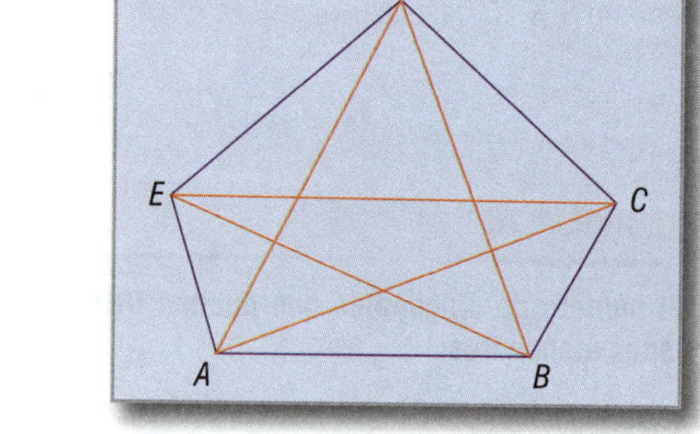

Hipótesis

ABC es un polígono de n lados.

D = número total de diagonales.

Tesis

$$D = \frac{n(n-3)}{2}$$

Demostración

Desde un vértice pueden trazarse $n - 3$ diagonales.

Como hay n vértices, el número de diagonales será $n(n - 3)$. Pero como cada diagonal une dos vértices, de esta manera hemos contado doble número de diagonales. Luego:

$$D = \frac{n(n-3)}{2}$$

Ejemplo

Aplicando la fórmula al pentágono de la figura 93 tendremos:

$$D = \frac{5(5-3)}{2} = 5$$

TEOREMA 28 102

Dos polígonos son iguales si pueden descomponerse en igual número de triángulos respectivamente iguales y dispuestos del mismo modo.

Figura 94-A

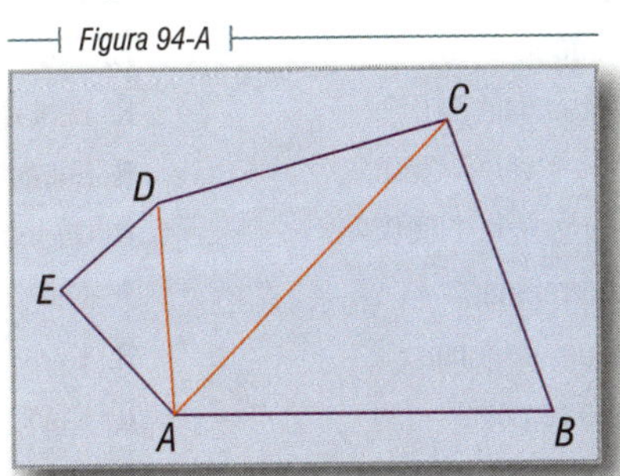

Figura 94-B

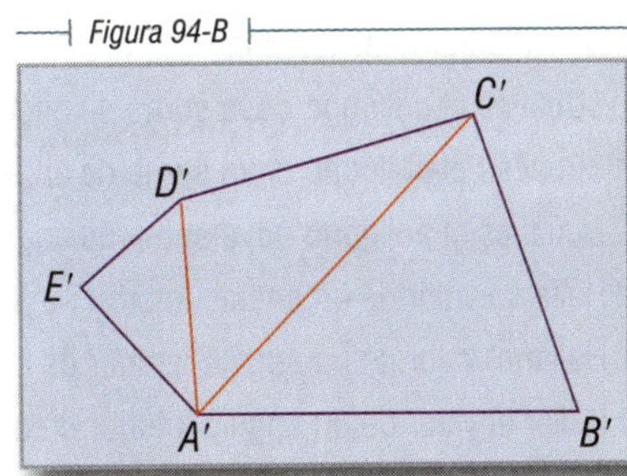

Hipótesis

$ABCDE$ y $A'B'C'D'E'$ (Fig. 94) son dos polígonos, tales que:

$\triangle ABC = \triangle A'B'C'$

$\triangle ACD = \triangle A'C'D'$

$\triangle ADE = \triangle A'D'E'$

Tesis

$ABCDE = A'B'C'D'E'$

Demostración

Siendo respectivamente iguales los triángulos en que han quedado descompuestos ambos polígonos, resulta:

$$\left.\begin{array}{l} \overline{AB} = \overline{A'B'} \\ \overline{BC} = \overline{B'C'} \\ \overline{CD} = \overline{C'D'} \\ \overline{DE} = \overline{D'E'} \\ EA = E'A' \end{array}\right\} \text{Por ser lados de triángulos iguales}$$

Además:

$$\left.\begin{array}{l} \angle B = \angle B' \\ \angle E = \angle E' \end{array}\right\} \text{Por oponerse a lados iguales en triángulos iguales}$$

También:

$$\left.\begin{array}{l} \angle A = \angle A' \\ \angle C = \angle C' \\ \angle D = \angle D' \end{array}\right\} \text{Por sumas de ángulos respectivamente iguales}$$

Por tanto, $ABCDE = A'B'C'D'E'$ por tener lados y ángulos iguales.

RECÍPROCO 103

Si dos polígonos son iguales, se pueden descomponer en igual número de triángulos respectivamente iguales e igualmente dispuestos.

Ejercicios

1. Hallar la suma de los ángulos interiores de un cuadrado. **R.** 360°
2. Hallar la suma de los ángulos interiores de un octágono. **R.** 1,080°
3. Hallar la suma de los ángulos interiores de un pentágono. **R.** 540°
4. ¿Cuál es el polígono cuya suma de ángulos interiores vale 540°? **R.** Pentágono
5. ¿Cuál es el polígono cuya suma de ángulos interiores vale 1,260°? **R.** Eneágono
6. ¿Cuál es el polígono cuya suma de ángulos interiores vale 1,800°? **R.** Dodecágono
7. Hallar el valor de un ángulo interior de un hexágono regular. **R.** 120°
8. Hallar el valor de un ángulo interior de un dodecágono regular. **R.** 150°
9. Hallar el valor de un ángulo interior de un decágono regular. **R.** 144°
10. Determinar cuál es el polígono regular cuyo ángulo interior es igual a 60°. **R.** Triángulo
11. Determinar cuál es el polígono regular cuyo ángulo interior es igual a 90°. **R.** Cuadrado
12. Determinar el polígono regular cuyo ángulo interior vale 135°. **R.** Octágono
13. Hallar la suma de los ángulos exteriores de un heptágono. **R.** 360°
14. Hallar el valor de un ángulo exterior de un octágono regular. **R.** 45°
15. Hallar el valor de un ángulo exterior de un decágono regular. **R.** 36°
16. Hallar el valor de un ángulo exterior de un polígono regular de 20 lados. **R.** 18°
17. ¿Cuál es el polígono regular cuyo ángulo exterior vale 120°? **R.** Triángulo
18. Determinar cuál es el polígono regular cuyo ángulo exterior es igual a 60°. **R.** Hexágono
19. Determinar cuál es el polígono regular cuyo ángulo exterior es igual a 90°. **R.** Cuadrado
20. Calcular el número de diagonales que se pueden trazar desde un vértice de un pentágono. **R.** 2
21. Calcular el número de diagonales que se pueden trazar desde un vértice de un octágono. **R.** 5
22. Calcular el número de diagonales que se pueden trazar desde un vértice de un decágono. **R.** 7
23. ¿Cuál es el polígono en el que se pueden trazar tres diagonales desde un vértice? **R.** Hexágono
24. ¿Cuál es el polígono en el que se pueden trazar seis diagonales desde un vértice? **R.** Eneágono
25. ¿Cuál es el polígono en el cual se pueden trazar nueve diagonales desde un vértice? **R.** Dodecágono
26. Calcular el número total de diagonales que se pueden trazar en un octágono. **R.** 20
27. Calcular el número total de diagonales que se pueden trazar en un decágono. **R.** 35
28. Calcular el número total de diagonales que se pueden trazar en un polígono de 20 lados. **R.** 170
29. ¿Cuál es el polígono en el cual se pueden trazar 14 diagonales en total? **R.** Heptágono
30. ¿Cuál es el polígono en el cual se pueden trazar 20 diagonales en total? **R.** Octágono

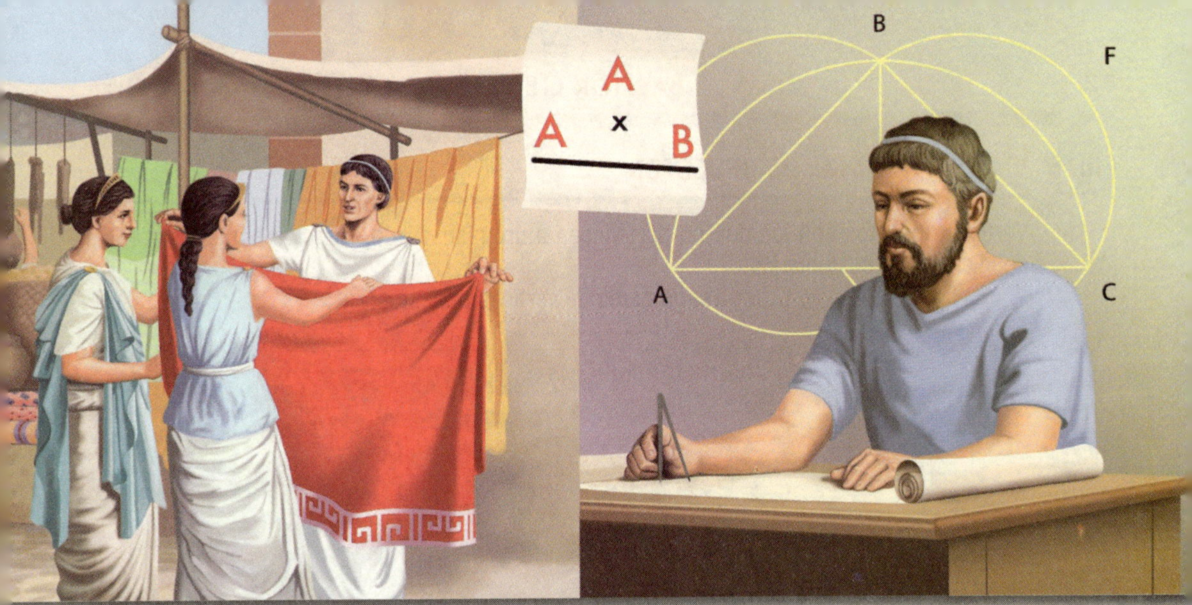

Hipócrates de Quío (450- a. C.). Fue primero comerciante. Aparece en Atenas hacia el año 430 para reivindicar ciertos derechos, donde funda poco después una escuela de Geometría. Planteó las bases del método de reducción, es decir, transformar un problema en otro ya resuelto. Inició el uso de las letras en las figuras de Geometría. La Geometría dejó de ser con él una técnica, y tomó el rango de ciencia deductiva, que había de culminar con los estudios realizados por Euclides.

Capítulo VIII

CUADRILÁTEROS

CUADRILÁTERO 104

Es el polígono de cuatro lados.

LADOS OPUESTOS 105

Son los que no tienen ningún vértice común.

En la figura 95, $\overline{AB}$ y $\overline{CD}$, $\overline{AD}$ y $\overline{BC}$ son pares de lados opuestos.

LADOS CONSECUTIVOS 106

Son los que tienen un vértice común.

En la figura 95, $\overline{AB}$ y $\overline{BC}$, $\overline{CD}$ y $\overline{DA}$, $\overline{BC}$ y $\overline{CD}$, $\overline{DA}$ y $\overline{AB}$ son pares de lados consecutivos.

107 VÉRTICES Y ÁNGULOS OPUESTOS

Vértices opuestos son los que no pertenecen a un mismo lado. Ángulos opuestos son los que tienen vértices opuestos.

En la figura 95, *A* y *C*, *B* y *D* son pares de vértices opuestos.

Figura 95

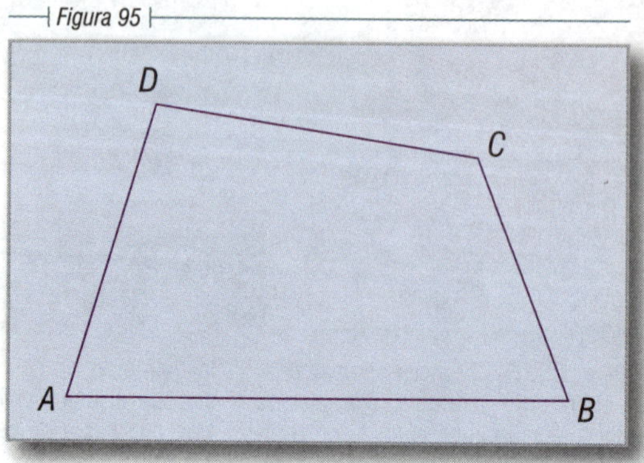

108 SUMA DE ÁNGULOS INTERIORES

La suma de los ángulos interiores de un cuadrilátero es igual a cuatro ángulos rectos.

Demostración

La suma de los ángulos interiores de un polígono cualquiera es:

$$S_i = 2R\,(n - 2) \qquad (1)$$

En este caso observamos que: $n = 4$ (2)

Sustituyendo (2) en (1), tenemos: $S_i = 2R(4 - 2) = 4R$

109 DIAGONALES DESDE UN VÉRTICE

Desde un vértice de un cuadrilátero sólo se puede trazar una diagonal.

En efecto, el número de diagonales desde un vértice, en un polígono, está dado por la fórmula:

$$d = n - 3 \qquad (1)$$

En este caso: $n = 4$ (2)

Sustituyendo (2) en (1): $d = 4 - 3 = 1$

110 NÚMERO TOTAL DE DIAGONALES

El número total de diagonales que se pueden trazar en un cuadrilátero es 2.

En efecto, el número total de diagonales de un polígono está dado por la fórmula:

$$D = \frac{n(n-3)}{2} \qquad (1)$$

Como se trata de un cuadrilátero, tenemos: $n = 4$ (2)

Sustituyendo (2) en (1), tenemos:

$$D = \frac{4(4-3)}{2} = \frac{4(1)}{2} = \frac{4}{2} = 2$$

CLASIFICACIÓN DE LOS CUADRILÁTEROS 111

Los cuadriláteros se clasifican atendiendo al paralelismo de los lados opuestos.

Si los lados opuestos son paralelos dos a dos, la figura se llama paralelogramo (Fig. 96): $\overline{AB} \parallel \overline{CD}$ y $\overline{AD} \parallel \overline{BC}$.

Figura 96

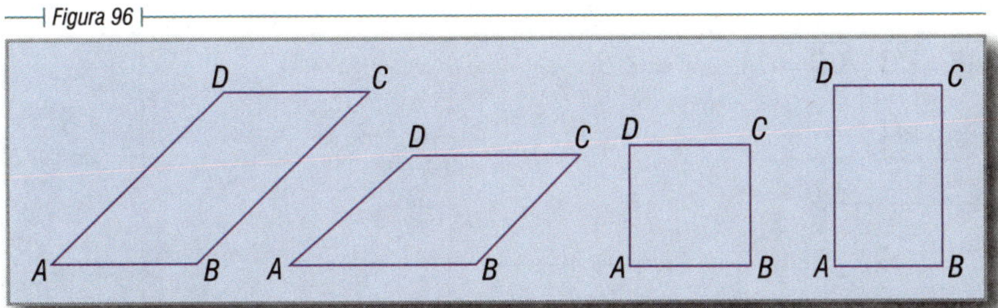

Cuando sólo hay paralelismo en un par de lados opuestos, la figura se llama trapecio (Fig. 97).

Figura 97

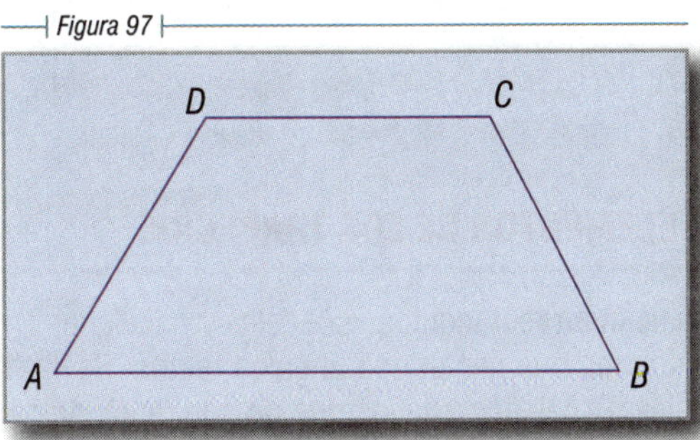

Cuando no existe paralelismo alguno, la figura se llama trapezoide (Fig. 98).

$\overline{AB}$ y $\overline{CD}$ no son paralelos. $\overline{AD}$ y $\overline{BC}$ no son paralelos.

Figura 98

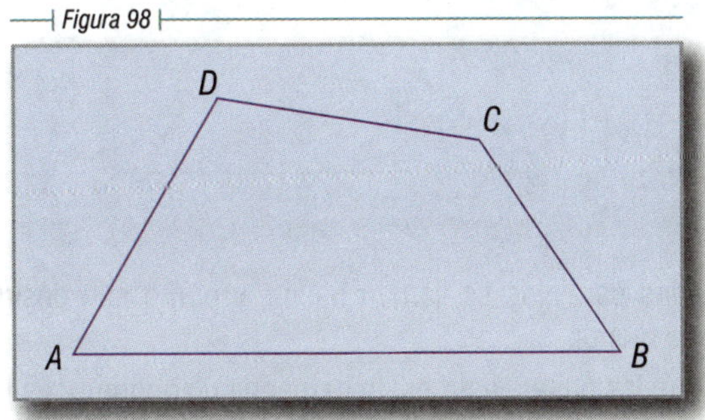

112 CLASIFICACIÓN DE LOS PARALELOGRAMOS

1. Rectángulo. Tiene los cuatro ángulos iguales y los lados contiguos desiguales (Fig. 99-A): $\angle A = \angle B = \angle C = \angle D, \overline{AB} \neq \overline{BC}$.

2. Cuadrado. Tiene los cuatro ángulos iguales y los cuatro lados iguales (Fig. 99-B): $\angle A = \angle B = \angle C = \angle D, \overline{AB} = \overline{BC} = \overline{CD} = \overline{DA}$.

3. Romboide. Tiene los lados y los ángulos contiguos desiguales (Fig. 99-C): $\angle A \neq \angle B$, $\overline{AB} \neq \overline{BC}$.

4. Rombo. Tiene los cuatro lados iguales y los ángulos contiguos desiguales (Fig. 99-D): $\overline{AB} = \overline{BC} = \overline{CD} = \overline{DA}$, $\angle A \neq \angle B$.

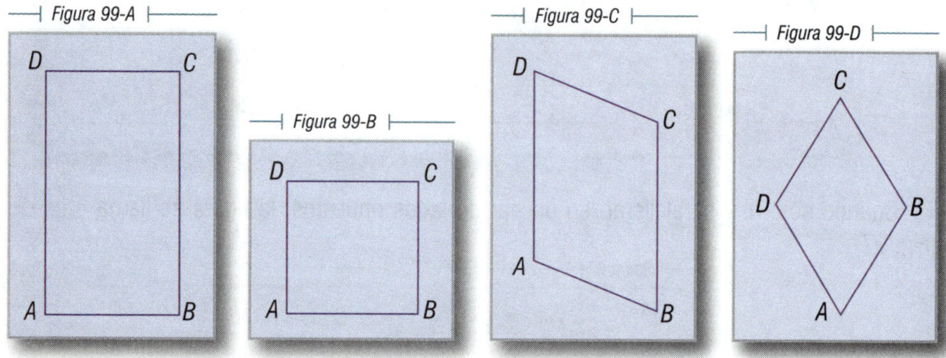

Figura 99-A Figura 99-B Figura 99-C Figura 99-D

113 CLASIFICACIÓN Y ELEMENTOS DE LOS TRAPECIOS

Los trapecios se clasifican en rectángulos, isósceles y escalenos.

Los rectángulos son los que tienen dos ángulos rectos. Se llaman isósceles si los lados no paralelos son iguales. Escalenos son los que no son rectángulos ni isósceles.

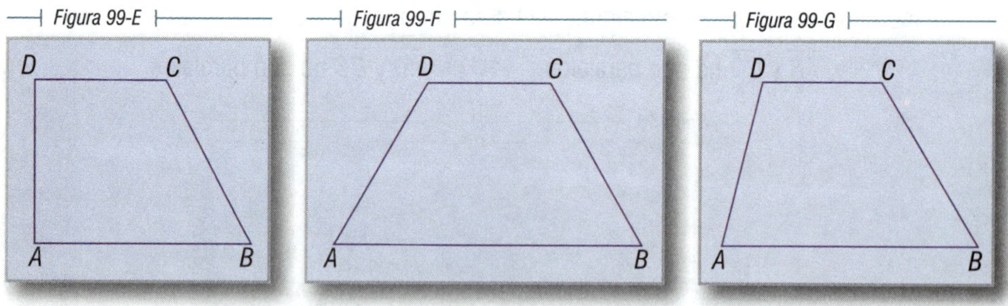

Figura 99-E Figura 99-F Figura 99-G

Elementos: Los lados paralelos se llaman bases, y como son desiguales, una es la base mayor y otra la base menor.

La distancia entre las bases, esto es, la perpendicular común, es la altura del trapecio.

El segmento que une los puntos medios de los lados no paralelos se llama base media, y tiene la importante propiedad de que es igual a la semisuma de las bases. También se le suele llamar paralela media (Fig. 99-H).

$\overline{AB}$ = Base mayor

$\overline{DC}$ = Base menor

$\overline{DE}$ = Altura

$\overline{MN}$ = Base media

Figura 99-H

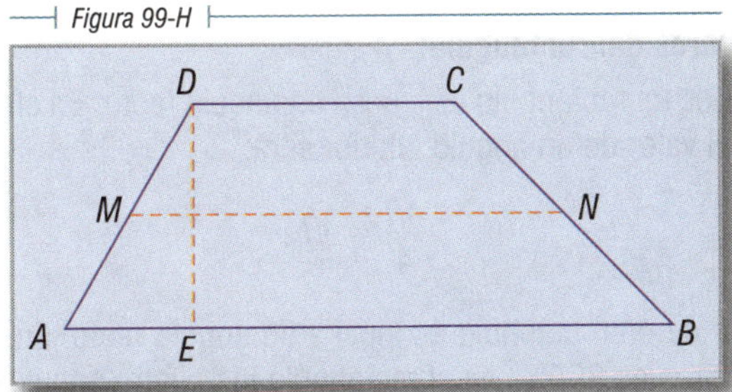

CLASIFICACIÓN DE LOS TRAPEZOIDES

114

Los trapezoides se clasifican en simétricos y asimétricos.

Los simétricos tienen dos pares de lados consecutivos iguales, pero el primer par de lados consecutivos iguales es diferente del segundo. Los asimétricos son los que no son simétricos.

En los trapezoides simétricos (Fig. 99-I), las diagonales son perpendiculares, y la que une los vértices donde concurren los lados iguales es la bisectriz de los ángulos y eje de simetría de la figura.

Figura 99-I

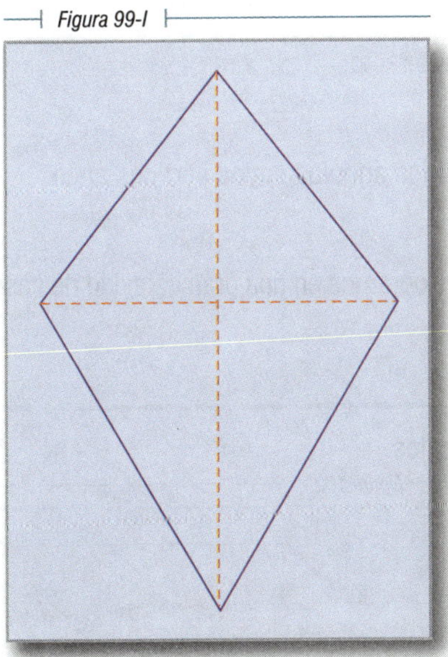

Simétrico

Figura 99-J

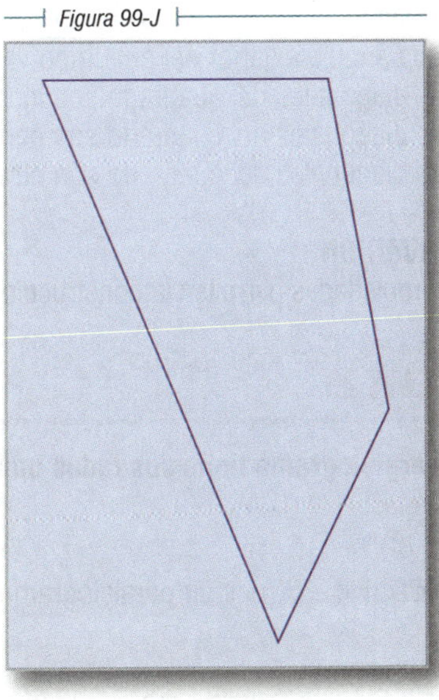

Asimétrico

115 PROPIEDADES DE LOS PARALELOGRAMOS

1. **Todo paralelogramo tiene sus lados opuestos iguales.**
2. **Todo paralelogramo tiene sus ángulos opuestos iguales.**
3. **Dos ángulos consecutivos de un paralelogramo son suplementarios.**
4. **En todo paralelogramo las diagonales se dividen mutuamente en partes iguales.**

Todas estas propiedades son fáciles de demostrar.

Propiedades particulares del rectángulo:

1. Un ángulo interior de un rectángulo es igual a un ángulo recto. En efecto, siendo todos los ángulos iguales, el valor de un ángulo interior será:

$$\frac{4R}{4} = 1R$$

2. Un ángulo exterior de un rectángulo es igual a un ángulo recto. En efecto, si la suma de los ángulos exteriores es 360° y en el rectángulo los cuatro ángulos son iguales, resulta que cada uno valdrá:

$$\frac{4R}{4} = 1R$$

3. Las diagonales de un rectángulo son iguales. Se demuestra por igualdad de triángulos.

Propiedades particulares del rombo:

1. Las diagonales del rombo son perpendiculares.
2. Las diagonales del rombo son bisectrices de los ángulos cuyos vértices unen.

Propiedades particulares del cuadrado:

1. Los ángulos del cuadrado son rectos.
2. Cada ángulo exterior del cuadrado vale un ángulo recto.
3. Las diagonales del cuadrado son iguales.
4. Las diagonales del cuadrado son perpendiculares.
5. Las diagonales del cuadrado son bisectrices de los ángulos cuyos vértices unen.

OBSERVACIÓN

Estas propiedades permiten la construcción de paralelogramos en una gran cantidad de casos.

116 TEOREMA 29

Todo paralelogramo tiene sus lados opuestos iguales.

Figura 100

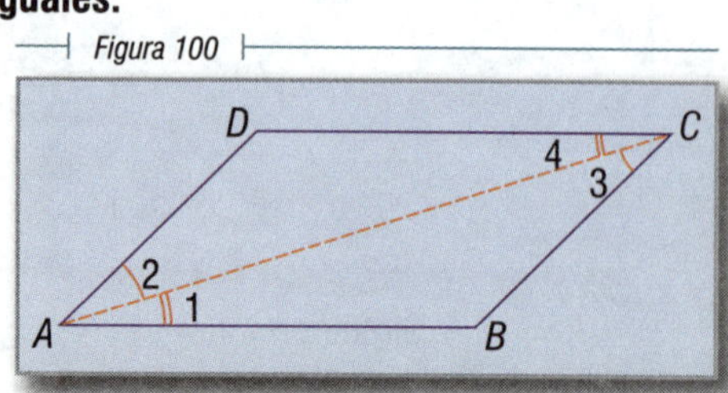

Hipótesis

ABCD (Fig. 100) es un paralelogramo.

Tesis

$\overline{AB} = \overline{CD}$, $\overline{BC} = \overline{AD}$

Construcción auxiliar. Se traza la diagonal $\overline{AC}$ y se forman los triángulos $\triangle ABC$ y $\triangle ADC$ que tienen el lado $\overline{AC}$ común.

Demostración

En el $\triangle ABC$ y $\triangle ACD$, tenemos:

	$\overline{AC} = \overline{AC}$	Lado común
También:	$\angle 1 = \angle 4$	Alternos internos entre $\overline{AB} \parallel \overline{CD}$
	$\angle 2 = \angle 3$	Alternos internos entre $\overline{AD} \parallel \overline{BC}$
Por tanto:	$\overline{AB} = \overline{CD}$ y $\overline{BC} = \overline{AD}$	Por oponerse a ángulos iguales en triángulos iguales

RECÍPROCO 117

Si cada par de lados opuestos de un cuadrilátero son iguales, también son paralelos y el cuadrilátero es un paralelogramo.

Hipótesis

En el cuadrilátero *ABCD* (Fig. 101) se verifica: $\overline{AB} = \overline{DC}$, $\overline{AD} = \overline{BC}$

Tesis

$\overline{AB} \parallel \overline{DC}$, $\overline{AD} \parallel \overline{BC}$

Figura 101

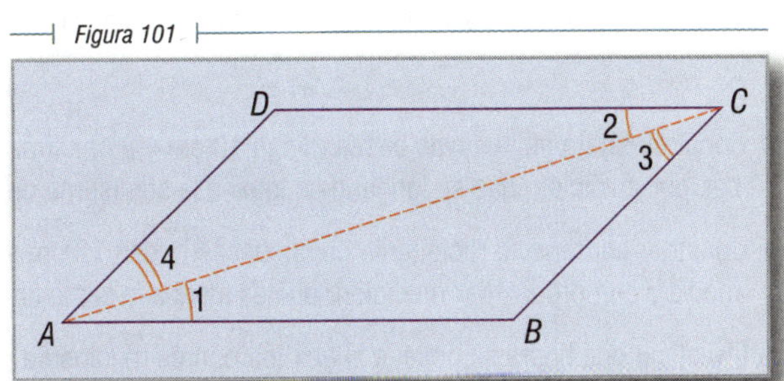

Construcción auxiliar. Se traza la diagonal $\overline{AC}$ formándose los triángulos: $\triangle ABC$ y $\triangle ADC$.

Demostración

En los $\triangle ABC$ y $\triangle ADC$:

	$\overline{AB} = \overline{DC}$, $\overline{AD} = \overline{BC}$	Hipótesis
	$\overline{AC} = \overline{AC}$	Identidad
Luego:	$\triangle ABC = \triangle ADC$	Por tener sus tres lados iguales
Por tanto:	$\angle 1 = \angle 2$ y $\angle 3 = \angle 4$	Por ángulos opuestos a lados iguales en triángulos iguales
Por tanto:	$\overline{AB} \parallel \overline{DC}$ y $\overline{AD} \parallel \overline{BC}$	Por formar ángulos alternos internos iguales con la diagonal $\overline{AC}$

$\therefore$ *ABC* es un paralelogramo. Por definición

Ejercicios

1. Construir un cuadrado de 5 cm de lado, trazar sus diagonales y comprobar por medición que son iguales y perpendiculares, que se dividen mutuamente en partes iguales y que son bisectrices de los ángulos cuyos vértices unen.
2. Construir un romboide cuyos lados midan 6 cm y 3 cm formando un ángulo de 120°. Comprobar por medición que sus lados opuestos y sus ángulos opuestos son iguales y que las diagonales se dividen mutuamente en partes iguales.
3. Construir un rombo cuyo lado mida 6 cm y tenga un ángulo agudo de 60°. Comprobar por medición que las diagonales son perpendiculares, se dividen mutuamente en partes iguales y son bisectrices de los ángulos cuyos vértices unen.
4. Construir un rectángulo cuyos lados midan 4 cm y 3 cm, y trazar sus diagonales. ¿Las diagonales son iguales? ¿Las diagonales son perpendiculares? ¿Las diagonales se dividen mutuamente en partes iguales? ¿Las diagonales son bisectrices de los ángulos cuyos vértices unen? Investigarlo por medición.
5. Construir un cuadrado cuya diagonal mida 5 cm.
6. Construir un rombo cuyas diagonales midan 8 cm y 4 cm.
7. Construir un rectángulo que tenga un lado que mida 7 cm y una diagonal que mida 9 cm.
8. Construir un rombo que tenga un lado que mida 5 cm y una diagonal que mida 8 cm.
9. Un ángulo de un romboide mide 36°. ¿Cuánto mide cada uno de los otros tres?

   R. 36°, 144°, 144°
10. Construir un trapecio cuyas bases midan 10 cm y 6 cm. Trazar la paralela o base media y comprobar, por medición, que su longitud es igual a la semisuma de las bases.
11. Construir un trapecio rectángulo cuyas bases midan 12 cm y 8 cm y la altura 5 cm. Trazar la base media y comprobar, por medición, que es igual a la semisuma de las bases.
12. Investigar qué figura se obtiene al unir los puntos medios de los lados de un rectángulo.
13. Investigar qué figura se obtiene al unir los puntos medios de los lados de un cuadrado.
14. Si un ángulo agudo de un trapecio isósceles mide 50°, ¿cuánto miden cada uno de los otros tres ángulos?

    R. 50°, 130°, 130°
15. Construir un trapezoide simétrico cuyas diagonales midan 10 y 6 cm, y uno de los lados mida 4 cm.

Euclides. Primero en la Edad de Oro de la Geometría griega (365-275 a. C.). Alejandría se convirtió, gracias a los Ptolomeos, en la capital científica del mundo griego. El Museo pasó a ser un centro docente y fue el precursor de nuestras actuales Universidades. Allí, desde el 323 a. C., Euclides ocupó la Cátedra de Matemáticas, año en que murió Alejandro Magno. Sus *Elementos* fueron el punto de partida hasta llegar al siglo XVIII en el que hace su aparición la Geometría analítica.

SEGMENTOS PROPORCIONALES

REPASO DE LAS PROPIEDADES DE LAS PROPORCIONES

En toda proporción, la suma o diferencia de los antecedentes es igual a la suma o diferencia de los consecuentes como cada antecedente es a su consecuente.

Si $\frac{a}{b} = \frac{a'}{b'}$, también, $\frac{a \pm a'}{b \pm b'} = \frac{a}{b} = \frac{a'}{b'}$

En toda proporción, la suma o diferencia del antecedente y consecuente de la primera razón es igual a su antecedente o consecuente, como la suma o diferencia del antecedente y consecuente de la segunda razón es igual a su antecedente o consecuente.

Si $\frac{a}{b} = \frac{a'}{b'}$, también, $\frac{a \pm b}{a} = \frac{a' \pm b'}{a'}$ y $\frac{a \pm b}{b} = \frac{a' \pm b'}{b'}$

En una proporción, el producto de los medios es igual al producto de los extremos.

Si $\frac{a}{b} = \frac{c}{d}$, también, $ad = bc$

En una proporción, un medio es igual al producto de los extremos dividido entre el otro medio y un extremo es igual al producto de los medios dividido entre el otro extremo.

Si $\frac{a}{b} = \frac{c}{d}$, también, $a = \frac{bc}{d}$, $b = \frac{ad}{c}$, $c = \frac{ad}{b}$, $d = \frac{bc}{a}$

119 CUARTA PROPORCIONAL

Se llama cuarta proporcional de tres cantidades a, b y c, y a un valor x que cumpla la condición:

$$\frac{a}{b} = \frac{c}{x}$$

120 TERCERA PROPORCIONAL

Se llama tercera proporcional a dos cantidades a y b, y a un valor x que cumpla la condición:

$$\frac{a}{b} = \frac{b}{x}$$

121 MEDIA PROPORCIONAL

Se llama media proporcional a dos cantidades, a y b, y a un valor x que cumpla la condición:

$$\frac{a}{x} = \frac{x}{b}$$

122 SERIE DE RAZONES IGUALES

Dada una serie de razones iguales: $\frac{a}{a'} = \frac{b}{b'} = \frac{c}{c'} = \frac{d}{d'} = \cdots$

Se cumple que, la suma de todos los antecedentes es igual a la suma de todos los consecuentes, como un antecedente cualquiera es igual a su consecuente:

$$\frac{a + b + c + d + \cdots}{a' + b' + c' + d' + \cdots} = \frac{a}{a'} = \frac{b}{b'} = \frac{c}{c'} = \frac{d}{d'} = \cdots$$

123 RAZÓN DE DOS SEGMENTOS

La razón de dos segmentos es el cociente de sus medidas con la misma unidad.

Sean los segmentos $\overline{AB}$ y $\overline{CD}$ (Fig. 102), y sea u la unidad de medida.

Si $\overline{AB} = 5u$, el número 5 es la medida de $\overline{AB}$ con la unidad u.

Figura 102-A

Figura 102-B

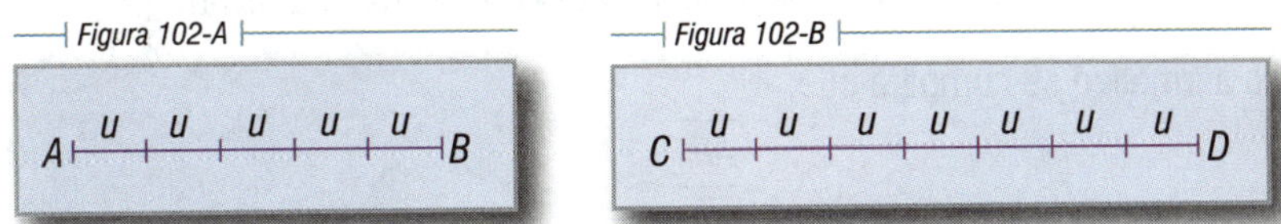

Si $\overline{CD} = 7u$, el número 7 es la medida de $\overline{CD}$ con la unidad u.

La razón de $\overline{AB}$ a $\overline{CD}$ es $\dfrac{\overline{AB}}{\overline{CD}} = \dfrac{5}{7}$, y la razón de $\overline{CD}$ a $\overline{AB}$ es $\dfrac{\overline{CD}}{\overline{AB}} = \dfrac{7}{5}$.

La razón de dos segmentos es independiente de la unidad que se adopte para medirlos, con tal que se use la misma unidad para ambos.

Dicha razón puede ser un número entero o fraccionario, y en estos dos casos se dice que los dos segmentos son conmensurables entre sí.

Si la razón es un número irracional, entonces, los dos segmentos son inconmensurables entre sí.

Razón inversa. La razón $\dfrac{\overline{CD}}{\overline{AB}} = \dfrac{7}{5}$, pero se dice que es inversa de la razón $\dfrac{\overline{AB}}{\overline{CD}} = \dfrac{5}{7}$, y viceversa.

SEGMENTOS PROPORCIONALES 124

Si a los segmentos a y b corresponden los segmentos a' y b', de tal manera que:

$$\frac{a}{b} = \frac{a'}{b'}$$

se dice que son proporcionales.

DIVIDIR UN SEGMENTO EN OTROS DOS QUE ESTÉN EN UNA RAZÓN DADA 125

Figura 103

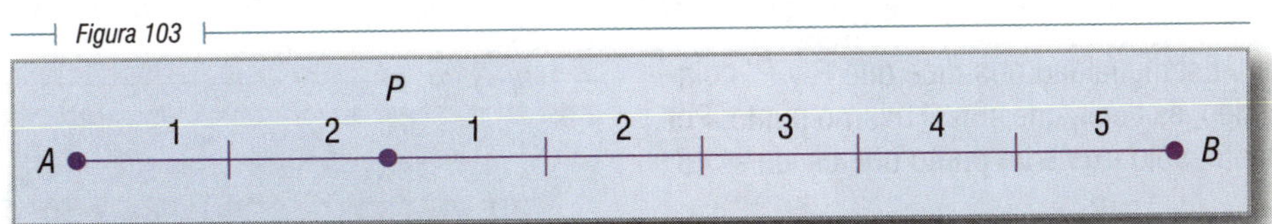

Sea $\overline{AB}$ (Fig. 103) el segmento que se quiere dividir en una razón dada; por ejemplo, $\dfrac{2}{5}$.

Dividimos el segmento $\overline{AB}$ en $2 + 5 = 7$ partes iguales y vemos que el punto P lo divide en dos partes: $\overline{AP}$ y $\overline{PB}$, tales que:

$$\frac{\overline{AP}}{\overline{PB}} = \frac{2}{5} \qquad (1)$$

¿Existirá otro punto P' que divida el segmento $\overline{AB}$ en la misma razón $\frac{2}{5}$?

En caso afirmativo se cumplirá que:

$$\frac{\overline{AP'}}{\overline{P'B}} = \frac{2}{5} \qquad (2)$$

Al comparar (1) y (2), tenemos:

$$\frac{\overline{AP}}{\overline{PB}} = \frac{\overline{AP'}}{\overline{P'B}}$$

Al aplicar la propiedad de la suma de antecedentes y consecuentes en (1) y (2), tenemos:

$$\frac{\overline{AP} + \overline{PB}}{\overline{AP}} = \frac{2+5}{2} \quad \therefore \quad \frac{\overline{AP} + \overline{PB}}{\overline{AP}} = \frac{7}{2} \qquad (3)$$

$$\text{y} \quad \frac{\overline{AP'} + \overline{P'B}}{\overline{AP'}} = \frac{2+5}{2} \quad \therefore \quad \frac{\overline{AP'} + \overline{P'B}}{\overline{AP'}} = \frac{7}{2} \qquad (4)$$

Al comparar (3) y (4), tenemos:

$$\frac{\overline{AP} + \overline{PB}}{\overline{AP}} = \frac{\overline{AP'} + \overline{P'B}}{\overline{AP'}} \qquad (5)$$

Pero: $\overline{AP} + \overline{PB} = \overline{AP'} + \overline{P'B} = \overline{AB}$ (6)

Sustituyendo (6) en (5), tenemos: $\frac{\overline{AB}}{\overline{AP}} = \frac{\overline{AB}}{\overline{AP'}}$

$$\therefore \quad \overline{AP} = \frac{\overline{AB} \cdot \overline{AP'}}{\overline{AB}} = \overline{AP'}$$

Esta igualdad nos dice que P y P' coinciden, es decir, que son el mismo punto. Por tanto, sólo existe un punto que divide a $\overline{AB}$ en la razón $\frac{2}{5}$.

126 **TEOREMA 30**

Si varias paralelas determinan segmentos iguales en una de dos transversales, determinarán también segmentos iguales en la otra transversal (Fig. 104).

Figura 104

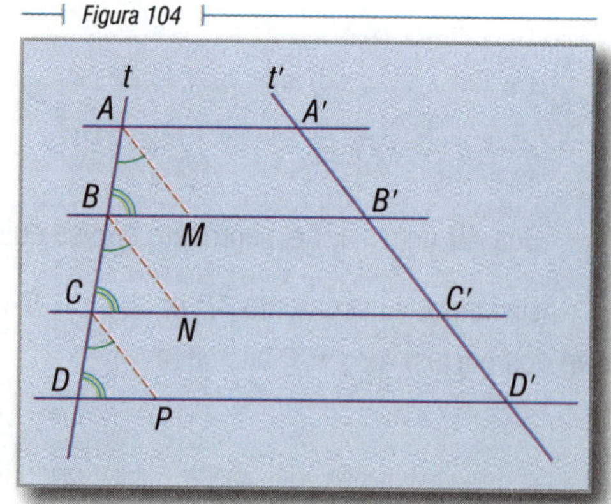

Hipótesis

$\overleftrightarrow{AA'} \parallel \overleftrightarrow{BB'} \parallel \overleftrightarrow{CC'} \parallel \overleftrightarrow{DD'}$, t y t' son dos transversales y $\overline{AB} = \overline{BC} = \overline{CD}$.

Tesis

$$\overline{A'B'} = \overline{B'C'} = \overline{C'D'}$$

Construcción auxiliar. Tracemos $\overleftrightarrow{AM}$, $\overleftrightarrow{BN}$ y $\overleftrightarrow{CP}$ paralelas a t'. Se forman los triángulos ABM, BCN y CDP que son iguales por tener $\overline{AB} = \overline{BC} = \overline{CD}$ por hipótesis y los ángulos marcados del mismo modo por correspondientes.

Demostración

En los $\triangle ABM$, $\triangle BCN$ y $\triangle CDP$:

$\overline{AM} = \overline{BN} = \overline{CP}$ (1) Lados homólogos de triángulos iguales

También:

$\overline{AM} = \overline{A'B'}$ (2)
$\overline{BN} = \overline{B'C'}$ (3)
$\overline{CP} = \overline{C'D'}$ (4)
} Lados opuestos de paralelogramos

Sustituyendo (2), (3) y (4) en (1), tenemos:

$\overline{A'B'} = \overline{B'C'} = \overline{C'D'}$ Como se quería demostrar

TEOREMA 31 127

Teorema de Tales. **Si varias paralelas cortan a dos transversales, determinan en ellas segmentos correspondientes proporcionales** (Fig. 105).

Hipótesis

$\overleftrightarrow{AA'} \parallel \overleftrightarrow{BB'} \parallel \overleftrightarrow{CC'}$, t y t' transversales, $\overline{AB}$ y $\overline{BC}$ segmentos correspondientes de t y $\overline{A'B'}$ y $\overline{B'C'}$ segmentos correspondientes de t'.

Tesis

$$\frac{\overline{AB}}{\overline{BC}} = \frac{\overline{A'B'}}{\overline{B'C'}}$$

Construcción auxiliar. Llevemos una unidad cualquiera u sobre $\overline{AB}$ y $\overline{BC}$. Supongamos que $\overline{AB}$ la contiene m veces y $\overline{BC}$ n veces; entonces, $\overline{AB} = mu$ y $\overline{BC} = nu$.

Figura 105

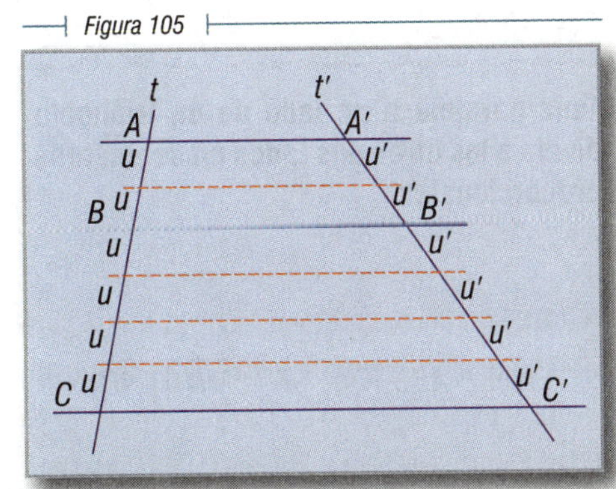

Tracemos paralelas por los puntos de unión de las unidades u. Los segmentos $\overline{A'B'}$ y $\overline{B'C'}$ quedarán divididos en los segmentos u' (iguales al teorema anterior), de manera que $\overline{A'B'} = mu'$ y $\overline{B'C'} = nu'$.

Demostración

	$\overline{AB} = mu$	(1)	Construcción auxiliar
y	$\overline{BC} = nu$	(2)	
$\therefore$	$\dfrac{\overline{AB}}{\overline{BC}} = \dfrac{m}{n}$	(3)	La razón de dos segmentos es el cociente de sus medidas con la misma unidad

Análogamente:

	$\overline{A'B'} = mu'$	(4)
y	$\overline{B'C'} = nu'$	(5)
$\therefore$	$\dfrac{\overline{A'B'}}{\overline{B'C'}} = \dfrac{m}{n}$	(6)

Al comparar (3) y (6): $\dfrac{\overline{AB}}{\overline{BC}} = \dfrac{\overline{A'B'}}{\overline{B'C'}}$ Carácter transitivo

128 OBSERVACIÓN

El teorema que acabamos de demostrar es general, y se verifica para cualquier número de paralelas y para cualquier posición de las transversales (Fig. 106).

Si $\overleftrightarrow{GG'} \parallel \overleftrightarrow{FF'} \parallel \overleftrightarrow{EE'} \parallel \overleftrightarrow{BB'} \parallel \overleftrightarrow{CC'} \parallel \overleftrightarrow{DD'}$,

se cumple que:

$$\frac{\overline{GF}}{\overline{G'F'}} = \frac{\overline{FE}}{\overline{F'E'}} = \frac{\overline{EA}}{\overline{E'A'}} = \frac{\overline{AB}}{\overline{A'B'}} = \frac{\overline{BC}}{\overline{B'C'}} = \frac{\overline{CD}}{\overline{C'D'}}$$

En el teorema también es cierto que los segmentos son conmensurables o inconmensurables entre sí.

Figura 106

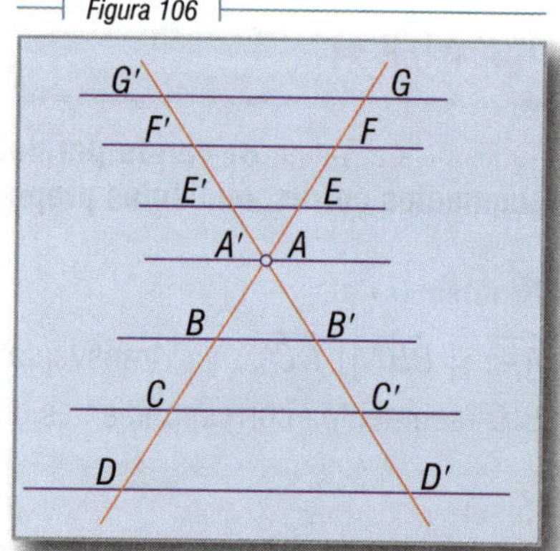

129 TEOREMA 32

Toda paralela a un lado de un triángulo divide a los otros dos lados en segmentos proporcionales.

Figura 107

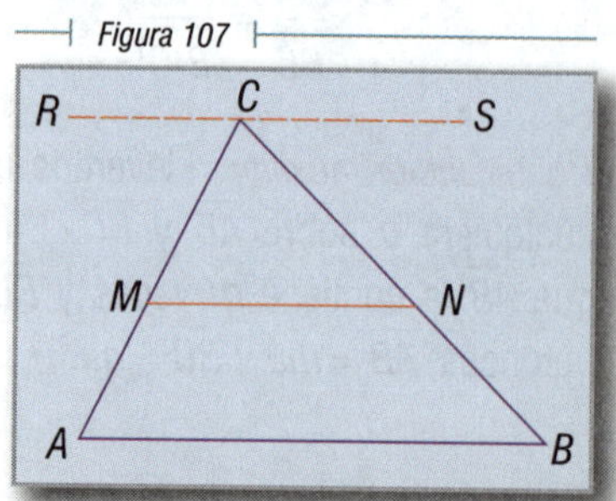

Hipótesis

En el $\triangle ABC$ (Fig. 107): $\overleftrightarrow{MN} \parallel \overleftrightarrow{AB}$

Tesis

$$\frac{\overline{CM}}{\overline{MA}} = \frac{\overline{CN}}{\overline{NB}}$$

Construcción auxiliar. Por C tracemos $\overleftrightarrow{RS} \parallel \overleftrightarrow{MN} \parallel \overleftrightarrow{AB}$.

Demostración

Como $\overleftrightarrow{RS} \parallel \overleftrightarrow{MN} \parallel \overleftrightarrow{AB}$ — Construcción

y $\overline{CA}$ y $\overline{CB}$ son transversales, tenemos:

$$\frac{\overline{CM}}{\overline{MA}} = \frac{\overline{CN}}{\overline{NB}}$$ Teorema de Tales

RECÍPROCO

130

Si una recta al cortar dos lados de un triángulo los divide en segmentos proporcionales, dicha recta es paralela al tercer lado.

Figura 108

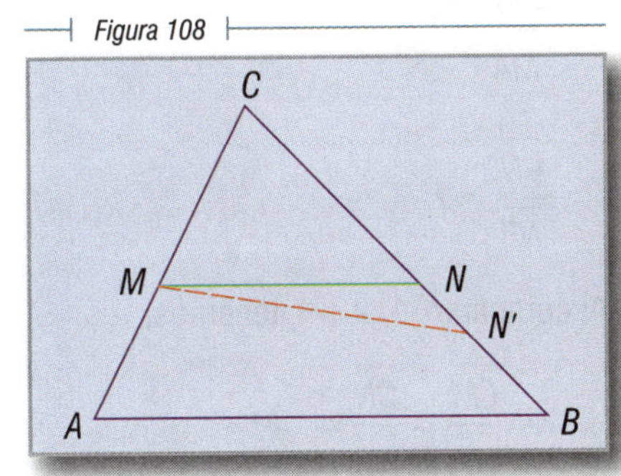

Hipótesis

En el $\triangle ABC$ (Fig. 108): $\frac{\overline{CM}}{\overline{MA}} = \frac{\overline{CN}}{\overline{NB}}$

Tesis

$\overleftrightarrow{MN} \parallel \overleftrightarrow{AB}$

Demostración

Si no fuera $\overleftrightarrow{MN} \parallel \overleftrightarrow{AB}$, por el punto M podríamos trazar $\overleftrightarrow{MN'} \parallel \overleftrightarrow{AB}$ y entonces tendríamos:

$$\frac{\overline{CM}}{\overline{MA}} = \frac{\overline{CN'}}{\overline{N'B}}$$ (1) Propiedad de la paralela a un lado de un triángulo

Pero: $\frac{\overline{CM}}{\overline{MA}} = \frac{\overline{CN}}{\overline{NB}}$ (2) Por hipótesis

Comparando (1) y (2) tenemos:

$$\frac{\overline{CN}}{\overline{NB}} = \frac{\overline{CN'}}{\overline{N'B}}$$ Carácter transitivo

Esto es absurdo, ya que los dos puntos N y N' no pueden dividir a $\overline{CB}$ en la misma razón. Entonces, N y N' coinciden, y $\overleftrightarrow{MN} \parallel \overleftrightarrow{AB}$.

131 COROLARIO

El segmento que une los puntos medios de los lados de un triángulo es paralelo al tercer lado e igual a su mitad.

Hipótesis

En el $\triangle ABC$ (Fig. 109): M y N son los puntos medios de $\overline{AC}$ y $\overline{BC}$.

Tesis

$\overleftrightarrow{MN} \parallel \overleftrightarrow{AB}$, entonces:

$$\overline{MN} = \frac{\overline{AB}}{2}$$

Figura 109

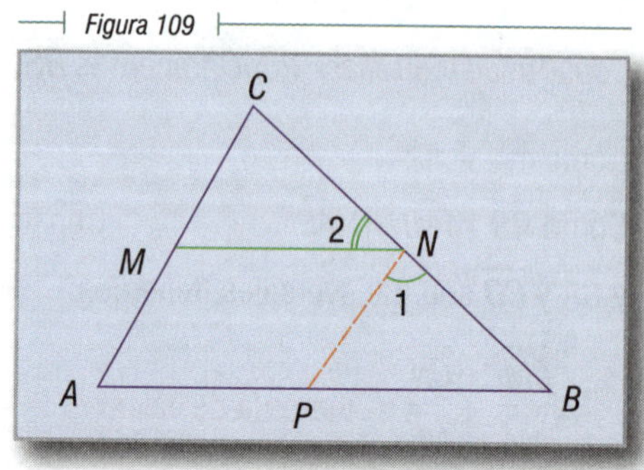

Construcción auxiliar. Por N tracemos $\overleftrightarrow{PN} \parallel \overleftrightarrow{AC}$, formándose el $\triangle BNP$.

Demostración

$\dfrac{\overline{CM}}{\overline{MA}} = 1$ (1) $\overline{CM} = \overline{MA}$ por ser M el punto medio por hipótesis

$\dfrac{\overline{CN}}{\overline{NB}} = 1$ (2) $\overline{CN} = \overline{NB}$ por ser N el punto medio por hipótesis

Al comparar (1) y (2), tenemos:

$\dfrac{\overline{CM}}{\overline{MA}} = \dfrac{\overline{CN}}{\overline{NB}}$ Carácter transitivo

$\therefore \quad \overline{MN} \parallel \overline{AB}$ Cuando una recta al cortar dos lados de un triángulo los divide en segmentos proporcionales, la recta es $\parallel$ al tercer lado

En los $\triangle CMN$ y $\triangle NPB$:

$\angle C = \angle 1$, $\angle B = \angle 2$ Correspondientes

$\overline{CN} = \overline{NB}$ Por ser N punto medio

$\therefore \quad \triangle CMN = \triangle NPB$ Por el primer caso (Teorema 21)

$\therefore \quad \overline{MN} = \overline{PB}$ Lados homólogos de triángulos iguales

Por otra parte:

$\overline{MN} = \overline{AP}$ Lados opuestos de un paralelogramo

y $\overline{MN} = \overline{PB}$ Demostrado

al sumar: $2\overline{MN} = \overline{AP} + \overline{PB}$ (3)

y como $\overline{AP} + \overline{PB} = \overline{AB}$ (4) Suma de segmentos

Sustituyendo (4) en (3):

$$2\overline{MN} = \overline{AB} \quad \therefore \quad \overline{MN} = \frac{\overline{AB}}{2}$$ Como queríamos demostrar

TEOREMA 33

132

Propiedad de la bisectriz de un ángulo interior de un triángulo. **La bisectriz de un ángulo interior de un triángulo divide al lado opuesto en segmentos proporcionales a los otros dos lados.**

Figura 110

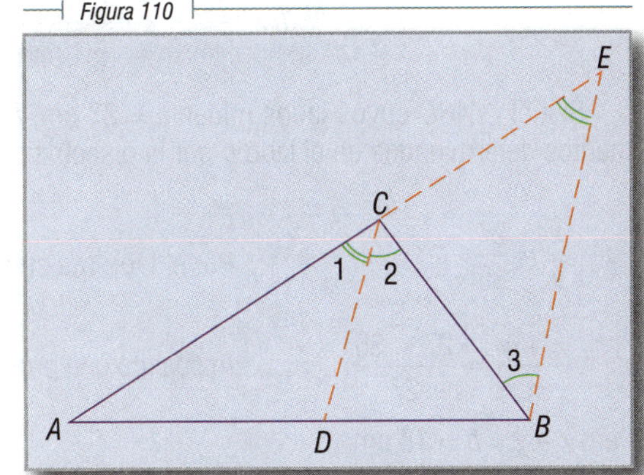

Hipótesis

En el $\triangle ABC$, $\overline{CD}$ es la bisectriz del $\angle C$, y $\overline{AD}$ y $\overline{DB}$ son los segmentos determinados por $\overline{CD}$ sobre $\overline{AB}$ (Fig. 110).

Tesis

$$\frac{\overline{AD}}{\overline{DB}} = \frac{\overline{AC}}{\overline{CB}}$$

Construcción auxiliar. Por B tracemos $\overleftrightarrow{BE} \parallel \overleftrightarrow{CD}$ y prolonguemos el lado $\overline{AC}$ hasta que corte a $\overline{BE}$ en E formándose el $\triangle BCE$.

Demostración

En el $\triangle ABE$:

	$\frac{\overline{AD}}{\overline{DB}} = \frac{\overline{AC}}{\overline{CE}}$	(1)	Por ser $\overleftrightarrow{CD} \parallel \overleftrightarrow{BE}$ por construcción
pero:	$\angle E = \angle 1$	(2)	Correspondientes
	$\angle 1 = \angle 2$	(3)	Por hipótesis ($\overline{CD}$ es bisectriz)

Comparando (2) y (3):

	$\angle E = \angle 2$	(4)	Carácter transitivo
y como	$\angle 2 = \angle 3$	(5)	Alternos internos entre paralelas
de (4) y (5):	$\angle E = \angle 3$		Carácter transitivo
$\therefore$	$\overline{CE} = \overline{CB}$	(6)	Por ser el $\triangle BCE$ isósceles

Sustituyendo (6) en (1):

$$\frac{\overline{AD}}{\overline{DB}} = \frac{\overline{AC}}{\overline{CB}}$$ Como se quería demostrar

133 PROBLEMA

Dados los tres lados de un triángulo, calcular los segmentos determinados en uno de sus lados por la bisectriz del ángulo opuesto (Fig. 110-A).

Figura 110-A

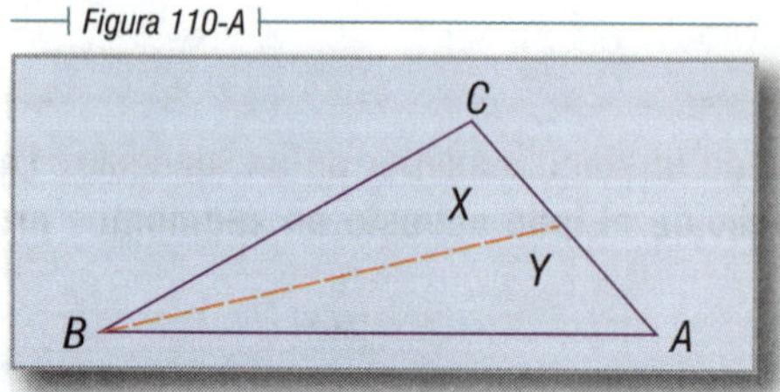

Sea el $\triangle ABC$ cuyos lados miden $a = 27$ cm, $b = 18$ cm y $c = 35$ cm. Calcular los segmentos determinados en el lado b por la bisectriz del ángulo opuesto.

$$\frac{x}{y} = \frac{27}{35}$$ Por el teorema anterior

$$\therefore \quad \frac{x+y}{x} = \frac{27+35}{27}$$ Aplicando una propiedad de las proporciones (sección 118)

Pero $x + y = b = 18$ cm

$$\therefore \quad \frac{18}{x} = \frac{62}{27}$$ Sustituyendo

$$\therefore \quad x = \frac{18 \times 27}{62}$$ Despejando x

$$\therefore \quad x = \frac{486}{62} = 7\frac{52}{62} = 7\frac{26}{31}$$

Análogamente:

$$\frac{x+y}{y} = \frac{27+35}{35}$$

$$\therefore \quad \frac{18}{y} = \frac{62}{35}$$ Despejando y

$$\therefore \quad y = \frac{18 \times 35}{62} = \frac{630}{62} = \frac{315}{31} = 10\frac{5}{31}$$

134 COMPROBACIÓN

$$x + y = b$$

$$7\frac{26}{31} + 10\frac{5}{31} = 18$$

PROBLEMAS GRÁFICOS SOBRE SEGMENTOS PROPORCIONALES 135

Dividir un segmento en partes proporcionales a otros segmentos.

Figura 111-A

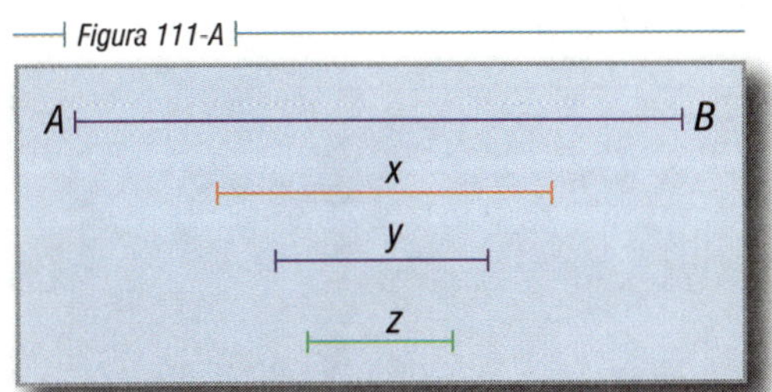

Figura 111-B

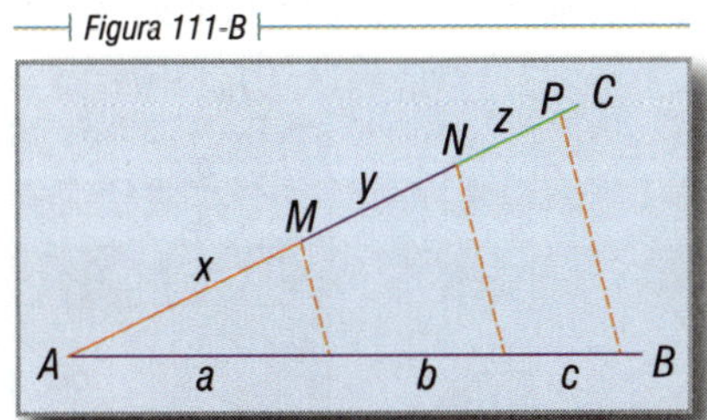

Sea $\overline{AB}$ el segmento que se quiere dividir en partes proporcionales a los segmentos x, y, z.

A partir de un extremo del segmento $\overline{AB}$ (Fig. 111), por ejemplo A, se traza la semirrecta $\overrightarrow{AC}$ que forma un ángulo con $\overline{AB}$. Sobre $\overrightarrow{AC}$ y a partir de A, se llevan los segmentos consecutivos $\overline{AM}$, $\overline{MN}$, $\overline{NP}$, iguales a x, y, z.

Unimos el extremo P de z con B y tenemos $\overline{PB}$. Trazando paralelas a $\overleftrightarrow{PB}$ por los puntos M y N determinamos sobre $\overline{AB}$, los segmentos a, b, c son los segmentos buscados.

Si se tratara de más segmentos se procedería análogamente.

DIVIDIR UN SEGMENTO EN PARTES PROPORCIONALES A VARIOS NÚMEROS 136

Dividir un segmento de 6 cm (Fig. 112) en partes proporcionales a 2, 3 y 4.

Figura 112

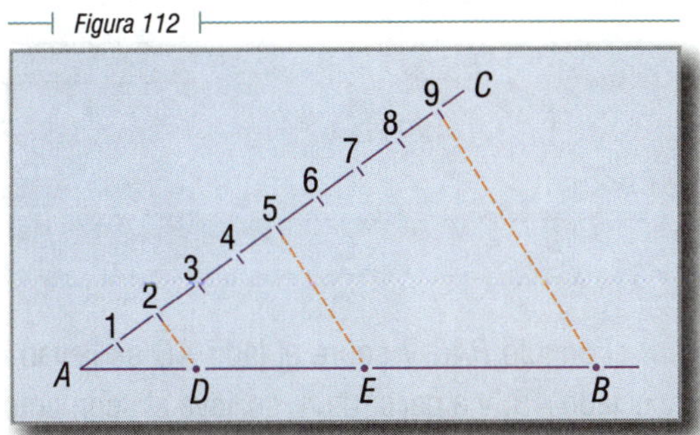

Sobre el extremo A del segmento $\overline{AB}$ que se dividirá se traza la semirrecta $\overrightarrow{AC}$. Sobre ella se llevan $2+3+4=9$ divisiones iguales cualesquiera. Se une el extremo de la última división con B y por 2 y 5 se trazan paralelas a la recta $\overleftrightarrow{9B}$, quedando $\overline{AB}$ dividido en los segmentos $\overline{AD}$, $\overline{DE}$ y $\overline{EB}$ que son proporcionales a 2, 3 y 4, es decir, se cumple que:

$$\frac{\overline{AD}}{2}=\frac{\overline{DE}}{3}=\frac{\overline{EB}}{4}$$

y además:

$$\overline{AD}+\overline{DE}+\overline{EB}=\overline{AB}$$

137 HALLAR LA CUARTA PROPORCIONAL A TRES SEGMENTOS DADOS *a*, *b* Y *c*

Se traza un ángulo cualquiera que llamaremos *ABC* y sobre uno de sus lados, que puede ser el $\overrightarrow{BC}$, llevamos consecutivamente los segmentos *a* y *b* (Fig. 113).

Figura 113

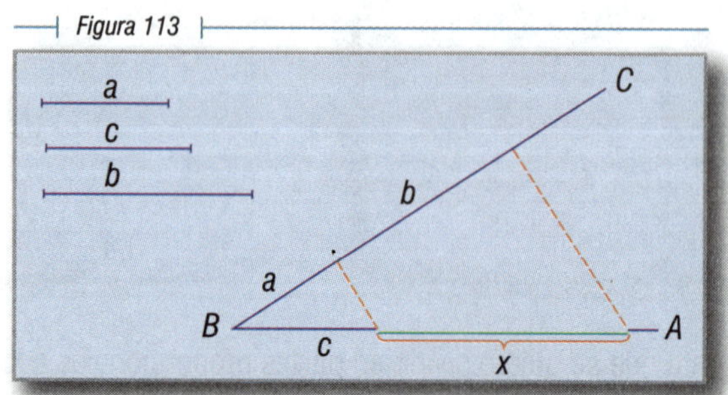

Sobre el lado $\overrightarrow{BA}$ llevamos el segmento *c*. Unimos el extremo de *a* con el extremo de *c* y trazando por el extremo de *b* una paralela a dicho segmento, determinamos sobre $\overrightarrow{BA}$ el segmento *x*.

Se cumple que: $\frac{a}{b} = \frac{c}{x}$ y *x* es la cuarta proporcional a los segmentos dados.

138 HALLAR LA TERCERA PROPORCIONAL A DOS SEGMENTOS DADOS, *a* Y *b*

Figura 114

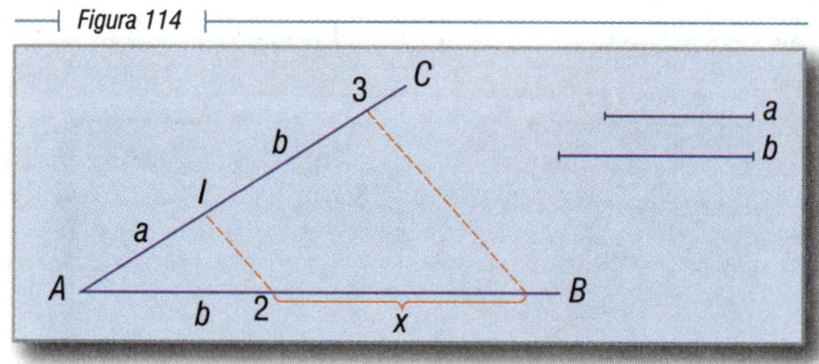

Se traza en la figura 114 el ángulo *BAC* y sobre el lado $\overrightarrow{AC}$ se llevan consecutivamente los segmentos *a* y *b*. Sobre el lado $\overrightarrow{AB}$, y a partir de *A*, se lleva el segmento *b*. Unimos el punto 1 con el punto 2 y tenemos el segmento $\overline{1\text{-}2}$. Trazando por el punto 3 una recta paralela a $\overline{1\text{-}2}$, determinamos en $\overrightarrow{AB}$ el segmento *r*.

Se cumple: $\frac{a}{b} = \frac{b}{x}$ y *x* es la tercera proporcional a los segmentos dados.

Ejercicios

Hallar las razones directas e inversas de los segmentos *a* y *b*, sabiendo que:

1. $a = 18$ m, $b = 24$ m **R.** $\frac{a}{b} = 0.75$, $\frac{b}{a} = \frac{4}{3}$

2. $a = 6$ dm, $b = 8$ dm **R.** $\frac{a}{b} = 0.75, \frac{b}{a} = 1\frac{1}{3}$

3. $a = 25$ cm, $b = 5$ cm **R.** $\frac{a}{b} = 5, \frac{b}{a} = 0.2$

4. $a = 3$ dm, $b = 9$ dm **R.** $\frac{a}{b} = \frac{1}{3}, \frac{b}{a} = 3$

5. $a = 2.5$ dm, $b = 50$ cm **R.** $\frac{a}{b} = 0.5, \frac{b}{a} = 2$

6. $a = 3$ km, $b = 6$ Hm **R.** $\frac{a}{b} = 5, \frac{b}{a} = \frac{1}{5}$

7. $a = 5$ Hm, $b = 3$ Dm **R.** $\frac{a}{b} = 16\frac{2}{3}, \frac{b}{a} = \frac{3}{50}$

8. $a = 4$ Dm, $b = 8$ m **R.** $\frac{a}{b} = 5, \frac{b}{a} = \frac{1}{5}$

9. $a = 6$ mm, $b = 3$ cm **R.** $\frac{a}{b} = \frac{1}{5}, \frac{b}{a} = 5$

10. $a = 9$ cm, $b = 6$ dm **R.** $\frac{a}{b} = \frac{3}{20}, \frac{b}{a} = 6\frac{2}{3}$

Hallar los dos segmentos sabiendo su suma (S) y su razón (r).

11. $S = 6, r = \frac{1}{2}$ **R.** 2 y 4

12. $S = 8, r = \frac{3}{5}$ **R.** 3 y 5

13. $S = 12, r = \frac{1}{2}$ **R.** 4 y 8

14. $S = 36, r = \frac{1}{3}$ **R.** 9 y 27

15. $S = 40, r = \frac{3}{5}$ **R.** 15 y 25

Hallar los dos segmentos sabiendo su diferencia (D) y su razón (r):

16. $D = 12, r = \frac{5}{2}$ **R.** 20 y 8

17. $D = 24, r = 5$ **R.** 30 y 6

18. $D = 10, r = 3$ **R.** 15 y 5

19. $D = 7, r = 2$ **R.** 14 y 7

20. $D = 12, r = 3$ **R.** 18 y 6

Hallar la cuarta proporcional a los números *a*, *b* y *c*.

21. $a = 2, b = 4, c = 8$ **R.** 16

22. $a = 3, b = 6, c = 9$ **R.** 18

23. $a = 4, b = 8, c = 10$ **R.** 20

24. $a = 5, b = 10, c = 4$ **R.** 8

25. $a = 6, b = 12, c = 3$ **R.** 6

Hallar la tercera proporcional a los números *a* y *b*.

26. $a = 4, b = 16$ **R.** 64

27. $a = 2, b = 12$ **R.** 72

28. $a = 8, b = 18$ **R.** 40.5

29. $a = 6, b = 30$ **R.** 150

30. $a = 5, b = 20$ **R.** 80

Hallar la media proporcional a los números *a* y *b*.

31. $a = 2, b = 4$ **R.** $2\sqrt{2}$

32. $a = 4, b = 6$ **R.** $2\sqrt{6}$

33. $a = 4, b = 8$ **R.** $4\sqrt{2}$

34. $a = 6, b = 3$ **R.** $3\sqrt{2}$

35. $a = 5, b = 10$ **R.** $5\sqrt{2}$

Calcular los lados de un triángulo sabiendo su perímetro (*P*) y que los lados son proporcionales a los números dados.

36. $P = 18$ y lados proporcionales a 4, 6, 8 **R.** 4, 6, 8

37. $P = 36$ " " " " 3, 4, 5 **R.** 9, 12,15

38. $P = 84$ " " " " 5, 7, 9 **R.** 20, 28, 36

39. $P = 75$ " " " " 3, 5, 7 **R.** 15, 25, 35

40. $P = 90$ " " " " 1, 3, 5 **R.** 10, 30, 50

Calcular los segmentos determinados por la bisectriz sobre el lado mayor de los triángulos cuyos lados *a*, *b* y *c* miden:

41. $a = 24, b = 32, c = 40$ **R.** $17\frac{1}{7}$ y $22\frac{6}{7}$

42. $a = 20, b = 16, c = 12$ **R.** $8\frac{4}{7}$ y $11\frac{3}{7}$

43. $a = 8, b = 10, c = 6$ **R.** $4\frac{2}{7}$ y $5\frac{5}{7}$

44. $a = 15, b = 10, c = 20$ **R.** 8 y 12

45. $a = 7, b = 3, c = 5$ **R.** $2\frac{5}{8}$ y $4\frac{3}{8}$

En cada uno de los triángulos siguientes, de lados *a*, *b* y *c*, calcular los determinados por la bisectriz sobre el lado menor:

46. $a = 6, b = 10, c = 14$ **R.** $2\frac{1}{2}, 3\frac{1}{2}$

47. $a = 8, b = 12, c = 16$ **R.** $3\frac{3}{7}, 4\frac{4}{7}$

48. $a = 10, b = 16, c = 18$ **R.** $5\frac{5}{17}, 4\frac{12}{17}$

49. $a = 6, b = 12, c = 10$ **R.** $2\frac{8}{11}, 3\frac{3}{11}$

50. $a = 8, b = 16, c = 18$ **R.** $4\frac{4}{17}, 3\frac{13}{17}$

51. Los lados de un triángulo miden $a = 24, b = 10, c = 18$

Calcular los segmentos determinados por cada bisectriz sobre el lado opuesto.

R. Sobre *a*: $8\frac{4}{7}, 15\frac{3}{7}$; sobre *b*: $4\frac{2}{7}, 5\frac{5}{7}$; sobre *c*: $5\frac{5}{17}, 12\frac{12}{17}$

Dividir gráficamente en partes proporcionales en 2, 3 y 5:

52. Un segmento de 10 cm

53. Un segmento de 5 pulgadas

54. Un segmento de 7.5 cm

Hallar gráficamente la cuarta proporcional a segmentos que miden:

55. 2, 3 y 4 cm

56. 4, 6 y 7 cm

57. 1, 2 y 3 pulgadas

Hallar gráficamente la tercera proporcional a segmentos que miden:

58. 3 y 4 cm

59. 4 y 6 cm

60. 2 y 3 pulgadas

Arquímedes (287-212 a. C.). Fue el más científico de todos los sabios griegos. Su punto de partida fue la naturaleza. Estudió las áreas curvilíneas y los volúmenes de los cuerpos limitados por superficies curvas que aplicó al círculo, segmento parabólico, segmento esférico, cilindro, cono, esfera, etc. Encontró la cuadratura de la parábola. El tercer gran matemático de la Edad de Oro fue Apolonio de Pérgamo, quien vivió aproximadamente medio siglo después de Arquímedes.

Capítulo X

SEMEJANZA DE TRIÁNGULOS

139 DEFINICIÓN

Dos triángulos son semejantes cuando tienen sus ángulos respectivamente iguales y sus lados proporcionales. El signo de semejanza es $\sim$.

Si $\angle A = \angle A'$, $\angle B = \angle B'$ y $\angle C = \angle C'$ y $\dfrac{\overline{AB}}{\overline{A'B'}} = \dfrac{\overline{BC}}{\overline{B'C'}} = \dfrac{\overline{CA}}{\overline{C'A'}}$ (Fig. 115); entonces, $\triangle ABC \sim \triangle A'B'C'$

Para asegurar la semejanza de dos triángulos no es necesaria la comprobación de todas estas condiciones, pues, según veremos más adelante (sección 145), el hecho de tener algunas hace posible todas las demás con las diferencias que implique cada caso.

140 LADOS HOMÓLOGOS

Son los lados que se oponen a los ángulos iguales. En la figura 115 son lados homólogos:

$$\overline{AB} \text{ y } \overline{A'B'}, \quad \overline{BC} \text{ y } \overline{B'C'}, \overline{CA} \text{ y } \overline{C'A'}$$

Figura 115-A

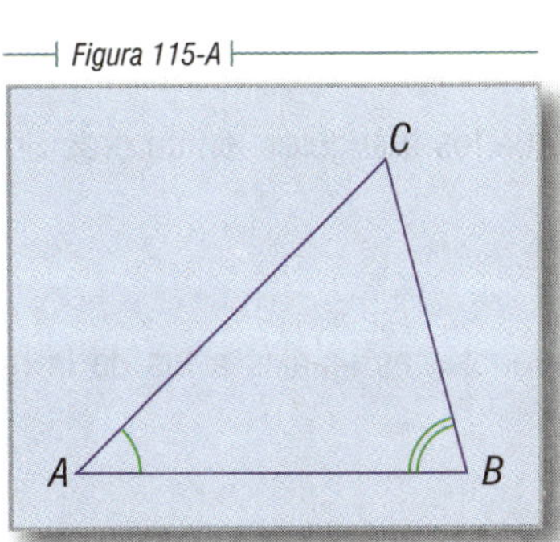

Figura 115-B

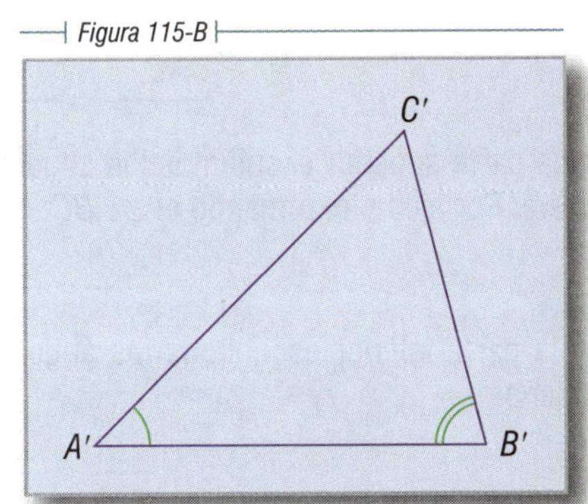

CARACTERES DE LA SEMEJANZA DE TRIÁNGULOS 141

1. Idéntico. Todo triángulo es semejante a sí mismo.

$$\triangle ABC \sim \triangle ABC$$

2. Recíproco. Si un triángulo es semejante a otro, éste es semejante al primero.

Si $\triangle ABC \sim \triangle A'B'C'$, también $\triangle A'B'C' \sim \triangle ABC$

3. Transitivo. Dos triángulos semejantes a un tercero son semejantes entre sí.

Si $\triangle ABC \sim \triangle A''B''C''$ y $\triangle A'B'C' \sim \triangle A''B''C''$; entonces, $\triangle ABC \sim \triangle A'B'C'$

RAZÓN DE SEMEJANZA 142

Es la razón de dos lados homólogos.

Si $\triangle ABC \sim \triangle A'B'C'$ (Fig. 116), la razón de semejanza es una cualquiera de las razones iguales:

$$\frac{\overline{AB}}{\overline{A'B'}} = \frac{\overline{BC}}{\overline{B'C'}} = \frac{\overline{CA}}{\overline{C'A'}}$$

Figura 116-A

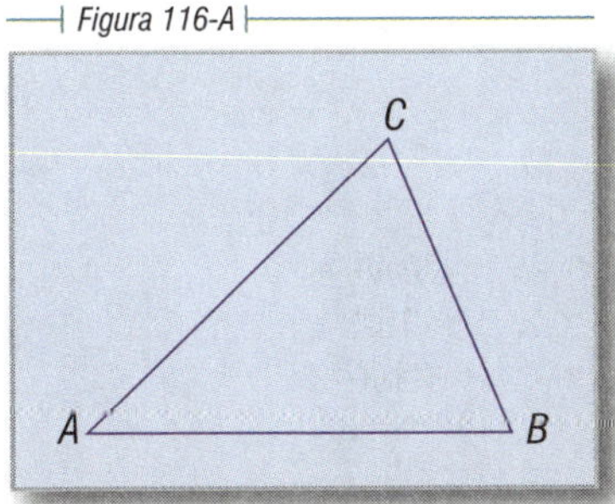

Figura 116-B

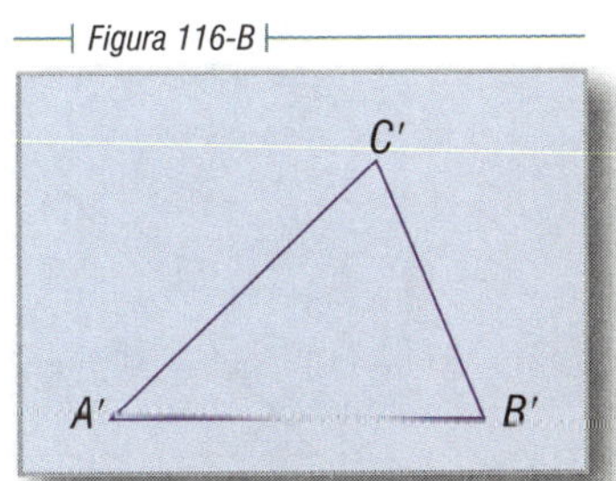

MANERA DE ESTABLECER LA PROPORCIONALIDAD DE LOS LADOS 143

1. Determinamos la igualdad de los ángulos:

$$\angle A = \angle A',\ \angle B = \angle B',\ \angle C = \angle C'$$

2. Preparamos las igualdades:

$$\frac{\quad}{\quad} = \frac{\quad}{\quad} = \frac{\quad}{\quad}$$

3. En la parte superior escribimos los ángulos de uno de los triángulos, en un orden cualquiera. Por ejemplo, tomando el $\triangle ABC$:

$$\frac{\angle A}{\quad} = \frac{\angle B}{\quad} = \frac{\angle C}{\quad}$$

4. En la parte inferior escribimos los ángulos correspondientes iguales a los de la parte superior:

$$\frac{\angle A}{\angle A'} = \frac{\angle B}{\angle B'} = \frac{\angle C}{\angle C'}$$

5. A cada ángulo le asociamos su lado opuesto:

$$\frac{(\angle A)\overline{BC}}{(\angle A')\overline{B'C'}} = \frac{(\angle B)\overline{AC}}{(\angle B')\overline{A'C'}} = \frac{(\angle C)\overline{AB}}{(\angle C')\overline{A'B'}}$$

6. Suprimimos los ángulos y tenemos la proporción:

$$\frac{\overline{BC}}{\overline{B'C'}} = \frac{\overline{AC}}{\overline{A'C'}} = \frac{\overline{AB}}{\overline{A'B'}}$$

144 TEOREMA 34

Teorema fundamental de existencia de triángulos semejantes. **Toda paralela a un lado de un triángulo forma con los otros dos lados un triángulo semejante al primero.**

Hipótesis

En el $\triangle ABC$, $\overleftrightarrow{MN} \parallel \overleftrightarrow{AB}$ (Fig. 117).

Figura 117

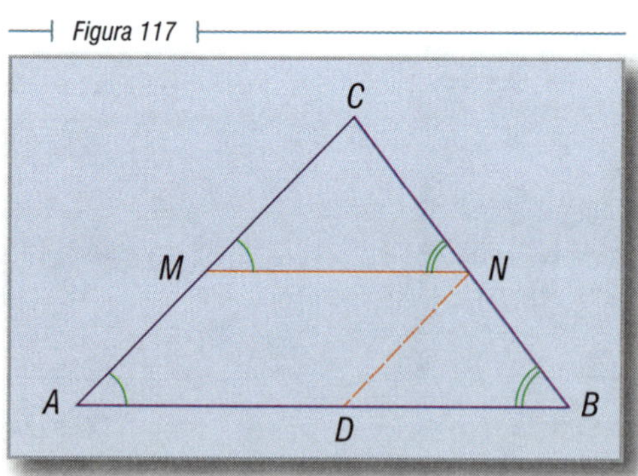

Tesis

$\triangle CMN \sim \triangle ABC$.

Construcción auxiliar. Por el punto N tracemos $\overline{ND} \parallel \overline{AC}$, la cual forma el $\triangle BND$.

Demostración

En los $\triangle CMN$ y $\triangle ABC$:

$\angle C = \angle C$	Común
$\angle M = \angle A$, $\angle N = \angle B$	Correspondientes

Por otra parte:

$$\frac{\overline{CM}}{\overline{CA}} = \frac{\overline{CN}}{\overline{CB}} \quad (1) \quad \text{Por ser } \overleftrightarrow{MN} \parallel \overleftrightarrow{AB} \text{ (hipótesis)}$$

También:

$$\frac{\overline{CN}}{\overline{CB}} = \frac{\overline{AD}}{\overline{AB}} \quad (2) \quad \text{Por ser } \overleftrightarrow{ND} \parallel \overleftrightarrow{CA} \text{ por construcción}$$

Al comparar (1) y (2), tenemos:

$$\frac{\overline{CM}}{\overline{CA}} = \frac{\overline{CN}}{\overline{CB}} = \frac{\overline{AD}}{\overline{AB}} \quad (3) \quad \text{Carácter transitivo}$$

Pero: $\overline{AD} = \overline{MN}$ (4) *ADMN* es un paralelogramo

Sustituyendo (4) en (3):

$$\frac{\overline{CM}}{\overline{CA}} = \frac{\overline{CN}}{\overline{CB}} = \frac{\overline{MN}}{\overline{AB}}$$

Hemos demostrado:

$$\angle C = \angle C,\quad \angle M = \angle A,\quad \angle N = \angle B \quad \text{y} \quad \frac{\overline{CM}}{\overline{CA}} = \frac{\overline{CN}}{\overline{CB}} = \frac{\overline{MN}}{\overline{AB}}$$

$$\therefore \quad \triangle CMN \sim \triangle ABC$$

TEOREMA RECÍPROCO

Todo triángulo semejante a otro es igual a uno de los triángulos que pueden obtenerse trazando una paralela a la base de éste.

CASOS DE SEMEJANZA DE TRIÁNGULOS

145

Dos triángulos son semejantes:

1. Si tienen dos ángulos respectivamente iguales (Fig. 118).

   Si $\angle A = \angle A'$ y $\angle B = \angle B'$; entonces, $\triangle ABC \sim \triangle A'B'C'$

Figura 118-A

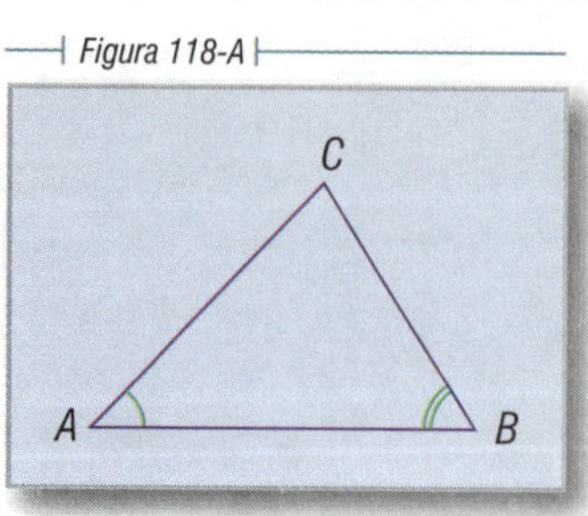

Figura 118-B

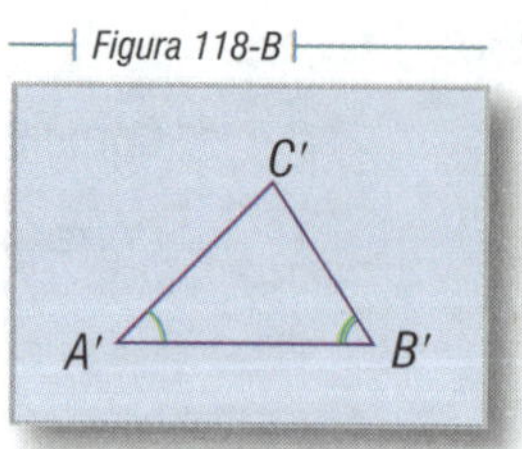

2. Si tienen dos lados proporcionales e igual el ángulo comprendido (Fig. 119).

Figura 119-A

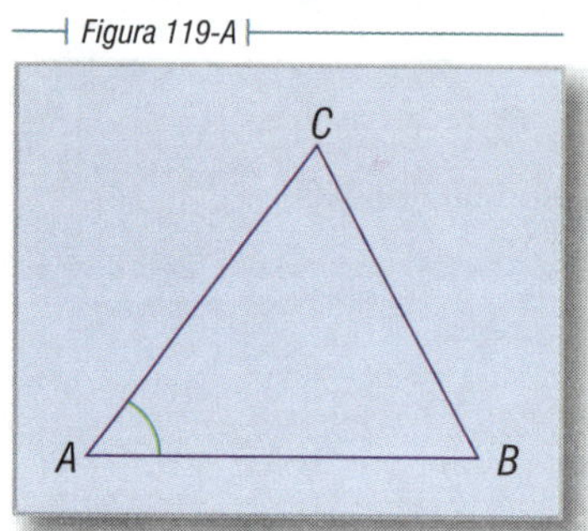

Figura 119-B

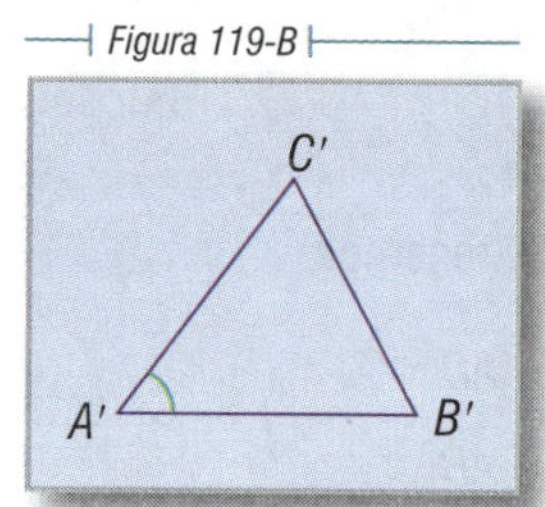

Si $\frac{\overline{AB}}{\overline{A'B'}} = \frac{\overline{AC}}{\overline{A'C'}}$ y $\angle A = \angle A'$; entonces, $\triangle ABC \sim \triangle A'B'C'$:

3. Si tienen sus tres lados proporcionales (Fig. 120).

Figura 120-A

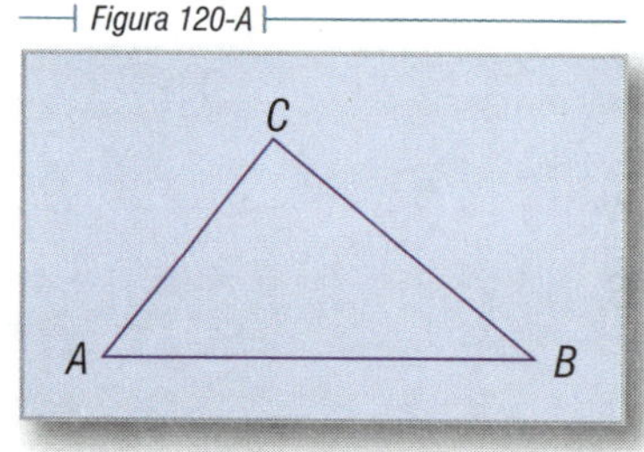

Figura 120-B

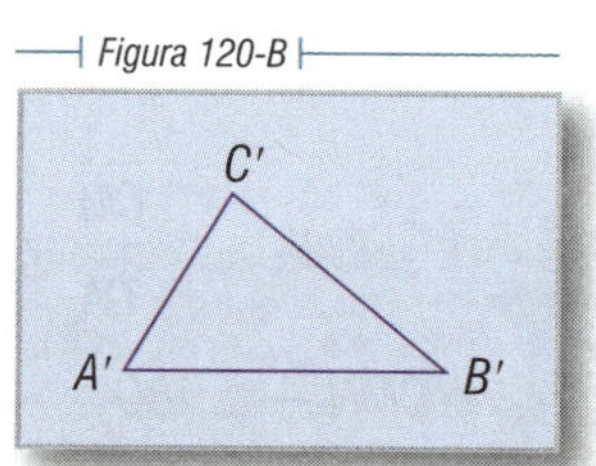

Si $\frac{\overline{AB}}{\overline{A'B'}} = \frac{\overline{BC}}{\overline{B'C'}} = \frac{\overline{CA}}{\overline{C'A'}}$; entonces, $\triangle ABC \sim \triangle A'B'C'$.

146 PRIMER CASO. TEOREMA 35

Dos triángulos son semejantes cuando tienen dos ángulos respectivamente iguales.

Hipótesis

$$\angle A = \angle A',\ \angle C = \angle C' \text{ (Fig. 121)}$$

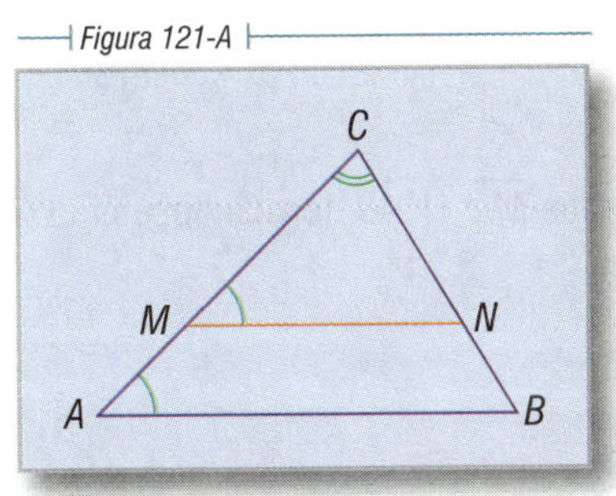

Figura 121-A

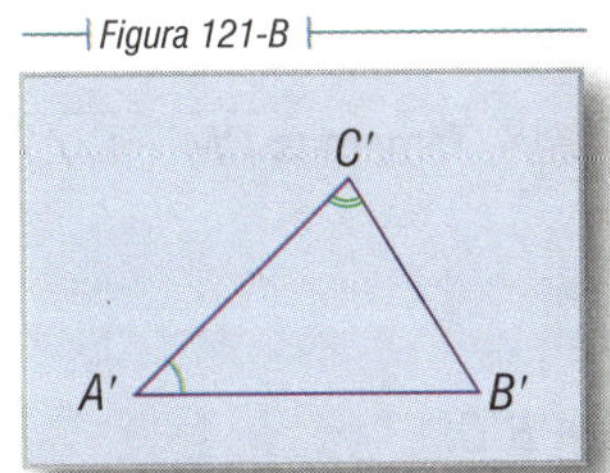

Figura 121-B

Tesis

$\triangle ABC \sim \triangle A'B'C'$

Construcción auxiliar. Tomemos $\overline{CM} = \overline{C'A'}$ y tracemos $\overleftrightarrow{MN} \parallel \overleftrightarrow{AB}$, formándose el $\triangle CMN$.

Demostración

En el $\triangle CMN$ y $\triangle A'B'C'$:

$\overline{CM} = \overline{C'A'}$		Por construcción
$\angle C = \angle C'$		Por hipótesis
$\angle M = \angle A$		Correspondientes entre $\overleftrightarrow{MN} \parallel \overleftrightarrow{AB}$
y $\angle A = \angle A'$		Hipótesis
$\therefore$ $\angle M = \angle A'$		Carácter transitivo
$\therefore$ $\triangle CMN$ y $\triangle A'B'C'$	(1)	Por tener iguales un lado y los dos ángulos adyacentes
Pero: $\triangle ABC \sim \triangle CMN$	(2)	Teorema fundamental de existencia

Comparando (1) y (2), tenemos:

$\triangle ABC \sim \triangle A'B'C'$	Carácter transitivo

SEGUNDO CASO. TEOREMA 36

147

Dos triángulos son semejantes cuando tienen dos lados proporcionales e igual el ángulo comprendido.

Hipótesis

$$\angle C = \angle C', \quad \frac{\overline{AC}}{\overline{A'C'}} = \frac{\overline{BC}}{\overline{B'C'}} \quad \text{(Fig. 122)}$$

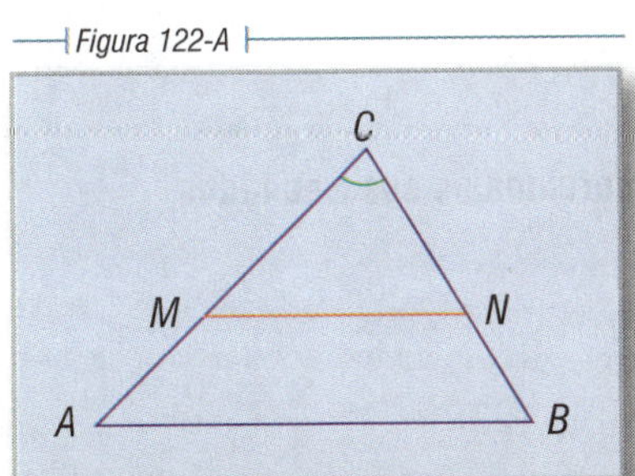

Figura 122-A

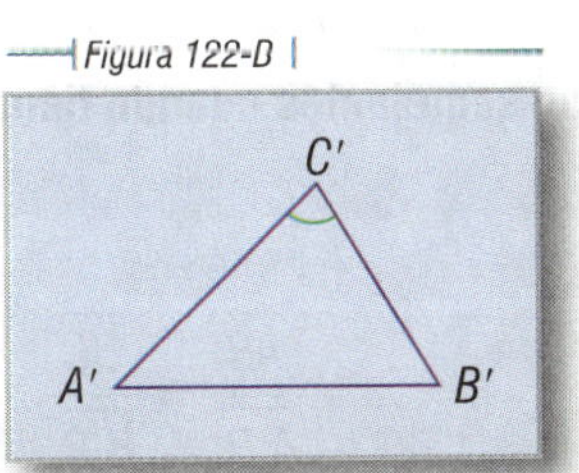

Figura 122-B

Tesis

$\triangle ABC \sim \triangle A'B'C'$

Construcción auxiliar. Tomemos $\overline{CM} = \overline{C'A'}$ y tracemos $\overleftrightarrow{MN} \parallel \overleftrightarrow{AB}$, formándose el $\triangle CMN \sim \triangle ABC$.

Demostración

En el $\triangle CMN$ y $\triangle A'B'C$:

$\overline{CM} = \overline{A'C'}$ (1) Construcción

$\angle C = \angle C'$ Por hipótesis

En los $\triangle ABC$ y $\triangle CMN$:

$$\frac{\overline{AC}}{\overline{CM}} = \frac{\overline{BC}}{\overline{CN}} \quad (2) \text{ Por ser } \overleftrightarrow{MN} \parallel \overleftrightarrow{AB} \text{ por construcción}$$

Sustituyendo (1) en (2):

$$\frac{\overline{AC}}{\overline{A'C'}} = \frac{\overline{BC}}{\overline{CN}} \quad (3)$$

Pero: $$\frac{\overline{AC}}{\overline{A'C'}} = \frac{\overline{BC}}{\overline{B'C'}} \quad (4) \text{ Hipótesis}$$

Al comparar (3) y (4):

$$\frac{\overline{BC}}{\overline{CN}} = \frac{\overline{BC}}{\overline{B'C'}} \quad \text{Carácter transitivo}$$

Despejando $\overline{CN}$: $$\overline{CN} = \frac{\overline{BC} \cdot \overline{B'C'}}{\overline{BC}} = \overline{B'C'}$$

$\therefore$	$\triangle CMN = \triangle A'B'C'$	Por tener dos lados iguales e igual el ángulo comprendido
y como	$\triangle ABC \sim \triangle CMN$	Teorema fundamental de existencia
y	$\triangle CMN \sim \triangle A'B'C'$	Carácter idéntico
resulta	$\triangle ABC \sim \triangle A'B'C'$	Carácter transitivo

148 TERCER CASO. TEOREMA 37

Dos triángulos son semejantes cuando tienen proporcionales sus tres lados.

Hipótesis

$$\frac{\overline{AB}}{\overline{A'B'}} = \frac{\overline{BC}}{\overline{B'C'}} = \frac{\overline{AC}}{\overline{A'C'}} \text{ (Fig. 123)}$$

Figura 123-A

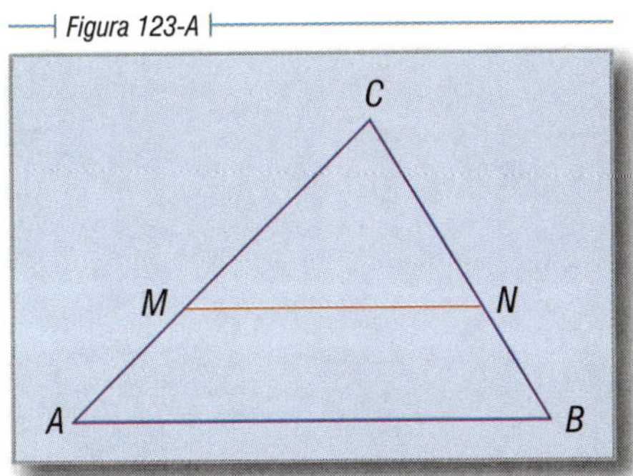

Figura 123-B

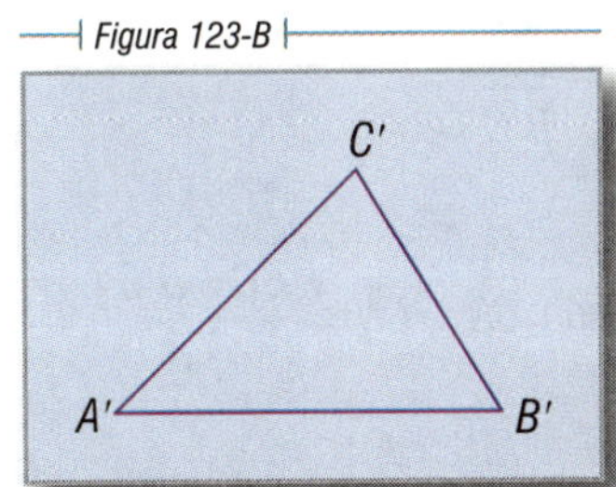

Tesis

$\triangle ABC \sim \triangle A'B'C'$

Construcción auxiliar. Tomemos $\overline{CM} = \overline{A'C'}$ y tracemos $\overleftrightarrow{MN} \parallel \overleftrightarrow{AB}$, formándose $\triangle CMN \sim \triangle ABC$.

Demostración

$\dfrac{\overline{AB}}{\overline{MN}} = \dfrac{\overline{BC}}{\overline{CN}} = \dfrac{\overline{AC}}{\overline{CM}}$ (1) $\triangle ABC \sim \triangle CMN$ por construcción

Pero: $\overline{CM} = \overline{A'C'}$ (2) Construcción

Sustituyendo (2) en (1), tenemos:

$\dfrac{\overline{AB}}{\overline{MN}} = \dfrac{\overline{BC}}{\overline{CN}} = \dfrac{\overline{AC}}{\overline{A'C'}}$ (3)

Pero:

$\dfrac{\overline{AB}}{\overline{A'B'}} = \dfrac{\overline{BC}}{\overline{B'C'}} = \dfrac{\overline{AC}}{\overline{A'C'}}$ (4) Por hipótesis

Al comparar (3) y (4):

$\dfrac{\overline{AB}}{\overline{MN}} = \dfrac{\overline{BC}}{\overline{CN}} = \dfrac{\overline{AB}}{\overline{A'B'}} = \dfrac{\overline{BC}}{\overline{B'C'}}$ Carácter transitivo

Tomando la 1a. y 3a. razones:

$\dfrac{\overline{AB}}{\overline{MN}} = \dfrac{\overline{AB}}{\overline{A'B'}}$

Despejando $\overline{MN}$: $\overline{MN} = \dfrac{\overline{AB} \cdot \overline{A'B'}}{\overline{AB}} = \overline{A'B'}$

Tomando la 3a. y 4a. razones:

$$\frac{\overline{BC}}{\overline{CN}} = \frac{\overline{BC}}{\overline{B'C'}}$$

Despejando $\overline{CN}$: $\overline{CN} = \dfrac{\overline{BC} \cdot \overline{B'C'}}{\overline{BC}} = \overline{B'C'}$

Entonces:	$\left.\begin{array}{l}\overline{MN} = \overline{A'B'} \\ \overline{CN} = \overline{B'C'}\end{array}\right\}$	Demostrado
y	$\overline{CM} = \overline{A'C'}$	Construcción
$\therefore$	$\triangle CMN = \triangle A'B'C'$	Por tener sus tres lados iguales
y como	$\triangle ABC \sim \triangle CMN$	Teorema fundamental
y	$\triangle CMN \sim \triangle A'B'C'$	Carácter idéntico
resulta	$\triangle ABC \sim \triangle A'B'C'$	Carácter transitivo

149 CASOS DE SEMEJANZA DE TRIÁNGULOS RECTÁNGULOS

Como todos los triángulos rectángulos tienen un ángulo igual, es decir, un ángulo recto, los tres casos anteriores se convierten en los siguientes:

Dos triángulos rectángulos son semejantes cuando tienen:

1. Un ángulo agudo igual (Fig. 124).

Figura 124-A

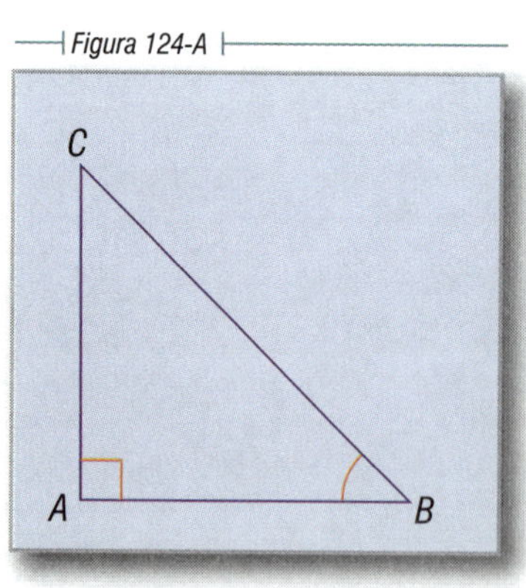

Figura 124-B

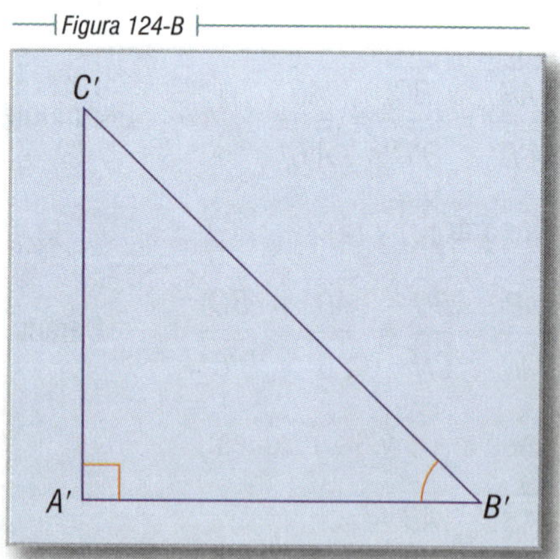

Si $\angle B = \angle B'$; entonces, $\triangle ABC \sim \triangle A'B'C'$

$$\angle A = \angle A' = 1R$$

2. Los catetos proporcionales (Fig. 125):

$$\text{Si } \frac{\overline{AB}}{\overline{A'B'}} = \frac{\overline{AC}}{\overline{A'C'}}; \text{ entonces, } \triangle ABC \sim \triangle A'B'C'.$$

$$\angle A = \angle A' = 1R$$

Figura 125-B

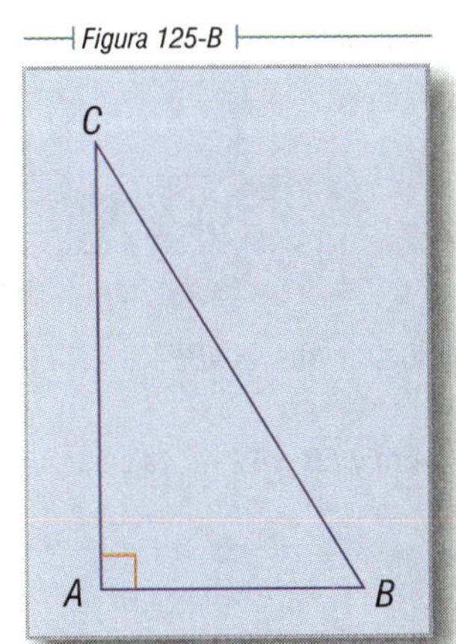

Figura 125-A

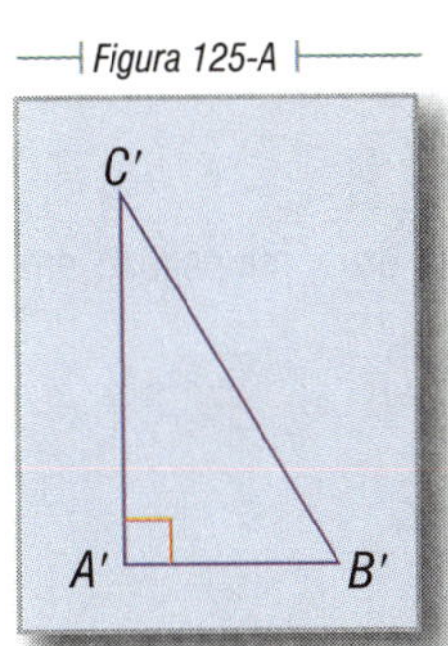

3. La hipotenusa y un cateto proporcionales (Figs. 125-A1 y 2):

Figura 125-A1

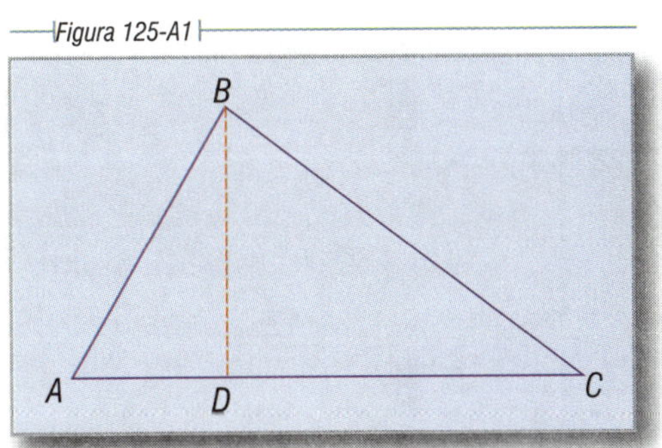

Figura 125-A2

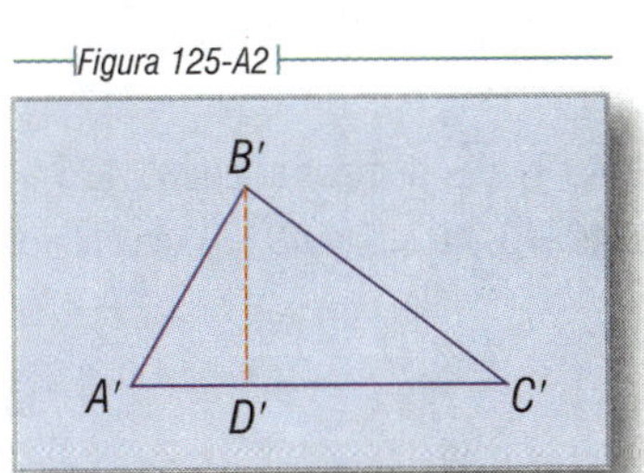

$$\frac{\overline{BC}}{\overline{B'C'}} = \frac{\overline{AC}}{\overline{A'C'}}; \text{ entonces, } \triangle ABC \sim \triangle A'B'C'.$$

PROPORCIONALIDAD DE LAS ALTURAS DE DOS TRIÁNGULOS SEMEJANTES 150

Las alturas correspondientes de dos triángulos semejantes son proporcionales a sus lados.

En efecto, los triángulos *ABD* y *A′B′D′* son semejantes por ser rectángulos y tener un ángulo agudo igual ($\angle A = \angle A'$).

$$\text{Luego: } \frac{\overline{AB}}{\overline{A'B'}} = \frac{\overline{BD}}{\overline{B'D'}}, \text{ como se quería demostrar.}$$

Ejercicios

1. Si $\overleftrightarrow{AB} \parallel \overleftrightarrow{ED}$, demostrar que $\triangle ABC \sim \triangle ECD$ y establecer la proporcionalidad entre los lados homólogos.

Ejercicio 1

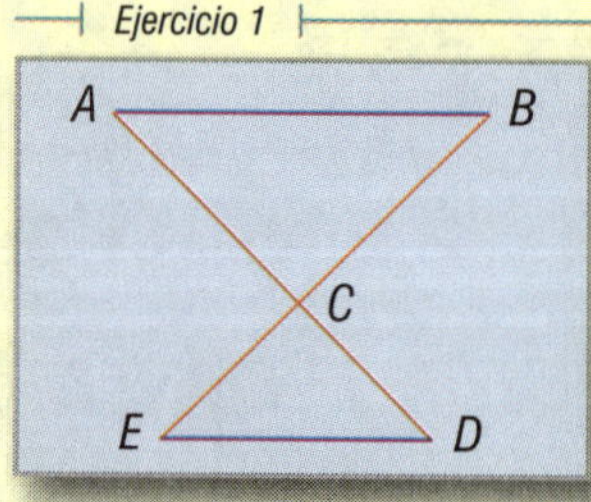

2. Si $\overleftrightarrow{AB} \parallel \overleftrightarrow{CD}$, demostrar que $\triangle ABE \sim \triangle CED$ y establecer la proporcionalidad entre los lados homólogos.
Si $\overline{CD} = 3$ m, $\overline{EC} = 4$ m y $\overline{EB} = 12$ m; calcular $\overline{AB}$

R. $\overline{AB} = 9$ m

Ejercicio 2

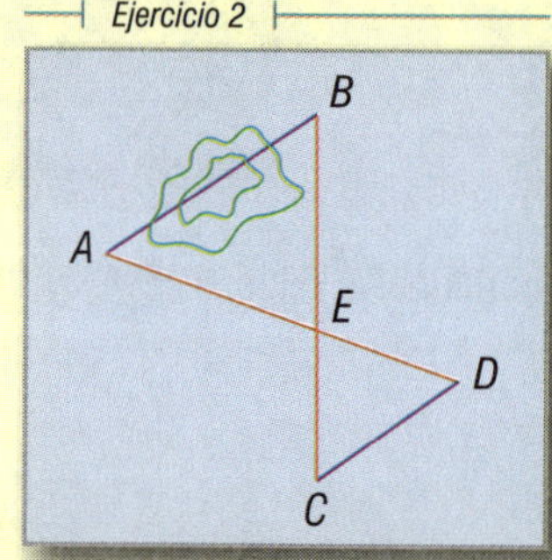

3. Si $\overleftrightarrow{AB} \parallel \overleftrightarrow{DE}$, demostrar que $\triangle ABC \sim \triangle DCE$
Si $\overline{AC} = 3$, $\overline{AD} = 2$ y $\overline{AB} = 4$; calcular $\overline{DE}$

R. $\overline{DE} = 6.67$

Ejercicio 3

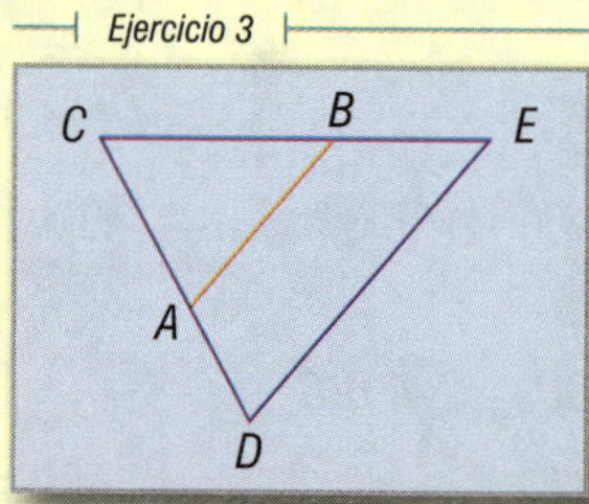

4. Si $\overleftrightarrow{PQ} \parallel \overleftrightarrow{AB}$ y $\overleftrightarrow{QR} \parallel \overleftrightarrow{AC}$, demostrar que $\triangle PCQ \sim \triangle RQB$ y establecer la proporcionalidad entre los lados homólogos.

Ejercicio 4

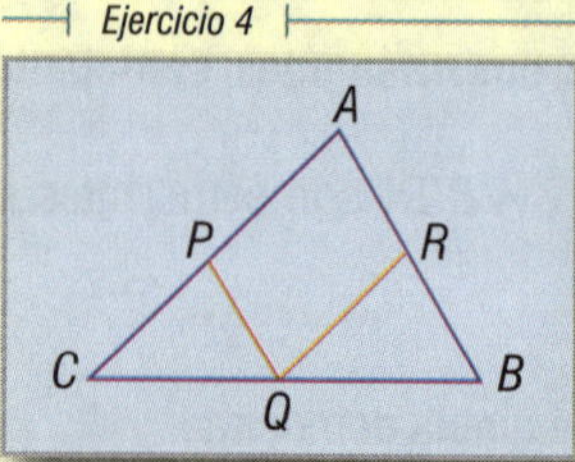

5. $\angle A = 1R$, $\angle B = \angle C$

Demostrar que $\triangle ABE \sim \triangle ACD$ y establecer la proporcionalidad entre los lados homólogos.

Ejercicio 5

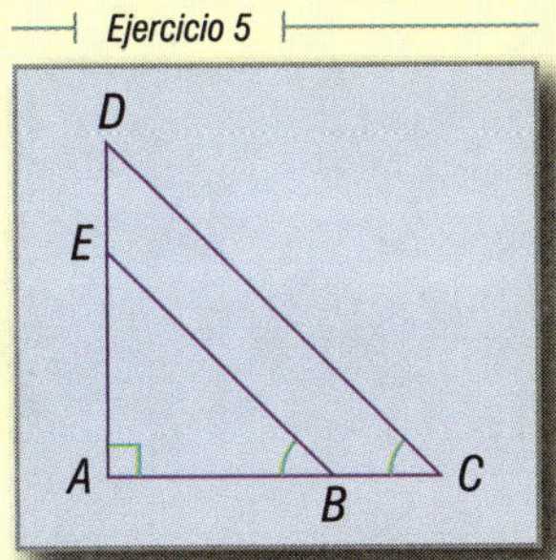

6. Si $\overleftrightarrow{EA} \perp \overleftrightarrow{AC}$ y $\overleftrightarrow{DC} \perp \overleftrightarrow{AC}$, demostrar que $\triangle ABE \sim \triangle CDB$ y establecer la proporcionalidad entre los lados homólogos.

Ejercicio 6

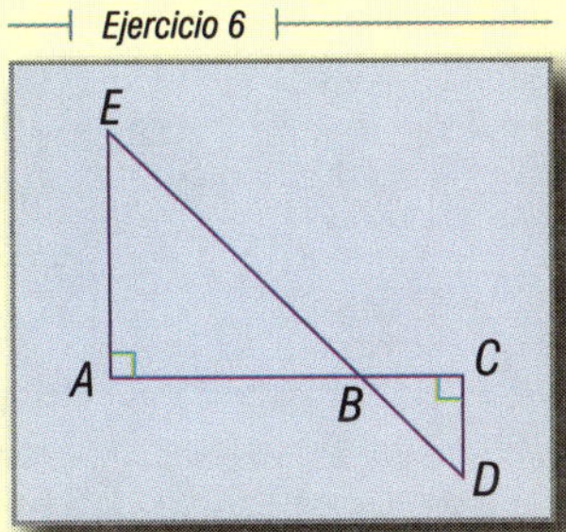

Ejercicios 7 al 9

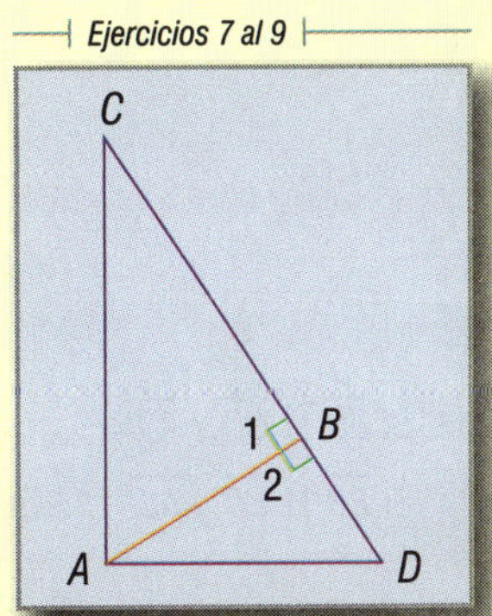

7. Si $\overleftrightarrow{CA} \perp \overleftrightarrow{AD}$ y $\overleftrightarrow{AB} \perp \overleftrightarrow{CD}$, demostrar que $\triangle ABD \sim \triangle ACD$ y establecer la proporcionalidad entre los lados homólogos.

8. Si tenemos:

$\angle A = \angle 1 = \angle 2 = 1R$, demostrar que $\triangle ABC \sim \triangle ACD$ y establecer la proporcionalidad entre los lados homólogos.

9. Si $\angle A = 1R$ y $\overleftrightarrow{AB} \perp \overleftrightarrow{CD}$, demostrar que $\triangle ABD \sim \triangle ABC$ y establecer la proporcionalidad entre los lados homólogos.

10. Si $\overline{AB} = 8$ m, $\overline{AC} = 12$ m, $\overline{ED} = \overline{DB} = 3$ m, $\overline{AE} = 10$ m, $\overline{CD} = 5$ m, demostrar que $\triangle ABE \sim \triangle CBD$ y establecer la proporcionalidad entre los lados homólogos.

Ejercicio 10

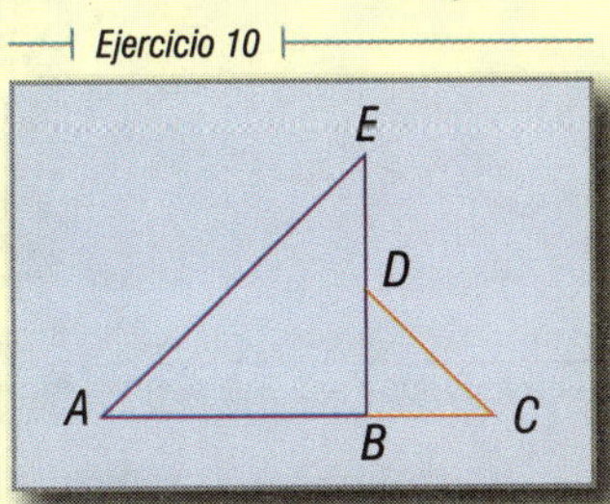

11. Si $\overleftrightarrow{EB} \parallel \overleftrightarrow{CD}$ y $\overline{AB} = 2$ m, $\overline{BC} = 18$ m y $\overline{BE} = 3$ m, calcular $\overline{CD}$ **R.** $\overline{CD} = 30$ m

Ejercicio 11

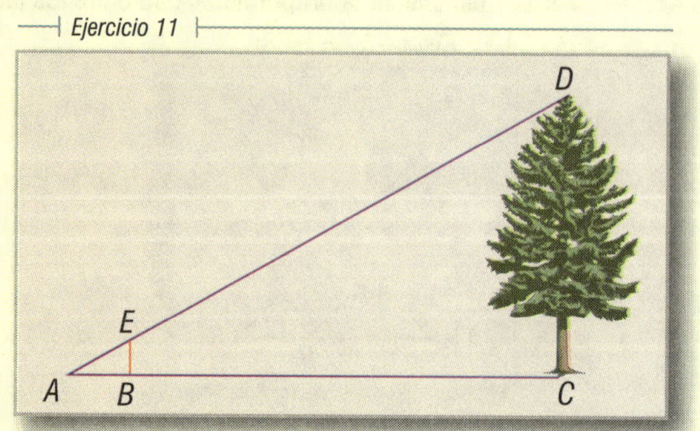

12. $\overleftrightarrow{AB} \parallel \overleftrightarrow{ED}$; $\overleftrightarrow{AB} \parallel \overleftrightarrow{BD}$; $\overleftrightarrow{ED} \parallel \overleftrightarrow{BD}$; $\overline{DE} = 4$ m; $\overline{CD} = 2$ m, $\overline{BC} = 6$ m. Hallar $\overline{AB}$ **R.** $\overline{AB} = 12$ m

Ejercicio 12

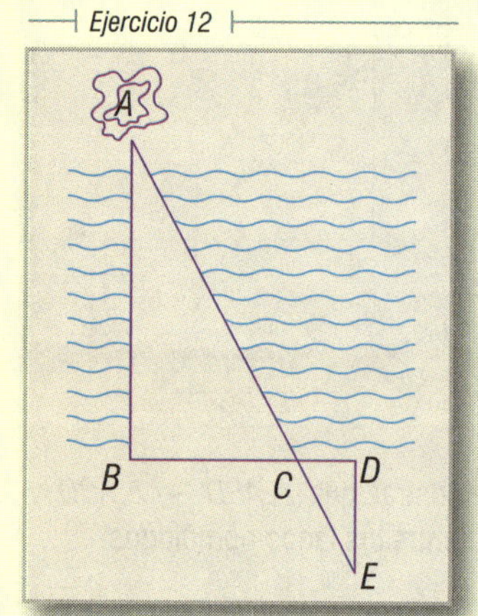

13. Si $\overleftrightarrow{EB} \parallel \overleftrightarrow{CD}$ y $\overline{AB} = 9$ m, $\overline{EB} = 6$ m y $\overline{CD} = 80$ m. Calcular $\overline{BC}$ **R.** $\overline{BC} = 111$ m

14. Si $\overleftrightarrow{EB} \parallel \overleftrightarrow{CD}$ y $\overline{AB} = 12$ m, $\overline{EB} = 8$ m y $\overline{CD} = 120$ m. Calcular $\overline{BC}$ **R.** $\overline{BC} = 168$ m

Ejercicios 13 y 14

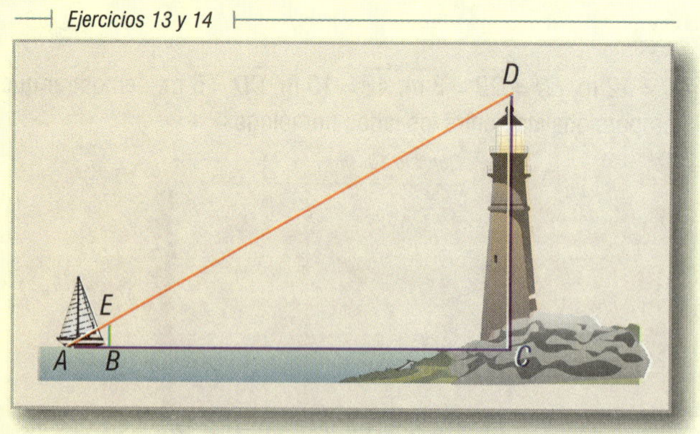

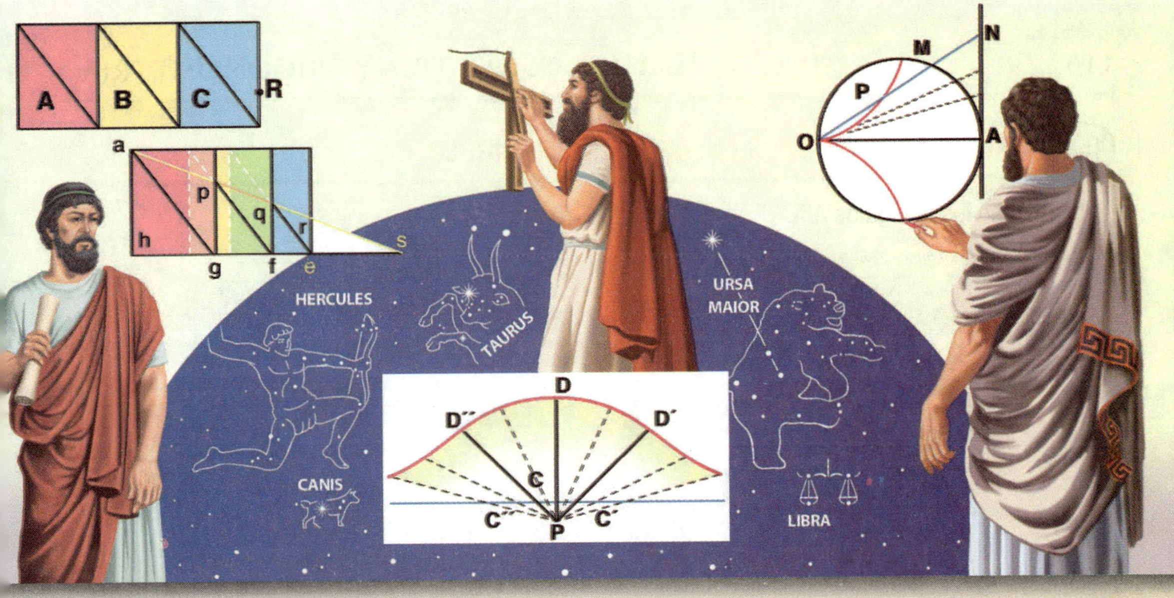

Después de los grandes geómetras griegos de la Edad de Oro, la Geometría es relegada a segundo término, y se da más importancia a la Astronomía. **La decadencia.** A la izquierda Eratostenes (240 a. C.), bibliotecario del Museo de Alejandría y constructor de varios aparatos astronómicos. Su legado es el Mesolabio. En el centro, Nicomedes (hacia el 180 a. C.), nos dejó la Concoide para cuya realización inventó un aparato especial. A la derecha, Diocles (siglo I a. C.), su herencia fue La Cisoide.

Capítulo XI

RELACIONES MÉTRICAS EN LOS TRIÁNGULOS

PROYECCIONES

Se llama proyección de punto P sobre una recta al pie P' de la perpendicular bajada a la recta desde el punto. La perpendicular se llama proyectante (Fig. 126).

Si un punto M, por ejemplo, está sobre la recta, su proyección M' es el mismo punto M.

Proyección de un segmento sobre una recta es el segmento cuyos extremos son las proyecciones de los extremos de dicho segmento.

En la figura 126 están representadas en distintos casos las proyecciones de un segmento sobre una recta.

Cuando el segmento es paralelo a la recta, su proyección es igual a él.

Si el segmento es perpendicular a la recta, la proyección es un punto.

Figura 126

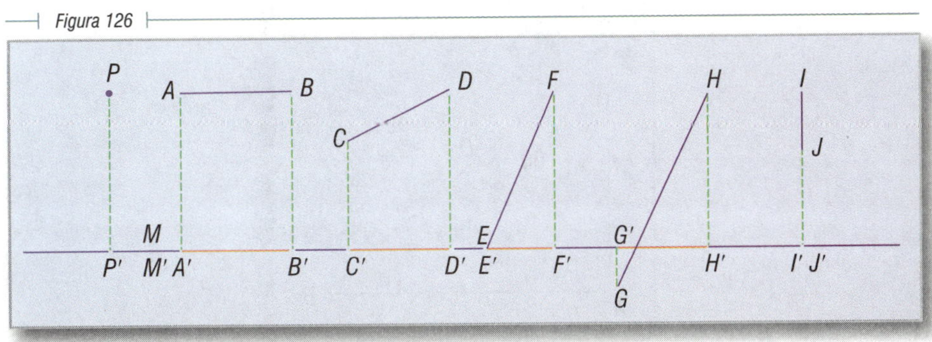

152 PROYECCIONES DE LOS LADOS DE UN TRIÁNGULO

Sean los triángulos *ABC* (Figs. 127-A y 127-B).

Figura 127-A

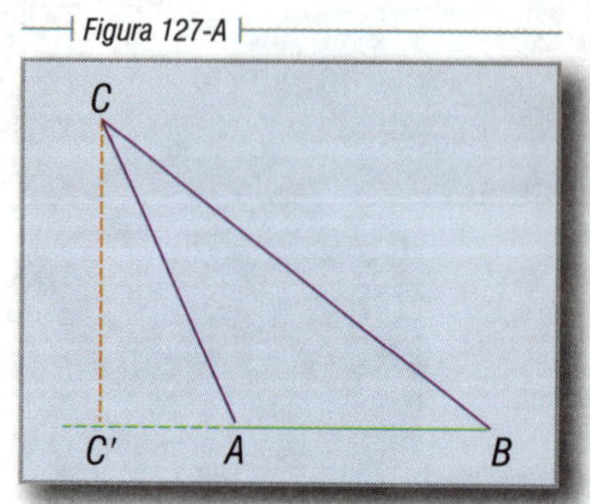

Figura 127-B

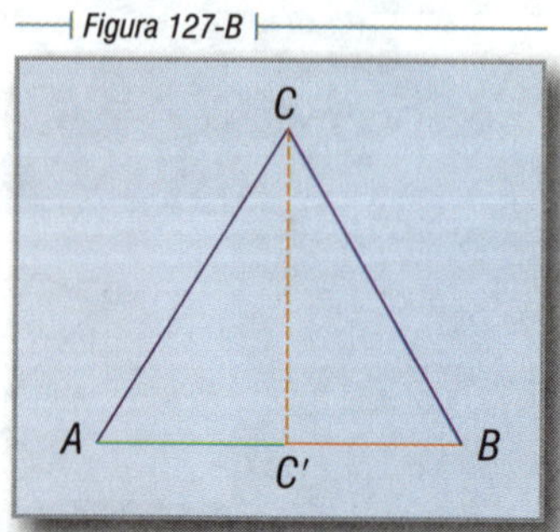

En la figura están representadas las proyecciones de los lados $\overline{AC}$ y $\overline{BC}$ de los $\triangle ABC$ sobre el lado $\overline{AB}$. Las proyecciones se expresan de la siguiente manera:

$$\text{Proyec.}_{AB}\,\overline{AC} = \overline{AC'} \qquad \text{Proyec.}_{AB}\,\overline{BC} = \overline{BC'}$$

153 TEOREMA 38

Si en un triángulo rectángulo se traza la altura correspondiente a la hipotenusa, se verifica:

1. **Los triángulos rectángulos resultantes son semejantes entre sí y semejantes al triángulo dado.**
2. **La altura correspondiente a la hipotenusa es media proporcional entre los segmentos en que divide a ésta.**
3. **La altura correspondiente a la hipotenusa es cuarta proporcional entre la hipotenusa y los catetos.**
4. **Cada cateto es medio proporcional entre la hipotenusa y su proyección sobre ella.**
5. **La razón de los cuadrados de los catetos es igual a la razón de los segmentos que la altura determina en la hipotenusa.**

Tesis

1. $\triangle ADC \sim \triangle ABC$ (Fig. 128), $\triangle ADB \sim \triangle ABC$, $\triangle ADC \sim \triangle ADB$

Figura 128

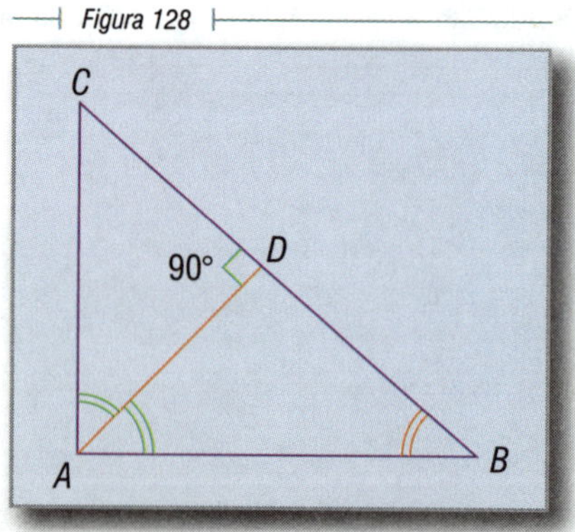

2. $\dfrac{\overline{CD}}{\overline{AD}}=\dfrac{\overline{AD}}{\overline{DB}}$

3. $\dfrac{\overline{BC}}{\overline{AC}}=\dfrac{\overline{AB}}{\overline{AD}}$

4. $\dfrac{\overline{BC}}{\overline{AC}}=\dfrac{\overline{AC}}{\overline{CD}}$, $\dfrac{\overline{BC}}{\overline{AB}}=\dfrac{\overline{AB}}{\overline{BD}}$

5. $\dfrac{\overline{AC}^2}{\overline{AB}^2}=\dfrac{\overline{CD}}{\overline{DB}}$

Hipótesis

El $\triangle ABC$ es rectángulo en $\angle A$. $\overline{AD}$ es la altura correspondiente a la hipotenusa.

Demostración

1. Comparemos los $\triangle ADC$ y $\triangle ABC$:

$\angle D = \angle A$		Rectos
$\angle C = \angle C$		Común
$\therefore \triangle ADC \sim \triangle ABC$	(1)	Por rectángulos con un ángulo agudo igual

En $\triangle ABD$ y $\triangle ABC$:

$\angle D = \angle A$		Rectos
$\angle B = \angle B$		Común
$\therefore \triangle ADB \sim \triangle ABC$	(2)	Por rectángulos con un ángulo agudo igual

Comparando (1) y (2), tenemos:

$\triangle ADC \sim \triangle ADB$ Carácter transitivo

Demostración

2. Al escribir la proporcionalidad existente entre los lados homólogos de los triángulos, que según la demostración anterior son semejantes, $\triangle ADC \sim \triangle ABD$, obtenemos que:

$$\frac{\overline{CD}}{\overline{AD}}=\frac{\overline{AD}}{\overline{DB}}$$

Demostración

3. Al plantear la proporcionalidad entre los lados homólogos de los triángulos semejantes $\triangle ADC$ y $\triangle ABC$, tenemos:

$$\frac{\overline{BC}}{\overline{AC}}=\frac{\overline{AB}}{\overline{AD}}$$

Demostración

4. Al escribir la proporcionalidad entre los lados homólogos de los $\triangle ADC$ y $\triangle ABC$ y entre los lados homólogos de los triángulos $\triangle ADB$ y $\triangle ABC$, resulta:

$$\frac{\overline{BC}}{\overline{AC}}=\frac{\overline{AC}}{\overline{CD}} \quad \text{y} \quad \frac{\overline{BC}}{\overline{AB}}=\frac{\overline{AB}}{\overline{BD}}$$

Demostración

5. $\dfrac{\overline{BC}}{\overline{AC}}=\dfrac{\overline{AC}}{\overline{CD}}$ — Demostración 4

$\therefore \overline{AC}^2=\overline{BC}\cdot\overline{CD}$ (1) — Producto de medios igual a producto de extremos

$\dfrac{\overline{BC}}{\overline{AB}}=\dfrac{\overline{AB}}{\overline{BD}}$ — Demostración 4

$\therefore \overline{AB}^2=\overline{BC}\cdot\overline{BD}$ (2) — Producto de medios igual a producto de extremos

Dividiendo miembro a miembro (1) y (2), tenemos:

$$\frac{\overline{AC}^2}{\overline{AB}^2}=\frac{\overline{BC}\cdot\overline{CD}}{\overline{BC}\cdot\overline{BD}}$$

$\therefore \quad \dfrac{\overline{AC}^2}{\overline{AB}^2}=\dfrac{\overline{CD}}{\overline{BD}}$ — Simplificando

154 **TEOREMA 39**

Teorema de Pitágoras. **En todo triángulo rectángulo, el cuadrado de la longitud de la hipotenusa es igual a la suma de los cuadrados de las longitudes de los catetos.**

Figura 129

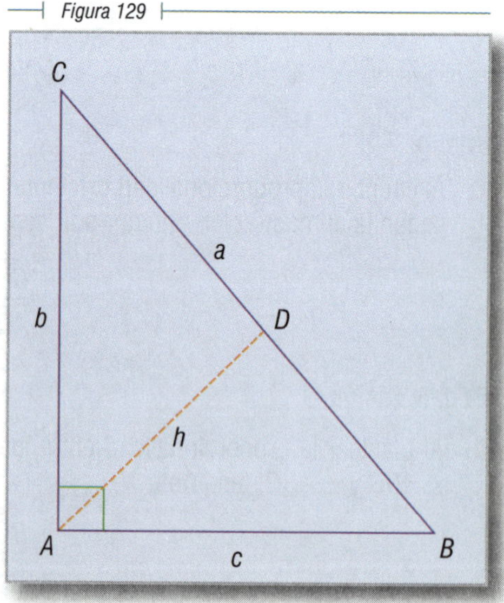

Hipótesis

$\triangle ABC$ (Fig. 129) es rectángulo en $\angle A$.

$\overline{BC}=a$ es la hipotenusa.

$\left.\begin{array}{l}\overline{AB}=c\\ \overline{AC}=b\end{array}\right\}$ catetos

Tesis

$a^2=b^2+c^2$

Construcción auxiliar. Tracemos la altura $\overline{AD}=h$, correspondiente a la hipotenusa.

Demostración

$$\frac{a}{b} = \frac{b}{\overline{CD}} \quad y \quad \frac{a}{c} = \frac{c}{\overline{DB}}$$

Cada cateto es media proporcional entre la hipotenusa y su proyección sobre ella

Despejando los catetos:

$$b^2 = a \cdot \overline{CD} \quad (1)$$
$$c^2 = a \cdot \overline{DB} \quad (2)$$

Sumando (1) y (2), tenemos:

$$b^2 + c^2 = a \cdot \overline{CD} + \overline{a \cdot DB}$$
$$\therefore \quad b^2 + c^2 = a\,(\overline{CD} + \overline{DB}) \quad (3)$$ Factorizando

Pero: $\overline{CD} + \overline{DB} = a$ (4) Suma de segmentos

Sustituyendo (4) en (3):

$$b^2 + c^2 = a\,(a)$$
$$\therefore \quad b^2 + c^2 = a^2$$ Efectuando operaciones

155

COROLARIO 1

En todo triángulo rectángulo, la hipotenusa es igual a la raíz cuadrada de la suma de los cuadrados de los catetos.

De la igualdad: $a^2 = b^2 + c^2$

se obtiene la raíz cuadrada en ambos miembros:

$$\therefore a = \sqrt{b^2 + c^2}$$

COROLARIO 2

En todo triángulo rectángulo, cada cateto es igual a la raíz cuadrada del cuadrado de la hipotenusa, menos el cuadrado del otro cateto.

De la igualdad:

$$a^2 = b^2 + c^2$$

Despejando los catetos:

$$b^2 = a^2 - c^2$$
$$c^2 = a^2 - b^2$$

Extrayendo raíz cuadrada:

$$b = \sqrt{a^2 - c^2}$$

$$c = \sqrt{a^2 - b^2}$$

156 TEOREMA 40

Generalización del teorema de Pitágoras (cuadrado del lado opuesto a un ángulo agudo en un triángulo). **En todo triángulo, el cuadrado del lado opuesto a un ángulo agudo es igual a la suma de los cuadrados de los otros dos lados, menos el doble del producto de uno de estos lados por la proyección del otro sobre él.**

Figura 130

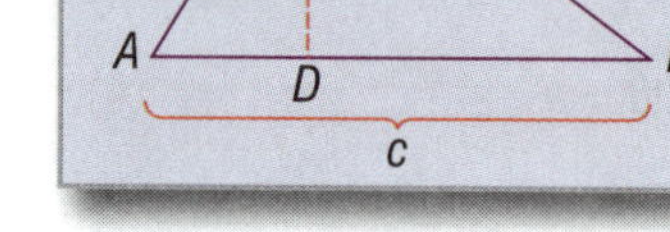

Hipótesis

En el $\triangle ABC$ (Fig. 130) el $\angle A < 90^{0}$.

Proyec.$_c$ $b = \overline{AD}$

Tesis

$$a^2 = b^2 + c^2 - 2c \cdot \overline{AD}$$

Demostración

En el $\triangle CDB$:

$a^2 = \overline{CD}^2 + \overline{DB}^2$ (1) Teorema de Pitágoras

En el $\triangle CDA$:

$\overline{CD}^2 = b^2 - \overline{AD}^2$ (2) Corolario del teorema de Pitágoras

En el segmento $\overline{AB}$:

$\overline{DB} = c - \overline{AD}$ (3) Resta de segmentos

Sustituyendo (2) y (3) en (1), tenemos:

$$a^2 = b^2 - \overline{AD}^2 + (c - \overline{AD})^2$$

De donde:

$a^2 = b^2 - \overline{AD}^2 + c^2 - 2c \cdot \overline{AD} + \overline{AD}^2$ Desarrollando el cuadrado

$\therefore\ a^2 = b^2 + c^2 - 2c \cdot \overline{AD}$ Simplificando

157 TEOREMA 41

Cuadrado del lado opuesto a un ángulo obtuso en un triángulo. **En un triángulo obtusángulo, el cuadrado del lado opuesto al ángulo obtuso es igual a la suma de los cuadrados de los otros dos lados, más el doble del producto de uno de estos lados por la proyección del otro sobre él.**

Figura 131

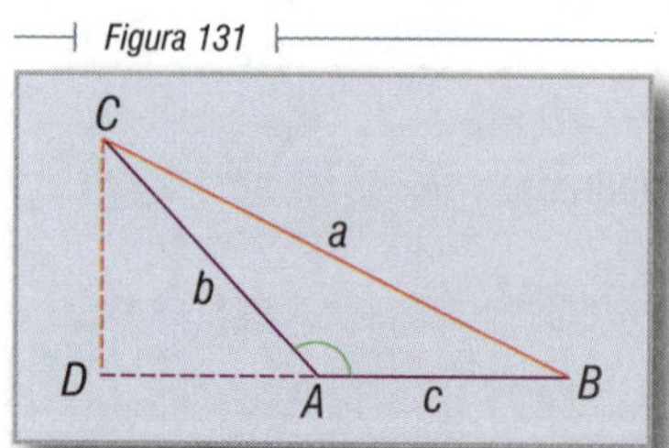

Hipótesis

En el $\triangle ABC$ (Fig. 131),

el $\angle A > 90°$.

$\overline{AD} =$ Proyec.$_c$ b

Tesis

$a^2 = b^2 + c^2 + 2c \cdot \overline{AD}$

Demostración

En el $\triangle CDB$:

$a^2 = \overline{CD}^2 + \overline{DB}^2$ (1) Teorema de Pitágoras

En el $\triangle CDA$:

$\overline{CD}^2 = b^2 - \overline{AD}^2$ (2) Corolario del teorema de Pitágoras

En el segmento $\overline{BD}$:

$\overline{DB} = c + \overline{AD}$ (3) Suma de segmentos

Sustituyendo (2) y (3) en (1), tenemos:

$a^2 = b^2 - \overline{AD}^2 + (c + \overline{AD})^2$

De donde:

$a^2 = b^2 - \overline{AD}^2 + c^2 + 2c \cdot \overline{AD} + \overline{AD}^2$

$\therefore \quad a^2 = b^2 + c^2 + 2c \cdot \overline{AD}$ Simplificando

CLASIFICACIÓN DE UN TRIÁNGULO CONOCIENDO LOS TRES LADOS

158

Del teorema de Pitágoras y de su generalización hemos visto que:

Cuando $\angle A = 1R$:

$a^2 = b^2 + c^2$

Cuando $\angle A < 1R$:

$a^2 = b^2 + c^2 - 2c \cdot \overline{AD}$

$\therefore \quad a^2 < b^2 + c^2$

Cuando $\angle A > 1R$:

$a^2 = b^2 + c^2 + 2c \cdot \overline{AD}$

$\therefore \quad a^2 > b^2 + c^2$

Es decir, un triángulo es rectángulo, acutángulo u obtusángulo, cuando el cuadrado del lado mayor es igual, menor o mayor que la suma de los cuadrados de los otros dos lados.

Ejemplos

1) Clasificar el triángulo cuyos lados miden: $a = 50$ cm, $b = 40$ cm y $c = 30$ cm

Cuadrado del lado mayor: $a^2 = 50^2 = 2{,}500$

Cuadrado de los otros dos lados: $b^2 = 40^2 = 1{,}600$
$+ \quad c^2 = 30^2 = 900$

Sumando: $b^2 + c^2 = 2{,}500$

Vemos que se cumple: $a^2 = b^2 + c^2$ $\therefore$ El triángulo es rectángulo.

2) Clasificar el triángulo cuyos lados valen $a = 12$ cm, $b = 10$ cm y $c = 8$ cm

Cuadrado del lado mayor: $a^2 = 12^2 = 144$

Cuadrado de los otros dos lados: $b^2 = 10^2 = 100$

$c^2 = 8^2 = +\,64$

Suma $= 164$

Vemos que se cumple: $a^2 < b^2 + c^2$ $\therefore$ El triángulo es acutángulo.

3) Clasificar el triángulo cuyos lados valen $a = 30$ cm, $b = 24$ cm y $c = 16$ cm

Cuadrado del lado mayor: $a^2 = 30^2 = 900$

Cuadrado de los otros dos lados: $b^2 = 24^2 = 576$

$c^2 = 16^2 = +\,256$

Suma $= 832$

Vemos que se cumple: $a^2 > b^2 + c^2$ $\therefore$ El triángulo es obtusángulo.

159 CÁLCULO DE LA PROYECCIÓN DE UN LADO SOBRE OTRO

De acuerdo con la generalización del teorema de Pitágoras, sabemos que:

$$a^2 = b^2 + c^2 + 2c \text{ Proyec.}_c\ b$$

cuando a se opone a un ángulo obtuso. Y

$$a^2 = b^2 + c^2 - 2c \text{ Proyec.}_c\ b$$

cuando a se opone a un ángulo agudo.

Despejando la proyección tenemos: en el primer caso:

$$\text{Proyec.}_c\ b = \frac{a^2 - b^2 - c^2}{2c}$$

y en el segundo caso:

$$\text{Proyec.}_c\ b = \frac{b^2 + c^2 - a^2}{2c}$$

Análogamente, se calcula la proyección de cualquier lado sobre otro.

160 CÁLCULO DE LA ALTURA DE UN TRIÁNGULO EN FUNCIÓN DE LOS LADOS

Sea el $\triangle ABC$ (Fig. 130):

Tenemos:

$$\overline{CD}^2 = b^2 - \overline{AD}^2 \qquad (1)$$

$$a^2 = b^2 + c^2 - 2c\,\overline{AD} \qquad (2)$$

De (2), despejando $\overline{AD}$ resulta: $$\overline{AD} = \frac{b^2 + c^2 - a^2}{2c} \quad (3)$$

De (1) y (3): $$\overline{CD}^2 = b^2 - \left(\frac{b^2 + c^2 - a^2}{2c}\right)^2 \quad (4)$$

$$\overline{CD}^2 = \left(b + \frac{b^2 + c^2 - a^2}{2c}\right)\left(b - \frac{b^2 + c^2 - a^2}{2c}\right) \quad (5)$$

$$= \left(\frac{b^2 + 2bc + c^2 - a^2}{2c}\right)\left(\frac{a^2 - b^2 - c^2 + 2bc}{2c}\right) \quad (6)$$

$$= \frac{[(b + c)^2 - a^2]\,[a^2 - (b - c)^2]}{4c^2} \quad (7)$$

$$= \frac{(b + c + a)\,(b + c - a)\,(a + b - c)\,(a - b + c)}{4c^2} \quad (8)$$

y como $a + b + c = 2p$ (perímetro), resulta:

$$(\overline{CD})^2 = \frac{4p\,(p - a)\,(p - b)\,(p - c)}{c^2} \quad (9)$$

$$\therefore \quad \overline{CD} = \frac{2}{c}\sqrt{p\,(p - a)\,(p - b)\,(p - c)} \quad (10)$$

Ejercicios

Si a es la hipotenusa y b y c son los catetos de un triángulo rectángulo, calcular el lado que falta:

1. $b = 10$ cm, $c = 6$ cm — **R.** $a = 2\sqrt{34}$ cm
2. $b = 30$ cm, $c = 40$ cm — **R.** 50 cm
3. $a = 32$ m, $c = 12$ m — **R.** $b = 4\sqrt{55}$ m
4. $a = 32$ m, $c = 20$ m — **R.** $b = 4\sqrt{39}$ m
5. $a = 100$ km, $b = 80$ km — **R.** $c = 60$ km

Hallar la hipotenusa (h) de un triángulo rectángulo isósceles si el valor del cateto es:

6. $c = 4$ m — **R.** $h = 4\sqrt{2}$ m
7. $c = 6$ m — **R.** $h = 6\sqrt{2}$ m
8. $c = 15$ cm — **R.** $h = 15\sqrt{2}$ m
9. $c = 9$ cm — **R.** $h = 9\sqrt{2}$ m
10. $c = 11$ cm — **R.** $h = 11\sqrt{2}$ m

Hallar la altura (h) de un triángulo equilátero si el lado vale:

11. $l = 12$ cm — **R.** $h = 6\sqrt{3}$ cm
12. $l = 8$ cm — **R.** $h = 4\sqrt{3}$ cm
13. $l = 4$ cm — **R.** $h = 2\sqrt{3}$ cm
14. $l = 10$ m — **R.** $h = 5\sqrt{3}$ m
15. $l = 30$ m — **R.** $h = 10\sqrt{3}$ m

Hallar la diagonal (d) de un cuadrado cuyo lado vale:

16. $l = 3$ m — **R.** $d = 3\sqrt{2}$ m
17. $l = 5$ m — **R.** $d = 5\sqrt{2}$ m
18. $l = 15$ cm — **R.** $d = 15\sqrt{2}$ m
19. $l = 9$ cm — **R.** $d = 9\sqrt{2}$ cm
20. $l = 7$ cm — **R.** $d = 7\sqrt{2}$ cm

Hallar la diagonal (d) de un rectángulo si los lados a y b miden lo que se indica:

21. $a = 2$ m, $b = 4$ m — **R.** $d = 2\sqrt{6}$ m
22. $a = 4$ m, $b = 8$ m — **R.** $d = 10$ m
23. $a = 6$ m, $b = 6$ m — **R.** $d = \sqrt{61}$ m
24. $a = 7$ m, $b = 9$ m — **R.** $d = \sqrt{130}$ m
25. $a = 10$ m, $b = 12$ m — **R.** $d = 2\sqrt{61}$ m
26. Hallar los lados de un triángulo rectángulo sabiendo que son números consecutivos.
    R. 3, 4 y 5
27. Hallar los lados de un triángulo rectángulo sabiendo que son números pares consecutivos.
    R. 6, 8 y 10
28. Hallar los lados de un triángulo rectángulo sabiendo que se diferencia en 4 unidades.
    R. 12, 16 y 20
29. La diagonal de un cuadrado vale $5\sqrt{2}$ m. Hallar el lado del cuadrado.
    R. $l = 5$ m
30. En la figura: $\overline{AE} = \overline{BD} = 30$ cm, $\overline{ED} = 40$ cm. Calcular $\overline{AB}$. — **R.** $\overline{AB} = 10\sqrt{34}$ cm

Ejercicio 30

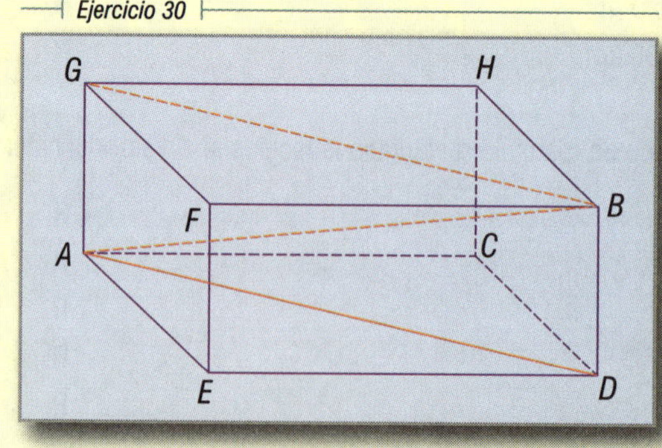

Clasificar los triángulos cuyos lados a, b y c valen:

31. $a = 5$ m, $b = 4$ m, $c = 2$ m **R.** Obtusángulo

32. $a = 10$ m, $b = 12$ m, $c = 8$ m **R.** Acutángulo

33. $a = 15$ cm, $b = 20$ cm, $c = 25$ cm **R.** Rectángulo

34. $a = 3$ cm, $b = 4$ cm, $c = 2$ cm **R.** Obtusángulo

35. $a = 1$ m, $b = 2$ m, $c = 3$ m **R.** Obtusángulo

En la figura:

Ejercicios 36 a 40

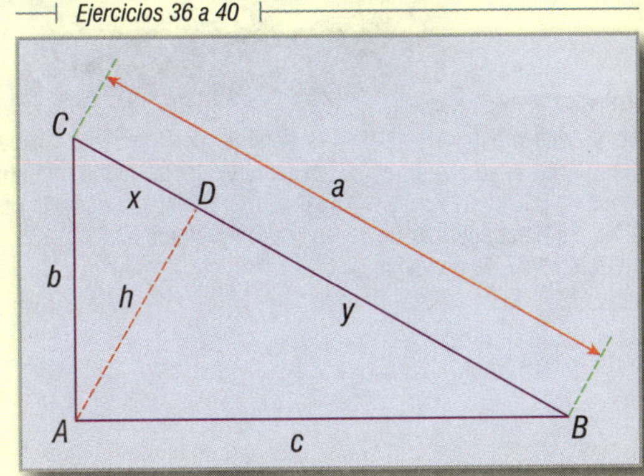

36. Si $x = 4$, $y = 9$, calcular h **R.** $h = 6$

37. Si $a = 5$, $b = 3$, $c = 4$. Calcular h **R.** $h = 2.4$

38. Si $a = 10$, $b = 6$, calcular x **R.** $x = 3.6$

39. Si $a = 10$, $c = 8$, calcular y **R.** $y = 6.4$

40. Si $b = 3$, $c = 4$, $x = 2$. Calcular y **R.** $y = 3$

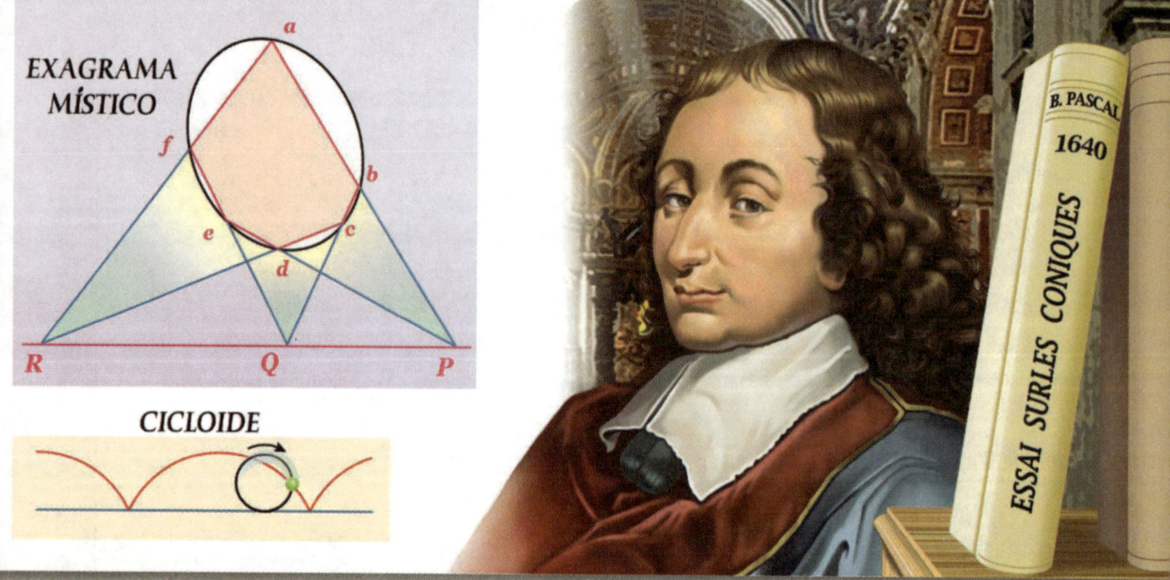

Blas Pascal (1623-1662). Niño prodigio que mostró su afición a las Matemáticas desde su más tierna edad. Llegó él sólo a descubrir 32 de las proposiciones de Euclides expuestas en la obra titulada *Elementos*. A los 16 años escribió un *Ensayo sobre las cónicas*. La notable diferencia de concebir las cónicas con respecto a Apolonio de Perga, hicieron de Pascal el iniciador de los métodos de la Geometría moderna. Este hombre místico pasó a la Historia más bien como literato que como matemático.

Capítulo XII

CIRCUNFERENCIA Y CÍRCULO

161 DEFINICIÓN

Circunferencia es el conjunto de todos los puntos de un plano que equidistan de otro punto llamado centro. La figura 132 representa una circunferencia de centro O.

Los puntos A, B, C son puntos de la circunferencia, y los segmentos:

$$\overline{OA} = \overline{OB} = \overline{OC} = r$$

se llaman radios.

Las circunferencias se denominan por su centro mediante una letra mayúscula y su radio. Así, la circunferencia de la figura 132 es la circunferencia O y radio r.

Figura 132

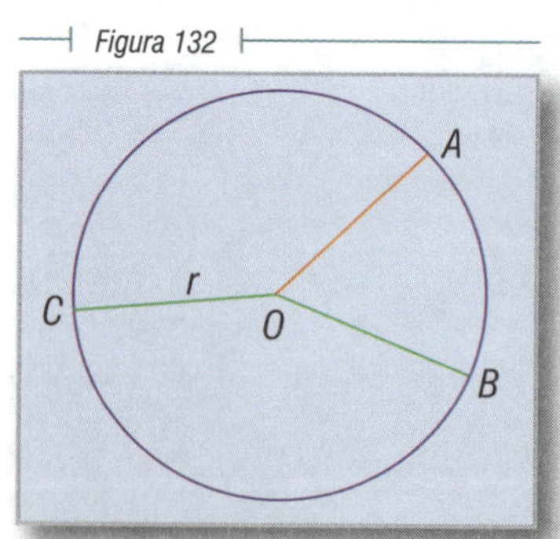

PUNTOS INTERIORES Y PUNTOS EXTERIORES 162

La circunferencia divide el plano en dos regiones: una exterior y otra interior.

$$\overline{OM} > r, \quad \overline{ON} < r, \quad \overline{OP} = r$$

Los puntos como *M*, cuya distancia al centro es mayor que el radio, se llaman puntos exteriores; los que como *N* distan del centro menos que el radio se llaman puntos interiores, y si como en el caso del punto *P* su distancia al centro es igual al radio, se denominan puntos que pertenecen a la circunferencia (Fig. 133).

Figura 133

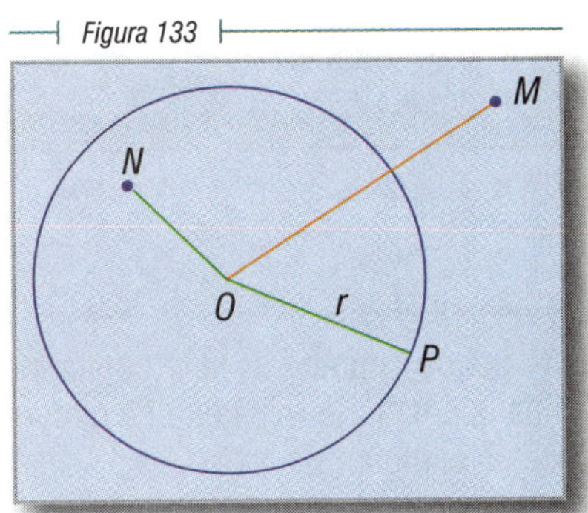

CÍRCULO 163

Es el conjunto de todos los puntos de la circunferencia y de los interiores a la misma (Fig. 134).

Figura 134

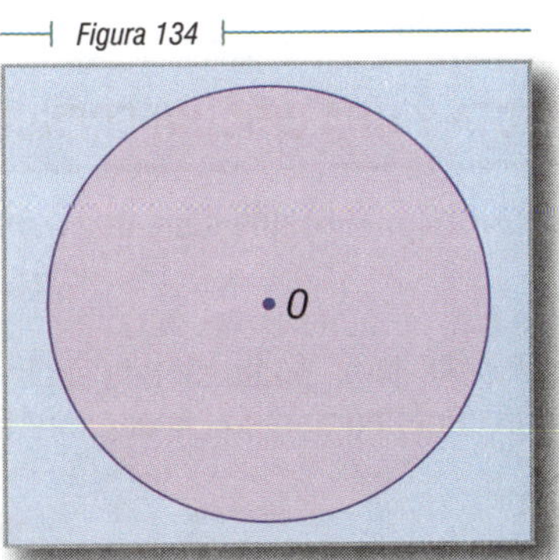

CIRCUNFERENCIAS IGUALES 164

Son las que tienen radios iguales.

ARCO DE LA CIRCUNFERENCIA 165

Es una porción de circunferencia.

Ejemplo

El arco *AC* (Fig. 135), que se representa $\widehat{AC}$.

Figura 135

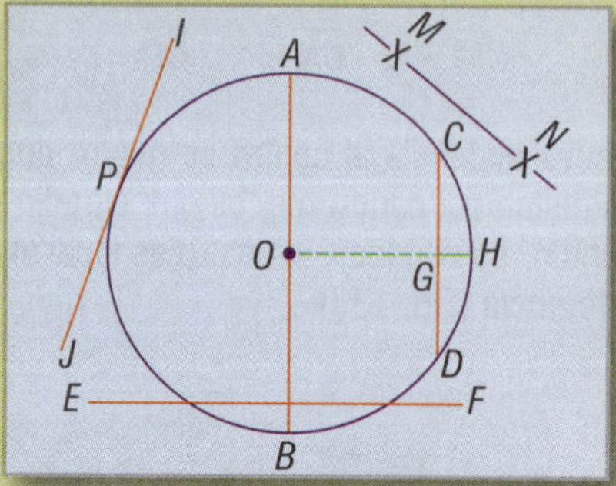

166 CUERDA

Es el segmento determinado por dos puntos de la circunferencia: $\overline{CD}$ (Fig. 135).

De los dos arcos que una cuerda determina en una circunferencia, se llama arco correspondiente a la cuerda *N*, que es el menor de ellos.

167 DIÁMETRO

Es toda cuerda que pasa por el centro: $\overline{AB}$ (Fig. 135).

El diámetro es igual a la suma de dos radios:

$$\overline{AB} = \overline{AO} + \overline{OB} = r + r = 2r$$

168 POSICIONES DE UNA RECTA Y UNA CIRCUNFERENCIA

Se dice que una recta como $\overleftrightarrow{EF}$ (Fig. 135) que tiene dos puntos comunes con la circunferencia es secante.

Si la recta tiene un solo punto común con la circunferencia, como la $\overleftrightarrow{IJ}$ (Fig. 135), se dice que es tangente, y al punto *P* se le llama punto de tangencia o de contacto.

Si la recta no tiene ningún punto común con la circunferencia, como la $\overleftrightarrow{MN}$ (Fig. 135), se dice que es exterior.

169 FIGURAS EN EL CÍRCULO

La parte de círculo limitada entre una cuerda y su arco se llama segmento circular (Fig. 136-A).

La parte de un círculo limitada por dos radios y el arco comprendido se llama sector circular (Fig. 136-B).

Corona circular (Fig. 136-C) es la porción de plano limitada por dos circunferencias concéntricas.

Trapecio circular (Fig. 136-D) es la porción de plano limitada por dos circunferencias concéntricas y dos radios.

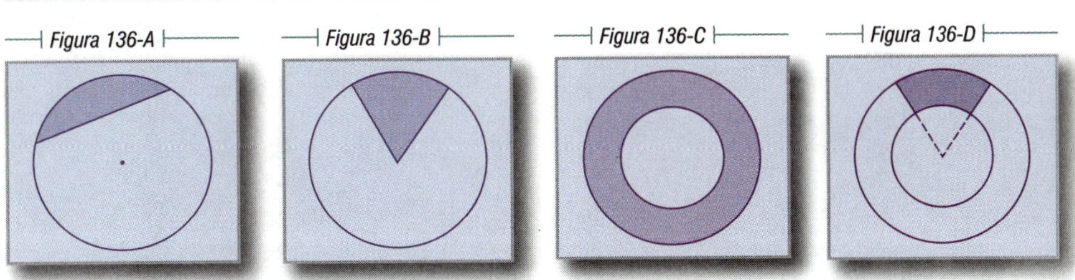

ÁNGULOS CENTRALES Y ARCOS CORRESPONDIENTES 170

Ángulo central es el que tiene su vértice en el centro de la circunferencia (Fig. 137):

$$\angle AOB$$

Su arco es el comprendido entre los lados del ángulo central:

$\overset{\frown}{AB}$ es correspondiente del $\angle AOB$.

Figura 137

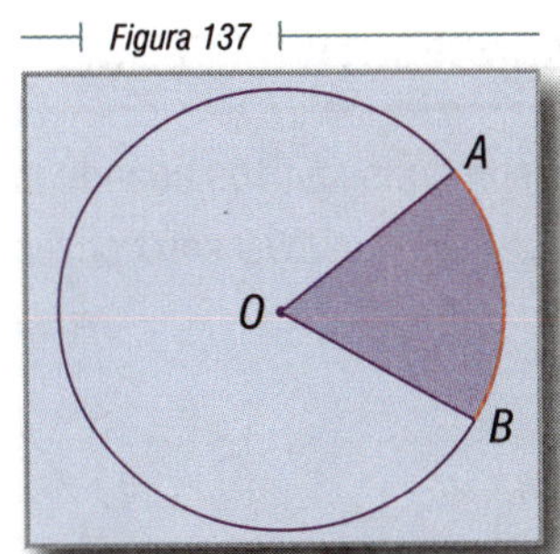

IGUALDAD DE ÁNGULOS Y ARCOS 171

En una misma circunferencia o en circunferencias que sean iguales a ángulos centrales iguales corresponden arcos iguales.

Así, si la circunferencia O es igual a la circunferencia O' y $\angle AOB = \angle A'O'B'$ (Fig. 138); entonces, también $\overset{\frown}{AB} = \overset{\frown}{A'B'}$.

Figura 138-A

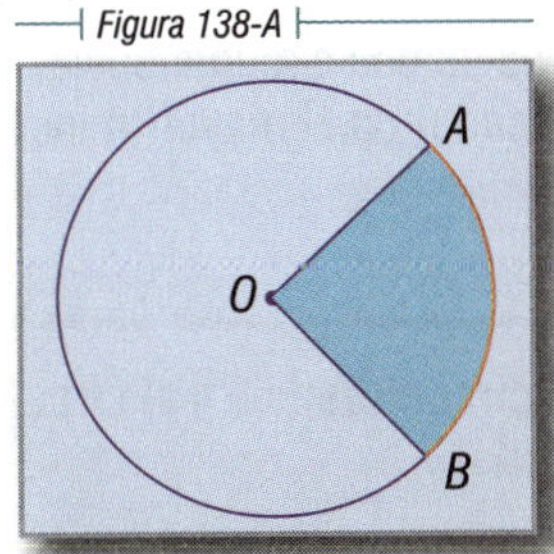

Figura 138-B

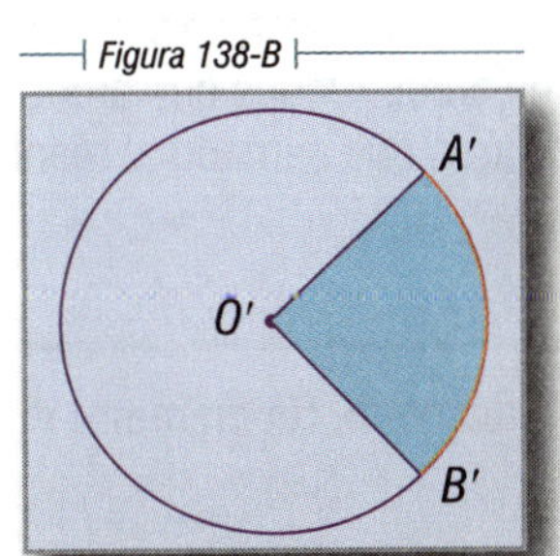

Recíprocamente, si circunferencia O = circunferencia O' y $\overset{\frown}{AB} = \overset{\frown}{A'B'}$; entonces:

$$\angle AOB = \angle A'O'B'$$

DESIGUALDAD DE ÁNGULOS Y ARCOS 172

En una misma circunferencia o en circunferencias iguales, a mayor ángulo central le corresponde mayor arco (Fig. 139).

Si circunferencia O = circunferencia O' y $\angle AOB < \angle A'O'B'$; entonces:

$$\overset{\frown}{AB} < \overset{\frown}{A'B'}$$

Figura 139-A

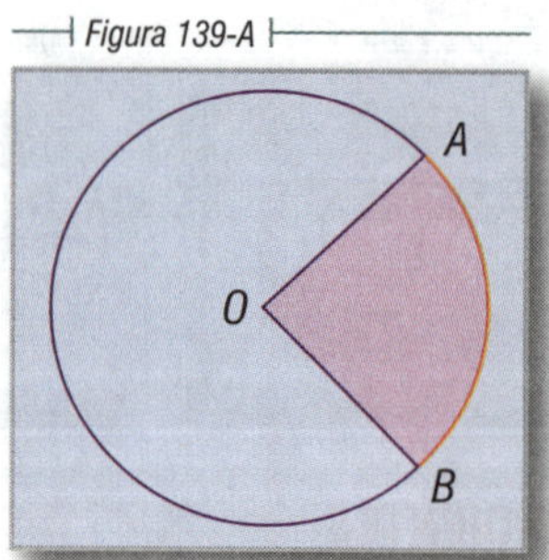

Figura 139-B

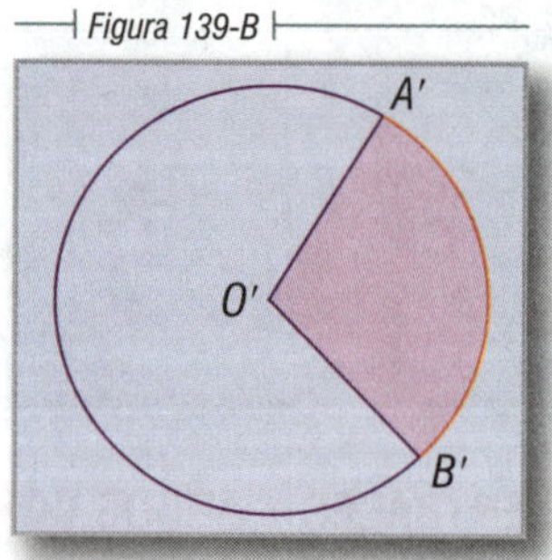

173 ARCOS CONSECUTIVOS, Y SUMA Y DIFERENCIA DE ARCOS

Dos arcos son consecutivos cuando lo son sus ángulos centrales.

Como $\angle AOB = \angle BOC$ son consecutivos, $\widehat{AB}$ y $\widehat{BC}$ también son consecutivos (Fig. 140).

Figura 140

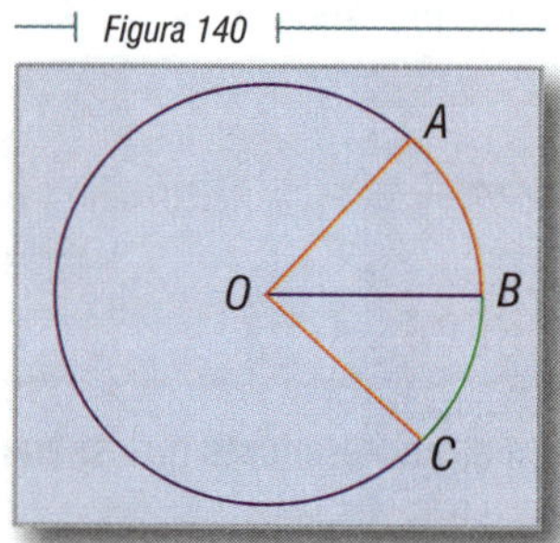

Suma de arcos. En una circunferencia se llama suma de dos arcos consecutivos al arco cuyo ángulo central es la suma de los ángulos centrales correspondientes a los arcos dados.

Diferencia de arcos. Dados dos arcos desiguales de una circunferencia, se llama diferencia de ambos al arco que sumado al menor (sustraendo) da el mayor (minuendo).

174 TEOREMA 42

Propiedades del diámetro. **Un diámetro divide a la circunferencia y al círculo en dos partes iguales.**

Hipótesis

$\overline{AB}$ es un diámetro de la circunferencia O (Fig. 141).

Figura 141

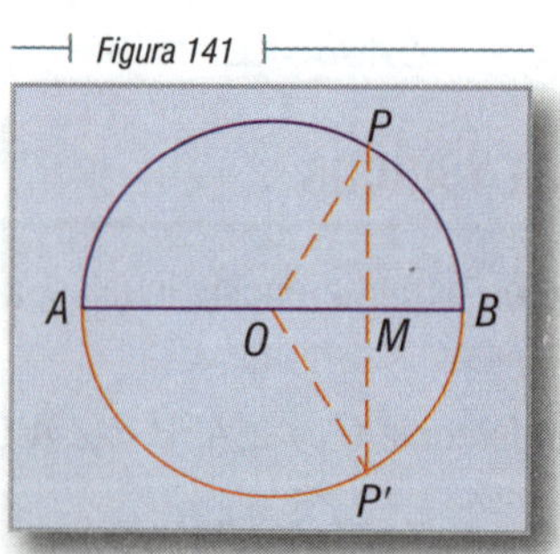

Tesis

$$\overset{\frown}{APB} = \overset{\frown}{AP'B}$$

$$\text{Parte } APB \text{ del círculo} = \text{Parte } AP'B$$

Construcción auxiliar. Tomemos un punto cualquiera P en uno de los arcos en que $\overline{AB}$ divide a la circunferencia; tracemos por P la perpendicular al diámetro que cortará a éste en M y a la circunferencia en P'. Se formarán los $\triangle OMP$ y $\triangle OMP'$.

Demostración

En $\triangle OMP$ y $\triangle OMP'$:	$\overline{OM} = \overline{OM}$	Común
	$\overline{OP} = \overline{OP'}$	Radios
	$\angle OMP = \angle OMP' = 90°$	Por construcción
	$\therefore \triangle OMP = \triangle OMP'$	Por tener iguales la hipotenusa y un cateto
	$\therefore \overline{MP} = \overline{MP'}$	

Al doblar la figura 141 por $\overline{AB}$ hasta que el semiplano que contiene a P coincida con el semiplano de P', tendremos: $\overline{MP}$ coincidirá con $\overline{MP'}$.

Entonces, el punto P coincidirá con el punto P'.

Como esto se verifica para todos los puntos de $\overset{\frown}{APB}$, resulta $\overset{\frown}{APB} = \overset{\frown}{AP'B}$. A la vez, las porciones de plano comprendidas entre los arcos y el diámetro coinciden.

SEMICIRCUNFERENCIAS 175

Los arcos iguales determinados por el diámetro se llaman semicircunferencias.

SEMICÍRCULOS 176

Las porciones de plano limitadas por las semicircunferencias y el diámetro se llaman semicírculos.

TEOREMA 43 177

El diámetro es la mayor cuerda de la circunferencia.

Figura 142

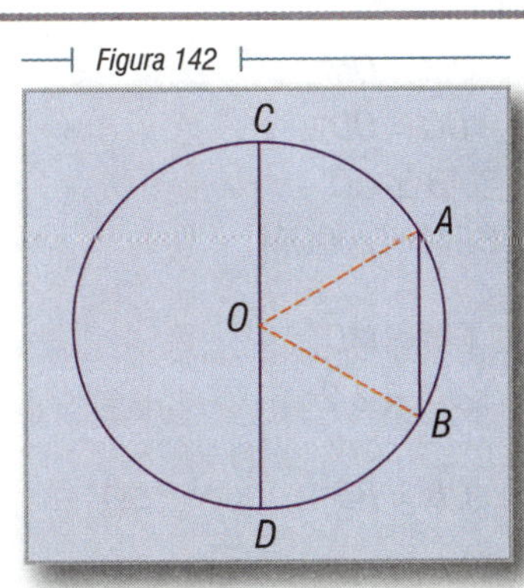

Hipótesis

En la circunferencia O (Fig. 142):

$\overline{CD}$ = diámetro y $\overline{AB}$ = cuerda.

Tesis

$$\overline{CD} > \overline{AB}$$

Construcción auxiliar. Unamos A y B con O para formar el $\triangle AOB$.

Demostración

En el $\triangle AOB$:

$\overline{AO} + \overline{OB} > \overline{AB}$ (1) Postulado de la menor distancia entre dos puntos

Pero: $\overline{AO} = \overline{CO}$ (2)

y $\overline{OB} = \overline{OD}$ (3) } Radios

Sustituyendo (2) y (3) en (1):

$\overline{CO} + \overline{OD} > \overline{AB}$ (4)

Pero: $\overline{CO} + \overline{OD} = \overline{CD}$ (5) Suma de segmentos

Sustituyendo (5) en (4):

$\overline{CD} > \overline{AB}$ Como queríamos demostrar

178 TEOREMA 44

Todo diámetro perpendicular a una cuerda divide a ésta y a los arcos subtendidos en partes iguales.

Figura 143

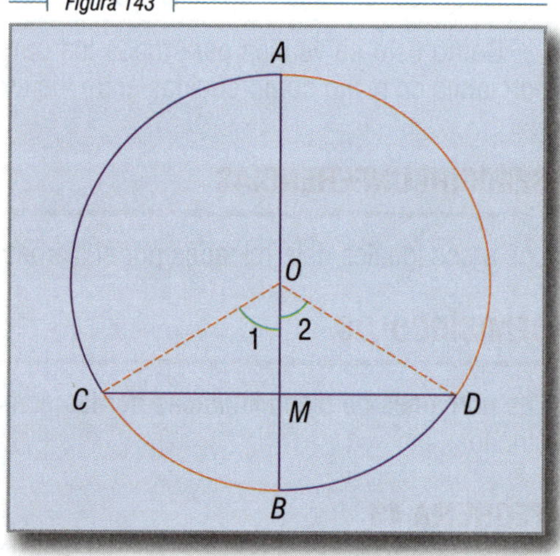

Hipótesis

En la circunferencia O (Fig. 143):

$\overline{CD}$ = cuerda, $\overline{AB}$ = diámetro y $\overline{AB} \perp \overline{CD}$.

Tesis

$\overline{CM} = \overline{MD}$, $\widehat{CB} = \widehat{BD}$ y $\widehat{AC} = \widehat{AD}$.

Construcción auxiliar. Unamos C y D con O, formándose los triángulos rectángulos $\triangle COM$ y $\triangle DOM$.

Demostración

En $\triangle COM$ y $\triangle DOM$:

$\overline{OM} = \overline{OM}$ Común

$\overline{OC} = \overline{OD}$ Radios

además: $\overline{AB} \perp \overline{CD}$ Hipótesis

$\therefore \triangle COM = \triangle DOM$ Triángulos rectángulos que tienen iguales la hipotenusa y un cateto

$\therefore \overline{CM} = \overline{MD}$ Lados homólogos de triángulos iguales

$\therefore \angle 1 = \angle 2$ Por oponerse a lados iguales en triángulos iguales

$\therefore \widehat{CB} = \widehat{BD}$ (1) Por arcos correspondientes a ángulos centrales iguales

Por otra parte:

$$\overset{\frown}{ACB} = \overset{\frown}{ADB} \qquad (2) \qquad \text{Por semicircunferencias}$$

Restando (1) de (2) tenemos:

$$\overset{\frown}{ACB} - \overset{\frown}{CB} = \overset{\frown}{ADB} - \overset{\frown}{BD}$$

$$\therefore \quad \overset{\frown}{AC} = \overset{\frown}{AD} \qquad \text{Como queríamos demostrar}$$

TEOREMA 45 179

Relaciones entre las cuerdas y los arcos correspondientes. **En una misma circunferencia o en circunferencias iguales, a arcos iguales corresponden cuerdas iguales; y si dos arcos son desiguales (menores que una semicircunferencia), a mayor arco corresponde mayor cuerda.**

Primera parte:

Hipótesis

En la circunferencia O (Fig. 144): $\overset{\frown}{AB} = \overset{\frown}{CD}$.

$\overline{AB}$ y $\overline{CD}$ cuerdas correspondientes.

Figura 144

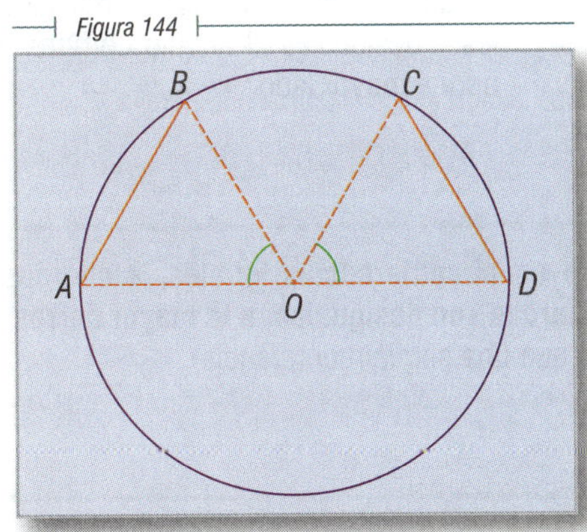

Tesis

$$\overline{AB} = \overline{CD}$$

Construcción auxiliar. Se unen A, B, C y D con O, formando los triángulos $\triangle AOB$ y $\triangle COD$.

Demostración

En $\angle AOB$ y $\angle COD$:

$\overline{OA} = \overline{OB} = \overline{OC} = \overline{OD}$	Radios
$\angle AOB = \angle COD$	Ángulos centrales cuyos arcos correspondientes son iguales por hipótesis
$\therefore \ \triangle AOB = \triangle COD$	Por tener iguales dos lados con su ángulo
$\therefore \ \overline{AB} = \overline{CD}$	Lados homólogos de triángulos iguales

Segunda parte:

Hipótesis

En la circunferencia O (Fig. 145) $\overset{\frown}{AB} > \overset{\frown}{CD}$ y ambos menores que una semicircunferencia. $\overline{AB}$ y $\overline{CD}$ cuerdas correspondientes.

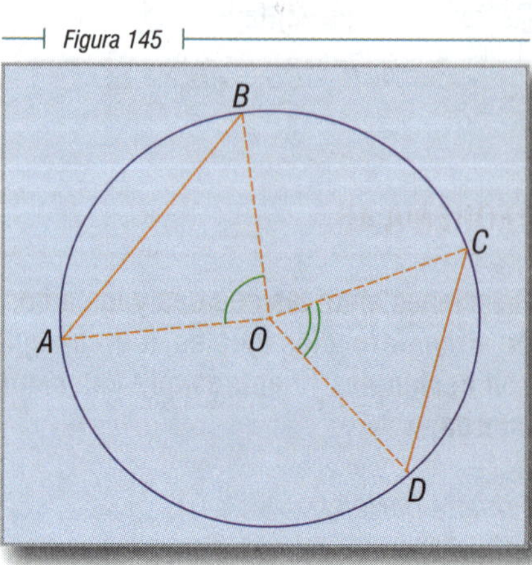

Figura 145

Tesis

$\overline{AB} > \overline{CD}$

Construcción auxiliar. Se unen A, B, C y D con O, formando los triángulos $\triangle AOB$ y $\triangle COD$.

Demostración

En $\triangle AOB$ **y** $\triangle COD$:

$\overline{OA} = \overline{OB} = \overline{OC} = \overline{OD}$	Radios
$\triangle AOB > \triangle COD$	$\overset{\frown}{AB} > \overset{\frown}{CD}$ hipótesis
$\therefore \quad \overline{AB} > \overline{CD}$	En dos triángulos que tienen dos lados respectivamente iguales y desiguales al ángulo comprendido, a mayor ángulo se opone mayor lado

180 TEOREMA RECÍPROCO

En una circunferencia, o en circunferencias iguales, a cuerdas iguales corresponden arcos iguales, y si dos cuerdas son desiguales, a la mayor corresponde mayor arco (considerando arcos menores que una semicircunferencia).

181 TEOREMA 46

Relaciones entre las cuerdas y sus distancias al centro. **En una circunferencia, o en circunferencias iguales, cuerdas iguales equidistan del centro, y de dos cuerdas desiguales, la mayor dista menos del centro.**

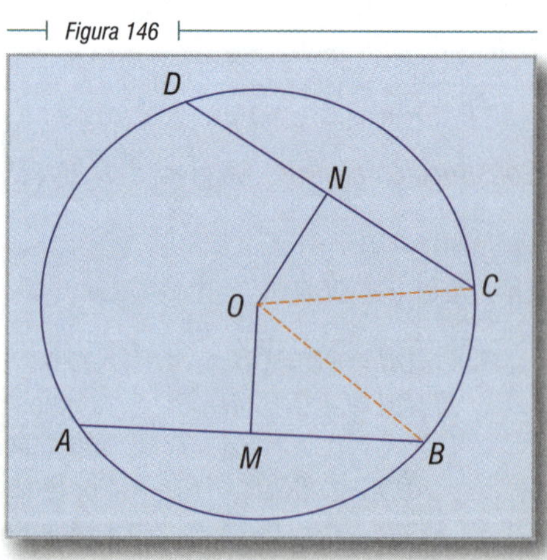

Figura 146

Primera parte:

Hipótesis (Fig. 146)

$\overline{AB} = \overline{CD}$, $\overline{OM} \perp \overline{AB}$, $\overline{ON} \perp \overline{CD}$

Tesis

$\overline{OM} = \overline{ON}$

Construcción auxiliar. Unamos B y C con O, formándose los triángulos rectángulos OMB y ONC.

Demostración

En los $\triangle OMB$ y $\triangle ONC$:

	$\overline{OB} = \overline{OC}$	Radios
	$\overline{MB} = \overline{NC}$	Mitades de cuerdas iguales
$\therefore$	$\triangle OMB = \triangle ONC$	Rectángulos que tienen iguales la hipotenusa y un cateto
$\therefore$	$\overline{OM} = \overline{ON}$	Lados homólogos de triángulos iguales

Segunda parte:

Hipótesis (Fig. 147)

$\overline{AB} > \overline{CD}$, $\overline{OM} \perp \overline{AB}$, $\overline{ON} \perp \overline{CD}$

Tesis

$\overline{OM} < \overline{ON}$

Construcción auxiliar. Con una abertura del compás igual a la cuerda $\overline{CD}$, y a partir de A, marquemos el punto E en este arco, y tendremos $\overline{AE} = \overline{CD}$, sea $\overline{ON'} \perp \overline{AE}$ su distancia al centro.

Figura 147

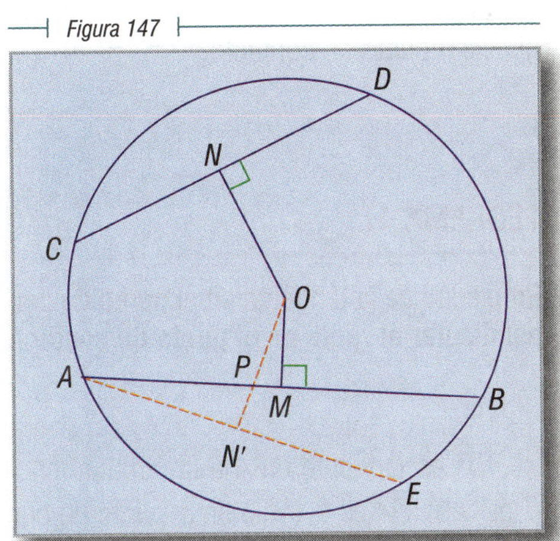

Demostración

$\widehat{AE} = \widehat{CD}$

A cuerdas iguales corresponden arcos iguales.

Pero:	$\widehat{AB} > \widehat{CD}$	$\overline{AB} > \overline{CD}$ por hipótesis
$\therefore$	$\widehat{AB} > \widehat{AE}$	Carácter transitivo
$\therefore$	El punto E es un punto interior del $\widehat{AB}$; N' es el punto medio de $\overline{AE}$.	Todo diámetro perpendicular a una cuerda divide a ésta y al arco subtendido en partes iguales
$\therefore$	El segmento $\overline{ON'}$ corta a $\overline{AB}$ por estar O y N' en semiplanos distintos respecto a $\overline{AB}$, sea P el punto de intersección de $\overline{ON'}$ y $\overline{AB}$.	Postulado de la separación del plano
	$\overline{OM} < \overline{OP}$	$\overline{OM}$ es la perpendicular y $\overline{OP}$ oblicua
	y $\overline{OP} < \overline{ON'}$	Por ser $\overline{OP}$ parte de $\overline{ON'}$
$\therefore$	$\overline{OM} < \overline{ON'}$ (1)	Carácter transitivo
y como:	$\overline{ON'} = \overline{ON}$ (2)	Primera parte
De (2) y (1):	$\overline{OM} < \overline{ON}$	Como queríamos demostrar

182 TEOREMA RECÍPROCO

En una circunferencia o en circunferencias iguales, las cuerdas equidistantes del centro son iguales; y de dos cuerdas que no equidistan del centro, la que menos dista es la mayor.

183 TANGENTE A LA CIRCUNFERENCIA

Como ya hemos dicho, es una recta que tiene un solo punto común con la circunferencia (Fig. 148).

El punto común P se llama punto de tangencia o punto de contacto.

Figura 148

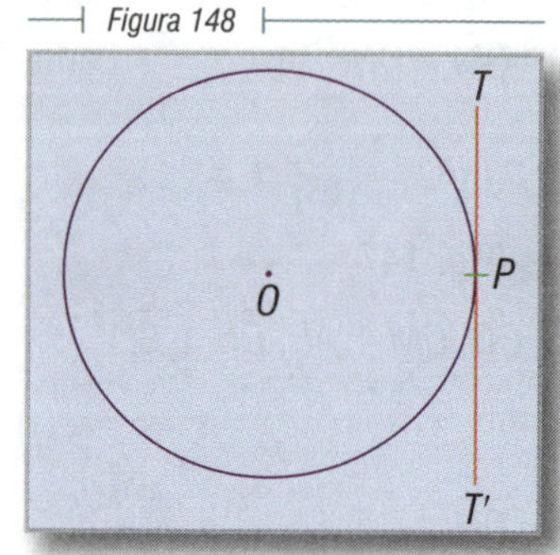

184 TEOREMA 47

Propiedad de la tangente en el punto de contacto. **La tangente a una circunferencia es perpendicular al radio en el punto de contacto.**

Figura 149

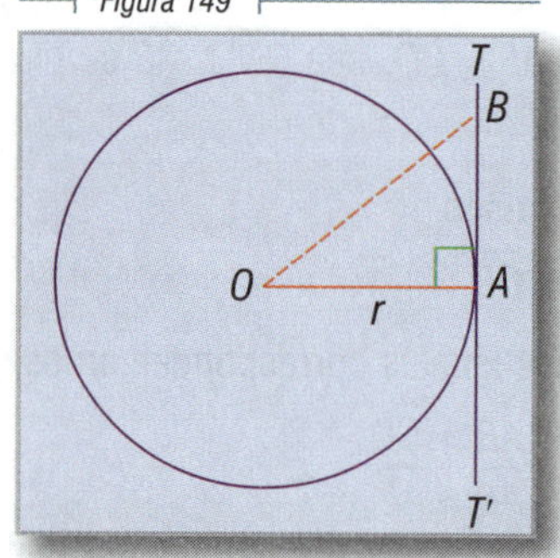

Hipótesis

$\overleftrightarrow{TT'}$ es tangente en A a la circunferencia (Fig. 149). $\overline{OA}$ es el radio en el punto de contacto.

Tesis

$\overleftrightarrow{TT'} \perp \overline{OA}$

Demostración

Si $\overline{OA}$ no fuera perpendicular a $\overleftrightarrow{TT'}$; esto significa que sería oblicua y, en ese caso, habría otra oblicua $\overline{OB}$ que sería igual a $\overline{OA}$ (que se apartará igual que $\overline{OA}$ del pie de la perpendicular). Si $\overline{OB} = \overline{OA}$, entonces, B sería un punto de la circunferencia y la recta $\overleftrightarrow{TT'}$ no sería tangente porque tendría dos puntos comunes con la circunferencia.

185 TEOREMA RECÍPROCO

Si una recta es perpendicular a un radio en su extremo; entonces, es tangente a la circunferencia.

Hipótesis

$\overleftrightarrow{TT'} \perp \overline{OA}$ en A (Fig. 150).

Tesis

$\overleftrightarrow{TT'}$ es tangente a la circunferencia O.

Demostración

La recta $\overleftrightarrow{TT'}$ sólo tiene en común con la circunferencia el punto A, porque cualquier otro punto B es exterior por ser $\overline{OB} > \overline{OA}$, ya que $\overline{OA}$ es la perpendicular y $\overline{OB}$ es oblicua.

Por tanto:

$\overleftrightarrow{TT'}$ es tangente por tener un sólo punto común con la circunferencia.

Figura 150

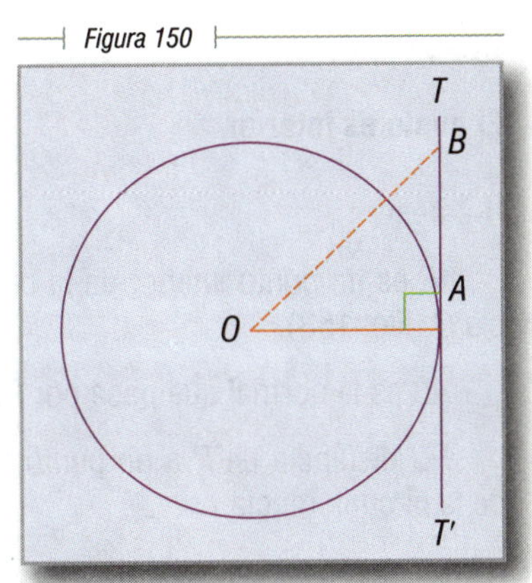

COROLARIO

Por cada punto de una circunferencia pasa una tangente y solo una.

NORMAL A UNA CIRCUNFERENCIA 186

Es la perpendicular a la tangente en el punto de contacto. En la figura 151 la normal en A es:

$$\overleftrightarrow{NN'} \perp \overleftrightarrow{TT'}$$

Como la tangente y el radio son perpendiculares en el punto de contacto, la normal en cada punto de la circunferencia pasa por el centro.

Para trazar la normal a una circunferencia que pase por un punto dado, interior o exterior, basta con trazar la recta que pasa por dicho punto y el centro de la circunferencia.

Así, la normal a la circunferencia O que pasa por M (Fig. 152) es $\overleftrightarrow{OM}$ y la que pasa por N es $\overleftrightarrow{ON}$.

Figura 151

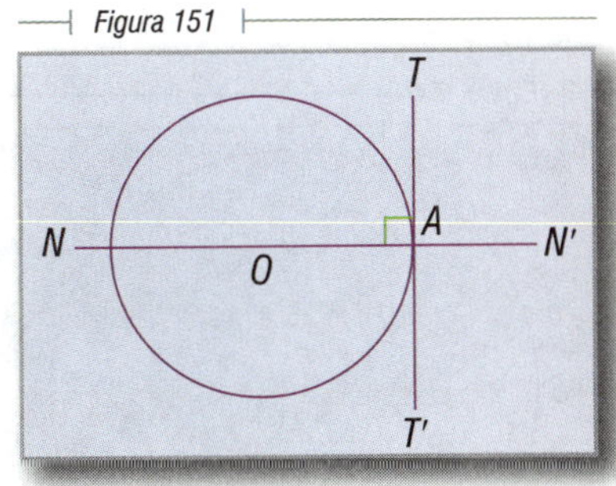

Figura 152

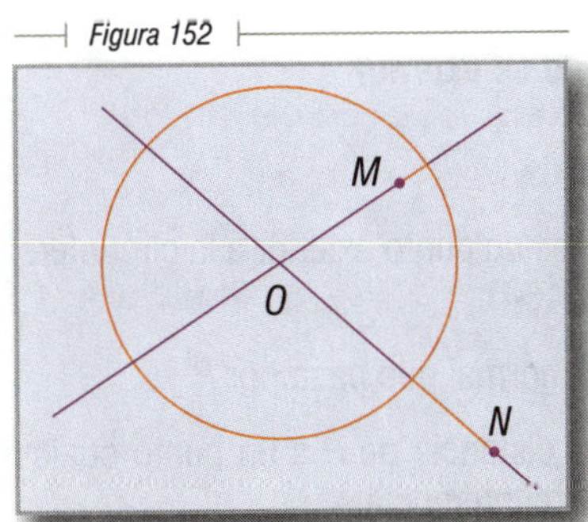

TEOREMA 48 187

Distancia de un punto a una circunferencia. **La distancia mínima de un punto a una circunferencia, es el menor de los dos segmentos de normal comprendidos entre el punto y la circunferencia.**

Caso I

El punto es interior.

Hipótesis

P es un punto interior de la circunferencia O (Fig. 153).

$\overleftrightarrow{AB}$ es la normal que pasa por P.

$\overline{PC}$ distancia de P a un punto cualquiera de la circunferencia.

Tesis

$\overline{PA} < \overline{PC}$

Figura 153

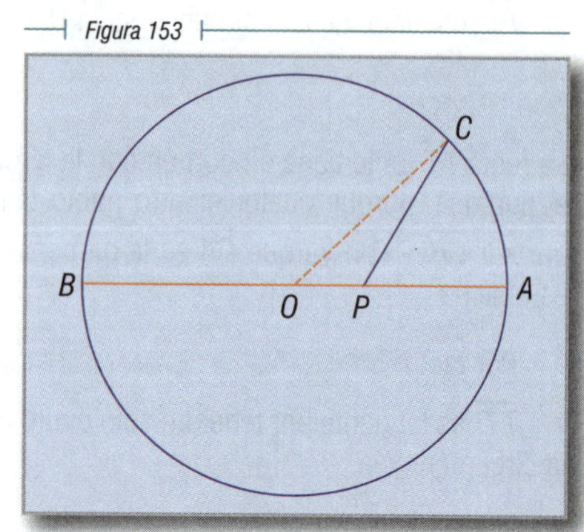

Construcción auxiliar. Unimos O con C, formándose el $\triangle OCP$.

Demostración

En el $\triangle OCP$:

	$\overline{OC} < \overline{OP} + \overline{PC}$	(1)	Postulado de la distancia mínima
Pero:	$\overline{OC} = \overline{OA} = \overline{OP} + \overline{PA}$	(2)	Radios, suma de segmentos

Sustituyendo (2) en (1), tenemos:

	$\overline{OP} + \overline{PA} < \overline{OP} + \overline{PC}$	
$\therefore$	$\overline{PA} < \overline{PC}$	Simplificando

Caso II

El punto es exterior.

Hipótesis

P es un punto exterior a la circunferencia O (Fig. 154).

$\overline{AB}$ normal que pasa por P.

$\overline{PC}$ distancia de P a un punto cualquiera de la circunferencia.

Tesis

$\overline{PA} < \overline{PC}$

Figura 154

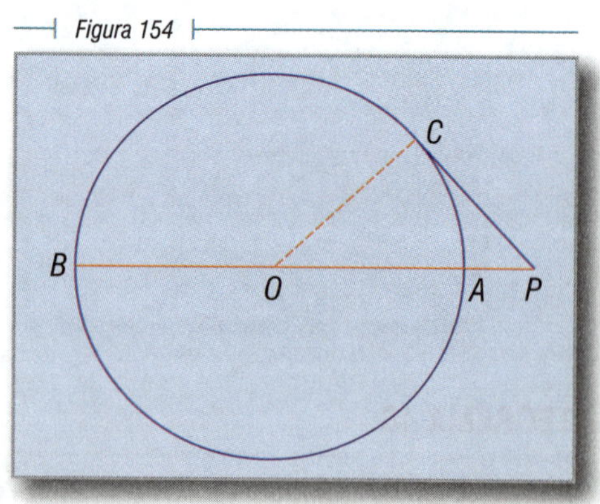

Construcción auxiliar. Unimos O con C, formándose el $\triangle OCP$.

Demostración

En el $\triangle OCP$:

$$\overline{PA} + \overline{OA} < \overline{PC} + \overline{OC} \qquad (1) \qquad \text{Un lado es menor que la suma de los otros dos}$$

Pero: $\overline{OA} = \overline{OC}$ (2) Radios

Sustituyendo (2) en (1), tenemos:

$$\overline{PA} + \overline{OA} < \overline{PC} + \overline{OA}$$

$$\therefore \ \overline{PA} < \overline{PC} \qquad \text{Simplificando}$$

POSICIONES RELATIVAS DE DOS CIRCUNFERENCIAS 188

Dos circunferencias pueden tener, en un plano, varias posiciones relativas, y de acuerdo con ellas se cumplen una serie de propiedades.

CIRCUNFERENCIAS EXTERIORES 189

Los puntos de cada uno son exteriores a la otra (Fig. 155).

Figura 155

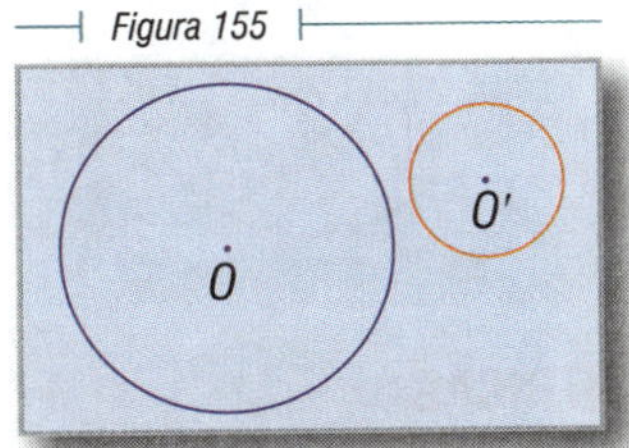

CIRCUNFERENCIAS TANGENTES EXTERIORMENTE 190

Tienen un punto común y los demás puntos de cada una son exteriores a la otra (Fig. 156).

Figura 156

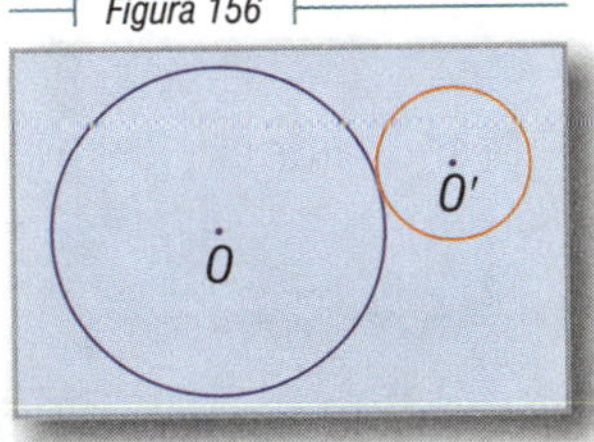

CIRCUNFERENCIAS SECANTES 191

Si tienen dos puntos comunes (Fig. 157).

Figura 157

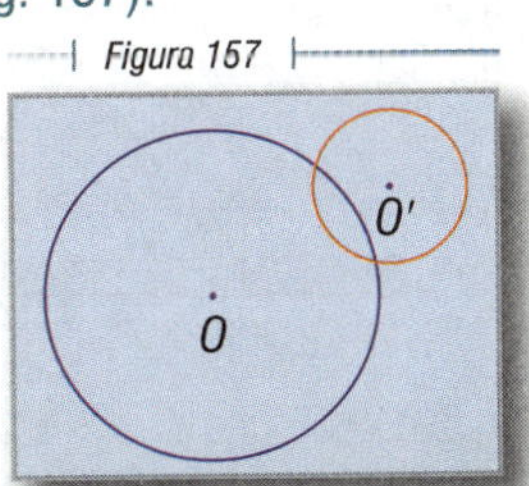

192 CIRCUNFERENCIAS TANGENTES INTERIORMENTE

Si tienen un punto común, y todos los puntos de una de ellas son interiores a la otra (Fig. 158).

Figura 158

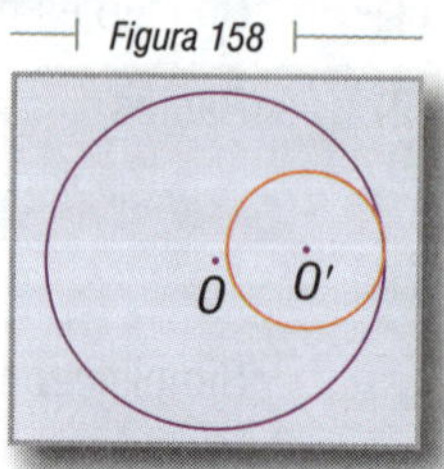

193 CIRCUNFERENCIAS INTERIORES

Cuando todos los puntos de ellas son interiores de la otra (Fig. 159).

Figura 159

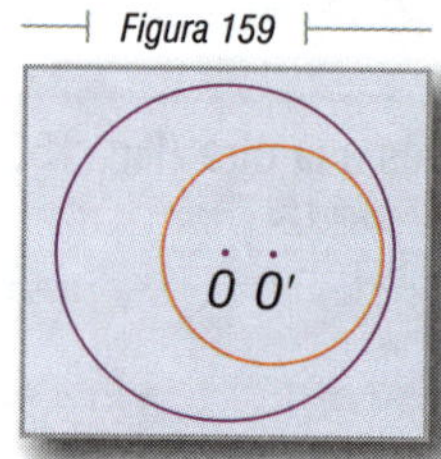

194 CIRCUNFERENCIAS CONCÉNTRICAS

Cuando tienen el mismo centro (Fig. 160).

Figura 160

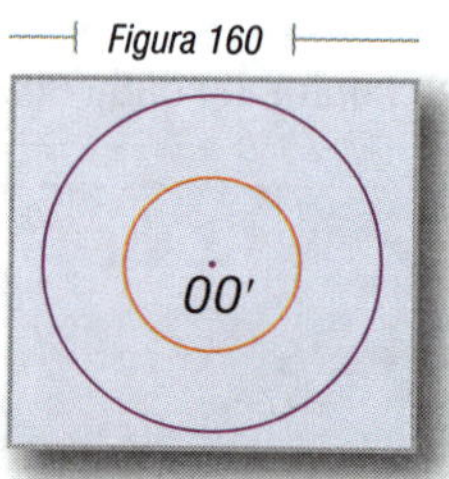

Propiedad de dos circunferencias exteriores. En dos circunferencias exteriores la distancia de los centros es mayor que la suma de los radios (Fig. 161).

$$\overline{OO'} = d = r + r' + \overline{MN} \qquad \therefore \quad d > r + r'$$

Figura 161

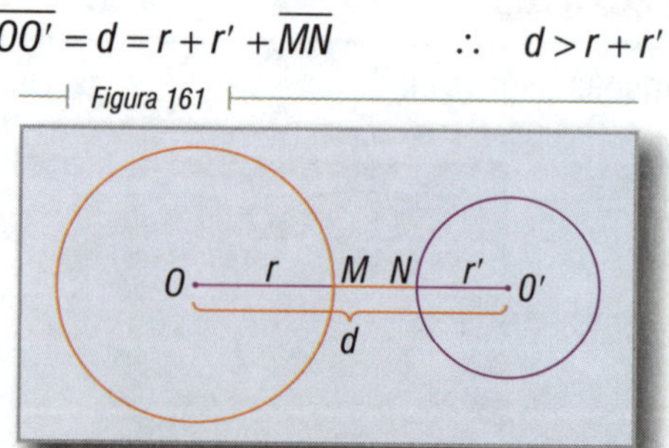

Propiedad de dos circunferencias tangentes exteriormente. En dos circunferencias tangentes exteriormente, la distancia de los centros es igual a la suma de los radios (Fig. 162).

$$d = \overline{OO'} = r + r' \qquad \therefore \quad d = r + r'$$

Figura 162

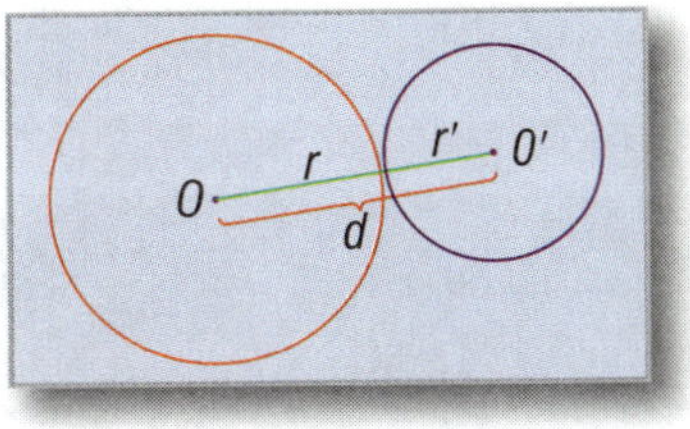

Propiedad de dos circunferencias secantes. En dos circunferencias secantes, la distancia de los centros es menor que la suma de los radios y mayor que la diferencia (Fig. 163). En el $\triangle \overline{OPO'}$:

$$\overline{OO'} = d < r + r' \qquad \therefore \quad d < r + r'$$

Figura 163

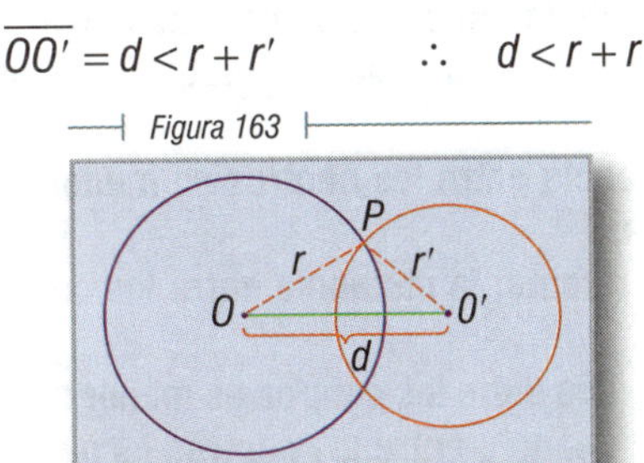

Propiedad de dos circunferencias tangentes interiormente. En dos circunferencias tangentes interiormente, la distancia de los centros es igual a la diferencia de los radios (Fig. 164).

$$\overline{OO'} = d = r - r' \qquad \therefore \quad d = r - r'$$

Figura 164

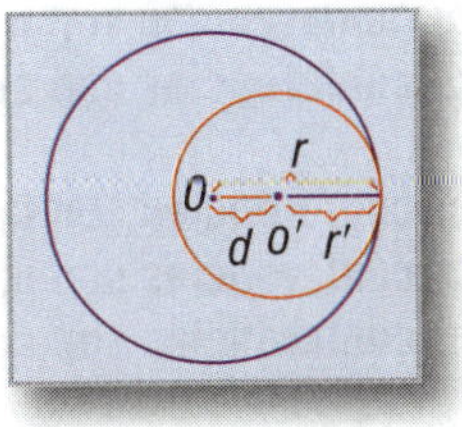

Propiedad de dos circunferencias interiores. En dos circunferencias interiores, la distancia de los centros es menor que la diferencia de los radios (Fig. 165).

$$d = \overline{OO'} = \overline{OB} - \overline{O'B} \qquad (1)$$

Pero: $\overline{O'B} = \overline{O'A} + \overline{AB} = r' + \overline{AB}$ (2)

Sustituyendo (2) en (1), tenemos:

$$d = \overline{OO'} = \overline{OB} - (r' + \overline{AB})$$

$$d = \overline{OB} - r' - \overline{AB}$$

$$d = r - r' - \overline{AB}$$

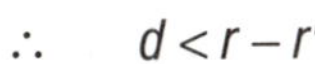

$$\therefore \quad d < r - r'$$

Figura 165

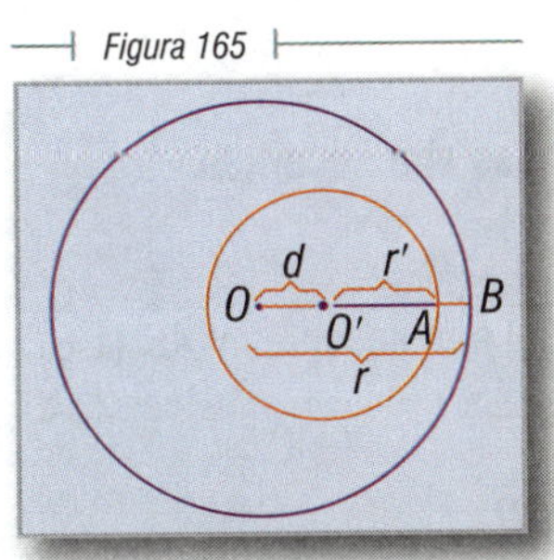

Propiedad de dos circunferencias concéntricas. En dos circunferencias concéntricas, la distancia de los centros es igual a cero (Fig. 166).

Como los centros coinciden $d = 0$.

Figura 166

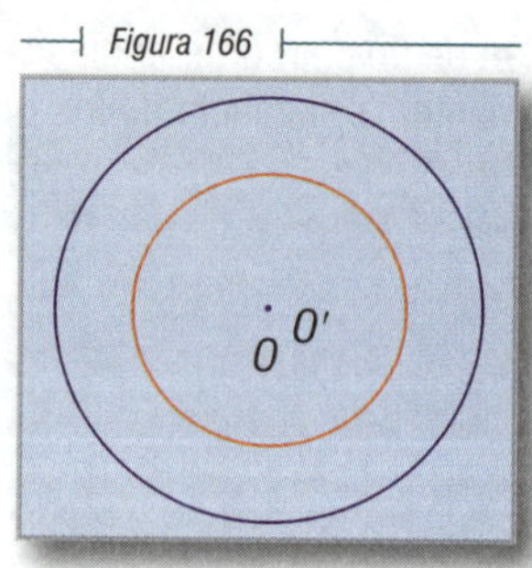

195 TEOREMAS 49

De lo dicho en los párrafos anteriores resulta: **Dadas dos circunferencias situadas en un mismo plano, se verifica:**

1. **Si son exteriores, la distancia entre sus centros es mayor que la suma de los radios.**
2. **Si son tangentes exteriormente, la distancia entre los centros es igual a la suma de los radios.**
3. **Si son secantes, la distancia entre los centros es menor que la suma de los radios y mayor que su diferencia.**
4. **Si son tangentes interiormente, la distancia entre los centros es igual a la diferencia de los radios.**
5. **Si son interiores, la distancia entre los centros es menor que la diferencia de los radios.**
6. **Si son concéntricas, la distancia entre los centros es nula.**

196 TEOREMA RECÍPROCO

Si d es la distancia entre los centros de dos circunferencias de radios r y r', se verifica:

1. Si $d > r + r'$ — **Las circunferencias son exteriores.**
2. Si $d = r + r'$ — **Las circunferencias son tangentes exteriormente.**
3. Si $d < r + r'$ y $d > r - r'$ — **Las circunferencias son secantes.**
4. Si $d = r - r'$ — **Las circunferencias son tangentes interiormente.**
5. Si $d < r - r'$ — **Las circunferencias son interiores.**
6. Si $d = 0$ — **Las circunferencias son concéntricas.**

197 TEOREMA 50

Los arcos de una circunferencia comprendidos entre paralelas, son iguales.

Caso I

Las paralelas son secantes.

Hipótesis

$\overleftrightarrow{AB}$ y $\overleftrightarrow{CD}$ son secantes y $\overleftrightarrow{AB} \parallel \overleftrightarrow{CD}$ (Fig. 167).

Tesis

$\overset{\frown}{AC} = \overset{\frown}{BD}$

Figura 167

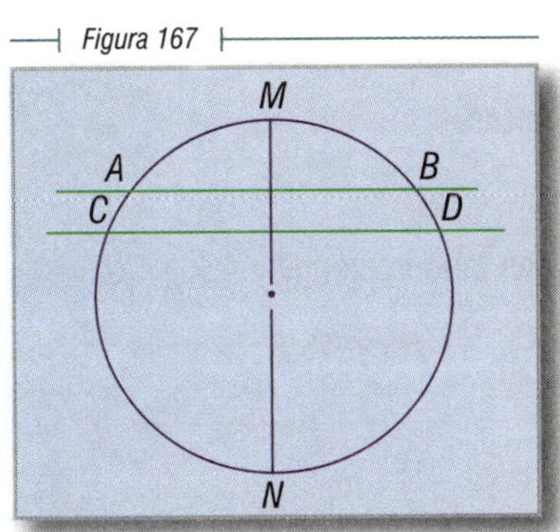

Construcción auxiliar. Tracemos el diámetro $\overleftrightarrow{MN} \perp \overleftrightarrow{AB}$ que también será perpendicular a $\overleftrightarrow{CD}$, ya que $\overleftrightarrow{AB} \parallel \overleftrightarrow{CD}$.

Demostración

	$\overset{\frown}{CM} = \overset{\frown}{DM}$	(1)	
y	$\overset{\frown}{AM} = \overset{\frown}{BM}$	(2)	Todo diámetro perpendicular a una cuerda, divide a ésta y al arco subtendido en partes iguales

Restando (2) de (1):

	$\overset{\frown}{CM} - \overset{\frown}{AM} = \overset{\frown}{DM} - \overset{\frown}{BM}$	(3)	
Pero:	$\overset{\frown}{CM} - \overset{\frown}{AM} = \overset{\frown}{AC}$	(4)	Resta de arcos
y	$\overset{\frown}{DM} - \overset{\frown}{BM} = \overset{\frown}{BD}$	(5)	

Sustituyendo (4) y (5) en (3), tenemos:

$$\overset{\frown}{AC} = \overset{\frown}{BD}$$

Caso II

Una de las paralelas es secante y la otra es tangente.

Figura 168

Hipótesis

$\overleftrightarrow{AB}$ es tangente, $\overleftrightarrow{CD}$ secante y $\overleftrightarrow{AB} \parallel \overleftrightarrow{CD}$ (Fig. 168).

Tesis

$\overset{\frown}{CM} = \overset{\frown}{DM}$

Construcción auxiliar. Tracemos el diámetro $\overline{MN}$ en el punto de contacto M.

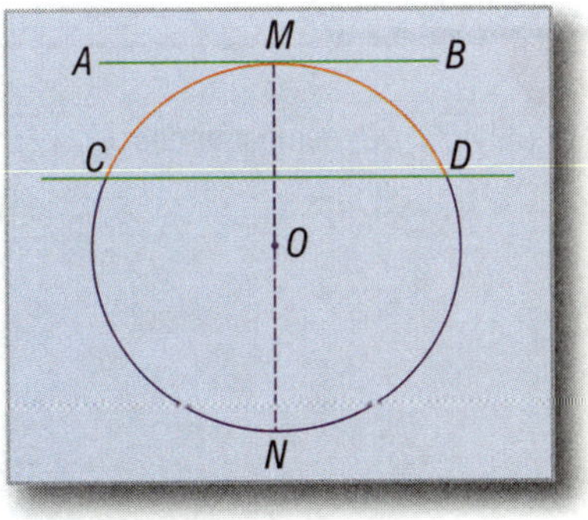

Demostración

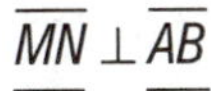

	$\overline{MN} \perp \overline{AB}$	El diámetro es $\perp$ a la tangente en el punto de contacto
$\therefore$	$\overline{MN} \perp \overline{CD}$	Porque $\overleftrightarrow{CD} \parallel \overleftrightarrow{AB}$ por hipótesis
$\therefore$	$\overset{\frown}{CM} = \overset{\frown}{DM}$	Todo diámetro $\perp$ a una cuerda divide a ésta y a los arcos subtendidos en partes iguales

Caso III

Las dos paralelas son tangentes.

Hipótesis

$\overleftrightarrow{AB}$ es tangente en M, $\overleftrightarrow{CD}$ es tangente en N y $\overleftrightarrow{AB} \parallel \overleftrightarrow{CD}$.

Tesis

$\widehat{MEN} = \widehat{MFN}$

Figura 169

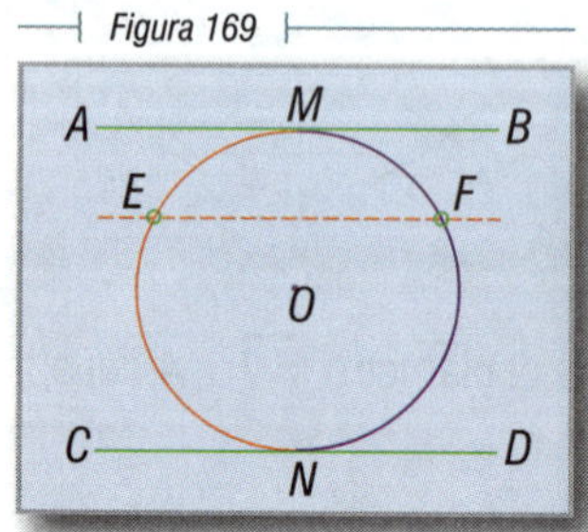

Construcción auxiliar. Tracemos la secante $\overleftrightarrow{EF} \parallel \overleftrightarrow{AB}$, que será también $\overleftrightarrow{EF} \parallel \overleftrightarrow{CD}$.

Demostración

$\widehat{EM} = \widehat{FM}$ (1)

$\widehat{EN} = \widehat{FN}$ (2) Por el caso II

Sumando ordenadamente (1) y (2), tenemos:

$\widehat{EM} + \widehat{EN} = \widehat{FM} + \widehat{FN}$ (3)

Pero: $\widehat{EM} + \widehat{EN} = \widehat{MEN}$ (4) Suma de arcos

y $\widehat{FM} + \widehat{FN} = \widehat{MFN}$ (5)

Sustituyendo (4) y (5) en (3):

$\widehat{MEN} = \widehat{MFN}$

Ejercicios

1. Si $\overline{AD} = \overline{DB}$; demostrar que $\widehat{AE} = \widehat{EB}$.

Ejercicio 1

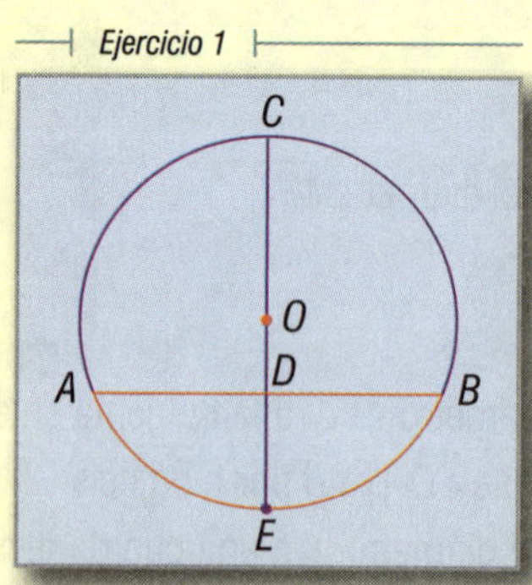

2. Si $\widehat{AM} = \widehat{MB}$; demostrar que $CM \perp AB$.

Ejercicio 2

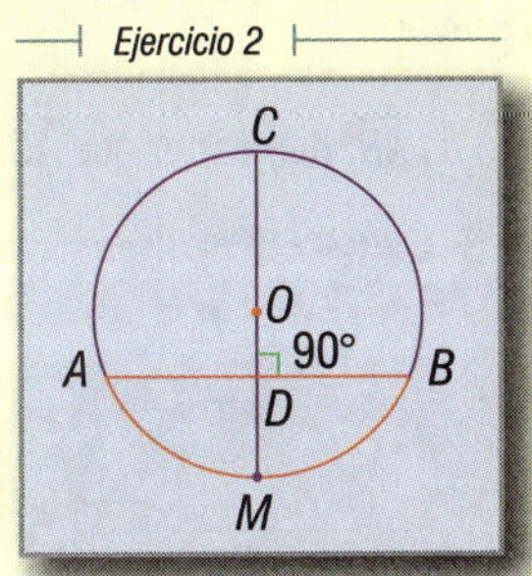

3. Si $\overline{AB} = \overline{BC}$; demostrar que $\triangle ABO = \triangle CBO$.

Ejercicio 3

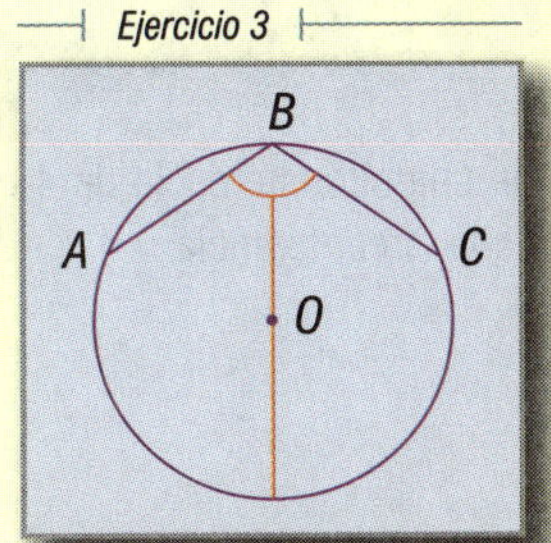

4. Si C es el punto medio de $\overline{AB}$ y $\widehat{AD} = \widehat{DB}$; demostrar que:

$$\overline{CD} \perp \overline{AB}$$

Ejercicio 4

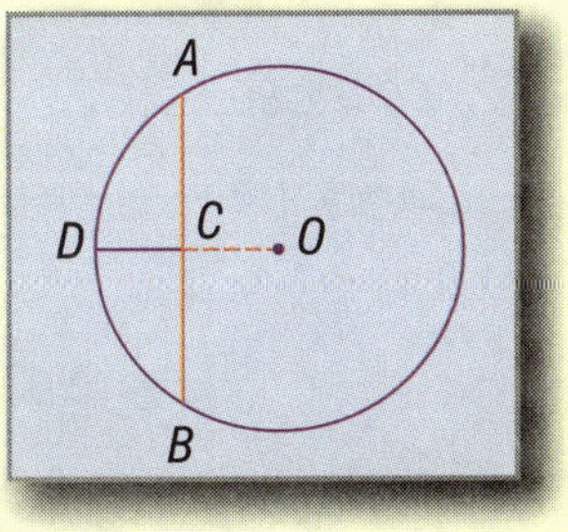

5. Si $\angle 1 = \angle 2$; demostrar que $\overline{AB} = \overline{CD}$.

Ejercicio 5

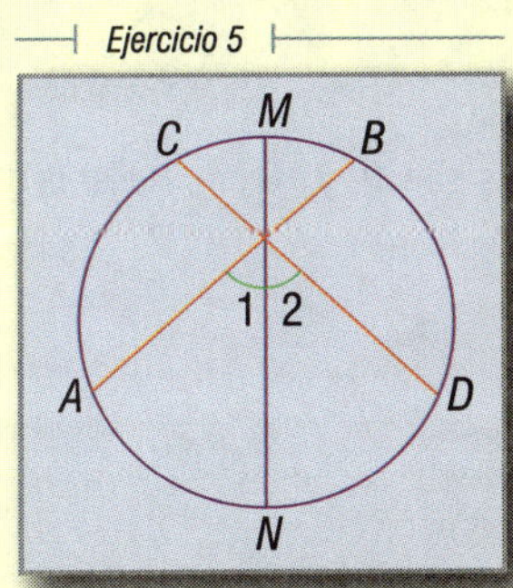

6. Demostrar que en dos circunferencias concéntricas, los segmentos tangentes a la circunferencia menor son cuerdas iguales de la mayor.

7. Si $\overleftrightarrow{AC} \parallel \overleftrightarrow{BD}$ y O es el punto medio de $\overline{AB}$; demostrar que $\overline{AC} = \overline{BD}$.

Ejercicio 7

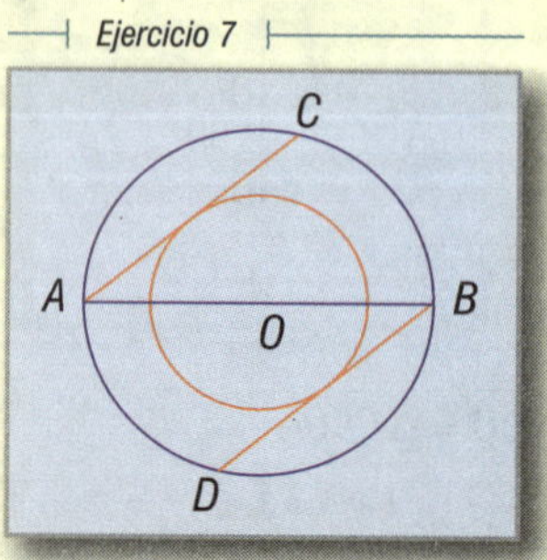

8. Un punto dista 3 cm del centro de una circunferencia de 4 cm de diámetro. Calcular la distancia menor y la mayor de dicho punto a la circunferencia.

R. $\begin{cases} \text{menor} = 1 \text{ cm} \\ \text{mayor} = 5 \text{ cm} \end{cases}$

9. Un punto dista 2 cm del centro de una circunferencia de 6 cm de diámetro. Hallar la distancia menor del punto a la circunferencia. **R.** $d = 1$ cm

10. Expresar la distancia menor x de un punto a una circunferencia, en función de la distancia del punto al centro d y del radio r de la circunferencia. Sabiendo que $d < r$. **R.** $x = r - d$

11. Si $\overline{AB} = \overline{BC} = \overline{CD}$; demostrar que $\angle AOC = \angle BOD$.

Ejercicio 11

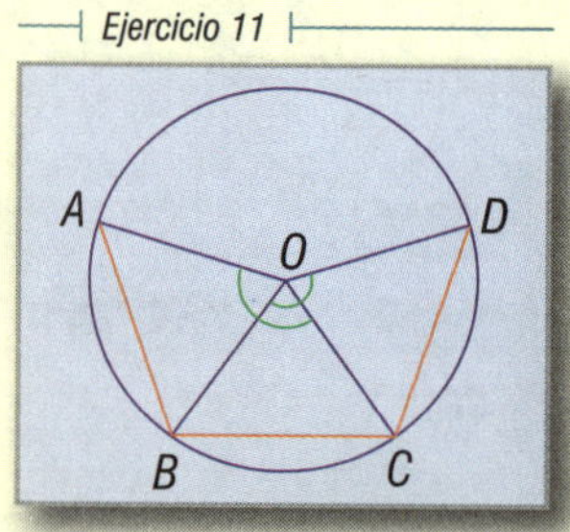

12. Los radios de dos circunferencias son 10 y 16 cm. Hallar la distancia de los centros si las circunferencias son:

a) Tangentes interiores.

b) Tangentes exteriores.

R. $\begin{cases} a) \ 6 \text{ cm} \\ b) \ 26 \text{ cm} \end{cases}$

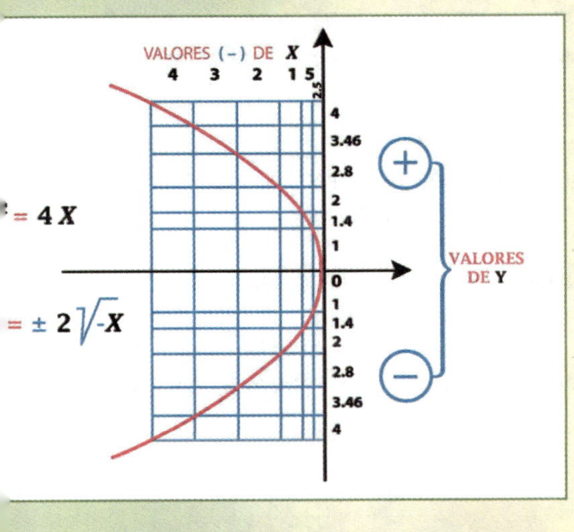

René Descartes (1596-1650). Geometría analítica. El desarrollo del Álgebra durante el siglo XVI y el primer tercio del XVII inspiró a Descartes a fundir el análisis geométrico de los antiguos con el Álgebra de los modernos, siendo de este modo el padre de la Geometría analítica, ciencia que concibió más como Filosofía que como Matemáticas. Las coordenadas, llamadas cartesianas, son para él sólo un método para resolver los problemas de la Geometría. Su obra *Geometría* data de 1637.

Capítulo XIII

ÁNGULOS EN LA CIRCUNFERENCIA

ÁNGULO CENTRAL

198

Como ya se ha dicho, es el que tiene su vértice en el centro de la circunferencia, tal como el $\angle AOB$ (Fig. 170).

Figura 170

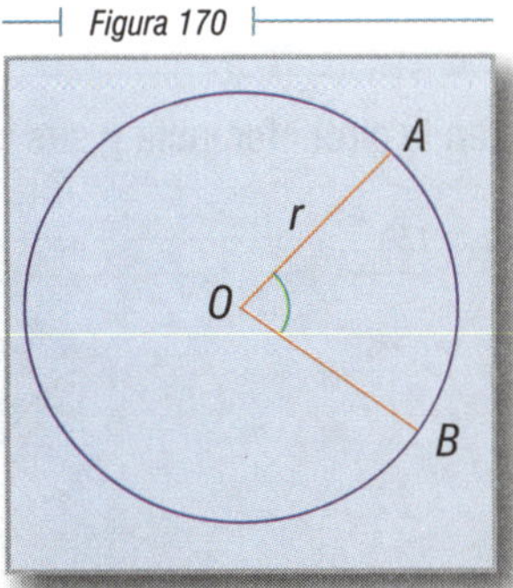

En una misma circunferencia o en circunferencias iguales, los ángulos centrales son proporcionales a sus arcos correspondientes. Siendo O y O' circunferencias iguales (Fig. 171), tenemos que:

$$\frac{\angle AOB}{\angle BOC} = \frac{\widehat{AB}}{\widehat{BC}} \qquad \text{y también:} \qquad \frac{\angle AOB}{\angle MO'N} = \frac{\widehat{AB}}{\widehat{MN}}.$$

199 MEDIDA DEL ÁNGULO CENTRAL

Si adoptamos como unidad de ángulos el ángulo central correspondiente al arco unidad, la medida de un ángulo central es igual a la de su arco correspondiente.

Luego, la proporción $\frac{\angle AOB}{\angle MO'N} = \frac{\overset{\frown}{AB}}{\overset{\frown}{MN}}$, nos dice que si tomamos por unidad de ángulos el $\angle MO'N$ (Fig. 171) y por unidad de arcos al $\overset{\frown}{MN}$, la medida del $\angle AOB$ es la misma que la del $\overset{\frown}{AB}$ (esto quiere decir que si el $\angle MO'N$ cabe dos veces, por ejemplo, en el $\angle AOB$, también el $\overset{\frown}{MN}$ cabe dos veces en el $\overset{\frown}{AB}$).

Figura 171-A

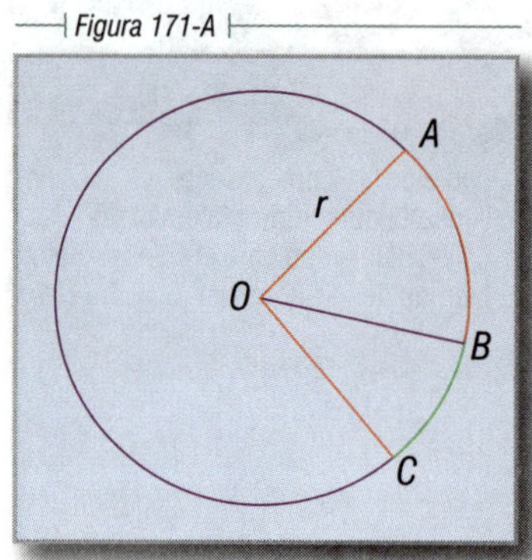

Figura 171-B

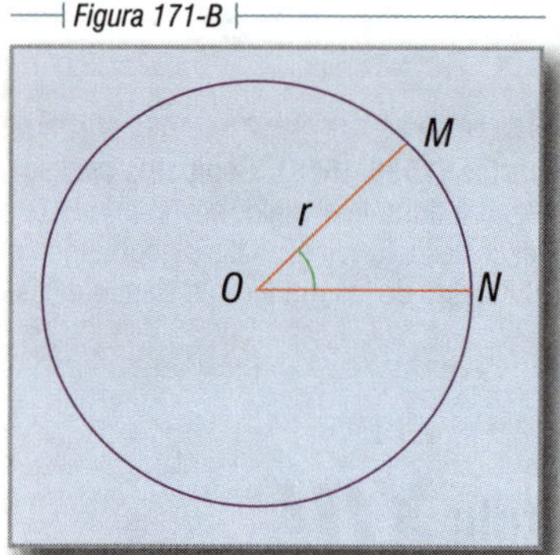

Y como es más cómodo comparar arcos que ángulos, es por esto que la medida de ángulos es indirecta y se efectúa comparando arcos mediante los transportadores o semicírculos graduados. Obsérvese que en este sentido, la medida de un arco no es una medida de longitud, es decir, dos arcos pueden tener la misma medida de arco, pero diferentes longitudes.

200 ÁNGULO INSCRITO

Es el ángulo que tiene su vértice en la circunferencia y sus lados son secantes (Fig. 172).

Figura 172

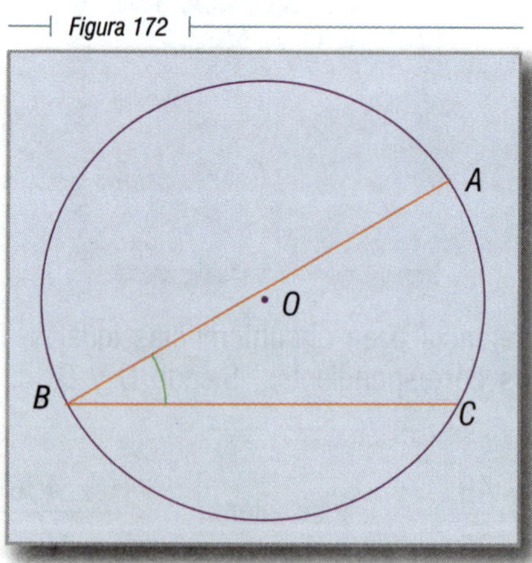

ÁNGULO SEMIINSCRITO 201

Es el ángulo (Fig. 173) que tiene su vértice en la circunferencia y uno de sus lados es una tangente y el otro una secante.

Figura 173

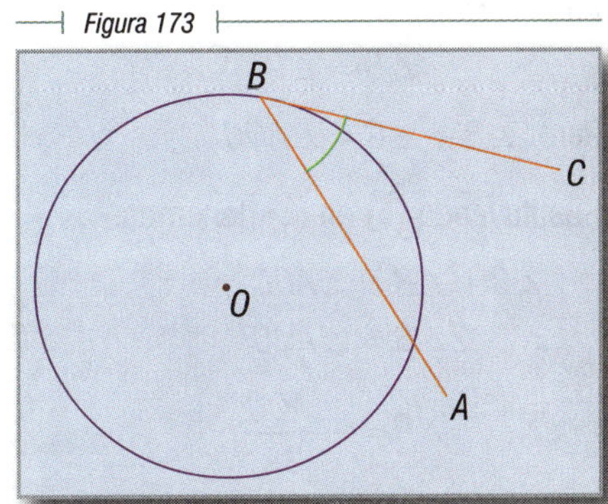

ÁNGULO EXINSCRITO 202

Es el ángulo adyacente a un ángulo inscrito (Fig. 174).

Figura 174

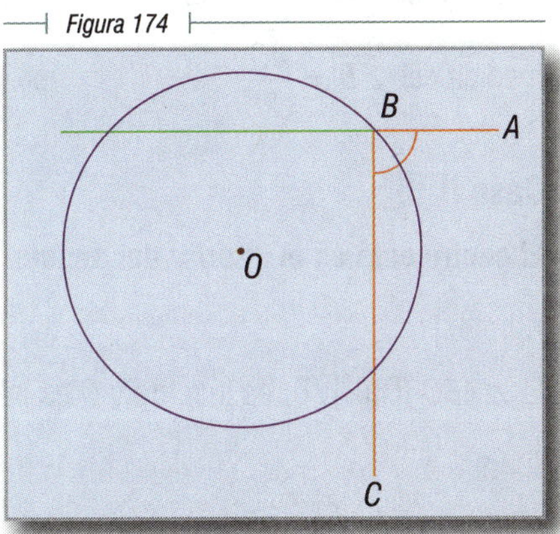

TEOREMA 51 203

Medida del ángulo inscrito. **La medida de todo ángulo inscrito es igual a la mitad del arco comprendido entre sus lados.**

Caso I

El centro está en uno de los lados del ángulo.

Figura 175

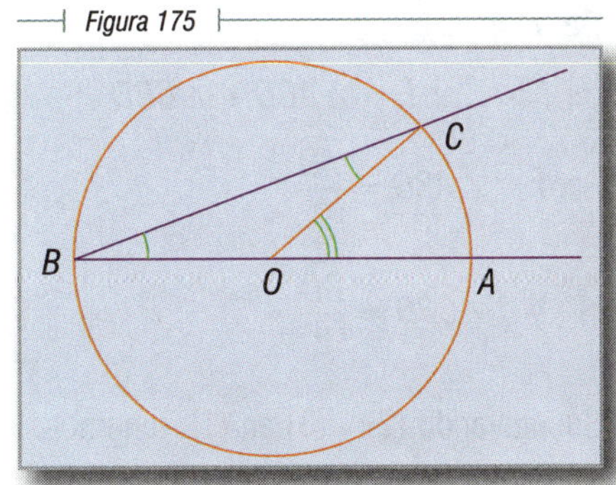

Hipótesis

El $\angle ABC$ (Fig. 175) es inscrito y O es el centro de la circunferencia.

Tesis

Medida del $\angle B = \dfrac{\overset{\frown}{AC}}{2}$.

Construcción auxiliar. Tracemos el radio $\overline{OC}$, formándose el $\triangle BOC$ que es isósceles.

Demostración

En el $\triangle BOC$:

$\angle B = \angle C$	(1)	Se oponen a radios iguales
Pero: $\angle B + \angle C = \angle AOC$	(2)	Por ser el $\angle AOC$ un ángulo exterior

Sustituyendo (1) en (2), tenemos:

$$\angle B + \angle B = \angle AOC$$

$\therefore \quad 2\angle B = \angle AOC$	(2)	Sumando
$\therefore \quad \angle B = \dfrac{\angle AOC}{2}$	(3)	Despejando
Pero $\overset{\frown}{AC}$ es medida del $\angle AOC$	(4)	Central

Sustituyendo (4) en (3), tenemos:

medida del $\angle B = \dfrac{\overset{\frown}{AC}}{2}$

Caso II

El centro está en el interior del ángulo.

Hipótesis

El $\angle ABC$ (Fig. 176) es inscrito y O es interior del $\angle ABC$.

Tesis

Medida del $\angle B = \dfrac{\overset{\frown}{AC}}{2}$.

Construcción auxiliar. Tracemos el diámetro $\overline{BD}$, de manera que se formen los ángulos inscritos $\angle ABD$ y $\angle CBD$.

Figura 176

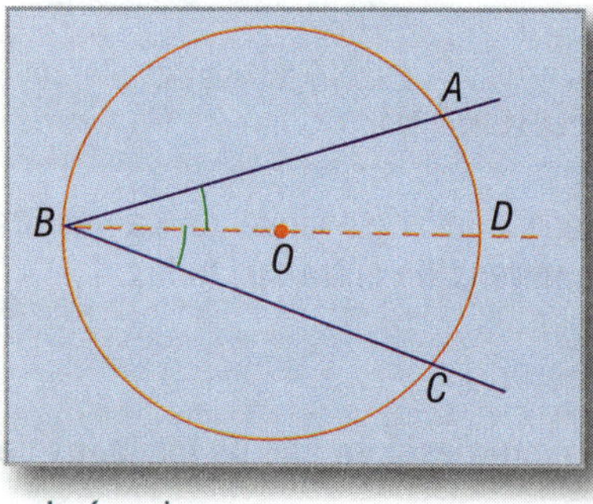

Demostración

$\angle B = \angle ABD + \angle CBD$	(1)	Suma de ángulos
Pero: $\angle ABD = \dfrac{\overset{\frown}{AD}}{2}$	(2)	Por el primer caso
y $\angle CBD = \dfrac{\overset{\frown}{DC}}{2}$	(3)	Por el primer caso

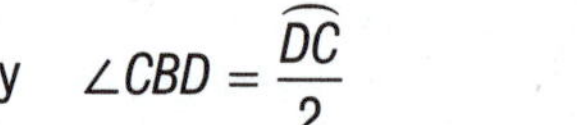

Sustituyendo (2) y (3) en (1), tenemos:

medida del $\angle B = \dfrac{\overset{\frown}{AD}}{2} + \dfrac{\overset{\frown}{DC}}{2} = \dfrac{\overset{\frown}{AC}}{2}$ Suma de arcos

Caso III

El centro es exterior al ángulo.

Hipótesis

El $\angle ABC$ (Fig. 177) es inscrito y O es exterior al $\angle ABC$.

Figura 177

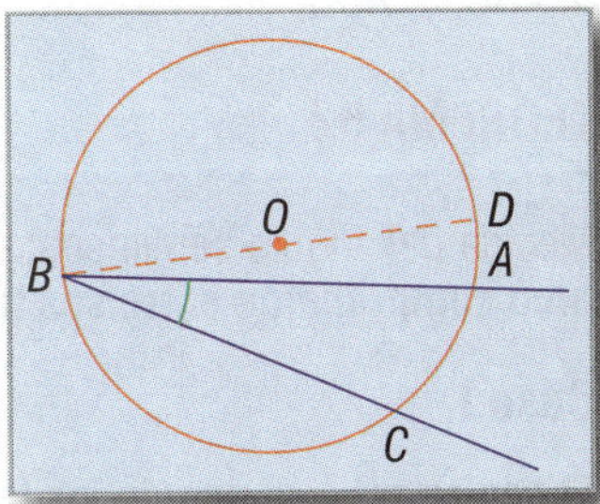

Tesis

Medida del $\angle ABC = \dfrac{\overset{\frown}{AC}}{2}$.

Construcción auxiliar. Tracemos el diámetro $\overline{BD}$, formándose $\angle ABD$ y $\angle CBD$, ambos inscritos.

$\angle ABC = \angle CBD - \angle ABD$ (1) Diferencia de ángulos

Pero: medida del $\angle CBD = \dfrac{\overset{\frown}{CD}}{2}$ (2)

y medida del $\angle ABD = \dfrac{\overset{\frown}{AD}}{2}$ (3)

(2) y (3): Primer caso

Sustituyendo (2) y (3) en (1), tenemos:

$$\angle ABC = \frac{\overset{\frown}{CD}}{2} - \frac{\overset{\frown}{AD}}{2} = \frac{\overset{\frown}{AC}}{2}$$

Diferencia de arcos

COROLARIO 1 204

Todos los ángulos inscritos en el mismo arco son iguales.

Así, en la figura 178 tenemos:

$$\angle ABC = \angle ADC = \frac{\overset{\frown}{AEC}}{2}$$

Figura 178

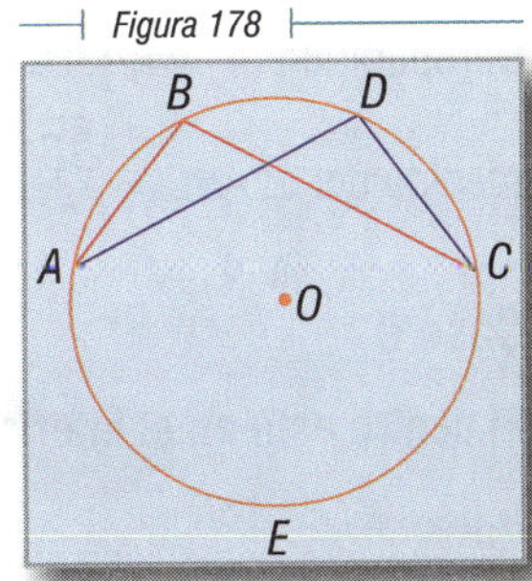

COROLARIO 2 205

Todo ángulo inscrito en una semicircunferencia (Fig. 179) **es recto.**

$$\angle ABC = \angle ADC = \frac{\overset{\frown}{AC}}{2} = \frac{180^\circ}{2} = 90^\circ$$

Figura 179

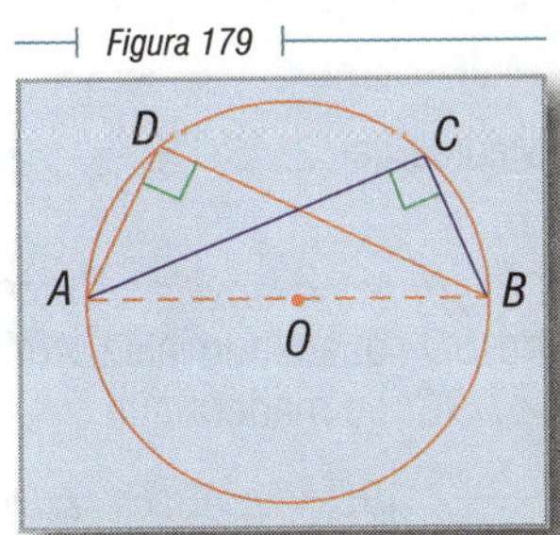

206 ARCO CAPAZ DE UN ÁNGULO

Hemos visto que todos los ángulos inscritos en el mismo arco son iguales. Dicho arco se llama **arco capaz** de esos ángulos. En la figura 178 el arco capaz de los ángulos iguales $\angle ABC$, $\angle ADC$, etc., es el $\widehat{AEC}$.

207 TEOREMA 52

Medida del ángulo semiinscrito. **La medida del ángulo semiinscrito es igual a la mitad del arco comprendido entre sus lados.**

Caso I

El centro está en uno de los lados del ángulo.

Hipótesis

El $\angle ABC$ es semiinscrito y O es el centro de la circunferencia (Fig. 180).

Tesis

Medida del $\angle ABC = \dfrac{\widehat{BC}}{2}$

Figura 180

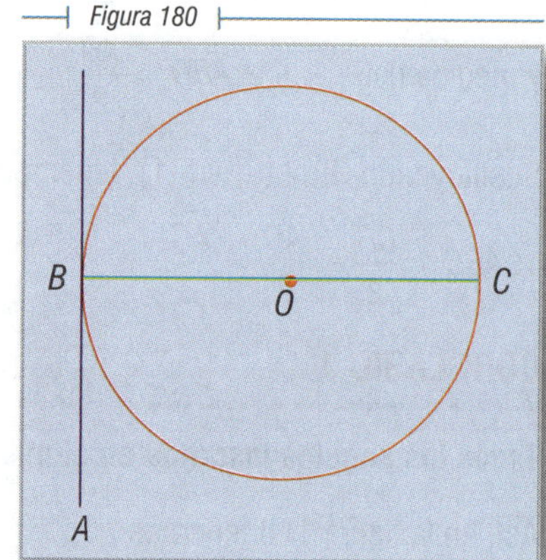

Demostración

$\angle ABC = 90°$	(1)	La tangente es perpendicular al radio en el punto de contacto
$\widehat{BC} = 180°$	(2)	Por ser $\widehat{BC}$ una semicircunferencia

Comparando (1) y (2), tenemos:

medida del $\angle ABC = \dfrac{\widehat{BC}}{2}$.

Caso II

El centro está en el interior del ángulo.

Hipótesis

El $\angle ABC$ es semiinscrito y O es interior del $\angle ABC$ (Fig. 181).

Tesis

Medida del $\angle ABC = \dfrac{\widehat{BC}}{2}$.

Figura 181

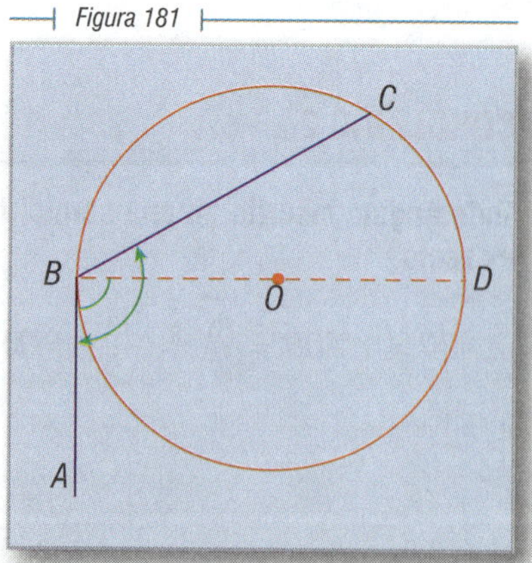

Construcción auxiliar. Tracemos por B el diámetro $\overline{BD}$, quedando el $\angle ABC$ dividido en $\angle ABD$ y $\angle DBC$; de manera que:

$$\angle ABC = \angle ABD + \angle DBC$$

Demostración

Medida del $\angle ABD = \frac{\widehat{BD}}{2}$ (1)
Medida del $\angle DBC = \frac{\widehat{DC}}{2}$ (2)
} Caso I

Sumando (1) y (2), tenemos:

medida del $\left(\angle ABD + \angle DBC\right) = \frac{\widehat{BD}}{2} + \frac{\widehat{DC}}{2}$.

Efectuando operaciones, tenemos:

medida del $\angle ABC = \frac{\widehat{BC}}{2}$.

Caso III

El centro es exterior al ángulo.

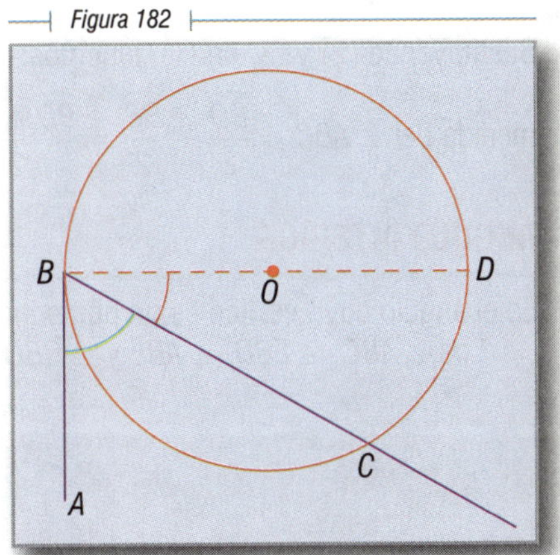

Figura 182

Hipótesis

El $\angle ABC$ es semiinscrito y O es exterior al ángulo (Fig.182).

Tesis

Medida del $\angle ABC = \frac{\widehat{BC}}{2}$.

Construcción auxiliar. Tracemos el diámetro $\overline{BD}$, formándose el $\angle CBD$, semiinscrito.

Demostración

$\angle ABC = \angle ABD - \angle CBD$ (1) Resta de ángulos

Pero: medida del $\angle ABD = \frac{\widehat{BD}}{2}$ (2) Caso I

y medida del $\angle CBD = \frac{\widehat{DC}}{2}$ (3) Caso I

Sustituyendo (2) y (3) en (1):

medida del $\angle ABC = \frac{\widehat{BD} - \widehat{DC}}{2} = \frac{\widehat{BC}}{2}$

TEOREMA 53

208

Medida del ángulo exinscrito. **La medida del ángulo exinscrito es igual a la semisuma de los arcos que tienen su origen en el vértice y sus extremos en uno de los lados y en la prolongación del otro.**

Hipótesis

El $\angle ABC$ es exinscrito (Fig. 183).

Tesis

Medida del $\angle ABC = \dfrac{\widehat{BC} + \widehat{BD}}{2}$

Figura 183

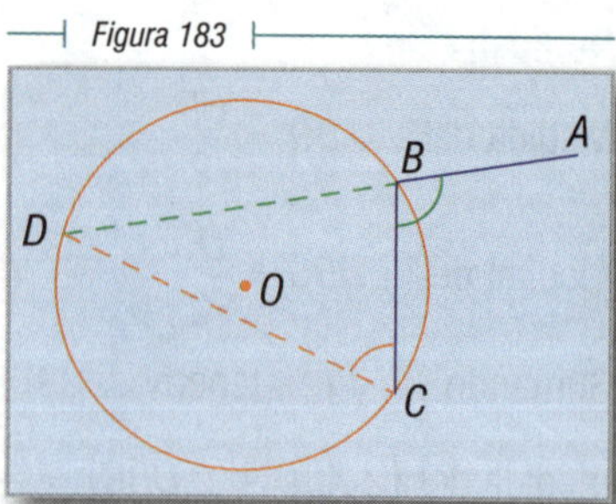

Construcción auxiliar. Unimos C con D formándose el $\triangle BCD$.

Demostración

$\angle ABC = \angle C + \angle D$ (1) Ángulo externo

Pero: medida del $\angle C = \dfrac{\widehat{BD}}{2}$ (2) Inscrito

y medida del $\angle D = \dfrac{\widehat{BC}}{2}$ (3) Inscrito

Sustituyendo (2) y (3) en (1), tenemos:

medida del $\angle ABC = \dfrac{\widehat{BD}}{2} + \dfrac{\widehat{BC}}{2} = \dfrac{\widehat{BD} + \widehat{BC}}{2}$

209 ÁNGULO INTERIOR

Es el ángulo cuyo vértice es un punto interior de la circunferencia.

Los $\angle ABC$, $\angle EBD$, $\angle ABE$ y $\angle CBD$ (Fig. 184) son interiores.

Figura 184

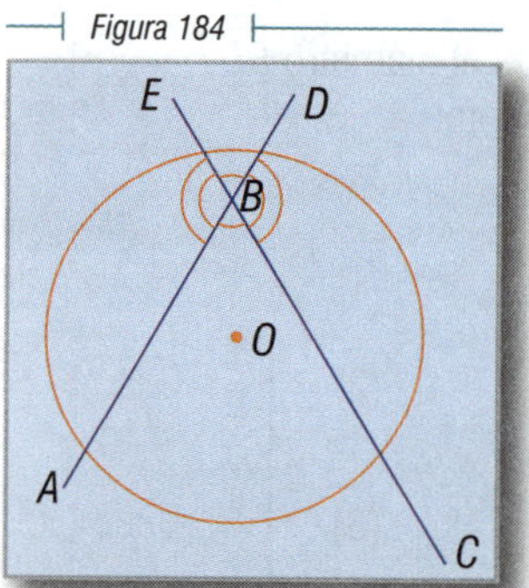

210 ÁNGULO EXTERIOR

Es el ángulo cuyo vértice es un punto exterior de la circunferencia. El $\angle ACE$ (Fig. 185) es exterior.

Figura 185

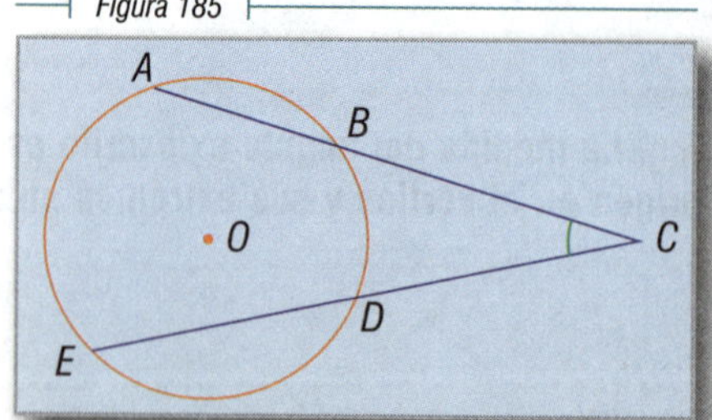

TEOREMA 54 211

Medida del ángulo interior. **La medida del ángulo interior es igual a la semisuma de las medidas de los arcos comprendidos por sus lados y por sus prolongaciones.**

Hipótesis

El $\angle AED$ (Fig. 186) es un ángulo interior.

$\overparen{AD}$ y $\overparen{BC}$ son los arcos comprendidos por los lados y por las prolongaciones.

Figura 186

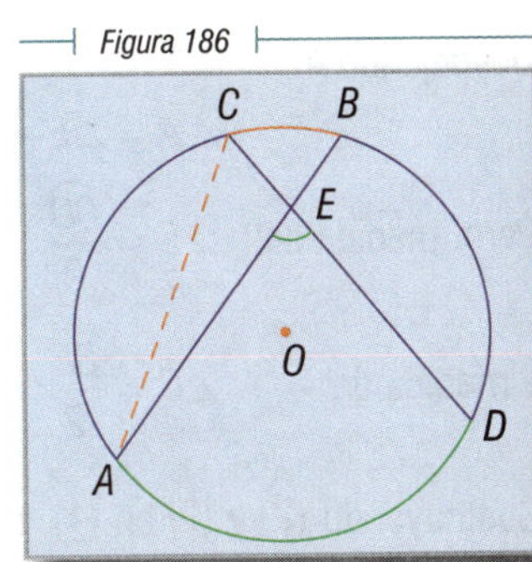

Tesis

Medida del $\angle E = \dfrac{\overparen{BC} + \overparen{AD}}{2}$.

Construcción auxiliar. Unamos A con C, formándose el $\triangle AEC$.

Demostración

En el $\triangle AEC$ tenemos: $\angle E = \angle A + \angle C$	(1)	Por ser $\angle E$ un ángulo exterior del $\triangle ABC$
Pero: medida del $\angle A = \dfrac{\overparen{BC}}{2}$	(2)	Inscrito
y medida del $\angle C = \dfrac{\overparen{AD}}{2}$	(3)	Inscrito

Sustituyendo (2) y (3) en (1), tenemos:

$$\text{medida del } \angle E = \frac{\overparen{BC}}{2} + \frac{\overparen{AD}}{2} = \frac{\overparen{BC} + \overparen{AD}}{2}$$

TEOREMA 55 212

Medida del ángulo exterior. **La medida del ángulo exterior es igual a la semidiferencia de las medidas de los arcos comprendidos por sus lados.**

Hipótesis

El $\angle A$ es exterior (Fig. 187).

Figura 187

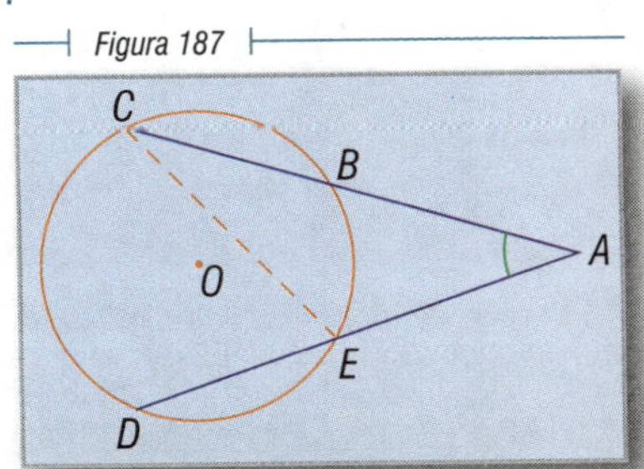

Tesis

Medida del $\angle A = \dfrac{\overset{\frown}{CD} - \overset{\frown}{BE}}{2}$.

Construcción auxiliar. Unimos C con E, formándose el $\triangle AEC$.

Demostración

En el $\triangle ACE$ tenemos: $\angle E = \angle A + \angle C$ Ángulo exterior del $\triangle ACE$

Despejando A:

$$\angle A = \angle E - \angle C \qquad (1)$$

Pero: medida del $\angle E = \dfrac{\overset{\frown}{CD}}{2}$ (2) Inscrito

y medida del $\angle C = \dfrac{\overset{\frown}{BE}}{2}$ (3) Inscrito

Sustituyendo (2) y (3) en (1), tenemos:

medida del $\angle A = \dfrac{\overset{\frown}{CD}}{2} - \dfrac{\overset{\frown}{BE}}{2} = \dfrac{\overset{\frown}{CD} - \overset{\frown}{BE}}{2}$.

Ángulo circunscrito. Es un caso particular de ángulo exterior formado por dos tangentes a la circunferencia. Su medida también es la semidiferencia de los arcos limitados por los puntos de contacto.

Ejercicios

1. Si $\overset{\frown}{AC} = 100°$; hallar el $\angle ABC$. **R.** 50°
2. Si $\overset{\frown}{AB} = 200°$; hallar el $\angle ABC$. **R.** 100°

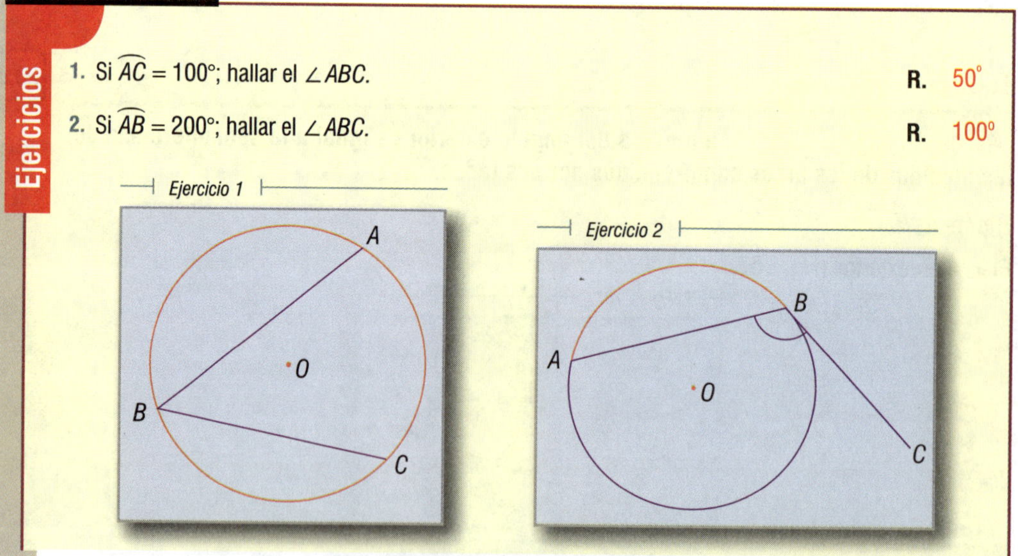

3. Si $\angle AOB = 80°$; hallar el $\angle ACB$. **R.** 40°

4. Si $\angle AOC = 70°$; hallar el $\angle ABC$. **R.** 35°

Ejercicio 3

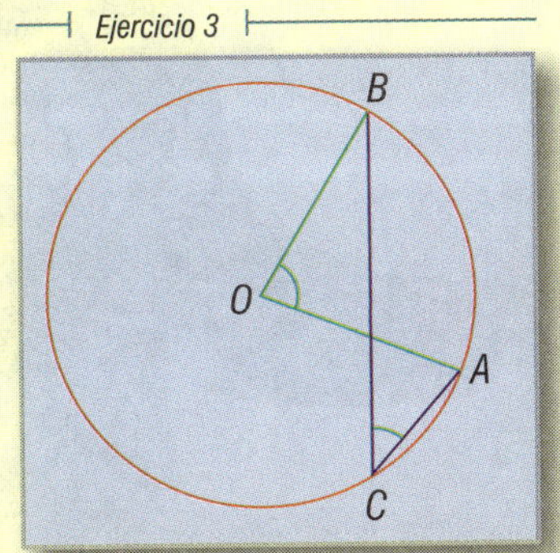

Ejercicio 4

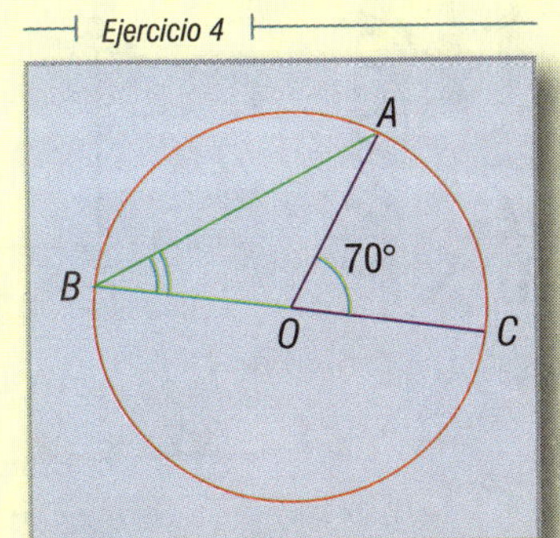

5. Si $\overset{\frown}{DC} = 40°$ y $\overset{\frown}{AE} = 80°$; hallar el $\angle ABE$. **R.** 60°

6. Si $\overset{\frown}{AE} = 80°$ y $\overset{\frown}{BD} = 40°$; hallar el $\angle DCB$. **R.** 20°

Ejercicio 5

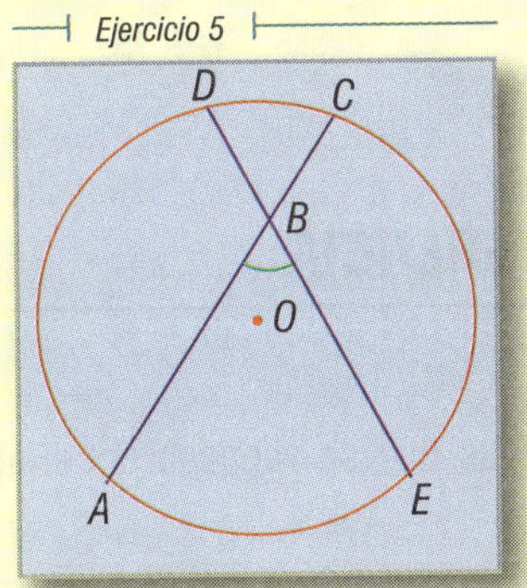

Ejercicio 6

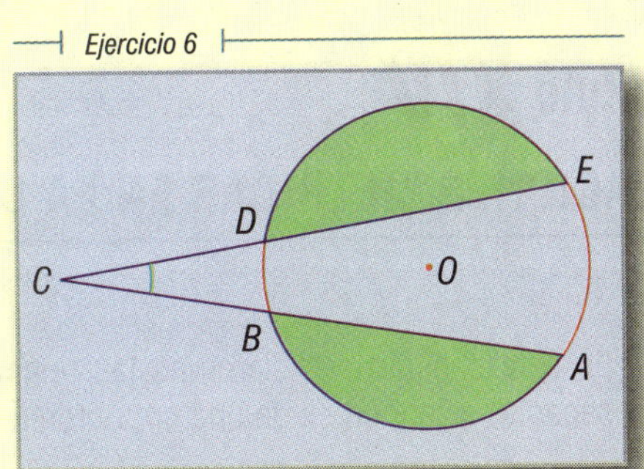

7. Si $\overset{\frown}{PQ} = 10°$ y $\angle QSP = 40°$; hallar el $\overset{\frown}{MN}$. **R.** 90°

8. Si $\overset{\frown}{BD} = 10°$ y $\angle ABE = 40°$; hallar el $\angle BCD$. **R.** 35°

Ejercicio 7

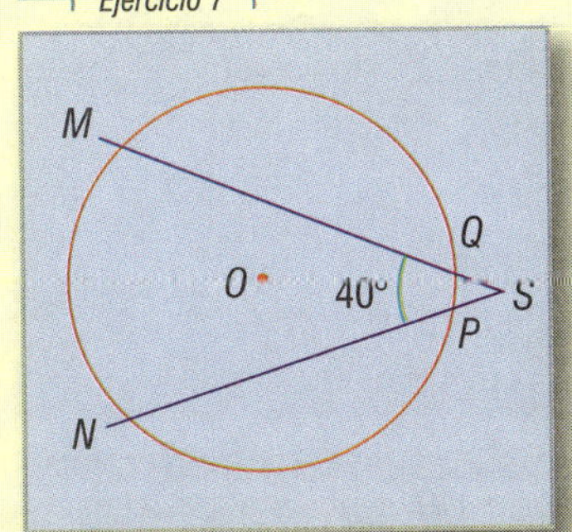

Ejercicio 8

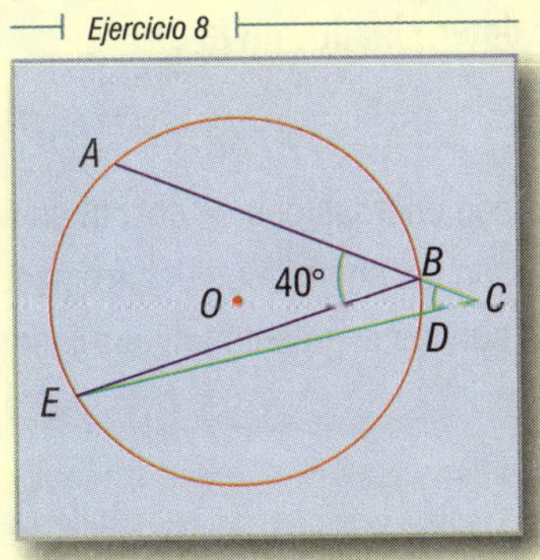

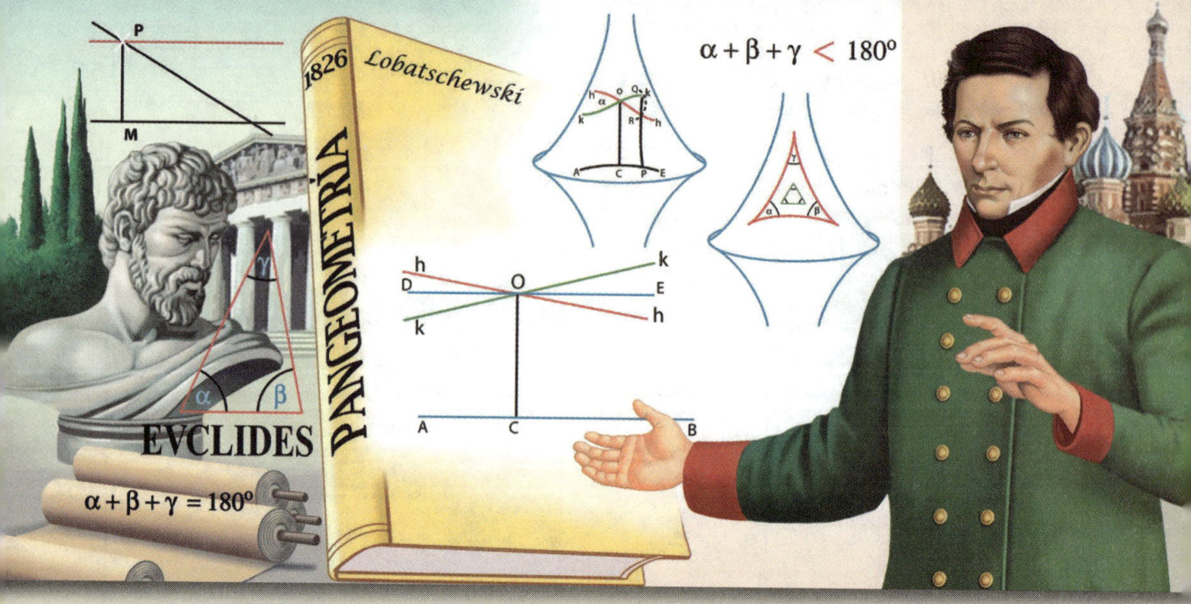

Nicolás Lobatschewski (1793-1856). Ruptura con el pasado geométrico de Euclides. Con su obra *Pangeometría*, este geómetra ruso rompió definitivamente con el pasado euclidiano. Criticado duramente, nadie lo entendió ni le hizo caso hasta que su memoria fue traducida al francés en 1837 y al alemán en 1840. Para él las paralelas eran "rectas *coplanarias que no se encuentran por mucho que se las* prolonguen". Existe otra teoría suya que rompe con el postulado de Euclides.

Capítulo XIV

RELACIONES MÉTRICAS EN LA CIRCUNFERENCIA

En este capítulo estudiaremos las relaciones métricas que se verifican entre las cuerdas, secantes y tangentes de una circunferencia.

213 TEOREMA 56

Relaciones entre las cuerdas. **Si dos cuerdas de una circunferencia se cortan, el producto de los dos segmentos determinados en una cuerda es igual al producto de los dos segmentos determinados en la otra.**

Hipótesis

$\overline{AB}$ y $\overline{CD}$ son cuerdas que se cortan en Q.
$\overline{QA}$ y $\overline{QB}$ son los segmentos determinados en $\overline{AB}$.
$\overline{QC}$ y $\overline{QD}$ son los segmentos determinados en $\overline{CD}$ (Fig. 188).

Tesis

$$\overline{QA}\cdot\overline{QB}=\overline{QC}\cdot\overline{QD}$$

Construcción auxiliar. Unimos A con D y B con C, formándose los $\triangle BCQ$ y $\triangle ADQ$.

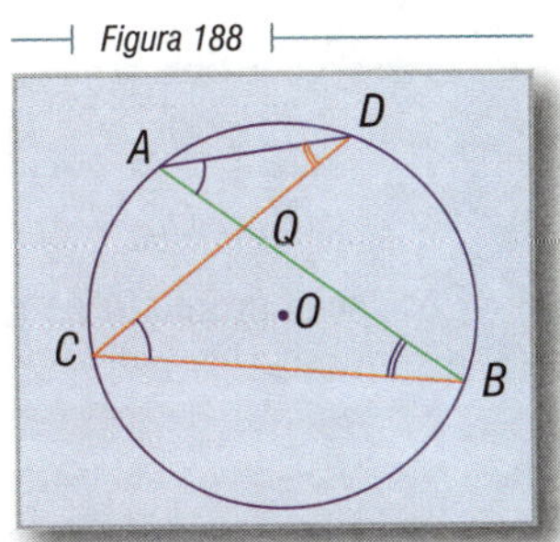

Figura 188

Demostración

En los $\triangle BCQ$ y $\triangle ADQ$:

	$\angle A = \angle C$	Inscritos en el mismo arco $\overset{\frown}{BD}$
	$\angle B = \angle D$	Inscritos en el mismo arco $\overset{\frown}{AC}$
$\therefore$	$\triangle BCQ \sim \triangle ADQ$	Por tener dos ángulos iguales

Al establecer la proporcionalidad entre los lados homólogos, tenemos:

$$\frac{\overline{QA}}{\overline{QC}} = \frac{\overline{QD}}{\overline{QB}}$$

$\therefore \quad \overline{QA} \cdot \overline{QB} = \overline{QC} \cdot \overline{QD}$ Por ser el producto de los medios igual al producto de los extremos

TEOREMA 57

Relaciones entre secantes. **Si por un punto exterior de una circunferencia se trazan dos secantes, el producto de una secante por su segmento exterior es igual al producto de la otra secante por su segmento exterior.**

Hipótesis (Fig. 189)

$\overline{QA}$ y $\overline{QC}$ secantes;

$\overline{QB}$ y $\overline{QD}$ segmentos exteriores.

Tesis

$\overline{QA} \cdot \overline{QB} = \overline{QC} \cdot \overline{QD}$

Construcción auxiliar. Unimos A con D y B con C, formándose los $\triangle QDA$ y $\triangle QBC$.

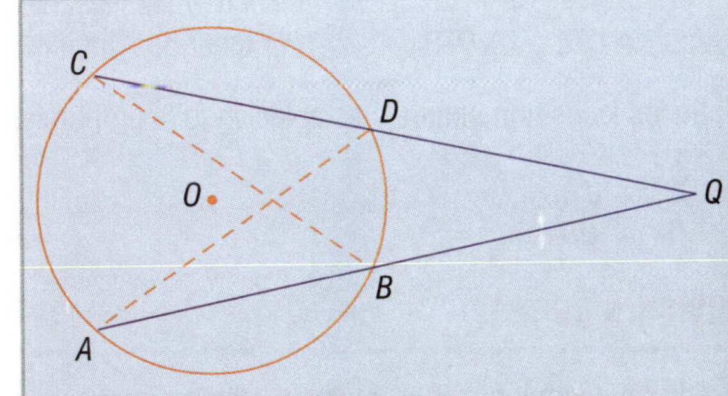

Figura 189

Demostración

En los $\triangle QDA$ y $\triangle QBC$:

	$\angle Q = \angle Q$	Común
	$\angle A = \angle C$	Inscritos en $\overset{\frown}{BD}$
$\therefore$	$\triangle QDA \sim \triangle QBC$	Por tener dos ángulos iguales

Entre los lados homólogos estableciendo la proporcionalidad:

$$\frac{\overline{QA}}{\overline{QC}} = \frac{\overline{QD}}{\overline{QB}}$$

$\therefore \quad \overline{QA} \cdot \overline{QB} = \overline{QC} \cdot \overline{QD}$ Por ser el producto de los medios igual al producto de los extremos

215 TEOREMA 58

Propiedad de la tangente y la secante trazadas desde un punto exterior a una circunferencia.
Si por un punto exterior de una circunferencia se trazan una tangente y una secante, la tangente es media proporcional entre la secante y su segmento exterior.

Hipótesis

$\overline{QT}$ y $\overline{QA}$ son tangente y secante a la circunferencia O (Fig. 190).

Figura 190

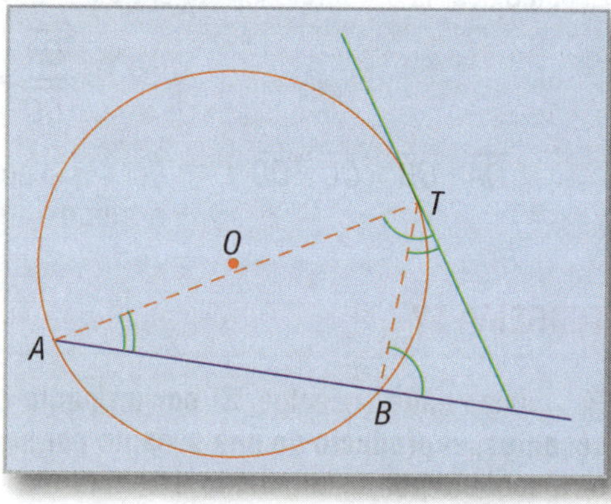

Tesis

$$\frac{\overline{QA}}{\overline{QT}} = \frac{\overline{QT}}{\overline{QB}}$$

Construcción auxiliar. Unimos T con A y con B, formándose los triángulos QTA y QTB.

Demostración

En los $\triangle QTA$ y $\triangle QTB$:

	$\angle Q = \angle Q$	Común
	$\angle A = \angle T$	Inscrito y semiinscrito en el $\widehat{BT}$
$\therefore$	$\triangle QTA \sim \triangle QTB$	Por tener dos ángulos iguales

Entre los lados homólogos y estableciendo la proporcionalidad:

$$\frac{\overline{QA}}{\overline{QT}} = \frac{\overline{QT}}{\overline{QB}}$$

216 DIVISIÓN ÁUREA

Dividir un segmento $\overline{AB}$ en media y extrema razón, consiste en dividirlo en dos segmentos $\overline{AM}$ y $\overline{MB}$, tales que:

$$\frac{\overline{AB}}{\overline{AM}} = \frac{\overline{AM}}{\overline{MB}}$$

Es decir, que el segmento $\overline{AM}$ es la media proporcional entre $\overline{AB}$ y $\overline{MB}$.
Este segmento $\overline{AM}$ se llama segmento áureo y se considera que esta división es la más proporcionada que se puede hacer de un segmento.

CÁLCULO ANALÍTICO DEL SEGMENTO ÁUREO

217

Sea $\overline{AB} = a$ (Fig.191) un segmento cualquiera y sea $\overline{AP} = x$ su segmento áureo.

Figura 191

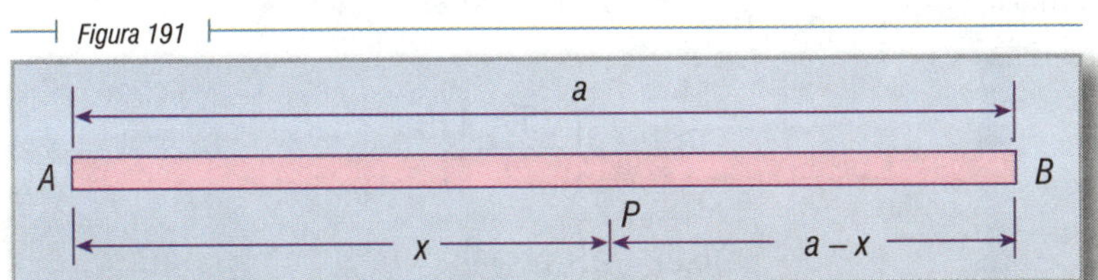

Tendremos:

$$\frac{a}{x} = \frac{x}{a-x}$$ Por definición

$$\therefore \quad x^2 = a(a-x)$$ Producto de medios igual a producto de extremos

$$x^2 = a^2 - ax$$ Efectuando

$$x^2 + ax - a^2 = 0$$ Trasponiendo y ordenando

Al resolver esta ecuación de 2o. grado:

$$x = \frac{-a \pm \sqrt{a^2 + 4a^2}}{2}$$ Aplicando la fórmula

$$x = \frac{-a \pm \sqrt{5a^2}}{2}$$ Efectuando

$$x = \frac{a(-1) \pm a\sqrt{5}}{2}$$ Sacando *a* fuera del radical

$$x = \frac{a\left(-1 \pm \sqrt{5}\right)}{2}$$ Sacando el factor común *a*

$$x = \frac{a\left(-1 + \sqrt{5}\right)}{2}$$ Considerando solamente el valor positivo

$$x = a\left(\frac{\sqrt{5} - 1}{2}\right)$$ Separando y ordenando

Ejemplos

218

1) Hallar el segmento áureo de un segmento de 12 cm.

Fórmula: $x = a\left(\frac{\sqrt{5} - 1}{2}\right)$

$$x = 12\left(\frac{\sqrt{5} - 1}{2}\right) = 6\left(\sqrt{5} - 1\right)$$

$$x = 6(2.24 - 1) = 6(1.24) = 7.44 \text{ cm}$$

2) Hallar el segmento cuyo segmento áureo vale 6.2 cm.

En la fórmula $x = a\left(\frac{\sqrt{5}-1}{2}\right)$, al sustituir los valores resulta:

$$6.2 = a\left(\frac{\sqrt{5}-1}{2}\right)$$

$$2(6.2) = a\left(\sqrt{5}-1\right)$$

$$12.4 = a\ (2.24 - 1)$$

$$12.4 = 1.24\,a$$

$$\therefore \quad a = \frac{12.4}{12.4} = 10 \text{ cm}$$

219 DIVISIÓN ÁUREA DE UN SEGMENTO. SOLUCIÓN GRÁFICA

Sea $\overline{AB} = a$ el segmento (Fig. 192).

Figura 192

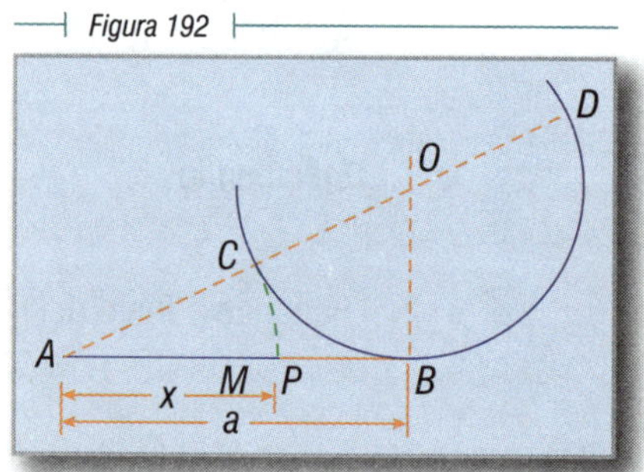

Construcción:

1. En el extremo B levantamos $\overline{OB} \perp \overline{AB}$.
2. Trazamos $\overline{OB} = \frac{\overline{AB}}{2} = \overline{AM}$.
3. Con centro en O y con radio $\overline{OB} = \frac{\overline{AB}}{2}$, trazamos una circunferencia.
4. Unimos A con O y determinamos el punto C.
5. Con centro en A y con radio igual a $\overline{AC}$, determinamos el punto P.
6. El segmento $\overline{AP} = x$ es el segmento áureo.

220 JUSTIFICACIÓN DEL MÉTODO GRÁFICO

Prolonguemos $\overline{AO}$ hasta que corte a la circunferencia en D. Tendremos la tangente $\overline{AB}$ y la secante $\overline{AD}$.

Entonces: $\frac{\overline{AD}}{\overline{AB}} = \frac{\overline{AB}}{\overline{AC}}$ (1)

Pero: $\overline{AP} = \overline{AC} = x$ (2)

$\overline{AD} = x + \overline{CD} = x + \frac{a}{2} + \frac{a}{2} = x + a$ (3)

$\overline{AB} = a$ (4)

Sustituyendo (2), (3) y (4) en (1), tenemos:

$$\frac{x+a}{a} = \frac{a}{x}$$

$$x(x+a) = a^2$$

$$x^2 + ax = a^2$$

$$x^2 = a^2 - ax$$

$$x^2 = a(a-x)$$

esto es, $\frac{a}{x} = \frac{x}{a-x}$

Por tanto, el punto P divide a $\overline{AB}$ en media y extrema razón.

Ejercicios

1. Si $\overline{AP} = 3$, $\overline{PB} = 5$ y $\overline{PC} = 4$; hallar $\overline{PD}$. **R.** $\overline{PD} = 3.75$
2. Si $\overline{AB} = 8$, $\overline{PC} = 3$ y $\overline{PD} = 4$; hallar $\overline{AP}$ y $\overline{PB}$. **R.** $\overline{AP} = 2$ y $\overline{PB} = 6$
3. Si $\overline{PB} = 2\overline{AP}$, $\overline{PC} = 4$ y $\overline{CD} = 12$; hallar $\overline{AB}$. **R.** $\overline{AB} = 12$
4. Si $\overline{AB} = 11$, $\overline{AP} = 3$ y $\overline{PD} = 2\overline{PC}$; hallar $\overline{PC}$. **R.** $\overline{PC} = 2\sqrt{3}$
5. Si $\overline{CD} = 15$, $\overline{PD} = 6$ y $\overline{PB} = 3\overline{PA}$; hallar $\overline{PA}$. **R.** $\overline{PA} = 3\sqrt{2}$

Ejercicios 1 al 5

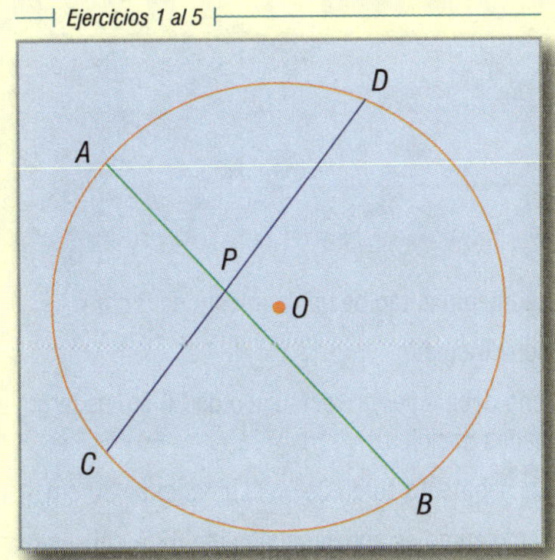

6. Si $\overline{QB} = 12$, $\overline{QA} = 4$ y $\overline{QD} = 10$; hallar $\overline{QC}$. **R.** $\overline{QC} = 4.8$

7. Si $\overline{QB} = 70$, $\overline{QA} = 8$ y $\overline{QC} = 6$; hallar $\overline{QD}$. **R.** $\overline{QD} = 93\frac{1}{3}$

8. Si $\overline{QB} = 14$, $\overline{AB} = 8$ y $\overline{CD} = 10$; hallar $\overline{QC}$. **R.** $\overline{QC} = 5.4$

9. Si $\overline{QA} = 8$, $\overline{AB} = 12$ y $\overline{CD} = 10$; hallar $\overline{QC}$. **R.** $\overline{QC} = 8.6$

10. Si $\overline{QA} = \overline{AB}$, $\overline{QC} = 8$ y $\overline{CD} = 14$; hallar $\overline{QB}$. **R.** $\overline{QB} = 4\sqrt{11}$

Ejercicios 6 al 10

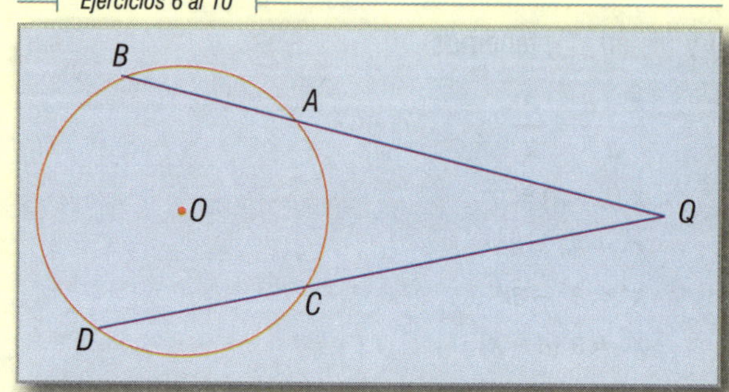

11. Si $\overline{QA} = 9$ y $\overline{QB} = 4$; hallar $\overline{QT}$. **R.** $\overline{QT} = 6$

12. Si $\overline{QA} = 8$ y $\overline{BA} = 4$; hallar $\overline{QT}$. **R.** $\overline{QT} = 4\sqrt{2}$

13. Si $\overline{QT} = 8$ y $\overline{QA} = 20$; hallar $\overline{QB}$. **R.** $\overline{QB} = 3.2$

14. Si $\overline{QT} = 14$ y $\overline{QB} = 8$; hallar la medida correspondiente a $\overline{QA}$. **R.** $\overline{QA} = 24.5$

15. Si $\overline{QT} = \dfrac{\overline{QA}}{2}$ y $\overline{QB} = 9$; hallar $\overline{QT}$. **R.** $\overline{QT} = 18$

Ejercicios 11 al 15

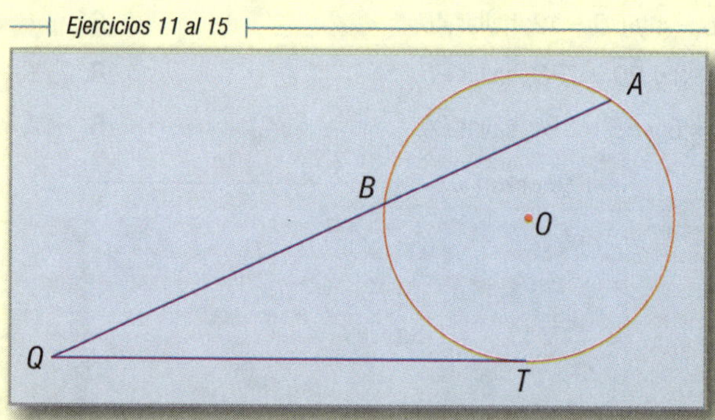

16. Hallar gráficamente el segmento áureo de un segmento de 9 cm.

17. Comprobarlo efectuando la medida. **R.** 5.6 cm

18. Se desea saber qué ancho debe tener un rectángulo de 20 cm de largo, para que sus dimensiones sean lo más proporcionadas posibles. **R.** 12.4 cm

19. Hallar algebraicamente el segmento áureo de un segmento de 30 cm. **R.** 18.6 cm

20. Demostrar que el segmento áureo es aproximadamente 62 % del segmento total.

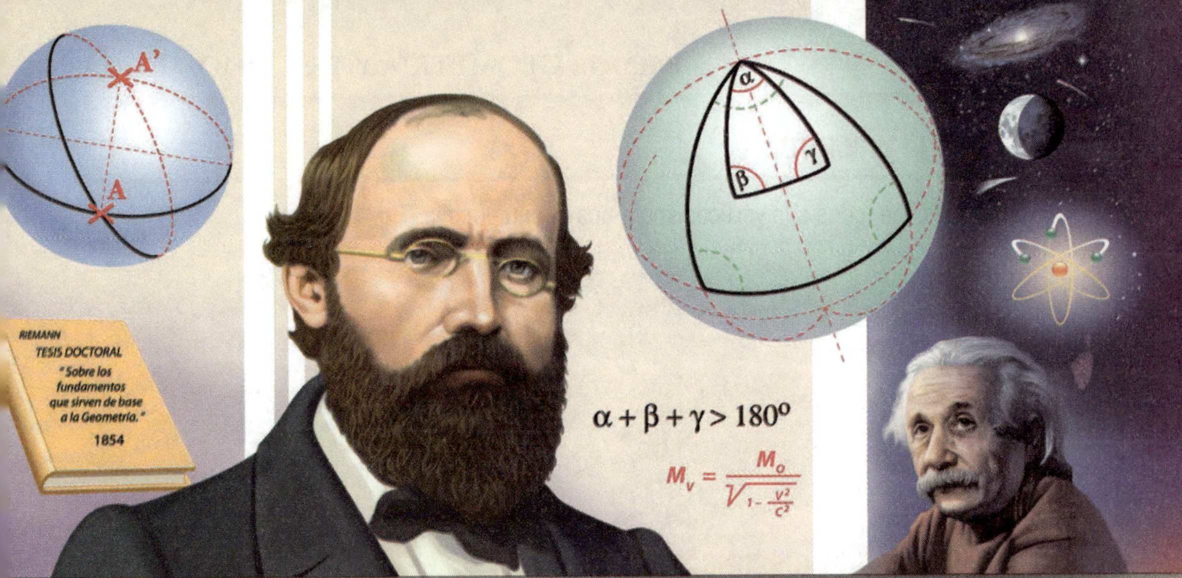

Bernhard Riemann (1826-1866). En su tesis doctoral sobre los fundamentos que sirven de base a la Geometría (1854), estudia la Geometría de una superficie curva cuyas geodésicas desempeñan el papel de las rectas euclídeas en el plano; y la Geometría de un espacio cuya curvatura puede cambiar el carácter de tal Geometría. Su mérito radica en haber extendido al espacio la noción de la curvatura. Riemann y Lobatschewski hicieron posible a Einstein hallar la ley de la relatividad.

Capítulo XV

RELACIONES MÉTRICAS EN LOS POLÍGONOS REGULARES

POLÍGONOS REGULARES

Son los que tienen los lados y los ángulos iguales (Fig. 193).

$$\overline{AB} = \overline{BC} = \overline{CD} = \overline{DE} = \overline{EF} = \overline{FA}$$

$$\angle A = \angle B = \angle C = \angle D = \angle E = \angle F$$

Figura 193

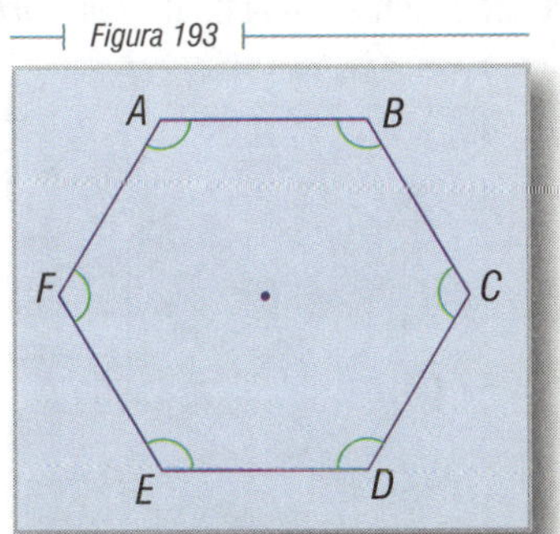

222 POLÍGONO INSCRITO

Es el que tiene todos sus vértices sobre una circunferencia (Fig. 194).

Figura 194

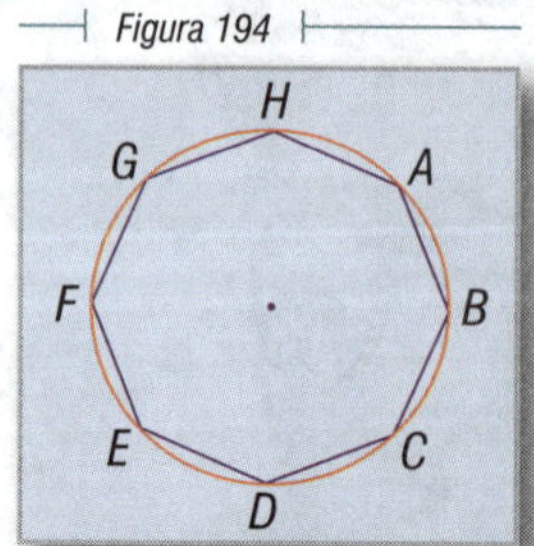

223 CIRCUNFERENCIA CIRCUNSCRITA

Cuando el polígono está inscrito se dice que la circunferencia está circunscrita al polígono.

224 POLÍGONO CIRCUNSCRITO

Es aquel cuyos lados son tangentes a la circunferencia (Fig. 195).

Figura 195

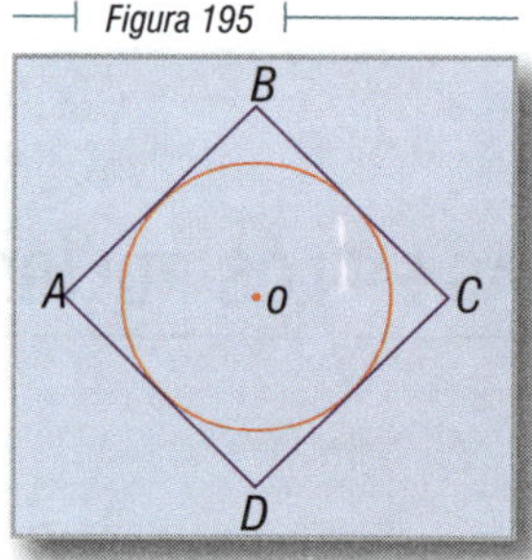

225 CIRCUNFERENCIA INSCRITA

Cuando el polígono está circunscrito, se dice que la circunferencia está inscrita.

226 RADIO DE UN POLÍGONO REGULAR

Es el radio de la circunferencia circunscrita. En la figura 196, $\overline{OD} = \overline{OE}$ son radios del polígono.

Figura 196

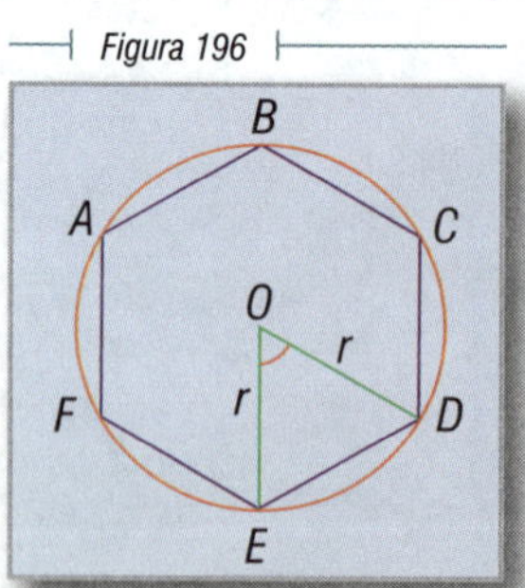

ÁNGULO CENTRAL 227

Es el ángulo central de un polígono regular. Se forma por dos radios que corresponden a los extremos de un mismo lado. En la figura 196, el $\angle EOD$ es un ángulo central del polígono.

TEOREMA 59 228

Si se divide una circunferencia en tres o más arcos iguales, las cuerdas que unen los puntos sucesivos de división, formarán un polígono regular inscrito.

Hipótesis

En la circunferencia O (Fig. 197):

$\overparen{AB} = \overparen{BC} = \overparen{CD} = \ldots$, son los arcos

y $\overline{AB}, \overline{BC}, \overline{CD}, \ldots$ son sus cuerdas correspondientes

Figura 197

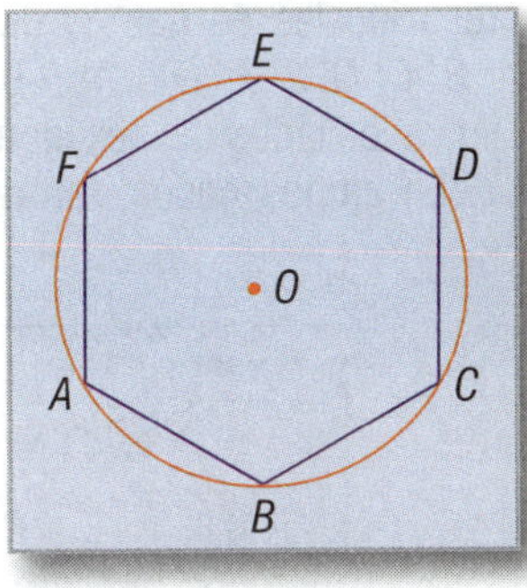

Tesis

$ABCDEF$ es regular.

Demostración

$\overline{AB} = \overline{BC} = \overline{CD} = \ldots$	Por ser $\overparen{AB} = \overparen{BC} = \overparen{CD} = \ldots$ por hipótesis
$\therefore \quad \angle A = \angle B = \angle C = \ldots$	Inscritos en arcos iguales
$\therefore \quad ABCDEF$ es regular	Por tener iguales sus lados y sus ángulos

COROLARIO 229

Si unimos el punto medio de cada uno de los arcos subtendidos por los lados de un polígono regular inscrito con los dos vértices más próximos, se formará un polígono regular inscrito de doble número de lados que el polígono dado.

En efecto, como los nuevos arcos $\overparen{AH}, \overparen{HB}, \overparen{BI}$, etc. (Fig. 198), son iguales entre sí por ser mitades de arcos iguales, el nuevo polígono será regular de acuerdo con el teorema 59.

Figura 198

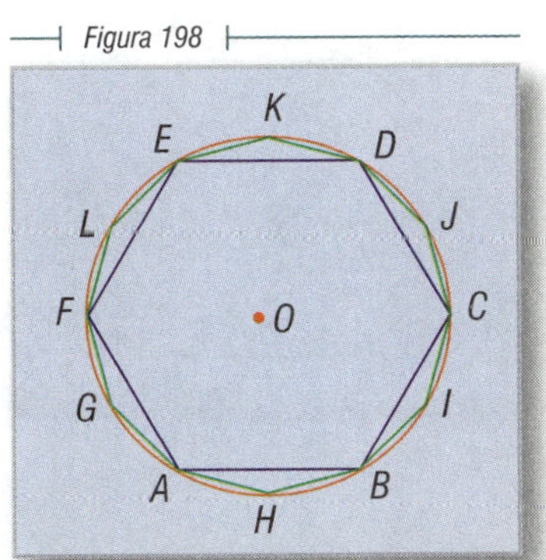

230 TEOREMA 60

Si se divide una circunferencia en tres o más arcos iguales, las tangentes trazadas a la circunferencia por los puntos de división o por los puntos medios de dichos arcos forman un polígono regular circunscrito.

En efecto, si dividimos, por ejemplo, la circunferencia en seis arcos iguales y por los puntos de división trazamos tangentes a dicha circunferencia, dichas tangentes formarán el hexágono circunscrito *ABCDEF* (Fig. 199-A), que es regular porque tiene sus ángulos iguales, por ser exteriores que abarcan arcos iguales y sus lados también son iguales por ser sumas de segmentos iguales.

Análogamente, si trazamos las tangentes por los puntos medios de cada uno de los seis arcos iguales en que es dividida la circunferencia *O*, se obtiene el hexágono circunscrito *A′ B′ C′ D′ E′ F′* (Fig. 199-B), que también es regular y sus lados son respectivamente paralelos a los lados del hexágono inscrito formado al unir los puntos de división.

En ambos casos, los polígonos inscritos y circunscritos tienen el mismo número de lados.

Figura 199-A

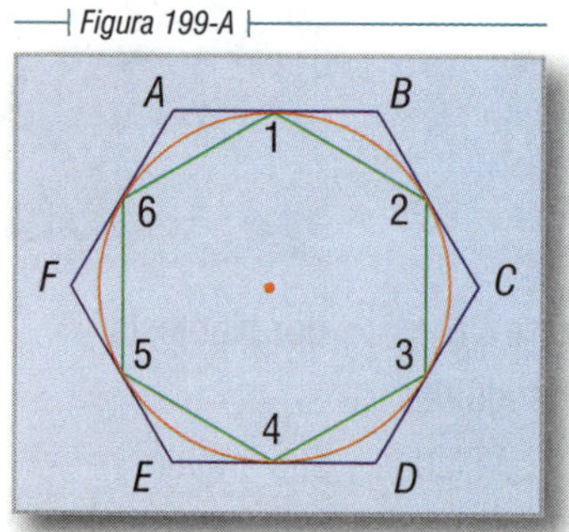

Figura 199-B

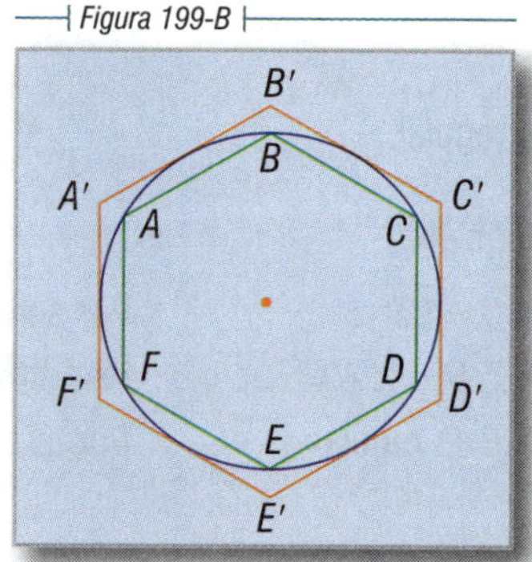

231 TEOREMA 61

Todo polígono regular puede ser inscrito en una circunferencia.

Hipótesis

ABCDEF (Fig. 200) es un polígono regular.

Figura 200

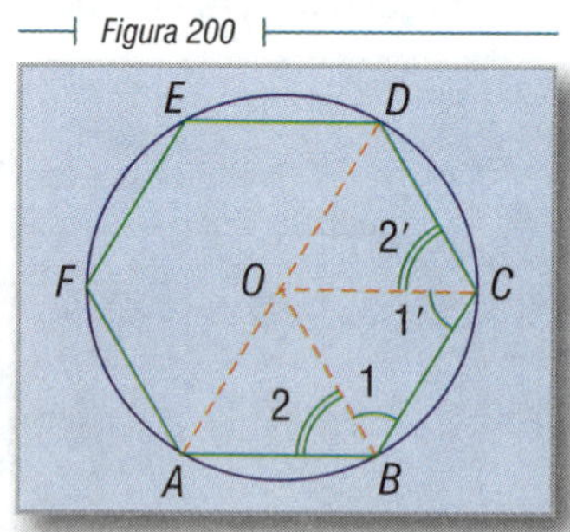

Tesis

ABCDEF es inscribible.

Construcción auxiliar. Construyamos la circunferencia O que pasa por tres de los vértices A, B y C. Tracemos los radios $\overline{OA}$, $\overline{OB}$ y $\overline{OC}$. Unamos O con D. Se formarán los triángulos OAB, OBC y OCD.

Demostración

$\angle ABC = \angle BCD$ (1)	El polígono *ABCDEF* es regular por hipótesis
$\angle 1 = \angle 1'$ (2)	Por ser el $\triangle OBC$ isósceles

En los $\triangle OAB$ y $\triangle OCD$, restando (2) de (1):

$\angle 2 = \angle 2'$	Restando (2) de (1):
Además: $\overline{AB} = \overline{CD}$	El polígono *ABCDEF* es regular por hipótesis
y $\overline{OB} = \overline{OC}$	Radios de la misma circunferencia
$\therefore \triangle OAB = \triangle OCD$	Por tener iguales dos lados y el ángulo comprendido
$\therefore \overline{OA} = \overline{OD}$	Elementos homólogos de triángulos iguales
La circunferencia O pasa por D.	Por ser $\overline{OD} = \overline{OA} =$ radio

De manera análoga probaríamos que la circunferencia O pasa por E, por F, etc.

$\therefore$ *ABCDEF* es inscribible	Por tener todos sus vértices sobre la circunferencia O

APOTEMA 232

Se llama apotema de un polígono regular al segmento de perpendicular trazada desde el centro del polígono a uno cualquiera de sus lados. En la figura 201 $\overline{OM}$ es la apotema.

Figura 201

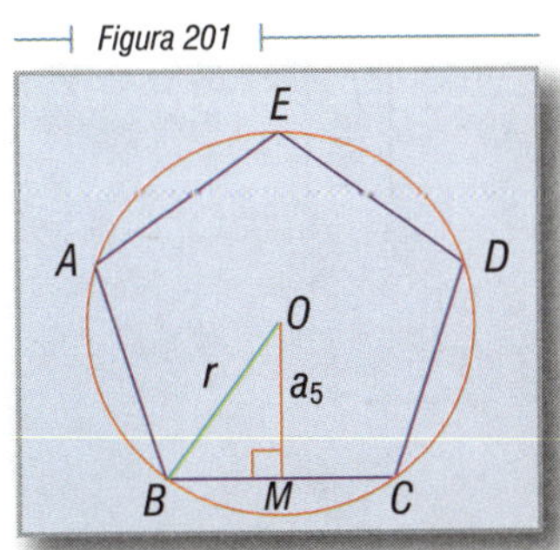

La apotema se designa con la letra a, acompañada de un subíndice que indica el número de lados del polígono a que pertenece.

Ejemplos

1) a_4 representa la apotema del cuadrado.
2) a_5 representa la apotema del pentágono.
3) a_6 representa la apotema del hexágono, etcétera.

233 CÁLCULO DE LA APOTEMA EN FUNCIÓN DEL LADO Y DEL RADIO

Sea (Fig. 202):

$\overline{BC} = l_n$ Lado de un polígono regular de n lados

$\overline{OH} = a_n$ Apotema

$\overline{OB} = r$ Radio

Figura 202

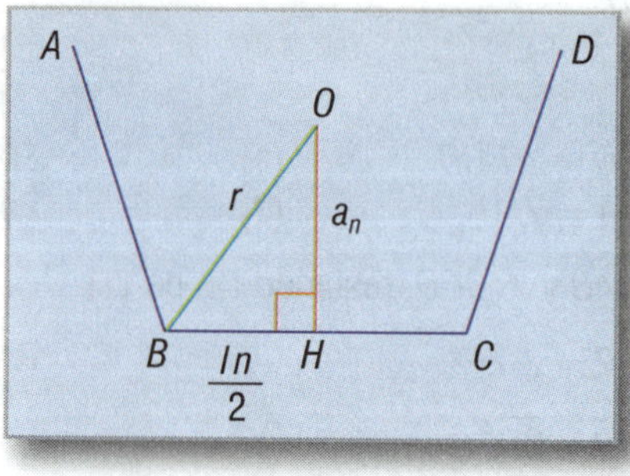

En el $\triangle OBH$:

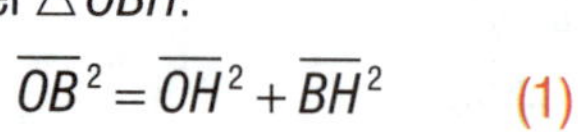

$$\overline{OB}^2 = \overline{OH}^2 + \overline{BH}^2 \qquad (1) \qquad \text{Teorema de Pitágoras}$$

Pero:

$$\overline{BH} = \frac{\overline{BC}}{2} = \frac{l_n}{2} \qquad (2)$$

$$\overline{OH} = a_n \qquad (3)$$

$$\overline{OB} = r \qquad (4)$$

(3) y (4): Hipótesis

Sustituyendo (2), (3) y (4) en (1), tenemos:

$$r^2 = a_n^{\ 2} + \left[\frac{l_n}{2}\right]^2$$

Despejando a_n^2:

$$a_n^{\ 2} = r^2 - \left[\frac{l_n}{2}\right]^2$$

Efectuando operaciones:

$$a_n^2 = \frac{r^2 - l_n^2}{4}$$

$$a_n^2 = \frac{4r^2 - l_n^2}{4}$$

Extrayendo raíz cuadrada:

$$a_n = \sqrt{\frac{4r^2 - l_n^2}{4}}$$

$$\therefore a_n = \frac{1}{2}\sqrt{4r^2 - l_n^2}$$

CÁLCULO DEL LADO DEL POLÍGONO REGULAR INSCRITO DE DOBLE NÚMERO DE LADOS 234

Vamos a obtener una fórmula que nos permita, sabiendo el valor del lado de un polígono regular cualquiera, calcular el valor del lado del polígono que tiene doble número de lados y que está inscrito en la misma circunferencia.

Figura 203

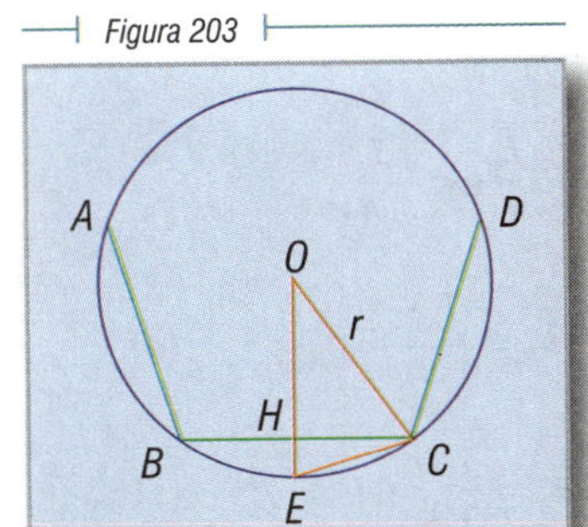

Sea (Fig. 203):

$\overline{BC} = l_n$ (1)

$\overline{OH} = a_n$ (2)

$\overline{EC} = l_{2n}$ (3)

$\overline{OC} = \overline{OE} = r$ (4)

En el $\triangle OCE$:

$\overline{EC}^2 = \overline{OC}^2 + \overline{OE}^2 - 2\overline{OE} \cdot \overline{OH}$ (5)

Cuadrado del lado opuesto a un ángulo agudo

Sustituyendo (2), (3) y (4) en (5), tenemos:

$l_{2n}^2 = r^2 + r^2 - 2r \cdot a_n$ (6)

Pero: $a_n = \frac{1}{2}\sqrt{4r^2 - l_n^2}$ (7)

$\therefore\ l_{2n}^2 = 2r^2 - r\sqrt{4r^2 - l_n^2}$

$\therefore\ l_{2n} = \sqrt{2r^2 - r\sqrt{4r^2 - l_n^2}}$

CÁLCULO DEL LADO DEL POLÍGONO CIRCUNSCRITO 235

Sea (Fig. 204):

$\overline{AB} = l_n$, $\overline{A'B'} = L_n$

Figura 204

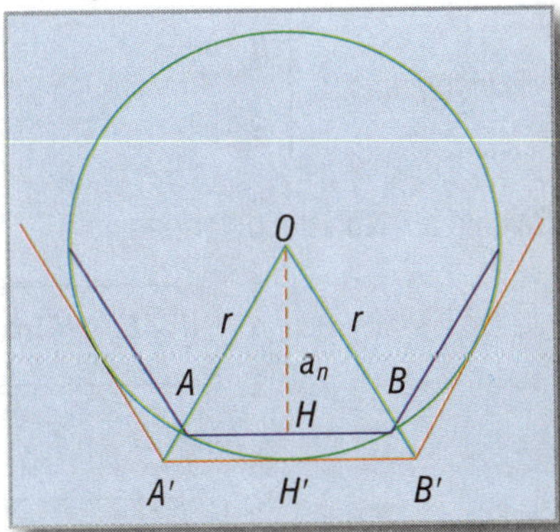

Construcción auxiliar. Tracemos el radio $\overline{OH'} \perp \overline{A'B'}$ Sea H el punto donde $\overline{OH'}$ corta a $\overline{AB}$. Como $\overline{A'B'} \parallel \overline{AB}$ tendremos que OH será la apotema del polígono inscrito. Unamos O con A' y con B', formándose $\triangle OA'B'$ y $\triangle OAB$.

$\angle OA'B' = \angle OAB$ Por ser $\overline{AB} \parallel \overline{A'B'}$

$\therefore\ \frac{\overline{A'B'}}{\overline{AB}} = \frac{\overline{OH'}}{\overline{OH}}$ (1) Alturas homólogas de triángulos semejantes

Pero:

$$\overline{A'B'} = L_n \quad (2)$$
$$\overline{AB} = l_n \quad (3)$$
$$\overline{OH'} = r \quad (4)$$
$$\overline{OH} = a_n \quad (5)$$

Sustituyendo (2), (3), (4) y (5) en (1), tenemos:

$$\frac{L_n}{L_n} = \frac{r}{a_n}$$

$$\therefore \quad L_n = \frac{l_n \cdot r}{a_n} \quad (6) \qquad \text{Extremo de una proporción}$$

Pero: $a_n = \frac{1}{2}\sqrt{4r^2 - l_n^2}$ (7)

Sustituyendo (7) en (6), tenemos:

$$L_n = \frac{l_n r}{\frac{1}{2}\sqrt{4r^2 - l_n^2}}$$

$$\therefore L_n = \frac{2 r l_n}{\sqrt{4r^2 - l_n^2}}$$

236 APLICACIONES

1. Sabiendo que el lado del cuadrado inscrito en una circunferencia de radio r es igual a $r\sqrt{2}$, calcular la apotema y el lado del octágono inscrito en la misma circunferencia.

Dato: $l_4 = r\sqrt{2}$

Incógnitas: $\begin{cases} l_8 \\ a_8 \end{cases}$

Cálculo del lado del octágono:

Fórmula: $l_{2n} = \sqrt{2r^2 - r\sqrt{4r^2 - l_n^2}}$

$$l_8 = \sqrt{2r^2 - r\sqrt{4r^2 - \left(r\sqrt{2}\right)^2}}$$

$$= \sqrt{2r^2 - r\sqrt{4r^2 - 2r^2}}$$

$$= \sqrt{2r^2 - r\sqrt{2r^2}}$$

$$= \sqrt{2r^2 - r^2\sqrt{2}}$$

$$= \sqrt{r^2\left(2 - \sqrt{2}\right)}$$

$\therefore$ **R.** $l_8 = r\sqrt{2 - \sqrt{2}}$

Cálculo de la apotema:

Fórmula: $a_n = \frac{1}{2}\sqrt{4r^2 - l_n^2}$

$$a_8 = \frac{1}{2}\sqrt{4r^2 - l_8^2}$$

$$a_8 = \frac{1}{2}\sqrt{4r^2 - r^2\left(2 - \sqrt{2}\right)}$$

$$= \frac{1}{2}\sqrt{2r^2 + \sqrt{2r^2}}$$

$\therefore$ **R.** $a_8 = \frac{r}{2}\sqrt{2 + \sqrt{2}}$

2. Calcular la apotema y el lado de un decágono inscrito en una circunferencia de radio igual a 2 m, sabiendo que el lado del pentágono inscrito en la misma circunferencia es igual a $\sqrt{10 - 2\sqrt{5}}$.

Cálculo del lado del decágono:

Datos: $\begin{cases} r = 2 \text{ m} \\ l_5 = \sqrt{10 - 2\sqrt{5}} \end{cases}$

Incógnitas: $\begin{cases} l_{10} \\ a_{10} \end{cases}$

Fórmula: $l_{2n} = \sqrt{2r^2 - r\sqrt{4r^2 - l_n^2}}$

$$l_{10} = \sqrt{2r^2 - r\sqrt{4r^2 - l_5^2}}$$

$$= \sqrt{2 \cdot 2^2 - 2\sqrt{4 \cdot 2^2 - \left[\sqrt{10 - 2\sqrt{5}}\right]^2}}$$

$$= \sqrt{8 - 2\sqrt{16 - \left(10 - 2\sqrt{5}\right)}}$$

$\therefore$ **R.** $l_{10} = \sqrt{8 - 2\sqrt{6 + 2\sqrt{5}}}$

Cálculo de la apotema:

Fórmula: $a_n = \frac{1}{2}\sqrt{4r^2 - l_n^2}$

$$a_{10} = \frac{1}{2}\sqrt{4 \cdot 2^2 - \left(\sqrt{8 - 2\sqrt{6 + 2\sqrt{5}}}\right)^2}$$

$$= \frac{1}{2}\sqrt{16 - \left(\sqrt{8 - 2\sqrt{6 + 2\sqrt{5}}}\right)^2}$$

$$= \frac{1}{2}\sqrt{16 - 8 - 2\sqrt{6 + 2\sqrt{5}}}$$

$\therefore$ **R.** $a_{10} = \frac{1}{2}\sqrt{8 - 2\sqrt{6 + 2\sqrt{5}}}$

237 CÁLCULO DEL LADO DEL HEXÁGONO REGULAR

Vamos a demostrar que el lado del hexágono regular inscrito en una circunferencia es igual al radio.

Sea el hexágono regular *ABCDEF* (Fig. 205) inscrito en la circunferencia *O* de radio *r*.

Figura 205

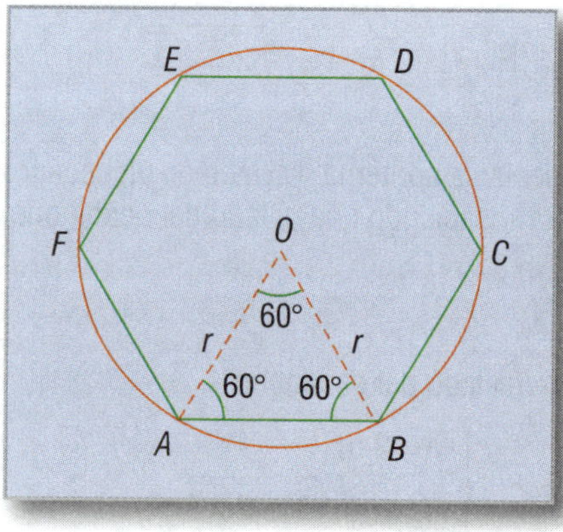

Sea $\overline{AB} = l_6$ y $\overline{OA} = \overline{OB} = r$.

Vamos a demostrar que $l_6 = r$.

Demostración

En el $\triangle AOB$:

$\angle A + \angle B + \angle O = 180°$ (1) Suma de los ángulos interiores de un triángulo

Pero: $\angle O = \frac{360°}{6} = 60°$ (2) Ángulo central

Sustituyendo (2) en (1), tenemos:

$\angle A + \angle B + 60° = 180°$

$\therefore$ $\angle A + \angle B = 180° - 60°$ Trasponiendo

$\angle A + \angle B = 120°$ (3) Efectuando operaciones

Pero: $\angle A = \angle B$ (4) Por oponerse a lados iguales, ya que $\overline{OA} = \overline{OB} = r$

Sustituyendo (4) en (3), tenemos:

$\angle A + \angle A = 120,$ $\angle B + \angle B = 120°$

$2\angle A = 120°,$ $2\angle B = 120°$

$\angle A = \frac{120°}{2}, \qquad \angle B = \frac{120°}{2}$

$\angle A = 60°$ (5)

$\angle B = 60°$ (6)

Como $\angle A = \angle B = \angle O = 60°$, resulta: Comparando (2), (5) y (6), que son ángulos iguales, se oponen lados iguales

$\overline{AB} = \overline{OA} = \overline{OB} = r$

$\therefore \quad l_6 = r$

En consecuencia, para construir un hexágono regular inscrito en una circunferencia dada se toma el radio y se lleva seis veces como cuerda.

CÁLCULO DEL LADO DEL TRIÁNGULO EQUILÁTERO

238

Sea el triángulo equilátero ABC (Fig. 206), inscrito en la circunferencia O, construido dividiendo la circunferencia en seis partes iguales y uniendo de dos en dos.

Si D es el punto medio del $\triangle OAC$, el diámetro $\overline{BD}$ es perpendicular a la cuerda $\overline{AC}$.

Figura 206

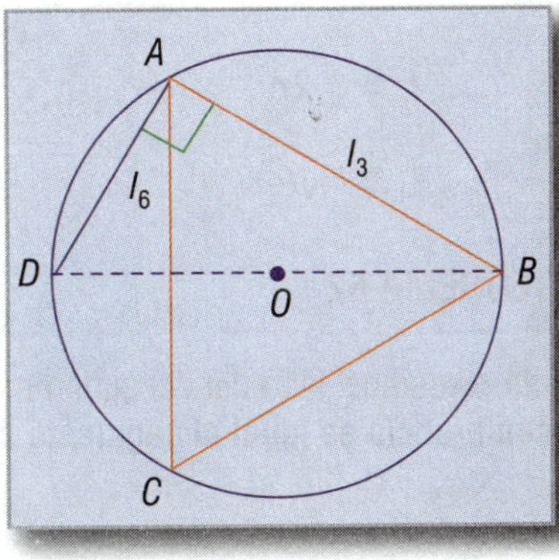

En el $\triangle DAB$:

$\angle A = 90°$ Inscrito en una semicircunferencia

$\overline{BD}^2 = \overline{AB}^2 + \overline{AD}^2$ (1) Teorema de Pitágoras

Pero: $\overline{BD} = 2r$ (2) Por ser diámetro

$\overline{AD} = l_6$ (3) } Construcción

$\overline{AB} = l_3$ (4) }

Sustituyendo (2), (3) y (4), en (1):

$(2r)^2 = l_3^2 + l_6^2$

$\therefore \quad 4r^2 = l_3^2 + l_6^2$ (5) Efectuando operaciones

Pero: $l_6 = r$ (6) Por lado del hexágono

Sustituyendo (6) en (5):

$4r^2 = l_3^2 + r^2$

$4r^2 - r^2 = l_3^2$ Despejando

$l_3^2 = 3r^2$

$l_3 = \sqrt{3r^2}$ Extrayendo la raíz cuadrada

$l_3 = r\sqrt{3}$ Simplificando

239 LADO DEL CUADRADO

Sea el cuadrado *ABCD* inscrito en la circunferencia *O* (Fig. 207).

Figura 207

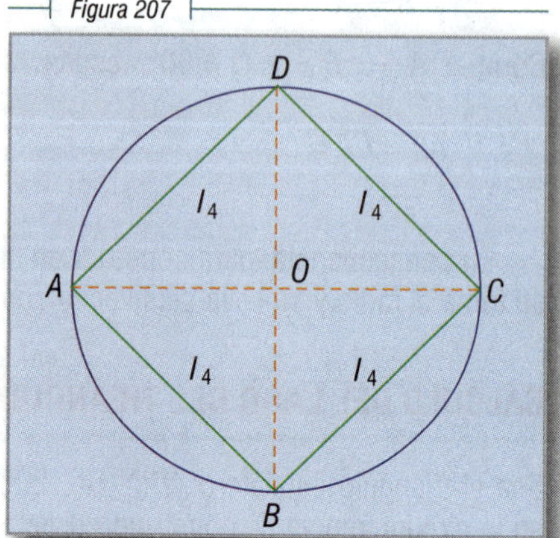

En el $\triangle AOB$

$\overline{AB}^2 = \overline{OA}^2 + \overline{OB}^2$ (1) Teorema de Pitágoras

Pero: $\overline{AB} = l_4$ (2)

y $\overline{OA} = \overline{OB} = r$ (3)

Sustituyendo (2) y (3) en (1), tenemos:

$l_4^2 = r^2 + r^2$

$l_4^2 = 2r^2$ Efectuando operaciones

$l_4 = \sqrt{2r^2}$

$\therefore \quad l_4 = r\sqrt{2}$ Sacando la raíz cuadrada

240 TEOREMA 62

Propiedad del lado del decágono regular. **El lado del decágono regular inscrito en una circunferencia es igual al segmento áureo del radio.**

Hipótesis

En la circunferencia *O* de radio *r* sea $\overline{AB} = l_{10}$ (Fig. 208).

Figura 208

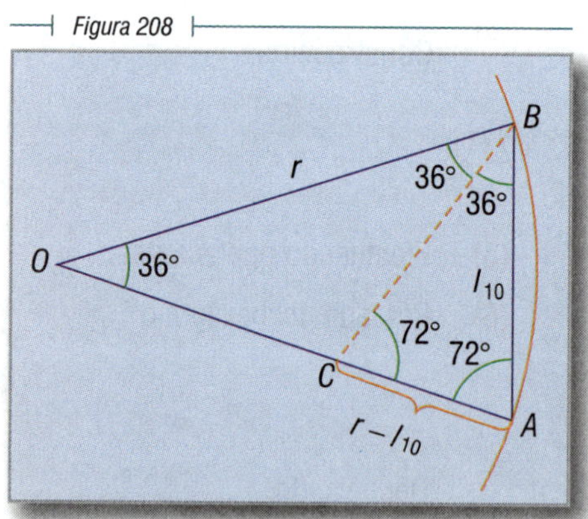

Tesis

$$\frac{r}{l_{10}} = \frac{l_{10}}{r - l_{10}}$$

Construcción auxiliar. Tracemos los radios $\overline{OA}$ y $\overline{OB}$ para formar el $\triangle OAB$. Ahora, tracemos la bisectriz $\overline{BC}$ del $\angle B$. Se formarán los $\triangle BCO$ y $\triangle BCA$.

Demostración

En el $\triangle OAB$:

$$\frac{\overline{OB}}{\overline{BA}} = \frac{\overline{BC}}{\overline{CA}} \qquad (1) \quad \text{Propiedad de la bisectriz}$$

Pero: $\overline{OB} = r$ (2)

$\overline{BA} = l_{10}$ (3)

$\overline{CA} = r - \overline{OC}$ (4)

Sustituyendo (2), (3) y (4) en (1):

$$\frac{r}{l_{10}} = \frac{\overline{OC}}{r - \overline{OC}} \qquad (5)$$

Pero: $\angle O = \dfrac{360°}{10} = 36°$ (6) Ángulo central

y $\angle A = \angle B = \dfrac{180° - 36°}{2} = 72°$ Por oponerse a lados iguales, ya que $\overline{OA} = \overline{OB} = r$

Además:

$\angle CBO = \dfrac{\angle B}{2} = \dfrac{72°}{2} = 36°$ $\overline{BC}$ es bisectriz del $\angle B$ por construcción

$\angle BCA = 36° + 36° = 72°$ Ángulo exterior

En el $\triangle OCB$:

$\overline{OC} = \overline{BC}$ (7) Por oponerse a ángulos iguales

En el $\triangle ABC$:

$\therefore \quad \overline{BC} = \overline{AB}$ (8)

Comparando (7) y (8), tenemos:

$\overline{OC} = \overline{AB} = l_{10}$ (9) Carácter transitivo

Sustituyendo (9) en (5), tenemos:

$$\frac{r}{l_{10}} = \frac{l_{10}}{r - l_{10}}$$

CÁLCULO DEL LADO DEL DECÁGONO REGULAR INSCRITO EN UNA CIRCUNFERENCIA

241

Aplicando el teorema anterior:

$$\frac{r}{l_{10}} = \frac{l_{10}}{r - l_{10}}$$ Demostrado

$l_{10}^2 = r(r - l_{10})$ Producto de medios igual a producto de extremos

$l_{10}^2 = r^2 - r\,l_{10}$

$\therefore\ l_{10}^2 + r\,l_{10} - r^2 = 0$ Trasponiendo y ordenando

Resolviendo esta ecuación literal de segundo grado:

$$l_{10} = \frac{-r \pm \sqrt{r^2 + 4r^2}}{2}$$

$$= \frac{-r \pm \sqrt{5r^2}}{2} = \frac{-r \pm r\sqrt{5}}{2}$$

$$= \frac{r\left(-1 \pm \sqrt{5}\right)}{2}$$ Sacando factor común r

$$l_{10} = \frac{r\left(\pm\sqrt{5} - 1\right)}{2}$$ Ordenando

$$l_{10} = \frac{r\left(\sqrt{5} - 1\right)}{2}$$ Tomando el valor positivo

$$\therefore\ l_{10} = \frac{r}{2}\left(\sqrt{5} - 1\right)$$ Separando

242 **TEOREMA 63**

Propiedad del lado del pentágono regular. **El lado del pentágono regular inscrito en una circunferencia es igual a la hipotenusa de un triángulo rectángulo cuyos catetos son el lado del hexágono y el lado del decágono inscrito en dicha circunferencia.**

Figura 209

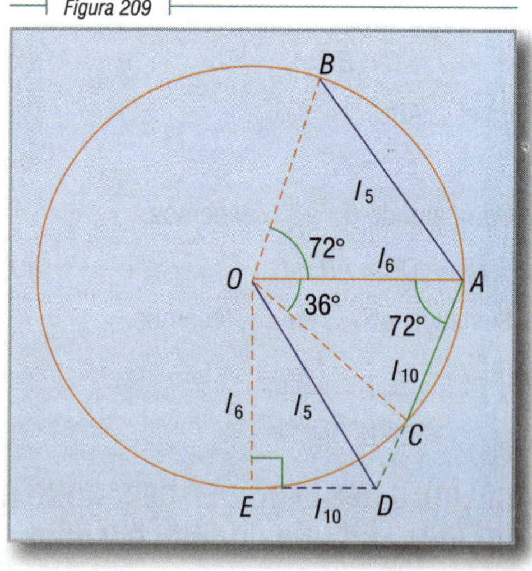

Hipótesis

En la circunferencia O (Fig. 209):

$\overline{AB} = l_5$, $\overline{OA} = r = l_6$ y $\overline{AC} = l_{10}$.

Tesis

l_5 es la hipotenusa y l_6 y l_{10} son los catetos de un triángulo rectángulo.

Construcción auxiliar. Prolonguemos l_{10} por el extremo C, hasta un punto D; de manera que $\overline{AD} = \overline{AO} = r$. Desde el punto D tracemos $\overline{DE}$ tangente a la circunferencia O en E. Tracemos el radio $\overline{OE}$, que será perpendicular a la tangente $\overline{DE}$. Unamos O con D para formar el $\triangle OED$, con rectángulo en E. $\overline{OD}$ es la hipotenusa y $\overline{OE}$ y $\overline{ED}$ los catetos de este triángulo. Tracemos los radios $\overline{OB}$ y $\overline{OC}$.

Demostración

En el $\triangle OAD$ y $\triangle OAB$:

$\overline{OA} = \overline{OA} = r$	Común
$\overline{AD} = \overline{OB} = r$	Construcción

Además:

$\angle OAD = 72°$	(1)	Porque $\angle AOC = 36°$ y por ser el $\triangle AOC$ isósceles
y $\angle AOB = 72°$	(2)	Ángulo central del pentágono

Comparando (1) y (2), tenemos:

$\angle OAD = \angle AOB$	Carácter transitivo
$\therefore \triangle OAD = \triangle AOB$	Por tener dos lados iguales e igual el ángulo comprendido
$\therefore \overline{OD} = \overline{AB} = l_5$	Elementos homólogos de triángulos iguales

Además:

$\overline{AC}^2 = \overline{AD} \cdot \overline{CD}$	(3)	$\overline{AC} = l_{10}$ es el segmento áureo del radio
y $\overline{DE}^2 = \overline{AD} \cdot \overline{CD}$	(4)	Propiedad de la tangente y la secante

Comparando (3) y (4) tenemos:

$\overline{AC}^2 = \overline{DE}^2$	Carácter transitivo
$\therefore \overline{AC} = \overline{DE}$	Extrayendo la raíz cuadrada
$\therefore \overline{DE} = l_{10}$	Porque por hipótesis es $\overline{AC} = l_{10}$
y $\overline{OE} = l_6$	Por ser $\overline{OE}$ un radio
Por tanto, en el $\triangle OED$ se cumple que es rectángulo	Porque $\overleftrightarrow{OE} \perp \overleftrightarrow{ED}$

$$\overline{OD} = l_5 = \text{hipotenusa}$$
$$\overline{OE} = l_6 = \text{cateto}$$
$$\overline{ED} = l_{10} = \text{cateto}$$

CÁLCULO DEL LADO DEL PENTÁGONO REGULAR INSCRITO EN UNA CIRCUNFERENCIA

Aplicando el teorema anterior tenemos:

$$l_5^2 = l_6^2 + l_{10}^2 \quad (1)$$

y como $l_6 = r$ (2)

y $l_{10} = \frac{r}{2}\left(\sqrt{5}-1\right)$, sustituyendo resulta: $l_5^2 = r^2 + \left[\frac{r}{2}\left(\sqrt{5}-1\right)\right]^2$

$$\therefore\ l_5^2 = r^2 + \frac{r^2}{4}\left(\sqrt{5}-1\right)^2$$

$$\therefore\ l_5^2 = r^2 + \frac{r^2}{4}\left(5 - 2\sqrt{5}+1\right) \qquad \text{Elevando al cuadrado}$$

$$= r^2 + \frac{r^2}{4}\left(6-2\sqrt{5}\right) \qquad \text{Reduciendo}$$

$$= \frac{4r^2 + r^2\left(6-2\sqrt{5}\right)}{4} \qquad \text{Sumando}$$

$$= \frac{4r^2 + 6r^2 - 2r^2\sqrt{5}}{4} \qquad \text{Multiplicando}$$

$$= \frac{10r^2 - 2r^2\sqrt{5}}{4} \qquad \text{Reduciendo}$$

$$= \frac{r^2\left(10-2\sqrt{5}\right)}{4} \qquad \text{Sacando factor común}$$

$$= \frac{r^2}{4}\left(10-2\sqrt{5}\right) \qquad \text{Separando}$$

$$\therefore\ l_5 = \sqrt{\frac{r^2}{4}\left(10-2\sqrt{5}\right)} \qquad \text{Extrayendo raíz cuadrada}$$

$$l_5 = \frac{r}{2}\sqrt{10-2\sqrt{5}}$$

244 CÁLCULO DEL LADO DEL OCTÁGONO REGULAR INSCRITO EN UNA CIRCUNFERENCIA

El lado del polígono regular de doble número de lados está dado por la fórmula:

$$l_{2n} = \sqrt{2r^2 - r\sqrt{4r^2 - l_n^2}} \qquad (1)$$

y como el lado del cuadrado es:

$$l_4 = r\sqrt{2} \qquad (2)$$

Sustituyendo (2) en (1), tenemos:

$$l_8 = \sqrt{2r^2 - r\sqrt{4r^2 - \left(r\sqrt{2}\right)^2}}$$

$$l_8 = \sqrt{2r^2 - r\sqrt{4r^2 - 2r^2}}$$

$$= \sqrt{2r^2 - r\sqrt{2r^2}}$$

$$= \sqrt{2r^2 - r^2\sqrt{2}}$$

$$= \sqrt{r^2\left(2 - \sqrt{2}\right)}$$

y finalmente:

$\therefore$ **R.** $l_8 = r\sqrt{2 - \sqrt{2}}$

CÁLCULO DEL LADO DEL DODECÁGONO REGULAR INSCRITO EN UNA CIRCUNFERENCIA 245

La fórmula que da el lado del polígono regular de doble número de lados es:

$$l_{2n} = \sqrt{2r^2 - r\sqrt{4r^2 - l_n^2}} \qquad (1)$$

y como el lado del hexágono es:

$$l_6 = r \qquad (2)$$

Sustituyendo (2) en (1), tenemos:

$$l_{12} = \sqrt{2r^2 - r\sqrt{4r^2 - r^2}}$$

$$= \sqrt{2r^2 - r\sqrt{3r^2}}$$

$$= \sqrt{2r^2 - r^2\sqrt{3}}$$

$$= \sqrt{r^2\left(2 - \sqrt{3}\right)}$$

y finalmente:

$\therefore$ **R.** $l_{12} = r\sqrt{2 - \sqrt{3}}$

RESUMEN DE LAS FÓRMULAS DE LOS POLÍGONOS REGULARES 246

Apotema	$a_n = \frac{1}{2}\sqrt{4r^2 - l_n^2}$
Lado del polígono de doble número de lados	$l_{2n} = \sqrt{2r^2 - r\sqrt{4r^2 - l_n^2}}$

Lado del polígono circunscrito $L_n = \dfrac{2rl_n}{\sqrt{4r^2 - l_n^2}}$

Triángulo equilátero $l_3 = r\sqrt{3}$

Cuadrado $l_4 = r\sqrt{2}$

Pentágono $l_5 = \dfrac{r}{2}\sqrt{10 - 2\sqrt{5}}$

Hexágono $l_6 = r$

Octágono $l_8 = r\sqrt{2 - \sqrt{2}}$

Decágono $l_{10} = \dfrac{r}{2}\left(\sqrt{5} - 1\right)$

Dodecágono $l_{12} = r\sqrt{2 - \sqrt{3}}$

Ejercicios

1. Calcular la apotema de un cuadrado inscrito en una circunferencia de 3 m de radio, si el lado del cuadrado mide $3\sqrt{2}$ m.

   R. $a_4 = \dfrac{3}{2}\sqrt{2}$ m

2. Calcular la apotema de un triángulo equilátero inscrito en una circunferencia de 5 m de radio, si el lado del triángulo mide $5\sqrt{3}$ m.

   R. $a_3 = 2.5$ m

3. Sabiendo que el lado del octágono regular inscrito en una circunferencia de 6 m de radio es igual a $6\sqrt{2 - \sqrt{2}}$ m, hallar el lado del polígono regular de 16 lados inscrito en la misma circunferencia.

   R. $l_{16} = 6\sqrt{2 - \sqrt{2 + \sqrt{2}}}$ m

4. Si el lado del decágono regular inscrito en una circunferencia de 2 m de radio es igual a $\sqrt{5} - 1$, calcular el lado del polígono regular de 20 lados inscrito en la misma circunferencia.

   R. $l_{20} = \sqrt{8 - 2\sqrt{10 + 2\sqrt{5}}}$

5. Si el lado del hexágono regular inscrito en una circunferencia de 9 m de radio es igual a 9 m, hallar el lado del hexágono regular circunscrito a la misma circunferencia.

R. $l_6 = 6\sqrt{3}$ m

6. Si el lado del cuadrado inscrito en una circunferencia de 7 m de radio es igual a $7\sqrt{2}$ m, hallar el lado del cuadrado circunscrito a la misma circunferencia.

R. 14 m

7. Calcular el lado del triángulo equilátero inscrito en una circunferencia de 8 m de radio.

R. $l_3 = 8\sqrt{3}$ m

8. El lado de un triángulo equilátero inscrito en una circunferencia mide $2\sqrt{3}$ m. Hallar el radio de dicha circunferencia.

R. $r = 2$ m

9. Calcular el lado de un cuadrado inscrito en una circunferencia de 12 cm de radio.

R. $l_4 = 12\sqrt{2}$ cm

10. El perímetro de un cuadrado inscrito en una circunferencia es $20\sqrt{2}$ cm. Hallar el diámetro de dicha circunferencia.

R. $d = 10$ cm

11. Calcular el lado de un pentágono regular inscrito en una circunferencia de 10 cm de radio.

R. $l_5 = 5\sqrt{10 - 2\sqrt{5}}$ cm

12. Si el perímetro de un hexágono regular inscrito en una circunferencia es igual a 48 cm, calcular el diámetro de dicha circunferencia.

R. $d = 16$ cm

13. Calcular el lado de un octágono regular inscrito en una circunferencia cuyo radio es igual a $\sqrt{2 + \sqrt{2}}$ m.

R. $l_8 = \sqrt{2}$ m

14. Calcular el lado del decágono regular inscrito en una circunferencia cuyo diámetro mide $2 + 2\sqrt{5}$ m.

R. $l_{10} = 2$ m

15. Calcular el lado del dodecágono regular inscrito en una circunferencia cuyo radio mide $2 + \sqrt{3}$ cm.

R. $l_{12} = \sqrt{2 + \sqrt{3}}$ cm

CONSTRUCCIONES GEOMÉTRICAS

1. Construir un triángulo equilátero.
2. Construir un cuadrado.
3. Construir un pentágono regular.
4. Construir un hexágono regular.
5. Construir un heptágono regular.
6. Construir un octágono regular.
7. Construir un eneágono regular.
8. Construir un decágono regular.
9. Construir un dodecágono regular.
10. Construir un pentedecágono regular.

Las imágenes contenidas en esta lámina muestran semblanzas geométricas en la Geoquímica, la Sismografía y la Oceanografía, que son ciencias auxiliares de la Geología. De izquierda a derecha: Unidad fundamental de los silicatos, básica en la arquitectura de la corteza terrestre. En los otros dos gráficos: las ondas sísmicas directas (D) y reflejadas (R), de forma parabólica y esquema del perfil de una ola. La *V* indica la dirección del viento y *L*/2, la mitad de la longitud de la onda.

POLÍGONOS SEMEJANTES. MEDIDA DE LA CIRCUNFERENCIA

POLÍGONOS SEMEJANTES

Se dice que dos polígonos tales como *ABCDE* y *A'B'C'D'E'* (Fig. 210) son semejantes si en ellos se cumple que:

$$\angle A = \angle A', \quad \angle B = \angle B', \quad \angle C = \angle C', \quad \angle D = \angle D', \quad \angle E = \angle E',$$

y además:

$$\frac{\overline{AB}}{\overline{A'B'}} = \frac{\overline{BC}}{\overline{B'C'}} = \frac{\overline{CD}}{\overline{C'D'}} = \frac{\overline{DE}}{\overline{D'E'}}$$

Es decir, **dos polígonos son semejantes cuando tienen sus ángulos ordenadamente iguales y sus lados homólogos proporcionales.**

Se llaman lados homólogos en dos polígonos semejantes a los lados que unen los vértices correspondientes a ángulos iguales.

Figura 210-A

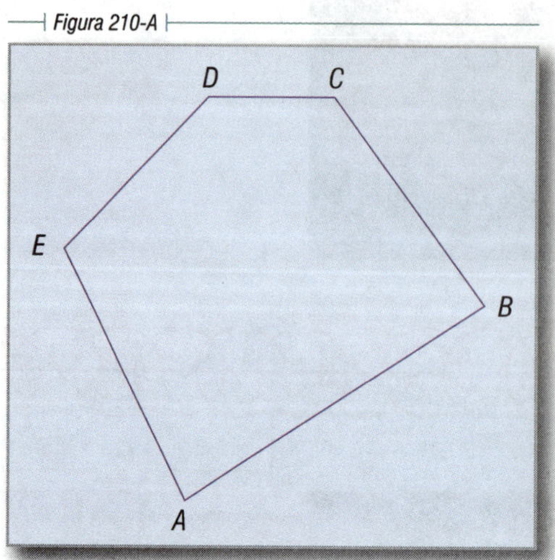

Figura 210-B

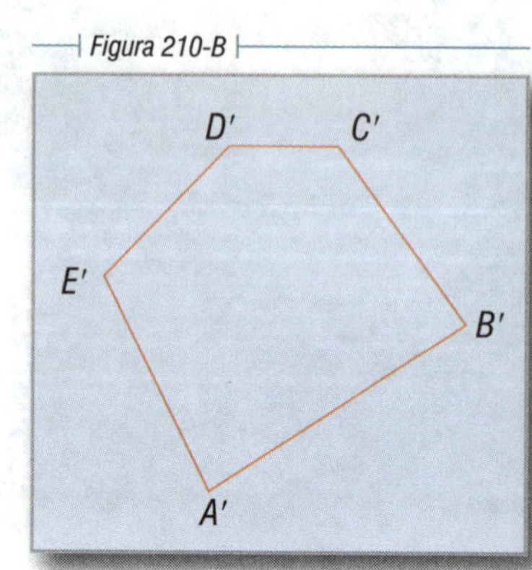

248 OBSERVACIÓN IMPORTANTE

Debemos señalar la siguiente diferencia entre la semejanza de triángulos y la de polígonos en general; en los polígonos no basta que los ángulos de uno sean ordenadamente iguales a los ángulos del otro; tampoco es suficiente que tengan sus lados proporcionales. Es necesario que se cumplan las dos condiciones.

Ejemplos

1) El rectángulo *ABCD* y el cuadrado *MNPQ* (Fig. 211) tienen sus ángulos respectivamente iguales (todos son rectos), pero no tienen sus lados proporcionales. Por tanto, no son semejantes.

Figura 211-A

Figura 211-B

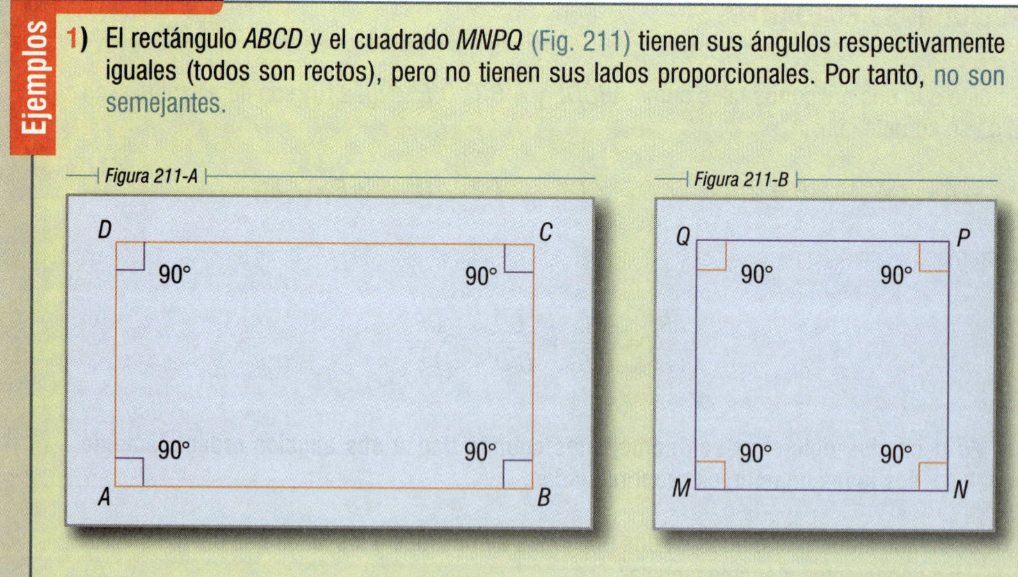

2) El rectángulo *ABCD* y el paralelogramo *EFGH* (Fig. 212), tienen sus lados proporcionales, ya que:

$$\frac{\overline{DA}}{\overline{EH}} = \frac{3}{2} = 1.5 \quad \text{y} \quad \frac{\overline{AB}}{\overline{EF}} = \frac{6}{4} = \frac{3}{2} = 1.5$$

pero sus ángulos no son respectivamente iguales. Por tanto, no son semejantes.

Figura 212-A

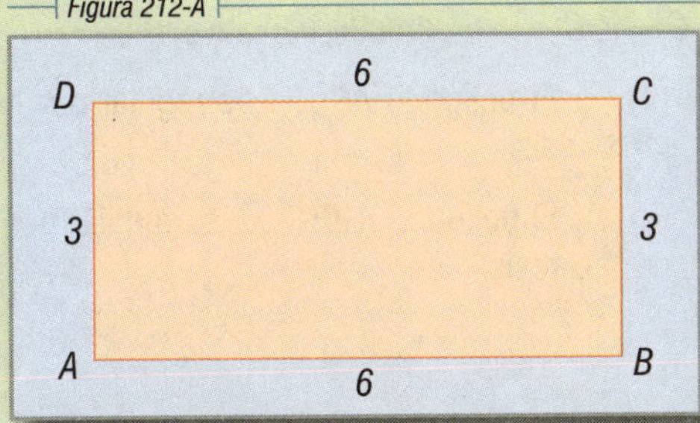

Figura 212-B

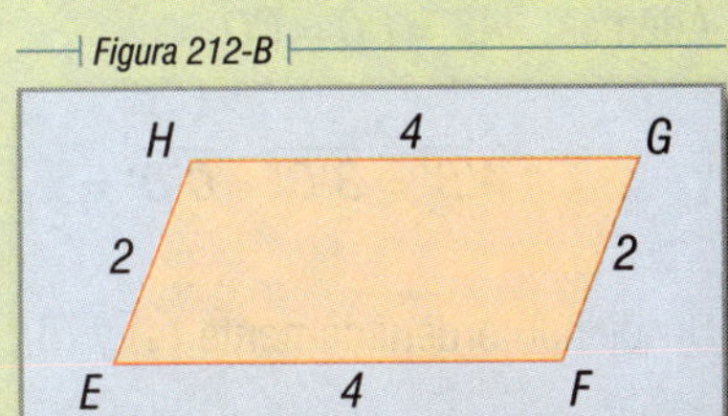

En consecuencia, para que dos polígonos sean semejantes es necesario que se cumplan estas dos condiciones:

1. Que tengan sus ángulos respectivamente iguales.
2. Que sus lados sean proporcionales.

TEOREMA 64 249

Dos polígonos regulares del mismo número de lados son semejantes.

Hipótesis

Los polígonos *ABC*... y *A'B'C'*... (Fig. 213), son polígonos regulares de *n* lados.

Tesis

$ABC\ldots \sim A'B'C'\ldots$

Figura 213-A

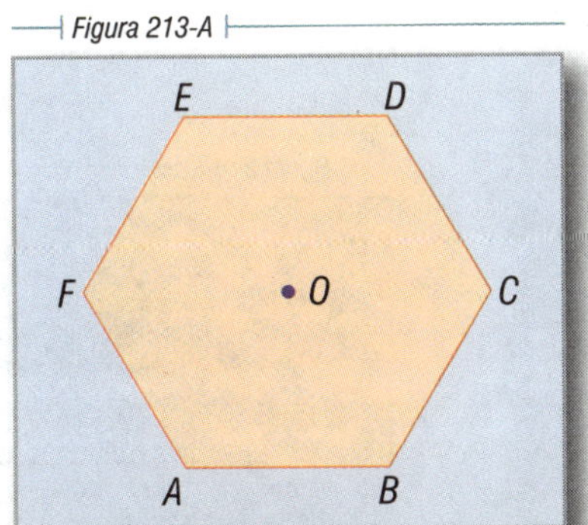

Figura 213-B

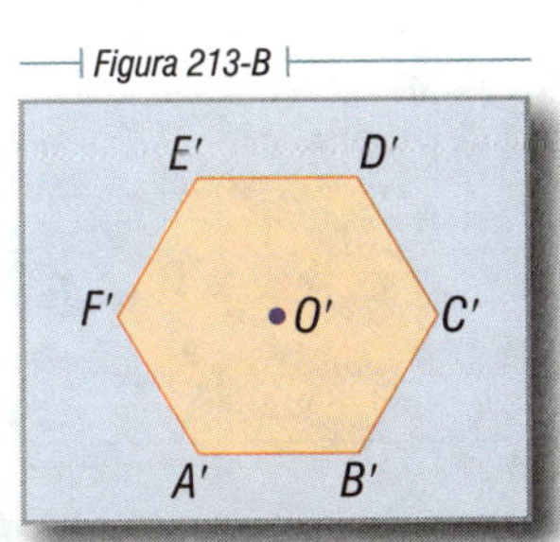

Demostración

	$\angle A = \angle B = \angle C = \ldots$	(1)	El polígono $ABC\ldots$ es regular por hipótesis
	$\angle A' = \angle B' = \angle C' \ldots$	(2)	El polígono $A'B'C'\ldots$ es regular por hipótesis
Pero:	$\angle A = \angle A' = \dfrac{2R(n-2)}{n}$	(3)	Valor del ángulo interior de un polígono regular de n lados

Comparando (1), (2) y (3), tenemos:

$\angle A = \angle A' = \angle B = \angle B' = \angle C = \angle C' \ldots$ Carácter transitivo

Además:	$\overline{AB} = \overline{BC} = \overline{CD} = \ldots$	(4)	El polígono $ABC\ldots$ es regular por hipótesis
y	$\overline{A'B'} = \overline{B'C'} = \overline{C'D'} = \ldots$	(5)	El polígono $A'B'C'\ldots$ es regular por hipótesis

Dividiendo ordenadamente (4) y (5):

$$\frac{\overline{AB}}{\overline{A'B'}} = \frac{\overline{BC}}{\overline{B'C'}} = \frac{\overline{CD}}{\overline{C'D'}} = \cdots$$

Por tanto: $ABC\ldots \sim A'B'C'\ldots$ Como queríamos demostrar

250

TEOREMA 65

Relación entre las apotemas, los radios y los lados de los polígonos regulares del mismo número de lados. **La razón de los lados de dos polígonos regulares del mismo número de lados es igual a la razón de sus radios y a la razón de sus apotemas.**

Hipótesis

Los polígonos $ABC\ldots$ y $A'B'C'\ldots$ (Figs. 214), son polígonos regulares de n lados.

$\left.\begin{matrix}\overline{AB} = l \\ \overline{A'B'} = l'\end{matrix}\right\}$ lados $\quad \left.\begin{matrix}\overline{OH} = a \\ \overline{O'H'} = a'\end{matrix}\right\}$ apotemas $\quad \left.\begin{matrix}\overline{OA} = r \\ \overline{O'A'} = r'\end{matrix}\right\}$ radios

Figura 214-A

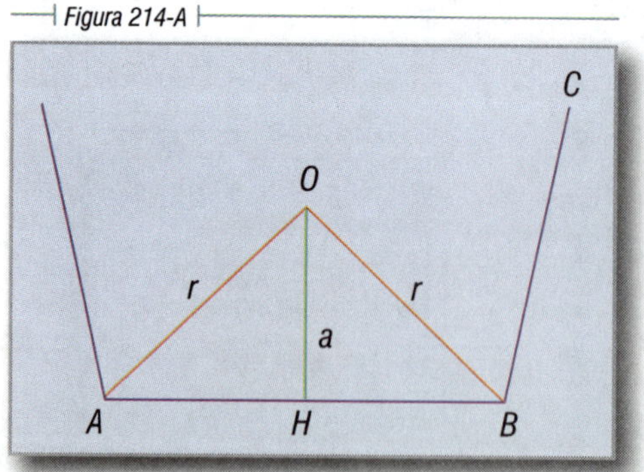

Figura 214-B

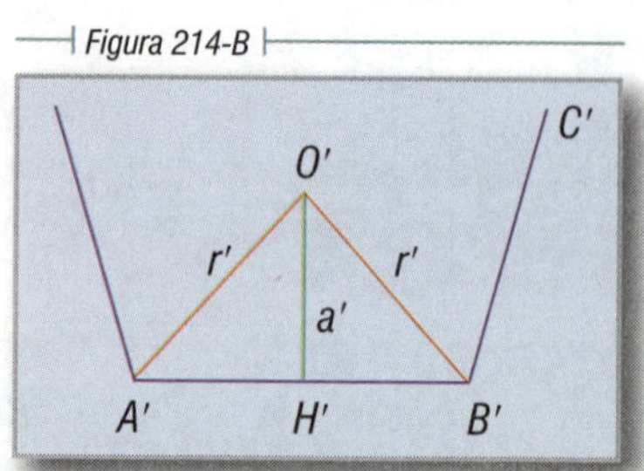

Tesis $\frac{l}{l'}=\frac{r}{r'}=\frac{a}{a'}$

Construcción auxiliar. Tracemos los radios $\overline{OB}$ y $\overline{O'B'}$, formándose los $\triangle OAB$ y $\triangle O'A'B'$.

Demostración

En los $\triangle OAB$ y $\triangle O'A'B'$:

$\overline{OA}=\overline{OB}$ (1)

$\overline{O'A'}=\overline{O'B'}$ (2)

} Radios de una misma circunferencia

Dividiendo (1) entre (2), tenemos:

$$\frac{\overline{OA}}{\overline{O'A'}}=\frac{\overline{OB}}{\overline{O'B'}}$$

Además: $\angle O=\angle O'$ — Ángulos centrales de polígonos regulares del mismo número de lados

$\therefore$ $\triangle OAB \sim \triangle O'A'B'$ — Por tener un ángulo igual y proporcionales los lados que lo forman

$\therefore$ $\frac{l}{l'}=\frac{r}{r'}$ (3) — Lados homólogos de triángulos semejantes

$\therefore$ $\frac{l}{l'}=\frac{a}{a'}$ (4) — Alturas homólogas de triángulos semejantes

Comparando (3) y (4), tenemos:

$\frac{l}{l'}=\frac{r}{r'}=\frac{a}{a'}$ — Como queríamos demostrar

COROLARIO

251

La razón entre el perímetro de un polígono regular y el radio, o el diámetro, de la circunferencia circunscrita, es constante para todos los polígonos regulares del mismo número de lados.

Hipótesis

$ABC\ldots$ y $A'B'C'\ldots$ son polígonos regulares de n lados.

Tesis $\frac{P}{r}=\frac{P'}{r'};\ \frac{P}{d}=\frac{P'}{d'}$

Demostración

$$\frac{l}{l'} = \frac{r}{r'}$$ Teorema anterior

$\therefore \quad \dfrac{nl}{nl'} = \dfrac{r}{r'}$ (1) Multiplicando por n los términos de la primera razón

Pero: $nl = P$ (2)

y $nl' = P'$ (3)

Sustituyendo (2) y (3) en (1):

$$\frac{P}{P'} = \frac{r}{r'}$$

$\therefore \quad \dfrac{P}{P'} = \dfrac{2r}{2r'}$ (4) Multiplicando por 2 los términos de la segunda razón

$\therefore \quad \dfrac{P}{2r} = \dfrac{P'}{2r'}$ (5) Intercambiando los medios

Pero: $2r = d$ (6)

$2r' = d'$ (7)

Sustituyendo (6) y (7) en (5):

$$\frac{P}{d} = \frac{P'}{d'}$$ Como queríamos demostrar

252 **TEOREMA 66**

En una circunferencia, el perímetro de un polígono regular inscrito de 2*n* lados es mayor que el perímetro del polígono regular inscrito de *n* lados.

Hipótesis

ABCDEF (Fig. 215) es un polígono regular de *n* lados inscrito en la circunferencia *O*.

AMBNCPDQ... es el polígono regular de 2*n* lados inscrito en la circunferencia *O*.

Tesis

$$\overline{AM} + \overline{MB} + \overline{BN} + \ldots > \overline{AB} + \overline{BC} + \overline{CD} + \ldots$$

Figura 215

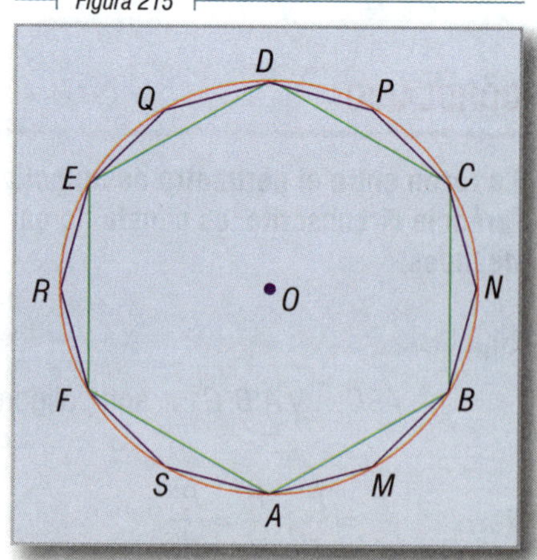

TEOREMA 67 253

El perímetro de un polígono regular circunscrito de 2*n* lados, es menor que el perímetro del polígono regular de *n* lados circunscrito a la misma circunferencia.

Figura 216

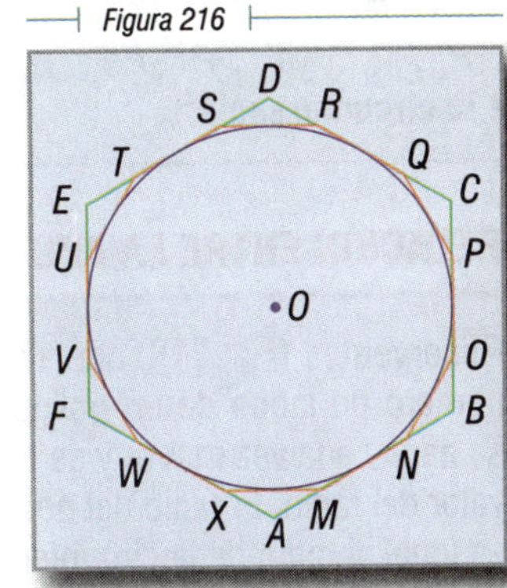

Hipótesis

ABCD... (Fig. 216) es un polígono regular de *n* lados circunscrito a la circunferencia *O*.

Tesis

$\overline{MN}+\overline{NO}+\overline{OP}+\overline{PQ}+\ldots<\overline{AB}+\overline{BC}+\overline{CD}+\ldots$

NOTA

Las demostraciones de los teoremas 66 y 67 las dejamos para el alumno. Recuerde que la menor distancia entre dos puntos es el segmento que los une.

LONGITUD DE LA CIRCUNFERENCIA 254

Observemos que al duplicar el número de lados, el perímetro de un polígono regular inscrito en una circunferencia aumenta y el perímetro disminuye cuando el polígono es circunscrito.

Ejemplo

Sean el triángulo inscrito *ABC* (Fig. 217) y el circunscrito *A′B′C′* a la misma circunferencia.

El perímetro del triángulo inscrito P_3 es menor que el perímetro del triángulo circunscrito P'_3, es decir, $P_3 < P'_3$.

Si duplicamos el número de lados de ambos polígonos tendremos un hexágono inscrito y otro circunscrito y en ellos resultará:

$$P_6 < P'_6$$

Nótese que *P* ha aumentado ($P_6 > P_3$) y que *P′* ha disminuido ($P'_6 < P'_3$). Esto, expresado matemáticamente y restando ordenadamente, sería:

$$\begin{array}{l} P'_3 > P'_6 \\ P_3 < P_6 \\ \hline \end{array}$$

$$\therefore \quad P'_3 - P_3 > P'_6 - P_6$$

Figura 217

Análogamente, resultaría:

$$P'_6 - P_6 > P'_{12} - P_{12}$$
$$P'_{12} - P_{12} > P'_{24} - P_{24}$$
$$P'_{24} - P_{24} > P'_{48} - P_{48}, \text{ etcétera}$$

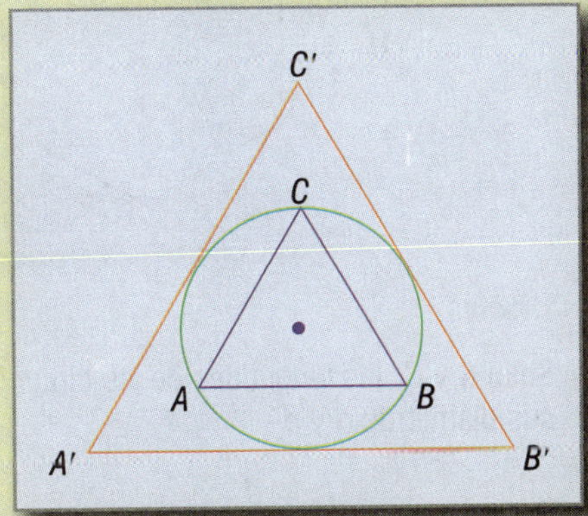

Es decir, a medida que se duplica el número de lados de los polígonos inscritos y circunscritos, la diferencia entre sus perímetros se hace cada vez más pequeña, llegando a ser tan pequeña como se quiera.

Si el número de lados de estos polígonos continúa duplicándose indefinidamente, la diferencia entre ambos perímetros tiende a cero. En Matemáticas se dice que ambas sucesiones $P_3, P_6, P_{12}, \ldots$ y $P'_3, P'_6, P'_{12}, \ldots$ de perímetros tiene un límite común, el cual se llama **longitud de la circunferencia.**

255 RELACIÓN ENTRE LA APOTEMA Y EL RADIO

Observemos (Fig. 218) que a medida que se duplica el número de lados de un polígono inscrito, la apotema se hace cada vez mayor y se acerca indefinidamente al valor del radio. El radio del polígono no varía y siempre es igual al radio de la circunferencia circunscrita.

Figura 218

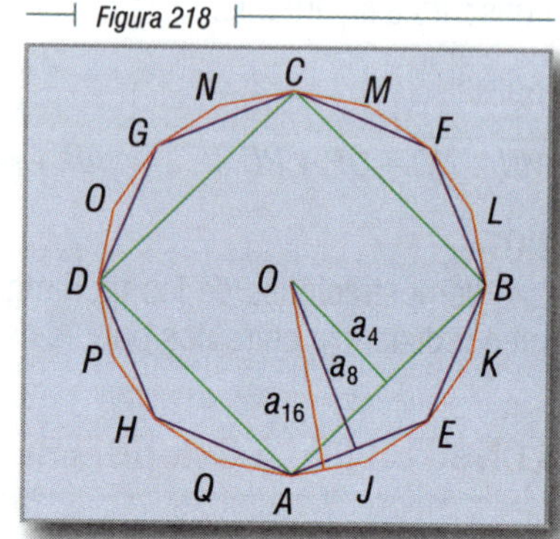

256 TEOREMA 68

Proporcionalidad entre las longitudes de circunferencia y sus radios o diámetros. **La razón de las longitudes de dos circunferencias cualesquiera es igual a la razón de sus radios y de sus diámetros.**

Figura 219-A

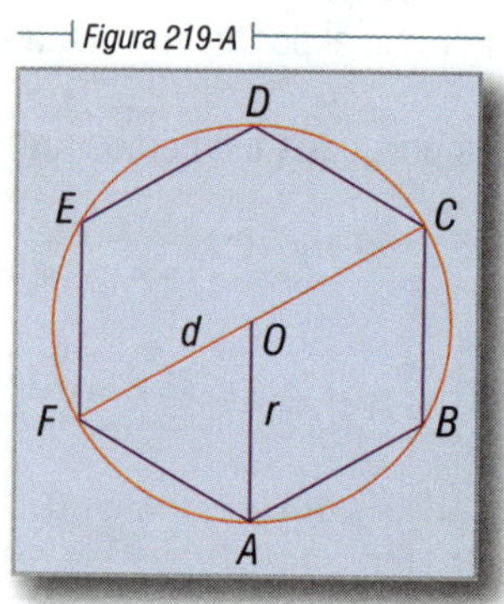

Figura 219-B

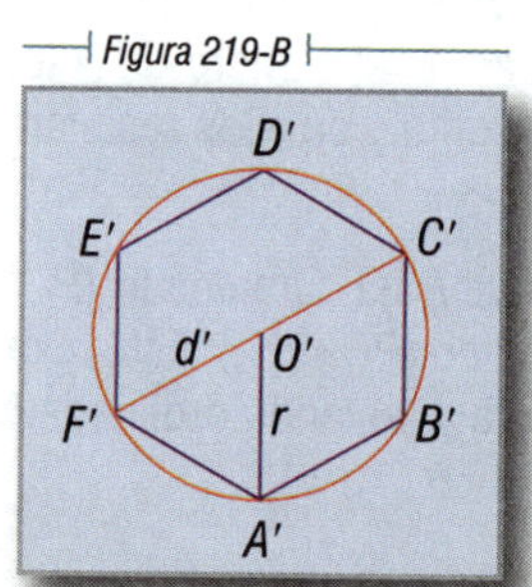

Hipótesis

Sean C y C' las longitudes de las circunferencias O y O' (Fig. 219), cuyos radios son r y r' y sus diámetros d y d'.

Tesis $\frac{C}{C'} = \frac{r}{r'} = \frac{d}{d'}$

Construcción auxiliar. Inscribamos en cada una de esas dos circunferencias un polígono regular, ambos del mismo número de lados. Sean $ABCDEF$ y $A'B'C'D'E'F'$ esos polígonos y sean P y P' sus perímetros.

Demostración

$$\frac{P}{P'} = \frac{r}{r'}$$

Porque la razón de los perímetros de dos polígonos regulares del mismo número de lados es igual a la razón de sus radios (por ser los polígonos semejantes)

$$\frac{\text{lím } P}{\text{lím } P'} = \frac{r}{r'} \qquad (1)$$

Porque la proporcionalidad anterior se cumple cualquiera que sea el número de lados del polígono

Pero: $\text{lím } P = C$ (2) Por definición de longitud de circunferencia

y $\text{lím } P' = C'$ (3)

Sustituyendo (2) y (3) en (1), tenemos:

$$\frac{C}{C'} = \frac{r}{r'} \qquad (4)$$

Multiplicando por 2 los dos términos de la segunda razón:

$$\frac{C}{C'} = \frac{2r}{2r'} \qquad (5)$$

Pero: $2r = d$ (6)

y $2r' = d'$ (7)

Sustituyendo (6) y (7) en (5), tenemos:

$$\frac{C}{C'} = \frac{d}{d'} \qquad (8)$$

Comparando (4) y (8), tenemos:

$$\frac{C}{C'} = \frac{r}{r'} = \frac{d}{d'}$$

COROLARIO

257

La razón entre la longitud de una circunferencia y su diámetro es una cantidad constante.

Hipótesis

Sean C y C' las longitudes de las circunferencias O y O' de diámetros d y d'.

Tesis $\frac{C}{d} = \frac{C'}{d'}$

Demostración

$$\frac{C}{C'} = \frac{d}{d'}$$

Teorema anterior

$$\therefore \quad \frac{C}{d} = \frac{C'}{d'}$$

Intercambiando los medios

258 EL NÚMERO π

El valor constante de la razón de la longitud de una circunferencia a su diámetro se representa por la letra griega π (pi). Es decir:

$$\frac{C}{d} = \pi$$

Este número π es un número irracional, es decir, no se puede expresar por ningún número entero o fraccionario. Se ha calculado con muchas cifras decimales y algunos valores aproximados son los siguientes:

$$\pi = \frac{22}{7}$$

$$\pi = 3.14$$

$$\pi = 3.1416$$

$$\pi = \frac{355}{113}$$

$$\pi = 3.1415926535\ldots$$

Por lo general, se usa el valor 3.14 o 3.1416.

259 COROLARIO

La longitud de una circunferencia es igual al doble de π multiplicado por el radio.

Demostración

	$\frac{C}{d} = \pi$		Por definición
$\therefore$	$C = \pi d$	(1)	Despejando C
y como:	$d = 2r$	(2)	Definición

Sustituyendo (2) en (1), tenemos:

$$C = \pi\,(2r) \qquad \therefore \quad C = 2\pi r$$

260 CÁLCULO DE LA LONGITUD DE UNA CIRCUNFERENCIA

Hallar la longitud de la circunferencia cuyo radio es igual a 6 cm.

Fórmula: $C = 2\pi r$

$C = 2 \times 3.14 \times 6$

$C = 12 \times 3.14$

$C = 37.68$ cm

LONGITUD DE UN ARCO DE CIRCUNFERENCIA DE $n°$ 261

Si $C = 2\,\pi\,r$ es la longitud de la circunferencia (360°), la longitud del arco 1° será $\dfrac{2\,\pi\,r}{360}$, porque 1° es $\dfrac{1}{360}$ de una circunferencia (Fig. 220).

Figura 220

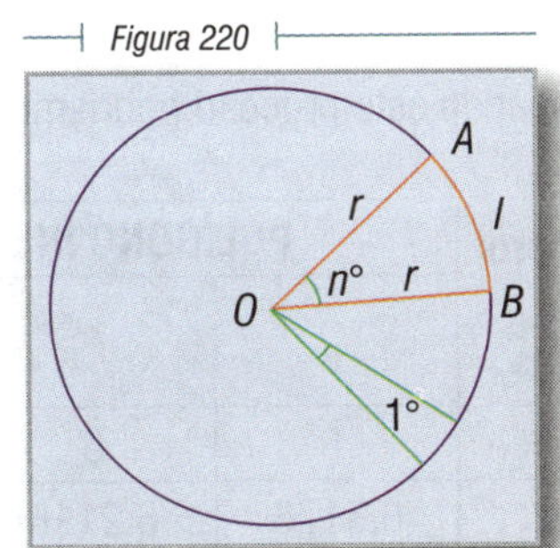

Y la longitud, l, de un arco de $n°$ será:

$$l = \frac{2\,\pi\,r n°}{360°}$$

$$\therefore \quad l = \frac{\pi\,r n°}{180°} \qquad \text{Simplificando}$$

CÁLCULO DE VALORES APROXIMADOS DE π 262

Tomando $r = 1$, calculemos los perímetros de los hexágonos regulares inscrito y circunscrito.

Inscrito: $r = 1,\ l_6 = r$ $\qquad P_6 = 6\,l_6$

$l_6 = 1 \qquad \therefore \quad P_6 = 6 \times 1 = 6$

Circunscrito: $L_n = \dfrac{2\,r\,l_n}{\sqrt{4\,r^2 - l_n^2}}$

$$\therefore \quad L_6 = \frac{2 \times 1 \times 1}{\sqrt{4 \times 1^2 - 1^2}} = \frac{2}{\sqrt{3}} = \frac{2\sqrt{3}}{3} = 1.1547$$

$$\therefore \quad P' = 6\,L_6 = 6 \times 1.1547 = 6.9282$$

Valores aproximados de π:

$$\frac{P}{d} = \frac{6}{2} = 3 \quad y \quad \frac{P'}{d} = \frac{6.9282}{2} = 3.4641$$

Si duplicamos el número de lados de dichos polígonos, obtendríamos para el dodecágono:

Fórmula: $l_{2n} = \sqrt{2r^2 - r\sqrt{4r^2 - l_n^2}}$

$$l_{2n} = \sqrt{2 \times 1^2 - 1\sqrt{4 \times 1^2 - l^2}} = \sqrt{2 - \sqrt{4 - 1}}$$

$$= \sqrt{2 - \sqrt{3}} = \sqrt{2 - 1.7321} = \sqrt{0.2679}$$

$$= 0.5176$$

$$\therefore \quad P_{12} = 12 \times 0.5176 = 6.2116$$

De manera análoga, para el circunscrito, tendríamos:

$$P'_{12} = 12 \times L_{12} = 12 \times 0.5358 = 6.4307$$

Valores aproximados de π:

$$\frac{P}{d} = \frac{6.2116}{2} = 3.1058 \quad y \quad \frac{P'}{d} = \frac{6.4307}{2} = 3.2153$$

Continuando este proceso podríamos formar el siguiente cuadro:

Número de lados	POLÍGONO INSCRITO			POLÍGONO CIRCUNSCRITO		
	l_n	P	$\frac{P}{d}$	L_n	P'	$\frac{P'}{d}$
6	1	6	3	1.1547	6.9282	3.464
12	0.5176	6.2116	3.1058	0.5358	6.4307	3.2153
24	0.2610	6.2652	3.1326	0.2633	6.3193	3.1596
48	0.1308	6.2787	3.1393	0.1310	6.2921	3.1460
96	0.0654	6.2820	3.1410	0.0654	6.2854	3.1427
192	0.0327	6.2829	3.1414	0.0327	6.2837	3.1418
384	0.0163	6.2831	3.1415	0.0163	6.2833	3.1416
768	0.0081	6.2831	3.1415	0.0081	6.2832	3.1416

Las razones $\frac{P}{d}$ y $\frac{P'}{d}$ tienden al valor de π.

Al comparar las tres primeras y tomando las cifras comunes, tenemos el valor $\pi = 3$.

Al comparar las tres siguientes, tenemos $\pi = 3.1$.

Comparando las razones correspondientes a los polígonos de 96 lados, obtenemos $\pi = 3.14$.

Si continuamos este proceso, podemos obtener el valor de π con la aproximación que se desee. Este método se conoce con el nombre de método de los perímetros.

Como puede observarse, el método es muy laborioso.

263 MÉTODO GRÁFICO PARA RECTIFICAR APROXIMADAMENTE UNA CIRCUNFERENCIA

Rectificar una circunferencia es obtener un segmento rectilíneo cuya longitud sea igual a la de la curva.

1. Tracemos un diámetro $\overline{AB}$ (Fig. 221)
2. Por A tracemos la tangente.
3. Sobre dicha tangente y a partir de A tomemos tres diámetros. Se obtiene el punto E.
4. Tracemos $\angle BOF = 30^{\circ}$.
5. Bajemos $\overline{FD} \perp \overline{OB}$.
6. Unamos D con E. $\overline{DE}$ es la solución del problema.

Figura 221

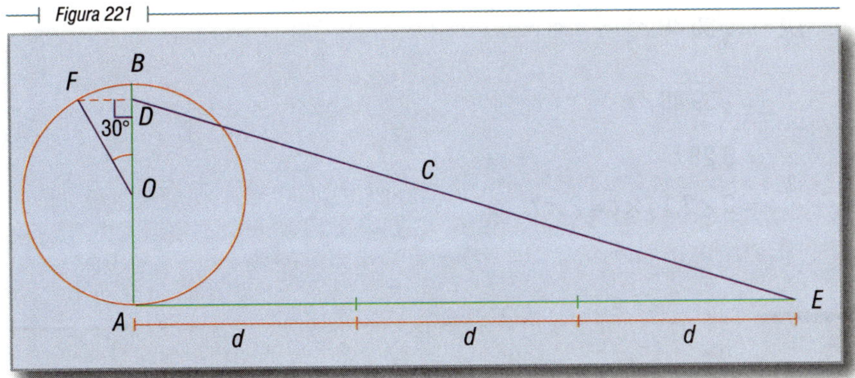

JUSTIFICACIÓN DE LA CONSTRUCCIÓN ANTERIOR

264

En el $\triangle AED$:

$$(\overline{DE})^2 = (\overline{EA})^2 + (\overline{AD})^2 \qquad (1) \quad \text{Teorema de Pitágoras}$$

Pero: $\overline{AD} = \overline{AO} + \overline{OD}$ (2) Suma de segmentos

Sustituyendo (2) en (1), tenemos:

$$(\overline{DE})^2 = (\overline{EA})^2 + (\overline{AO} + \overline{OD})^2 \qquad (3)$$

Pero: $\overline{EA} = 3\,d = 6\,r$ (4) Construcción

$\overline{AO} = r$ (5) Construcción

$\overline{OD} = a_6 = \dfrac{r\sqrt{3}}{2}$ (6) Apotema de un hexágono inscrito, $\angle DOF = 30^o$

Sustituyendo (4), (5) y (6) en (3), tenemos:

$$(\overline{DE})^2 = (6\,r)^2 + \left[r + \frac{r\sqrt{3}}{2}\right]^2$$

$$= 36r^2 + r^2 + r^2\sqrt{3} + \frac{3r^2}{4}$$

$$= r^2(36 + 1)\sqrt{3} + \frac{3}{4}$$ Designando r^2 como factor común

$$= r^2\,(36 + 1 + 1.73 + 0.75)$$

$$= r^2\,(39.48)$$

$$= 39.48\,r^2$$

$$\therefore \quad \overline{DE}^2 = \sqrt{39.48\, r^2}$$

$$= \sqrt{39.48} \cdot r$$

$$= 6.28\, r$$

$$= 2 \times 3.14 \times r = 2\pi r$$

Ejercicios

1. Los lados de dos polígonos están en la relación 2:7. ¿Se puede afirmar que son semejantes? ¿Por qué?

   R. No. Porque falta la igualdad de los ángulos.

2. Dos eptágonos son equiángulos. ¿Se puede afirmar que son semejantes? ¿Por qué?

   R. No. Porque falta la proporcionalidad de los lados.

3. Dos rectángulos son semejantes. Los anchos respectivos son 16 y 24 m y el primero tiene 30 m de largo. ¿Cuál es el largo del segundo?

   R. 45 m

4. Los lados de dos decágonos regulares miden 3 y 5 m. Hallar las razones de: a) sus lados, b) sus perímetros, c) sus radios, d) sus diámetros, e) sus apotemas.

   R. $\frac{l}{l'} = \frac{P}{P'} = \frac{r}{r'} = \frac{d}{d'} = \frac{a}{a'} = \frac{3}{5}$

5. En una circunferencia de 10 m de diámetro, el lado del polígono regular de 48 lados, inscrito en la misma, mide 1.3 m. Calcular el lado de otro polígono regular del mismo número de lados, inscrito en una circunferencia de 12.5 m de radio.

   R. 3.25 m

6. El perímetro de un polígono regular de 96 lados mide 31.2 m y su radio 10 m. Calcular el radio de otro polígono regular del mismo número de lados, si uno de estos lados mide 4.5 m.

   R. 138.2 m

7. Hallar la longitud de una circunferencia cuyo radio mide 9 cm.

   R. 56.54 cm

8. Hallar la longitud de una circunferencia cuyo diámetro mide 15 cm.

   R. 47.12 cm

9. Hallar el radio de una circunferencia cuya longitud es 628 cm.

   R. 1 m

10. Hallar el diámetro de una circunferencia cuya longitud es 424 m.

R. 134.96 m

11. Hallar el radio de una circunferencia cuya longitud es igual a la suma de las longitudes de dos circunferencias cuyos radios miden 6 m y 12 m.

R. 18 m

12. Hallar la longitud de una circunferencia circunscrita a un triángulo equilátero de 36 m de perímetro.

R. $8\sqrt{3}\pi$ m

13. Hallar la longitud de una circunferencia inscrita en un cuadrado de 20 cm de lado.

R. 62.8 cm

14. Hallar la longitud de una circunferencia circunscrita a un cuadrado de 20 cm de lado.

R. $20\sqrt{2}\pi$ cm

15. Hallar la longitud de un arco cuya amplitud es de 30° y que pertenece a una circunferencia de 10 cm de diámetro.

R. $\frac{5}{6}\pi$ cm

16. ¿Cuál es la amplitud del arco cuya longitud es 5.23 cm, si pertenece a una circunferencia de 20 cm de radio?

R. 15°

17. Calcular el radio de un arco cuya amplitud es de 20°, si su longitud es de 2.79 cm.

R. 8 cm

18. Hallar la longitud de un arco de 3° 20′ que pertenece a una circunferencia de 10 m de radio.

R. 0.58 m

19. Hallar la longitud de un arco de 5° 2′8′′ que pertenece a una circunferencia de 2 m de radio.

R. 17.5 cm

20. Hallar el perímetro del segmento circular limitado por el lado del triángulo equilátero inscrito en una circunferencia de 4 cm de radio.

R. 15.3 cm

21. Hallar el perímetro del segmento circular limitado por el lado del cuadrado inscrito en una circunferencia de 3 cm de radio.

R. 8.94 cm

22. Hallar el perímetro del segmento circular limitado por el lado del hexágono regular inscrito en una circunferencia de 5 cm de radio.

R. 10.23 cm

23. La longitud de un arco que pertenece a una circunferencia de 4 m de radio es igual a la longitud de un arco que pertenece a una circunferencia de 10 m de radio. Si el primer arco es de 36°, ¿cuántos grados tiene el segundo arco?

R. 14° 30′

24. El arco $\overset{\frown}{BC}$ se ha trazado haciendo centro en A. El arco $\overset{\frown}{CD}$ se ha trazado haciendo centro en B. Si $\overline{AB} = 5$ cm, calcular la longitud de la curva BCD.

R. 15π cm

Ejercicio 24

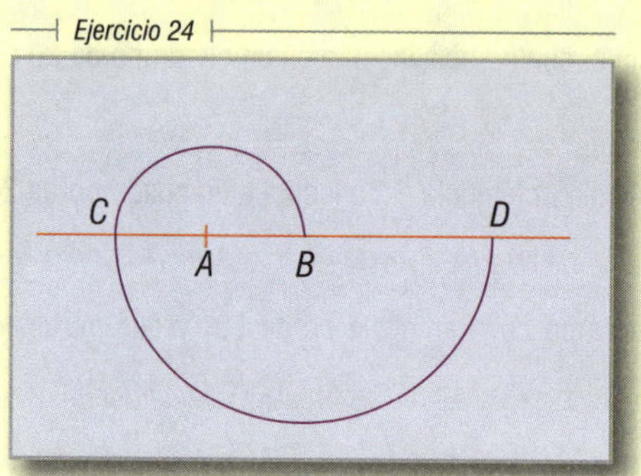

25. Si el radio de la circunferencia O es r, ¿cuál es el perímetro de la "lúnula" $ABCD$?

R. $P = \frac{2+\sqrt{2}}{2}\pi r$

Ejercicio 25

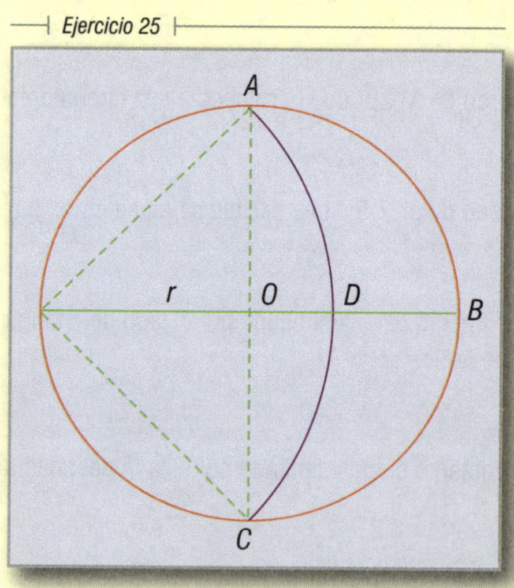

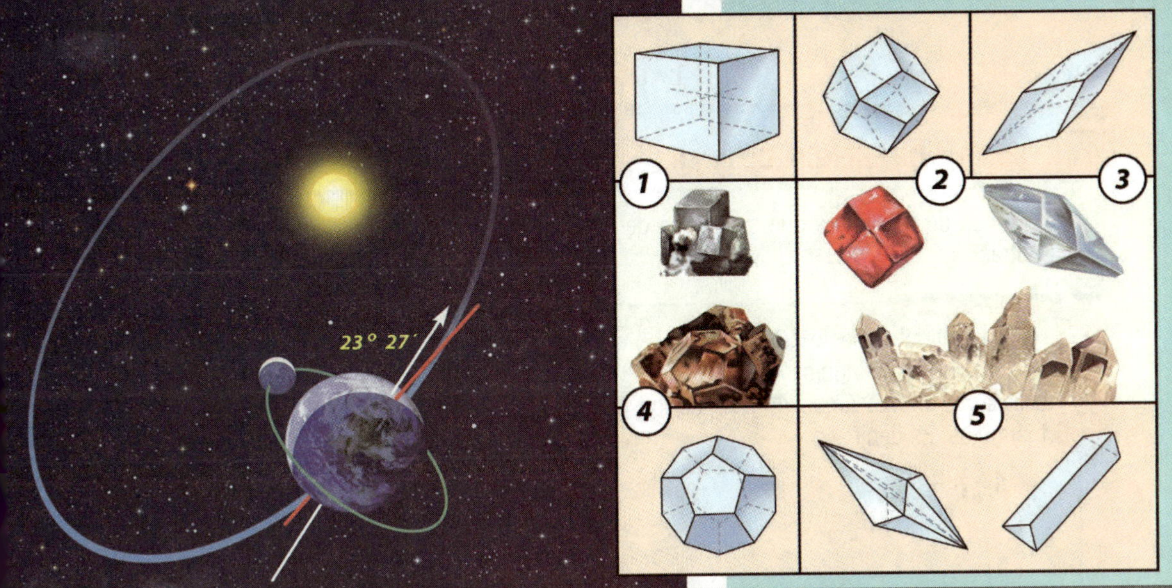

Formas reales e imaginarias geométricas en la creación. (Seres inorgánicos.) En los minerales y rocas, los cristales que los constituyen representan formas geométricas perfectamente definidas, simples o combinadas. La ilustración 1 representa los cristales cúbicos de galena; la 2, rombo-dodecaedro en un cristal de granate; la 3, escalenoedro en un cristal de calcita; la 4, pentágonododecaedro en un cristal de pirita y la 5, el romboedro combinado con un prisma trigonal en cristales de cuarzo.

Capítulo XVII

ÁREAS

SUPERFICIE 265

La superficie se refiere a la forma. Hay superficies rectangulares, cuadradas, circulares, etcétera.

ÁREA 266

Es la medida de una superficie. El área se refiere al tamaño.

MEDIDA DE UNA SUPERFICIE 267

Para efectuar la medida de una superficie se toma como unidad un cuadrado que tenga por lado la unidad de longitud.

En la práctica, el cálculo del área de una figura se efectúa indirectamente, es decir, midiendo la longitud de algunos de los elementos de la figura y realizando ciertas operaciones con dichas medidas.

268 SUMA Y DIFERENCIA DE ÁREAS

El área de una figura que sea suma de otras dos es igual a la suma de las áreas de estas otras.

Ejemplo

El área, A, del trapecio $ABCD$ (Fig. 222) que es suma de los triángulos ABC y ACD es igual a la suma de las áreas A_1 y A_2 de los dos triángulos. Es decir:

$$A = A_1 + A_2$$

Figura 222

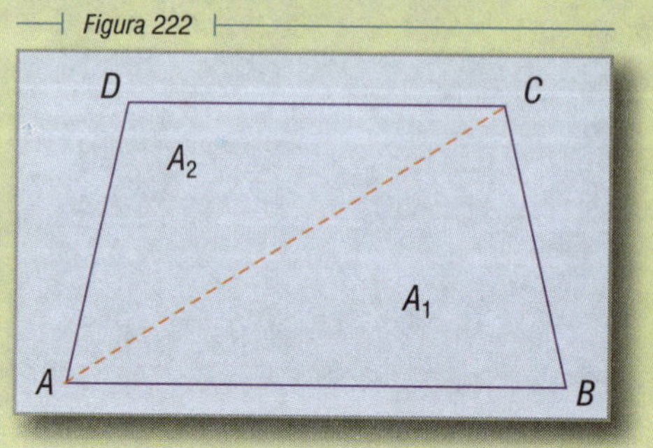

De manera análoga, si una figura es igual a la diferencia de otras dos, su área es igual a la diferencia de las áreas de estas otras.

Ejemplo

En la figura anterior:

$$A_1 = A - A_2$$

269 FIGURAS EQUIVALENTES

Son las que son iguales o pueden obtenerse como suma o diferencia de figuras iguales. Todas las figuras equivalentes tienen igual área. Recíprocamente, si dos figuras tienen igual área, se dice que son equivalentes.

Figura 223-A

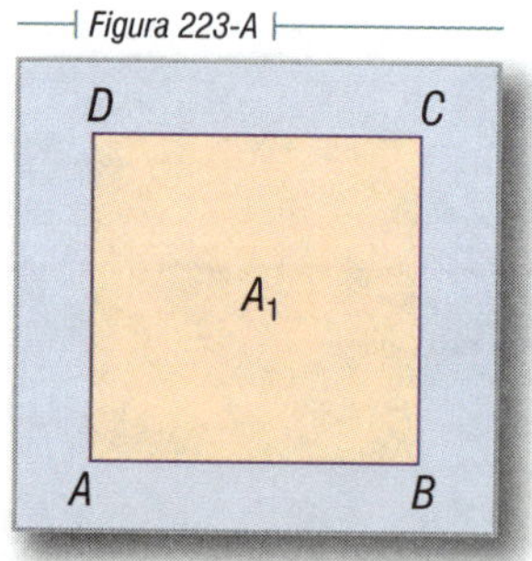

Figura 223-B

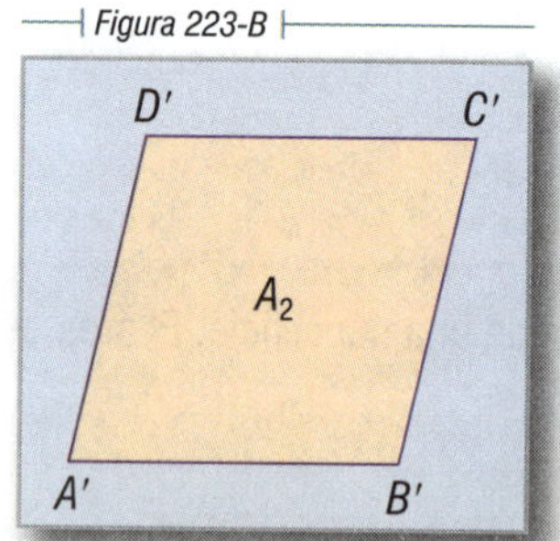

Ejemplo

Sea A_1 el área de la superficie $ABCD$.
Sea A_2 el área de la superficie $A'B'C'D'$.
Si $A_1 = A_2$, las dos figuras son equivalentes.

CARACTERES DE LA EQUIVALENCIA DE FIGURAS 270

La equivalencia de figuras goza de los tres caracteres generales de igualdad.

1. **Carácter idéntico.** A es equivalente a A.
2. **Carácter recíproco.** Si A_1 es equivalente a A_2; entonces, A_2 es equivalente a A_1.
3. **Carácter transitivo.** Si A_1 es equivalente a A y A es equivalente a A_2; entonces, A_1 es equivalente a A_2.

TEOREMA 69 271

Área del rectángulo. **Si dos rectángulos tienen igual base e igual altura, son iguales.**

Hipótesis

$ABCD$ y $A'B'C'D'$ (Fig. 224) son rectángulos.
$\overline{AB} = \overline{A'B'}$ bases y $\overline{AD} = \overline{A'D'}$ alturas.

Figura 224-A

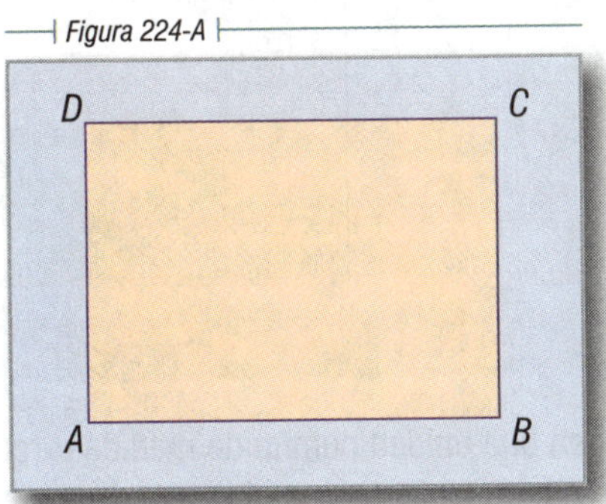

Figura 224-B

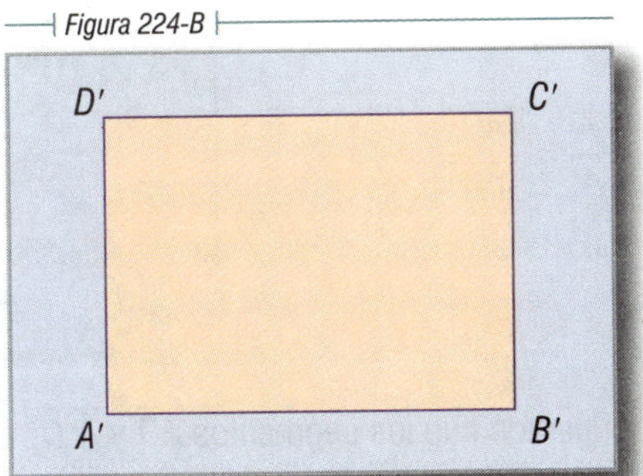

Tesis

$ABCD = A'B'C'D'$

Demostración

Llevemos el rectángulo $A'B'C'D'$ sobre el rectángulo $ABCD$, de manera tal que $\overline{A'B'}$ coincida con su igual $\overline{AB}$ y A' con A y B' con B.	Postulado del movimiento
$\overline{A'D'}$ seguirá la dirección de $\overline{AD}$.	Por ser $\angle A = \angle A' = 90°$ por hipótesis
D' coincidirá con D.	$\overline{A'D'} = \overline{AD}$ por hipótesis
$\overline{D'C'}$ seguirá la dirección de $\overline{DC}$ y $\overline{B'C'}$, la dirección de $\overline{BC}$.	Por los puntos B y D solamente puede pasar una perpendicular a los lados $\overline{AB}$ y $\overline{AD}$, respectivamente

Por tanto, C' coincidirá con C.	Dos rectas solamente se cortan en un punto
$\therefore \quad ABCD = A'B'C'D'$	Porque superpuestos coinciden

272 **TEOREMA 70**

Si dos rectángulos tienen iguales las bases, sus áreas son proporcionales a las alturas.

Figura 225-A

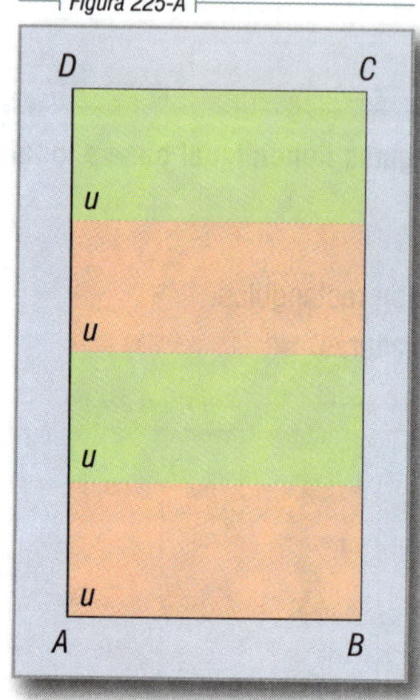

Figura 225-B

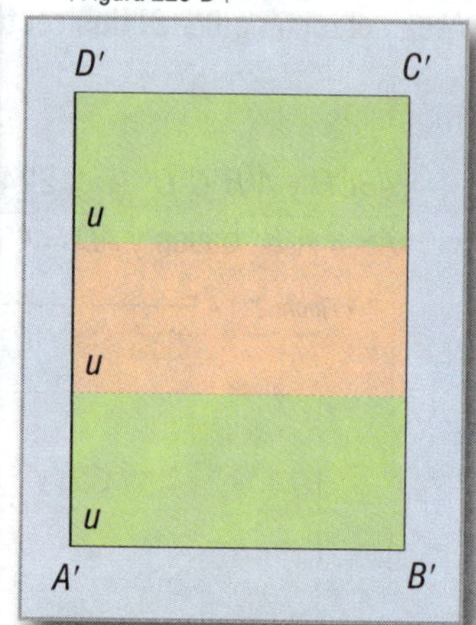

Hipótesis

$ABCD$ y $A'B'C'D'$ (Fig. 225) son rectángulos de áreas A y A', bases $\overline{AB} = \overline{A'B'}$ y alturas $\overline{AD}$ y $\overline{A'D'}$.

Tesis

$$\frac{A}{A'} = \frac{\overline{AD}}{\overline{A'D'}}$$

Demostración

Supongamos que los segmentos $\overline{AD}$ y $\overline{A'D'}$ admiten una unidad común de medida u (considerando solamente el caso conmensurable). Supongamos que esta unidad está contenida m veces en $\overline{AD}$ y n veces en $\overline{A'D'}$. Entonces, tendremos:

$$\overline{AD} = m\,u \qquad (1)$$

$$\overline{A'D'} = n\,u \qquad (2)$$

$$\therefore \quad \frac{\overline{AD}}{\overline{A'D'}} = \frac{m}{n} \qquad (3)$$

Por los puntos de división tracemos paralelas en ambos rectángulos a $\overline{AB}$ y $\overline{A'B'}$.

Los rectángulos $ABCD$ y $A'B'C'D'$ quedarán divididos en m y n rectángulos iguales, respectivamente. Sea r el área de estos rectángulos. Tendremos:

$$A = m\,r \quad (4) \qquad \text{y} \qquad A' = n\,r \quad (5)$$

$$\therefore \quad \frac{A}{A'} = \frac{m}{n} \qquad (6)$$

Comparando (3) y (4) tenemos:

$$\frac{A}{A'} = \frac{\overline{AD}}{\overline{A'D'}}$$

TEOREMA 71 273

Si dos rectángulos tienen las alturas iguales, sus áreas son proporcionales a las bases.

La demostración es análoga a la anterior.

TEOREMA 72 274

Las áreas de dos rectángulos son proporcionales a los productos de sus bases por sus alturas.

Figura 226-A

Hipótesis

$ABCD$ y $A'B'C'D'$ (Fig. 226), son rectángulos de áreas A_1 y A_2, y bases $\overline{AB} = b$ y $\overline{A'B'} = b'$ y $\overline{AD} = h$ y $\overline{A'D'} = h'$.

Tesis

$$\frac{A_1}{A_2} = \frac{bh}{b'h'}$$

Figura 226-B

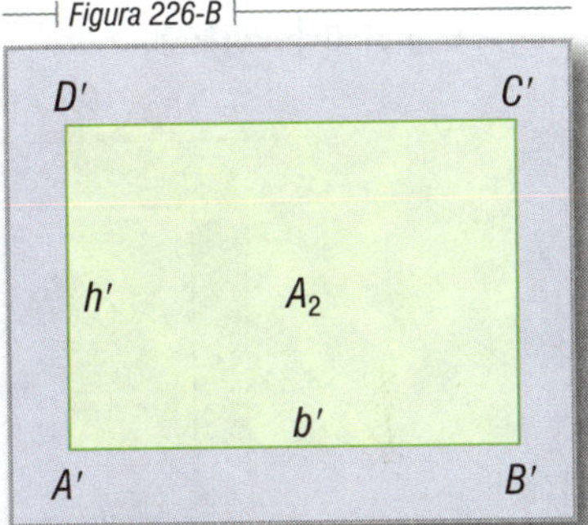

Figura 226-C

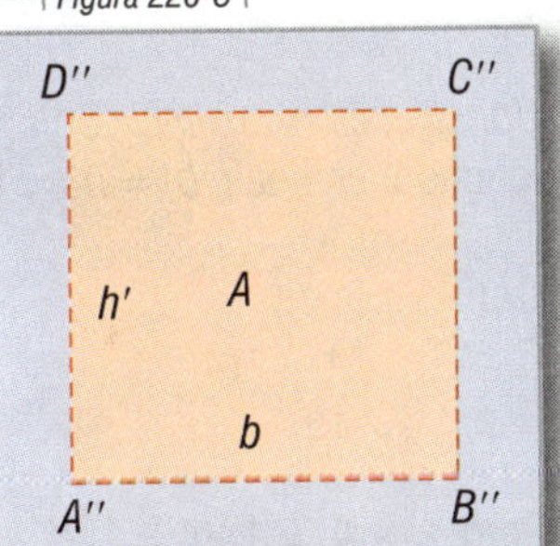

Construcción auxiliar. Construyamos el rectángulo $A''B''C''D''$, de manera que $\overline{A''B''} = \overline{AB} = b$ y $\overline{A''D''} = \overline{A'D'} = h'$. Llamamos A a su área.

Demostración

Comparando $ABCD$ y $A''B''C''D''$:

$$\frac{A_1}{A} = \frac{h}{h'} \qquad (1)$$ Por tener bases iguales por construcción

Comparando $A'B'C'D'$ y $A''B''C''D''$:

$$\frac{A_2}{A} = \frac{b'}{b} \qquad (2)$$ Por tener alturas iguales por construcción

Dividiendo ordenadamente (1) y (2), tenemos:

$$\frac{\frac{A_1}{A}}{\frac{A_2}{A}} = \frac{\frac{h}{h'}}{\frac{b'}{b}}$$

$$\therefore \quad \frac{A_1A}{A_2A} = \frac{bh}{b'h'}$$

$$\therefore \quad \frac{A_1}{A_2} = \frac{bh}{b'h'}$$

275 TEOREMA 73

El área de un rectángulo es igual al producto de su base por su altura.

Hipótesis

Sea A el área del rectángulo $ABCD$ (Fig. 227) de base b y altura h.

Figura 227-A

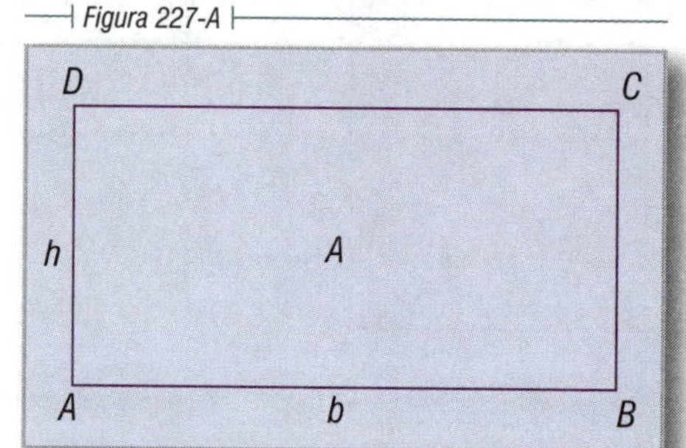

Figura 227-B

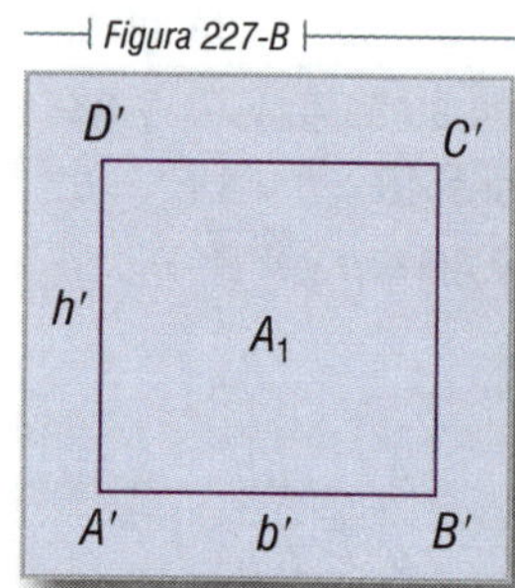

Tesis

$A = b\,h$

Construcción auxiliar. Construyamos el cuadrado $A'B'C'D'$ cuyo lado mide la unidad de longitud; es decir, $b' = h' = 1$. Este cuadrado será la unidad de área; es decir, $A_1 = 1$.

Demostración

$\frac{A}{A_1} = \frac{bh}{b'h'}$	(1)	Porque las áreas de dos rectángulos son proporcionales a los productos de las bases por las alturas
Pero: $A_1 = 1,\ b' = 1,\ h' = 1$		Por construcción

Sustituyendo estos valores en (1):

$$\frac{A}{1} = \frac{bh}{1 \times 1}$$

$$\therefore \quad A = b\,h$$

Figura 228

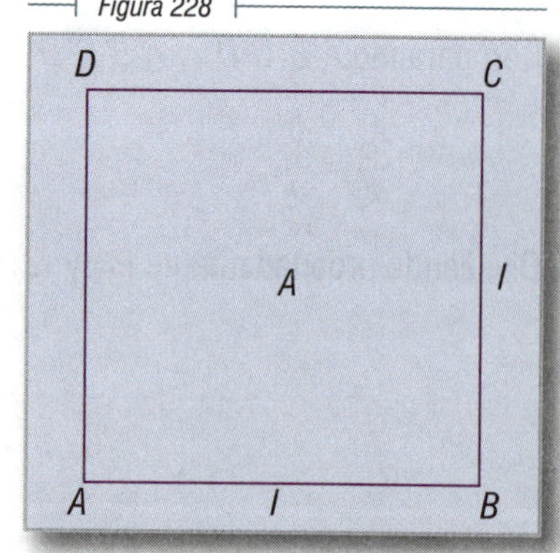

276 COROLARIO

El área del cuadrado es igual al cuadrado del lado.

Hipótesis

$ABCD$ es un cuadrado (Fig. 228) de lado l.

Tesis

$A = l^2$

Demostración

$A = l \times l$	(1)	Por ser el cuadrado un rectángulo
$\therefore \quad A = l^2$		

277

TEOREMA 74

Área del paralelogramo. **El área de un paralelogramo es igual al producto de su base por su altura.**

Hipótesis

ABCD (Fig. 229) es un paralelogramo
$\overline{AB} = \overline{DC} = b =$ base
$\overline{DE} = h =$ altura

Figura 229

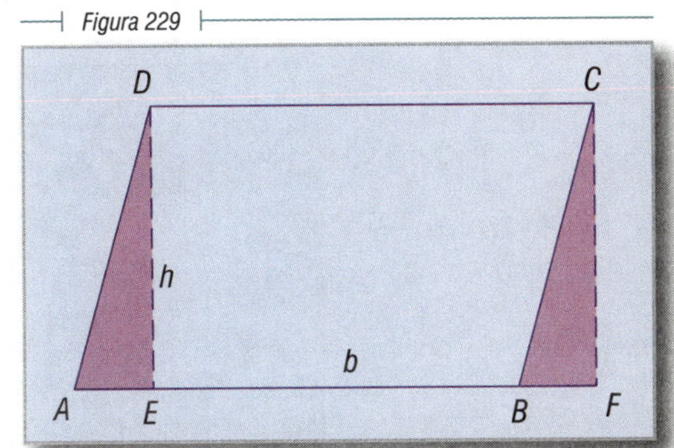

Tesis

$A = b\,h$

Construcción auxiliar. Prolonguemos $\overrightarrow{AB}$ y tracemos las perpendiculares $\overline{CF}$ y $\overline{DE}$. Se formarán los triángulos rectángulos *AED*, *BFC* y el cuadrilátero *EFCD*.

Demostración

$A_{ABCD} = A_{DEFC} + A_{AED} - A_{BFC}$ (1) Por suma y resta de áreas

En *DEFC*:

$\overline{DE} \parallel \overline{CF}$	Por ser ambas perpendiculares a $\overline{AB}$
$\therefore$ *DEFC* es un rectángulo	Por definición

Pero: $\overline{EF} = \overline{DC} = b$

y $\overline{DE} = h$

$\therefore \quad A_{DEFC} = b\,h$ (2) Área del rectángulo

En $\triangle AED$ y $\triangle BFC$:

$\angle E = \angle F = 1R$	Por construcción
$\overline{DA} = \overline{CB}$	Lados opuestos de un paralelogramo
$\overline{DE} = \overline{CF}$	Paralelas entre paralelas

	$\triangle AED = \triangle BFC$		Por tener iguales la hipotenusa y un cateto
	$A_{AED} = A_{BFC}$	(3)	Las figuras iguales son equivalentes
	$A_{ABCD} = b\,h + A_{BFC} - A_{BFC}$		
$\therefore$	$A = b \cdot h$		

278

TEOREMA 75

Área del triángulo. **El área de un triángulo es igual a la mitad del producto de su base por su altura.**

Hipótesis

$\triangle ABC$ (Fig. 230) es un triángulo de base $\overline{AB} = b$ y altura $\overline{CD} = h$.

Figura 230

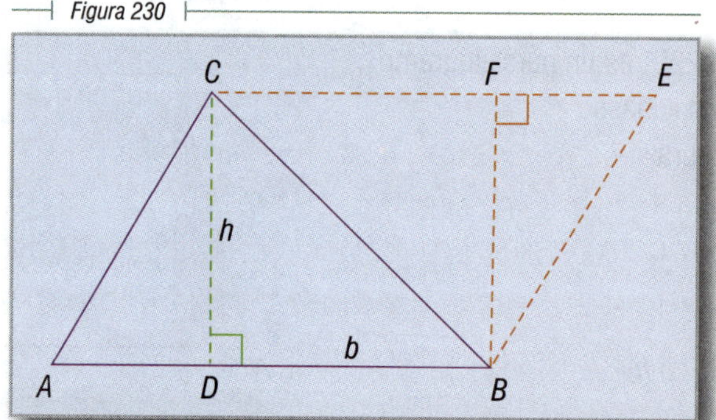

Tesis

$$A = \frac{b \cdot h}{2}$$

Construcción auxiliar. Por el vértice C, tracemos una paralela a $\overline{AB}$ y por el vértice B, una paralela a $\overline{AC}$. Sea E el punto en que se cortan dichas paralelas. Se forma el cuadrilátero $ABEC$ y el $\triangle ECB$. Tracemos la altura $\overline{BF}$ del $\triangle ECB$.

Demostración

	$A_{ABC} = A_{ABEC} - A_{ECB}$	(1)	Diferencia de áreas
	$ABEC$ es un paralelogramo		$\overline{CE} \parallel \overline{AB}$ y $\overline{BE} \parallel \overline{AC}$ por construcción
y	$\overline{AB} = b$		Por hipótesis
	$\overline{CD} = h$		
$\therefore$	$A_{ABEC} = b \cdot h$	(2)	

Además:

En los $\triangle ECB$ y $\triangle ABC$:

	$\overline{BC} = \overline{BC}$		Lado común
	$\overline{AC} = \overline{EB}$		Lados opuestos de un paralelogramo
	$\overline{AB} = \overline{EC}$		
$\therefore$	$\triangle ECB = \triangle ABC$		Por tener los tres lados iguales
$\therefore$	$A_{ECB} = A_{ABC}$	(3)	Figuras iguales tienen áreas iguales

Sustituyendo (2) y (3) en (1):

$$A_{ABC} = b\,h - A_{ABC}$$

$$A_{ABC} + A_{ABC} = b\,h \qquad \text{Trasponiendo}$$

$$2\,A_{ABC} = b \cdot h \qquad \text{Sumando}$$

$$A_{ABC} = \frac{bh}{2} \qquad \text{Despejando}$$

$$\therefore \quad A = \frac{bh}{2} \qquad \text{Llamando } A \text{ el área del } \triangle ABC$$

COROLARIO 1 279

Las áreas de dos triángulos son proporcionales a los productos de las bases por las alturas.

Hipótesis

ABC y *A′B′C′* (Fig. 231) son dos triángulos de bases b y b' y alturas h y h'.

Figura 231-A

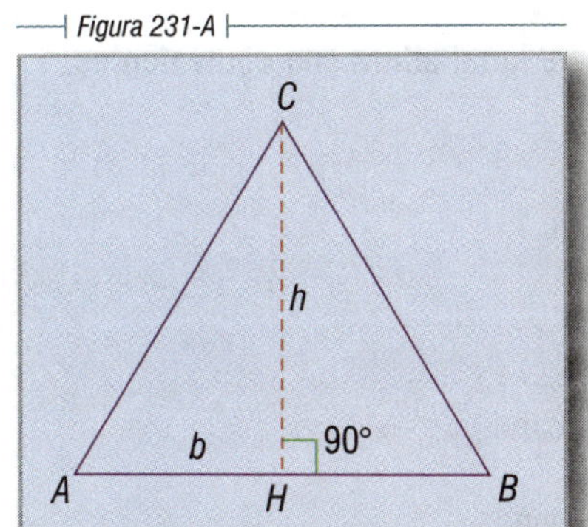

Figura 231-B

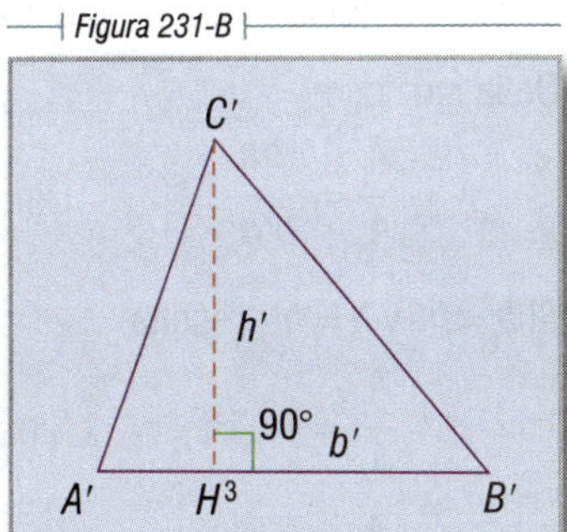

Tesis

$$\frac{A_1}{A_2} = \frac{bh}{b'h'}$$

Demostración

Las áreas de los $\triangle ABC$ y $\triangle A'B'C'$ son:

$$A_1 = \frac{bh}{2} \quad (1) \qquad A_2 = \frac{b'h'}{2} \quad (2)$$

Dividiendo (1) y (2), tenemos:

$$\frac{A_1}{A_2} = \frac{\frac{bh}{2}}{\frac{b'h'}{2}} = \frac{bh}{b'h'}$$

COROLARIO 2 280

Las áreas de dos triángulos cuyas bases son iguales, son proporcionales a sus alturas y si éstas son iguales, son proporcionales a las bases.

a) Si $b = b'$, de la igualdad:

$$\frac{A_1}{A_2} = \frac{bh}{b'h'}$$ Corolario 1

se deduce:

$$\frac{A_1}{A_2} = \frac{h}{h'}$$ Simplificando

b) Si $h = h'$, de la igualdad:

$$\frac{A_1}{A_2} = \frac{bh}{b'h'}$$ Corolario 1

se deduce:

$$\frac{A_1}{A_2} = \frac{b}{b'}$$ Simplificando

281 COROLARIO 3

Si dos triángulos tienen igual base e igual altura son equivalentes.

De la igualdad:

$$\frac{A_1}{A_2} = \frac{bh}{b'h'}$$ Corolario 1

Si $b = b'$ y $h = h'$, resulta

$$\frac{A_1}{A_2} = 1$$ Simplificando

$\therefore \quad A_1 = A_2$ Trasponiendo

282 TEOREMA 76

Si dos triángulos tienen un ángulo igual, sus áreas son proporcionales a los productos de los lados que forman dicho ángulo.

Hipótesis

En los triángulos ABC y $A'B'C'$ (Fig. 232) se verifica que $\angle A = \angle A'$.

Figura 232-A

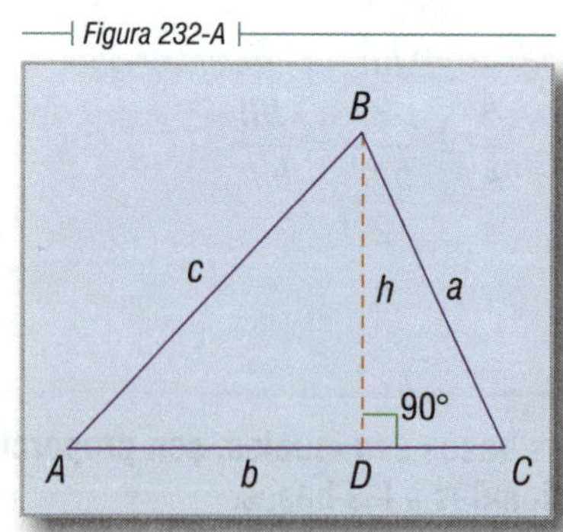

Figura 232-B

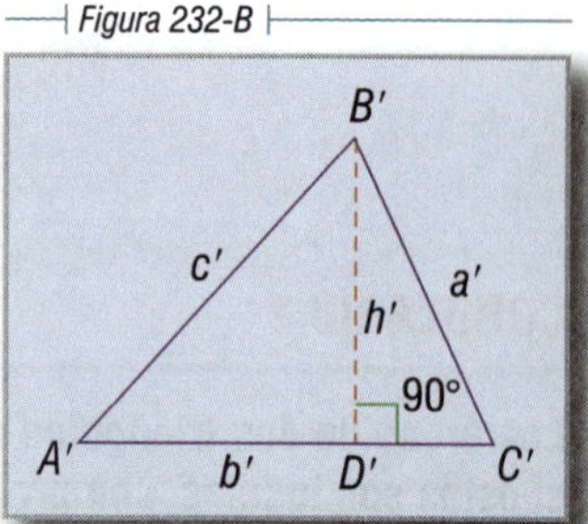

Tesis

$$\frac{A_{ABC}}{A_{A'B'C'}} = \frac{bc}{b'c'}$$

Construcción auxiliar. Tracemos las alturas $\overline{BD} = h$ y $\overline{B'D'} = h'$. Se forman los triángulos rectángulos ADB y $A'D'B'$.

Demostración

$$\frac{A_{ABC}}{A_{A'B'C'}} = \frac{bh}{b'h'}$$ Porque las áreas de dos triángulos son proporcionales a los productos de las bases por las alturas

$$\frac{A_{ABC}}{A_{A'B'C'}} = \frac{b}{b'} \times \frac{h}{h'}$$ (1) Descomponiendo la segunda razón.

En los $\triangle ADB$ y $\triangle A'D'B'$:

	$\angle D = \angle D' = 1R$		Por construcción
y	$\angle A = \angle A'$		Por hipótesis
$\therefore$	$\triangle ADB \sim \triangle A'D'B'$		Por ser rectángulos y tener un ángulo agudo igual
$\therefore$	$\frac{h}{h'} = \frac{c}{c'}$	(2)	Comparando los catetos h y h' y las hipotenusas

Sustituyendo (2) en (1):

$$\frac{A_{ABC}}{A_{A'B'C'}} = \frac{b}{b'} \times \frac{c}{c'}$$

$$\therefore \quad \frac{A_{ABC}}{A_{A'B'C'}} = \frac{bc}{b'c'}$$ Efectuando operaciones

TEOREMA 77

283

Si dos triángulos son semejantes, sus áreas son proporcionales a los cuadrados de sus lados homólogos.

Hipótesis

Los triángulos ABC y $A'B'C'$ son semejantes (Fig. 233).

Figura 233-A

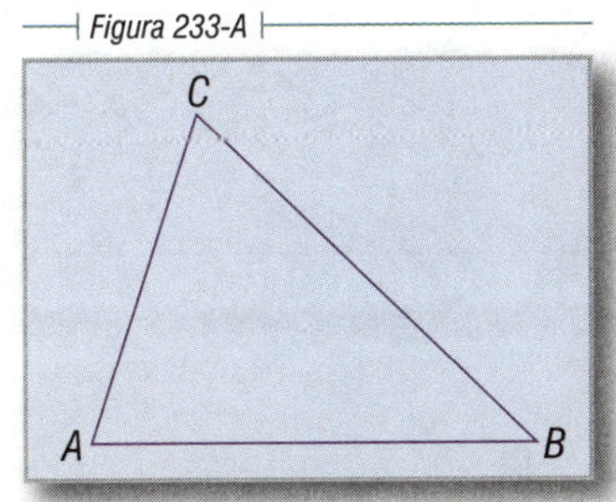

Figura 233-B

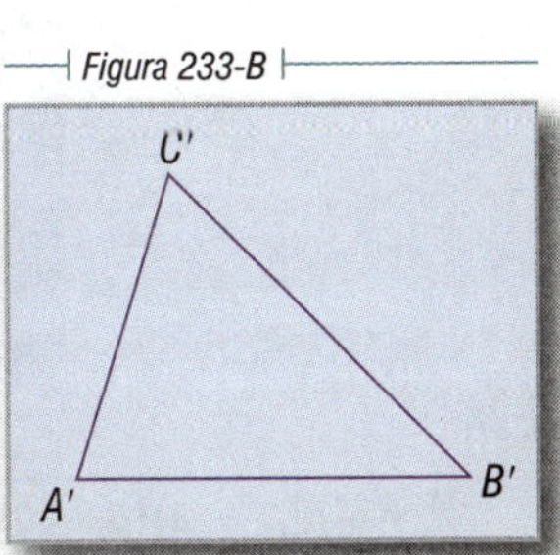

Tesis

$$\frac{A_{ABC}}{A_{A'B'C'}} = \frac{(\overline{CA})^2}{(\overline{C'A'})^2}$$

Demostración

En los $\triangle ABC$ y $\triangle A'B'C'$ se verifica:

$$\frac{A_{ABC}}{A_{A'B'C'}} = \frac{\overline{CA} \cdot \overline{CB}}{\overline{C'A'} \cdot \overline{C'B'}}$$ Teorema anterior

$$\therefore \quad \frac{A_{ABC}}{A_{A'B'C'}} = \frac{\overline{CA} \cdot \overline{CB}}{\overline{C'A'} \cdot \overline{C'B'}} \quad (1)$$ Descomponiendo la segunda razón

Pero: $$\frac{\overline{CA}}{\overline{C'A'}} = \frac{\overline{CB}}{\overline{C'B'}} \quad (2)$$ Ya que $\triangle ABC \sim \triangle A'B'C'$ por hipótesis

Sustituyendo (2) en (1):

$$\frac{A_{ABC}}{A_{A'B'C'}} = \frac{\overline{CA}}{\overline{C'A'}} \times \frac{\overline{CA}}{\overline{C'A'}}$$ Efectuando operaciones

$$\therefore \quad \frac{A_{ABC}}{A_{A'B'C'}} = \frac{(\overline{CA})^2}{(\overline{C'A'})^2}$$

284 TEOREMA 78

Área del triángulo en función de sus lados. Fórmula de Herón. **El área de un triángulo en términos de sus lados *a*, *b* y *c*, está dada por la fórmula: $A = \sqrt{p(p-a)(p-b)(p-c)}$, donde *p* es el semiperímetro del triángulo.**

Hipótesis

Sea el $\triangle ABC$ (Fig. 234) de área A.

Figura 234

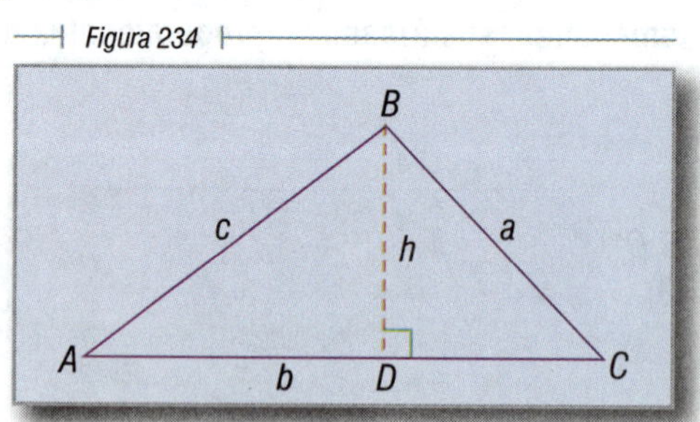

Tesis

$$A = \sqrt{p(p-a)(p-b)(p-c)}$$

Demostración

$$A = \frac{1}{2}bh$$ (1) Área de un triángulo

Pero: $h = \frac{2}{b}\sqrt{p(p-a)(p-b)(p-c)}$ (2) Altura de un triángulo en función de sus lados (sección 160)

Sustituyendo (2) en (1), tenemos:

$$A = \frac{1}{2}b \times \frac{2}{b}\sqrt{p(p-a)(p-b)(p-c)}$$

$\therefore \quad A = \sqrt{p(p-a)(p-b)(p-c)}$ Efectuando operaciones y simplificando

TEOREMA 79

285

Área de un triángulo equilátero en función del lado. **El área *A* de un triángulo equilátero del lado *l* está dada por la fórmula:**

$$A = \frac{l^2\sqrt{3}}{4}$$

Demostración

$$A = \sqrt{p(p-a)(p-b)(p-c)}$$ (1) Fórmula de Herón

Pero: $p = \frac{a+b+c}{2}$ (2) Semiperímetro

y $a = b = c = l$ (3) Por ser el triángulo equilátero

Sustituyendo (3) en (2), tenemos:

$$p = \frac{l+l+l}{2} = \frac{3l}{2}$$ (4)

Sustituyendo (3) y (4) en (1), tenemos:

$$A = \sqrt{\frac{3l}{2}\left(\frac{3l}{2}-l\right)\left(\frac{3l}{2}-l\right)\left(\frac{3l}{2}-l\right)}$$ (5)

Pero: $\frac{3l}{2} - 1 = \frac{3l-2l}{2} = \frac{l}{2}$ (6) Efectuando operaciones

Sustituyendo (6) en (5), tenemos:

$$A = \sqrt{\frac{3l}{2} \cdot \frac{l}{2} \cdot \frac{l}{2} \cdot \frac{l}{2}}$$

$$\therefore \quad A = \sqrt{\frac{3l^4}{16}}$$

$\therefore \quad A = \frac{l^2\sqrt{3}}{4}$ Efectuando operaciones y simplificando

286 **TEOREMA 80**

Área del triángulo en función de sus lados y del radio de la circunferencia inscrita. **El área de un triángulo es igual al producto de su semiperímetro por el radio de la circunferencia inscrita.**

Figura 235

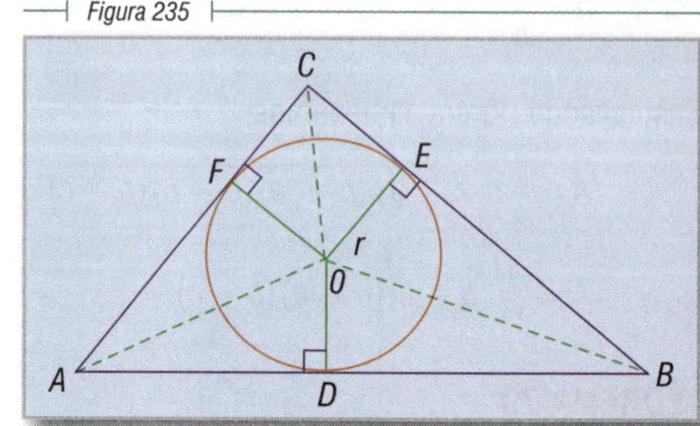

Hipótesis

Sea el $\triangle ABC$ (Fig. 235), r el radio de la circunferencia inscrita y p el semiperímetro.

Tesis

$$A = p\,r$$

Construcción auxiliar. Unamos el centro O de la circunferencia inscrita con los vértices A, B y C. El $\triangle ABC$ quedará descompuesto en $\triangle AOB$, $\triangle BOC$ y $\triangle COA$. Tracemos las alturas $\overline{OD}$, $\overline{OE}$ y $\overline{OF}$ de estos tres triángulos.

Demostración

$$A_{ABC} = A_{AOB} + A_{BOC} + A_{COA} \qquad (1)$$ Suma de áreas

y $OD = OE = OF = r$ — Por ser perpendiculares a los lados tangentes

Pero:

$$\left.\begin{aligned} A_{AOB} &= \frac{1}{2}\overline{AB}\cdot\overline{OD} = \frac{1}{2}\overline{AB}\cdot r \\ A_{BOC} &= \frac{1}{2}\overline{BC}\cdot\overline{OE} = \frac{1}{2}\overline{BC}\cdot r \\ A_{COA} &= \frac{1}{2}\overline{CA}\cdot\overline{OF} = \frac{1}{2}\overline{CA}\cdot r \end{aligned}\right\} \qquad (2)$$ Por área del triángulo

Sustituyendo (2) en (1), tenemos:

$$A_{ABC} = \frac{1}{2}\overline{AB}\cdot r + \frac{1}{2}\overline{BC}\cdot r + \frac{1}{2}\overline{CA}\cdot r$$

$$\therefore \quad A_{ABC} = \frac{1}{2}(\overline{AB} + \overline{BC} + \overline{CA})r \qquad (3)$$ Sacando factor común

Pero: $\frac{1}{2}(\overline{AB} + \overline{BC} + \overline{CA}) = p$ (4)

Sustituyendo (4) en (3), tenemos: $A = p \cdot r$

TEOREMA 81

287

Área del triángulo en función de sus lados y del radio de la circunferencia circunscrita. **El área de un triángulo es igual al producto de sus lados divididos por el cuádruple del radio de la circunferencia circunscrita.**

Figura 236

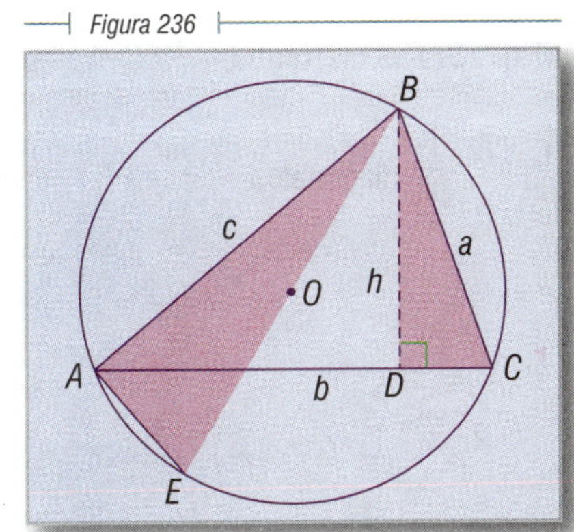

Hipótesis

Sea el $\triangle ABC$ (Fig. 236), R el radio de la circunferencia circunscrita y A el área del triángulo.

Tesis

$$A = \frac{abc}{4R}$$

Construcción auxiliar. Tracemos la altura $\overline{BD} = h$ y el diámetro $\overline{BE}$, que pasa por B. Sea E el otro punto donde el diámetro corta la circunferencia O. Unamos A con E. Se forman los triángulos $\triangle BAE$ y $\triangle BCD$.

Demostración

$A = \frac{1}{2}bh$ (1) Área del triángulo

Pero en los $\triangle BDC$ y $\triangle BAE$:

$\angle D = \angle A = 1R$ — Por construcción y por inscrito en una semicircunferencia

y $\angle C = \angle E$ — Por abarcar el mismo arco $\widehat{AB}$

$\therefore$ $\triangle BDC \sim \triangle BAE$ — Por rectángulos y tener un ángulo agudo igual

$\therefore$ $\frac{h}{c} = \frac{a}{\overline{BE}}$ — Comparando dos catetos homólogos y las hipotenusas

$\therefore$ $h = \frac{ac}{\overline{BE}}$ (2) Despejando h

Pero: $\overline{BE} = 2R$ (3) Por ser $\overline{BE}$ un diámetro

Sustituyendo (3) en (2):

$h = \frac{ac}{2R}$ (4)

Sustituyendo (4) en (1):

$A = \frac{abc}{4R}$ — Efectuando operaciones

288 TEOREMA 82

Área del rombo. **El área del rombo es igual a la mitad del producto de sus diagonales.**

Hipótesis

ABCD (Fig. 237) es un rombo.

$$\left.\begin{aligned}\overline{AC} &= d' \\ \overline{BD} &= d\end{aligned}\right\}\ \text{diagonales}$$

Figura 237

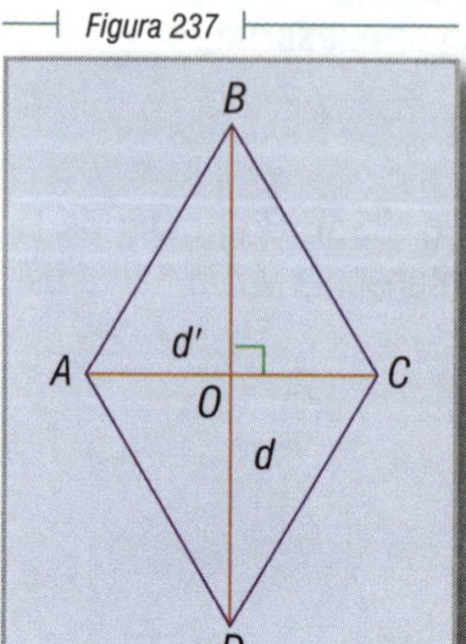

Tesis

$$A = \frac{dd'}{2}$$

Demostración

	$A_{ABCD} = A_{ABC} + A_{ACD}$	(1)	Suma de áreas
Pero:	$A_{ABC} = \frac{1}{2}\overline{AC} \cdot \overline{BO}$	(2)	Área del triángulo
	$A_{ACD} = \frac{1}{2}\overline{AC} \cdot \overline{OD}$	(3)	Área del triángulo

Sustituyendo (2) y (3) en (1):

$$A_{ABCD} = \frac{1}{2}\overline{AC} \cdot \overline{BO} + \frac{1}{2}\overline{AC} \cdot \overline{OD}$$

$\therefore$	$A_{ABCD} = \frac{1}{2}\overline{AC}\,(\overline{BO} + \overline{OD})$	(4)	Sacando factor común
Y como:	$\overline{AC} = d'$	(5)	Por hipótesis
y	$\overline{BO} + \overline{OD} = d$	(6)	Suma de segmentos

Sustituyendo (5) y (6) en (4):

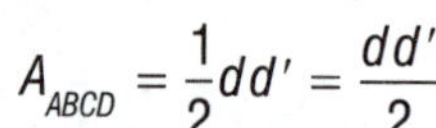

$$A_{ABCD} = \frac{1}{2}dd' = \frac{dd'}{2}$$

289 COROLARIO

El área de un cuadrado es igual a la mitad del cuadrado de la diagonal.

Figura 238

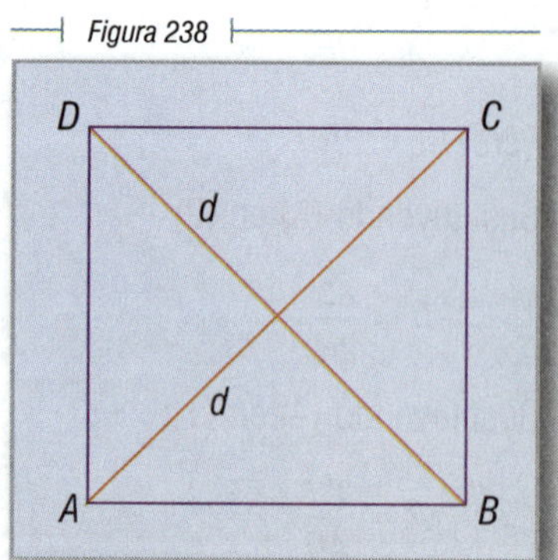

Hipótesis

ABCD (Fig. 238) es un cuadrado de diagonal $\overline{AC} = \overline{BD} = d$.

Tesis

$$A = \frac{d^2}{2}$$

Demostración

$$A = \frac{\overline{AC} \cdot \overline{BD}}{2} \qquad (1) \qquad \text{Área del rombo}$$

Pero: $\overline{AC} = \overline{BD} = d$ (2)

Sustituyendo (2) en (1), tenemos

$$A = \frac{d \cdot d}{2} = \frac{d^2}{2} \qquad \text{Efectuando operaciones}$$

TEOREMA 83

290

Área del trapecio. **El área de un trapecio es igual a la semisuma de sus bases multiplicada por su altura.**

Hipótesis

$ABCD$ (Fig. 239) es un trapecio de base mayor $\overline{AB} = b$, base menor $\overline{DC} = b'$ y altura $\overline{DE} = h$.

Figura 239

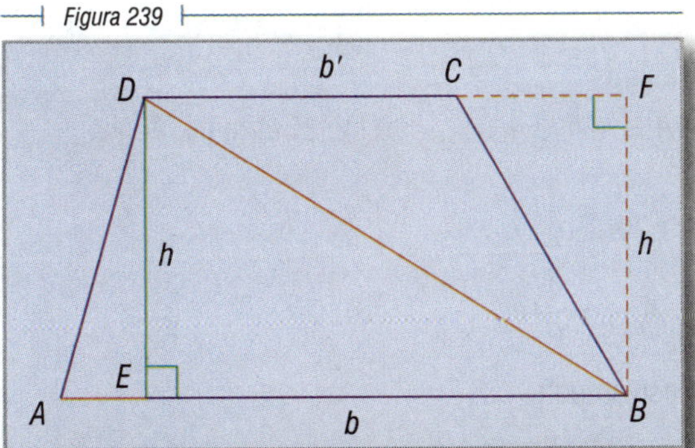

Tesis

$$A = \frac{(b + b')h}{2}$$

Construcción auxiliar. Tracemos la diagonal $\overline{BD}$. Se forma el $\triangle ABD$ de base b y altura h y el $\triangle DBC$ de base b' y altura h.

Demostración

$$A_{ABCD} = A_{ABD} + A_{DBC} \qquad (1) \qquad \text{Suma de áreas}$$

Pero: $A_{ABD} = \frac{1}{2} b \cdot h$ (2)

y $A_{DBC} = \frac{1}{2} b' \cdot h$ (3)

(2) y (3): Área del triángulo

Sustituyendo (2) y (3) en (1):

$$A_{ABCD} = \frac{1}{2}bh + \frac{1}{2}b'h$$

$$A_{ABCD} = \frac{1}{2}h(b + b') \qquad \text{Sacando factor común}$$

$$\therefore \quad A = \frac{h(b + b')}{2}$$

291 TEOREMA 84

Área de un polígono regular. **El área de un polígono regular es igual al producto de su semiperímetro por su apotema.**

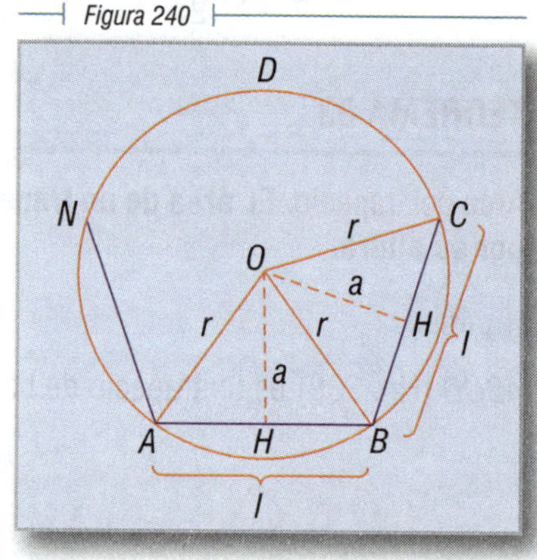

Figura 240

Hipótesis

ABC… (Fig. 240) es un polígono regular de *n* lados, l = lado, a = apotema, p = semiperímetro.

Tesis $A_{ABC\ldots} = p \cdot a$

Construcción auxiliar. Tracemos la circunferencia circunscrita al polígono y unamos el centro *O* con cada uno de los vértices. Se formarán *n* triángulos de base *l* (lado) y altura *a* (apotema).

Demostración

$A_{ABC\ldots} = A_{AOB} + A_{BOC} + \ldots$ (1) Suma de áreas

Pero: $A_{AOB} = \frac{1}{2}la$ (2)

$A_{BOC} = \frac{1}{2}la$ (3)

y así sucesivamente.

Sustituyendo (2), (3), etc., en (1):

$$A_{ABC\ldots} = \underbrace{\frac{1}{2}la + \frac{1}{2}la + \ldots}_{n \text{ veces}}$$

$$\therefore \quad A_{ABC\ldots} = \frac{1}{2}la \cdot n$$

$$A_{ABC\ldots} = \frac{nla}{2} \qquad (4)$$

y como: $\frac{nl}{2} = p$ (5) Por definición

Sustituyendo (5) en (4), tenemos:

$$A = p \cdot a$$

TEOREMA 85

292

El área de un círculo es igual al producto de π por el cuadrado del radio.

Hipótesis

Sea (Fig. 241) la circunferencia de centro O y radio r.

Figura 241

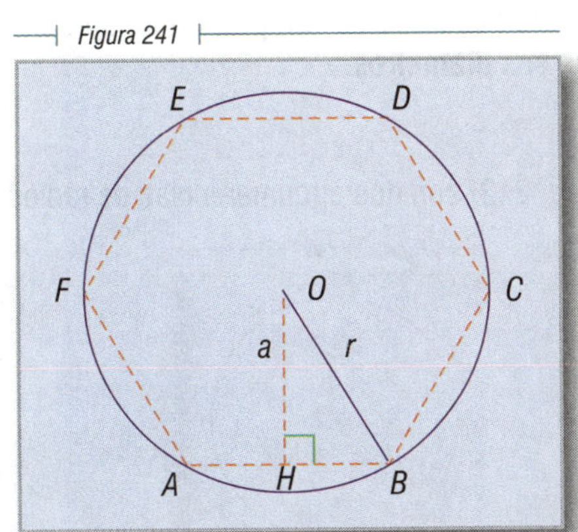

Tesis

$$A = \pi r^2$$

Construcción auxiliar. Inscribamos en la circunferencia O, de longitud C, un polígono regular $ABC\ldots$ Sea $P = 2\,p$ su perímetro y a su apotema.

Demostración

$$A_{ABC\ldots} = pa = \frac{Pa}{2} \qquad (1) \quad \text{Área del polígono regular}$$

Si duplicamos indefinidamente el número de lados del polígono, resulta:

$$\text{lím}\,A_{ABC\ldots} = \frac{\text{lím}\,P \times \text{lím}\,a}{2}$$ (2) Porque la relación (1) es cierta para cualquier número de lados del polígono

Pero: $\text{lím}\,A_{ABC\ldots} = A$ (3) El límite de la sucesión de áreas de los polígonos es el área del círculo

$\text{lím}\,P = C$ (4) Porque el límite de la sucesión de perímetros de los polígonos inscritos es la longitud de la circunferencia

$\text{lím}\,a = r$ (5) El límite de la sucesión de apotemas de los polígonos es el radio

Sustituyendo (3), (4) y (5) en (2):

$$A = \frac{C \cdot r}{2} \qquad (6)$$

Pero $C = 2\,\pi\,r$ (7) Longitud de la circunferencia

Sustituyendo (7) en (6):

$$A = \frac{(2\pi r)r}{2}$$

$$\therefore \quad A = \frac{2\pi r^2}{2}$$

$$\therefore \quad A = \pi r^2$$ Efectuando operaciones y simplificando

293 COROLARIO

Las áreas de dos círculos son proporcionales a los cuadrados de sus radios o a los cuadrados de sus diámetros.

Hipótesis

O y O' (Fig. 242) son dos circunferencias de radios r y r', diámetros d y d' y áreas A y A'.

Figura 242-A

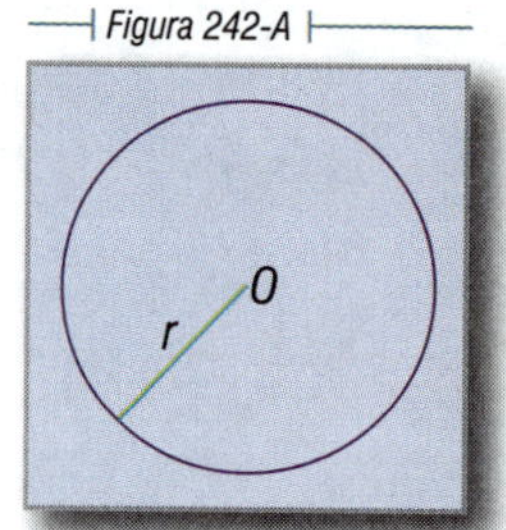

Figura 242-B

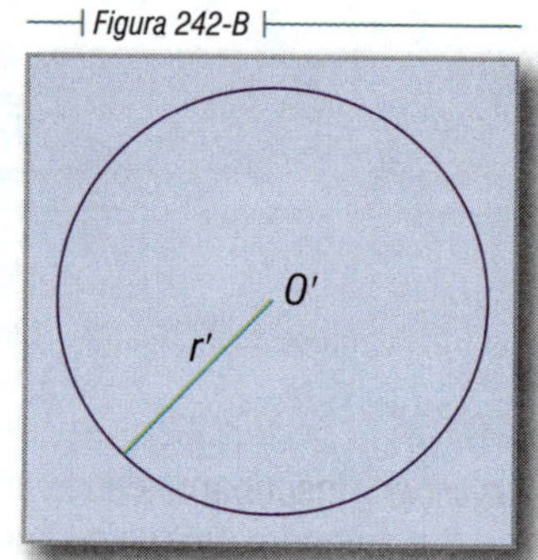

Tesis

$$\frac{A}{A'} = \frac{r^2}{r'^2} = \frac{d^2}{d'^2}$$

Demostración

$$A = \pi r^2 \quad (1)$$
$$A' = \pi r'^2 \quad (2)$$

Área del círculo

Dividiendo (1) entre (2), tenemos:

$$\frac{A}{A'} = \frac{\pi r^2}{\pi r'^2}$$

$$\therefore \quad \frac{A}{A'} = \frac{r^2}{r'^2} \quad (3)$$ Simplificando

y como $r = \dfrac{d}{2}$ (4)

y $r' = \dfrac{d'}{2}$ (5)

Sustituyendo (4) y (5) en (3):

$$\frac{A}{A'} = \frac{\frac{d^2}{4}}{\frac{d'^2}{4}}$$ Efectuando operaciones

$$\therefore \quad \frac{A}{A'} = \frac{d^2}{d'^2}$$ (6) Simplificando

Comparando (3) y (6), tenemos:

$$\frac{A}{A'} = \frac{r^2}{r'^2} = \frac{d^2}{d'^2}$$ Carácter transitivo

TEOREMA 86 294

El área de una corona circular de radios *R* y *r* es igual al producto de π por la diferencia de los cuadrados de dichos radios.

Hipótesis

Sea la corona circular de la figura 243, de radios r y R. Designamos por A_1, A_2 y A las áreas de los círculos de radios R y r, y de la corona circular.

Figura 243

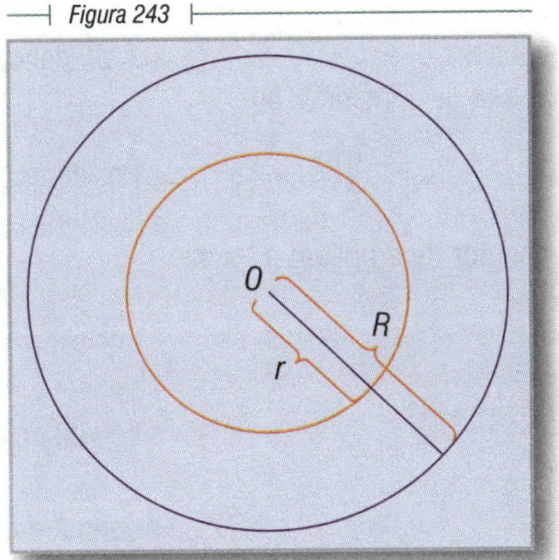

Tesis

$$A = \pi(R^2 - r^2)$$

Demostración

$$A = A_1 - A_2$$ (1) Diferencia de áreas

Pero: $A_1 = \pi R^2$ (2) Área del círculo

y $A_2 = \pi r^2$ (3)

Sustituyendo (2) y (3) en (1):

$$A = \pi R^2 - \pi r^2$$

$$\therefore \quad A = \pi(R^2 - r^2)$$ Sacando factor común

TEOREMA 87 295

Área de un sector circular. **El área de un sector circular es igual a la mitad del producto de la longitud de su arco por el radio.**

Hipótesis

Sea la circunferencia de radio r (Fig. 244) y AOB un sector circular de $n°$. Designemos por l la longitud del $\angle OAB$.

Figura 244

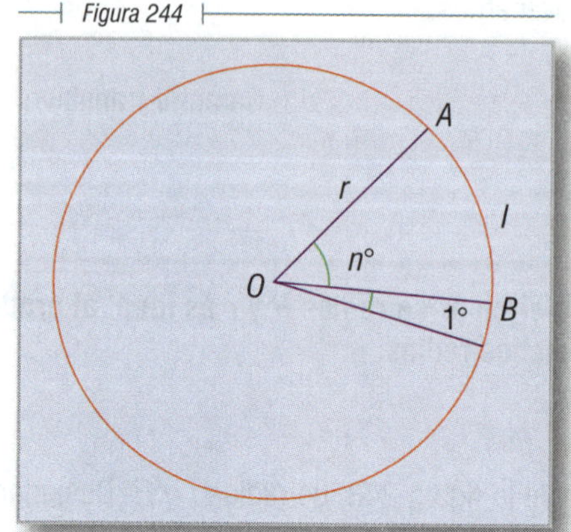

Tesis

$$A_{AOB} = \frac{lr}{2}$$

Demostración

El área del círculo, limitada por la circunferencia completa (360°), es igual a πr^2.		Área del círculo
Un sector cuya amplitud sea de 1°, tendrá un área de $\frac{\pi r^2}{360}$.		Por ser dicho sector $\frac{1}{360}$ del círculo
Por tanto, el área de un sector de amplitud $n°$ será:		
$A_{AOB} = \frac{\pi r^2 n°}{360°}$		Por ser n veces mayor
$\therefore \quad A_{AOB} = \frac{1}{2}\frac{\pi r n°}{180°} \cdot r$	(1)	Ley disociativa
y como $\frac{\pi r n°}{180°} = l$	(2)	Longitud de un arco de $n°$
Sustituyendo (2) en (1), resulta:		
$A_{AOB} = \frac{lr}{2}$		Efectuando operaciones

296 COROLARIO

El área de un sector circular es equivalente a la de un triángulo que tenga por base la longitud del arco que limita al sector y por altura el radio de la circunferencia.

En efecto:

Área del sector de arco l y radio r (Fig. 245) $= \frac{lr}{2}$

Área del triángulo de base l y altura $r = \frac{lr}{2}$

Figura 245-A

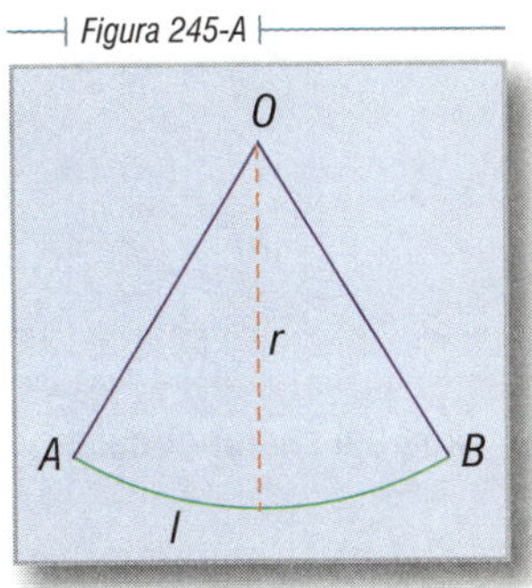

Figura 245-B

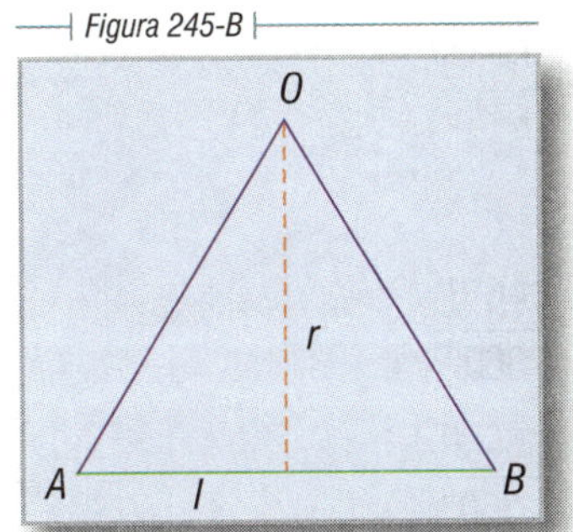

SECTORES CIRCULARES SEMEJANTES 297

Son dos sectores como los *AOB* y *A'O'B'* (Fig. 246), de igual amplitud $n°$, pero que pertenecen a círculos distintos (de radio r_1 y r_2).

Figura 246-A

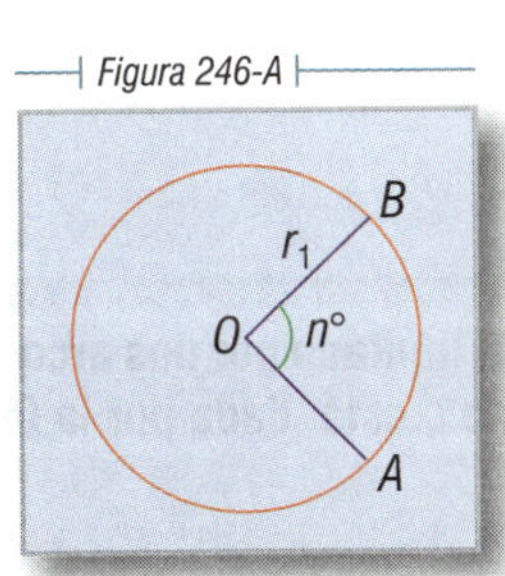

Figura 246-B

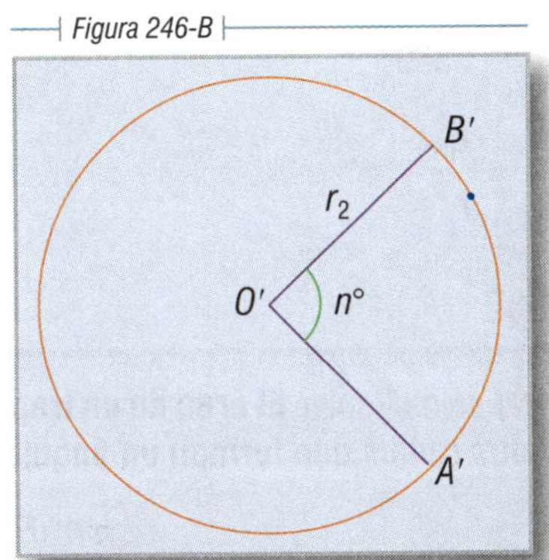

TEOREMA 88 298

Las áreas de dos sectores semejantes son proporcionales a los cuadrados de sus radios.

Hipótesis

Los sectores *AOB* y *A'O'B'* (Fig. 247) son semejantes, siendo r_1 y r_2, los radios, y A_1 y A_2 las áreas.

Figura 247-A

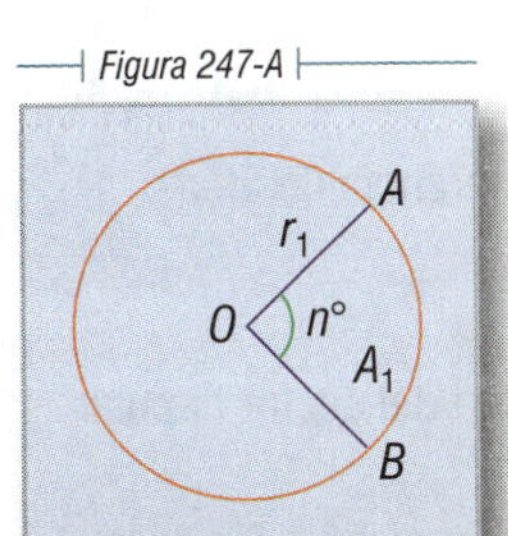

Figura 247-B

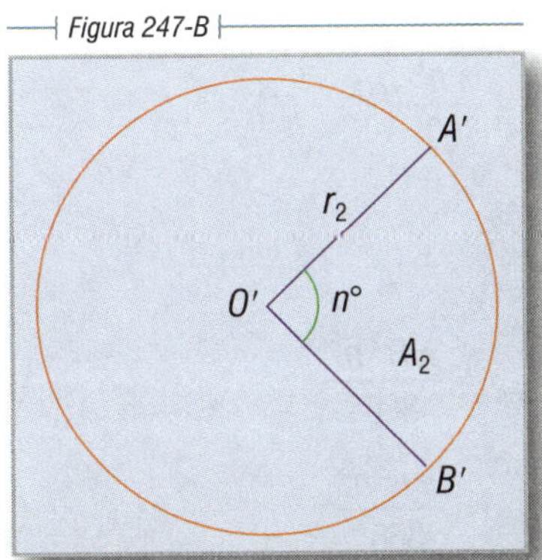

Tesis $\dfrac{A_1}{A_2} = \dfrac{r_1^2}{r_2^2}$

Demostración

$$A_1 = \frac{\pi r_1^2 n°}{360°} \quad (1)$$

$$A_2 = \frac{\pi r_2^2 n°}{360°} \quad (2)$$

Área del sector circular

Dividiendo (1) entre (2):

$$\frac{A_1}{A_2} = \frac{\dfrac{\pi r_2^2 n°}{360°}}{\dfrac{\pi r_1^2 n°}{360°}}$$

$$\therefore \quad \frac{A_1}{A_2} = \frac{r_1^2}{r_2^2}$$

Simplificando

299 TEOREMA 89

Área de un trapecio circular. **El área de un trapecio circular limitado por dos arcos de radios *R* y *r*, y por dos radios que forman un ángulo central de *n*°, está dada por la fórmula:**

$$\frac{\pi n°(R^2 - r^2)}{360°}$$

Figura 248

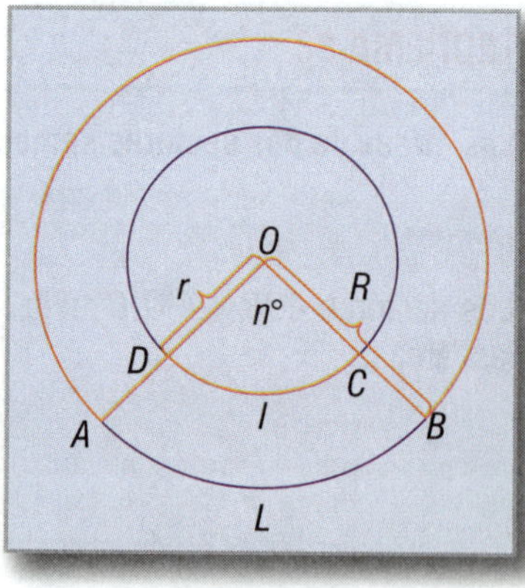

Hipótesis

ABCD (Fig. 248) es un trapecio circular de radios *R* y *r* y amplitud *n*°. Designemos por:

A el área del trapecio.

L la longitud del $\overset{\frown}{AB}$.

l la longitud del $\overset{\frown}{CD}$.

Tesis $A = \dfrac{\pi n°}{360°}(R^2 - r^2)$

Demostración

$$A = A_{AOB} - A_{COD} \quad (1)$$

Diferencia de áreas

Pero: $A_{AOB} = \dfrac{\pi R^2 n°}{360°}$ (2)

y 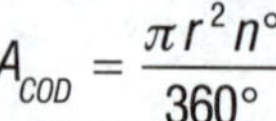 $A_{COD} = \dfrac{\pi r^2 n°}{360°}$ (3)

Área del sector circular

Sustituyendo (2) y (3) en (1):

$$A = \frac{\pi R^2 n°}{360°} - \frac{\pi r^2 n°}{360°}$$

$$\therefore \quad A = \frac{\pi R^2 n° - \pi r^2 n°}{360°} \qquad \text{Efectuando operaciones}$$

$$\therefore \quad A = \frac{\pi n°(R^2 - r^2)}{360°} \qquad \text{Sacando factor común}$$

COROLARIO

300

El área de un trapecio circular es equivalente a la de un trapecio rectilíneo que tenga por bases los arcos rectificados que limitan al trapecio circular y por altura la diferencia de los radios.

Figura 249-A

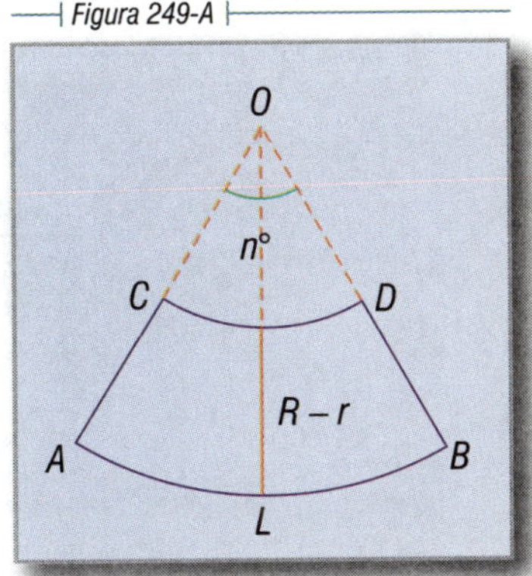

Figura 249-B

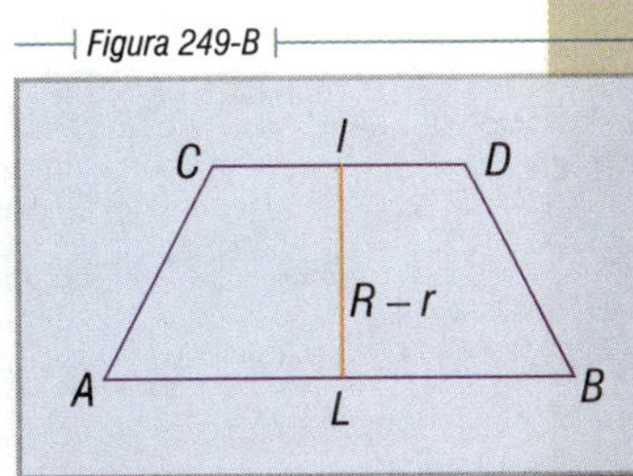

En efecto, en la figura 249 tenemos:

$$A = (\text{Área trapecio circular}) = \frac{\pi n°}{360°}(R^2 - r^2)$$

$$A = \frac{\pi n°}{360°}(R + r)(R - r) \qquad \text{Descomponiendo la diferencia de cuadrados}$$

$$A = \frac{\pi n°(R + r)}{360°}(R - r)$$

$$\therefore \quad A = \frac{1}{2}\left[\frac{\pi R n°}{180°} + \frac{\pi r n°}{180°}\right](R - r) \qquad (1) \qquad \text{Efectuando operaciones y descomponiendo}$$

Pero: $$\frac{\pi R n°}{180°} = L \qquad (2)$$

y $$\frac{\pi r n°}{180°} = l \qquad (3)$$

(2) y (3): Longitud de un arco

Sustituyendo (2) y (3) en (1), tenemos:

$$A = \frac{1}{2}(L + l)(R - r) = \left(\frac{L + l}{2}\right)(R - r) \qquad (4)$$

En la misma figura 249:

$$\text{Área trapecio rectilíneo} = \left(\frac{L+l}{2}\right)(R-r) \quad (5)$$

Comparando (4) y (5), resulta:

Área sector circular = Área trapecio rectilíneo

301 ÁREA DEL SEGMENTO CIRCULAR

Para hallar el área de un segmento circular (Fig. 250), se halla el área del sector circular *OACB* y se le resta el área del triángulo *AOB*.

Figura 250

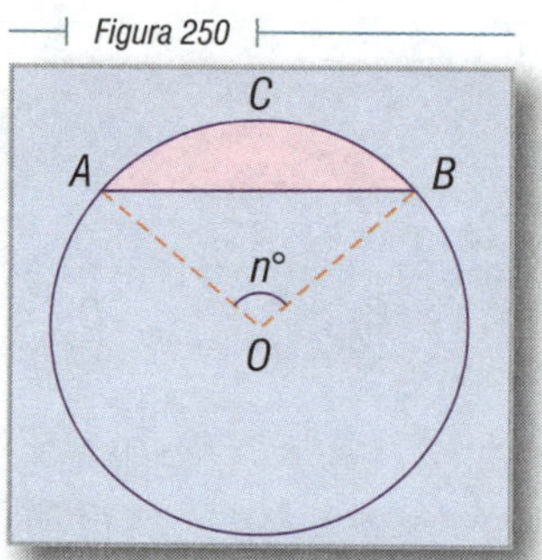

Ejemplo

Hallar el área de un segmento circular *ACB* (Fig. 251) limitado por el lado del hexágono regular inscrito en una circunferencia de 8 m de radio.

Figura 251

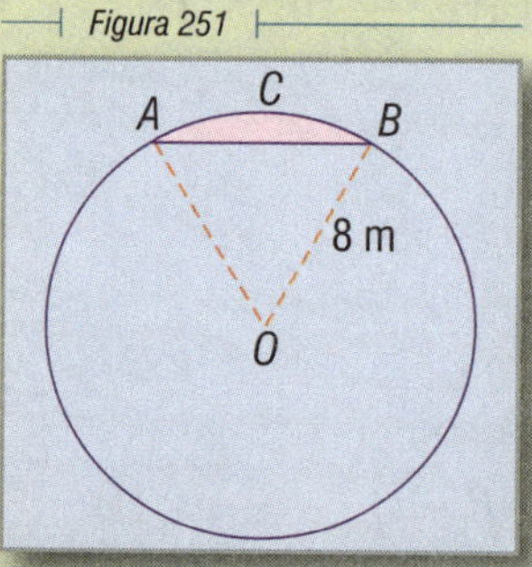

$\overline{AO} = \overline{OB} = 8$ m, $\overline{AB} = l_6 = r = 8$ m, $\angle AOB = n° = 60°$.

Sector: $A = \dfrac{\pi r^2 n°}{360°} = \dfrac{\pi 8^2 \cdot 60}{360°} = \dfrac{64\pi}{6} = \dfrac{32}{3}\pi$

Triángulo: $A = \dfrac{l^2\sqrt{3}}{4} = \dfrac{8^2\sqrt{3}}{4} = \dfrac{64\sqrt{3}}{4} = 16\sqrt{3}$

Segmento: $A = \dfrac{32\pi}{3} - 16\sqrt{3} = 33.49 - 27.71 = 5.78 \text{ m}^2$

Ejercicios

1. Hallar el área de un rectángulo sabiendo que su base mide 15.38 m y su altura 3.5 m.
R. 53.83 m^2

2. Un rectángulo tiene 96 m^2 de área y 44 m de perímetro. Hallar sus dimensiones.
R. $b = 16$ m, $h = 6$ m

3. La base de un rectángulo es el doble de su altura y su área es 288 m^2. Hallar sus dimensiones.
R. $b = 24$ m, $h = 12$ m

4. El área de un rectángulo es de 216 m^2 y su base es 6 m mayor que su altura. Hallar sus dimensiones.
R. $b = 18$ m, $h = 12$ m

5. La diagonal de un rectángulo mide 10 m y su altura 6 m. Hallar su área.
R. $A = 48\text{ m}^2$

6. Hallar el área de un rectángulo cuya base y altura son respectivamente el lado y la apotema de un pentágono inscrito en una circunferencia de radio *r*.
R. $\frac{r^2}{4}\sqrt{10+2\sqrt{5}}$

7. Hallar el área de un cuadrado cuyo lado es igual a 8.62 cm. **R.** 74.30 cm^2

8. Hallar el lado de un cuadrado cuya área es igual a 28.09 m^2. **R.** 5.3 m

9. Hallar el área de un cuadrado cuya diagonal es igual a $4\sqrt{2}$ m. **R.** 16 m^2

10. Si se aumentan 2 m al lado de un cuadrado, su área aumenta en 36 cm^2. Hallar el lado.
R. 8 m

11. Hallar el área de un cuadrado cuyo lado es el lado del octágono regular inscrito en una circunferencia de radio *r*.
R. $r^2(2-\sqrt{2})$

12. Hallar el área de un triángulo sabiendo que la base mide 6.8 m y la altura 9.3 m.
R. 31.62 m^2

13. Hallar el área de un triángulo cuya base y altura son respectivamente el lado del triángulo equilátero y el lado del cuadrado inscrito en una circunferencia cuyo radio es igual a $\sqrt{2}$ cm.
R. $\sqrt{6}\text{ cm}^2$

14. Hallar el área de un triángulo cuya base y altura son respectivamente el lado y la apotema del octágono regular inscrito en una circunferencia cuyo radio es igual a 4 m.
R. $4\sqrt{2}\text{ m}^2$

15. Hallar el área de un paralelogramo cuya base mide 30 cm y su altura 20 cm.
R. 600 cm^2

16. En un rectángulo *ABCD*, la diagonal $\overline{AC} = 50$ cm y la base $\overline{AB} = 40$ cm. Hallar su área.
R. $1,200\text{ cm}^2$

17. En la figura (Ejer. 17): $\overline{AD} = 50$ cm; $\overline{DC} = 30$ cm y $\overline{BD} = 35$ cm. Hallar el área del paralelogramo *ABDE*.
R. 660 cm^2

Ejercicio 17

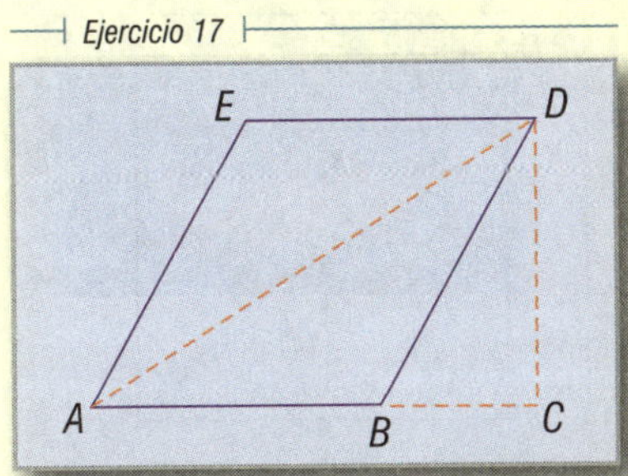

18. Hallar el área de un triángulo cuyos lados miden 6, 8 y 12 cm. **R.** 21.33 cm^2
19. Hallar el área de un triángulo equilátero de 8 cm de lado. **R.** $16\sqrt{3}$ cm^2
20. Los lados de un triángulo miden 6, 8 y 10 m. Hallar su área. **R.** 24 m^2
21. Los lados de un triángulo inscrito en una circunferencia de radio igual a 3.5 cm son iguales a 5, 6 y 7 cm. Hallar su área. **R.** 14.7 cm^2

En cada uno de los ejercicios siguientes calcular el área de la parte con color naranja:

22. Si *ABCD* es un cuadrado y $\overline{OA} = 4$ m. **R.** 18.26 m^2

Ejercicio 22

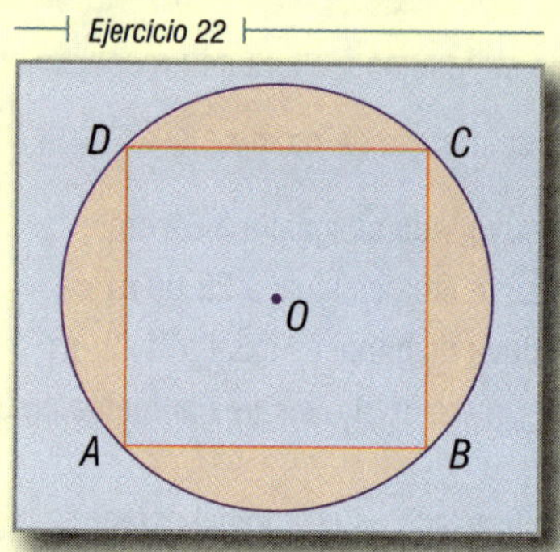

23. Si *ABCD* es un cuadrado y $\overline{AB} = 10$ cm. **R.** 21.46 cm^2

Ejercicio 23

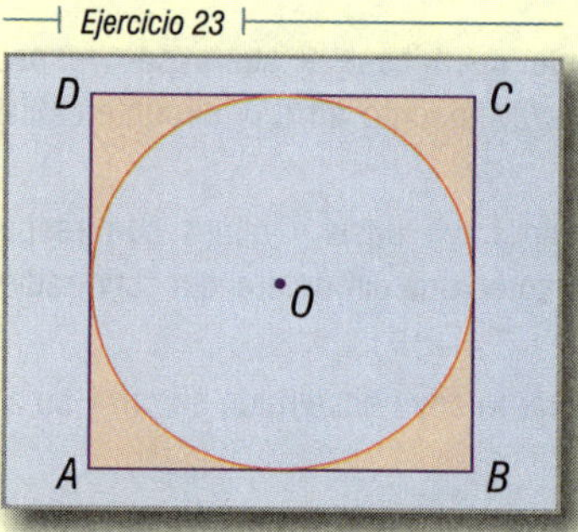

24. Si *ABCD* es un cuadrado y $\overline{AB} = 12$ cm. **R.** 30.90 cm^2

Ejercicio 24

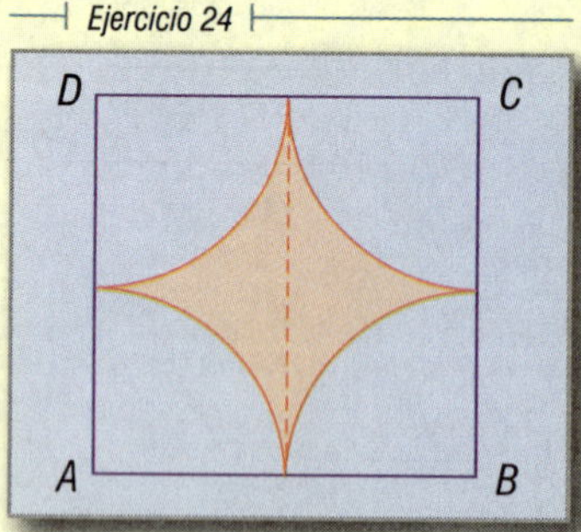

25. Si $ABCD$ es un cuadrado y $\overline{OA} = 5$ cm. **R.** 24 cm^2

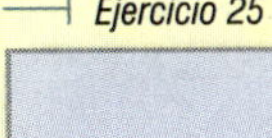

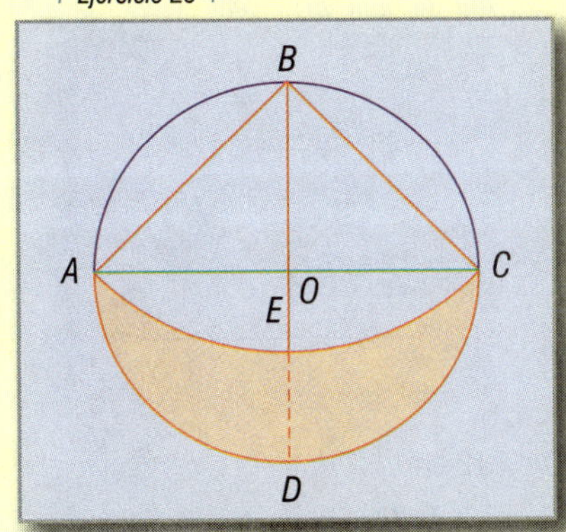

26. Si $ABCD$ es un cuadrado y $\overline{AB} = 8$ m. **R.** 27.47 m^2

Ejercicio 26

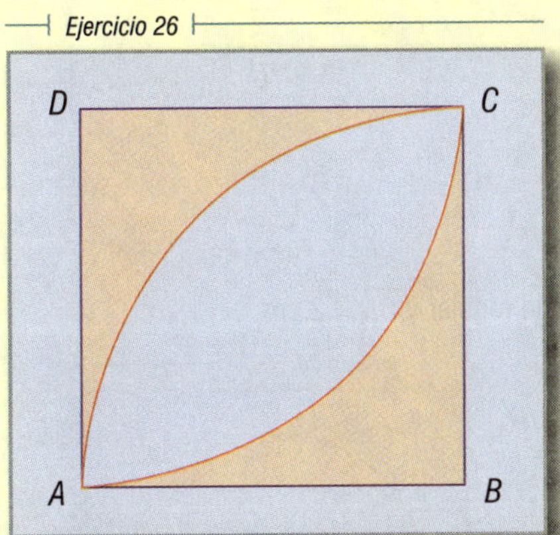

27. Si $ABCD$ es un cuadrado y $\overline{AB} = 6$ m. **R.** 7.72 cm^2

Ejercicio 27

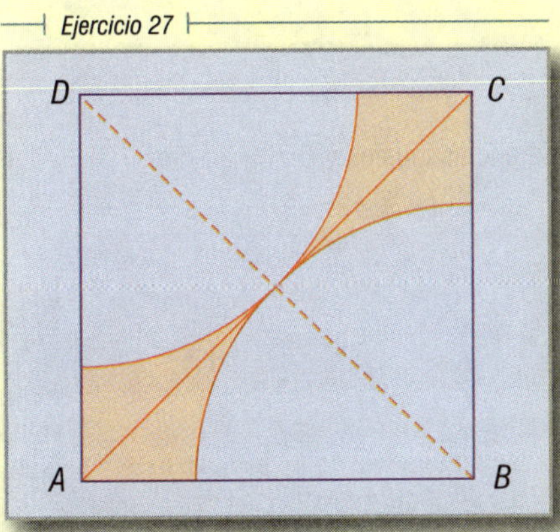

28. Si *ABC* es un equilátero. $\overline{AB} = \overline{BC} = \overline{CA} = 10$ cm. *P*, *M* y *N* son los puntos medios de los lados. **R.** 4.03 cm²

Ejercicio 28

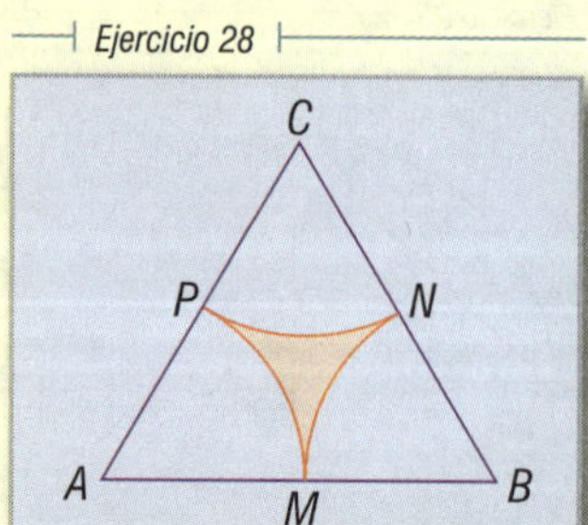

29. Si *ABC* es un equilátero y $\overline{OA} = 12$ cm. **R.** 265.32 cm²

Ejercicio 29

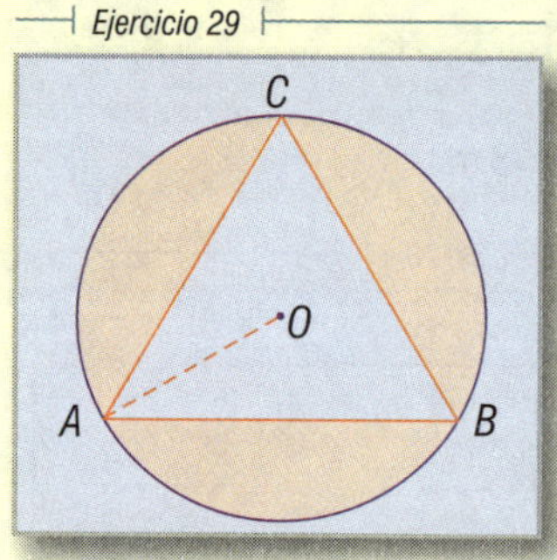

30. Si *ABCDEF* es un hexágono regular y $\overline{OB} = 2$ cm. **R.** 2.18 m²

Ejercicio 30

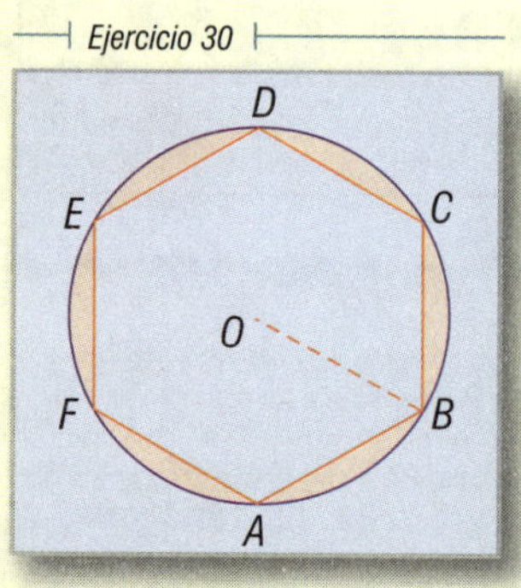

31. Si *O* y *O′* son dos circunferencias iguales y $\overline{OO'} = 20$ cm. **R.** 491.34 cm²

Ejercicio 31

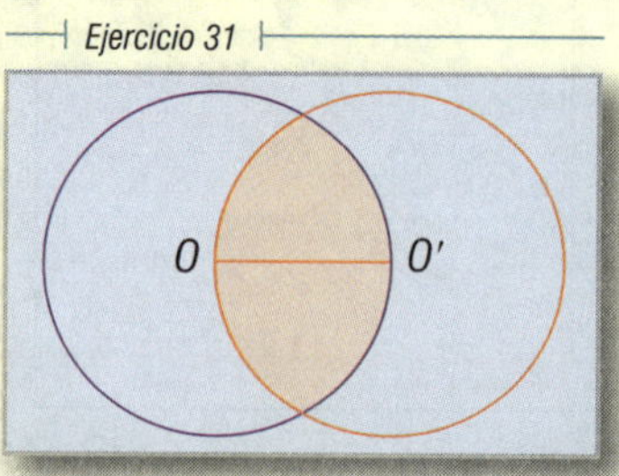

Semejanzas geométricas en algunos seres vivos. En los seres vivos, microscópicos, se encuentran bellas formas geométricas. Las letras *a*, *b*, *c*, *d*, *e* y *f* corresponden a seis diatomeas (algas microscópicas). La *b* y la *e* parecen dibujadas por Riemann y Lobatschewski, respectivamente, pues se acoplan perfectamente a sus conceptos geométricos. La *g*, *h*, *i* son protozoarios. El pentágono estrellado está representado en los equinodermos por la estrella de mar.

Capítulo XVIII

RECTAS Y PLANOS

DETERMINACIÓN DEL PLANO 302

Un plano viene determinado por:

1. Dos rectas que se cortan.
2. Tres puntos no situados en línea recta.
3. Una recta y un punto exterior a ella.
4. Dos rectas paralelas.

POSICIONES DE DOS PLANOS 303

Dos planos pueden ocupar las siguientes posiciones:

1. Cortarse. En este caso, tienen una recta común que se llama intersección de los dos planos.
2. Paralelos. Cuando no tienen ningún punto común.

Según esto, si dos planos tienen un punto común; entonces, también presenta una recta común.

Figura Sección 303. Caso 1

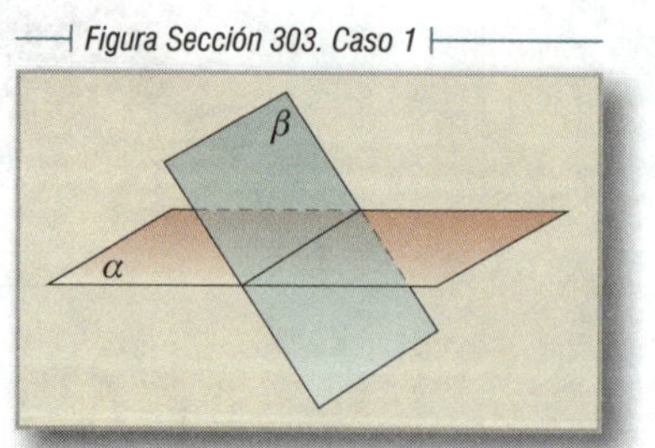

Figura Sección 303. Caso 2

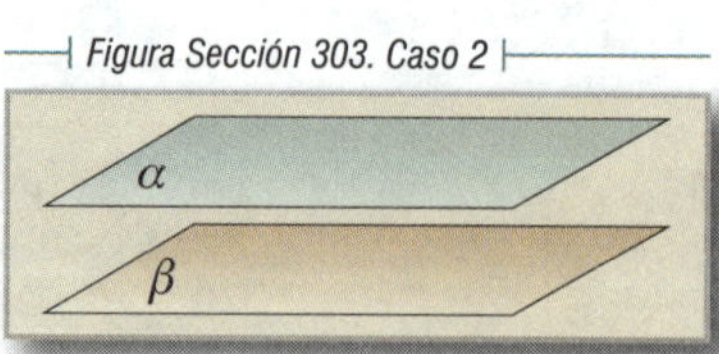

304 POSICIONES DE UNA RECTA Y UN PLANO

Una recta y un plano pueden ocupar las siguientes posiciones:

1. Estar la recta a en el plano.
2. Cortarse. En este caso tienen un punto *A* común.
3. Ser paralelos. Cuando no tienen ningún punto común.

Figura Sección 304. Caso 1

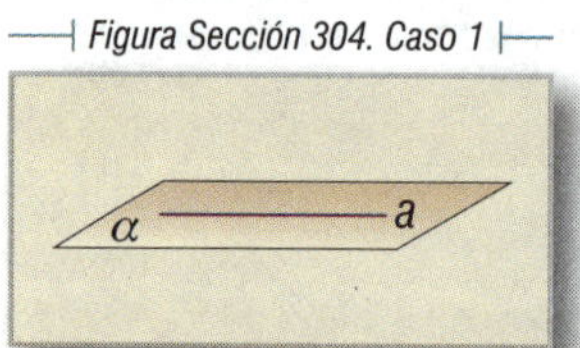

Figura Sección 304. Caso 2

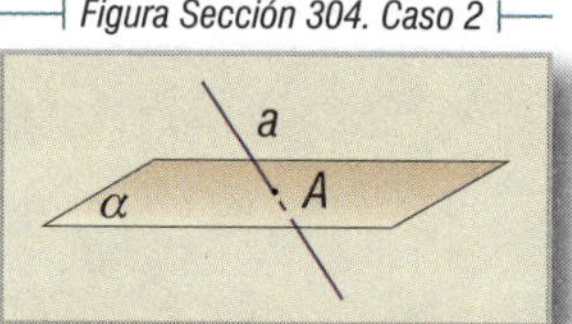

Figura Sección 304. Caso 3

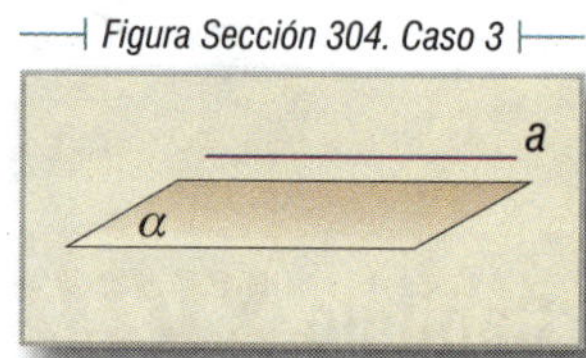

305 POSICIONES DE DOS RECTAS EN EL ESPACIO

Dos rectas en el espacio pueden ocupar las siguientes posiciones:

1. Cortarse. En este caso $\overleftrightarrow{AB}$ y $\overleftrightarrow{BE}$ tienen un punto común *B*.
2. Ser paralelas. Cuando están en un mismo plano y no tienen ningún punto común.

Ejemplo

$\overleftrightarrow{AB}$ y $\overleftrightarrow{CD}$

Figura Sección 305

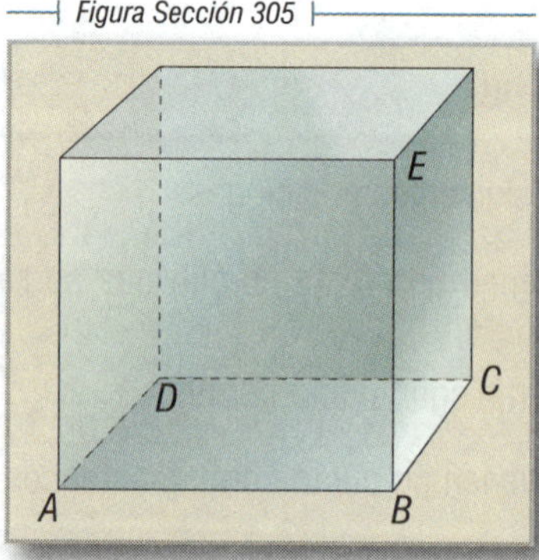

3. Cruzarse. Si no están en un mismo plano. En este caso no tienen ningún punto común ni son paralelas. Se dice que son alabeadas.

Ejemplo

$\overleftrightarrow{AD}$ y $\overleftrightarrow{BE}$

TEOREMA 90 306

Las intersecciones *a* y *b* de dos planos paralelos α y β con un tercer plano γ son rectas paralelas.

En efecto, si las rectas *a* y *b* se cortaran, el punto de intersección pertenecería a los planos α y β y en este caso no serían paralelos, contra la hipótesis.

Figura Sección 306

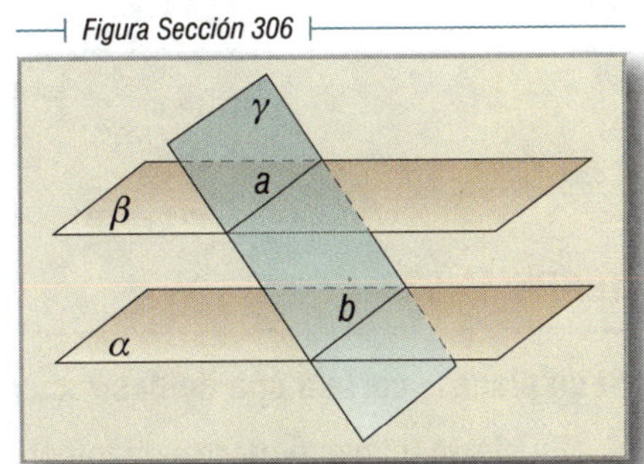

TEOREMA 91 307

Si dos rectas *a* y *b* son paralelas, todo plano α que pase por una de ellas *b* es paralelo a la otra.

En efecto, si la recta *a* cortara el plano α en el punto *A*, trazando por este punto una paralela *c* a la recta *b,* tendríamos por *A* dos paralelas a una misma recta, lo cual es contrario al postulado de Euclides.

Figura Sección 307

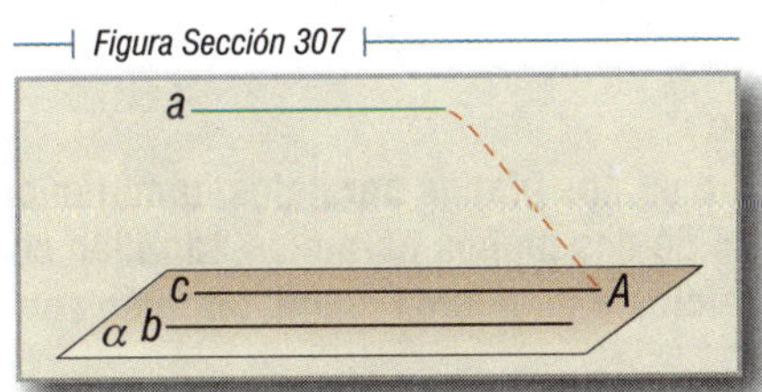

COROLARIO 308

Si una recta $\overleftrightarrow{AB}$ es paralela a un plano α, la intersección $\overleftrightarrow{MN}$ del plano α con otro cualquiera que pase por la recta es paralela a la recta.

Figura Sección 308

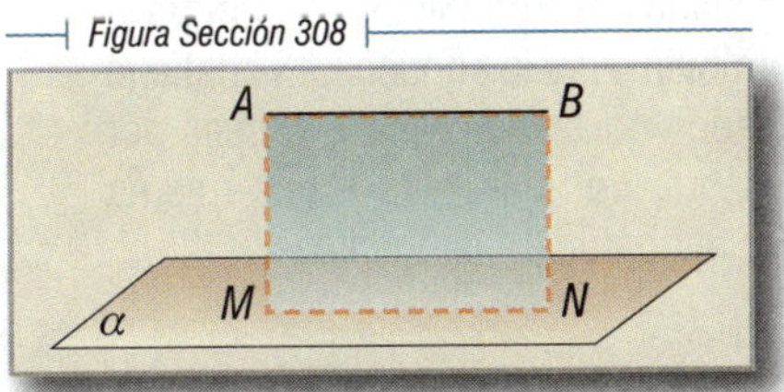

309 **TEOREMA 92**

Si dos rectas *a* y *b* que se cortan son paralelas a un plano α, el plano que ellas determinan también es paralelo al plano.

En efecto, si el plano de las rectas *a* y *b* cortara al plano en la recta $\overleftrightarrow{MN}$, las rectas *a* y *b* serían paralelas a $\overleftrightarrow{MN}$ y habría dos rectas paralelas a una recta por un mismo punto *P*, cosa contraria al postulado de Euclides.

Figura Sección 309

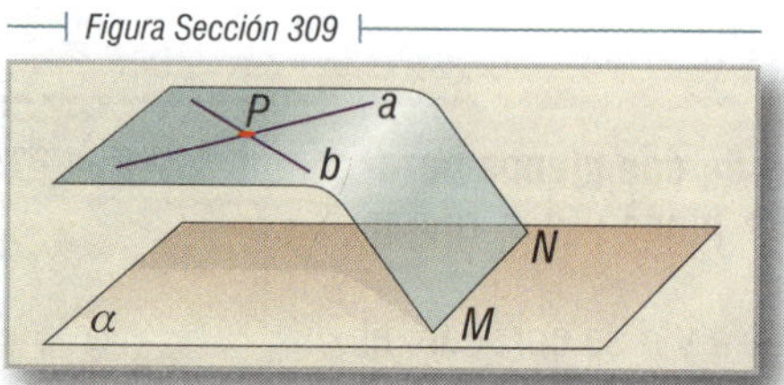

310 **TEOREMA 93**

Si un plano α corta a una de dos rectas *a* y *b* paralelas, también corta a la otra.

En efecto, el plano determinado por las dos rectas *a* y *b* corta al plano α en la recta $\overleftrightarrow{MN}$. Si esta recta corta a *b*, deberá cortar también a *a* y, por tanto, el plano α corta a la recta *a*.

Figura Sección 310

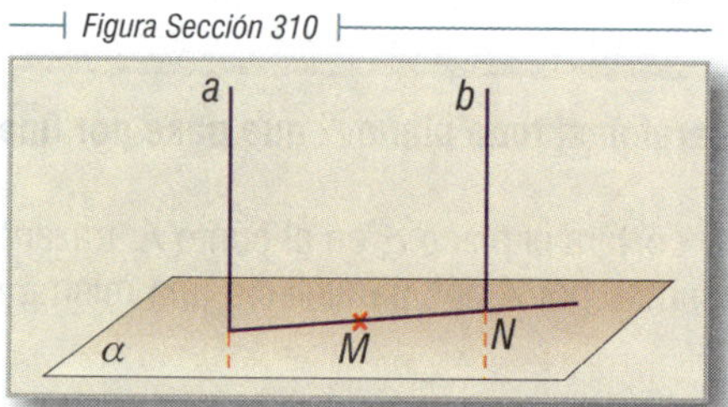

Corolarios

1. **Si una recta corta a uno de dos planos paralelos, también corta al otro.**
2. **Si un plano corta a uno de dos planos paralelos, también corta al otro.**
3. **Si dos planos son paralelos a un mismo plano, también son paralelos entre sí.**

311 **TEOREMA 94**

Dos rectas *b* y *c* paralelas a una tercera *a*, son paralelas entre sí.

En efecto, tracemos el plano α determinado por *b* y un punto *M* de la recta *c*. Este plano debe contener a *c*, porque si la cortara debería cortar también a *b* y la contiene. Si contiene a *c*, las rectas *c* y *b* no pueden cortase porque entonces por el punto de intersección habría dos paralelas a una misma recta *a*, lo cual es contrario al postulado de Euclides.

Figura Sección 311

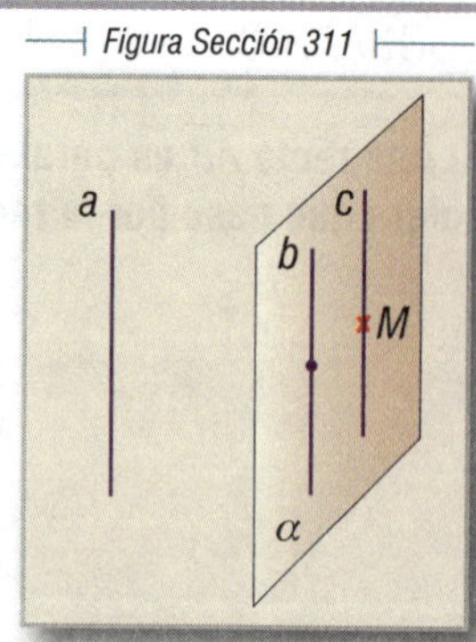

TEOREMA 95 312

Si dos $\angle BAC$ y $\angle FGH$, no situados en un mismo plano, tienen sus lados paralelos y dirigidos en el mismo sentido, son iguales.

Construcción auxiliar. Se toman $\overline{AB} = \overline{FG}$ y $\overline{AC} = \overline{GH}$, y se unen *A con G*, *B* con *F* y *C* con *H*.

Figura Sección 312

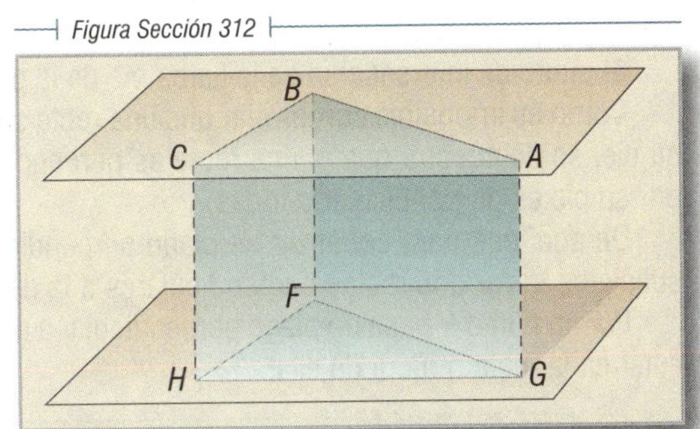

Al aplicar los teoremas anteriores se demuestra que los triángulos *ABC* y *GFH* son iguales y, por tanto, los ángulos *A* y *G* también lo son.

Análogamente, se demuestra que si los ángulos tienen los lados paralelos y dirigidos en sentido contrario son también iguales, y si tienen un par de lados dirigidos en un sentido y un par en sentido contrario son suplementarios.

TEOREMA 96 313

Si se cortan dos rectas por un sistema de planos paralelos, los segmentos correspondientes son proporcionales.

Figura Sección 313

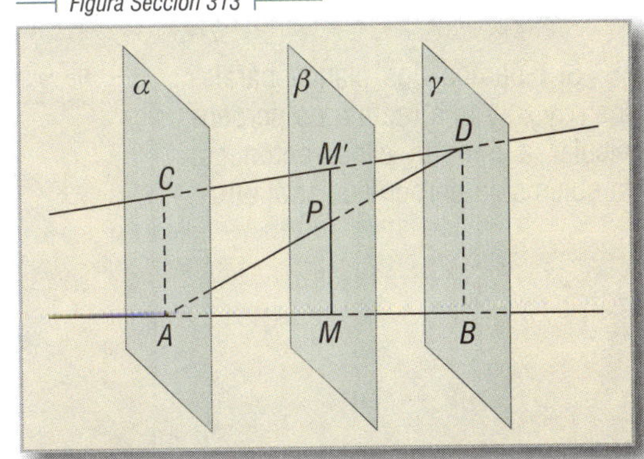

Sean las rectas $\overleftrightarrow{AB}$ y $\overleftrightarrow{CD}$ cortadas por los planos α, β, γ. Vamos a demostrar que $\dfrac{\overline{AM}}{\overline{CM'}} = \dfrac{\overline{MB}}{\overline{M'D}}$.

En efecto, en el plano *ADC*, por ser paralelas las rectas $\overleftrightarrow{M'P}$ y $\overleftrightarrow{AC}$, se verifica $\dfrac{\overline{CM'}}{\overline{M'D}} = \dfrac{\overline{AP}}{\overline{PD}}$; y en el plano *BAD* se verifica:

$$\frac{\overline{AP}}{\overline{PD}} = \frac{\overline{AM}}{\overline{MB}}$$

De estas igualdades se deduce, por la propiedad transitiva, que:

$$\frac{\overline{AM}}{\overline{MB}} = \frac{\overline{CM'}}{\overline{M'D}} \qquad \therefore \qquad \frac{\overline{AM}}{\overline{CM'}} = \frac{\overline{MB}}{\overline{M'D}}$$

como se quería demostrar.

Corolario

Si dos planos paralelos se cortan por un haz de rectas concurrentes, los segmentos correspondientes son proporcionales.

314 RECTA PERPENDICULAR A UN PLANO

Se dice que una recta es perpendicular a un plano si es perpendicular a todas las rectas del plano que pasan por la intersección.

Al punto de intersección se le llama pie de la perpendicular.

Como es imposible comprobar que una recta sea perpendicular a *todas* las que pasan por su pie, se demuestra que si una recta es perpendicular a *dos* rectas de un plano que pasan por su pie es perpendicular a todas.

De aquí que para construir un plano perpendicular a una recta en uno de sus puntos es suficiente trazar dos rectas perpendiculares a la dada que pasen por el punto.

Por un punto *P* pasa un plano perpendicular a una recta *a* y solamente uno. El punto puede estar en la recta o fuera de ella.

Figura Sección 314 A

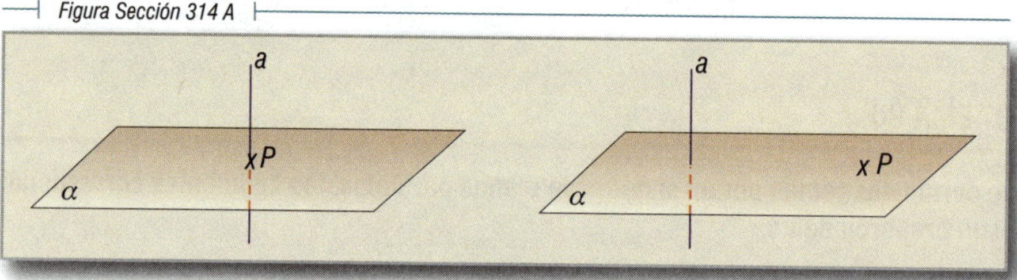

Si tenemos dos planos paralelos α y β, y una recta *a* es perpendicular a uno de ellos; entonces, también será perpendicular al otro.

Figura Sección 314 B

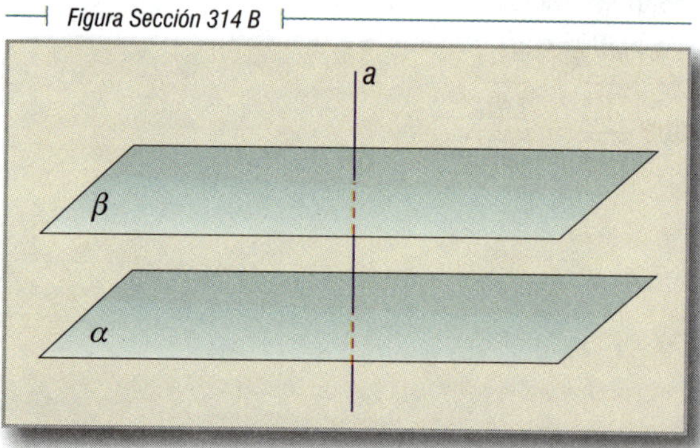

Por un punto *P* de un plano pasa una recta perpendicular al plano y solamente una.

Por un punto *P* exterior a un plano α pasa una recta $\overleftrightarrow{PM}$ perpendicular al plano α y solamente una.

Figura Sección 314 C

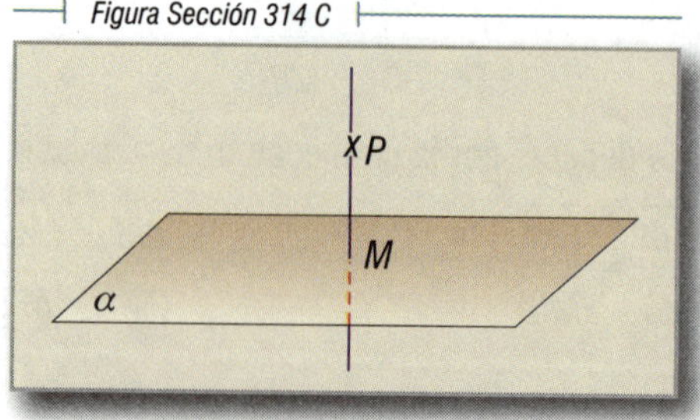

DISTANCIA DE UN PUNTO *P* A UN PLANO α 315

Es el segmento $\overline{PM}$ de perpendicular trazada del punto al plano.

Se llama así por ser menor que cualquier otro segmento $\overline{PN}$ que une el punto con cualquier otro punto del plano, pues basta observar que el segmento oblicuo $\overline{PN}$ es hipotenusa de un triángulo rectángulo en el que la distancia $\overline{PM}$ es un cateto.

De manera análoga a lo visto en Geometría plana, dos oblicuas que se apartan igualmente del pie de la perpendicular son iguales; mientras que en dos oblicuas que se apartan desigualmente del pie de la perpendicular es mayor la que se aparta más.

Figura Sección 315

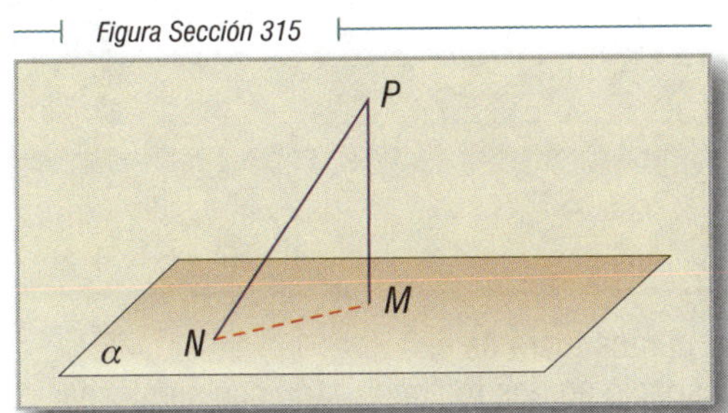

PARALELISMO Y PERPENDICULARIDAD 316

Si de dos rectas paralelas *a* y *b*, una de ellas (*a*) es perpendicular a un plano; la otra (*b*) también es perpendicular al plano.

En efecto, unamos *M* con *N*; por ser *a* perpendicular al plano será perpendicular a $\overleftrightarrow{MN}$; y como *b* es paralela a *a*, también será perpendicular a $\overleftrightarrow{MN}$. Para demostrar que es perpendicular al plano, tendremos que demostrar que es perpendicular a otra recta del plano. Si trazamos por *M* y *N* dos rectas *c* y *d* paralelas, tendremos que los ángulos *M* y *N* son iguales por lados paralelos dirigidos en el mismo sentido, y como el ángulo *M* es recto, también lo será el *N*.

Figura Sección 316

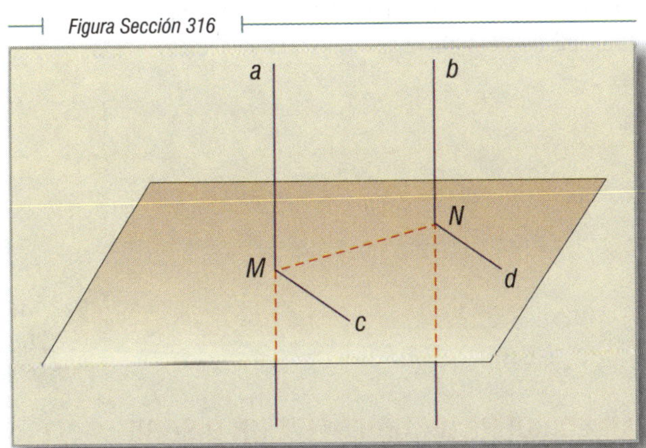

Recíprocamente, dos rectas perpendiculares a un mismo plano son paralelas.

Dados dos planos paralelos si una recta es perpendicular a uno de ellos también es perpendicular al otro.

317 DISTANCIA ENTRE DOS PLANOS α Y β PARALELOS

Es el segmento $\overline{MN}$ de perpendicular comprendido entre los dos planos. O también, es la distancia de un punto cualquiera M de uno de ellos al otro.

Figura Sección 317

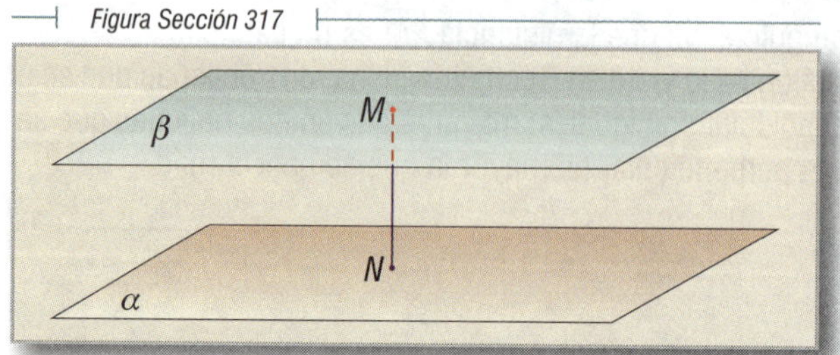

318 POSTULADOS

1. En un plano existen puntos fuera de él.
2. Un plano divide al espacio en dos regiones llamadas semiespacios.

319 ÁNGULO DIEDRO

Es la porción de espacio comprendida entre dos semiplanos que tienen un borde común y están situados en planos distintos.

Los semiplanos MAB y NAB (Fig. 252) que tienen el borde común $\overleftrightarrow{AB}$, se llaman caras del diedro.

La recta $\overleftrightarrow{AB}$ se llama arista del diedro.

El diedro se nombra colocando las letras de los extremos de la arista entre las letras que designan los semiplanos; así, el diedro de la figura 252 se designa $MABN$.

Figura 252

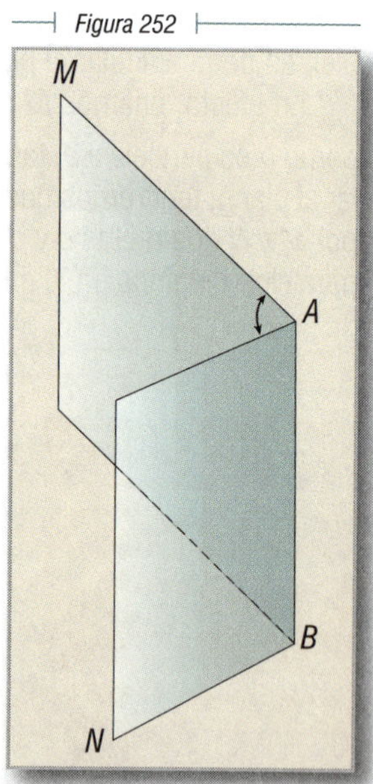

320 ÁNGULO RECTILÍNEO CORRESPONDIENTE A UN DIEDRO. MEDIDA DE UN ÁNGULO DIEDRO

Es el ángulo formado por dos rectas, $\overleftrightarrow{OP}$ y $\overleftrightarrow{OQ}$ (Fig. 253) perpendiculares a la arista $\overleftrightarrow{AB}$, en un mismo punto O; de manera que las rectas estén en caras distintas del diedro.

Así, si O es un punto de la arista $\overline{AB}$ y $\overline{PO} \perp \overline{AB}$ y $\overline{QO} \perp \overline{AB}$, estando $\overline{PO}$ en un semiplano y $\overline{QO}$ en el otro semiplano, decimos que el $\angle POQ$ es un ángulo rectilíneo correspondiente del diedro *MABN*.

Obsérvese que todos los ángulos rectilíneos correspondientes de un diedro son iguales, ya que son ángulos de lados paralelos y dirigidos en el mismo sentido.

Medida de un ángulo diedro. Es la medida de un ángulo rectilíneo correspondiente. Si el ángulo rectilíneo es agudo, el diedro es agudo; si es recto, el diedro es recto, etcétera.

Figura 253

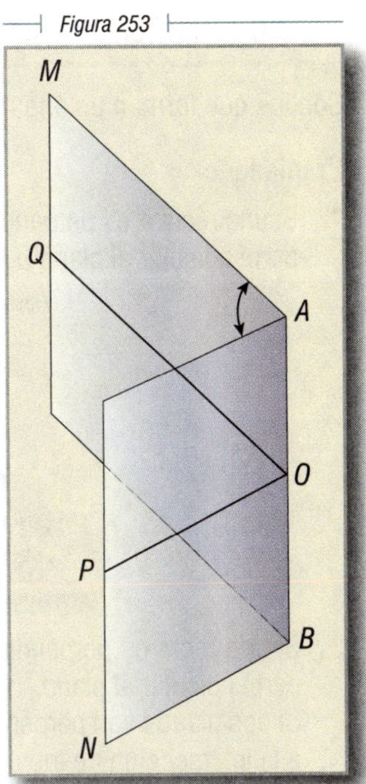

IGUALDAD Y DESIGUALDAD DE ÁNGULOS DIEDROS 321

Dos ángulos diedros son iguales cuando lo son sus ángulos rectilíneos correspondientes. Dos ángulos diedros son desiguales cuando lo son sus ángulos rectilíneos correspondientes.

ÁNGULOS DIEDROS CONSECUTIVOS 322

Son los ángulos diedros como *AMNB* y *BMNC* (Fig. 254) que tienen la arista y una cara común que separa a las otras dos.

Figura 254

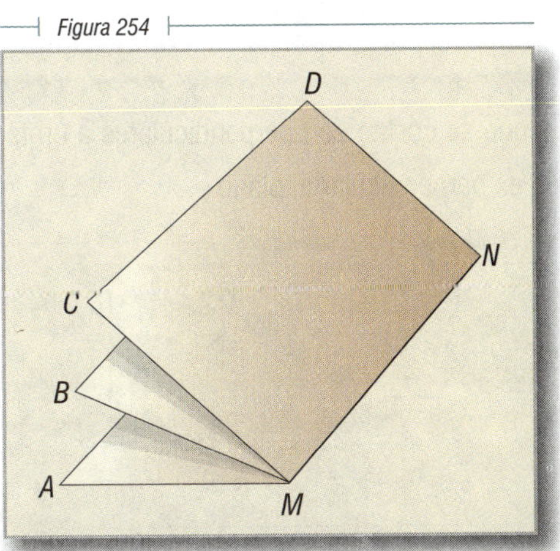

323 PLANOS PERPENDICULARES

Son los que forman un ángulo diedro recto.

Propiedades

1. Si una recta *a* es perpendicular a un plano α, cualquier plano β que pase por la recta *a* es perpendicular al plano α.

Figura Sección 323. Propiedad 1

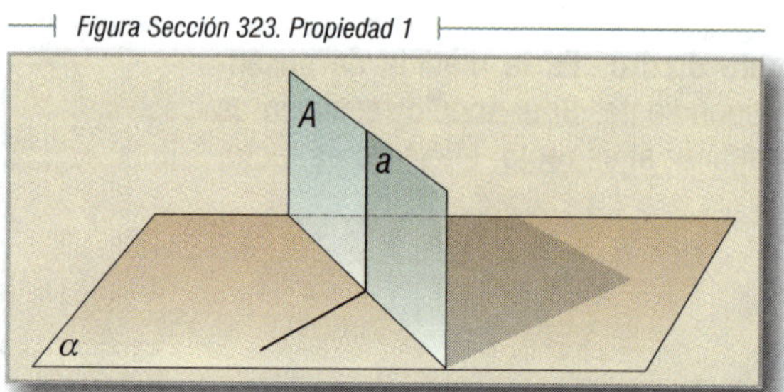

2. Si una recta es perpendicular a un plano, cualquier plano paralelo a la recta también es perpendicular al plano.
3. Si dos planos son perpendiculares, cualquier recta de uno de ellos, que sea perpendicular a la intersección de los dos planos, es perpendicular al otro.
4. Si dos planos α y β son perpendiculares y desde un punto *M* de uno de ellos trazamos una recta $\overleftrightarrow{MN}$ perpendicular al otro, esta recta se encuentra contenida en el plano α.

Figura Sección 323. Propiedad 4

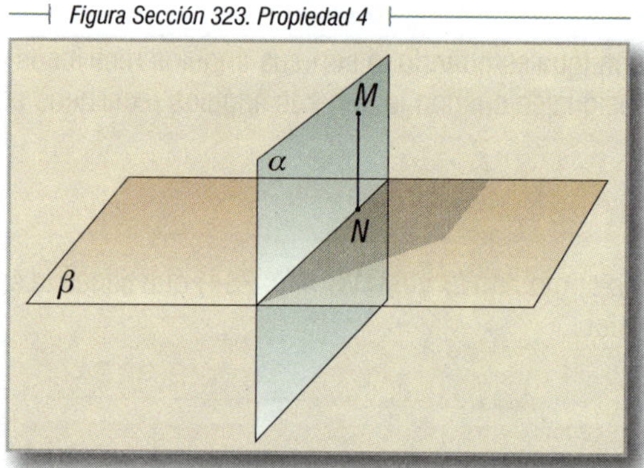

5. Si dos planos α y β que se cortan son perpendiculares a un tercero γ, la recta de intersección $\overleftrightarrow{MN}$ también es perpendicular al plano γ.

Figura Sección 323. Propiedad 5

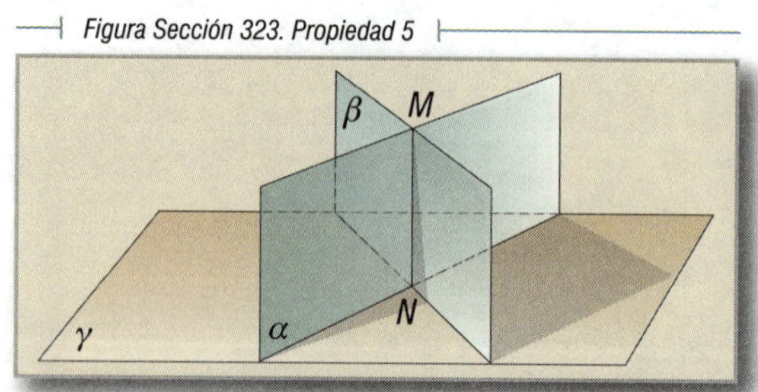

6. Por una recta *a* oblicua a un plano α pasa un plano β perpendicular a α y solamente uno.

Figura Sección 323. Propiedad 6

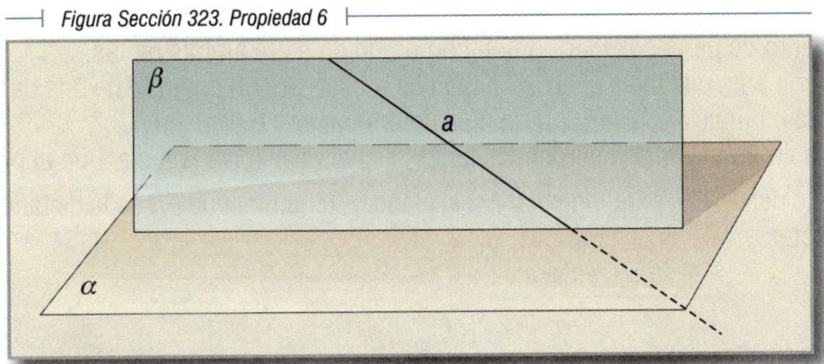

PLANO BISECTOR DE UN ÁNGULO DIEDRO 324

Es el plano que divide al diedro en dos diedros iguales.

Los puntos del plano bisector equidistan de las caras del diedro.

Los planos bisectores de dos diedros adyacentes son perpendiculares.

PROYECCIÓN DE UN PUNTO *A* SOBRE UN PLANO α 325

La proyección de un punto *A* sobre un plano es el pie *A'* de la perpendicular trazada desde el punto al plano.

Figura Sección 325 A

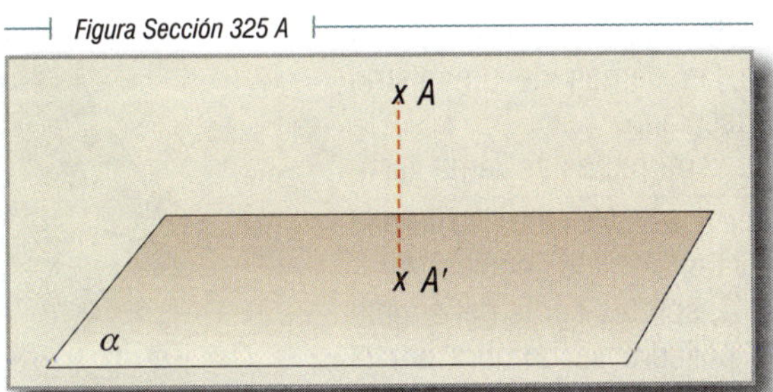

Proyección de una línea $\overline{AB}$ sobre un plano α es el conjunto $\overline{A'B'}$ formado por las proyecciones de todos los punto de la línea.

Para obtener la proyección de una recta sobre un plano, se traza por la recta un plano perpendicular al plano dado. La intersección es la proyección.

Figura Sección 325 B

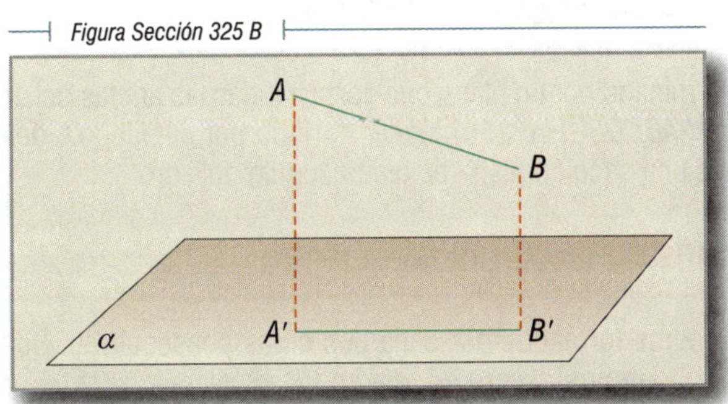

326 DISTANCIA ENTRE DOS RECTAS QUE SE CRUZAN

Es el segmento de perpendicular común comprendido entre ambas rectas.

Para trazar esta distancia sean *a* y *b* las dos rectas. Por un punto *M* de una de ellas (*b*) se traza la recta *c* paralela a la otra (*a*), la cual determina con *b* el plano α.

Se traza ahora el plano β perpendicular al $\angle \alpha$, el cual corta la recta *a* en el punto *P*.

Trazando desde *P* la perpendicular $\overleftrightarrow{PQ}$ al plano α, tenemos que $\overline{PQ}$ es la distancia buscada entre las rectas *a* y *b*.

Figura Sección 326

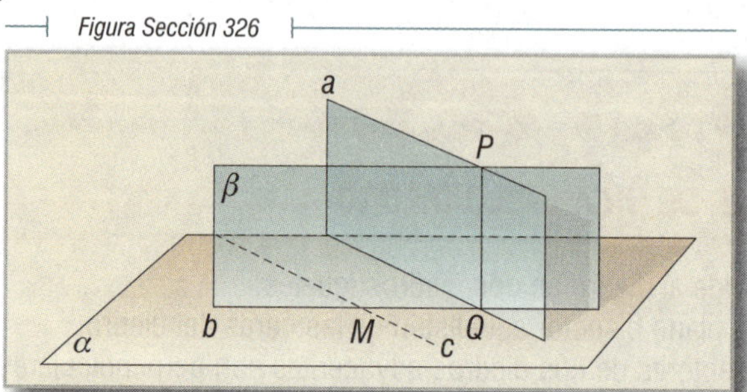

327 ÁNGULO POLIEDRO CONVEXO

Es la figura formada por tres o más semirrectas $\overrightarrow{VA}$, $\overrightarrow{VB}$, $\overrightarrow{VC}$, etc. (Fig. 255) del mismo origen, y tales que el plano determinado por cada dos consecutivas deja a las demás de un mismo lado (semiespacio) del plano.

El origen *V* de las semirrectas se llama vértice, y las semirrectas $\overrightarrow{VA}$, $\overrightarrow{VB}$, $\overrightarrow{VC}$, etc., se llaman aristas. Los planos (y también los ángulos) *AVB*, *BVC*, *CVD*, *DVE* y *EVA*, son las caras del ángulo poliedro. Un ángulo poliedro se nombra por el vértice, un guión y las letras de las aristas. Así, el de la figura 255 es el ángulo poliedro: *V-ABCDE*.

Figura 255

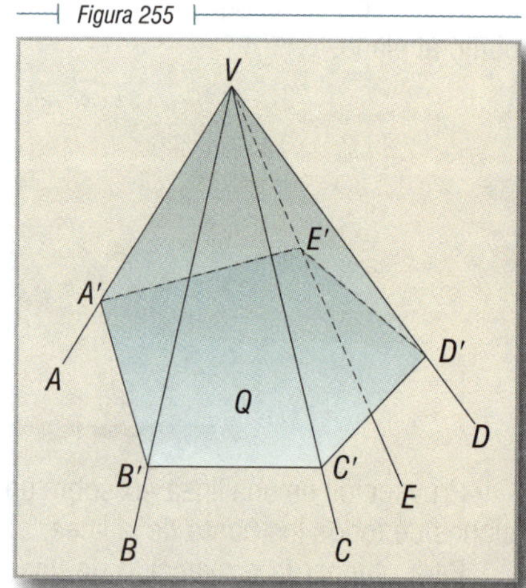

328 SECCIÓN PLANA DE UN ÁNGULO POLIEDRO

Es el polígono determinado por un plano que corta a todas las aristas del ángulo poliedro. Así, el ángulo poliedro *V-ABCDE* (Fig. 255), al ser cortado por el plano *Q*, determina el polígono *A'B'C'D'E'*, que es una sección plana de dicho ángulo poliedro.

329 ÁNGULOS DIEDROS EN UN ÁNGULO POLIEDRO

Son los ángulos diedros formados por cada dos caras consecutivas. Se les nombra por su arista. Así (Fig. 255), diremos: *diedro VA*, *diedro VB,* etcétera.

ÁNGULO TRIEDRO 330

Es el ángulo poliedro formado por tres semirrectas (Fig. 256).

Figura 256

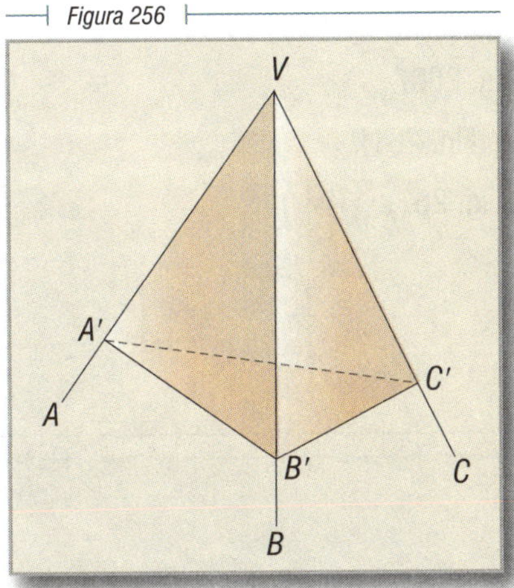

CLASIFICACIÓN DE LOS TRIEDROS 331

Un ángulo triedro puede tener uno, dos o tres ángulos diedros rectos, en cuyos casos se llama rectángulo, birrectángulo o trirrectángulo (Fig. 257), respectivamente.

Se llaman *triedros isósceles* aquellos que tienen dos caras iguales.

Figura 257

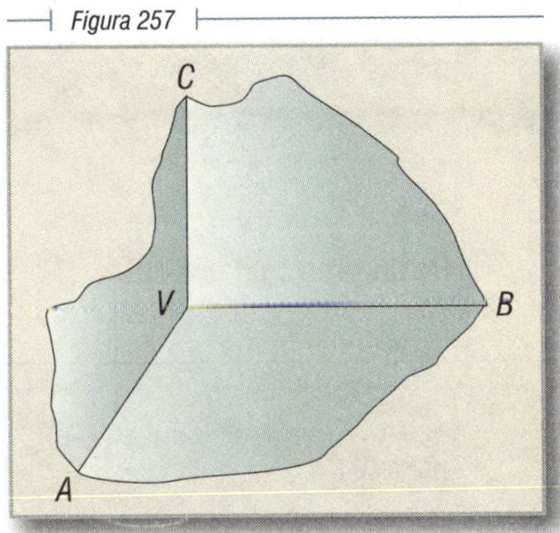

POLIEDRO CONVEXO 332

Es el cuerpo limitado por polígonos, llamados caras; de manera que el plano de cada cara deja a un mismo lado a la figura.

POLIEDROS REGULARES 333

Un poliedro es regular si sus caras son polígonos regulares iguales y los ángulos poliedros tienen el mismo número de caras.

Existen cinco poliedros regulares que, según el número de caras, son los siguientes:

a) 4 caras = **tetraedro** (Fig. 258).

b) 6 caras = **hexaedro** (Fig. 259).

c) 8 caras = **octaedro** (Fig. 260).

d) 12 caras = **dodecaedro** (Fig. 261).

e) 20 caras = **icosaedro** (Fig. 262).

Tetraedro regular

Figura 258

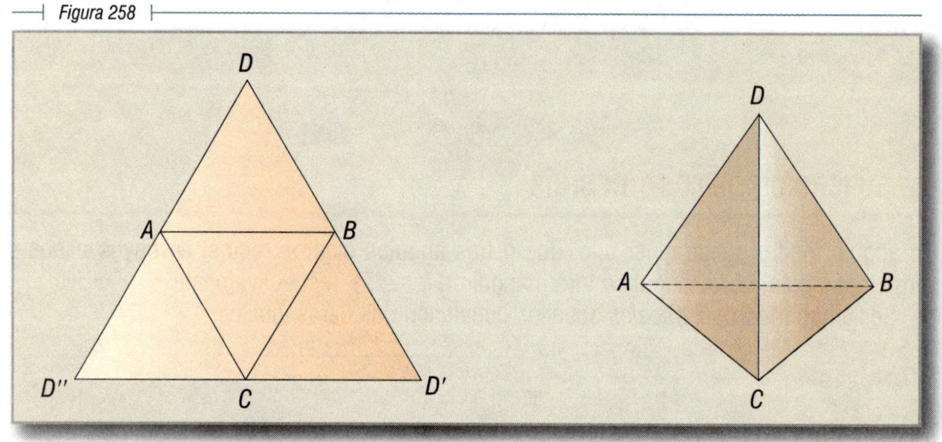

Hexaedro regular o cubo

Figura 259

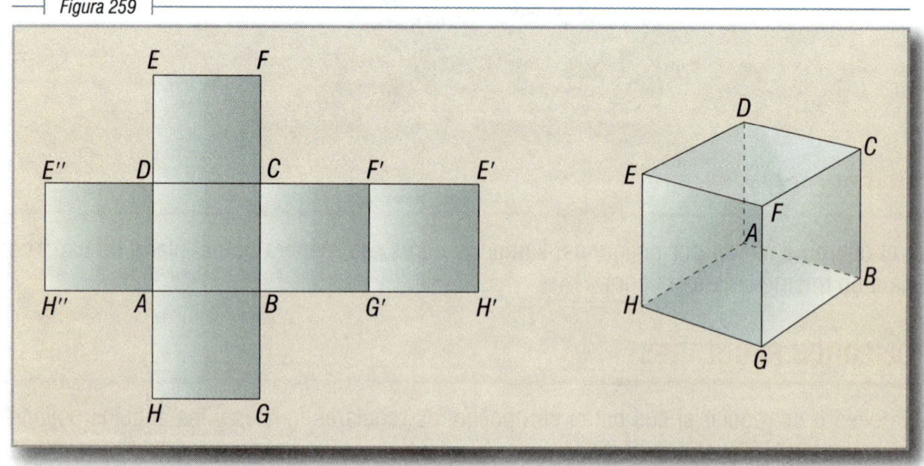

Octaedro regular

Figura 260

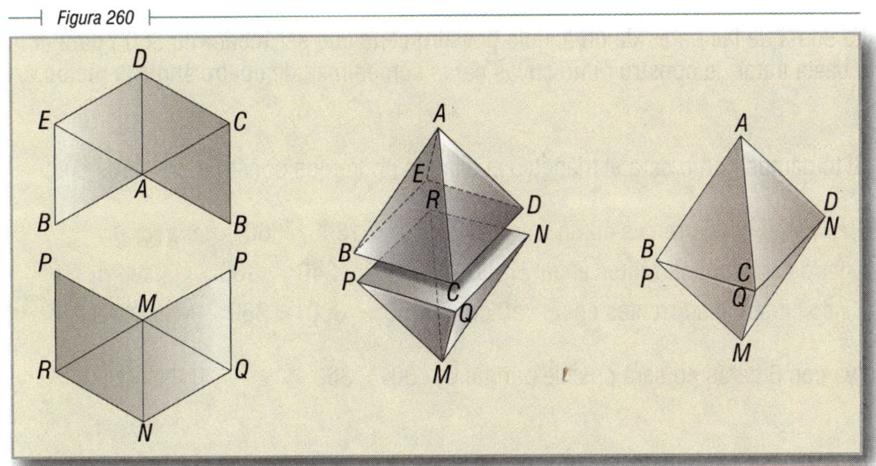

Dodecaedro regular

Figura 261

Icosaedro regular

Figura 262

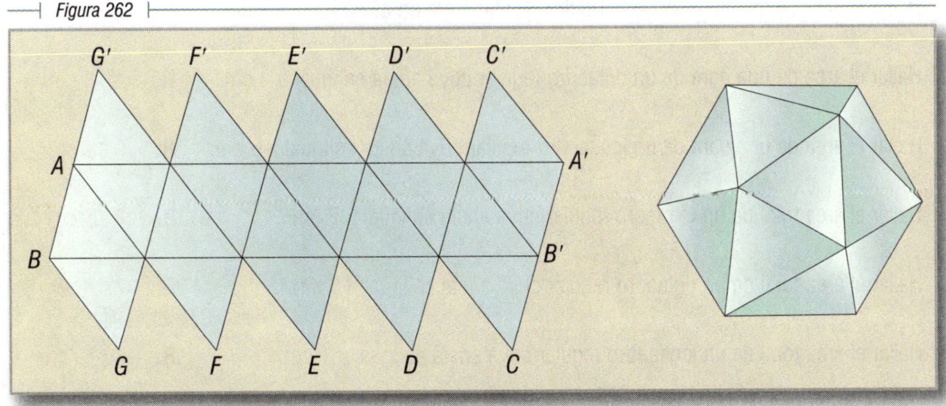

Sólo hay cinco poliedros regulares convexos. La razón es la siguiente:

La suma de las caras de un ángulo poliedro tiene que ser menor de 360°, para comprobarlo basta tratar de construir uno cuyas caras sumen más de cuatro ángulos rectos.

Si tomamos como cara el triángulo equilátero podremos construir poliedros con:

a) Tres caras concurrentes en un vértice $(3 \times 60° = 180° < 360°)$ (tetraedro)
b) Cuatro caras concurrentes en un vértice $(4 \times 60° = 240° < 360°)$ (octaedro)
c) Cinco caras concurrentes en un vértice $(5 \times 60° = 300° < 360°)$ (icosaedro)

pero ya con 6 caras no será posible porque $6 \times 60° = 360°$.

Si tomamos el cuadrado como cara podremos construir con tres caras concurrentes en un vértice $(3 \times 90° = 270° < 360°)$ (hexaedro) y nada más, porque 4 caras ya suman $4 \times 90° = 360°$.

Con pentágonos regulares, cuyo ángulo mide 108°, sólo se podrá construir uno con tres caras concurrentes en un vértice $(3 \times 108° = 324°)$ (dodecaedro).

Con hexágonos regulares, cuyos ángulos miden 120°, ya no se puede construir ninguno porque tres caras concurrentes en un vértice $(120 \times 3 = 360°)$.

Y lo mismo ocurre con polígonos regulares de más de seis lados.

Ejercicios

1. Hallar el área de una cara de un tetraedro regular cuya arista es igual a 2 cm. **R.** $\sqrt{3}$ cm²
2. Hallar el área de una cara de un octaedro regular cuya arista es igual a 4 cm. **R.** $4\sqrt{3}$ cm²
3. Hallar el área de una cara de un icosaedro regular cuya arista es igual a 6 cm. **R.** $9\sqrt{3}$ cm²
4. Hallar el área total de un tetraedro regular cuya arista es igual a 2 cm. **R.** $4\sqrt{3}$ cm²
5. Hallar el área total de un octaedro regular cuya arista es igual a 6 cm. **R.** $72\sqrt{3}$ cm
6. Hallar el área total de un icosaedro regular cuya arista es igual a 4 cm. **R.** $80\sqrt{3}$ cm

7. Si el área total de un tetraedro regular es $16\sqrt{3}$ cm^2, calcular la arista. **R.** 4 cm

8. Si el área total de un octaedro regular es $18\sqrt{3}$ cm^2, calcular la arista. **R.** 3 cm

9. Si el área total de un icosaedro regular es $20\sqrt{3}$ cm^2, calcular la arista. **R.** 2 cm

10. Hallar el área total de un dodecaedro cuya arista es igual a 2 cm. **R.** $A_T = 82.58$ cm^2

11. Hallar el área total de un cubo cuya arista es igual a 7 cm. **R.** $A_T = 294$ cm^2

12. Hallar la arista de un cubo sabiendo que su área total es 384 cm^2. **R.** $a = 8$ cm

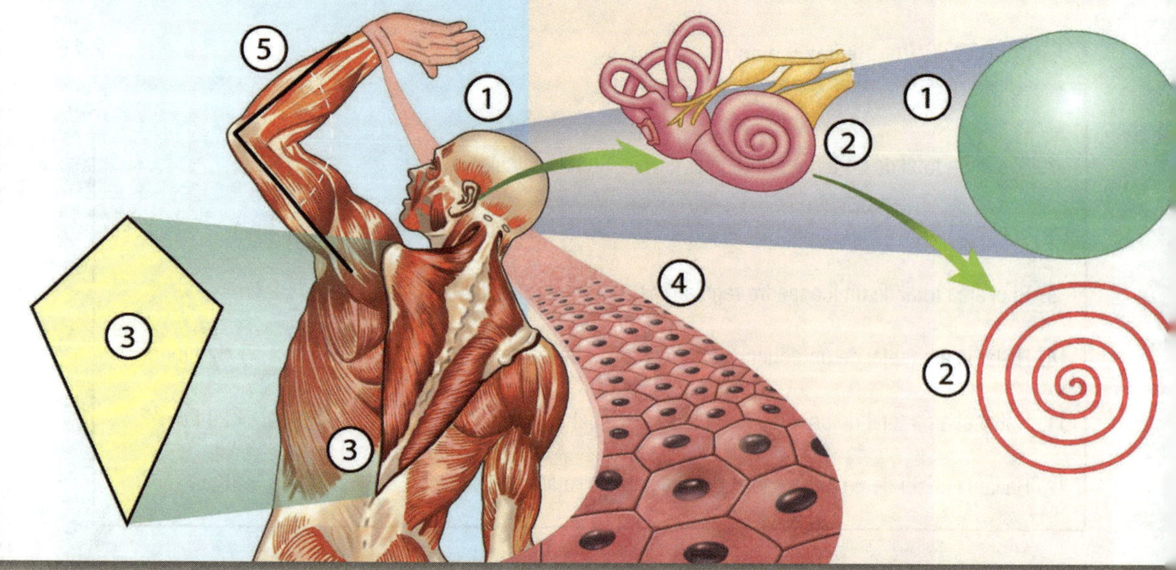

Semblanzas geométricas en la anatomía humana. 1. La cabeza tiene forma esferoide. 2. El oído interno, que parece diseñado por un topólogo, muestra en la cóclea una espiral. 3. Algunos músculos, como el trapecio, pueden encajar perfectamente en una figura geométrica; en este caso, un trapezoide. 4. El tejido pavimentoso de la piel está cubierto por células poligonales. 5. Los brazos o las piernas en determinadas posiciones traen a la imaginación distintos ángulos.

PRISMAS Y PIRÁMIDES

334 PRISMA. DEFINICIÓN Y ELEMENTOS

Se llama prisma al poliedro limitado por varios paralelogramos y dos polígonos iguales cuyos planos son paralelos.

Los polígonos iguales y paralelos *ABC* y *DEF*, y *ABCDJ* y *EFGHI* (Fig. 263) se llaman bases del prisma; las demás caras del prisma, que son paralelogramos, forman la superficie lateral del mismo.

Aristas laterales. Son las que no pertenecen a las bases: $\overline{AE}$, $\overline{BF}$, $\overline{CD}$, $\overline{AG}$, $\overline{BH}$, $\overline{CI}$, $\overline{DE}$, $\overline{JF}$.

Prisma recto. Es aquel cuyas aristas laterales son perpendiculares a los planos de las bases. Los prismas de la figura 263 son rectos.

Figura 263 A

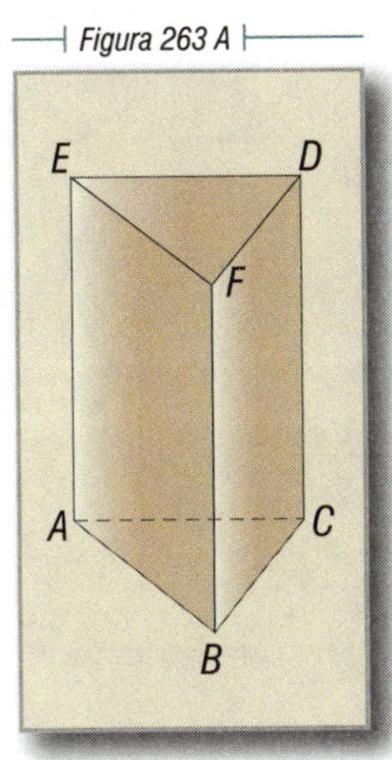

Figura 263 B

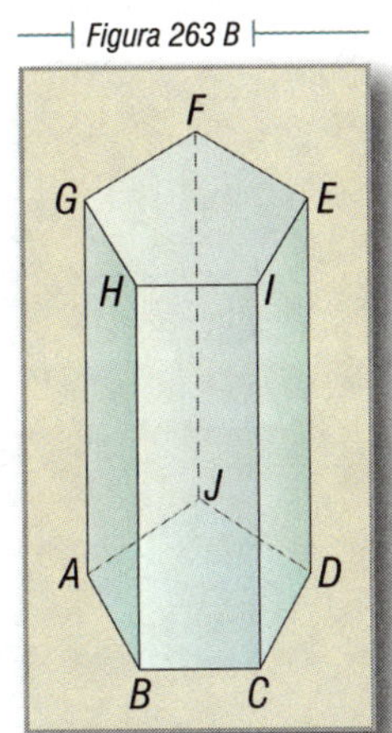

Altura de un prisma. Es la distancia entre los planos de sus bases. En el prisma recto, la altura es igual a las aristas laterales.

Prisma oblicuo. Es aquel en el que las aristas laterales no son perpendiculares a los planos de las bases (Fig. 264).

En el prisma oblicuo, la altura se obtiene trazando desde un punto de una base la perpendicular $\overline{DH}$ (Fig. 264) a la otra base.

Según el número de lados de los polígonos que forman las bases, los prismas se llaman **triangulares, cuadrangulares, pentagonales,** etcétera.

Figura 264

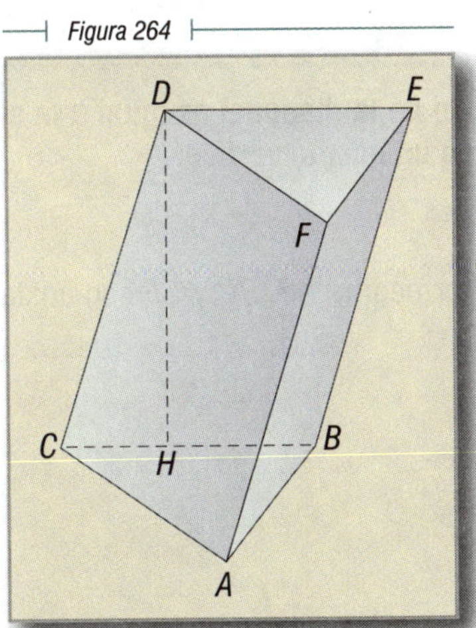

PARALELEPÍPEDO

335

Es el prisma cuyas bases son paralelogramos.

El prisma *ABCDEFGH* (Fig. 265) es un paralelepípedo.

Dos aristas son opuestas cuando son paralelas y no pertenecen a la misma cara; por ejemplo, $\overline{AH}$ y $\overline{CF}$, $\overline{AB}$ y $\overline{EF}$, etcétera.

Figura 265

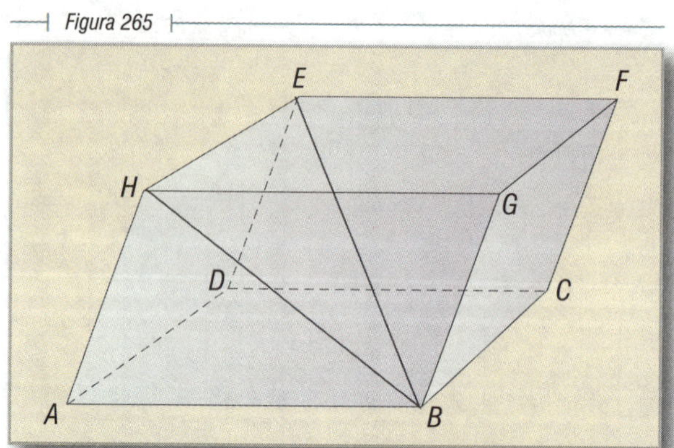

Los vértices no situados en la misma cara se llaman opuestos; por ejemplo, *A* y *F*, *B* y *E*.

La diagonal de un paralelepípedo es el segmento, como $\overline{BE}$, que une dos vértices opuestos.

Un plano diagonal es el determinado por dos aristas opuestas: *BCEH*.

336 ORTOEDRO

Un paralelepípedo se llama recto si sus aristas laterales son perpendiculares a las bases.

Si las bases de un paralelepípedo recto son rectángulos, se llama paralelepípedo recto rectangular o también ortoedro.

Las seis caras de un ortoedro son rectángulos.

337 TEOREMA 97

En todo ortoedro, el cuadrado de la diagonal es igual a la suma de los cuadrados de las tres aristas que concurren en un mismo vértice.

Hipótesis

ABCDEFGH (Fig. 266) es un ortoedro; $\overline{AB}$, $\overline{BC}$ y $\overline{CF}$ son aristas concurrentes en un vértice; $\overline{AF}$ es una diagonal.

Tesis

$(\overline{AF})^2 = (\overline{AB})^2 + (\overline{BC})^2 + (\overline{CF})^2$

Figura 266

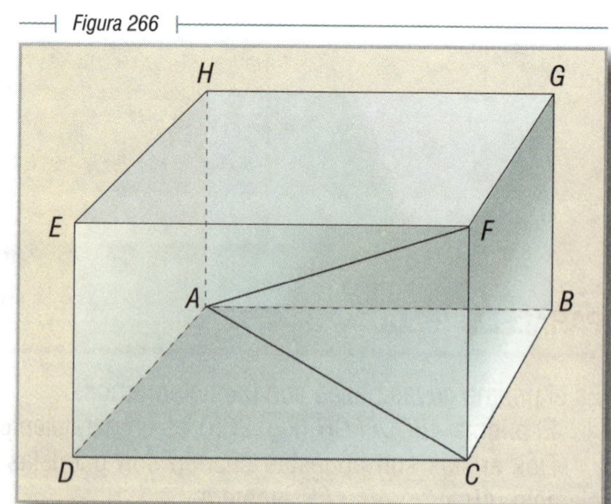

Demostración

En el triángulo rectángulo ACF tenemos:

$$(\overline{AF})^2 = (\overline{AC})^2 + (\overline{CF})^2 \quad (1)$$

En el $\triangle ABC$, también rectángulo, tenemos:

$$(\overline{AC})^2 = (\overline{AB})^2 + (\overline{BC})^2 \quad (2)$$

Teorema de Pitágoras

Sustituyendo (2) en (1) tenemos:

$$(\overline{AF})^2 = (\overline{AB})^2 + (\overline{BC})^2 + (\overline{CF})^2$$

Como queríamos demostrar

CUBO 338

Es el ortoedro que tiene iguales todas sus aristas (Fig. 267).

Las seis caras del cubo son cuadrados. El cubo se llama también hexaedro regular.

Figura 267

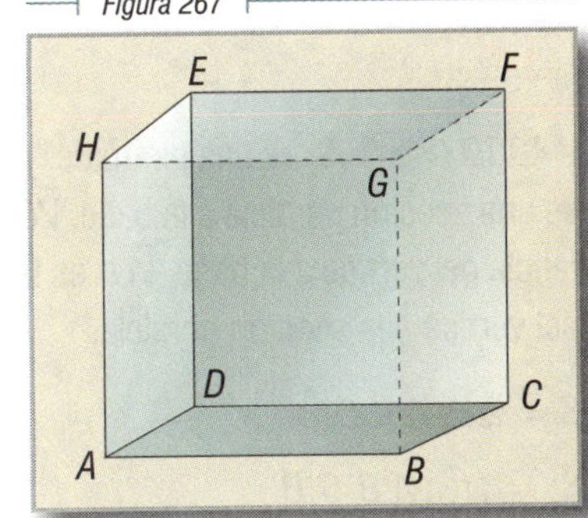

ROMBOEDRO 339

Es el paralelepípedo cuyas bases son rombos. El romboedro se llama recto cuando sus aristas laterales son perpendiculares a las bases.

PIRÁMIDE 340

Es el poliedro cuya cara es la base, que es un polígono cualquiera, y las otras caras laterales son triángulos que tienen un vértice común, llamado vértice o cúspide de la pirámide.

La pirámide $FABCDE$ (Fig. 268) tiene por base el polígono $ABCDE$ y el vértice es F. La altura es la perpendicular $\overline{FH}$ trazada del vértice a la base.

De acuerdo con el polígono de la base, las pirámides se clasifican en **triangulares, hexagonales,** etc. Las caras laterales de la pirámide son los $\triangle ABF$, $\triangle BCF$, $\triangle CDF$, $\triangle DEF$, $\triangle EFA$.

Figura 268

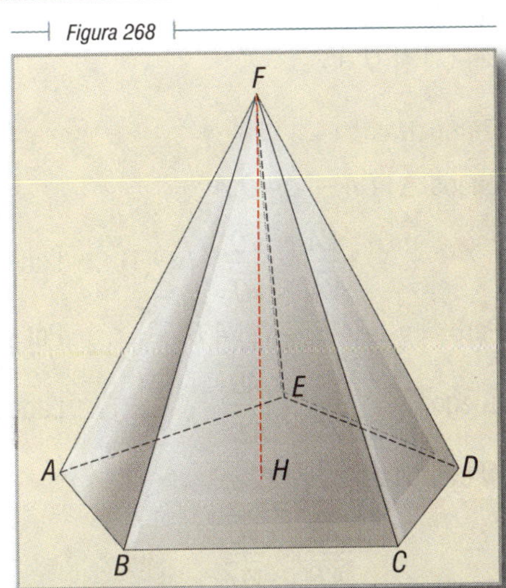

341 PIRÁMIDE REGULAR

Es la pirámide que tiene por base un polígono regular y el pie de su altura coincide con el centro de este polígono.

En la pirámide regular, las caras laterales son triángulos isósceles iguales. La altura de cada uno de estos triángulos se llama **apotema** de la pirámide.

Si una pirámide es cortada por un plano paralelo a su base, la sección es un polígono semejante a la base.

342 TEOREMA 98

La razón entre el área de la base de una pirámide y el área de una sección paralela a ésta, es igual a la razón entre los cuadrados de sus distancias al vértice.

Hipótesis

$VABCD$ (Fig. 269) es una pirámide, y $A'B'C'D'$ es una sección paralela a la base. $\overline{VO}$ es la distancia del vértice a la base. $\overline{VO'}$ es la distancia del vértice a la sección paralela.

S = área $ABCD$

S' = área $A'B'C'D'$

Figura 269

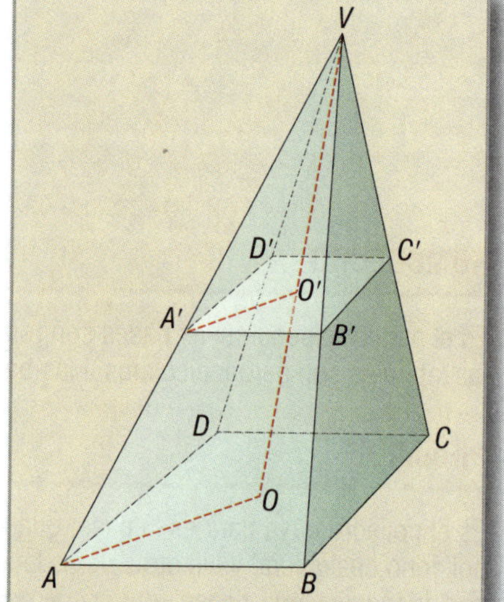

Tesis

$$\frac{S}{S'} = \frac{\overline{VO}^2}{\overline{VO'}^2}$$

Construcción auxiliar. Unamos O con A y O' con A' para formar el $\triangle VOA \sim \triangle VO'A$ por ser $\overline{OA} \parallel \overline{O'A'}$.

Demostración

En los $\triangle VOA \sim \triangle VO'A'$:

$$\frac{\overline{VA}}{\overline{VA'}} = \frac{\overline{VO}}{\overline{VO'}} \quad (1) \quad \text{Lados homólogos de triángulos semejantes}$$

Pero: $\triangle VAB \sim \triangle VA'B'$ Por ser $\overline{A'B'} \parallel \overline{AB}$

Luego: $$\frac{\overline{VA}}{\overline{VA'}} = \frac{\overline{AB}}{\overline{A'B'}} \quad (2) \quad \text{Lados homólogos de triángulos semejantes}$$

Al comparar (1) y (2):

$$\frac{\overline{AB}}{\overline{A'B'}} = \frac{\overline{VO}}{\overline{VO'}} \quad (3)$$

Por otra parte:

$$\frac{S}{S'} = \frac{\overline{AB}^2}{\overline{A'B'}^2} \qquad (4)$$

La razón en las áreas de dos polígonos semejantes es igual a la razón entre los cuadrados de sus lados homólogos

Al comparar (3) y (4):

$$\frac{S}{S'} = \frac{\overline{VO}^2}{\overline{VO'}^2}$$

ÁREAS DE LOS POLIEDROS 343

Área lateral de un prisma o pirámide. Es la suma de las áreas de las caras laterales.

Área total de un prisma o pirámide. Es la suma del área lateral más las áreas de las bases.

PRISMA RECTO 344

Área lateral. Si suponemos las caras laterales colocadas en un plano, como indica la figura 270, resultará el rectángulo $AA'J'J$, que es la suma de todas las caras laterales o superficie lateral del prisma. La base $\overline{AA'}$ de este rectángulo es el perímetro de la base del prisma y la altura del rectángulo $\overline{JA}$ es su altura. Este rectángulo constituye el desarrollo de la superficie lateral del prisma. Como el área de un rectángulo es igual al producto de su base por su altura, resulta que: **El área lateral de un prisma recto es igual al producto del perímetro de su base por la longitud de la altura o arista lateral.**

Figura 270

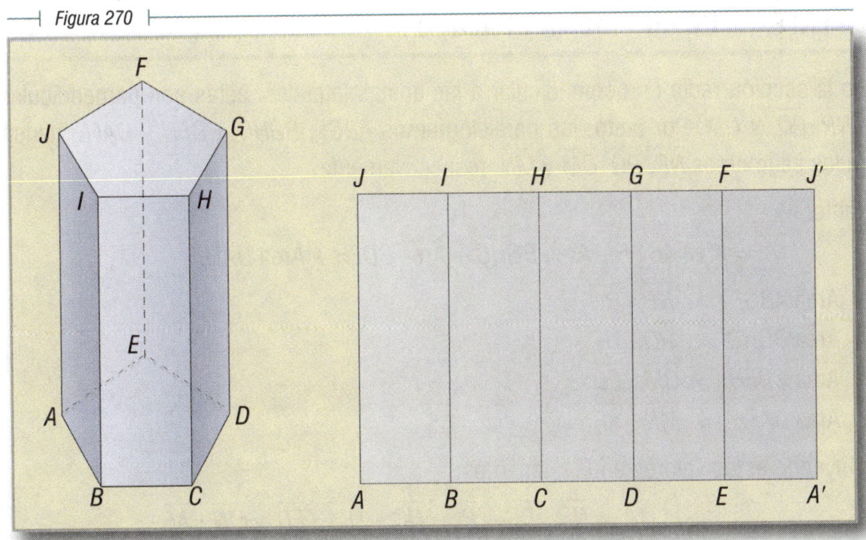

Si A_L es el área lateral, P el perímetro y h la altura, tenemos:

$$A_L = P \cdot h$$

Área total del prisma recto. El área total se obtiene sumando al área lateral el doble del área de la base. Si llamamos B al área de la base, entonces tenemos:

$$A_T = A_L + 2B$$
$$\therefore \quad A_T = P \cdot h + 2B$$

345 SECCIÓN RECTA DE UN PRISMA

Se llama sección recta de un prisma cualquiera al polígono determinado por un plano perpendicular a las aristas laterales.

En la figura 271, si el plano $MNPQ$ es perpendicular a las aristas $\overline{DE}$, $\overline{AF}$, etc., el polígono $MNPQ$ es una sección recta del prisma oblicuo $ABCDEFGH$.

Figura 271

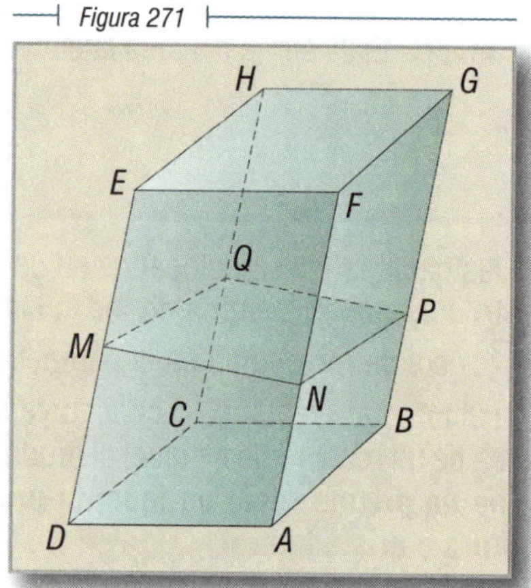

346 ÁREA LATERAL DE UN PRISMA CUALQUIERA

Como la sección recta es perpendicular a las aristas laterales, éstas son perpendiculares a $\overline{MN}$, $\overline{NP}$, $\overline{PQ}$, y $\overline{QM}$. Por tanto, los paralelogramos $ABGF$, $BGHC$, $CDEH$ y $DAFE$, tienen por altura los segmentos $\overline{NP}$, $\overline{PQ}$, $\overline{QM}$ y $\overline{MN}$, respectivamente.

Por tanto:

$$A_L = \text{Área } ABGF + \text{Área } BGHC + \text{Área } CDEH + \text{Área } DAFE \qquad (1)$$

Pero:
$$\begin{aligned} \text{Área } ABGF &= \overline{NP} \cdot \overline{BG} \\ \text{Área } BGHC &= \overline{PQ} \cdot \overline{HC} \\ \text{Área } CDEH &= \overline{QM} \cdot \overline{ED} \\ \text{Área } DAFE &= \overline{MN} \cdot \overline{AF} \end{aligned}$$

Sustituyendo estos valores en (1), tenemos:

$$A_L = \overline{NP} \cdot \overline{BG} + \overline{PQ} \cdot \overline{HC} + \overline{QM} \cdot \overline{ED} + \overline{MN} \cdot \overline{AF}$$

y como $\overline{BG} = \overline{HC} = \overline{ED} = \overline{AF}$, resulta:

$$A_L = \overline{NP} \cdot \overline{BG} + \overline{PQ} \cdot \overline{BG} + \overline{QM} \cdot \overline{BG} + \overline{MN} \cdot \overline{BG}$$

Al obtener el factor común $\overline{BG}$, tenemos:

$$A_L = \overline{BG}\ (\overline{NP} + \overline{PQ} + \overline{QM} + \overline{MN})$$

donde $\overline{BG}$ representa la longitud de una arista lateral, y el paréntesis es el perímetro de la sección recta, resultando entonces:

El área lateral de un prisma oblicuo es igual al producto del perímetro de la sección recta por la longitud de la arista lateral.

PIRÁMIDE REGULAR 347

Área lateral. Las caras de una pirámide regular son triángulos isósceles iguales (Fig. 272) cuya altura es la apotema de la pirámide $\overline{VH}$ y cuyas bases son los lados $\overline{AB}$, $\overline{BC}$, etc., del polígono de la base de la pirámide. Obtendremos el área lateral multiplicando el área de un triángulo por el número (n) de ellos (tantos como lados tenga el polígono de la base).

Figura 272

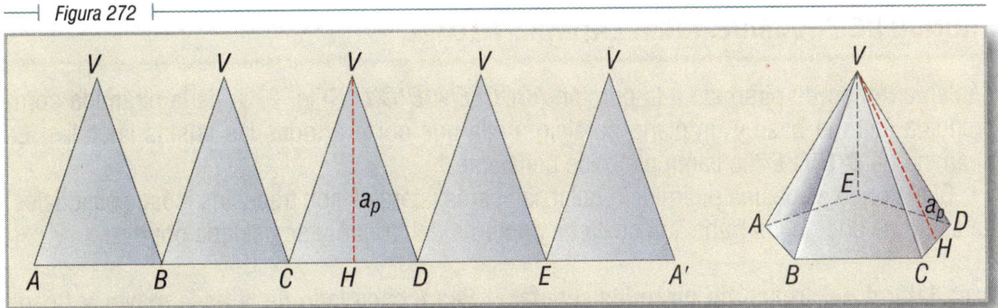

$$A_L = n \text{ por el área de un triángulo}$$

Si llamamos l al lado de la base y a_p a la apotema de la pirámide, el área de un triángulo es:

$$\frac{1}{2} l\, a_p$$

Y el área lateral:

$$A_L = n \cdot \frac{1}{2} l \cdot a_p$$

es decir,

$$A_L = \frac{nl}{2} \cdot a_p$$

y como nl = perímetro P, resulta:

$$A_L = \frac{P}{2} \cdot a_p$$

Si a $\frac{P}{2}$ (semiperímetro) lo designamos por p, resulta, finalmente:

$$A_L = p \cdot a_p$$

El área lateral de una pirámide regular es igual al producto del semiperímetro de la base por la longitud de la apotema de la pirámide.

Área total de una pirámide regular. Para hallar el área total sumaremos el área de la base al área lateral. Como la base es un polígono regular, tendremos:

$$A_T = A_L + B$$

y como $B = p \cdot a_b$ (llamando a_b a la apotema de la base):

$$A_T = p\,a_p + p\,a_b$$

y sacando factor común:

$$A_T = p\,(a_p + a_b)$$

348 TRONCO DE PIRÁMIDE. ÁREA LATERAL Y TOTAL

Se llama tronco de pirámide a la porción $ABCDEE'A'B'C'D'$ (Fig. 273) de la pirámide comprendida entre la base y un plano paralelo a ella que corte a todas las aristas laterales. La pirámide $VA'B'C'D'E'$ se llama pirámide deficiente.

Si el tronco es de una pirámide regular, las caras laterales son trapecios isósceles iguales. La altura de uno de los trapecios se llama apotema del tronco y se designa por a_t:

Área lateral del tronco de pirámide regular. Sea L cada lado de la base mayor y l cada lado de la base menor (Fig. 273). La altura de los trapecios o apotema del tronco es a_t:

$$\text{Área de un trapecio} = \frac{L + l}{2} \cdot a_t$$

Como el área lateral está formada por n trapecios, tendremos:

$$A_L = n \cdot \frac{L + l}{2} a_t$$

$$A_L = \frac{n(L + l)}{2} \cdot a_t = \frac{nL + nl}{2} \cdot a_t$$

Pero $nL = P$ Perímetro de la base mayor

y $nL = P'$ Perímetro de la base menor

$$\therefore \quad A_L = \frac{P + P'}{2} \cdot a_t$$

Figura 273-A

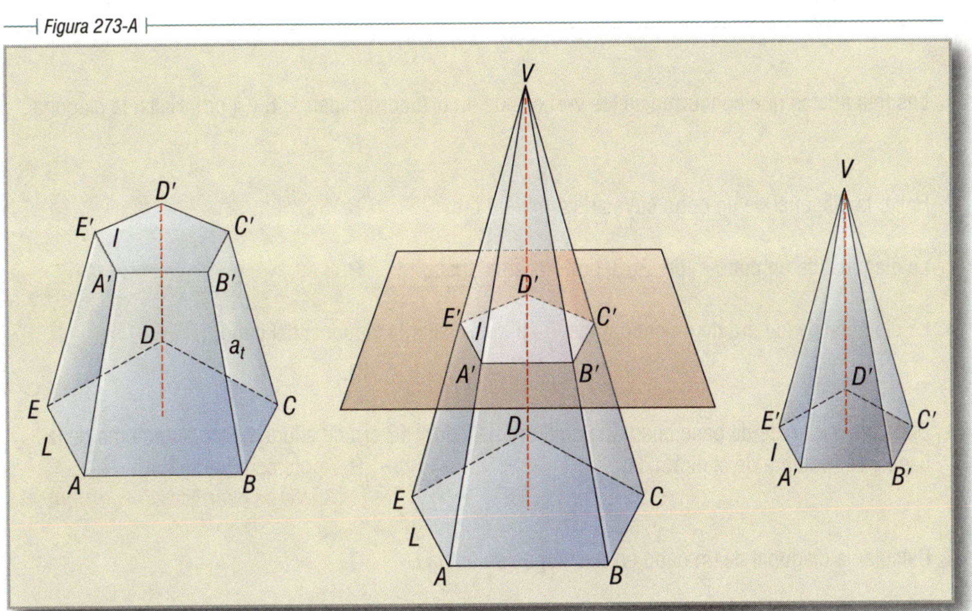

Figura 273-B

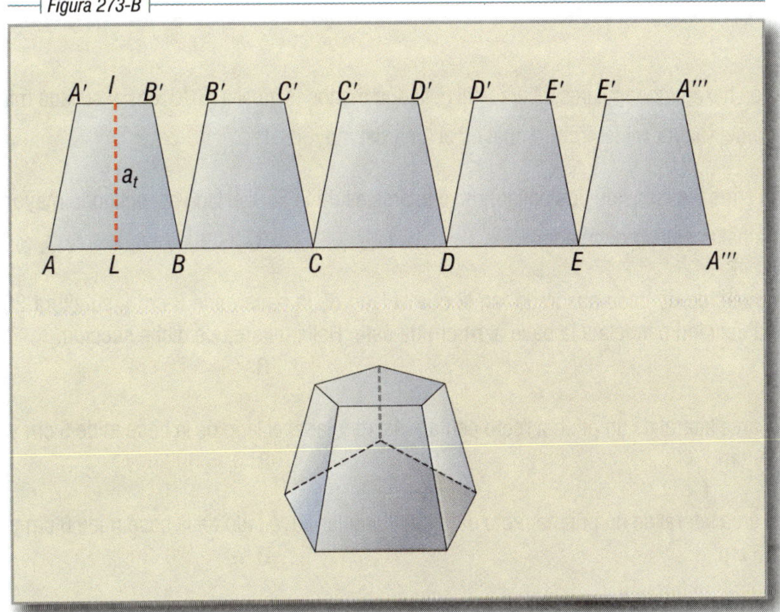

El área lateral de un tronco de pirámide regular es igual a la semisuma de los perímetros de sus bases por la apotema del tronco.

Área total del tronco. Es igual al área lateral más las áreas de las dos bases.

Ejercicios

1. Las tres aristas que concurren en los vértices de un ortoedro miden 5, 6 y 4 cm. Hallar la diagonal.
   R. $\sqrt{77}$ cm

2. Hallar la diagonal de un cubo cuya arista mide 3 cm. **R.** $3\sqrt{3}$ cm

3. La diagonal de un cubo mide $2\sqrt{3}$ cm. Hallar la arista. **R.** 2 cm

4. La diagonal de la cara de un cubo mide $8\sqrt{2}$ cm. Hallar la diagonal del cubo.
   R. $8\sqrt{3}$ cm

5. Dada una pirámide de base cuadrada de 8 cm de lado y 12 cm de altura, hallar la apotema de la base y la apotema de la pirámide. **R.** Apotema base = 4 cm
   Apotema pirámide $= 4\sqrt{10}$ cm

6. Calcular la diagonal de un cubo en función de su arista *l*. **R.** $d = l\sqrt{3}$

7. Dada una pirámide hexagonal de 8 cm de lado y 14 cm de altura, calcular: *a*) apotema de la base, *b*) arista, *c*) apotema de la pirámide. **R.** *a*) $4\sqrt{3}$ cm
   b) $2\sqrt{65}$ cm
   c) $2\sqrt{61}$ cm

8. Dados dos hexágono regulares, el área del polígono menor es igual a $6\sqrt{3}$ cm^2 y su lado mide 2 cm. Si el lado del mayor mide 4 cm, ¿cuál es el área del mayor? **R.** $24\sqrt{3}$ cm^2

9. La razón entre las áreas de dos polígonos regulares es de 2: 5. Si el lado del polígono mayor es igual a 10 cm, hallar el lado del menor. **R.** $2\sqrt{10}$ cm

10. En una pirámide de base cuadrada, en la que el lado de la base mide 8 cm y su altura 20 cm, se traza una sección paralela a la base a 14 cm de ésta. Hallar el área de dicha sección.
    R. $A = 5.76$ cm^2

11. Hallar el área lateral de un prisma recto pentagonal regular si el lado de la base mide 5 cm y la arista lateral 20 cm. **R.** $A_L = 500$ cm^2

12. Hallar el área lateral de un prisma recto octagonal regular cuyo lado de la base mide 6 cm y la arista lateral 15 cm. **R.** $A_L = 720$ cm^2

13. Determinar el área total de un prisma recto triangular regular, si el lado de la base mide 5 cm y la arista lateral 9 cm. **R.** $A_L = 156.62$ cm^2

14. Calcular las áreas lateral y total de un prisma recto cuyas bases son hexágonos regulares de 6 cm de lado y 5.2 cm de apotema, si la altura mide 8 cm. **R.** $A_L = 288$ cm^2
    $A_T = 475.2$ cm^2

15. Hallar el área lateral de una pirámide de base cuadrada, si el lado de la base mide 6 cm y la altura 4 cm. **R.** $A_L = 60$ cm^2

16. Hallar el área total de una pirámide regular de base hexagonal cuando el lado de la base mide 5 cm y la apotema de la pirámide 4.4 cm. **R.** $A_T = 130.9$ cm^2

17. Determinar las áreas lateral y total de una pirámide regular de base triangular sabiendo que el lado de la base mide 6 cm y la altura de la pirámide mide 12 cm. **R.** $A_L = 9\sqrt{147}$ cm^2
$A_T = 9\left(\sqrt{3} + \sqrt{147}\right)$ cm^2

18. Hallar las áreas lateral y total de un tronco de pirámide cuadrada si los lados de las bases miden 8 y 20 cm, respectivamente, y la altura del tronco mide 8 cm. **R.** $A_L = 560$ cm^2
$A_T = 1{,}024$ cm^2

19. Hallar el área total de un tronco de pirámide regular triangular, si los lados de las bases miden 6 y 8 pulgadas y la altura 10 pulgadas. **R.** $A_T = 25\left(8.48 + \sqrt{3}\right)$ pulgadas cuadradas

20. Calcular el área total de un tronco de pirámide cuadrada sabiendo que los lados de las bases miden 16 y 4 pulgadas y la arista lateral mide 10 pulgadas. **R.** $A_T = 592$ pulgadas cuadradas

El hombre, desde los albores de su inteligencia, sin saber lo que era Geometría, empleó formas que tienen un barrunto de geométricas. En la Edad de Piedra, las toscas puntas de lanzas y flechas nos traen a la imaginación formas triangulares. Al correr del tiempo, las formas se definen más. En la Era Neolítica, el hombre hace vasijas de barro: nace la cerámica y las formas geométricas ganan perfección. Aparecen luego los dólmenes, las líneas paralelas y el círculo con el invento de la rueda.

Capítulo XX

VOLÚMENES DE LOS POLIEDROS

349 DEFINICIONES

Se llama volumen de un poliedro a la medida del espacio limitado por el cuerpo. Para medir el volumen de un poliedro se toma como unidad un cubo de arista igual a la unidad de longitud.

En el sistema métrico decimal, la unidad es el metro cúbico (Fig. 274). También se usan como unidades los múltiplos y divisores del metro cúbico.

Figura 274

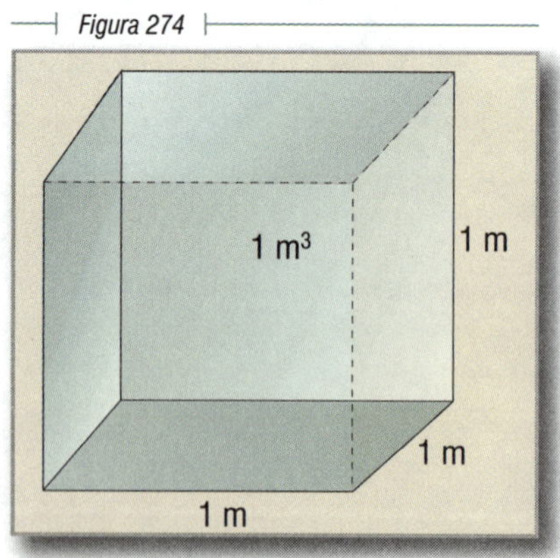

Dos poliedros (Fig. 275) que tienen igual volumen se llaman equivalentes.

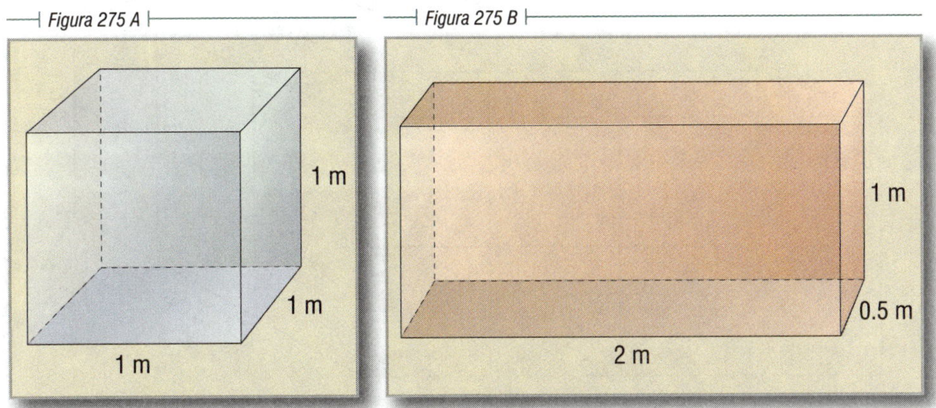

Dos prismas rectos de bases y alturas iguales, son iguales. Así, por ejemplo, los prismas rectos *ABCDEFGH* y *A'B'C'D'E'F'G'H'* (Fig. 276) que tienen iguales sus bases *ABCD* y *A'B'C'D'* y sus alturas $\overline{AH}$ y $\overline{A'H'}$, son iguales.

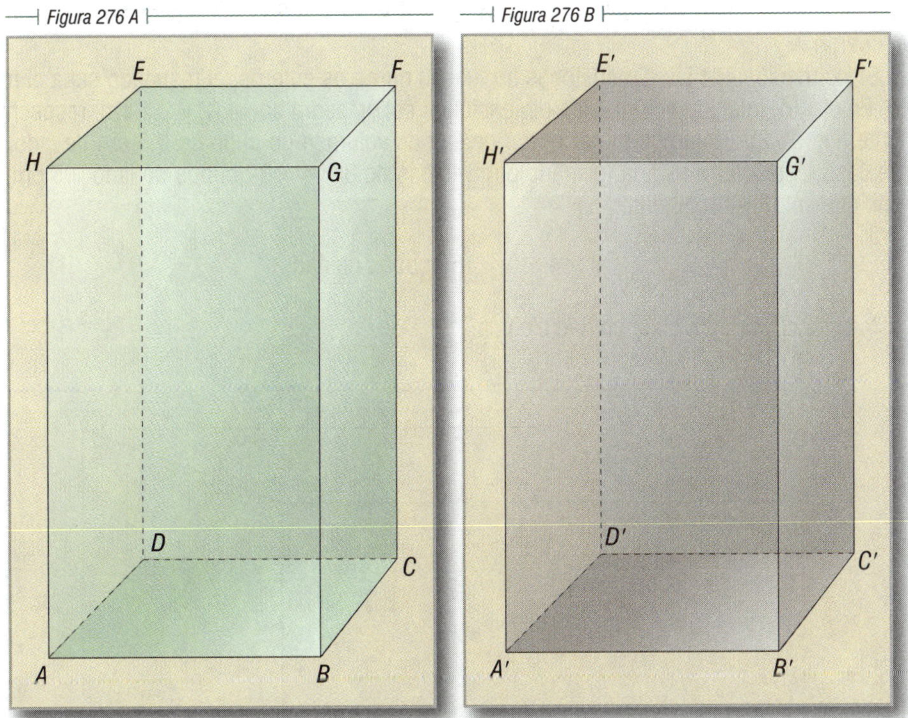

TEOREMA 99

350

El volumen de un ortoedro es igual al producto de sus tres dimensiones. Imaginemos un ortoedro cuyas dimensiones sean 4, 3 y 2 cm, respectivamente (Fig. 277).

Figura 277

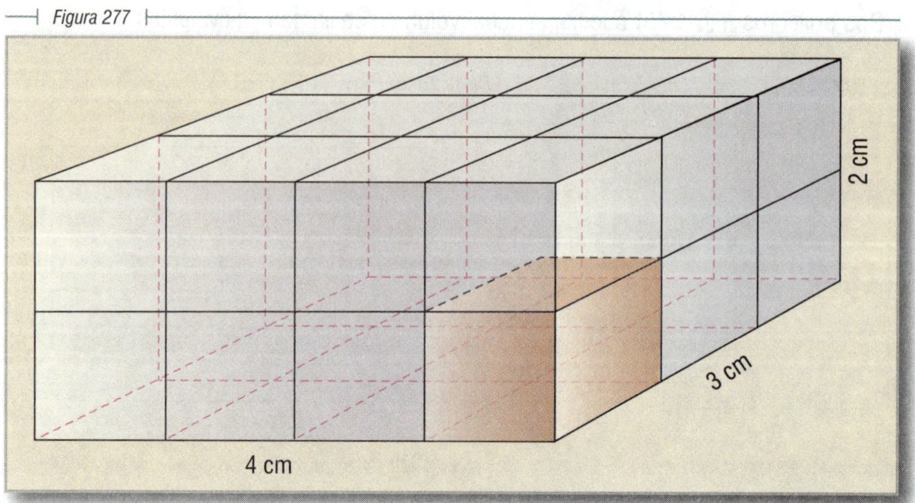

Al trazar planos que pasen por los puntos de división, tal como se indica en la figura, se ve que el ortoedro tiene dos capas, cada una de las cuales está formada por 12 cubos unidad (12 cm^3 en este caso). En total, el ortoedro tiene: $4 \times 3 \times 2 = 24$ cm^3, y éste será el volumen del cuerpo.

Si las medidas de las dimensiones no fuesen números enteros, el resultado sería el mismo. En efecto, imaginemos que las dimensiones del ortoedro son 4, 2 y 2.5 cm, respectivamente (Fig. 278). Podemos tomar como unidad de volumen un cubo de 0.5 cm de lado. En este caso, el ortoedro estaría formado por 5 capas de $8 \times 4 = 32$ cubos de lado 0.5 cm, es decir, que en total contendría:

$$8 \times 4 \times 5 = 160 \text{ cubos unidad}$$

y éste sería el volumen en la unidad elegida.

Figura 278

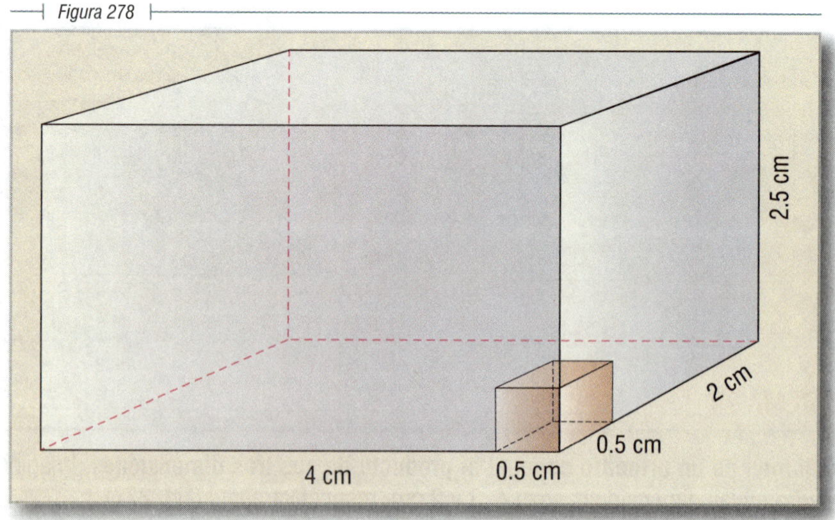

Si quisiéramos el volumen en centímetros cúbicos tendríamos que dividir 160 entre el número de cubos unidad que contiene el centímetro cúbico (8 en este caso) y resulta:

$$\text{Volumen en cm}^3 = 160 \div 8 = 20 \text{ cm}^3$$

Si multiplicamos las tres dimensiones expresadas en centímetros, tenemos:

$$\text{Volumen del ortoedro} = 4 \times 2 \times 2.5 = 20 \text{ cm}^3$$

Si las dimensiones fueran números irracionales, entonces se obtendrían números racionales cada vez más aproximados y el volumen se calcula con la aproximación que se desee.

De una manera general, si las dimensiones del ortoedro son *a, b* y *c,* el volumen (***V***) se expresará con la fórmula:

$$\boldsymbol{V} = a \times b \times c$$

COROLARIO 1

El volumen de un cubo es igual al cubo de la longitud de su arista (*l*). En efecto, el cubo es un ortoedro cuyas tres dimensiones son iguales. Luego:

$$\boldsymbol{V} = l \times l \times l = l^3$$

COROLARIO 2

El volumen de un ortoedro es igual al producto del área de la base por la altura. En efecto, el producto de dos de las dimensiones (largo por ancho) es precisamente el área de la base por ser ésta un rectángulo, luego:

$$\boldsymbol{V} = \text{Área de la base} \times \text{Altura}$$

(La altura es la tercera dimensión.)

TEOREMA 100

351

La razón de los volúmenes de dos ortoedros es igual a la razón de los productos de sus tres dimensiones.

En efecto, sean los ortoedros de dimensiones *a, b, c* y *a′, b′, c′* respectivamente (Fig. 279). Sus volúmenes, según el teorema anterior, son:

$$\boldsymbol{V} = abc, \qquad \boldsymbol{V}' = a'b'c'$$

y dividiendo miembro a miembro:

$$\frac{\boldsymbol{V}}{\boldsymbol{V}'} = \frac{abc}{a'b'c'}$$

Figura 279 A

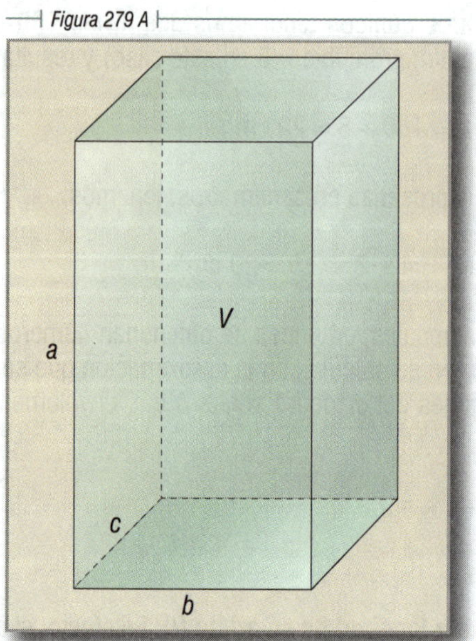

Figura 279 B

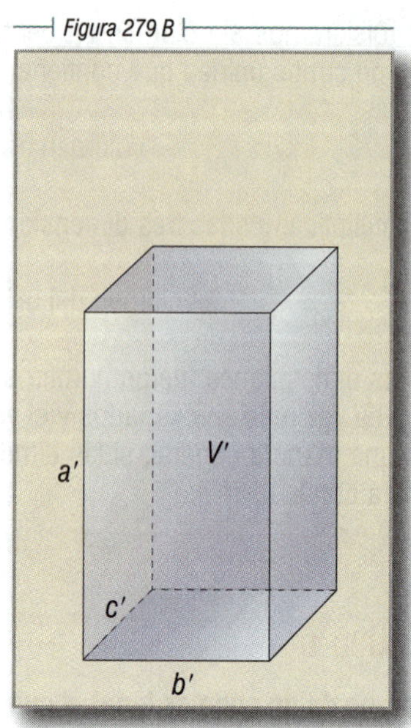

352

TEOREMA 101

La razón de los volúmenes de dos ortoedros de igual base es igual a la razón de sus alturas.

En efecto, si los dos ortoedros tienen igual base quiere decir que dos de sus dimensiones, el largo y el ancho, son iguales. Entonces, las dimensiones de los ortoedros son a, b, c y a', b, c (Fig. 280).

Figura 280 A

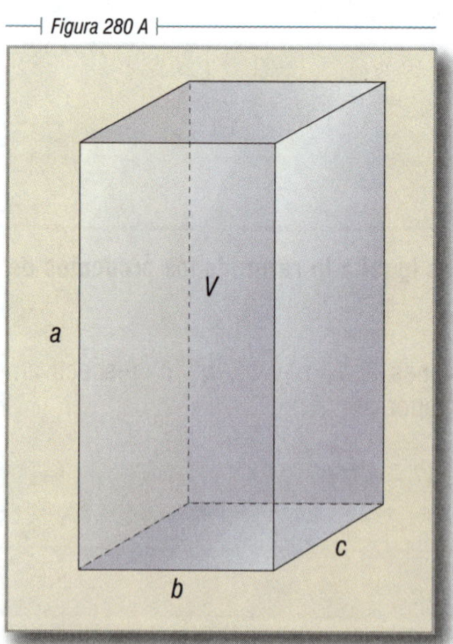

Figura 280 B

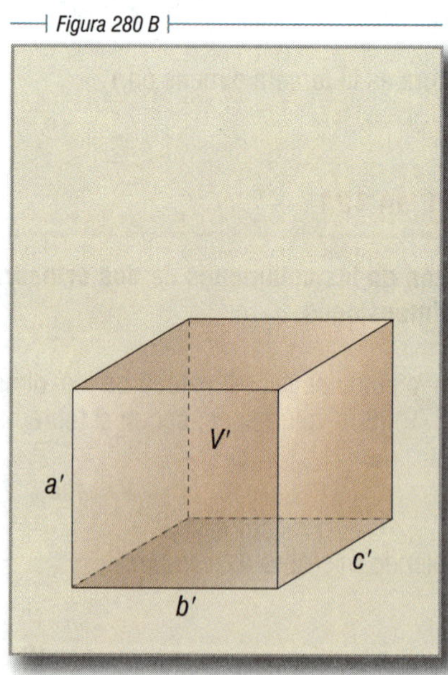

Según el teorema anterior, tendremos:

$$\frac{V}{V'} = \frac{abc}{a'bc}$$

y simplificando:

$$\frac{V}{V'} = \frac{a}{a'}$$

como se quería demostrar.

TEOREMA 102 353

La razón de los volúmenes de dos ortoedros de igual altura es igual a la razón de las áreas de las bases.

En efecto, si los ortoedros tienen igual altura y distintas bases, sus dimensiones son *a, b, c* y *a, b', c'* (Fig. 281). Y las áreas de sus bases son *bc* y *b'c'*, respectivamente.

Figura 281 A

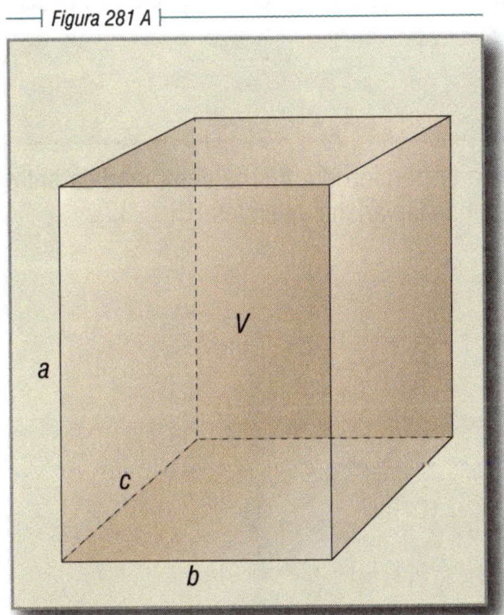

Figura 281 B

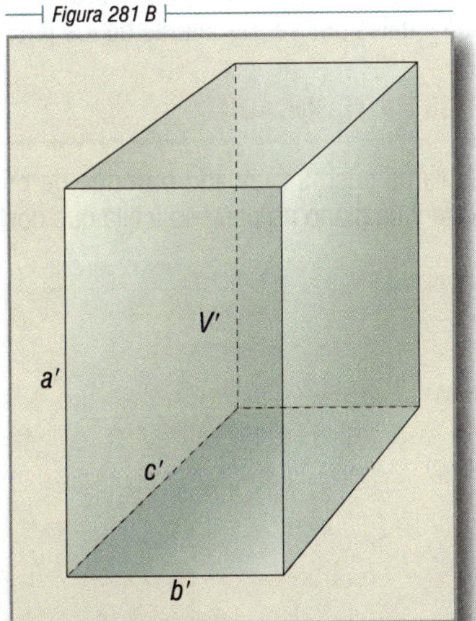

Según el teorema 100, resulta:

$$\frac{V}{V'} = \frac{abc}{a'b'c}$$

y simplificando:

$$\frac{V}{V'} = \frac{bc}{b'c'} = \frac{\text{área de la base}}{\text{área de la base}}$$

como se quería demostrar.

COROLARIOS

Si tenemos en cuenta que la base está formada por cualesquiera de las dos dimensiones y que la altura es entonces la otra dimensión, los teoremas anteriores pueden enunciarse así:

1. **Si dos ortoedros tienen respectivamente iguales dos dimensiones, los volúmenes son entre sí como la razón de la otra dimensión.**
2. **Si dos ortoedros tienen iguales una dimensión, la razón de los volúmenes es igual a la razón del producto de las otras dos.**

354 PRISMAS IGUALES

Son aquellos cuyas caras son iguales, por lo que si sus caras son iguales, tienen iguales sus aristas y sus ángulos diedros.

Dos prismas rectos que tienen iguales sus bases y sus alturas, son iguales.

Pues en este caso las caras laterales son también iguales, ya que son rectángulos de bases y alturas iguales (es decir, las bases son lados homólogos de polígonos iguales y las alturas son iguales por ser las alturas de los prismas).

355 PRISMA TRUNCADO

Se llama prisma truncado o tronco de prisma a la porción de prisma comprendida entre la base y un plano no paralelo a ella que corte a todas las aristas laterales (Fig. 282).

Figura 282

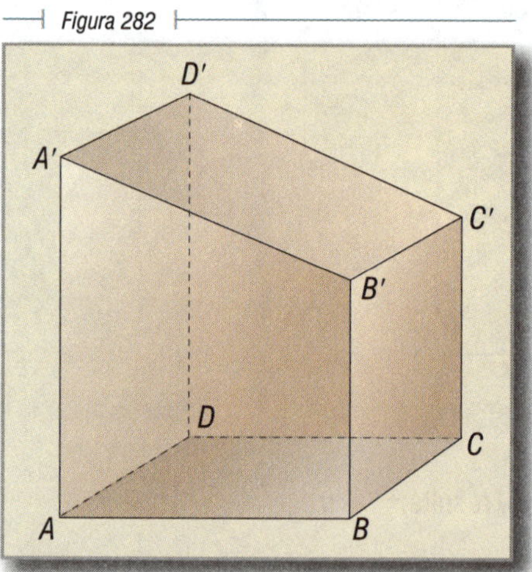

356 PRISMAS EQUIVALENTES

Son aquellos prismas que se obtienen de la suma o diferencia de poliedros iguales. Dos prismas equivalentes tienen el mismo volumen. La equivalencia de prismas tiene los caracteres idéntico, recíproco y transitivo, y por ello se considera como una especie de igualdad (igualdad de volumen).

TEOREMA 103 357

Un prisma oblicuo es equivalente al prisma recto que tenga por base la sección recta del primero y por altura su arista lateral.

Hipótesis

ABCD y *A'B'C'D'* (Fig. 283) es un prisma cualquiera y *EFGH* es una sección recta del prisma.

Figura 283

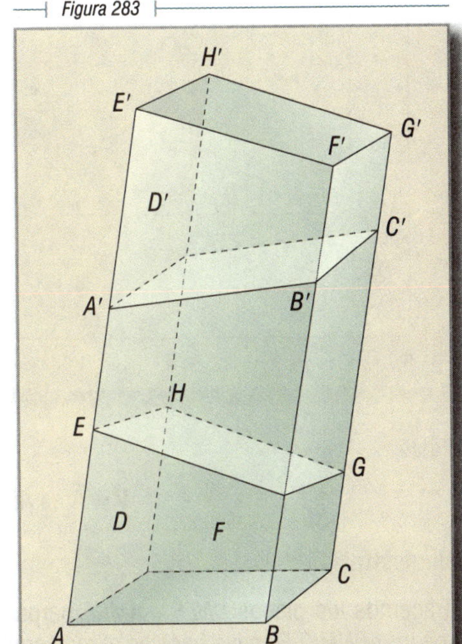

Tesis

ABCDA'B'C'D' es equivalente a un prisma recto de base *EFGH* y altura $\overline{AA'}$.

Demostración

Prolonguemos todas las arista laterales y tomemos $\overline{E'E} = \overline{AA'}$.

Tracemos por *E'* un plano perpendicular a todas las aristas laterales quedando así determinada la sección recta *E'F'G'H'* igual y paralela a *EFGH*.

El prisma *EFGHE'F'G'H'* es recto por ser sus aristas laterales perpendiculares a las bases.

Los troncos de primas *ABCDEFGH* y *A'B'C'D'E'F'G'H'* son iguales por ser iguales sus bases *EFGH* y *E'F'G'H'*, así como sus aristas laterales, ya que:

$$\overline{EA} = \overline{E'A'} \qquad \overline{GC} = \overline{G'C'}$$
$$\overline{FB} = \overline{F'B'} \qquad \overline{HD} = \overline{H'D'}$$

por ser diferencias de segmentos iguales.

De lo anterior, resulta que los prismas *ABCDA'B'C'D'* y *EFGHE'F'G'H'* se componen de una parte común, *EFGHA'B'C'D'*, y dos troncos iguales. Por tanto, ambos prismas son equivalentes, ya que son suma de figuras iguales.

TEOREMA 104 358

Volumen de un paralelepípedo recto. **El volumen de un paralelepípedo recto es igual al producto del área de la base por la medida de la altura.**

Hipótesis

ABCDG es un paralelepípedo recto de altura $\overline{AE}$ y cuya base es el paralelogramo *ABCD* de área ***B*** (Fig. 284).

Figura 284

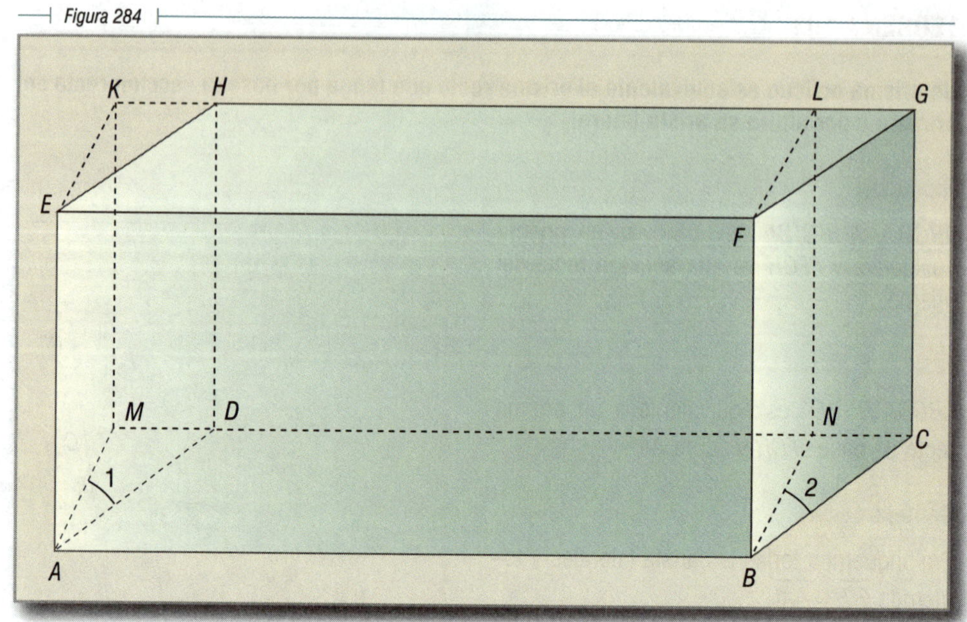

Tesis

$$\boldsymbol{V} = \text{Área } ABCD \times \overline{AE} = \boldsymbol{B} \times \boldsymbol{h}$$

Demostración

Tracemos los planos *BNLF* y *AMKE* perpendiculares a la cara *ABFE* para determinar el ortoedro *ABNMKEFL* cuya base es el rectángulo *ABNM* y su altura la misma del paralelepípedo, o sea, *AE*.

Entonces:

$\angle 1 = \angle 2$	Lados paralelos y del mismo sentido

además:

$\overline{AM} = \overline{BN}$ $\overline{AD} = \overline{BC}$	Lados opuestos de un paralelogramo
$\therefore\ \triangle AMD = \triangle BNC$	Por tener iguales dos lados y el ángulo comprendido

Por tanto, los prismas triangulares *AMDHKE* y *BNCGLF* son iguales. Por tener las bases y las alturas iguales

De lo anterior se deduce que el prisma *ABCDG* y el ortoedro *ABNML* son equivalentes, pues ambos se componen de una parte común: el prisma *ABNDL*, y de prismas triangulares iguales.

Por tanto: Volumen de *ABCDG* = Volumen de *ABNML*

y como: Volumen $ABMNL = \text{Área } ABNM \times \overline{AE}$

resulta: Volumen $ABCDG = \text{Área } ABNM \times \overline{AE}$

Pero el rectángulo *ABNM* es equivalente al paralelogramo *ABCD* y, por tanto:

$$V = ABCD \times \overline{AE} \therefore V = B \times h$$

TEOREMA 105

359

Volumen de un paralelepípedo cualquiera. **El volumen de un paralelepípedo cualquiera es igual al producto del área de la base por la longitud de la altura.**

Figura 285

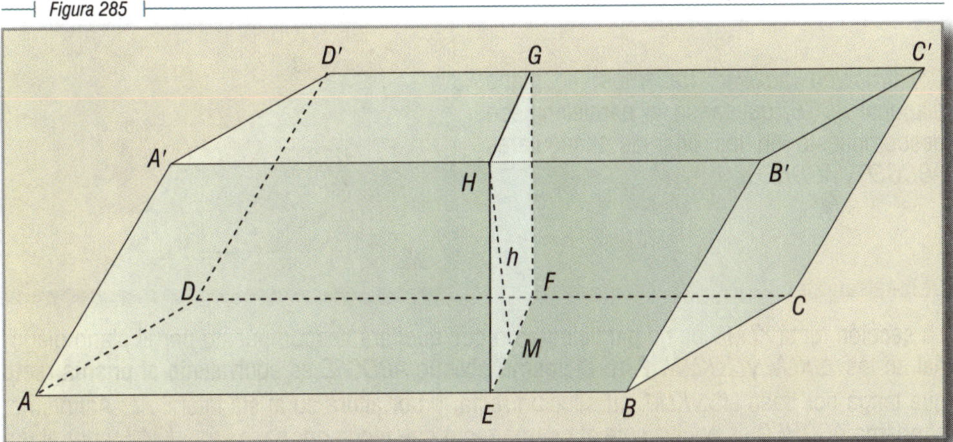

Demostración

Si *ABCDA'B'C'D'* (Fig. 285) es un paralelepípedo cualquiera; entonces, de *EFGH* (su sección recta) y $\overline{HM} = h$ (la altura de esta sección, que es la misma del paralelepípedo), resulta que:

$$V = \text{Área sección } EFGH \times \overline{AB} \qquad (1)$$

ya que el paralelepípedo oblicuo equivale al paralelepípedo recto cuya base es la sección recta *EFGH* y su altura la arista $\overline{AB}$ (teorema 103).

Como el área de la sección recta es:

$$\text{Área sección } EFGH = \overline{EF} \cdot h \qquad (2)$$

Sustituyendo (2) en (1), tenemos:

$$V = \overline{EF} \cdot \overline{AB} \cdot h$$

Pero: $\overline{EF} \cdot \overline{AB} = \text{Área del paralelogramo } ABCD$

Si llamamos *B* al área de la base *ABCD*, resulta:

$$V = B \cdot h$$

360 **TEOREMA 106**

Todo paralelepípedo puede descomponerse en dos prismas triangulares equivalentes.

Figura 286

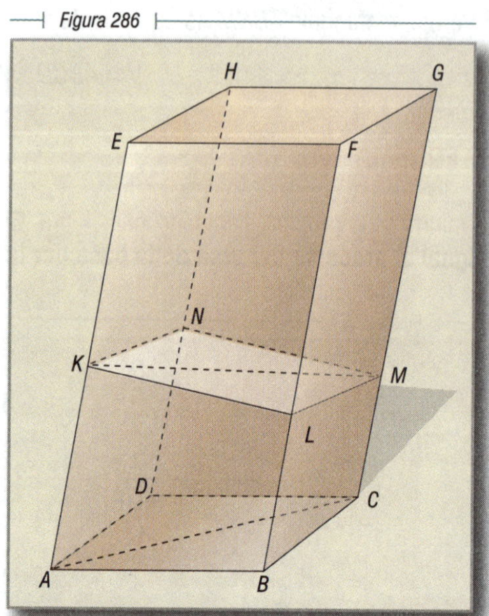

Hipótesis

ABCDHGFE es un paralelepípedo (Fig. 286).

Tesis

Los prismas triangulares *ABCGEF* y *ACDHEG* son equivalentes.

Construcción auxiliar. Tracemos el plano diagonal *ACGE*, quedando el paralelepípedo descompuesto en los prismas triangulares *ABCGEF* y *ACDHEG*.

Demostración

La sección recta *KLMN* es un paralelogramo que quedará descompuesto por el plano diagonal en los $\triangle KLM$ y $\triangle KMN$. Pero el prisma oblicuo *ABCGFE* es equivalente al prisma recto que tenga por base el $\triangle KLM$, su sección recta, y por altura su arista lateral $\overline{AE}$. Asimismo, el prisma *ACDHEG* es equivalente al prisma recto que tenga por base su $\triangle KMN$ y por altura su arista $\overline{AE}$. Y como $\triangle KLM = \triangle KMN$, resulta que los dos prismas triangulares en que ha quedado descompuesto el paralelepípedo *ABCDEFGH*, son equivalentes a los prismas rectos iguales; por tanto, *ABCGEF* y *ACDHEG*, son equivalentes.

COROLARIO

El volumen de un prisma triangular es igual al producto del área de la base por la longitud de la altura.

En efecto, llamando $\boldsymbol{V}$ al volumen del prisma triangular *ABCGEF* (Fig. 286), $\boldsymbol{h}$ a su altura y $\boldsymbol{B}$ al área del $\triangle ABC$ que es la base, se obtiene:

$$\boldsymbol{V} = \frac{1}{2} \text{ volumen } ABCDEFGH \qquad (1)$$

$$\boldsymbol{V}\, ABCDEFGH = \text{área } ABCD \cdot \boldsymbol{h}$$

y como $\triangle ABC = \triangle ACD$ por ser *ABCD* un paralelogramo, entonces:

$$\boldsymbol{V}\, ABCDEFGH = 2\boldsymbol{B} \cdot \boldsymbol{h} \qquad (2)$$

$$\therefore \quad \boldsymbol{V} = \frac{1}{2} \cdot 2\boldsymbol{B} \cdot \boldsymbol{h}$$

Sustituyendo (2) en (1) y simplificando, tenemos:

$$V = B \cdot h$$

TEOREMA 107 361

Si dos pirámides tienen la misma altura y bases equivalentes, las secciones paralelas a las bases, equidistantes de los vértices, son equivalentes.

Hipótesis

ABCD y *EFGHKL* (Fig. 287) son pirámides de igual altura $\boldsymbol{H}$, y de bases equivalentes, colocadas sobre el mismo plano α. Los planos α y β son paralelos, $\boldsymbol{h}$ es la distancia de A y E al plano β.

Figura 287

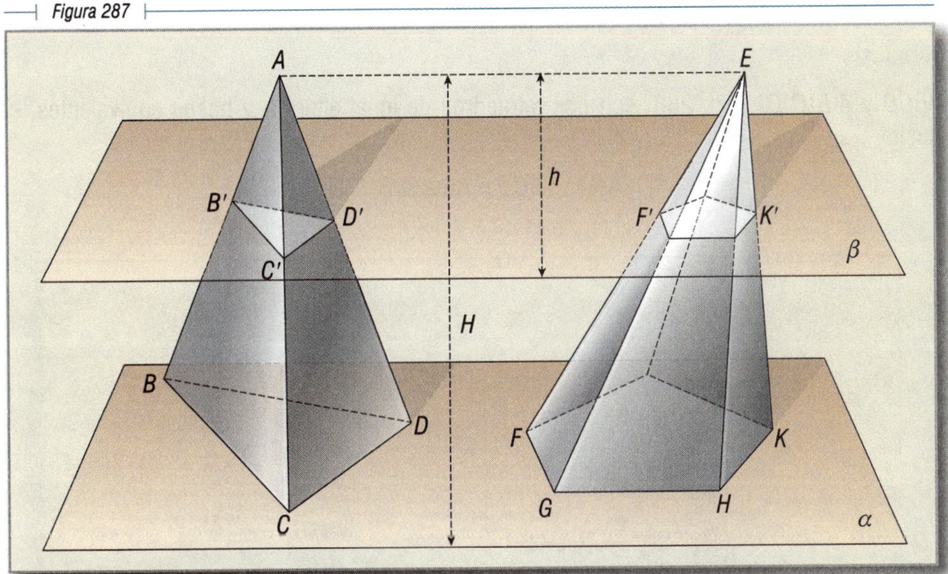

Tesis

$$\text{Área } B'C'D' = \text{Área } F'G'H'K'L'$$

Demostración

Si $\boldsymbol{H}$ es la altura de ambas pirámides y $\boldsymbol{h}$ la distancia de los vértices al plano, tenemos (teorema 98):

$$\frac{\text{Área } B'C'D'}{\text{Área } BCD} = \frac{\boldsymbol{h}^2}{\boldsymbol{H}^2} \qquad (1)$$

$$\frac{\text{Área } F'G'H'K'L'}{\text{Área } FGHKL} = \frac{\boldsymbol{h}^2}{\boldsymbol{H}^2} \qquad (2)$$

Al comparar (1) y (2), tenemos:

$$\frac{\text{Área } B'C'D'}{\text{Área } BCD} = \frac{\text{Área } F'G'H'K'L'}{\text{Área } FGHKL}$$

y como por hipótesis las bases son equivalentes (Área BCD = Área $FGHKL$), resulta:

$$\text{Área } B'C'D' = \text{Área } F'G'H'K'L'$$

362 TEOREMA 108

Dos tetraedros de igual altura y bases equivalentes, son equivalentes. Aunque este teorema se suele admitir actualmente como postulado para evitar el llamado "paso al límite", damos la demostración clásica del mismo.

Hipótesis

$ABCD$ y $A'B'C'D'$ (Fig. 288) son dos tetraedros de igual altura $\boldsymbol{h}$ y bases equivalentes, es decir:

$$\text{Área } \triangle BCD = \text{Área } \triangle B'C'D'$$

Figura 288

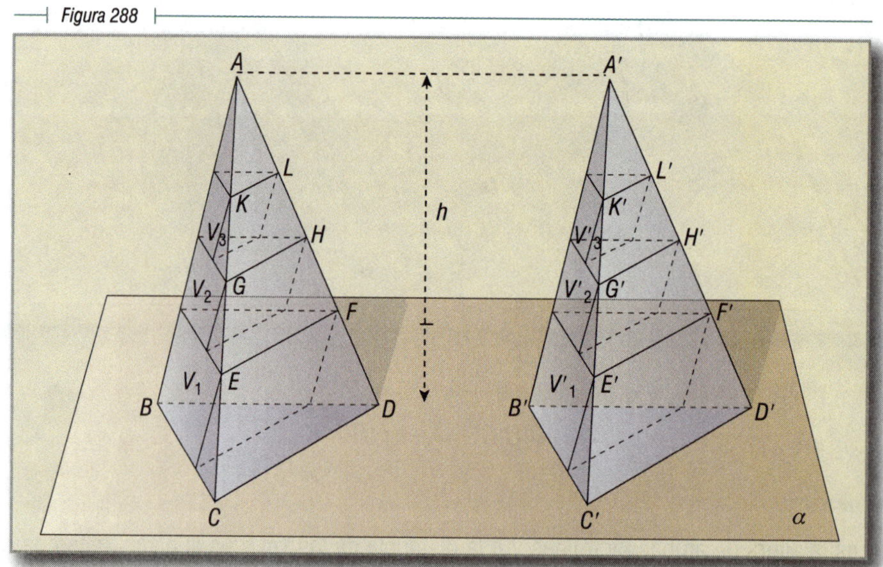

Tesis

Tetraedro $ABCD$ es equivalente al tetraedro $A'B'C'D'$.

Demostración

Supongamos las bases de los dos tetraedros en el mismo plano α.

Dividamos la altura $\boldsymbol{h}$, en un número cualquiera de partes iguales; por ejemplo 4, y tracemos por los puntos de división planos paralelos al plano α, los cuales determinarán en ambos tetraedros secciones tales que las que estén en un mismo plano serán equivalentes por equidistar de los vértices A y A'. Si trazamos por $\overline{EF}$, $\overline{GH}$ y $\overline{KL}$ planos paralelos a $\overline{AB}$, y por $\overline{E'F'}$, $\overline{G'H'}$ y $\overline{K'L'}$ planos paralelos a $\overline{A'B'}$, se formará un número igual de prismas triangulares inscritos en cada tetraedro.

Los prismas correspondientes son equivalentes por tener igual altura y bases equivalentes. Llamamos $\boldsymbol{V}_1$, $\boldsymbol{V}_2$, y $\boldsymbol{V}_3$ a los volúmenes de los prismas inscritos en el tetraedro $ABCD$ y $\boldsymbol{V'}_1$, $\boldsymbol{V'}_2$ y $\boldsymbol{V'}_3$ a los volúmenes de los prismas inscritos en el tetraedro $A'B'C'D'$.

Entonces, tenemos:

$$\boldsymbol{V}_1 = \boldsymbol{V'}_1$$
$$\boldsymbol{V}_2 = \boldsymbol{V'}_2$$
$$\boldsymbol{V}_3 = \boldsymbol{V'}_3$$

Al sumar miembro a miembro:

$$\boldsymbol{V}_1 + \boldsymbol{V}_2 + \boldsymbol{V}_3 = \boldsymbol{V'}_1 + \boldsymbol{V'}_2 + \boldsymbol{V'}_3 \qquad (1)$$

Si el número de partes en que se divide la altura es muy grande, es decir, la altura de los estratos tiende a cero, la suma de los volúmenes de los prismas inscritos *tiene por límite* el volumen del tetraedro.

Con este paso al límite, tenemos:

$$\text{límite } (\boldsymbol{V}_1 + \boldsymbol{V}_2 + \boldsymbol{V}_3 + \boldsymbol{V}_4 + \ldots) = \boldsymbol{V} \text{ (Volumen del tetraedro } ABCD)$$
$$\text{límite } (\boldsymbol{V'}_1 + \boldsymbol{V'}_2 + \boldsymbol{V'}_3 + \boldsymbol{V'}_4 + \ldots) = \boldsymbol{V'} \text{ (Volumen del tetraedro } A'B'C'D')$$

y como los límites son iguales, resulta:

$$\boldsymbol{V} = \boldsymbol{V'}$$

es decir, que los tetraedros $ABCD$ y $A'B'C'D'$ son equivalentes.

TEOREMA 109 363

Todo tetraedro es la tercera parte de un prisma triangular de la misma base e igual altura.

Hipótesis

E-ABC (Fig. 289) es un tetraedro.

Tesis

E-ABC es la tercera parte de un prisma triangular de base *ABC* y de altura igual a la del tetraedro.

Figura 289

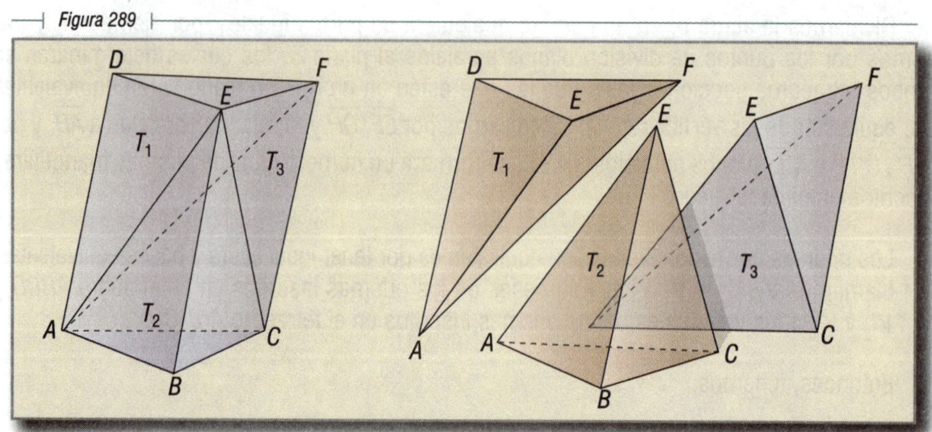

Demostración

Por A y C tracemos $\overline{AD}$ y $\overline{CF}$ iguales y paralelas a $\overline{BE}$; unamos D y F con E y tracemos $\overline{DF}$ quedando así formado el prisma triangular $ABCDEF$.

Si unimos A con F, el prisma queda descompuesto en los tetraedros $E\text{-}ABC = \boldsymbol{T}_2$, $A\text{-}DEF = \boldsymbol{T}_1$ y $E\text{-}ACF = \boldsymbol{T}_3$, que en la figura aparecen separados.

Los tetraedros $\boldsymbol{T}_2$ y $\boldsymbol{T}_1$ tienen por bases los $\triangle ABC$ y $\triangle DEF$ que son iguales por ser las bases del prisma.

Además, sus alturas trazadas desde E y A a los planos de sus bases, también son iguales por ser iguales a la altura del prisma.

Por tanto, los tetraedros $\boldsymbol{T}_2$ y $\boldsymbol{T}_1$ son equivalentes por tener bases y alturas iguales.

Considerando los tetraedros $\boldsymbol{T}_1$ y $\boldsymbol{T}_3$, si tomamos E como vértice de ambos, sus bases son los $\triangle DAF$ y $\triangle FAC$, que son iguales por ser mitades del paralelogramo $ACFD$.

Asimismo, su altura común es la perpendicular desde E al plano $ACFD$, por tanto, $\boldsymbol{T}_1$ y $\boldsymbol{T}_3$ son equivalentes.

Como los tres tetraedros son equivalentes, $E\text{-}ABC = \boldsymbol{T}_2$ es la tercera parte del prisma triangular $ABCDEF$.

364 TEOREMA 110

Volumen de la pirámide. **El volumen de una pirámide cualquiera es igual a un tercio del producto del área de la base por la medida de la altura.**

Hipótesis

$ABCDEF$ (Fig. 290) es una pirámide cualquiera.
$\boldsymbol{B}$ es el área de la base.
$\boldsymbol{h}$ es la altura.
$\boldsymbol{V}$ es el volumen.

Tesis

$$\boldsymbol{V} = \frac{1}{3}\boldsymbol{B} \cdot \boldsymbol{h}$$

Demostración

Al trazar por la arista $\overline{AB}$ los planos diagonales *ABD* y *ABE*, la pirámide queda descompuesta en tetraedros cuyas bases son los $\triangle BCD$, $\triangle BED$ y $\triangle BFE$, teniendo todos la misma altura h de la pirámide.

Figura 290

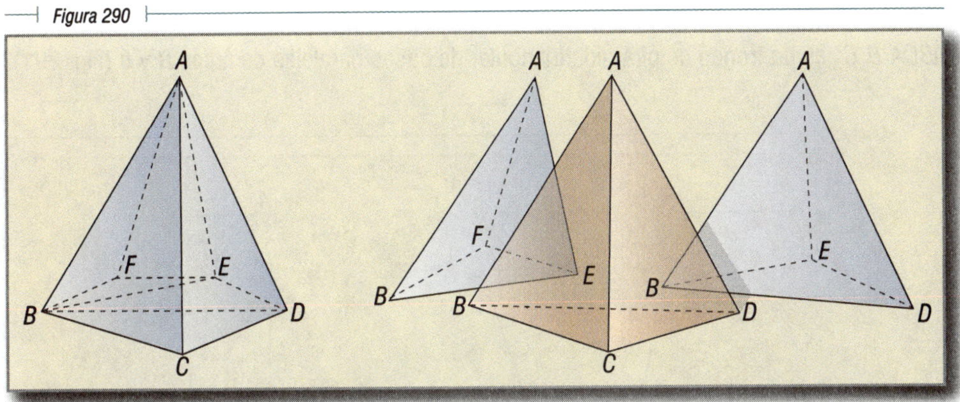

Si b_1, b_2 y b_3 son las áreas de estos triángulos, tenemos:

$$V = \frac{1}{3}b_1h + \frac{1}{3}b_2h + \frac{1}{3}b_3h$$

$$\therefore \ V = \frac{1}{3}h(b_1 + b_2 + b_3) \qquad (1)$$

Pero:

$$b_1 + b_2 + b_3 = B \qquad (2)$$

Sustituyendo (2) en (1), tenemos:

$$V = \frac{1}{3}Bh$$

COROLARIO 1

Toda pirámide es la tercera parte de un prisma que tenga igual base e igual altura.

COROLARIO 2

La razón de los volúmenes de dos pirámides cualesquiera es igual a la de los productos de sus bases por sus alturas.

COROLARIO 3

Dos pirámides de igual altura y bases equivalentes son equivalentes.

TEOREMA 111

Todo tronco de pirámide triangular de bases paralelas es equivalente a la suma de tres pirámides de la misma altura del tronco y cuyas bases son las dos del tronco y una media proporcional entre ambas.

Hipótesis

ABCA′B′C′ es un tronco de pirámide triangular de bases paralelas de áreas ***B*** y ***b*** (Fig. 291).

Figura 291

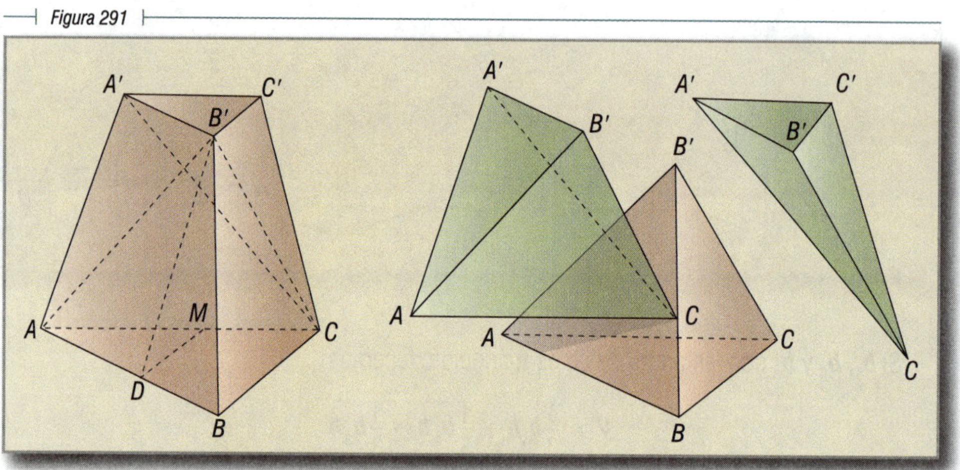

Tesis

ABCA′B′C′ es equivalente a la suma de tres pirámides de altura igual a la del tronco y cuyas bases sean ***B***, ***b*** y $\sqrt{B \cdot b}$.

Demostración

Al unir *B′* con *A* y *C* y trazar *A′C*, el tronco queda descompuesto en las pirámides *B′-ABC*, *C-A′B′C* y *B′-AA′C*.

La pirámide *B′-ABC* tiene por base la base mayor *ABC* del tronco y por altura la misma de éste.

La pirámide *C-A′B′C′* tiene por base la base menor *A′B′C′* del tronco y por altura la misma de éste.

Respecto a la pirámide *B′-AA′C*, demostraremos que es equivalente a otra de igual altura que el tronco y cuya base es media proporcional entre las bases ***B*** y ***b*** del tronco.

Si por *B′* trazamos $\overline{B'D} \parallel \overline{AA'}$, unimos *D* con *C* y trazamos $\overline{DA'}$, resulta la pirámide *D-AA′C* equivalente a la *B′-AA′C* por tener la misma base del $\triangle AA'C$ y la misma altura, la distancia de *B′* y *D* al plano *AA′C* resulta igual, ya que $\overline{BD}$ es paralela a dicho plano.

Si en la pirámide *D-AA′C* se toma como vértice el punto *A′* y por base el $\triangle ADC$, su altura será igual a la del tronco.

Ahora comprobaremos que el área del $\triangle ADC$ es media proporcional entre ***B*** y ***b***.

Al comparar los $\triangle ABC$ y $\triangle ADC$ tenemos que la razón de sus áreas es la misma que la de sus bases $\overline{AB}$ y $\overline{AD}$ por tener la misma altura.

$$\frac{\text{Área del } \triangle ABC}{\text{Área del } \triangle ADC} = \frac{\overline{AB}}{\overline{AD}} \qquad (1)$$

Trazando $DM \parallel BC$, en los $\triangle ADC$ y $\triangle ADM$, se tiene:

$$\frac{\text{Área del } \triangle ADC}{\text{Área del } \triangle ADM} = \frac{\overline{AC}}{\overline{AM}} \qquad (2)$$

Sin embargo, el $\triangle ADM = \triangle A'B'C'$ por ser $\overline{AD} = \overline{A'B'}$, $\overline{AM} = \overline{A'C'}$ lados opuestos de los paralelogramos $ADB'A'$ y $AMC'A'$, y además $\angle A = \ A'$ por tener sus lados paralelos y del mismo sentido.

Por tanto, la igualdad (2) puede escribirse:

$$\frac{\text{Área del } \triangle ADC}{\text{Área del } \triangle A'B'C'} = \frac{\overline{AC}}{\overline{AM}} \qquad (3)$$

Además, $\triangle ABC \sim \triangle ADM$ por ser $DM \parallel BC$. Luego:

$$\frac{\overline{AC}}{\overline{AM}} = \frac{\overline{AB}}{\overline{AD}}$$

Sustituyendo en (3):

$$\frac{\text{Área del } \triangle ADC}{\text{Área del } \triangle A'B'C'} = \frac{\overline{AB}}{\overline{AD}} \qquad (4)$$

Comparando (1) y (4), tenemos:

$$\frac{\text{Área del } \triangle ABC}{\text{Área del } \triangle ADC} = \frac{\text{Área del } \triangle ADC}{\text{Área del } \triangle A'B'C'}$$

es decir:

$$\frac{\boldsymbol{B}}{\text{Área del } \triangle ADC} = \frac{\text{Área del } \triangle ADC}{\boldsymbol{b}}$$

$$\therefore\ \text{Área del } \triangle ADC = \sqrt{\boldsymbol{B'b}}$$

TEOREMA 112 366

Un tronco de pirámide de bases paralelas es equivalente a un tronco de pirámide triangular de la misma altura y bases equivalentes a las del tronco dado.

Hipótesis

ABCDEA'B'C'D'E' (Fig. 292) es un tronco de pirámide cualquiera de bases paralelas.

Figura 292

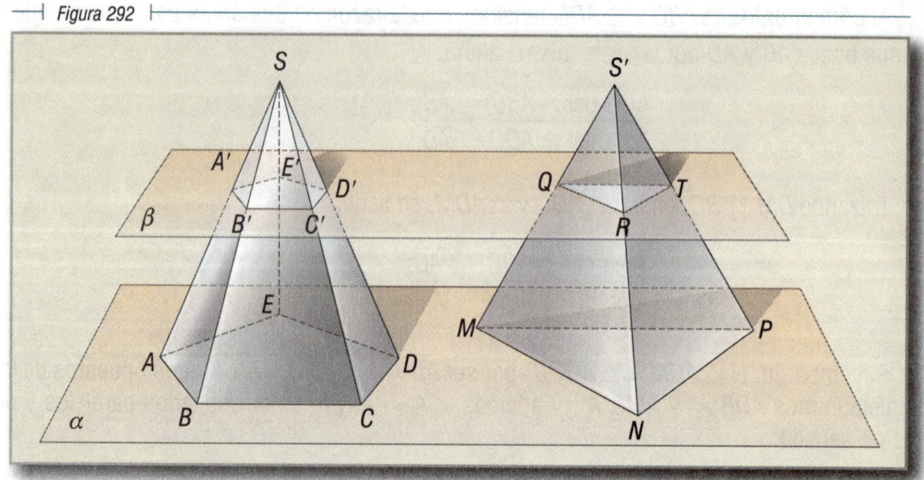

Tesis

Volumen de *ABCDEA′B′C′D′E′* = Volumen *MNPQRT*

MNPQRT es un tronco de pirámide triangular de la misma altura y bases equivalentes que el tronco dado y situadas en los planos α y β paralelos.

Tesis

Volumen de *ABCDEA′B′C′D′E′* = Volumen *MNPQRT*

Demostración

Consideremos las pirámides *S-ABCDE* y *S′-MNP* a las que pertenecen los troncos dados.

Las pirámides *S-ABCDE* y *S′-MNP* son equivalentes por tener igual altura y bases equivalentes (corolario de la sección 360).

Por tanto:

Volumen *S-ABCDE* = Volumen *S-MNP* (1)

Las pirámides deficientes *S-A′B′C′D′E′* y *S′-QRT* son también equivalentes porque las secciones *A′B′C′D′E′* y *QRT* son equivalentes.

Luego:

Volumen *S-A′B′C′D′E* = Volumen *S′-QRT* (2)

Al restar miembro a miembro (1) y (2), resulta:

V *S-ABCDE* – **V** *S-A′B′C′D′E′* = **V** *S′-MNP* – **V** *S′-QRT* (3)

Pero:

V *S-ABCDE* – **V** *S-A′B′C′D′E′* = **V** *ABCDEA′B′C′D′E′* (4)

y **V** *S′-MPQ* – **V** *S′-QRT* = **V** *MNPQRT* (5)

Sustituyendo (4) y (5) en (3), resulta:

V *ABCDEA′B′C′D′E′* = **V** *MNPQRT*

VOLUMEN DEL TRONCO DE PIRÁMIDE DE BASES PARALELAS

367

El volumen de un tronco de pirámide de bases paralelas es igual al producto de un tercio de su altura por la suma de sus bases y una media proporcional entre ellas.

Fórmula: Si ***B*** y ***b*** son las áreas de las bases paralelas, ***h*** es la altura y ***V*** es el volumen; la fórmula para el cálculo del volumen es:

$$V = \frac{h}{3}\left(B + b + \sqrt{B \cdot b}\right)$$

En efecto, según el teorema anterior (teorema 112), un tronco de pirámide de bases paralelas es equivalente a uno triangular de la misma altura y bases equivalentes a las del tronco dado (es decir, tiene el mismo volumen); y uno triangular (teorema 111) es equivalente (tiene el mismo volumen) a la suma de tres pirámides de igual altura y cuyas bases son las dos del tronco y una media proporcional entre ambas.

Ejercicios

1. Hallar el volumen de un ortoedro cuyas dimensiones son 16, 12 y 8 cm. **R.** 1,536 cm^3

2. El volumen de un ortoedro es 192 cm^3 y dos de sus dimensiones son 8 y 6 cm. Encontrar la otra dimensión. **R.** 4 cm

3. Calcular el volumen de un cubo de 7 cm de arista. **R.** 343 cm^3

4. Hallar la arista de un cubo de 512 cm^3 de volumen. **R.** 8 cm

5. Determinar la arista de un cubo equivalente a un ortoedro cuyas dimensiones son 64, 32 y 16 pies. **R.** 32 pies

6. La diagonal de un cubo mide 12 cm. Hallar su volumen. **R.** $192\sqrt{3}$ cm^3

7. El área total de un cubo es 150 m^2. Encontrar su volumen. **R.** 125 m^3

8. El volumen de un cubo es 27 cm^3. Hallar su diagonal. **R.** $d = 3\sqrt{3}$ cm

9. Expresar el volumen ***V*** de un cubo en función de la diagonal *D*. **R.** $V = \left(\sqrt{\frac{D^2}{3}}\right)^3$

10. Hallar el área total de un cubo equivalente a un ortoedro de 9 cm de largo, 8 cm de ancho y 3 m de altura. **R.** $A_T = 216$ cm^2

11. Expresar el área total de un cubo en función del volumen. **R.** $A_T = 6\left[\sqrt[3]{V}\right]^2$

12. Expresar el volumen de un cubo en función del área total. **R.** $V = \left[\sqrt{\frac{A_T}{6}}\right]^3$

13. Si el volumen de un ortoedro es 60 m^3 y el área de la base es 15 m^2, ¿cuánto mide la altura? **R.** 4 m

14. El área de un ortoedro es 264 cm^2. La relación del largo, alto y ancho es de 5:3:1. Encontrar sus dimensiones. **R.** Largo = 10 cm
Alto = 6 cm
Ancho = 2 cm

15. El largo de un ortoedro es el doble que el ancho y el ancho es el doble que la altura. Si su diagonal es igual a $\sqrt{21}$ cm, hallar su área total. **R.** $A_T = 20$ cm^2

Ya se ha dicho que los egipcios no consideraron la Geometría como ciencia, pero en cuanto a su aplicación nadie como ellos logró tal perfección. El mejor exponente es la ingente obra de las pirámides de Gizé. La que se halla a la derecha es la gran pirámide construida por Khufú hace más de 5,000 años. En ella se empleó el trabajo de más de 100,000 hombres y su construcción duró 30 años. Los errores angulares o longitudinales no llegan a la anchura del dedo meñique.

Capítulo XXI

CUERPOS REDONDOS

SUPERFICIE DE REVOLUCIÓN

Es la superficie engendrada por una línea que gira alrededor de una recta llamada eje. En la rotación los puntos se mantienen a la misma distancia del eje.

La línea que gira se llama generatriz. Todos los puntos de la generatriz describen circunferencias cuyos centros están en el eje y cuyos planos son perpendiculares a él.

Ejemplo

La línea $X\ X'\ X''\ X'''$ (Fig. 293) al girar alrededor del eje $\overleftrightarrow{YY'}$, engendra una superficie de revolución. Sus puntos X, X', X'', X''' engendran circunferencias de centros O, O', O'', O'''.

La superficie $OX\ X'\ X''\ X'''O'''$, al girar alrededor de $\overleftrightarrow{YY'}$, origina un sólido o cuerpo de revolución.

Figura 293

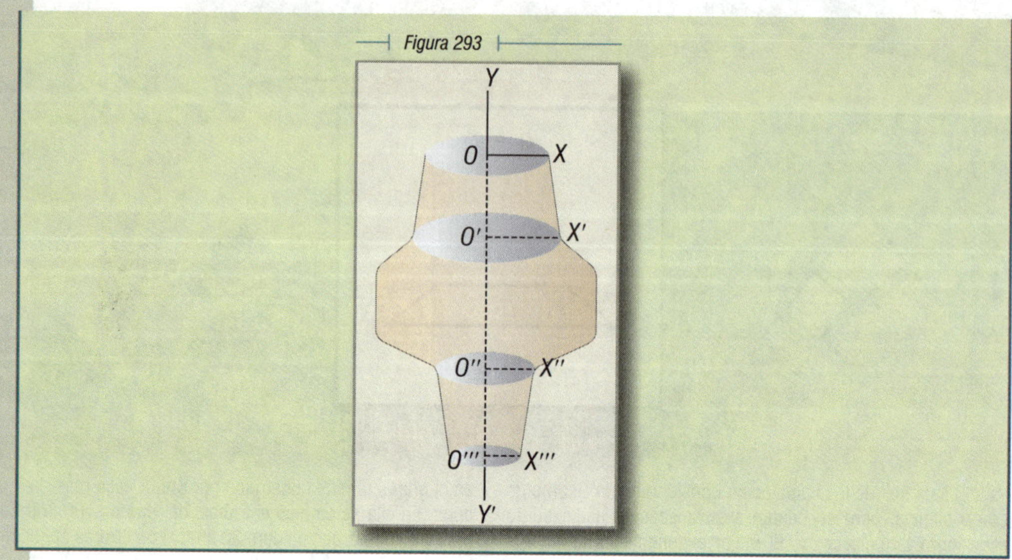

Entre las superficies de revolución más importantes están la superficie cilíndrica, la cónica y la esférica.

La cilíndrica es originada por una recta paralela al eje.

La cónica es originada por una semirrecta cuyo origen está en el eje y no es perpendicular al eje.

La esférica es producida por una semicircunferencia que gira alrededor de su diámetro.

Estas tres superficies limitan los siguientes cuerpos:

1) cilindro, 2) cono, 3) esfera.

369 CILINDRO. ÁREAS LATERAL Y TOTAL. VOLUMEN

Se llama cilindro de revolución o cilindro circular recto a la porción de espacio limitado por una superficie cilíndrica de revolución y dos planos perpendiculares al eje. Las secciones producidas por dichos planos son dos círculos llamados bases del cilindro. La distancia entre las bases se llama altura.

También puede considerarse el cilindro como engendrado por la revolución completa de un rectángulo alrededor de uno de sus lados.

Así, por ejemplo, el rectángulo *ABCD,* al girar alrededor del lado $\overline{BC}$, produce un cilindro circular recto. El lado $\overline{AD}$ que origina la superficie cilíndrica, se llama generatriz. Los lados $\overline{AB}$ y $\overline{DC}$ describen dos círculos que son las bases del cilindro (Fig. 294).

Obsérvese que la generatriz $\overline{AD} = \overline{BC}$ es la altura del cilindro.

Figura 294

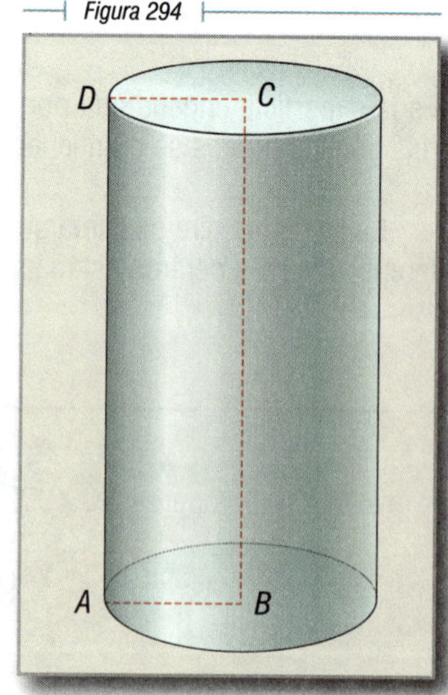

Área lateral del cilindro. Es el área de la superficie cilíndrica que lo limita. Para calcularla podemos imaginar dos cosas: 1. Que lo abrimos a lo largo de una generatriz y lo extendemos en un plano. 2. Que se inscribe un prisma regular y calculamos el límite del área lateral del prisma al aumentar infinitamente el número de caras laterales (Fig. 295).

Figura 295

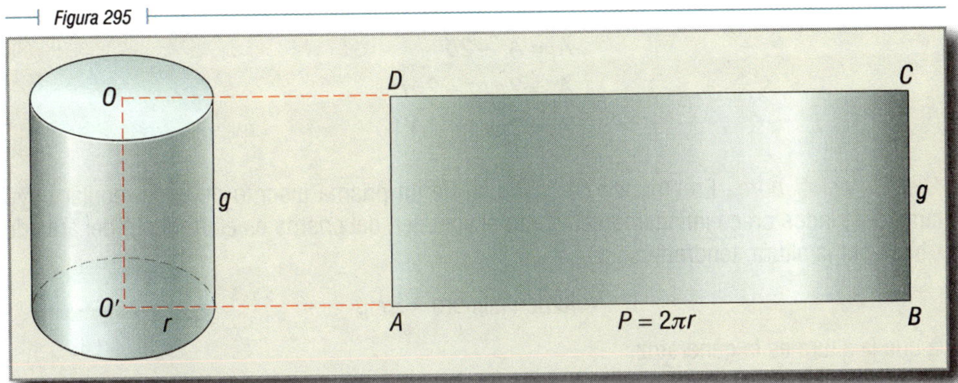

En el primer supuesto, se obtiene como desarrollo un rectángulo de base $AB = 2\pi r$ y de altura $BC = g$. El área de este rectángulo $ABCD$ es el área lateral del cilindro y es igual a $A_L = 2\pi rg$, que dice: **El área lateral de un cilindro circular recto es igual a la circunferencia de la base por la generatriz del cilindro** (Fig. 296).

Figura 296

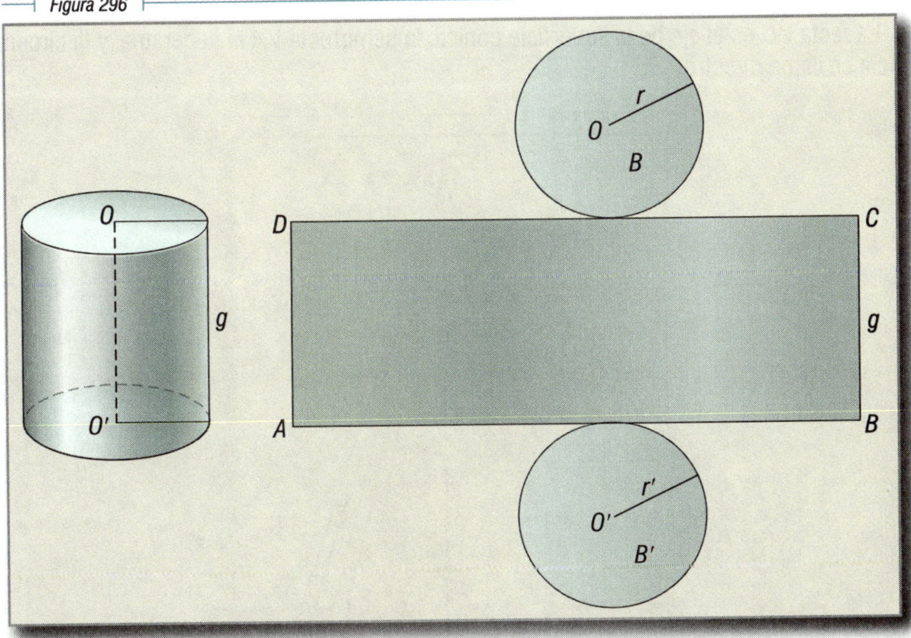

En el segundo supuesto se llega a la misma fórmula, pues el área lateral del prisma recto es igual al perímetro de la base por la arista lateral y el límite del perímetro de la base es la longitud de la circunferencia de la base del cilindro ($2\pi r$) y la arista lateral es igual a la generatriz g del cilindro.

Área total. El área total es igual al área lateral más las áreas de las dos bases. El área de cada base es:

$$B = \pi r^2$$

Luego:

$$A_T = A_L + 2b$$
$$A_T = 2\pi rg + 2\pi r^2$$
$$A_T = 2\pi r\,(g + r)$$

Volumen del cilindro. Es el límite del volumen de un prisma inscrito de base regular cuyo número de lados crece infinitamente. Como el volumen del prisma es el producto del área de la base por la altura, tendremos:

$$\text{Volumen cilindro} = \pi r^2 g$$

ya que la altura es la generatriz.

370 SUPERFICIE CÓNICA DE REVOLUCIÓN

Si una semirrecta $\overrightarrow{VA}$ (Fig. 297) que tiene su origen en un punto de una recta $\overleftrightarrow{VO}$ y que es perpendicular al plano de un círculo en su centro, gira alrededor de $\overline{VD}$ pasando sucesivamente por los puntos de la circunferencia, lo cual origina una superficie cónica de revolución.

La recta $\overleftrightarrow{VO}$ es el eje de la superficie cónica, la semirrecta $\overrightarrow{VA}$ la generatriz, y la circunferencia se llama directriz.

Figura 297

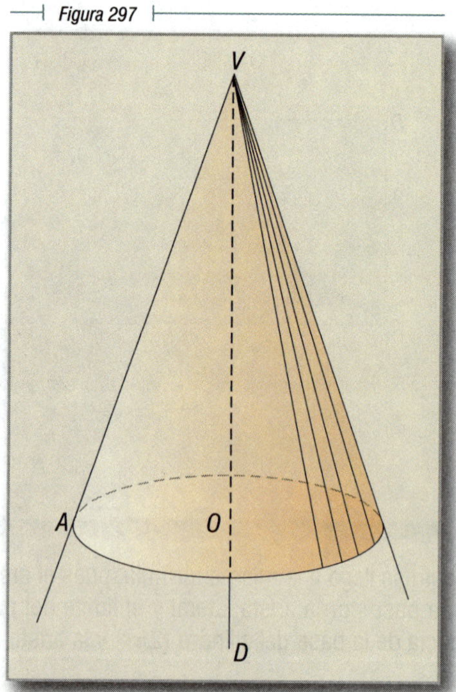

CONO CIRCULAR RECTO. ÁREAS LATERAL Y TOTAL. VOLUMEN

La porción de espacio limitada por una superficie cónica de revolución y un plano perpendicular al eje, se llama cono circular recto o cono de revolución.

La sección se llama base del cono, la distancia $\overline{VO}$ es la altura y el radio de la base es el radio del cono.

El cono circular recto puede considerarse producido por la revolución de un triángulo rectángulo alrededor de uno de sus catetos.

Así, el $\triangle VAO$ (Fig. 298) al girar alrededor del cateto $\overline{VO}$, origina un cono circular recto; la hipotenusa $\overline{VA}$ es la generatriz y engendra la superficie lateral del cono; el cateto $\overline{VO}$ es la altura del cono y el otro cateto $\overline{AO}$ que origina la base, es el radio del cono.

Figura 298

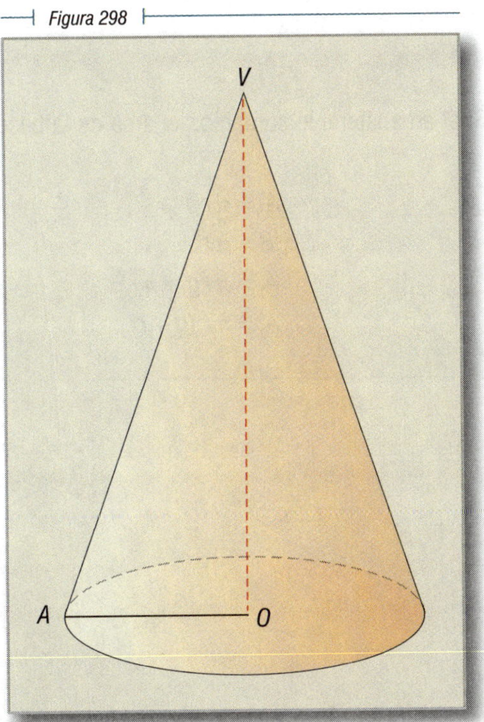

Área lateral del cono. Si con radio g construimos el sector circular del arco igual a la circunferencia de la base del cono, se obtiene el desarrollo de la superficie lateral del cono.

Como el área de un sector circular es igual al semiproducto de la longitud de su arco por la medida del radio, tenemos:

$$A_L = \frac{1}{2} \cdot 2\pi rg \qquad \therefore \quad A_L = \pi rg$$

Es decir, **el área lateral del cono circular es igual a la semicircunferencia de la base, multiplicada por la medida de la generatriz** (Fig. 299).

Figura 299

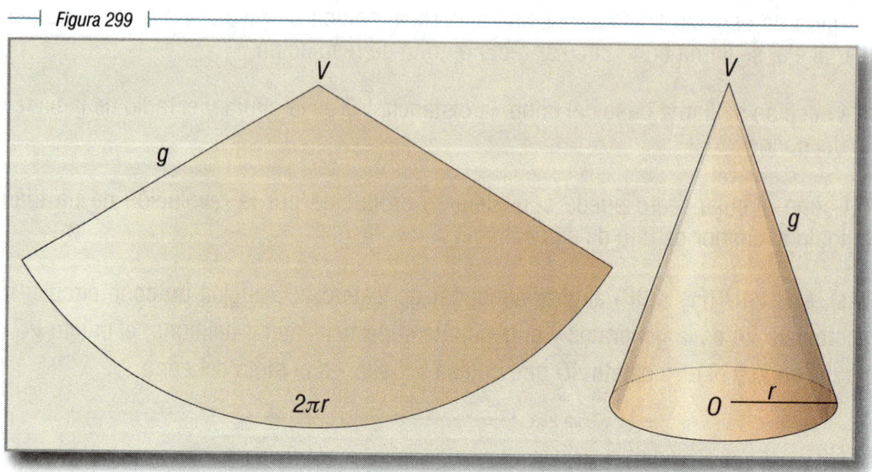

Área total del cono. Si al área lateral le sumamos el área de la base (B), tendremos el área total (Fig. 300):

$$A_L = \pi r g$$
$$B = \pi r^2$$
$$\therefore \quad A_T = \pi r g + \pi r^2$$
$$\therefore \quad A_T = \pi r (g + r)$$

Figura 300

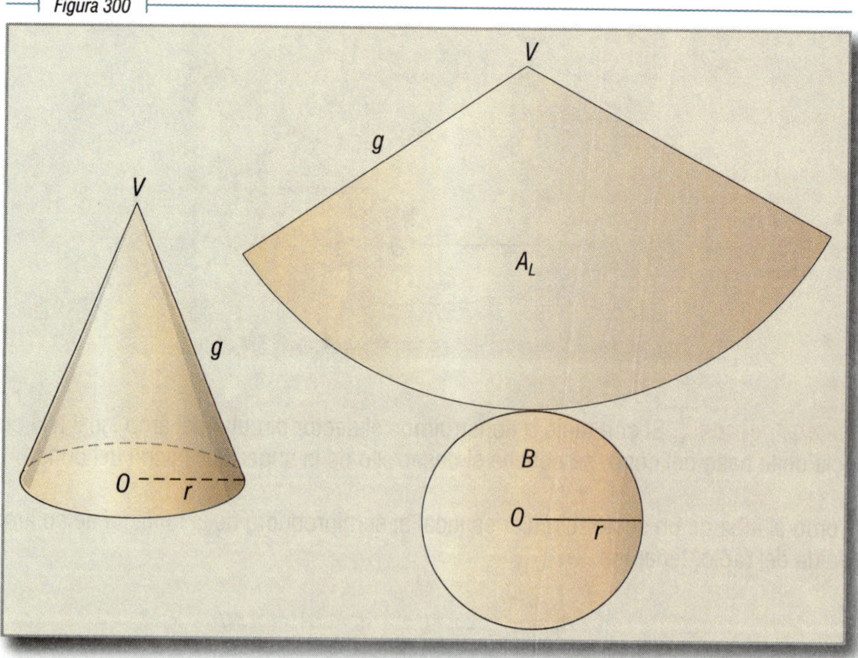

Volumen del cono. Es el límite del volumen de una pirámide inscrita de base regular cuyo número de lados aumenta infinitamente. Como el volumen de la pirámide es un tercio del área de la base por altura, tendremos:

$$\text{Volumen del cono} = \frac{1}{3}\pi r^2 h$$

TRONCO DE CONO. ÁREAS LATERAL Y TOTAL

372

La porción de cono circular recto comprendida entre la base y un plano paralelo a ella, se llama tronco de cono. Los dos círculos que lo limitan son las bases, la distancia entre las bases es la altura y la porción de generatriz del cono es la generatriz del tronco.

La porción de cono comprendida entre el vértice y el plano paralelo a la base se llama cono deficiente. Un tronco de cono circular puede considerarse engendrado por la revolución de un trapecio rectángulo que gira alrededor del lado perpendicular a las bases.

Ejemplo

En la figura 301 está representado el tronco de cono $O'OBA$, cuyas bases son los círculos de centros O y O' y radio r y r'. La altura es el segmento $\overline{O'O}$ y la generatriz el segmento $\overline{AB}$. El cono de vértice V y la base del círculo O' es el cono deficiente.

Figura 301 A

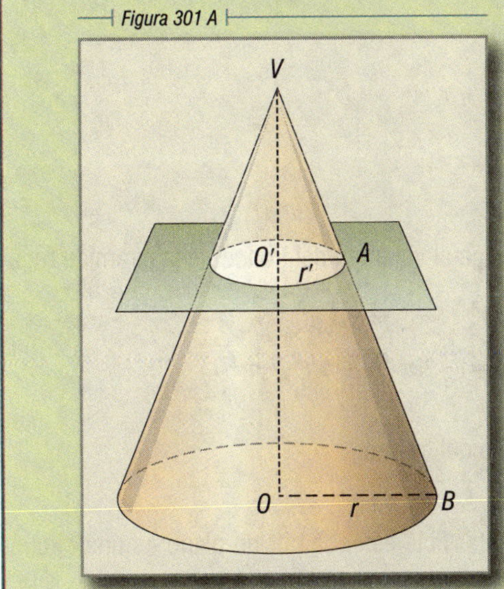

Figura 301 B

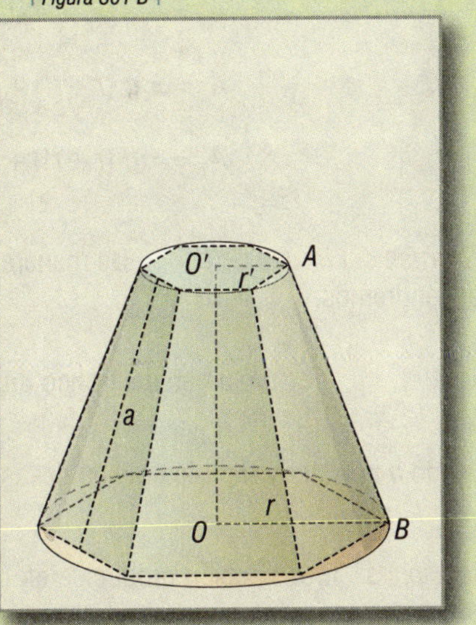

Área lateral del tronco de cono. Se puede obtener de la siguiente manera: Supongamos inscrito en el tronco de cono (Fig. 301) un tronco de pirámide regular de apotema a.

Si llamamos P y P' a los perímetros de las bases, tenemos:

$$A_L = \frac{P + P'}{2} \cdot a$$

Si el número de caras del tronco de pirámide aumenta infinitamente, P y P' tienen por límites los valores $2\pi r$ y $2\pi r'$, y la apotema del tronco tiene por límite el valor de la generatriz del tronco. Entonces, tendremos:

$$A_L = \frac{2\pi r + 2\pi r'}{2} \cdot g$$

$$A_L = \frac{2(\pi r + \pi r')}{2} \cdot g$$

$$A_L = (\pi r + \pi r')\, g$$

$$A_L = \pi\, (r + r')\, g$$

$$\therefore \quad A_L = \pi g\, (r + r')$$

Área total del tronco de cono. Para hallar el área total basta sumar el área lateral y las áreas de las dos bases.

$$A_L = \pi\, g\, (r + r') \qquad A_B = \pi\, r^2 \qquad A_{B'} = \pi\, r'^2$$

$$A_T = A_L + A_B + A_{B'}$$

$$A_T = \pi\, g\, (r + r') + \pi\, r^2 + \pi\, r'^2$$

$$\therefore \quad A_L = \pi\, g\, (r + r') + \pi\, (r^2 + r'^2)$$

Volumen del tronco de cono. De manera análoga al volumen del tronco de la pirámide regular, tendremos:

$$\text{Volumen del tronco de cono} = \frac{h}{3}\, (\pi\, R^2 + \pi\, r^2 + \pi\, Rr)$$

siendo h la altura y R y r los radios de las bases del tronco.

Secciones. Toda sección producida en una superficie esférica por un plano es una circunferencia.

373 SUPERFICIE ESFÉRICA Y ESFERA

La superficie esférica es el lugar geométrico de todos los puntos del espacio que equidistan de uno interior llamado centro.

La distancia del centro a un punto de la superficie se llama radio. Si la distancia de un punto al centro es menor que el radio, el punto es interior a la superficie, y si es mayor el punto es exterior.

Se llama esfera al conjunto formado por todos los puntos de una superficie esférica y los interiores a la misma. Las palabras esfera y superficie esférica se suelen usar como sinónimos.

Una superficie esférica es también la superficie de revolución originada por la rotación de una circunferencia alrededor de uno de sus diámetros. El cuerpo producido por la rotación de un círculo es la esfera.

Toda recta y todo plano que pasan por el centro se llaman diámetros y planos diametrales, respectivamente. Un plano diametral divide a la esfera en dos partes iguales llamadas hemisferios.

POSICIONES RELATIVAS DE UNA RECTA Y UNA ESFERA

374

Una recta puede tener con una esfera dos puntos comunes (secante): un solo punto común (tangente) o ningún punto común (exterior).

Posiciones relativas de un plano y una esfera. Si la distancia del centro *O* a un plano *P* es menor que el radio, el plano es secante (Fig. 302). La intersección con la superficie esférica es una circunferencia y con la esfera es un círculo. Si el plano pasa por el centro, como el plano α, la intersección tiene el mismo radio que la esfera y se llama círculo máximo. Si no pasa por el centro, la intersección es un círculo menor. Todos los círculos máximos son iguales.

Figura 302

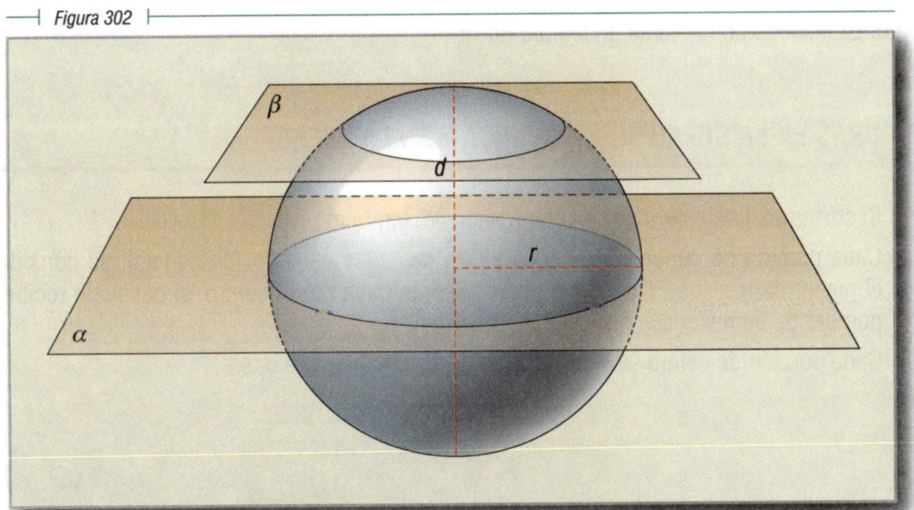

Si la distancia del centro al plano es igual al radio, el plano tiene un solo punto común con la esfera y se llama plano tangente y el punto común es nombrado punto de contacto.

Cuando la distancia del centro al plano es mayor que el radio, el plano es *exterior* y no tiene ningún punto común con la esfera.

Posiciones de dos esferas. Ocupan posiciones análogas a las de dos circunferencias en el plano. Si son secantes tienen un círculo común cuyo plano es perpendicular a la recta que une los centros. Si son tangentes presentan un solo punto común.

375 CONO Y CILINDRO CIRCUNSCRITO A UNA ESFERA

Si desde un punto exterior a una esfera trazamos todas las tangentes posibles, se obtiene una superficie cónica que se dice está circunscrita a la esfera. La línea de contacto del cono y de la esfera es un círculo menor.

Figura Sección 375

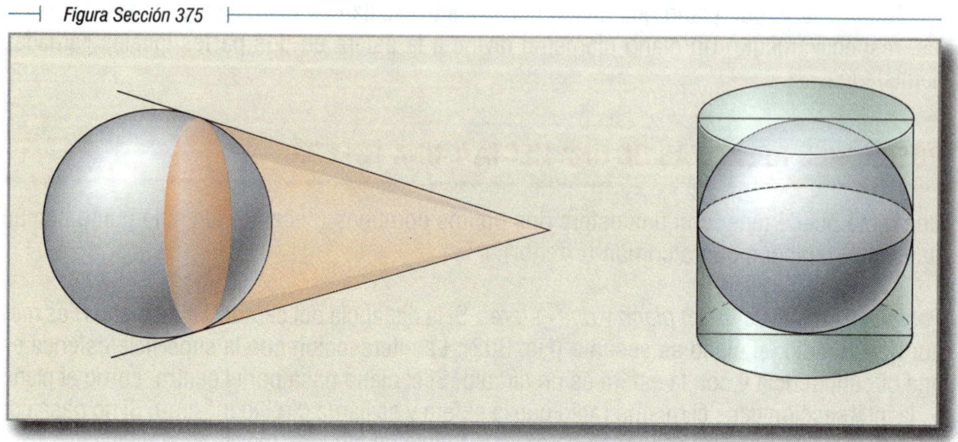

Si se trazan todas las tangentes paralelas a una recta dada se obtiene un cilindro circunscrito. La línea de contacto es un círculo máximo.

376 FIGURAS EN LA SUPERFICIE ESFÉRICA Y EN LA ESFERA

1. Si cortamos una esfera por un plano secante, tendremos:

   Cada porción de superficie esférica es un casquete esférico (en general, se considera el menor de los dos). Cuando el plano secante pasa por el centro, el casquete recibe el nombre de hemisferio.

   Cada porción de esfera se llama segmento esférico de una base.

Figura Sección 376. Punto 1

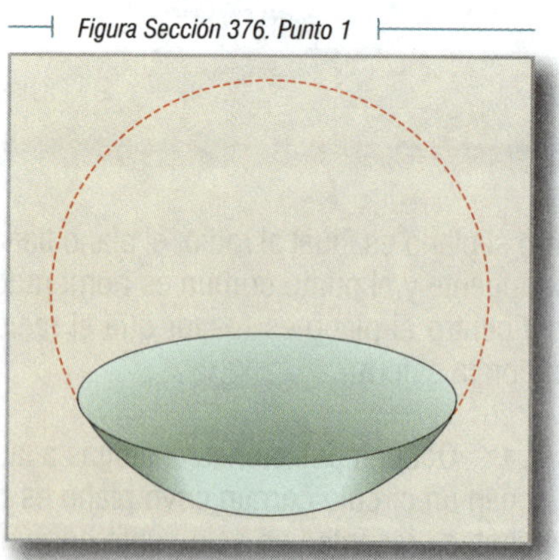

2. Si cortamos una esfera por dos planos paralelos, tendremos:

La porción de superficie esférica limitada por los dos planos se llama zona esférica.
La porción de esfera limitada por los dos planos se llama segmento esférico de dos bases.

Figura Sección 376. Punto 2

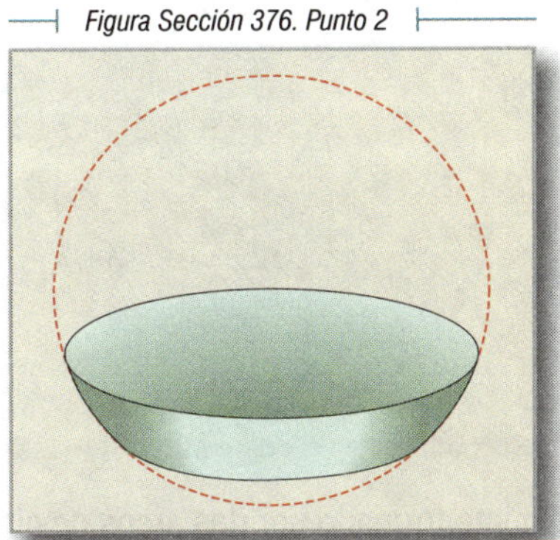

3. Si consideramos dos semicírculos máximos del mismo diámetro tendremos:

La porción de superficie esférica limitada por los dos semicírculos se llama huso esférico.
La porción de esfera limitada por los dos semicírculos se llama cuña esférica.

Figura Sección 376. Punto 3

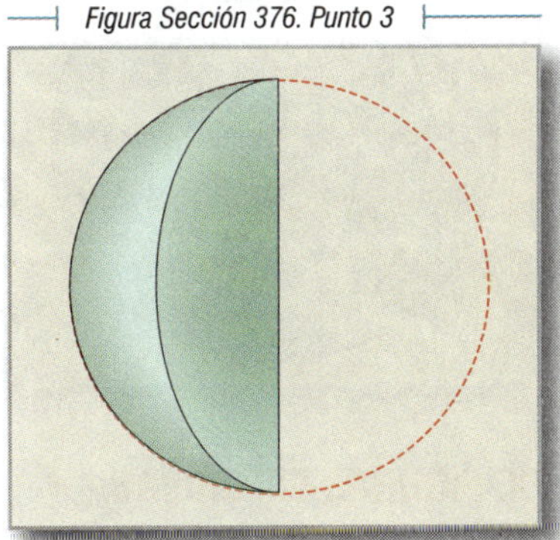

4. Se llama distancia esférica entre dos puntos de una superficie esférica al menor de los arcos de círculo máximo que pasa por ellos. Es la distancia más corta entre dos puntos medida sobre la superficie esférica.

Figura Sección 376. Punto 4

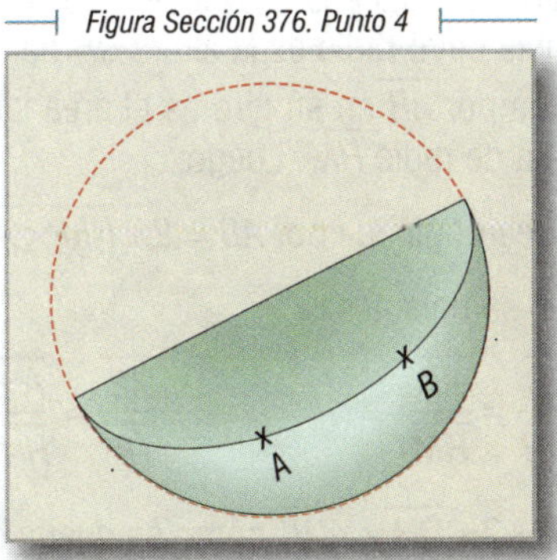

5. Un triángulo esférico es la porción de superficie esférica limitada por tres arcos de círculo máximo. Estos arcos o lados del triángulo son menores que una semicircunferencia.

Figura Sección 376. Punto 5

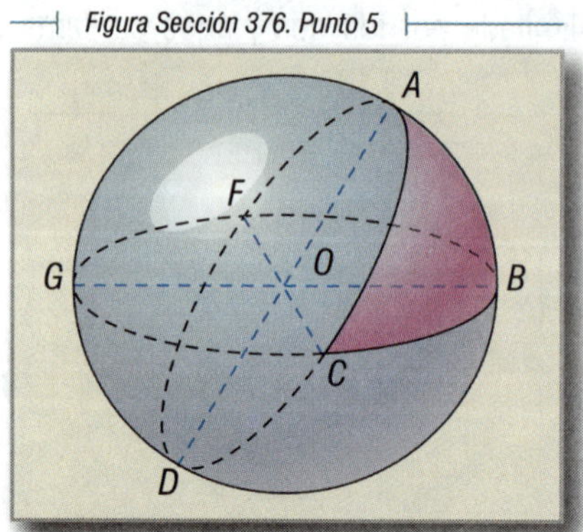

6. Un ángulo esférico es el punto formado por dos arcos de círculo máximo. Se mide por el ángulo constituido por las tangentes a los arcos en el punto.

Figura Sección 376. Punto 6

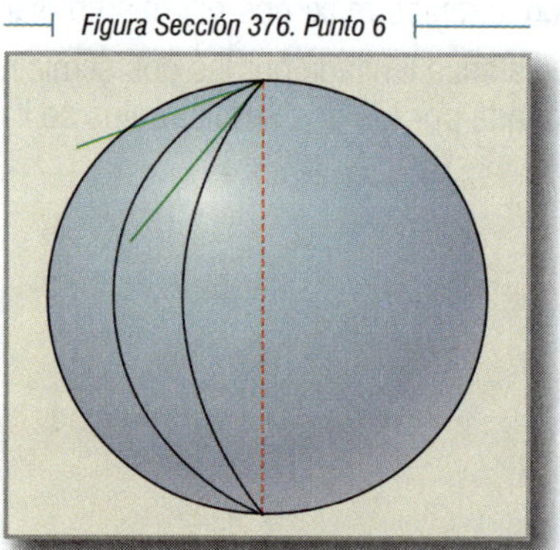

377 ÁREA DE UNA ESFERA Y DE FIGURAS ESFÉRICAS

La obtención por métodos elementales de la fórmula del área de una esfera es algo laboriosa. Requiere los siguientes pasos:

1. El área obtenida por la base $\overline{AB}$ de un triángulo isósceles OAB al girar alrededor de un eje e que no corta al triángulo, es igual a la proyección del segmento $\overline{AB}$ sobre el eje por la longitud de la circunferencia cuyo radio es la altura $\overline{OH}$ del triángulo.

En efecto, el área originada por $\overline{AB}$ en su giro es el área lateral de un tronco de cono de lado $\overline{AB}$ y circunferencia media de radio $\overline{HM}$. Luego:

$$\text{Área originada por } AB = 2\pi\,\overline{HM} \times \overline{AB}$$

Pero los $\triangle OHM$ y $\triangle ABD$ son semejantes:

$$\frac{\overline{AB}}{\overline{OH}} = \frac{\overline{AD}}{\overline{HM}} \qquad \therefore \qquad \frac{\overline{AB}}{\overline{OH}} = \frac{\overline{A'B'}}{\overline{H'M'}}$$

Luego, área originada por $\overline{AB} = 2\pi\,\overline{OH} \times \overline{A'B'}$ como se quería demostrar.

Figura Sección 377. Punto 1

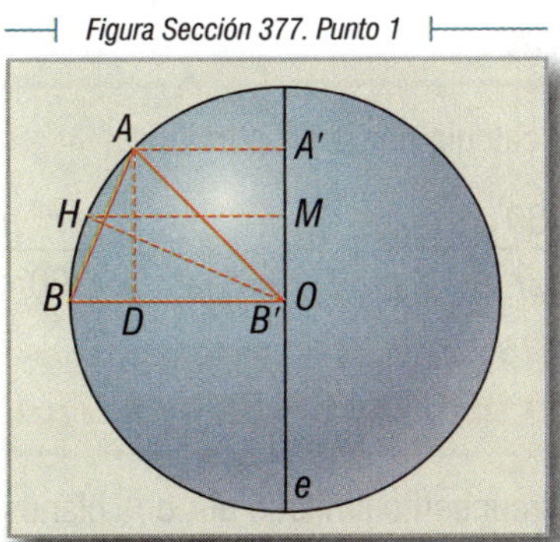

2. Considerar una línea poligonal regular, esto es, una quebrada formada por cuerdas iguales de una circunferencia, y los triángulos isósceles que se forman uniendo los vértices de la poligonal con el centro.

Según lo anterior, el área de la superficie producida al girar la poligonal alrededor de un eje, que no la corte, es igual al producto de la proyección de la diagonal sobre el eje por la longitud de la circunferencia cuyo radio es la apotema de la poligonal.

Figura Sección 377. Punto 2

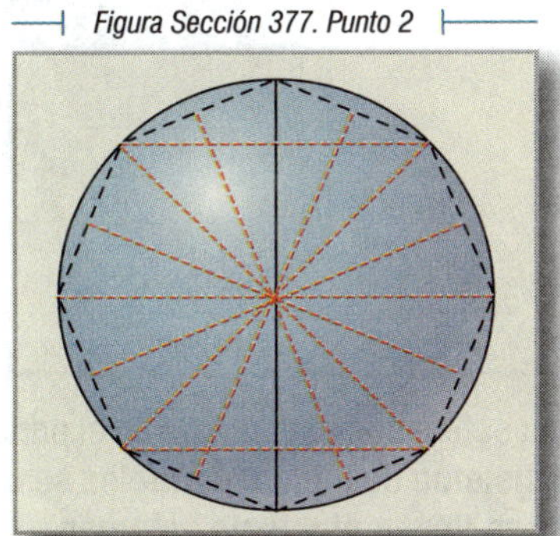

3. Si ahora consideramos una semicircunferencia girando alrededor de su diámetro, inscribimos una poligonal regular y hacemos crecer infinitamente el número de lados, en el límite se obtiene que la proyección de la poligonal es el diámetro ($2r$); la apotema se transforma en el radio r y el área resulta de la superficie esférica. Luego:

$$\text{Área superficie esférica} = 2\pi r \times 2r = 4\pi r^2$$

ÁREA DE UN CASQUETE O DE UNA ZONA ESFÉRICA

Es el límite del área obtenida por una poligonal regular inscrita en el arco al crecer de manera infinita el número de lados. Luego:

$$\text{Área de un casquete o zona} = 2\pi r h$$

siendo r el radio de la esfera y h la proyección de la poligonal sobre el diámetro perpendicular a la base del casquete o bases de la zona, es decir, la altura del casquete o zona.

ÁREA DE UN HUSO ESFÉRICO

Si el huso tiene $n°$, el área se calcula por la proporción:

$$\frac{360}{4\pi r^2}=\frac{n°}{X} \qquad \therefore \quad X=\frac{\pi r^2 n°}{90°}$$

378 RELACIÓN ENTRE EL ÁREA DE UNA ESFERA Y LA DEL CILINDRO CIRCUNSCRITO

Si consideramos el cilindro circunscrito limitado por dos planos tangentes paralelos, su área lateral es:

$$\text{Área lateral} = 2\,\pi\, r \times 2\, r = 4\,\pi\, r^2$$

que es la misma área de la esfera.

Figura Sección 378

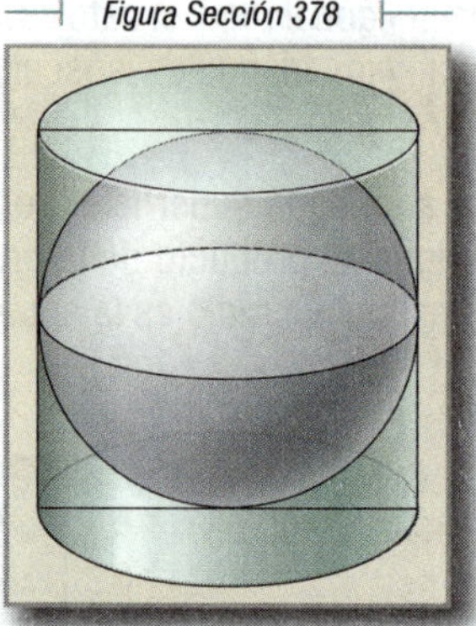

379 VOLUMEN DE LA ESFERA

Para obtener el volumen de una esfera nos basaremos en el principio de Cavalieri, que dice: **Si al cortar dos cuerpos por un sistema de planos paralelos se obtienen figuras equivalentes (de igual área), los dos cuerpos tienen el mismo volumen.**

Supongamos ahora una esfera de radio r y el cilindro circunscrito. Sea:

$\boldsymbol{V}$ = Volumen de la esfera

$\boldsymbol{V}_1$ = Volumen del cilindro que es igual a $\pi\, r^2 \times 2\, r = 2\,\pi\, r^3$.

$\boldsymbol{V}_2$ = Volumen del espacio comprendido entre la esfera y el cilindro.

Evidentemente: $\boldsymbol{V} = \boldsymbol{V}_1 - \boldsymbol{V}_2$

Figura Sección 379 A

Para calcular V_2 observemos que si cortamos la figura por planos paralelos a las bases del cilindro, se obtienen coronas circulares cuyas áreas son de la forma:

$$\pi r^2 - \pi s^2 = \pi\ (r^2 - s^2) = \pi k^2$$

siendo k la distancia del centro al plano.

Si ahora consideramos el cono de vértice el centro de la esfera y como base el cilindro, tendremos que el área de la sección a la distancia k es:

$$x^2$$

siendo x el radio de la sección. Pero como los $\triangle AOB$ y $\triangle OCD$ son semejantes, resulta:

$$\frac{k}{r} = \frac{x}{r} \qquad \therefore \quad x = k$$

es decir, que el área de la corona circular ($\pi\, k^2$) y el área de la sección del cono ($\pi x^2 = \pi k^2$) son iguales.

Figura Sección 379 B

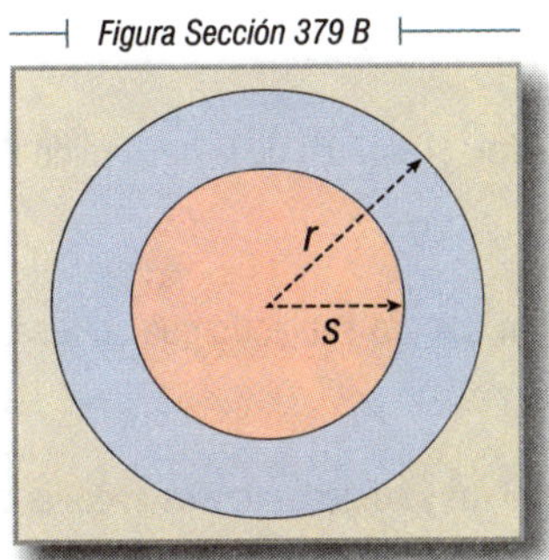

Al aplicar el principio de Cavalieri resulta que el volumen V_2 del espacio entre la esfera y el cilindro es igual a la suma de los volúmenes de los dos conos que tienen de vértice el centro de la esfera y de bases las del prisma.

El volumen de cada uno de estos dos conos es:

Figura Sección 379 C

$$\frac{1}{3}\pi r^2\,(r) = \frac{1}{3}\pi r^3$$

y el de los dos conos es:

$$\frac{2}{3}\pi r^3$$

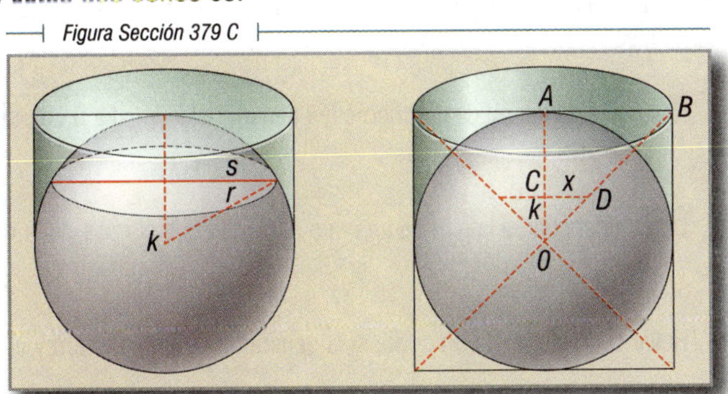

Luego, el volumen de la esfera será:

$$\boldsymbol{V} = \boldsymbol{V}_1 - \boldsymbol{V}_2 = 2\pi r^3 - \frac{2}{3}\pi r^3 = \frac{4}{3}\pi r^3$$

Ejercicios

1. Hallar el área lateral de un cilindro circular recto, si el radio de la base mide 4 cm y la generatriz 10 cm. **R.** 251.2 cm^3

2. Determinar la generatriz de un cilindro sabiendo que su área lateral es 756.6 cm^2 y el radio de la base mide 10 cm. **R.** 12 cm

3. Calcular el área total de un cilindro, si el radio de la base es igual a 20 cm y la generatriz 30 cm. **R.** 6,280 cm

4. Hallar la generatriz de un cilindro cuya área total es 408.2 cm^2 y el radio de la base mide 5 cm. **R.** 8 cm

5. El área total de un cilindro es 471 cm^2 y su generatriz es el doble de su radio. Hallar la generatriz y el radio. **R.** $g = 10$ cm, $r = 5$ cm

6. Calcular el área lateral de un cilindro, si el radio de la base mide 6 m y la altura 9 m. **R.** 339.29 m^2

7. Encontrar el radio de la base de un cilindro sabiendo que su área lateral es 1,507.2 cm^2 y la generatriz es igual a 40 cm. **R.** 6 cm

8. El área total de un cilindro es 75.36 m^2 y su generatriz es el doble del radio de la base. Hallar el radio de la generatriz. **R.** $r = 2$ m, $g = 4$ m

9. Determinar el área lateral de un cilindro cuya generatriz es igual al lado del triángulo equilátero inscrito en la base del cilindro. **R.** $2\sqrt{3\pi}\, r^2$

10. Calcular el área total de un cilindro, si su generatriz es igual al lado del hexágono regular inscrito en su base. **R.** $4\pi r^2$

11. Hallar el área lateral de un cono cuya generatriz es igual a 6 cm, si el radio de la base mide 4 cm. **R.** 75.36 cm^2

12. Determinar el área lateral de un cono sabiendo que el radio de la base mide 6 cm y la altura 8 cm. **R.** 188.4 cm^2

13. Hallar el área total de un cono, si la generatriz es igual a 9 cm y el radio de la base mide 5 cm. **R.** 219.8 cm^2

14. Calcular el área total de un cono sabiendo que el radio de la base mide 3 cm y la altura 4 cm. **R.** 75.36 cm^2

15. Especificar la altura de un cono, si el área lateral mide $16\sqrt{5}\pi$ cm^2 y el radio de la base mide 4 cm. **R.** 8 cm

16. El área total de un cono es 13π cm^2. Si el radio de la base y la altura están en relación 1:2, hallar el radio y la altura. **R.** $r = 2$ cm
$h = 4$ cm

17. Calcular el área lateral de un tronco de cono cuya altura mide 8 cm, y los radios de las bases son iguales a 4 y 10 cm, respectivamente. **R.** 439.6 cm^2

18. Determinar el área total de un tronco de cono cuya altura mide 4 cm, si los radios de las bases miden 9 y 6 cm, respectivamente. **R.** 192π cm^2

19. El área lateral de un tronco de cono es igual a 560π cm^2. El radio de la base mayor y la generatriz son iguales. El radio de la base menor es igual a 8 cm y la altura del tronco mide 16 cm. Hallar la generatriz. **R.** 20 cm

20. Encontrar el área lateral y el área total de un tronco de cono, si los radios de sus bases miden 11 y 5 cm y la altura 8 cm, respectivamente. **R.** $A_L = 502.4$ cm^2
$A_T = 960.84$ cm^2

21. Dos esferas de metal de radios $2a$ y $3a$, se funden juntas para hacer una esfera mayor. Calcular el radio de la nueva esfera. **R.** $r = a\sqrt[3]{35}$

22. En una esfera de radio r se tiene inscrito un cilindro de manera tal que el diámetro del cilindro es igual al radio de la esfera. Calcular: *a*) el área lateral del cilindro, *b*) el área total del cilindro, *c*) el volumen del cilindro. **R.** *a*) $A_L = \pi\sqrt{3}\,r^2$

b) $A_T = \left(\frac{1}{2} + \sqrt{3}\right)\pi r^2$

c) $V = \frac{\pi\sqrt{3}}{4}r^3$

23. Se tiene una esfera situada dentro de un cilindro, de manera que el cilindro tiene de altura y diámetro el mismo que el de la esfera. Determinar la relación entre el área de la esfera y el área lateral del cilindro. **R.** Son iguales

24. Dos esferas cuyos diámetros son 8 y 12 pulgadas, respectivamente, están tangentes sobre una mesa. Determinar la distancia entre los dos puntos donde las esferas tocan la mesa.
R. $4\sqrt{6}$ pulgadas

25. Dentro de una caja cúbica cuyo volumen es 64 cm^3, se coloca una pelota que toca a cada una de las caras en su punto medio. Calcular el volumen de la pelota.
R. $V = \frac{32}{3}\pi$

26. Se funde un cilindro de metal de radio r y altura h, y con el metal se hacen conos cuyo radio es la mitad del radio del cilindro, pero de doble altura. ¿Cuántos conos se obtienen? **R.** 6 conos

27. Una esfera de cobre se funde y con el metal se hacen conos del mismo radio que la esfera y de altura igual al doble de dicho radio. ¿Cuántos conos se obtienen? **R.** 2 conos

28. En una caja de forma cúbica caben exactamente 8 esferas de 2 pulgadas de diámetro cada una, y en el centro de éstas una esfera menor que las anteriores. Calcular su volumen.

R. $V = \frac{4}{3}\left(5\sqrt{2} - 7\right)\pi$

29. Hallar el volumen del espacio limitado por los troncos de pirámide y de cono, de acuerdo con las medidas indicadas en el dibujo. **R.** $V = 620.72$ pulgadas cúbicas

Ejercicio 29

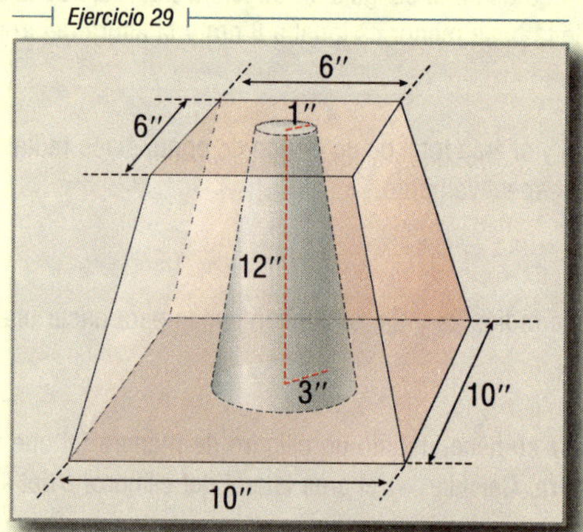

30. Calcular el volumen del espacio que queda entre los dos cilindros, de acuerdo con las medidas indicadas en la figura. **R.** $V = 1{,}695.8$ pulgadas cúbicas

Ejercicio 30

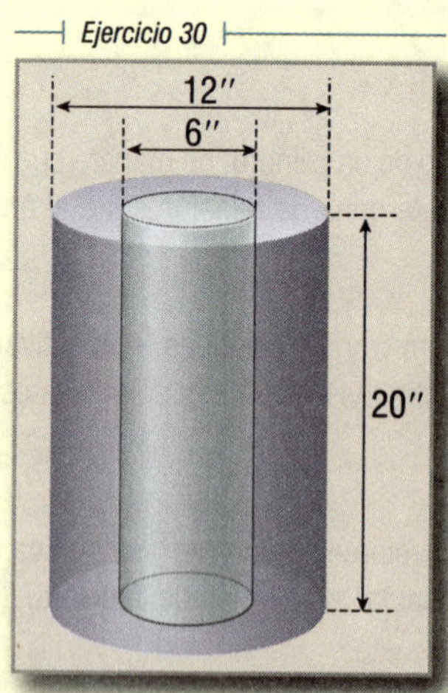

31. Hallar el volumen del espacio limitado entre el cono y el ortoedro, de acuerdo con las medidas indicadas en el dibujo. **R.** 654.96 pulgadas cúbicas

Ejercicio 31

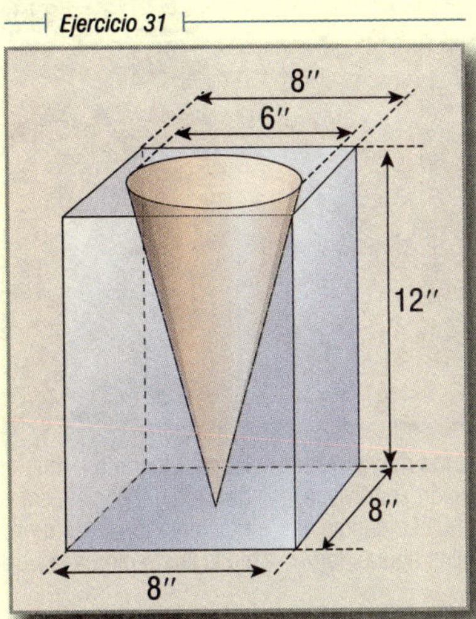

32. De un cubo de 5″ de arista se quita un cilindro de 3″ de diámetro. Calcular el volumen de la parte que queda del cubo. **R.** V = 89.675 pulgadas cúbicas

Ejercicio 32

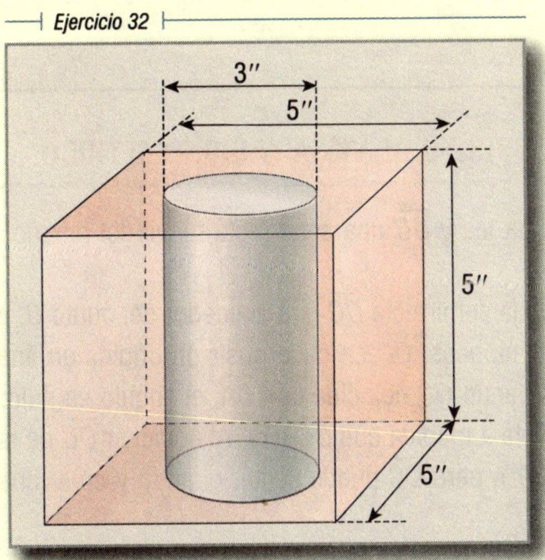

En sus monumentos grandiosos y en su arte, los mayas y los aztecas nos dejaron evidencias de la aplicación maravillosa que estos dos pueblos hicieron de la Geometría. El triángulo, el círculo, el cuadrado, el cilindro, fueron para ellos figuras familiares. La greca —que como su nombre indica ha sido atribuída a los griegos—, era estampada en telas, maderas o piedras mediante la ayuda de rodillos labrados, como el que aparece en la ilustración a la izquierda (unos 2,000 años a. C.).

Capítulo XXII

TRIGONOMETRÍA

380 ÁNGULO DESDE EL PUNTO DE VISTA TRIGONOMÉTRICO

Sea $\overrightarrow{OA}$ una semirrecta fija y $\overrightarrow{OC}$ una semirrecta móvil del mismo origen y en coincidencia con $\overrightarrow{OA}$.

Supongamos que la semirrecta $\overrightarrow{OC}$ gira alrededor del punto O, en sentido contrario a las manecillas del reloj. Entonces, $\overrightarrow{OC}$ en cada posición origina un ángulo: el ángulo AOC (Fig. 303), por ejemplo. Cuando $\overrightarrow{OC}$ coincide con $\overrightarrow{OA}$, el ángulo es nulo; cuando $\overrightarrow{OC}$ comienza a girar, el ángulo aumenta a medida que $\overrightarrow{OC}$ gira. Al coincidir $\overrightarrow{OC}$ de nuevo con $\overrightarrow{OA}$ produce un ángulo completo (360°), pero $\overrightarrow{OC}$ puede seguir girando y crear un ángulo de un valor cualquiera.

Figura 303

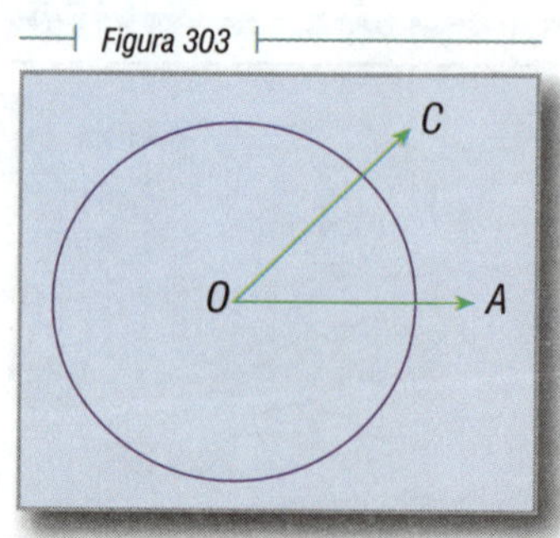

ÁNGULOS POSITIVOS Y ÁNGULOS NEGATIVOS 381

Arbitrariamente, se ha convenido que los ángulos engendrados en sentido contrario a las manecillas del reloj se toman como positivos, y los ángulos engendrados en el mismo sentido de las manecillas del reloj se consideran negativos.

Ejemplo

En la figura 304: $\angle AOC = 45°$, $\angle AOB = 45°$.

Figura 304

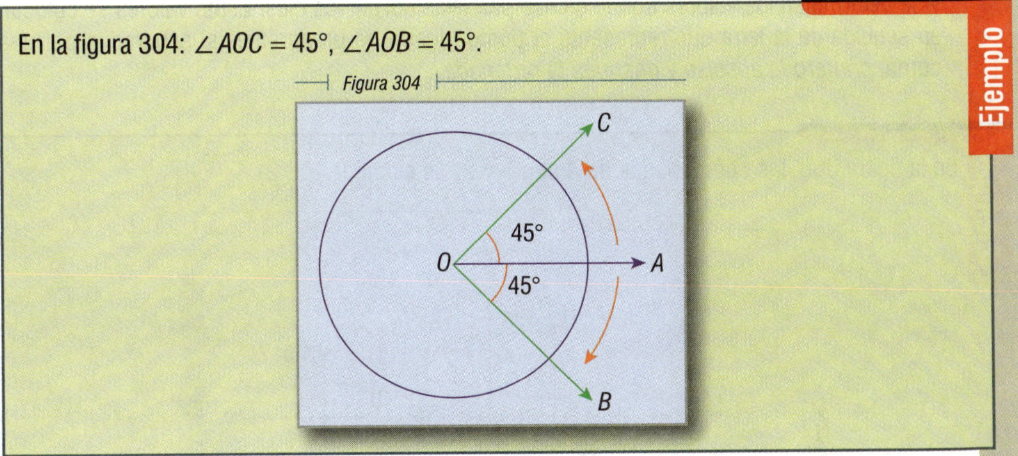

SISTEMA DE EJES COORDENADOS RECTANGULARES 382

Sobre una recta $\overleftrightarrow{XX'}$, tomemos un punto O que se llama origen. Por el punto O tracemos la recta $\overleftrightarrow{YY'}$, de manera que $\overleftrightarrow{YY'} \perp \overleftrightarrow{XX'}$.

Según una unidad, graduemos los dos ejes a partir del punto O. El eje XX' se gradúa positivamente hacia la derecha y negativamente hacia la izquierda. El eje YY' se gradúa de manera positiva hacia arriba y negativa hacia abajo.

Figura 305

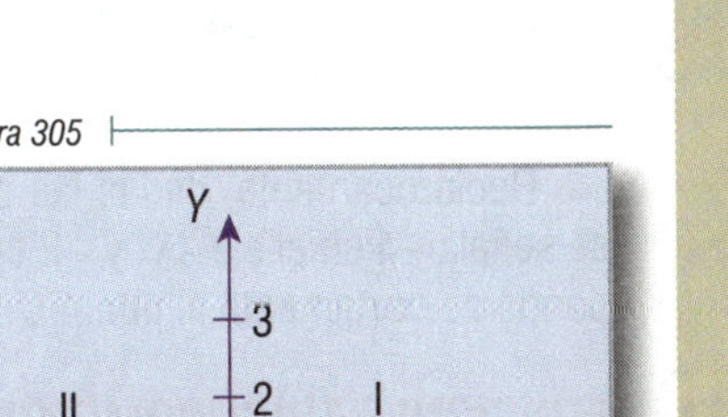

Los números sobre el eje XX' miden las distancias en magnitud y signo del origen a los puntos del eje y reciben el nombre de abscisas.

Los números tomados sobre el eje YY' miden las distancias del origen a los puntos del eje y reciben el nombre de ordenadas.

Análogamente, el eje XX' se llama eje de las abscisas, y el eje YY' se llama eje de las ordenadas.

El punto O es la intersección de los dos ejes y se llama origen de cordenadas.

Los ejes XX' y YY' dividen el plano en cuatro partes llamadas cuadrantes.

XOY = I cuadrante	$X'OY'$ = III cuadrante
YOX' = II cuadrante	$Y'OX$ = IV cuadrante

383 COORDENADAS DE UN PUNTO

Establecido en un plano un sistema de ejes coordenados, a cada punto del plano le corresponden dos números reales (una abscisa y una ordenada) que se llaman coordenadas del punto.

Para determinar dichas coordenadas, se trazan por el punto paralelas a los ejes XX' y YY' y se determinan los valores donde dichas paralelas cortan los ejes. Estos valores se colocan en seguida de la letra que representa al punto, dentro de un paréntesis, separados por una coma, *primero la abscisa y después la ordenada.*

Ejemplo

En la figura 306, las coordenadas de A son 5 y 2. Se escribe: $A(5, 2)$.

Figura 306

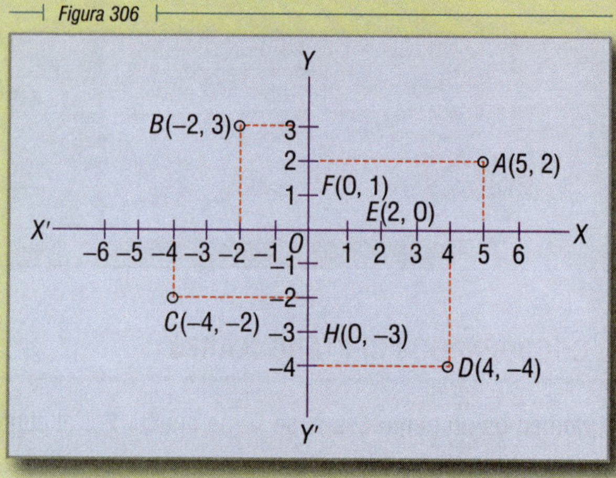

Recíprocamente, dadas las coordenadas de un punto $C(-4, -2)$, para localizar el punto se señala -4 en el eje XX' y -2 en el eje YY'. Por estos puntos se trazan paralelas a los ejes y donde se cortan está el punto C (Fig. 306).

384 FUNCIONES TRIGONOMÉTRICAS DE UN ÁNGULO AGUDO EN UN TRIÁNGULO RECTÁNGULO

Consideremos el triángulo rectángulo ABC (Fig. 307). Las llamadas funciones o razones trigonométricas de los ángulos agudos B y C son las siguientes:

SENO. Es la razón entre el cateto opuesto a la hipotenusa.

NOTACIÓN

Seno del ángulo B se escribe sen B.

$$\operatorname{sen} B = \frac{b}{a}$$

$$\operatorname{sen} C = \frac{c}{a}$$

Figura 307

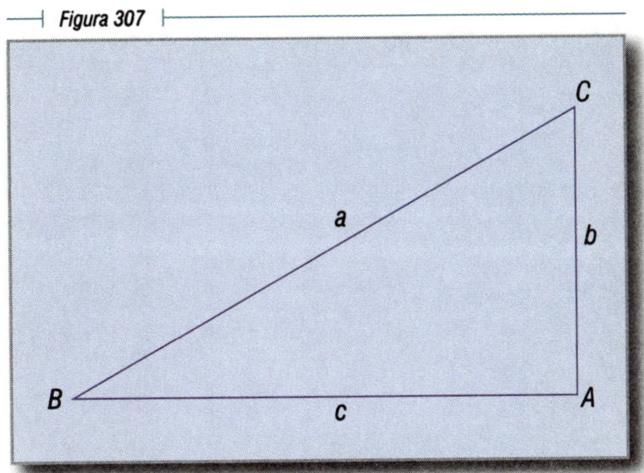

COSENO. Es la razón entre el cateto adyacente y la hipotenusa. Se abrevia, cos.

$$\cos B = \frac{c}{a} \qquad \cos C = \frac{b}{a}$$

TANGENTE. Es la razón entre el cateto opuesto y el cateto adyacente. Se abrevia tan.

$$\tan B = \frac{b}{c} \qquad \tan C = \frac{c}{b}$$

COTANGENTE. Es la razón entre el cateto adyacente y el cateto opuesto. Se abrevia cot.

$$\cot B = \frac{c}{b} \qquad \cot C = \frac{b}{c}$$

SECANTE. Es la razón entre la hipotenusa y el cateto adyacente. Se abrevia sec.

$$\sec B = \frac{a}{c} \qquad \sec C = \frac{a}{b}$$

COSECANTE. Es la razón entre la hipotenusa y el cateto opuesto. Se abrevia csc.

$$\csc B = \frac{a}{b} \qquad \csc C = \frac{a}{c}$$

Ejemplo

Dado un triángulo rectángulo cuyos catetos miden 6 y 8 cm, calcular las funciones trigonométricas del ángulo agudo mayor.

Por medio del teorema de Pitágoras, calculamos la hipotenusa:

$$\overline{BC}^2 = \overline{AB}^2 + \overline{AC}^2$$

Figura 308

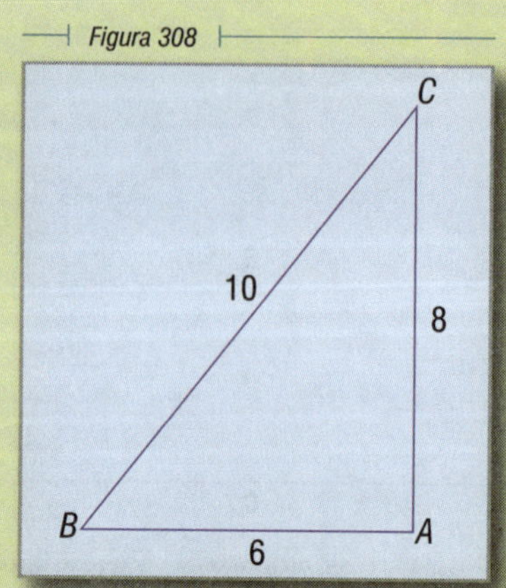

$$BC^2 = 6^2 + 8^2 = 36 + 64 = 100$$

$$BC^2 = 100 \quad \therefore \quad BC = \sqrt{100} = 10$$

Sabemos que el ángulo agudo mayor es el ángulo B (Fig. 308) porque a mayor lado se opone mayor ángulo.

$$\operatorname{sen} B = \frac{8}{10} = 0.8 \qquad \tan B = \frac{8}{6} = \frac{4}{3} = 1.33 \qquad \sec B = \frac{10}{6} = \frac{5}{3} = 1.67$$

$$\cos B = \frac{6}{10} = 0.6 \qquad \cot B = \frac{6}{8} = \frac{3}{4} = 0.75 \qquad \csc B = \frac{10}{8} = \frac{5}{4} = 1.25$$

385 FUNCIONES Y COFUNCIONES TRIGONOMÉTRICAS DE UN ÁNGULO CUALQUIERA

Consideremos los ángulos α, β, γ y δ que en un sistema de coordenadas tienen su lado terminal en el I, II, III y IV cuadrantes, respectivamente.

Figura 309

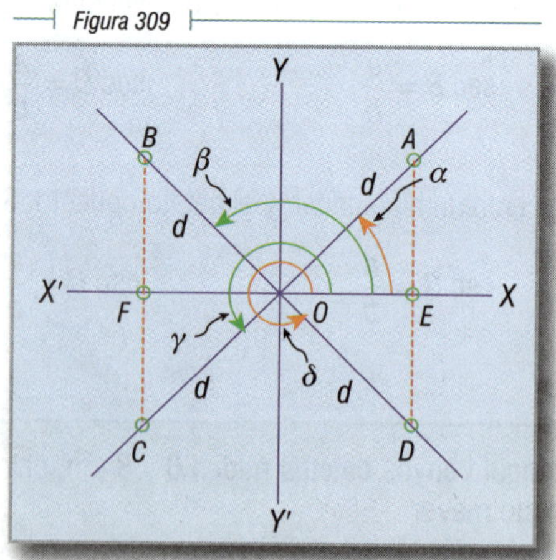

Tomemos un punto en el lado terminal y consideremos sus coordenadas y su distancia al origen.

Las funciones trigonométricas se definen así:

SENO. Es la razón entre la ordenada y la distancia al origen.

$$\operatorname{sen}\alpha=\frac{\overline{AE}}{\overline{OA}},\qquad \operatorname{sen}\beta=\frac{\overline{BF}}{\overline{OB}},\qquad \operatorname{sen}\gamma=\frac{\overline{CF}}{\overline{OC}},\qquad \operatorname{sen}\delta=\frac{\overline{ED}}{\overline{OD}}$$

COSENO. Es la razón entre la abscisa y la distancia al origen.

$$\cos\alpha=\frac{\overline{OE}}{\overline{OA}},\qquad \cos\beta=\frac{\overline{OF}}{\overline{OB}},\qquad \cos\gamma=\frac{\overline{OF}}{\overline{OC}},\qquad \cos\delta=\frac{\overline{OE}}{\overline{OD}}$$

TANGENTE. Es la razón entre la ordenada y la abscisa.

$$\tan\alpha=\frac{\overline{AE}}{\overline{OE}},\qquad \tan\beta=\frac{\overline{BF}}{\overline{OF}},\qquad \tan\gamma=\frac{\overline{CF}}{\overline{OF}},\qquad \tan\delta=\frac{\overline{DE}}{\overline{OE}}$$

COTANGENTE. Es la razón entre la abscisa y la ordenada.

$$\cot\alpha=\frac{\overline{OE}}{\overline{AE}},\qquad \cot\beta=\frac{\overline{OF}}{\overline{BF}},\qquad \cot\gamma=\frac{\overline{OF}}{\overline{CF}},\qquad \cot\delta=\frac{\overline{OE}}{\overline{DE}}$$

SECANTE. Es la razón entre la distancia y la abscisa.

$$\sec\alpha=\frac{\overline{OA}}{\overline{OE}},\qquad \sec\beta=\frac{\overline{OB}}{\overline{OF}},\qquad \sec\gamma=\frac{\overline{OC}}{\overline{OF}},\qquad \sec\delta=\frac{\overline{OD}}{\overline{OE}}$$

COSECANTE. Es la razón entre la distancia y la ordenada.

$$\csc\alpha=\frac{\overline{OA}}{\overline{AE}},\qquad \csc\beta=\frac{\overline{OB}}{\overline{BF}},\qquad \csc\gamma=\frac{\overline{OC}}{\overline{CF}},\qquad \csc\delta=\frac{\overline{OD}}{\overline{ED}}$$

Ejemplos

a) Calcular las funciones trigonométricas del ángulo $XOA = \alpha$ (Fig. 310), sabiendo que $A(3, 4)$.

$$d=\sqrt{3^2+4^2},\qquad d=\sqrt{9+16}=\sqrt{25},\qquad d=5$$

$$\operatorname{sen}\alpha=\frac{4}{5}=0.80\qquad \tan\alpha=\frac{4}{3}=1.33\qquad \sec\alpha=\frac{5}{3}=1.67$$

$$\cos\alpha=\frac{3}{5}=0.60\qquad \cot\alpha=\frac{3}{4}=0.75\qquad \csc\alpha=\frac{5}{4}=1.25$$

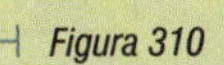
Figura 310

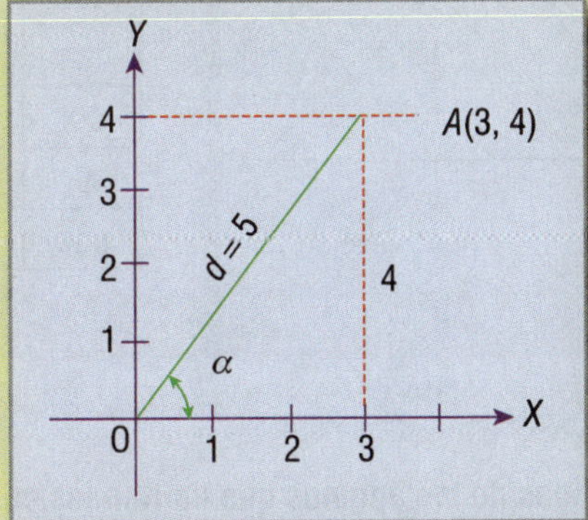

b) Calcular las funciones trigonométricas del ángulo $XOB = \beta$ (Fig. 311), sabiendo que $B(2, -3)$.

$$d = \sqrt{2^2 + (-3)^2} = \sqrt{4+9}, \qquad d = \sqrt{13}$$

$$\operatorname{sen} \beta = \frac{-3}{\sqrt{13}} = \frac{-3\sqrt{13}}{13} \qquad \tan \beta = \frac{-3}{2} = -1.5 \qquad \sec \beta = \frac{\sqrt{13}}{2}$$

$$\cos \beta = \frac{2}{\sqrt{13}} = \frac{2\sqrt{13}}{13} \qquad \cot \beta = \frac{2}{-3} = -0.67 \qquad \csc \beta = \frac{\sqrt{13}}{-3} = \frac{-\sqrt{13}}{3}$$

Figura 311

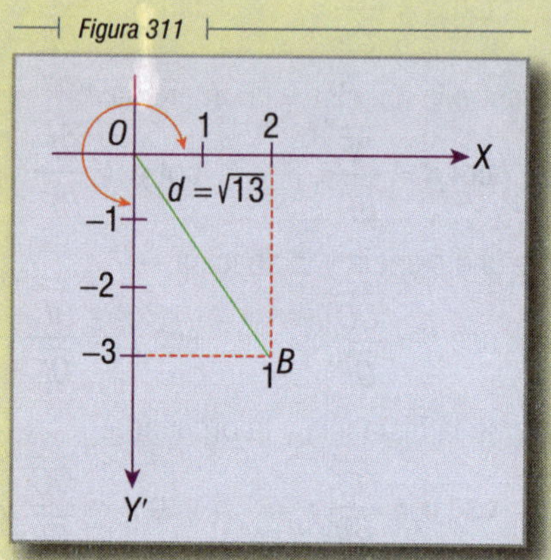

386 SIGNOS DE LAS FUNCIONES TRIGONOMÉTRICAS

Considerando que la distancia de un punto cualquiera al origen de coordenadas siempre es positiva, vemos que los signos de las funciones en los distintos cuadrantes son (Fig. 312):

Figura 312

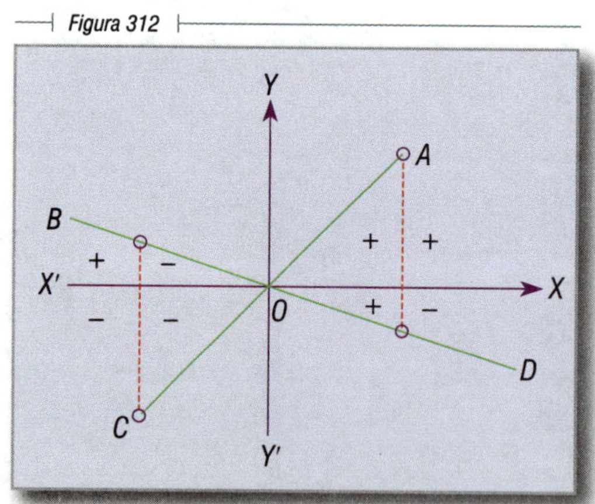

	I	II	III	IV
sen	+	+	–	–
cos	+	–	–	+
tan	+	–	+	–
cot	+	–	+	–
sec	+	–	–	+
csc	+	+	–	–

Funciones trigonométricas de los ángulos que limitan los cuadrantes (0°, 90°, 180°, 270°, 360°). Consideremos el ángulo α (Fig. 313).

Figura 313

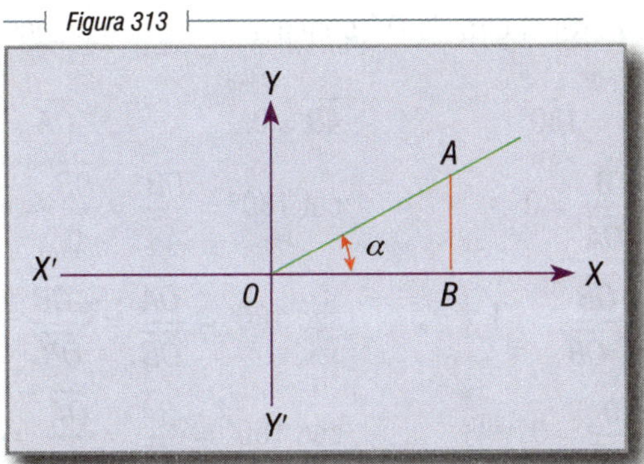

Las funciones trigonométricas son:

$$\operatorname{sen}\alpha=\frac{\overline{AB}}{\overline{OA}}\qquad \tan\alpha=\frac{\overline{AB}}{\overline{OB}}\qquad \sec\alpha=\frac{\overline{OA}}{\overline{OB}}$$

$$\cos\alpha=\frac{\overline{OB}}{\overline{OA}}\qquad \cot\alpha=\frac{\overline{OB}}{\overline{AB}}\qquad \csc\alpha=\frac{\overline{OA}}{\overline{AB}}$$

Valores para $\alpha = 0°$. Si hacemos girar la semirrecta $\overrightarrow{OA}$, de manera que coincida con el semieje $\overline{OX}$, tendremos:

$$\alpha=0°\qquad \overline{AB}=0\qquad \overline{OA}=\overline{OB}$$

Entonces:

$$\operatorname{sen}0°=\frac{\overline{AB}}{\overline{OA}}=\frac{0}{\overline{OA}}=0\qquad \tan 0°=\frac{\overline{AB}}{\overline{OB}}=\frac{0}{\overline{OB}}=0\qquad \sec 0°=\frac{\overline{OA}}{\overline{OB}}=\frac{\overline{OB}}{\overline{OB}}=1$$

$$\cos 0°=\frac{\overline{OB}}{\overline{OA}}=\frac{\overline{OB}}{\overline{OB}}=1\qquad \cot 0°=\frac{\overline{OB}}{\overline{AB}}=\frac{\overline{OB}}{0}=\infty\ \text{(no existe)}\qquad \csc 0°=\frac{\overline{OA}}{\overline{AB}}=\frac{\overline{OA}}{0}=\infty\ \text{(no existe)}$$

NOTA IMPORTANTE

La cotangente y la cosecante de 0° no existen porque no se puede dividir entre cero. Se representan a veces por el símbolo ∞ (se lee infinito), el cual indica que estas funciones trigonométricas toman valores cada vez mayores, llegando a ser tan grandes como uno quiera. A medida que el ángulo se acerca a cero, toma siempre valores positivos. No hay que olvidar que ∞ no es un número, sino un símbolo.

Valores para $\alpha = 90°$. Si hacemos girar la semirrecta $\overrightarrow{OA}$, de manera que coincida con el semieje $\overline{OY}$, tendremos:

$$\alpha=90°\qquad \overline{AB}=\overline{OA}\qquad \overline{OB}=0$$

Entonces:

$$\operatorname{sen}90°=\frac{\overline{AB}}{\overline{OA}}=\frac{\overline{AB}}{\overline{AB}}=1\qquad \tan 90°=\frac{\overline{AB}}{\overline{OB}}=\frac{\overline{AB}}{0}=\infty\qquad \sec 90°=\frac{\overline{OA}}{\overline{OB}}=\frac{\overline{OA}}{0}=\infty$$

$$\cos 90°=\frac{\overline{OB}}{\overline{OA}}=\frac{0}{\overline{OA}}=0\qquad \cot 90°=\frac{\overline{OB}}{\overline{AB}}=\frac{0}{\overline{AB}}=0\qquad \csc 90°=\frac{\overline{OA}}{\overline{AB}}=\frac{\overline{AB}}{\overline{AB}}=1$$

Valores para $\alpha = 180°$. Si el giro de $\overrightarrow{OA}$ continúa hasta que coincida $\overline{OX'}$, tendremos que OB es negativo y:

$$\alpha = 180° \qquad \overline{AB} = 0 \qquad \overline{OA} = -\overline{OB}$$

$$\text{sen } 180° = \frac{\overline{AB}}{\overline{OA}} = \frac{0}{\overline{OA}} = 0 \qquad \cot 180° = \frac{\overline{OB}}{\overline{AB}} = \frac{\overline{OB}}{0} = \infty \text{ (no existe)}$$

$$\cos 180° = \frac{\overline{OB}}{\overline{OA}} = \frac{\overline{OB}}{-\overline{OB}} = -1 \qquad \sec 180° = \frac{\overline{OA}}{\overline{OB}} = \frac{-\overline{OB}}{\overline{OB}} = -1$$

$$\tan 180° = \frac{\overline{AB}}{\overline{OB}} = \frac{0}{\overline{OB}} = 0 \qquad \csc 180° = \frac{\overline{OA}}{\overline{AB}} = \frac{\overline{OA}}{0} = \infty \text{ (no existe)}$$

Valores para $\alpha = 270°$. Continuando el giro de $\overrightarrow{OA}$, hasta que coincida con el semieje $\overline{OY'}$, tendremos que AB es negativo y:

$$\alpha = 270° \qquad \overline{AB} = -\overline{OA} \qquad \overline{OB} = 0$$

$$\text{sen } 270° = \frac{\overline{AB}}{\overline{OA}} = \frac{-\overline{OA}}{\overline{OA}} = -1 \qquad \cot 270° = \frac{\overline{OB}}{\overline{AB}} = \frac{0}{\overline{AB}} = 0$$

$$\cos 270° = \frac{\overline{OB}}{\overline{OA}} = \frac{0}{\overline{OA}} = 0 \qquad \sec 270° = \frac{\overline{OA}}{\overline{OB}} = \frac{\overline{OA}}{0} = \infty \text{ (no existe)}$$

$$\tan 270° = \frac{\overline{AB}}{\overline{OB}} = \frac{\overline{AB}}{0} = \infty \text{ (no existe)} \qquad \csc 270° = \frac{\overline{OA}}{\overline{AB}} = \frac{\overline{OA}}{-\overline{OA}} = -1$$

Valores para $\alpha = 360°$. Si seguimos el giro hasta que vuelvan a coincidir $\overrightarrow{OA}$ y $\overline{OX}$ con las funciones trigonométricas de este ángulo, tendrán los mismos valores que calculamos para 0°, es decir:

sen 360° = 0 cot 360° = no existe
cos 360° = 1 sec 360° = 1
tan 360° = 0 csc 360° = no existe

387 RESUMEN DE LOS VALORES DE LAS FUNCIONES TRIGONOMÉTRICAS DE LOS ÁNGULOS QUE LIMITAN LOS CUADRANTES

FUNCIÓN	0°	90°	180°	270°	360°
sen	0	1	0	–1	0
cos	1	0	–1	0	1
tan	0	no existe	0	no existe	0
cot	no existe	0	no existe	0	no existe
sec	1	no existe	–1	no existe	1
csc	no existe	1	no existe	–1	no existe

En la tabla anterior vemos que el seno toma los valores: 0, 1, 0, –1, 0. Es decir, que su valor máximo es +1 y su valor mínimo es –1.

El seno varía entre +1 y –1, no pudiendo tomar valores mayores que +1 ni valores menores que –1.

Al observar el coseno, nos percatamos que también varía entre +1 y –1. Si analizamos la tangente, concluiremos que su variación es más compleja. De 0° a 90° es positiva y varía de 0 hasta tomar valores tan grandes como se quiera.

Para 90° no está definida y de 90 a 180° pasa a ser negativa, variando de valores negativos muy grandes en valor absoluto hasta cero. De 180 a 270° vuelve a ser positivo variando de cero hasta valores tan grandes como se quiera. Para 270° no está definida y de 270 a 360° pasa a negativa variando de valores negativos muy grandes hasta un valor absoluto igual a cero. Las demás funciones varían análogamente. Estas variaciones se pueden resumir en el siguiente diagrama:

Diagrama

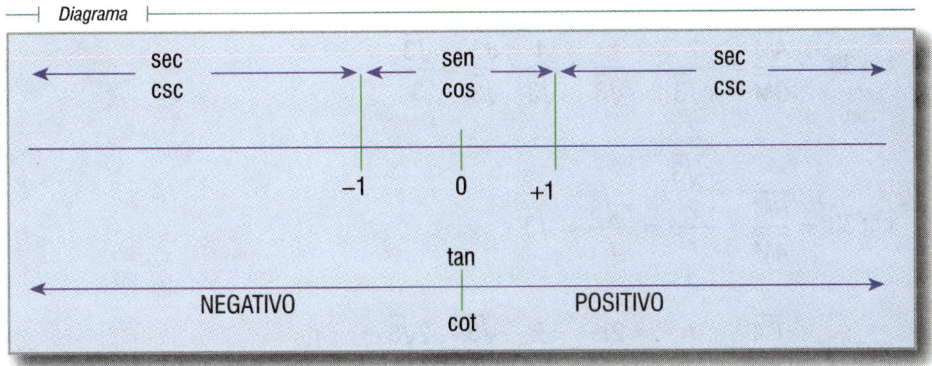

Funciones trigonométricas de ángulos notables. Es posible calcular fácilmente los valores de las funciones trigonométricas de 30, 45 y 60°.

Cálculo de los valores de las funciones trigonométricas de 30° (Fig. 314).

$$\angle AOB = \angle EOD = \frac{360°}{6} = 60°$$

$$\overline{OA} = r$$

$$\overline{AB} = l_6 = r$$

$$\overline{AM} = \frac{l_6}{2} = \frac{r}{2}$$

$$\overline{OM}^2 = \overline{OA}^2 - \overline{AM}^2$$

Figura 314

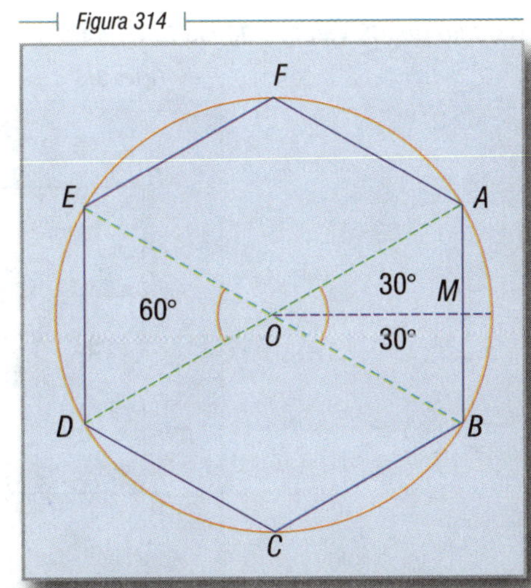

$$\overline{OM}^2 = r^2 - \left(\frac{r}{2}\right)^2 = r^2 - \frac{r^2}{4} = \frac{4r^2 - r^2}{4} = \frac{3r^2}{4}$$

$$\therefore \quad \overline{OM} = \sqrt{\frac{3r^2}{4}} = \frac{r\sqrt{3}}{2}$$

$$\text{sen } 30° = \frac{\overline{AM}}{\overline{OA}} = \frac{\frac{r}{2}}{r} = \frac{r}{2r} = \frac{1}{2}$$

$$\cos 30° = \frac{\overline{OM}}{\overline{OA}} = \frac{\frac{r\sqrt{3}}{2}}{r} = \frac{r\sqrt{3}}{2r} = \frac{\sqrt{3}}{2}$$

$$\tan 30° = \frac{\overline{AM}}{\overline{OM}} = \frac{\frac{r}{2}}{\frac{r\sqrt{3}}{2}} = \frac{r}{r\sqrt{3}} = \frac{1}{\sqrt{3}} \cdot \frac{\sqrt{3}}{\sqrt{3}} = \frac{\sqrt{3}}{3}$$

$$\cot 30° = \frac{\overline{OM}}{\overline{AM}} = \frac{\frac{r\sqrt{3}}{2}}{\frac{r}{2}} = \frac{r\sqrt{3}}{r} = \sqrt{3}$$

$$\sec 30° = \frac{\overline{OA}}{\overline{OM}} = \frac{r}{\frac{r\sqrt{3}}{2}} = \frac{2r}{r\sqrt{3}} = \frac{2}{\sqrt{3}} \cdot \frac{\sqrt{3}}{\sqrt{3}} = \frac{2\sqrt{3}}{3}$$

$$\csc 30° = \frac{\overline{OA}}{\overline{AM}} = \frac{r}{\frac{r}{2}} = \frac{2r}{r} = 2$$

Cálculo de los valores de las funciones trigonométricas de 45° (Fig. 315).

Figura 315

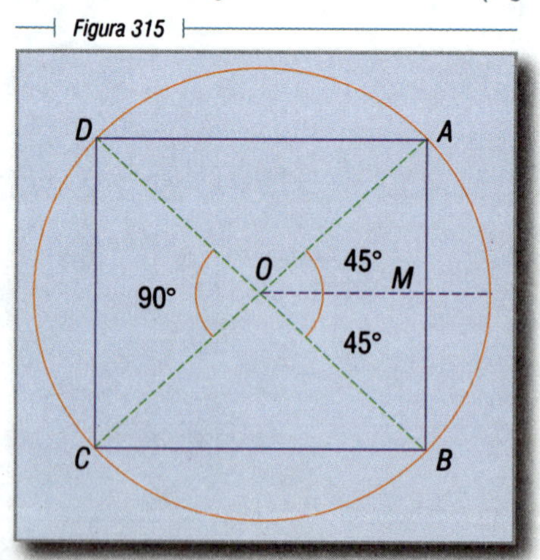

$$\angle AOB = \angle COD = \frac{360°}{4} = 90°$$

$$\overline{AB} = l_4 = r\sqrt{2}$$

$$\overline{AM} = \frac{\overline{AB}}{2} = \frac{r\sqrt{2}}{2}$$

$$\overline{OA} = r$$

$$\overline{OM}^2 = \overline{OA}^2 - \overline{AM}^2$$

$$\overline{OM}^2 = r^2 - \left(\frac{r\sqrt{2}}{2}\right)^2 = r^2 - \frac{2r^2}{4} = \frac{4r^2 - 2r^2}{4} = \frac{2r^2}{4} = \frac{r^2}{2}$$

$$\therefore \quad \overline{OM} = \sqrt{\frac{r^2}{2}} = \frac{r}{\sqrt{2}} \cdot \frac{\sqrt{2}}{\sqrt{2}} = \frac{r\sqrt{2}}{2}$$

$$\text{sen } 45° = \frac{\overline{AM}}{\overline{OA}} = \frac{\frac{r\sqrt{2}}{2}}{r} = \frac{r\sqrt{2}}{2r} = \frac{\sqrt{2}}{2}$$

$$\cos 45° = \frac{\overline{OM}}{\overline{OA}} = \frac{\frac{r\sqrt{2}}{2}}{r} = \frac{r\sqrt{2}}{2r} = \frac{\sqrt{2}}{2}$$

$$\tan 45° = \frac{\overline{AM}}{\overline{OM}} = \frac{\frac{r\sqrt{2}}{2}}{\frac{r\sqrt{2}}{2}} = \frac{2r\sqrt{2}}{2r\sqrt{2}} = 1$$

$$\cot 45° = \frac{\overline{OM}}{\overline{AM}} = \frac{\frac{r\sqrt{2}}{2}}{\frac{r\sqrt{2}}{2}} = \frac{2r\sqrt{2}}{2r\sqrt{2}} = 1$$

$$\sec 45° = \frac{\overline{OA}}{\overline{OM}} = \frac{r}{\frac{r\sqrt{2}}{2}} = \frac{2r}{r\sqrt{2}} = \frac{2}{\sqrt{2}} \cdot \frac{\sqrt{2}}{\sqrt{2}} = \frac{2\sqrt{2}}{2} = \sqrt{2}$$

$$\csc 45° = \frac{\overline{OA}}{\overline{AM}} = \frac{r}{\frac{r\sqrt{2}}{2}} = \frac{2r}{r\sqrt{2}} = \frac{2}{\sqrt{2}} \cdot \frac{\sqrt{2}}{\sqrt{2}} = \frac{2\sqrt{2}}{2} = \sqrt{2}$$

Cálculo de los valores de las funciones trigonométricas de 60° (Fig. 316).

$$\angle AOB = \angle AOC = \frac{360°}{3} = 120°$$

$$\overline{OA} = r$$

$$\overline{AB} = l_3 = r\sqrt{3}$$

$$\overline{AM} = \frac{\overline{AB}}{2} = \frac{r\sqrt{3}}{2}$$

$$\overline{OM}^2 = \overline{OA}^2 - \overline{AM}^2 = r^2 - \left(\frac{r\sqrt{3}}{2}\right)^2 = r^2 - \frac{3r^2}{4} = \frac{4r^2 - 3r^2}{4} = \frac{r^2}{4}$$

$$\overline{OM} = \sqrt{\frac{r^2}{4}}$$

$$\therefore \quad \overline{OM} = \frac{r}{2}$$

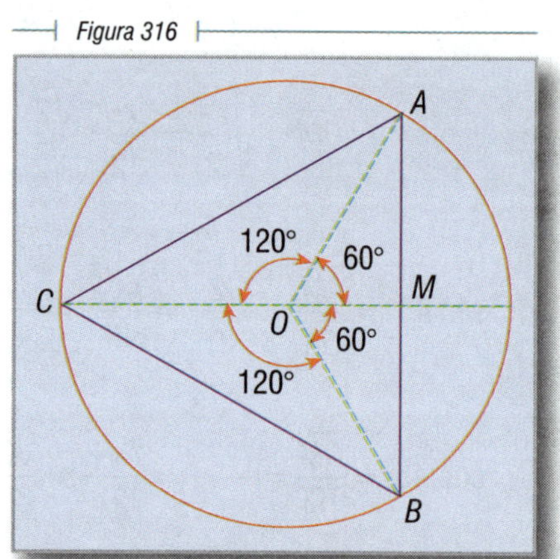

Figura 316

$$\text{sen } 60° = \frac{\overline{AM}}{\overline{OA}} = \frac{\frac{r\sqrt{3}}{2}}{r} = \frac{r\sqrt{3}}{2r} = \frac{\sqrt{3}}{2}$$

$$\cos 60° = \frac{\overline{OM}}{\overline{OA}} = \frac{\frac{r}{2}}{r} = \frac{r}{2r} = \frac{1}{2}$$

$$\tan 60° = \frac{\overline{AM}}{\overline{OM}} = \frac{\frac{r\sqrt{3}}{2}}{\frac{r}{2}} = \frac{2r\sqrt{3}}{2r} = \sqrt{3}$$

$$\cot 60° = \frac{\overline{OM}}{\overline{AM}} = \frac{\frac{r}{2}}{\frac{r\sqrt{3}}{2}} = \frac{2r}{2r\sqrt{3}} = \frac{1}{\sqrt{3}} \cdot \frac{\sqrt{3}}{\sqrt{3}} = \frac{\sqrt{3}}{3}$$

$$\sec 60° = \frac{\overline{OA}}{\overline{OM}} = \frac{r}{\frac{r}{2}} = \frac{2r}{r} = 2$$

$$\csc 60° = \frac{\overline{OA}}{\overline{AM}} = \frac{r}{\frac{r\sqrt{3}}{2}} = \frac{2r}{r\sqrt{3}} = \frac{2}{\sqrt{3}} \cdot \frac{\sqrt{3}}{\sqrt{3}} = \frac{2\sqrt{3}}{3}$$

Resumen de los valores de las funciones trigonométricas de 30, 45 y 60°

FUNCIÓN	30°	45°	60°
sen	$\frac{1}{2}$	$\frac{\sqrt{2}}{2}$	$\frac{\sqrt{3}}{2}$
cos	$\frac{\sqrt{3}}{2}$	$\frac{\sqrt{2}}{2}$	$\frac{1}{2}$
tan	$\frac{\sqrt{3}}{3}$	1	$\sqrt{3}$
cot	$\sqrt{3}$	1	$\frac{\sqrt{3}}{3}$
sec	$\frac{2\sqrt{3}}{3}$	$\sqrt{2}$	2
csc	2	$\sqrt{2}$	$\frac{2\sqrt{3}}{3}$

Ejercicios

1. Representar en un sistema de ejes coordenados los siguientes puntos:

$A(0, 0)$	$F(7, 6)$	$K(-6, 0)$	$P(-7, -5)$
$B(4, 0)$	$G(0, 5)$	$L(-4, -3)$	$Q(2, -2)$
$C(3, 2)$	$H(-3, 3)$	$M(-3, -3)$	$R(2, -4)$
$D(7, 2)$	$I(-3, 1)$	$N(-1, -3)$	$S(5, -4)$
$E(6, 8)$	$J(-5, 3)$	$O(0, -3)$	$T(8, -2)$

2. En el triángulo rectángulo ABC ($\angle A = 90°$), calcular las funciones trigonométricas de los ángulos B y C, si $b = 2$ cm y $c = 4$ cm.

R. $\text{sen } B = \cos C = \frac{\sqrt{5}}{5}$ $\quad \cot B = \tan C = 2$

$\cos B = \text{sen } C = \frac{2\sqrt{5}}{5}$ $\quad \sec B = \csc C = \frac{\sqrt{5}}{2}$

$\tan B = \cot C = \frac{1}{2}$ $\quad \csc B = \sec C = \sqrt{5}$

3. Dados los puntos $A(2, 3)$ y $B(-1, 4)$, calcular las funciones trigonométricas de $\angle XOA$ y $\angle XOB$.

R. $\text{sen } \angle XOA = \frac{3\sqrt{13}}{13}$ $\text{sen } \angle XOB = \frac{4\sqrt{17}}{17}$

$\cos \angle XOA = \frac{2\sqrt{13}}{13}$ $\cos \angle XOB = -\frac{\sqrt{17}}{17}$

$\tan \angle XOA = \frac{3}{2}$ $\tan \angle XOB = -4$

$\cot \angle XOA = \frac{2}{3}$ $\cot \angle XOB = -\frac{1}{4}$

$\sec \angle XOA = \frac{\sqrt{13}}{2}$ $\sec \angle XOB = -\sqrt{17}$

$\csc \angle XOA = \frac{\sqrt{13}}{3}$ $\csc \angle XOB = \frac{\sqrt{17}}{4}$

4. Decir si son correctos o no los signos de las siguientes funciones:

a) $\text{sen } 30° = \frac{1}{2}$
b) $\cos 45° = -\frac{\sqrt{2}}{2}$
c) $\tan 60° = \sqrt{3}$
d) $\sec 240° = -2.$
e) $\cos 225° = \frac{\sqrt{2}}{2}$
f) $\cot 210° = \sqrt{3}$
g) $\csc 135° = -\sqrt{2}$
h) $\cos 150° = -\frac{\sqrt{3}}{3}$
i) $\tan 120° = \frac{\sqrt{3}}{3}$
j) $\sec 300° = -2$

R. Correcto: a), c), d), f), h).

5. Decir si son posibles o no los siguientes valores:

a) $\sec E = -2.18$
b) $\tan T = 0.02$
c) $\text{sen } X = -1.18$
d) $\cot T = -3.21$
e) $\csc P = 0.03$
f) $\tan H = 4.09$
g) $\csc F = -5.14$
h) $\cos B = -0.05$
i) $\cos Y = -3.14$
j) $\cot D = -4.16$

R. Son posibles: a), b), d), f), g), h), j).

6. Calcular los valores de las expresiones siguientes:

a) $5 \text{ sen}^2 45° + 8 \cos^2 30°$ **R.** $8\frac{1}{2}$

b) $3 \text{ sen } 30° + 6 \cos^2 45°$ **R.** $4\frac{1}{2}$

c) $5 \tan^2 45° + 2 \sec^2 45°$ **R.** 9

d) $4 \cos 60° + 5 \csc 30°$ **R.** 12

e) $4 \cos 30° + 6 \operatorname{sen} 45°$ **R.** $2\sqrt{3} + 3\sqrt{2}$

f) $6 \tan 30° + 2 \csc 45°$ **R.** $2\sqrt{3} + 2\sqrt{2}$

g) $\operatorname{sen}^2 30° + \sec^2 45°$ **R.** $2\frac{1}{4}$

h) $\cos^2 60° + \operatorname{sen}^2 45°$ **R.** $\frac{3}{4}$

i) $\csc^2 45° + \cos^2 30°$ **R.** $2\frac{3}{4}$

j) $\csc^2 30° + \tan^2 45°$ **R.** 5

k) $\dfrac{\operatorname{sen} 30° + \csc 30°}{\operatorname{sen}^2 30° + \cos^2 60°}$ **R.** 5

l) $\dfrac{\operatorname{sen}^2 45° + \operatorname{sen}^2 30°}{\cos^2 45° + \sec^2 45°}$ **R.** $\frac{3}{10}$

m) $\dfrac{\cos^2 30° + \tan^2 30°}{\operatorname{sen}^2 45° + \cos^2 60°}$ **R.** $\frac{13}{9}$

n) $\dfrac{\tan^2 30° + \operatorname{sen}^2 30°}{\csc^2 45° + \csc^2 30°}$ **R.** $\frac{7}{72}$

ñ) $\dfrac{\cos 60° + \cos 30°}{\csc^2 30° + \operatorname{sen}^2 45°}$ **R.** $\frac{1+\sqrt{3}}{9}$

A la izquierda de la ilustración, un arete de oro en forma circular rodeado de esferitas con incrustaciones de concha y turquesa que usaban los nobles mochicas (los primeros seis siglos de nuestra era). En el centro, las ruinas de un maravilloso reloj de Sol en forma de círculo, construido por los incas. A la derecha, perfectas formas geométricas hechas de pluma por los indios tiahuanacos. Después de 900 años, los colores conservan todavía su esplendor. Cultura del altiplano boliviano.

Capítulo XXIII

FUNCIONES TRIGONOMÉTRICAS DE ÁNGULOS COMPLEMENTARIOS, SUPLEMENTARIOS, ETC.

388 CÍRCULO TRIGONOMÉTRICO Y LÍNEAS TRIGONOMÉTRICAS

Se llama círculo trigonométrico a aquél cuyo radio es igual a la unidad.

Sean XX' y YY' (Fig. 317) un sistema de ejes coordenados. Tracemos el círculo trigonométrico, de manera que su centro coincida con el origen de coordenadas O. Consideremos un ángulo cualquiera $\angle a$, en el primer cuadrante y tracemos $\overline{BD} \perp \overline{OX}$, $\overline{TC} \perp \overline{OX}$, $\overline{AM} \parallel \overline{OX}$ y $\overline{RS} \perp \overline{OX}$.

Al aplicar las definiciones ya dadas de las funciones trigonométricas, tenemos:

$$\operatorname{sen} a = \frac{\overline{BD}}{\overline{OB}} = \frac{\overline{BD}}{r} = \frac{\overline{BD}}{1} = \overline{BD}$$

$$\cos a = \frac{\overline{OD}}{\overline{OB}} = \frac{\overline{OD}}{r} = \frac{\overline{OD}}{1} = \overline{OD}$$

$$\tan a = \frac{\overline{BD}}{\overline{OD}} = \frac{\overline{TC}}{\overline{OC}} = \frac{\overline{TC}}{r} = \frac{\overline{TC}}{1} = \overline{TC}$$

$$\cot a = \frac{\overline{OD}}{\overline{BD}} = \frac{\overline{OS}}{\overline{RS}} = \frac{\overline{AR}}{\overline{OA}} = \frac{\overline{AR}}{r} = \frac{\overline{AR}}{1} = \overline{AR}$$

$$\sec a = \frac{\overline{OB}}{\overline{OD}} = \frac{\overline{OT}}{\overline{OC}} = \frac{\overline{OT}}{r} = \frac{\overline{OT}}{1} = \overline{OT}$$

$$\csc a = \frac{\overline{OB}}{\overline{BD}} = \frac{\overline{OR}}{\overline{RS}} = \frac{\overline{OR}}{\overline{OA}} = \frac{\overline{OR}}{r} = \frac{\overline{OR}}{1} = \overline{OR}$$

Figura 317

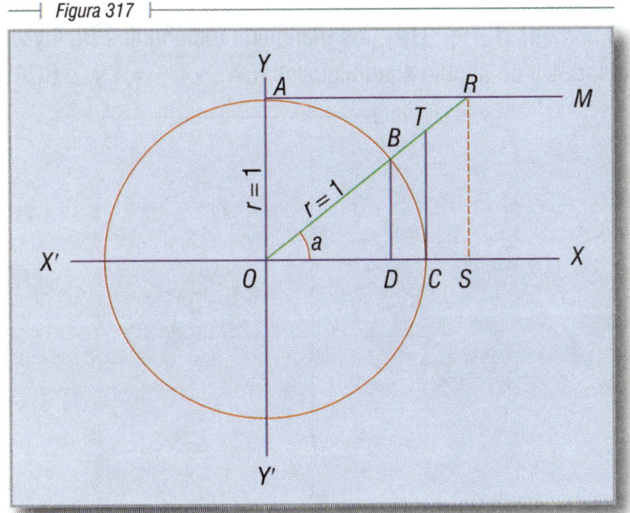

En cada uno de los cuadrantes, la representación se obtiene de una manera análoga (Fig. 318).

Figura 318

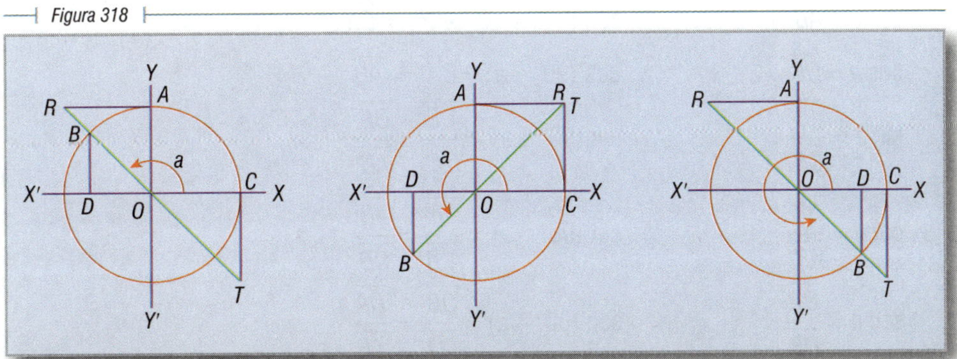

389 REDUCCIÓN AL PRIMER CUADRANTE

La conversión de una función trigonométrica de un ángulo cualquiera en otra función equivalente de un ángulo del primer cuadrante se llama reducción al primer cuadrante.

Los ángulos que se relacionan en estas reducciones son los complementarios y suplementarios por defecto y por exceso, y los explementarios por defecto.

a) Dos ángulos son complementarios por defecto cuando su suma es igual a 90°, y complementarios por exceso cuando su diferencia es igual a 90°.

b) Dos ángulos son suplementarios por defecto cuando su suma es 180° y suplementarios por exceso cuando su diferencia es 180°.

c) Dos ángulos son explementarios por defecto cuando su suma es 360°.

390 FUNCIONES TRIGONOMÉTRICAS DEL ÁNGULO (90° – *a*)

En el círculo trigonométrico (Fig. 319), los triángulos rectángulos *BOA* y *A'OB'* son iguales por tener la hipotenusa y un ángulo agudo iguales ($\overline{OA} = \overline{OB'} = 1$ y $\angle BOA = OB'A'$).

Figura 319

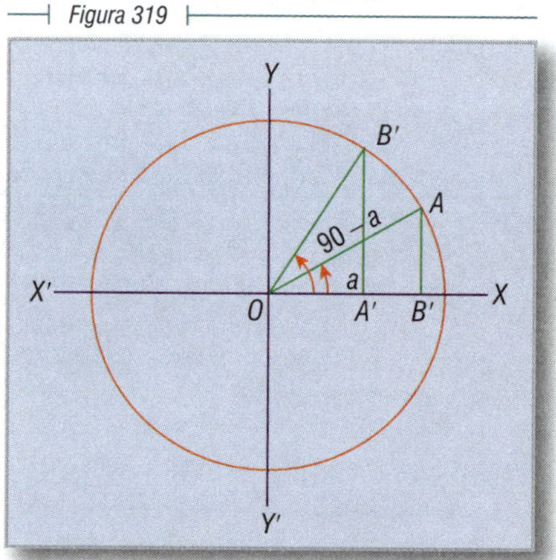

Luego, $\overline{OA'} = \overline{AB}$ y $\overline{A'B'} = \overline{OB}$.

Las funciones trigonométricas de los ángulos complementarios *a* y (90° – *a*) son:

$\text{sen } a = \overline{AB}$ $\qquad$ $\text{sen } (90° - a) = \overline{A'B'} = \overline{OB}$

$\cos a = \overline{OB}$ $\qquad$ $\cos (90° - a) = \overline{OA'} = \overline{AB}$

$\tan a = \dfrac{\overline{AB}}{\overline{OB}}$ $\qquad$ $\tan (90° - a) = \dfrac{\overline{A'B'}}{\overline{OA'}} = \dfrac{\overline{OB}}{\overline{AB}}$

$\cot a = \dfrac{\overline{OB}}{\overline{AB}}$ $\qquad$ $\cot (90° - a) = \dfrac{\overline{OA'}}{\overline{A'B'}} = \dfrac{\overline{AB}}{\overline{OB}}$

$\sec a = \dfrac{\overline{OA}}{\overline{OB}}$ $\qquad$ $\sec (90° - a) = \dfrac{\overline{OB'}}{\overline{OA'}} = \dfrac{\overline{OA}}{\overline{AB}}$

$$\csc a = \frac{\overline{OA}}{\overline{AB}} \qquad \csc(90° - a) = \frac{\overline{OB'}}{\overline{A'B'}} = \frac{\overline{OA}}{\overline{OB}}$$

De aquí se deduce:

$$\text{sen}(90° - a) = \cos a \qquad \cot(90° - a) = \tan a$$
$$\cos(90° - a) = \text{sen}\, a \qquad \sec(90° - a) = \csc a$$
$$\tan(90° - a) = \cot a \qquad \csc(90° - a) = \sec a$$

Las funciones trigonométricas de un ángulo son iguales, en valor absoluto y en signo, a las cofunciones del ángulo complementario por defecto.

Ejemplos

1) $\text{sen}\, 60° = \text{sen}(90° - 30°) = \cos 30° = \frac{\sqrt{3}}{2}$

2) $\tan 70° = \tan(90° - 70°) = \cot 20°$

FUNCIONES TRIGONOMÉTRICAS DEL ÁNGULO (180° – *a*) 391

En la figura 320, tenemos:

$$\overline{OA} = \overline{OA'} = r = 1, \qquad \overline{AB} = \overline{A'B'}, \qquad \overline{OB'} = -\overline{OB}$$

Figura 320

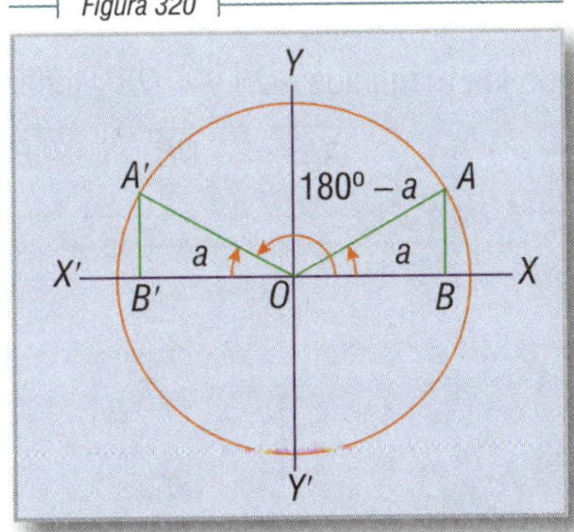

$$\text{sen}\, a = \overline{AB} \qquad \text{sen}(180° - a) = \overline{A'B'} = \overline{AB}$$

$$\cos a = \overline{OB} \qquad \cos(180° - a) = \overline{OB'} = -\overline{OB}$$

$$\tan a = \frac{\overline{AB}}{\overline{OB}} \qquad \tan(180° - a) = \frac{\overline{A'B'}}{\overline{OB'}} = \frac{\overline{AB}}{-\overline{OB}}$$

$$\cot a = \frac{\overline{OB}}{\overline{AB}} \qquad \cot(180° - a) = \frac{\overline{OB'}}{\overline{A'B'}} = \frac{-\overline{OB}}{\overline{AB}}$$

$$\sec a = \frac{\overline{OA}}{\overline{OB}} \qquad \sec(180° - a) = \frac{\overline{OA'}}{\overline{OB'}} = \frac{\overline{OA}}{-\overline{OB}}$$

$$\csc a = \frac{\overline{OA}}{\overline{AB}} \qquad \csc(180° - a) = \frac{\overline{OA'}}{\overline{A'B'}} = \frac{\overline{OA}}{\overline{AB}}$$

De aquí se deduce:

$\text{sen}\ (180° - a) = \text{sen}\ a$

$\cos\ (180° - a) = -\cos a$

$\tan\ (180° - a) = -\tan a$

$\cot\ (180° - a) = -\cot a$

$\sec\ (180° - a) = -\sec a$

$\csc\ (180° - a) = \csc a$

Las funciones trigonométricas de un ángulo son iguales en valor absoluto a las funciones trigonométricas del ángulo suplementario por defecto, pero de signo contrario, con excepción del seno y de la cosecante que son del mismo signo.

Ejemplos

1) $\text{sen}\ 120° = \text{sen}\ (180° - 60°)$

$= \text{sen}\ 60° = \dfrac{\sqrt{3}}{2}$

2) $\cot 120° = \cot (180° - 60°)$

$= -\cot 60° = -\dfrac{\sqrt{3}}{3}$

392 FUNCIONES TRIGONOMÉTRICAS DEL ÁNGULO $(180° + a)$

En la figura 321, considerando los triángulos AOB y $A'OB'$, tenemos:

$$\overline{OA} = \overline{OA'} = r = 1, \quad \overline{OB'} = -\overline{OB}, \quad \overline{A'B'} = -\overline{AB}$$

Figura 321

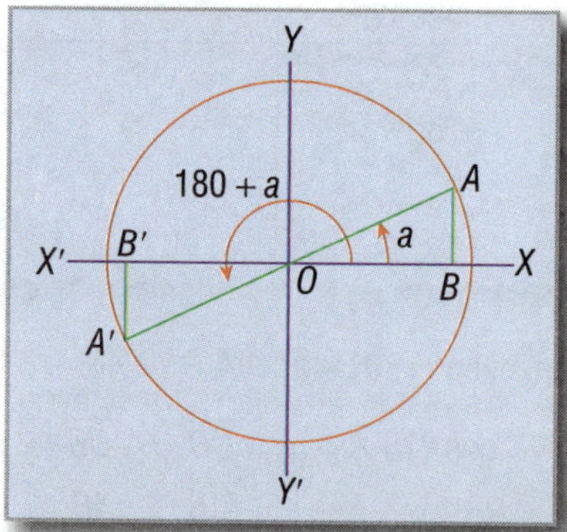

$\text{sen}\ a = \overline{AB}$

$\cos a = \overline{OB}$

$\tan a = \dfrac{\overline{AB}}{\overline{OB}}$

$\cot a = \dfrac{\overline{OB}}{\overline{AB}}$

$\text{sen}\ (180° + a) = \overline{A'B'} = -\overline{AB}$

$\cos\ (180° + a) = \overline{OB'} = -\overline{OB}$

$\tan\ (180° + a) = \dfrac{\overline{A'B'}}{\overline{OB'}} = \dfrac{-\overline{AB}}{-\overline{OB}}$

$\cot\ (180° + a) = \dfrac{\overline{OB'}}{\overline{A'B'}} = \dfrac{-\overline{OB}}{-\overline{AB}}$

$\sec a = \dfrac{\overline{OA}}{\overline{OB}}$ $\qquad$ $\sec(180° + a) = \dfrac{\overline{OA'}}{\overline{OB'}} = \dfrac{\overline{OA}}{-\overline{OB}}$

$\csc a = \dfrac{\overline{OA}}{\overline{AB}}$ $\qquad$ $\csc(180° + a) = \dfrac{\overline{A'B'}}{\overline{OA'}} = \dfrac{-\overline{AB}}{\overline{OA}}$

De aquí se deduce:

$\text{sen}(180° + a) = -\text{sen}\, a$ $\qquad$ $\cot(180° + a) = \cot a$

$\cos(180° + a) = -\cos a$ $\qquad$ $\sec(180° + a) = -\sec a$

$\tan(180° + a) = \tan a$ $\qquad$ $\csc(180° + a) = -\csc a$

Las funciones trigonométricas de un ángulo son iguales en valor absoluto a las funciones del ángulo suplementario por exceso, pero de signo contrario excepto la tangente y la cotangente que son del mismo signo.

Ejemplos

1) $\cos 210° = \cos(180° + 30°) = -\cos 30° = \dfrac{-\sqrt{3}}{2}$

2) $\tan 225° = \tan(180° + 45°) = \tan 45° = 1$

393

FUNCIONES TRIGONOMÉTRICAS DEL ÁNGULO $(360° - a)$

En la figura 322, considerando los $\triangle AOB$ y $\triangle A'OB$, tenemos:

$$\overline{OA} = \overline{OA'} = r = 1, \qquad \overline{A'B} = -\overline{AB}$$

Figura 322

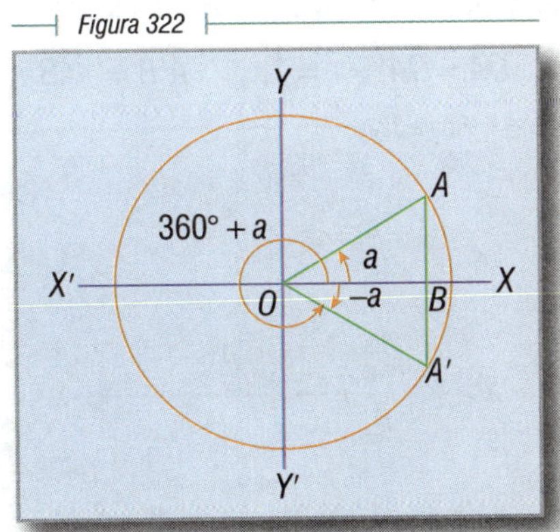

$\text{sen}\, a = \overline{AB}$ $\qquad$ $\text{sen}(360° - a) = \overline{A'B} = -\overline{AB}$

$\cos a = \overline{OB}$ $\qquad$ $\cos(360° - a) = \overline{OB}$

$\tan a = \dfrac{\overline{AB}}{\overline{OB}}$ $\qquad$ $\tan(360° - a) = \dfrac{\overline{A'B}}{\overline{OB}} = \dfrac{-\overline{AB}}{\overline{OB}}$

$\cot a = \frac{\overline{OB}}{\overline{AB}}$ $\cot (360° - a) = \frac{\overline{OB}}{\overline{A'B}} = \frac{\overline{OB}}{-\overline{AB}}$

$\sec a = \frac{\overline{OA}}{\overline{OB}}$ $\sec (360° - a) = \frac{\overline{OA'}}{\overline{OB}} = \frac{\overline{OA}}{\overline{OB}}$

$\csc a = \frac{\overline{OA}}{\overline{AB}}$ $\csc (360° - a) = \frac{\overline{OA'}}{\overline{A'B}} = \frac{\overline{OA}}{-\overline{AB}}$

De aquí se deduce:

$\operatorname{sen} (360° - a) = -\operatorname{sen} a$ $\cot (360° - a) = -\cot a$

$\cos (360° - a) = \cos a$ $\sec (360° - a) = \sec a$

$\tan (360° - a) = -\tan a$ $\csc (360° - a) = -\csc a$

Las funciones trigonométricas de un ángulo son iguales en valor absoluto a las funciones del ángulo explementario, pero de signo contrario, excepto el coseno y la secante, que son del mismo signo.

Ejemplos

1) $\operatorname{sen} 315° = \operatorname{sen} (360° - 45°) = -\operatorname{sen} 45°$

2) $\cos 300° = \cos (360° - 60°) = \cos 60° = \frac{1}{2}$

394 FUNCIONES TRIGONOMÉTRICAS DEL ÁNGULO $-a$

En la figura 323, considerando los $\triangle AOB$ y $\triangle A'OB$, tenemos:

$$\overline{OA} = \overline{OA'} = r = 1, \qquad \overline{A'B} = -\overline{AB}$$

Figura 323

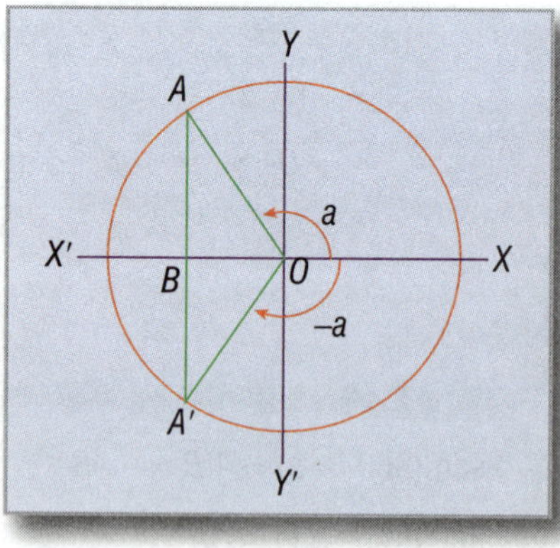

$\operatorname{sen} a = \overline{AB}$ $\operatorname{sen} (-a) = \overline{A'B} = -\overline{AB}$

$\cos a = \overline{OB}$ $\cos (-a) = \overline{OB}$

$$\tan a = \frac{\overline{AB}}{\overline{OB}} \qquad \tan(-a) = \frac{\overline{A'B}}{\overline{OB}} = \frac{-\overline{AB}}{\overline{OB}}$$

$$\cot a = \frac{\overline{OB}}{\overline{AB}} \qquad \cot(-a) = \frac{\overline{OB}}{\overline{A'B}} = \frac{\overline{OB}}{-\overline{AB}}$$

$$\sec a = \frac{\overline{OA}}{\overline{OB}} \qquad \sec(-a) = \frac{\overline{OA'}}{\overline{OB}} = \frac{\overline{OA}}{\overline{OB}}$$

$$\csc a = \frac{\overline{OA}}{\overline{AB}} \qquad \csc(-a) = \frac{\overline{OA'}}{\overline{A'B}} = \frac{\overline{OA}}{-\overline{AB}}$$

De aquí se deduce:

$\text{sen}(-a) = -\text{sen}\, a$ $\qquad \cot(-a) = -\cot a$

$\cos(-a) = \cos a$ $\qquad \sec(-a) = \sec a$

$\tan(-a) = -\tan a$ $\qquad \csc(-a) = -\csc a$

Las funciones trigonométricas de un ángulo negativo son iguales en valor absoluto a las funciones del mismo ángulo positivo, pero de signo contrario, excepto el coseno y la secante, que tienen el mismo signo.

Ejemplos

1) $\text{sen}(-30°) = -\text{sen}\, 30° = -\frac{1}{2}$

2) $\sec(-45°) = \sec 45° = \sqrt{2}$

Ejercicios

1. En un círculo trigonométrico señalar las líneas trigonométricas de cada uno de los siguientes ángulos:

a) 30°	e) 45°	i) 60°
b) 120°	f) 135°	j) 150°
c) 210°	g) 275°	k) 240°
d) 300°	h) 315°	l) 330°

2. Reducir las funciones trigonométricas siguientes, a otras equivalentes, de ángulos menores que 45°:

- sen 64° **R.** cos 26°
- tan 65° **R.** cot 25°
- sec 70° **R.** csc 20°
- cos 80° 30' 10" **R.** sen 9° 29' 50"
- – csc 50° 20" **R.** – sec 39° 40'
- – tan 75° 15' 20" **R.** – cot 14° 44' 40"

- – sen 50° **R.** – cos 40°
- csc 45° 20' **R.** sec 44° 40'
- cot 50° **R.** tan 40°
- cos 85° **R.** sen 5°
- tan 120° **R.** – cot 30°
- sen 105° **R.** cos 15°
- csc 100° 20' **R.** sec 10° 20'
- – sec 170° **R.** sec 10°
- cos 135° **R.** – cos 45°
- – sec 135° **R.** sec 45°
- – cot 155° **R.** cot 25°
- tan 170° **R.** – tan 10°
- cos 96° 15' **R.** – sen 6° 15'
- sen 110° **R.** cos 20°
- cot 225° **R.** cot 45°
- – cot 240° 30' **R.** – tan 29° 30'
- csc 250° **R.** – sec 20°
- cos 210° **R.** – cos 30°
- sen 260° 32' **R.** – cos 9° 28'
- – sec 250° 30' 15" **R.** csc 19° 29' 45"
- sen 210° 20' **R.** – sen 30° 20'
- – tan 260° **R.** – cot 10°
- sec 250° **R.** – csc 20°
- sen 200° **R.** – sen 20°
- cos 305° **R.** sen 35°
- sec 330° **R.** sec 30°
- – sen 320° **R.** sen 40°
- csc 300° **R.** – sec 30°
- cos 350° 30' **R.** cos 9° 30'

3. Reducir las funciones trigonométricas siguientes a las de un ángulo *positivo* menor que 45°.

a) sen (– 350° 45') **R.** sen 9° 15'
b) cos (– 315°) **R.** cos 45°
c) tan (– 220°) **R.** – tan 40°
d) sen (– 190°) **R.** sen 10°
e) sec (– 85° 15') **R.** csc 4° 45'

Griegos y romanos. Después de los egipcios y precolombianos, los griegos y —por influencia suya— los romanos, lograron imprimir en sus obras una belleza serena nunca alcanzada hasta entonces. A la izquierda el tesoro de Cnido y a la derecha una torre romana de base octagonal. El primero es una demostración de los elementos geométricos combinados: las líneas paralelas y el triángulo. Al fondo un acueducto romano: aplicación en la Arquitectura del arco semicircular.

Capítulo XXIV

RELACIONES ENTRE LAS FUNCIONES TRIGONOMÉTRICAS, IDENTIDADES Y ECUACIONES TRIGONOMÉTRICAS

RELACIONES FUNDAMENTALES ENTRE LAS FUNCIONES TRIGONOMÉTRICAS DE UN MISMO ÁNGULO

En un sistema de coordenadas consideremos un ángulo α de lado inicial OX (Fig. 324).

Tracemos por un punto cualquiera C del lado terminal la perpendicular $\overline{MC}$ al eje OX.

Figura 324

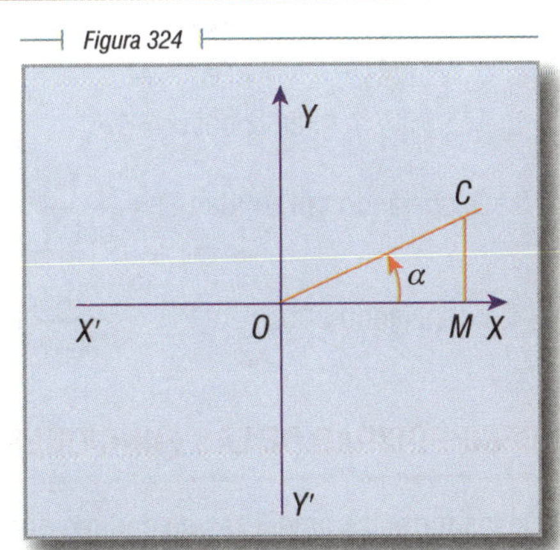

Aplicando las definiciones de las funciones trigonométricas, tenemos:

$$\operatorname{sen}\alpha = \frac{\overline{MC}}{\overline{OC}} \qquad (1) \qquad\qquad \cos\alpha = \frac{\overline{OM}}{\overline{OC}} \qquad (2)$$

$$\tan \alpha = \frac{\overline{MC}}{\overline{OM}} \quad (3) \qquad \cot \alpha = \frac{\overline{OM}}{\overline{MC}} \quad (4)$$

$$\sec \alpha = \frac{\overline{OC}}{\overline{OM}} \quad (5) \qquad \csc \alpha = \frac{\overline{OC}}{\overline{MC}} \quad (6)$$

Multiplicando (1) por (6), tenemos:

$$\text{sen}\, \alpha \csc \alpha = \frac{\overline{MC}}{\overline{OC}} \cdot \frac{\overline{OC}}{\overline{MC}} = 1$$

$$\therefore \qquad \text{sen}\, \alpha \csc \alpha = 1$$

Despejando sen α: $\text{sen}\, \alpha = \dfrac{1}{\csc \alpha}$

Despejando csc α: $\csc \alpha = \dfrac{1}{\text{sen}\, \alpha}$

Multiplicando (2) por (5), tenemos:

$$\cos \alpha \sec \alpha = \frac{\overline{OM}}{\overline{OC}} \cdot \frac{\overline{OC}}{\overline{OM}} = 1$$

$$\therefore \qquad \cos \alpha \sec \alpha = 1$$

Despejando cos α: $\cos \alpha = \dfrac{1}{\sec \alpha}$

Despejando sec α: $\sec \alpha = \dfrac{1}{\cos \alpha}$

Multiplicando (3) por (4), tenemos:

$$\tan \alpha \cot \alpha = \frac{\overline{MC}}{\overline{OM}} \cdot \frac{\overline{OM}}{\overline{MC}} = 1$$

$$\therefore \qquad \tan \alpha \cot \alpha = 1$$

Despejando tan α: $\tan \alpha = \dfrac{1}{\cot \alpha}$

Despejando cot α: $\cot \alpha = \dfrac{1}{\tan \alpha}$

396 RECIPROCIDAD DE LAS FUNCIONES TRIGONOMÉTRICAS

De las fórmulas anteriores se deduce que son recíprocas las siguientes funciones del mismo arco:

1. El seno y la cosecante.
2. El coseno y la secante.
3. La tangente y la cotangente.

397

OTRAS RELACIONES IMPORTANTES

Dividiendo (1) y (2), tenemos:

$$\frac{\text{sen}\,\alpha}{\cos\alpha}=\frac{\dfrac{\overline{MC}}{\overline{OC}}}{\dfrac{\overline{OM}}{\overline{OC}}}=\frac{\overline{MC}}{\overline{OM}}$$

Comparando este resultado con (3), tenemos:

$$\tan\alpha=\frac{\text{sen}\,\alpha}{\cos\alpha} \qquad (7)$$

Y como:

$$\tan\alpha=\frac{1}{\cot\alpha} \qquad (8)$$

Comparando (7) y (8), tenemos:

$$\frac{1}{\cot\alpha}=\frac{\text{sen}\,\alpha}{\cos\alpha}$$

$$\therefore \quad \cot\alpha=\frac{\cos\alpha}{\text{sen}\,\alpha} \qquad (9)$$

Relación entre el seno y el coseno. De las fórmulas (1) y (2):

$$\text{sen}\,\alpha=\frac{\overline{MC}}{\overline{OC}} \qquad (1)$$

$$\text{y} \qquad \cos\alpha=\frac{\overline{OM}}{\overline{OC}} \qquad (2)$$

Elevando al cuadrado:

$$\text{sen}^2\,\alpha=\frac{\overline{MC}^2}{\overline{OC}^2}, \qquad \cos^2\alpha=\frac{\overline{OM}^2}{\overline{OC}^2}$$

Sumando miembro a miembro:

$$\text{sen}^2\,\alpha+\cos^2\alpha=\frac{\overline{MC}^2}{\overline{OC}^2}+\frac{\overline{OM}^2}{\overline{OC}^2}=\frac{\overline{MC}^2+\overline{OM}^2}{\overline{OC}^2}$$

Pero por el teorema de Pitágoras $\overline{MC}^2+\overline{OM}^2=\overline{OC}^2$.

$$\therefore \quad \text{sen}^2\,\alpha+\cos^2\alpha=\frac{\overline{OC}^2}{\overline{OC}^2}=1$$

Es decir: $\text{sen}^2\,\alpha+\cos^2\alpha=1$

De donde se deduce:

$$\text{sen}^2\,\alpha=1-\cos^2\alpha \qquad \cos^2\alpha=1-\text{sen}^2\,\alpha$$

$$\therefore \quad \text{sen}\,\alpha=\sqrt{1-\cos^2\alpha} \qquad \therefore \quad \cos\alpha=\sqrt{1-\text{sen}^2\,\alpha}$$

Relación entre la cotangente y la cosecante y la tangente y la secante

De la igualdad $\text{sen}^2\alpha + \cos^2\alpha = 1$, dividiendo entre $\text{sen}^2\alpha$, tenemos:

$$\frac{\text{sen}^2\alpha + \cos^2\alpha}{\text{sen}^2\alpha} = \frac{1}{\text{sen}^2\alpha}$$

Separando:

$$\frac{\text{sen}^2\alpha}{\text{sen}^2\alpha} + \frac{\cos^2\alpha}{\text{sen}^2\alpha} = \frac{1}{\text{sen}^2\alpha}$$

$$\therefore \quad 1 + \cot^2\alpha = \csc^2\alpha$$

Si dividimos la igualdad $\text{sen}^2\alpha + \cos^2\alpha = 1$ entre $\cos^2\alpha$:

$$\frac{\text{sen}^2\alpha + \cos^2\alpha}{\cos^2\alpha} = \frac{1}{\cos^2\alpha}$$

Separando:

$$\frac{\text{sen}^2\alpha}{\cos^2\alpha} + \frac{\cos^2\alpha}{\cos^2\alpha} = \frac{1}{\cos^2\alpha}$$

$$\therefore \quad \tan^2\alpha + 1 = \sec^2\alpha$$

398 DADA UNA FUNCIÓN TRIGONOMÉTRICA DE UN ÁNGULO, CALCULAR LAS RESTANTES

I. Dado el seno obtener todas las demás.

a) *Coseno:*

$$\text{sen}^2\alpha + \cos^2\alpha = 1$$
$$\cos^2\alpha = 1 - \text{sen}^2\alpha$$
$$\sqrt{\cos^2\alpha} = \sqrt{1 - \text{sen}^2\alpha}$$
$$\therefore \quad \cos\alpha = \sqrt{1 - \text{sen}^2\alpha}$$

b) *Tangente:*

$$\tan\alpha = \frac{\text{sen}\,\alpha}{\cos\alpha}$$

$$\text{pero:} \quad \cos\alpha = \sqrt{1 - \text{sen}^2\alpha}$$

$$\therefore \quad \tan\alpha = \frac{\text{sen}\,\alpha}{\sqrt{1 - \text{sen}^2\alpha}}$$

c) *Cotangente:*

$$\cot\alpha = \frac{1}{\tan\alpha} = \frac{1}{\dfrac{\text{sen}\,\alpha}{\sqrt{1 - \text{sen}^2\alpha}}}$$

$$\therefore \quad \cot\alpha = \frac{\sqrt{1 - \text{sen}^2\alpha}}{\text{sen}\,\alpha}$$

d) *Secante*:

$$\sec \alpha = \frac{1}{\cos \alpha}$$

pero: $\cos \alpha = \sqrt{1 - \operatorname{sen}^2 \alpha}$

$\therefore$ $\sec \alpha = \dfrac{1}{\sqrt{1 - \operatorname{sen}^2 \alpha}}$

e) *Cosecante*:

$$\csc \alpha = \frac{1}{\operatorname{sen} \alpha}$$

II. Obtener todas las funciones trigonométricas en función del coseno.

a) *Seno*:

$$\operatorname{sen}^2 \alpha + \cos^2 \alpha = 1$$
$$\operatorname{sen}^2 \alpha = 1 - \cos^2 \alpha$$
$$\sqrt{\operatorname{sen}^2 \alpha} = \sqrt{1 - \cos^2 \alpha}$$

$\therefore$ $\operatorname{sen} \alpha = \sqrt{1 - \cos^2 \alpha}$

b) *Tangente*:

$$\tan \alpha = \frac{\operatorname{sen} \alpha}{\cos \alpha}$$

pero: $\operatorname{sen} \alpha = \sqrt{1 - \cos^2 \alpha}$

$\therefore$ $\tan \alpha = \dfrac{\sqrt{1 - \cos^2 \alpha}}{\cos \alpha}$

c) *Cotangente*:

$$\cot \alpha = \frac{1}{\tan \alpha} = \frac{1}{\dfrac{\sqrt{1 - \cos^2 \alpha}}{\cos \alpha}}$$

$\therefore$ $\cot \alpha = \dfrac{\cos \alpha}{\sqrt{1 - \cos^2 \alpha}}$

d) *Secante*:

$$\sec \alpha = \frac{1}{\cos \alpha}$$

e) *Cosecante*:

$$\csc \alpha = \frac{1}{\operatorname{sen} \alpha}$$

pero: $\operatorname{sen} \alpha = \sqrt{1 - \cos^2 \alpha}$

$$\therefore \quad \csc \alpha = \frac{1}{\sqrt{1 - \cos^2 \alpha}}$$

III. En función de la tangente.

a) *Seno:*

$$\tan \alpha = \frac{\operatorname{sen} \alpha}{\cos \alpha}, \quad \text{pero} \quad \cos \alpha = \sqrt{1 - \operatorname{sen}^2 \alpha}$$

$$\therefore \quad \tan \alpha = \frac{\operatorname{sen} \alpha}{\sqrt{1 - \operatorname{sen}^2 \alpha}} \quad \therefore \quad \tan^2 \alpha = \frac{\operatorname{sen}^2 \alpha}{1 - \operatorname{sen}^2 \alpha}$$

$$\tan^2 \alpha\,(1 - \operatorname{sen}^2 \alpha) = \operatorname{sen}^2 \alpha$$
$$\tan^2 \alpha - \tan^2 \alpha \cdot \operatorname{sen}^2 \alpha = \operatorname{sen}^2 \alpha$$
$$\tan^2 \alpha = \operatorname{sen}^2 \alpha + \tan^2 \alpha \cdot \operatorname{sen}^2 \alpha$$
$$\tan^2 \alpha = \operatorname{sen}^2 \alpha(1 + \tan^2 \alpha)$$
$$\operatorname{sen}^2 \alpha = \frac{\tan^2 \alpha}{1 + \tan^2 \alpha}$$

$$\therefore \quad \operatorname{sen} \alpha = \frac{\tan \alpha}{\sqrt{1 + \tan^2 \alpha}}$$

b) *Coseno*:

$$\tan \alpha = \frac{\operatorname{sen} \alpha}{\cos \alpha}, \quad \text{pero} \quad \operatorname{sen} \alpha = \sqrt{1 - \cos^2 \alpha}$$

$$\therefore \quad \tan \alpha = \frac{\sqrt{1 - \cos^2 \alpha}}{\cos \alpha} \quad \therefore \quad \tan^2 \alpha = \frac{1 - \cos^2 \alpha}{\cos^2 \alpha}$$

$$\tan^2 \alpha \cdot \cos^2 \alpha = 1 - \cos^2 \alpha$$
$$\tan^2 \alpha \cdot cos^2 \alpha + \cos^2 \alpha = 1$$
$$\cos^2 \alpha\,(\tan^2 \alpha + 1) = 1$$
$$\cos^2 \alpha = \frac{1}{1 + \tan^2 \alpha}$$

$$\therefore \quad \cos \alpha = \frac{1}{\sqrt{1 + \tan^2 \alpha}}$$

c) *Cotangente*:

$$\cot \alpha = \frac{1}{\tan \alpha}$$

d) *Secante*:

$$\sec\alpha = \frac{1}{\cos\alpha}$$

pero: $$\cos\alpha = \frac{1}{\sqrt{1+\tan^2\alpha}}$$

$$\sec\alpha = \frac{1}{\dfrac{1}{\sqrt{1+\tan^2\alpha}}}$$

$$\therefore \quad \sec\alpha = \sqrt{1+\tan^2\alpha}$$

e) *Cosecante*:

$$\csc\alpha = \frac{1}{\text{sen}\,\alpha}$$

pero: $$\text{sen}\,\alpha = \frac{\tan\alpha}{\sqrt{1+\tan^2\alpha}}$$

$$\csc\alpha = \frac{1}{\dfrac{\tan\alpha}{\sqrt{1+\tan^2\alpha}}}$$

$$\therefore \quad \csc\alpha = \frac{\sqrt{1+\tan^2\alpha}}{\tan\alpha}$$

IV. En función de la cotangente.

a) *Seno*:

$$\cot\alpha = \frac{\cos\alpha}{\text{sen}\,\alpha}$$

pero: $$\cos\alpha = \sqrt{1-\text{sen}^2\,\alpha}$$

$$\cot\alpha = \frac{\sqrt{1-\text{sen}^2\,\alpha}}{\text{sen}\,\alpha} \quad \therefore \quad \cot^2\alpha = \frac{1-\text{sen}^2\,\alpha}{\text{sen}^2\,\alpha}$$

$$\cot^2\alpha \cdot \text{sen}^2\,\alpha = 1 - \text{sen}^2\,\alpha$$
$$\cot^2\alpha \cdot \text{sen}^2\,\alpha + \text{sen}^2\,\alpha = 1$$

$$\text{sen}^2\,\alpha\,(\cot^2\alpha + 1) = 1 \quad \therefore \quad \text{sen}^2\,\alpha = \frac{1}{\cot^2\alpha + 1}$$

$$\therefore \quad \text{sen}\,\alpha = \frac{1}{\sqrt{1+\cot^2\alpha}}$$

b) *Coseno*:

$$\cot\alpha = \frac{\cos\alpha}{\text{sen}\,\alpha}$$

pero: $\text{sen}\,\alpha = \sqrt{1-\cos^2\alpha}$

$$\cot\alpha = \frac{\cos\alpha}{\sqrt{1-\cos^2\alpha}} \quad \therefore \quad \cot^2\alpha = \frac{\cos^2\alpha}{1-\cos^2\alpha}$$

$$\cot^2\alpha\,(1-\cos^2\alpha) = \cos^2\alpha$$
$$\cot^2\alpha - \cot^2\alpha\cdot\cos^2\alpha = \cos^2\alpha$$
$$\cot^2\alpha = \cos^2\alpha + \cot^2\alpha\cdot\cos^2\alpha$$
$$\cot^2\alpha = \cos^2\alpha\,(1+\cot^2\alpha)$$

$$\cos^2\alpha = \frac{\cot^2\alpha}{1+\cot^2\alpha}$$

$$\therefore \quad \cos\alpha = \frac{\cot\alpha}{\sqrt{1+\cot^2\alpha}}$$

c) *Tangente*:

$$\tan\alpha = \frac{1}{\cot\alpha}$$

d) *Secante*:

$$\sec\alpha = \frac{1}{\cos\alpha}$$

pero: $\cos\alpha = \dfrac{\cot\alpha}{\sqrt{1+\cot^2\alpha}}$

$$\sec\alpha = \frac{1}{\dfrac{\cot\alpha}{\sqrt{1+\cot^2\alpha}}}$$

$$\therefore \quad \sec\alpha = \frac{\sqrt{1+\cot^2\alpha}}{\cot\alpha}$$

e) *Cosecante*:

$$\csc\alpha = \frac{1}{\text{sen}\,\alpha}$$

pero: $\text{sen}\,\alpha = \dfrac{1}{\sqrt{1+\cot^2\alpha}}$

$$\csc\alpha = \frac{1}{\dfrac{1}{\sqrt{1+\cot^2\alpha}}}$$

$$\therefore \quad \csc\alpha = \sqrt{1+\cot^2\alpha}$$

V. En función de la secante.

a) Seno:

$$\sec\alpha = \frac{1}{\cos\alpha}$$

pero: $$\cos\alpha = \sqrt{1-\text{sen}^2\alpha}$$

$$\sec\alpha = \frac{1}{\sqrt{1-\text{sen}^2\alpha}}$$

$$\sec^2\alpha = \frac{1}{1-\text{sen}^2\alpha} \quad \therefore \quad \sec^2\alpha\,(1-\text{sen}^2\alpha) = 1$$

$$\sec^2\alpha - \sec^2\alpha\cdot\text{sen}^2\alpha = 1$$

$$-\sec^2\alpha\cdot\text{sen}^2\alpha = 1-\sec^2\alpha$$

$$\sec^2\alpha\cdot\text{sen}^2\alpha = \sec^2\alpha - 1$$

$$\therefore \quad \text{sen}^2\alpha = \frac{\sec^2\alpha - 1}{\sec^2\alpha} \quad \therefore \quad \text{sen}\,\alpha = \frac{\sqrt{\sec^2\alpha - 1}}{\sec\alpha}$$

b) Coseno:

$$\sec\alpha = \frac{1}{\cos\alpha}$$

$$\therefore \quad \sec\alpha\cdot\cos\alpha = 1 \quad \therefore \quad \cos\alpha = \frac{1}{\sec\alpha}$$

c) Tangente:

$$\tan\alpha = \frac{\text{sen}\,\alpha}{\cos\alpha}$$

pero: $$\text{sen}\,\alpha = \frac{\sqrt{\sec^2\alpha - 1}}{\sec\alpha} \quad \text{y} \quad \cos\alpha = \frac{1}{\sec\alpha}$$

$$\therefore \quad \tan\alpha = \frac{\dfrac{\sqrt{\sec^2\alpha - 1}}{\sec\alpha}}{\dfrac{1}{\sec\alpha}} \quad \therefore \quad \tan\alpha = \sqrt{\sec^2\alpha - 1}$$

d) Cotangente:

$$\cot\alpha = \frac{1}{\tan\alpha}$$

pero: $\tan \alpha = \sqrt{\sec^2 \alpha - 1}$

$\therefore \quad \cot \alpha = \dfrac{1}{\sqrt{\sec^2 \alpha - 1}}$

e) *Cosecante*:

$$\csc \alpha = \frac{1}{\operatorname{sen} \alpha} = \frac{\sec \alpha}{\sqrt{\sec^2 \alpha - 1}}$$

VI. En función de la cosecante.

a) *Seno*:

$$\csc \alpha = \frac{1}{\operatorname{sen} \alpha} \qquad \csc \alpha \cdot \operatorname{sen} \alpha = 1$$

$\therefore \quad \operatorname{sen} \alpha = \dfrac{1}{\csc \alpha}$

b) *Coseno*:

$$\csc \alpha = \frac{1}{\operatorname{sen} \alpha}$$

pero: $\operatorname{sen} \alpha = \sqrt{1 - \cos^2 \alpha}$

$$\csc \alpha = \frac{1}{\sqrt{1 - \cos^2 \alpha}} \qquad \therefore \quad \csc^2 \alpha = \frac{1}{1 - \cos^2 \alpha}$$

$$\frac{1}{\csc^2 \alpha} = 1 - \cos^2 \alpha \qquad \therefore \quad \frac{1}{\csc^2 \alpha} - 1 = -\cos^2 \alpha$$

$$\cos^2 \alpha = 1 - \frac{1}{\csc^2 \alpha} \qquad \therefore \quad \cos^2 \alpha = \frac{\csc^2 \alpha - 1}{\csc^2 \alpha}$$

$\therefore \quad \cos \alpha = \dfrac{\sqrt{\csc^2 \alpha - 1}}{\csc \alpha}$

c) *Tangente*:

$$\tan \alpha = \frac{\operatorname{sen} \alpha}{\cos \alpha}$$

pero: $\operatorname{sen} \alpha = \dfrac{1}{\csc \alpha}$ y $\cos \alpha = \dfrac{\sqrt{\csc^2 \alpha - 1}}{\csc \alpha}$

$\therefore \quad \tan \alpha = \dfrac{\dfrac{1}{\csc \alpha}}{\dfrac{\sqrt{\csc^2 \alpha - 1}}{\csc \alpha}} \qquad \therefore \quad \tan \alpha = \dfrac{1}{\sqrt{\csc^2 \alpha - 1}}$

d) Cotangente:

$$\cot \alpha = \frac{1}{\tan \alpha}$$

pero: $$\tan \alpha = \frac{1}{\sqrt{\csc^2 \alpha - 1}}$$

$$\therefore \quad \cot \alpha = \frac{1}{\dfrac{1}{\sqrt{\csc^2 \alpha - 1}}} \qquad \therefore \quad \cot \alpha = \sqrt{\csc^2 \alpha - 1}$$

e) Secante:

$$\sec \alpha = \frac{1}{\cos \alpha} = \frac{\csc \alpha}{\sqrt{\csc^2 \alpha - 1}}$$

RESUMEN 399

	$\operatorname{sen} \alpha$	$\cos \alpha$	$\tan \alpha$	$\cot \alpha$	$\sec \alpha$	$\csc \alpha$
$\operatorname{sen} \alpha$		$\sqrt{1-\cos^2 \alpha}$	$\frac{\tan \alpha}{\sqrt{1+\tan^2 \alpha}}$	$\frac{1}{\sqrt{1+\cot^2 \alpha}}$	$\frac{\sqrt{\sec^2 \alpha - 1}}{\sec \alpha}$	$\frac{1}{\csc \alpha}$
$\cos \alpha$	$\sqrt{1-\operatorname{sen}^2 \alpha}$		$\frac{1}{\sqrt{1+\tan^2 \alpha}}$	$\frac{\cot \alpha}{\sqrt{1+\cot^2 \alpha}}$	$\frac{1}{\sec \alpha}$	$\frac{\sqrt{\csc^2 \alpha - 1}}{\csc \alpha}$
$\tan \alpha$	$\frac{\operatorname{sen} \alpha}{\sqrt{1-\operatorname{sen}^2 \alpha}}$	$\frac{\sqrt{1-\cos^2 \alpha}}{\cos \alpha}$		$\frac{1}{\cot \alpha}$	$\sqrt{\sec^2 \alpha - 1}$	$\frac{1}{\sqrt{\csc^2 \alpha - 1}}$
$\cot \alpha$	$\frac{\sqrt{1-\operatorname{sen}^2 \alpha}}{\operatorname{sen} \alpha}$	$\frac{\cos \alpha}{\sqrt{1-\cos^2 \alpha}}$	$\frac{1}{\tan \alpha}$		$\frac{1}{\sqrt{\sec^2 \alpha - 1}}$	$\sqrt{\csc^2 \alpha - 1}$
$\sec \alpha$	$\frac{1}{\sqrt{1-\operatorname{sen}^2 \alpha}}$	$\frac{1}{\cos \alpha}$	$\sqrt{1+\tan^2 \alpha}$	$\frac{\sqrt{1+\cot^2 \alpha}}{\cot \alpha}$		$\frac{\csc \alpha}{\sqrt{\csc^2 \alpha - 1}}$
$\csc \alpha$	$\frac{1}{\operatorname{sen} \alpha}$	$\frac{1}{\sqrt{1-\cos^2 \alpha}}$	$\frac{\sqrt{1+\tan^2 \alpha}}{\tan \alpha}$	$\sqrt{1+\cot^2 \alpha}$	$\frac{\sec \alpha}{\sqrt{\sec^2 \alpha - 1}}$	

IDENTIDADES TRIGONOMÉTRICAS 400

Son igualdades que se cumplen para cualesquiera valores del ángulo que aparece en la igualdad.

Existen varios métodos para probar identidades trigonométricas, algunos muy interesantes, pero explicaremos el que nos parece más sencillo para el alumno:

Se expresan todos los términos de la igualdad en función del seno γ coseno γ se efectúan las operaciones indicadas consiguiéndose así la identidad de ambos miembros.

Ejemplo

Demostrar que:

$$\csc a \cdot \sec a = \cot a + \tan a$$

$$\frac{1}{\operatorname{sen} a} \cdot \frac{1}{\cos a} = \frac{\cos a}{\operatorname{sen} a} + \frac{\operatorname{sen} a}{\cos a}$$

$$\frac{1}{\operatorname{sen} a \cdot \cos a} = \frac{\cos^2 a + \operatorname{sen}^2 a}{\operatorname{sen} a \cdot \cos a}$$

$$\frac{1}{\operatorname{sen} a \cdot \cos a} = \frac{1}{\operatorname{sen} a \cdot \cos a}$$

401 ECUACIONES TRIGONOMÉTRICAS

Son aquellas en las cuales la incógnita aparece como ángulo de funciones trigonométricas.

No existe un método general para resolver una ecuación trigonométrica. Generalmente, se transforma toda la ecuación hasta que quede expresada en una sola función trigonométrica y entonces se resuelve como una ecuación algebraica cualquiera.

La única diferencia es que la incógnita es una función trigonométrica, en lugar de ser x, y o z.

Como a veces hay que elevar al cuadrado o multiplicar por un factor, se introducen soluciones extrañas. Por esto, hay que comprobar las obtenidas en la ecuación dada. Por ejemplo, si estamos resolviendo una ecuación cuya incógnita es sen α y obtenemos para ella los valores −1 y 2, tenemos que eliminar el valor 2, porque el seno de un ángulo no puede valer más que 1.

Resuelta la ecuación algebraicamente, queda por resolver la parte trigonométrica; es decir, conociendo el valor de la función trigonométrica de un ángulo, determinar cuál es ese ángulo.

Recordemos que las funciones trigonométricas repiten sus valores en los cuatro cuadrantes, siendo positivas en dos de ellos y negativas en los otros dos, es decir, que hay dos ángulos para los cuales una función trigonométrica tiene el mismo valor y signo.

Además, como las funciones trigonométricas de ángulos que se diferencian en un número exacto de vueltas son iguales, será necesario añadir a las soluciones obtenidas un múltiplo cualquiera de 360°, es decir, $n \cdot 360°$.

Ejemplos

1) Resolver la ecuación:

$$3 + 3\cos x = 2\operatorname{sen}^2 x$$

Expresando el seno en función del coseno:

$$3+3\cos x=2(1-\cos^2 x)$$
$$3+3\cos x=2-2\cos^2 x$$
$$2\cos^2 x+3\cos x+3-2=0$$
$$2\cos^2 x+3\cos x+1=0$$

Considerando cos x como incógnita y aplicando la fórmula de la ecuación de segundo grado resulta:

$$\cos x=\frac{-3\pm\sqrt{3^2-4\times 2\times 1}}{2\times 2}=\frac{-3\pm\sqrt{9-8}}{4}=\frac{-3\pm\sqrt{1}}{4}=\frac{-3\pm 1}{4}$$

Separando las dos raíces:

$$\cos x=\frac{-3+1}{4}=\frac{-2}{4}=-\frac{1}{2}$$

$$\cos x=\frac{-3-1}{4}=\frac{-4}{4}=-1$$

Las soluciones son:

Para $\cos x=-\frac{1}{2}$ $\quad x=120°\pm 360°\cdot n$ y $x=240°\pm 360°\cdot n$

Para $\cos x=-1$ $\quad x=180°\pm 360°\cdot n$

2) Resolver la ecuación sen $x+1=\cos x$.

Al expresar el coseno en función del seno resulta:

$$\operatorname{sen} x+1=\sqrt{1-\operatorname{sen}^2 x}$$
$$(\operatorname{sen} x+1)^2=\left[\sqrt{1-\operatorname{sen}^2 x}\right]^2$$
$$\operatorname{sen}^2 x+2\operatorname{sen} x+1=1-\operatorname{sen}^2 x$$
$$\operatorname{sen}^2 x+\operatorname{sen}^2 x+2\operatorname{sen} x+1-1=0$$
$$2\operatorname{sen}^2 x+2\operatorname{sen} x=0$$
$$\operatorname{sen}^2 x+\operatorname{sen} x=0$$
$$\operatorname{sen} x(\operatorname{sen} x+1)=0$$

Las dos soluciones son: sen $x=0$, sen $x=-1$.

Para sen $x=0$ $\quad x=0°\pm 360°\cdot n$
Para sen $x=-1$ $\quad x=270°\pm 360°\cdot n$

Ejercicios

Calcular las otras funciones, sabiendo:

1. $\text{sen}\, x = \frac{1}{2}$

R. $\cos x = \frac{\sqrt{3}}{2}$, $\tan x = \frac{\sqrt{3}}{3}$

$\cot x = \sqrt{3}$, $\sec x = \frac{2\sqrt{3}}{3}$

$\csc x = 2$

2. $\cos x = \frac{1}{5}$

R. $\text{sen}\, x = \frac{2\sqrt{6}}{5}$, $\tan x = 2\sqrt{6}$

$\cot x = \frac{\sqrt{6}}{12}$, $\sec x = 5$

$\csc x = \frac{5\sqrt{6}}{12}$

3. $\tan x = \frac{3}{4}$

R. $\text{sen}\, x = \frac{3}{5}$, $\cos x = \frac{4}{5}$

$\cot x = \frac{4}{3}$, $\sec x = \frac{5}{4}$

$\csc x = \frac{5}{3}$

4. $\cot x = \frac{3}{2}$

R. $\text{sen}\, x = \frac{2\sqrt{13}}{13}$, $\cos x = \frac{3\sqrt{13}}{13}$

$\tan x = \frac{2}{3}$, $\sec x = \frac{\sqrt{13}}{3}$

$\csc x = \frac{\sqrt{13}}{2}$

5. $\sec x = \frac{\sqrt{34}}{5}$

R. $\text{sen}\, x = \frac{3\sqrt{34}}{34}$, $\cos x = \frac{5\sqrt{34}}{34}$

$\tan x = \frac{3}{5}$, $\cot x = \frac{5}{3}$

$\csc x = \frac{\sqrt{34}}{3}$

6. $\csc x = \frac{\sqrt{13}}{2}$

R. $\text{sen } x = \frac{2\sqrt{13}}{13}$, $\cos x = \frac{3\sqrt{13}}{13}$

$\tan x = \frac{2}{3}$, $\cot x = \frac{3}{2}$

$\sec x = \frac{\sqrt{13}}{3}$

Probar las siguientes identidades:

7. $\frac{\text{sen } x + \cos x}{\text{sen } x} = 1 - \frac{1}{\tan x}$

8. $\frac{\cos x}{\cot x} = \text{sen } x$

9. $\frac{\text{sen } x}{\csc x} + \frac{\cos x}{\sec x} = 1$

10. $\frac{\tan x}{\text{sen } x} = \sec x$

11. $\frac{\sec y}{\tan y + \cot y} = \text{sen } y$

12. $\frac{\csc x}{\cot x} = \sec x$

13. $\frac{1 - \text{sen } x}{\cos x} = \frac{\cos x}{1 + \text{sen } x}$

14. $\text{sen}^4 z = \frac{1 - \cos^2 z}{\csc^2 z}$

15. $\sec x(1 - \text{sen}^2 x) = \cos x$

16. $\tan z \cdot \cos z \cdot \csc z = 1$

17. $\text{sen } x \cdot \sec x = \tan x$

18. $\frac{\tan x - \text{sen } x}{\text{sen}^3 x} = \frac{\sec x}{1 + \cos x}$

19. $\frac{1}{\sec y + \tan y} = \sec y - \tan y$

20. $\tan x + \cot x = \frac{1}{\text{sen } x \ \cos x}$

21. $\frac{\csc x}{\tan x + \cot x} = \cos x$

22. $1 - 2\operatorname{sen}^2 x = \dfrac{1 - \tan^2 x}{1 + \tan^2 x}$

23. $\dfrac{\operatorname{sen} x}{\cot x} = \sec x - \cos x$

24. $\dfrac{1 - \operatorname{sen} x}{(\sec x - \tan x)^2} = 1 + \operatorname{sen} x$

25. $\cos^2 x = (1 + \operatorname{sen} x)(1 - \operatorname{sen} x)$

26. $(1 - \operatorname{sen}^2 x)(1 + \tan^2 x) = 1$

27. $\dfrac{\operatorname{sen} x + \cos x}{\operatorname{sen} x - \cos x} = \dfrac{\sec x + \csc x}{\sec x - \csc x}$

28. $\operatorname{sen}^2 x \cdot \cos^2 x + \cos^4 x = 1 - \dfrac{1}{\csc^2 x}$

29. $\tan x + \tan y = \tan x \tan y\,(\cot x + \cot y)$

30. $2\operatorname{sen}^2 x + \cos^2 x = 1 + \operatorname{sen}^2 x$

31. $\tan y + \cot y = \sec y \cdot \csc y$

32. $1 + \tan^2 x = \sec^3 x \cdot \cos x$

33. $\tan^2 x \cdot \cot^2 x = \operatorname{sen}^2 x + \cos^2 x$

34. $1 + 2\operatorname{sen} x \cos x = \operatorname{sen} x \cos x\,(1 + \cot x)\,(1 + \tan x)$

35. $\dfrac{1}{1 + \operatorname{sen} y} + \dfrac{1}{1 - \operatorname{sen} y} = 2\sec^2 y$

36. $2\tan x + 1 = \dfrac{\cos x + 2\operatorname{sen} x}{\cos x}$

37. $3\operatorname{sen} x \cos x = 3\operatorname{sen}^2 x \cot x$

38. $\operatorname{sen} x + \cos x = \cos x\,(1 + \tan x)$

39. $2\tan x + \cos x = \dfrac{\cos^2 x + 2\operatorname{sen} x}{\cos x}$

40. $\dfrac{1}{\tan^2 x} - \cos^2 x = \cos^2 x \cdot \cot^2 x$

41. $\operatorname{sen} x \sec x \cot x = 1$

42. $\tan^2 x \csc^2 x \cot^2 x \operatorname{sen}^2 x = 1$

43. $\dfrac{\operatorname{sen} x + \tan x}{\cot x + \csc x} = \operatorname{sen} x \cdot \tan x$

44. $\cot^2 x\,(1 + \tan^2 x) = \csc^2 x$

45. $\dfrac{\tan x + \cot x}{\tan x - \cot x} = -\dfrac{\sec^2 x}{\tan^2 x - 1}$

46. $1 - 2 = \text{sen}^2\, x = \dfrac{\cot x - \tan x}{\tan x + \cot x}$

47. $\dfrac{\tan x}{1 - \cot x} + \dfrac{\cot x}{1 - \tan x} = 1 + \tan x + \cot x$

48. $2\,\text{sen}^2\, z - 1 = \text{sen}^4\, z - \cos^4 z$

49. $\dfrac{1}{\sec x - 1} + \dfrac{1}{\sec x + 1} = 2 \csc x \cdot \cot x$

50. $\dfrac{1}{1 + \tan^2 y} - \dfrac{1}{1 + \tan^2 x} = \text{sen}^2\, x - \text{sen}^2\, y$

51. $\sec d + \tan d = \dfrac{\cos d}{1 - \text{sen}\, d}$

52. $\dfrac{\tan x\,(\cos^2 x - \text{sen}^2\, x)}{1 - \tan^2 x} = \dfrac{\text{sen}^3\, x + \cos^3 x}{\text{sen}\, x + \cos x}$

53. $\tan^4 x - \sec^4 x = 1 - 2\sec^2 x$

54. $(1 - \text{sen}^2\, \beta)\,(1 + \tan^2 \beta) = \text{sen}\, \beta \sec \beta \cot \beta$

55. $(\text{sen}\, \theta + \cos \theta)^2 + (\text{sen}\, \theta - \cos \theta)^2 = 2(\tan^2 \theta \cos^2 \theta + \cot^2 \theta\, \text{sen}^2\, \theta)$

Resolver las siguientes ecuaciones.

NOTA

Las soluciones se dan para ángulos menores de 360°.

56. $\text{sen}\, x = \text{sen}\, 80°$ **R.** 80°, 100°

57. $\cos(40° - x) = \cos x$ **R.** 20°, 200°

58. $\cos y = \cos(60° - y)$ **R.** 30°, 210°

59. $\tan x = \tan\left(\dfrac{\pi}{2} - 2x\right)$ **R.** 30°, 150°, 210°, 330°

60. $\cos x + 2\,\text{sen}\, x = 2$ **R.** 0°, 180°

61. $2\,\text{sen}\, x = 1$ **R.** 0°, 180°, 210°, 330°

62. $2\cos x = \cot x$ **R.** 0°, 120°, 240°

63. $\csc x = \sec x$ **R.** 30°, 210°

64. $2\cos x \cdot \tan x - 1 = 0$ **R.** 60°, 240°

65. $4\cos^2 x = 3 - 4\cos x$ **R.** 60°, 300°

66. $\cos^2 x = \dfrac{3(1 - \operatorname{sen} x)}{2}$ **R.** 30°, 150°, 90°

67. $3\cos^2 x + \operatorname{sen}^2 x = 3$ **R.** 0°, 180°, 360°

68. $2\operatorname{sen}^2 x + \operatorname{sen} x = 0$ **R.** 0°, 180°, 210°

69. $\cos x + 2\operatorname{sen}^2 x = 1$ **R.** 0°, 360°, 120°, 240°

70. $\cos x = \sqrt{3}\operatorname{sen} x$ **R.** 30°, 150°, 210°, 330°

71. $\sqrt{3}\operatorname{sen} x = 3\cos x$ **R.** 60°, 120°, 240°, 300°

72. $\tan^2 x + 3 = 2\sec^2 x$ **R.** 45°, 135°, 225°, 315°

73. $\csc^2 x = 2\cot^2 x$ **R.** 45°, 135°, 225°, 315°

74. $\operatorname{sen} x = \cos x$ **R.** 45°, 225°

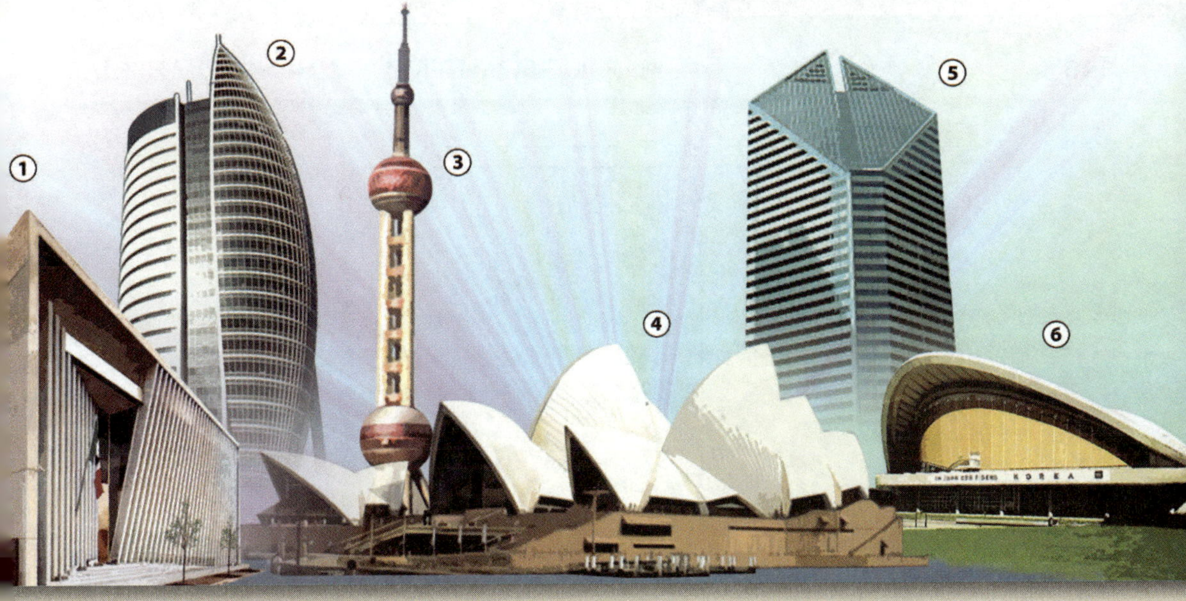

El hombre moderno en la aplicación de la Geometría. Las nuevas construcciones utilizan la línea, el rectángulo, la pirámide, la circunferencia, etc., para levantar los edificios más espectaculares. En esta ilustración tenemos evidentes pruebas de ello: 1. Embajada de México, en Berlín. 2. Edificio en Haifa, Israel. 3. Torre de TV. Shanghai, China. 4. Opera House, Australia. 5. Edificio Bancario, Atlanta y 6. Cogresses Hall, Korea.

Capítulo XXV

FUNCIONES TRIGONOMÉTRICAS DE LA SUMA Y DIFERENCIA DE DOS ÁNGULOS

FUNCIONES TRIGONOMÉTRICAS DE LA SUMA DE DOS ÁNGULOS 402

Sean $\angle XOC = \angle a$ y $\angle COD = \angle b$, dos ángulos cuya suma es $\angle XOC + \angle COD = \angle XOD = \angle a + \angle b$.

Por un punto cualquiera de $\overline{OC}$, tracemos $\overline{CM} \perp \overline{OX}$ y $\overline{CD} \perp \overline{OC}$.

Por el punto D tracemos $\overline{DN} \perp \overline{OX}$ y por el punto C, tracemos $\overline{CH} \perp \overline{DN}$.

Consideremos los $\triangle OCM$, $\triangle CDH$ y $\triangle OCD$.

En $\triangle OCM$ y $\triangle CDH$: $\angle CDH = \angle MOC = a$ Por ser ambos agudos y tener lados perpendiculares.

Cálculo de sen $(a + b)$. En la figura 325, tenemos:

$$\text{sen}\,(a+b) = \frac{\overline{ND}}{\overline{OD}} \qquad (1)$$

Figura 325

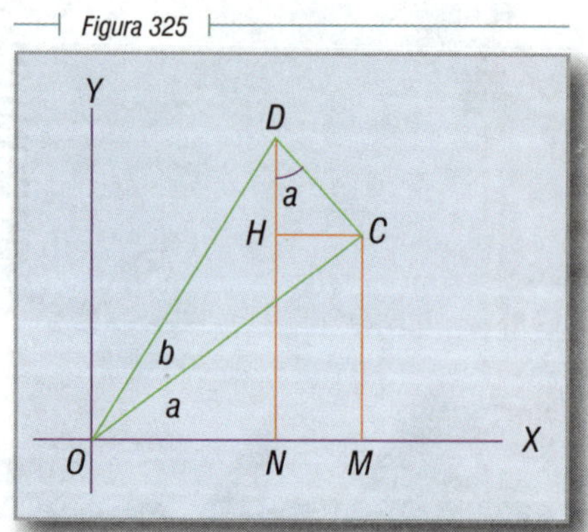

Pero: $\overline{ND} = \overline{NH} + \overline{HD}$ (2) El todo es igual a la suma de las partes

y $\overline{NH} = \overline{MC}$ (3) Lados opuestos de un rectángulo

Sustituyendo (3) en (2):

$$\overline{ND} = \overline{MC} + \overline{HD} \qquad (4)$$

Sustituyendo (4) en (1), tenemos:

$$\operatorname{sen}(a+b) = \frac{\overline{MC} + \overline{HD}}{\overline{OD}} = \frac{\overline{MC}}{\overline{OD}} + \frac{\overline{HD}}{\overline{OD}}$$

Multiplicando el numerador y denominador de la primera fracción por $\overline{OC}$ y el numerador y denominador de la segunda por $\overline{CD}$, tenemos:

$$\operatorname{sen}(a+b) = \frac{\overline{MC}}{\overline{OC}} \cdot \frac{\overline{OC}}{\overline{OD}} + \frac{\overline{HD}}{\overline{CD}} \cdot \frac{\overline{CD}}{\overline{OD}} \qquad (5)$$

Pero: $\frac{\overline{MC}}{\overline{OC}} = \operatorname{sen} a$, $\frac{\overline{HD}}{\overline{CD}} = \cos a$

$\frac{\overline{OC}}{\overline{OD}} = \cos b$, $\frac{\overline{CD}}{\overline{OD}} = \operatorname{sen} b$

Sustituyendo estos valores en (5), tenemos:

$$\operatorname{sen}(a+b) = \operatorname{sen} a \cos b + \cos a \operatorname{sen} b$$

Cálculo de cos $(a+b)$:

$$\cos(a+b) = \frac{\overline{ON}}{\overline{OD}} \qquad (1)$$

Pero: $\overline{OM} = \overline{ON} + \overline{MN}$ El todo es igual a la suma de las partes

$\therefore$ $\overline{ON} = \overline{OM} - \overline{MN}$ (2) Despejando $\overline{ON}$

Y como: $\overline{MN} = \overline{HC}$ (3) Lados opuestos de un rectángulo

Sustituyendo (3) en (2), tenemos:

$$\overline{ON} = \overline{OM} - \overline{HC} \qquad (4)$$

Sustituyendo (4) en (1), tenemos:

$$\cos(a+b) = \frac{\overline{OM} - \overline{HC}}{\overline{OD}} = \frac{\overline{OM}}{\overline{OD}} + \frac{\overline{HC}}{\overline{OD}}$$

Multiplicando el numerador y denominador de la primera fracción por $\overline{OC}$ y el numerador y denominador de la segunda por $\overline{CD}$, tenemos:

$$\cos(a+b) = \frac{\overline{OM}}{\overline{OC}} \cdot \frac{\overline{OC}}{\overline{OD}} - \frac{\overline{HC}}{\overline{CD}} \cdot \frac{\overline{CD}}{\overline{OD}} \qquad (5)$$

Pero: $\dfrac{\overline{HC}}{\overline{CD}} = \text{sen } a, \qquad \dfrac{\overline{OM}}{\overline{OC}} = \cos a$

$\dfrac{\overline{CD}}{\overline{OD}} = \text{sen } b, \qquad \dfrac{\overline{OC}}{\overline{OD}} = \cos b$

Sustituyendo estos valores en (5), tenemos:

$$\cos(a+b) = \cos a \cos b - \text{sen } a \cdot \text{sen } b$$

Cálculo de tan $(a+b)$:

$$\tan(a+b) = \frac{\text{sen}(a+b)}{\cos(a+b)} = \frac{\text{sen } a \cos b + \text{sen } b \cos a}{\cos a \cos b - \text{sen } a \text{ sen } b}$$

Dividiendo numerador y denominador por $\cos a \cos b$, tenemos:

$$\tan(a+b) = \frac{\dfrac{\text{sen } a \cos b + \text{sen } b \cos a}{\cos a \cos b}}{\dfrac{\cos a \cos b - \text{sen } a \text{ sen } b}{\cos a \cos b}}$$

$$\therefore \quad \tan(a+b) = \frac{\dfrac{\text{sen } a \cos b}{\cos a \cos b} + \dfrac{\text{sen } b \cos a}{\cos a \cos b}}{\dfrac{\cos a \cos b}{\cos a \cos b} - \dfrac{\text{sen } a \text{ sen } b}{\cos a \cos b}}$$

Simplificando: $$\tan(a+b) = \frac{\dfrac{\text{sen } a}{\cos a} + \dfrac{\text{sen } b}{\cos b}}{1 - \dfrac{\text{sen } a \text{ sen } b}{\cos a \cos b}} \qquad (1)$$

Pero: $\frac{\text{sen } a}{\cos a} = \tan a$ (2) y $\frac{\text{sen } b}{\cos b} = \tan b$ (3)

Sustituyendo (2) y (3) en (1), tenemos:

$$\tan (a + b) = \frac{\tan a + \tan b}{1 - \tan a \cdot \tan b}$$

Cálculo de cot (*a* + *b*):

$$\cot (a + b) = \frac{\cos (a + b)}{\text{sen } (a + b)} = \frac{\cos a \cos b - \text{sen } a \text{ sen } b}{\text{sen } a \cos b + \text{sen } b \cos a}$$

Dividiendo numerador y denominador por sen *a* sen *b*, tenemos:

$$\cot (a + b) = \frac{\frac{\cos a \cos b - \text{sen } a \text{ sen } b}{\text{sen } a \text{ sen } b}}{\frac{\text{sen } a \cos b + \text{sen } b \cos a}{\text{sen } a \text{ sen } b}}$$

$$\therefore \quad \cot (a + b) = \frac{\frac{\cos a \cos b}{\text{sen } a \text{ sen } b} - 1}{\frac{\cos b}{\text{sen } b} + \frac{\cos a}{\text{sen } a}} \qquad (1)$$

Pero: $\frac{\cos a}{\text{sen } a} = \cot a$ (2) y $\frac{\cos b}{\text{sen } b} = \cot b$ (3)

Sustituyendo (2) y (3) en (1), tenemos:

$$\cot (a + b) = \frac{\cot a \cdot \cot b - 1}{\cot a + \cot b}$$

403 FUNCIONES TRIGONOMÉTRICAS DE LA DIFERENCIA DE DOS ÁNGULOS

Si en las fórmulas anteriores suponemos el ángulo *b* negativo, tendremos:

Cálculo de sen (*a* – *b*):

$$\text{sen } [a + (-b)] = \text{sen } a \cos (-b) + \text{sen } (-b) \cos a \qquad (1)$$

Pero: $\cos (-b) = \cos b$ (2) y $\text{sen } (-b) = -\text{sen } b$ (3)

Sustituyendo (2) y (3) en (1), tenemos:

$$\text{sen } (a - b) = \text{sen } a \cos b - \text{sen } b \cos a$$

Cálculo de cos (*a* – *b*):

$$\cos[a + (-b)] = \cos a \cdot \cos(-b) - \operatorname{sen} a \operatorname{sen}(-b) \qquad (1)$$

Pero: $\cos(-b) = \cos b$ (2) y $\operatorname{sen}(-b) = -\operatorname{sen} b$ (3)

Sustituyendo (2) y (3) en (1), tenemos:

$$\cos(a - b) = \cos a \cos b + \operatorname{sen} a \operatorname{sen} b$$

Cálculo de tan (*a* – *b*):

$$\tan[a + (-b)] = \frac{\tan a + \tan(-b)}{1 - \tan a \cdot \tan(-b)} \qquad (1)$$

Pero: $\tan(-b) = -\tan b$ (2)

Sustituyendo (2) en (1), tenemos:

$$\tan(a - b) = \frac{\tan a - \tan b}{1 + \tan a \tan b}$$

Cálculo de cot (*a* – *b*):

$$\cot[a + (-b)] = \frac{\cot a \cdot \cot(-b) - 1}{\cot a + \cot(-b)} \qquad (1)$$

Pero: $\cot(-b) = -\cot b$ (2)

Sustituyendo (2) en (1), tenemos:

$$\cot(a - b) = \frac{-\cot a \cdot \cot b - 1}{\cot a - \cot b}$$

y cambiando de signos el numerador y el denominador:

$$\cot(a - b) = \frac{\cot a \cdot \cot b + 1}{\cot b - \cot a}$$

SECANTE Y COSECANTE DE LA SUMA Y DE LA DIFERENCIA DE DOS ARCOS 404

Aunque es posible deducir fórmulas para estos valores, debido a su complejidad es preferible usar las siguientes relaciones:

$$\sec(a \pm b) = \frac{1}{\cos(a \pm b)} \qquad \csc(a \pm b) = \frac{1}{\operatorname{sen}(a \pm b)}$$

RESUMEN DE FÓRMULAS 405

$$\operatorname{sen}(a \pm b) = \operatorname{sen} a \cos b \pm \operatorname{sen} b \cos a$$

$$\cos(a \pm b) = \cos a \cos b \mp \operatorname{sen} a \operatorname{sen} b$$

$$\tan(a \pm b) = \frac{\tan a \pm \tan b}{1 \mp \tan a \cdot \tan b}$$

$$\cot(a \pm b) = \frac{\cot a \cdot \cot b \mp 1}{\cot b \pm \cot a}$$

$$\sec(a \pm b) = \frac{1}{\cos(a \pm b)}$$

$$\csc(a \pm b) = \frac{1}{\operatorname{sen}(a \pm b)}$$

Ejemplos

Sabiendo que $\operatorname{sen} a = \frac{\sqrt{2}}{2}$ y $\cos b = \frac{\sqrt{3}}{2}$, calcular las funciones trigonométricas de $(a \pm b)$.

$$\cos a = \sqrt{1 - \operatorname{sen}^2 a} = \sqrt{1 - \left(\frac{\sqrt{2}}{2}\right)^2} = \sqrt{1 - \frac{2}{4}} = \sqrt{\frac{2}{4}} = \frac{\sqrt{2}}{2}$$

$$\tan a = \frac{\operatorname{sen} a}{\cos a} = \frac{\frac{\sqrt{2}}{2}}{\frac{\sqrt{2}}{2}} = \frac{2\sqrt{2}}{2\sqrt{2}} = 1$$

$$\cot a = \frac{\cos a}{\operatorname{sen} a} = \frac{\frac{\sqrt{2}}{2}}{\frac{\sqrt{2}}{2}} = \frac{2\sqrt{2}}{2\sqrt{2}} = 1$$

$$\operatorname{sen} b = \sqrt{1 - \cos^2 b} = \sqrt{1 - \left(\frac{\sqrt{3}}{2}\right)^2} = \sqrt{1 - \frac{3}{4}} = \sqrt{\frac{1}{4}} = \frac{1}{2}$$

$$\tan b = \frac{\operatorname{sen} b}{\cos b} = \frac{\frac{1}{2}}{\frac{\sqrt{3}}{2}} = \frac{1}{\sqrt{3}} \cdot \frac{\sqrt{3}}{\sqrt{3}} = \frac{\sqrt{3}}{3}$$

$$\cot b = \frac{\cos b}{\operatorname{sen} b} = \frac{\frac{\sqrt{3}}{2}}{\frac{1}{2}} = \frac{\sqrt{3}}{1} = \sqrt{3}$$

Sustituyendo estos valores en las fórmulas, resulta:

$$\operatorname{sen}(a \pm b) = \frac{\sqrt{2}}{2} \cdot \frac{\sqrt{3}}{2} \pm \frac{1}{2} \cdot \frac{\sqrt{2}}{2} = \frac{\sqrt{6}}{4} \pm \frac{\sqrt{2}}{4}$$

$$\therefore \quad \operatorname{sen}(a+b)=\frac{\sqrt{6}+\sqrt{2}}{4}, \quad \operatorname{sen}(a-b)=\frac{\sqrt{6}-\sqrt{2}}{4}$$

$$\cos(a \pm b)=\frac{\sqrt{2}}{2}\cdot\frac{\sqrt{3}}{2} \mp \frac{\sqrt{2}}{2}\cdot\frac{1}{2}=\frac{\sqrt{6}}{4} \mp \frac{\sqrt{2}}{4}$$

$$\therefore \quad \cos(a+b)=\frac{\sqrt{6}-\sqrt{2}}{4}, \quad \cos(a-b)=\frac{\sqrt{6}+\sqrt{2}}{4}$$

$$\tan(a \pm b)=\frac{1 \pm \frac{\sqrt{3}}{3}}{1 \mp 1 \cdot \frac{\sqrt{3}}{3}}=\frac{\frac{3 \pm \sqrt{3}}{3}}{\frac{3 \mp \sqrt{3}}{3}}=\frac{3 \pm \sqrt{3}}{3 \mp \sqrt{3}}$$

$$\tan(a+b)=\frac{3+\sqrt{3}}{3-\sqrt{3}}=\frac{3+\sqrt{3}}{3+\sqrt{3}}=\frac{9+6\sqrt{3}+3}{9-3}$$

$$\therefore \quad \tan(a+b)=\frac{12+6\sqrt{3}}{6}=\frac{6(2+\sqrt{3})}{6}=2+\sqrt{3}$$

$$\tan(a-b)=\frac{3-\sqrt{3}}{3+\sqrt{3}}\cdot\frac{3-\sqrt{3}}{3-\sqrt{3}}=\frac{9-6\sqrt{3}+3}{9-3}=2-\sqrt{3}$$

$$\cot(a \pm b)=\frac{1}{\tan(a \pm b)}$$

$$\therefore \quad \cot(a+b)=\frac{1}{2+\sqrt{3}}=\frac{1}{2+\sqrt{3}}\cdot\frac{2-\sqrt{3}}{2-\sqrt{3}}=2-\sqrt{3}$$

$$\cot(a-b)=\frac{1}{2-\sqrt{3}}=\frac{1}{2-\sqrt{3}}\cdot\frac{2+\sqrt{3}}{2+\sqrt{3}}=\frac{2+\sqrt{3}}{1}=2+\sqrt{3}$$

$$\sec(a \pm b)=\frac{1}{\cos(a \pm b)}=\frac{1}{\frac{\sqrt{6}}{4} \mp \frac{\sqrt{2}}{4}}=\frac{4}{\sqrt{6} \mp \sqrt{2}}$$

$$\sec(a+b)=\frac{4}{\sqrt{6}-\sqrt{2}}\cdot\frac{\sqrt{6}+\sqrt{2}}{\sqrt{6}+\sqrt{2}}=\frac{4\left(\sqrt{6}+\sqrt{2}\right)}{6-2}=$$

$$=\frac{4\left(\sqrt{6}+\sqrt{2}\right)}{4}=\sqrt{6}+\sqrt{2}$$

$$\sec(a-b)=\frac{4}{\sqrt{6}+\sqrt{2}}\cdot\frac{\sqrt{6}-\sqrt{2}}{\sqrt{6}-\sqrt{2}}=\frac{4\left(\sqrt{6}-\sqrt{2}\right)}{6-2}$$

$$=\frac{4\left(\sqrt{6}-\sqrt{2}\right)}{4}=\sqrt{6}-\sqrt{2}$$

$$\csc(a\pm b)=\frac{1}{\text{sen}\,(a\pm b)}=\frac{4}{\sqrt{6}\pm\sqrt{2}}$$

$$\therefore\quad \csc(a+b)=\frac{4}{\sqrt{6}+\sqrt{2}}\cdot\frac{\sqrt{6}-\sqrt{2}}{\sqrt{6}-\sqrt{2}}=\frac{4\left(\sqrt{6}-\sqrt{2}\right)}{6-2}=\sqrt{6}-\sqrt{2}$$

$$\csc(a-b)=\frac{4}{\sqrt{6}-\sqrt{2}}=\frac{4\left(\sqrt{6}+\sqrt{2}\right)}{6-2}=\sqrt{6}+\sqrt{2}$$

Ejercicios

Calcular los valores de las funciones trigonométricas de los ángulos notables (30°, 45°, 60°), aplicando las fórmulas de las funciones trigonométricas de la suma y diferencia de ángulos, de los ángulos siguientes:

1. 105°

R. $\text{sen}\,105° = \frac{1}{4}\left(\sqrt{2}+\sqrt{6}\right)$

$\cos 105° = \frac{1}{4}\left(\sqrt{2}-\sqrt{6}\right)$

$\tan 105° = -\left(2+\sqrt{3}\right)$

$\cot 105° = \sqrt{3}-2$

$\sec 105° = -\left(\sqrt{2}+\sqrt{6}\right)$

$\csc 105° = \sqrt{6}-\sqrt{2}$

2. 75°

R. $\text{sen}\,75° = \frac{1}{4}\left(\sqrt{6}+\sqrt{2}\right)$

$\cos 75° = \frac{1}{4}\left(\sqrt{6}-\sqrt{2}\right)$

$\tan 75° = 2+\sqrt{3}$

$\cot 75° = 2-\sqrt{3}$

$\sec 75° = \sqrt{6}+\sqrt{2}$

$\csc 75° = \sqrt{6}-\sqrt{2}$

3. 15°

R. $\operatorname{sen} 15° = \frac{1}{4}\left(\sqrt{6} - \sqrt{2}\right)$

$\cos 15° = \frac{1}{4}\left(\sqrt{6} + \sqrt{2}\right)$

$\tan 15° = 2 - \sqrt{3}$

$\cot 15° = 2 + \sqrt{3}$

$\sec 15° = \sqrt{6} - \sqrt{2}$

$\csc 15° = \sqrt{6} + \sqrt{2}$

Calcular las funciones trigonométricas de los ángulos $(a + b)$, sabiendo:

4. $\operatorname{sen} a = \frac{3}{5}$ y $\operatorname{sen} b = \frac{2\sqrt{13}}{13}$

R. $\operatorname{sen}(a + b) = \frac{17\sqrt{13}}{65}$

$\cos(a + b) = \frac{6\sqrt{13}}{65}$

$\tan(a + b) = \frac{17}{6}$

$\cot(a + b) = \frac{6}{17}$

$\sec(a + b) = \frac{5\sqrt{13}}{6}$

$\csc(a + b) = \frac{5\sqrt{13}}{17}$

$\operatorname{sen}(a - b) = \frac{\sqrt{13}}{65}$

$\cos(a - b) = \frac{18\sqrt{13}}{65}$

$\tan(a - b) = \frac{1}{18}$

$\cot(a - b) = 18$

$\sec(a - b) = \frac{5\sqrt{13}}{18}$

$\csc(a - b) = 5\sqrt{13}$

5. $\cos a = \frac{5\sqrt{41}}{41}$ y $\cos b = \frac{5\sqrt{61}}{61}$

R. $\operatorname{sen}(a + b) = \frac{50\sqrt{2{,}501}}{2{,}501}$

$\cos(a + b) = \frac{\sqrt{2{,}501}}{2{,}501}$

$\tan(a + b) = 50$

$\sec(a + b) = \sqrt{2{,}501}$

$\operatorname{sen}(a - b) = \frac{-10\sqrt{2{,}501}}{2{,}501}$

$\cos(a - b) = \frac{49\sqrt{2{,}501}}{2{,}501}$

$\tan(a - b) = -\frac{10}{49}$

$\sec(a - b) = \frac{\sqrt{2{,}501}}{49}$

6. $\text{sen } a = \frac{2\sqrt{5}}{5}$ y $\cos b = \frac{\sqrt{2}}{2}$

R. $\text{sen } (a + b) = \frac{3\sqrt{10}}{10}$ $\text{sen } (a - b) = \frac{\sqrt{10}}{10}$

$\cos (a + b) = -\frac{\sqrt{10}}{10}$ $\cos (a - b) = \frac{3\sqrt{10}}{10}$

$\tan (a + b) = -3$ $\tan (a - b) = \frac{1}{3}$

$\sec (a + b) = -\sqrt{10}$ $\sec (a - b) = \frac{\sqrt{10}}{3}$

$\csc (a + b) = \frac{\sqrt{10}}{3}$ $\csc (a - b) = \sqrt{10}$

7. $\tan a = \frac{1}{2}$ y $\cot b = \frac{1}{4}$

R. $\text{sen } (a + b) = \frac{9\sqrt{85}}{85}$ $\text{sen } (a - b) = \frac{-7\sqrt{85}}{85}$

$\cos (a + b) = \frac{-2\sqrt{85}}{85}$ $\cos (a - b) = \frac{6\sqrt{85}}{85}$

$\tan (a + b) = \frac{-9}{2}$ $\tan (a - b) = \frac{-7}{6}$

$\cot (a + b) = \frac{-2}{9}$ $\cot (a - b) = \frac{-6}{7}$

$\sec (a + b) = \frac{-\sqrt{85}}{2}$ $\sec (a - b) = \frac{\sqrt{85}}{6}$

$\csc (a + b) = \frac{\sqrt{85}}{9}$ $\csc (a - b) = \frac{-\sqrt{85}}{7}$

Simplificar:

8. $\text{sen } (a + b) \cos a - \cos (a + b) \text{ sen } a$ **R.** $\text{sen } b$
9. $\cos (a - b) \text{ sen } a - \text{sen } (a - b) \cos a$ **R.** $\text{sen } b$
10. $(\text{sen } \alpha + \text{sen } \beta)^2 + (\cos \alpha - \cos \beta)^2 + 2 \cos (\alpha + \beta)$ **R.** 2
11. $(\text{sen } \alpha - \text{sen } \beta)^2 + 2 \text{ sen } \alpha \text{ sen } \beta$ **R.** $\text{sen}^2 \alpha + \text{sen}^2 \beta$
12. $(\text{sen } \alpha - \text{sen } \beta)^2 + (\cos \alpha + \cos \beta)^2 - 2 \cos (\alpha - \beta)$. **R.** $2 - 4 \text{ sen } \alpha \text{ sen } \beta$

Demostrar las siguientes identidades:

13. $\cos(\alpha + 45°) \cdot \operatorname{sen}(\alpha + 45°) = \frac{1}{2}(2\cos^2\alpha - 1)$

14. $\cos(x + y)\cos y + \operatorname{sen}(x + y)\operatorname{sen} y = \cos x$

15. $\cos(x - 30°) \cdot \operatorname{sen}(x + 30°) = \frac{\sqrt{3}}{4} + \operatorname{sen} x \cos x$

16. $\operatorname{sen}(x + y)\operatorname{sen}(x - y) = \cos^2 y - \cos^2 x$

17. $\cos(a + b) \cdot \cos(a - b) = \cos^2 a + \cos^2 b - 1$

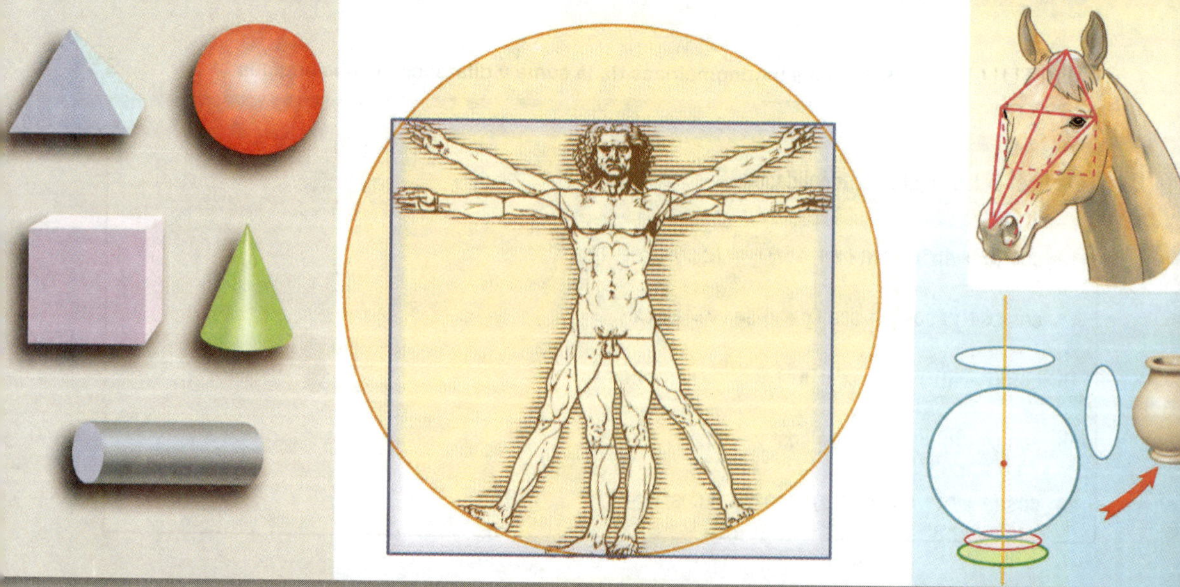

La Geometría aplicada en el dibujo. Una vez más demuestra esta lámina que la Geometría es eminentemente práctica. En el dibujo es básica, trátese de estudio de la figura humana, de animales, etc. Hallamos el cilindro, el triángulo —que da origen al cono y es el fundamento de la pirámide—; el círculo produce la esfera y el cuadrado, base del cubo. Se reproduce a la derecha de la ilustración la interpretación de un dibujo que se encuentra en un cuaderno de Leonardo da Vinci.

Capítulo XXVI

FUNCIONES TRIGONOMÉTRICAS DEL DOBLE DEL ÁNGULO

406 FUNCIONES TRIGONOMÉTRICAS DEL DOBLE DEL ÁNGULO

Cálculo de sen 2*a*. Si en la igualdad:

$$\text{sen}\,(a+b) = \text{sen}\,a\cos b + \text{sen}\,b\cos a$$

hacemos $b = a$, resulta:

$$\text{sen}\,(a+a) = \text{sen}\,a\cos a + \text{sen}\,a\cos a$$

$$\therefore \quad \text{sen}\,2a = 2\,\text{sen}\,a\cos a$$

Cálculo de cos 2*a*. Si en la igualdad:

$$\cos\,(a+b) = \cos a\cos b - \text{sen}\,a\,\text{sen}\,b$$

hacemos $b = a$, resulta:

$$\cos\,(a+a) = \cos a\cos a - \text{sen}\,a\,\text{sen}\,a$$

$$\therefore \quad \cos 2a = \cos^2 a - \text{sen}^2 a$$

Si se quiere $\cos^2 a$ en función solamente del coseno, se sustituye:

$$\text{sen}^2 a = 1 - \cos^2 a$$

y resulta:

$$\cos 2a = \cos^2 a - (1 - \cos^2 a)$$
$$= \cos^2 a - 1 + \cos^2 a$$

$$\therefore \quad \cos 2a = 2\cos^2 a - 1$$

Cálculo de tan 2*a*. Si en la igualdad:

$$\tan(a+b) = \frac{\tan a + \tan b}{1 - \tan a \cdot \tan b}$$

hacemos $b = a$, resulta:

$$\tan(a+a) = \frac{\tan a + \tan a}{1 - \tan a \cdot \tan a}$$

$$\therefore \quad \tan 2a = \frac{2\tan a}{1 - \tan^2 a}$$

407

FUNCIONES TRIGONOMÉTRICAS DEL TRIPLE DEL ÁNGULO

Cálculo de sen 3*a*. Si en la fórmula:

$$\text{sen}(a+b) = \text{sen } a \cos b + \text{sen } b \cos a$$

hacemos $b = 2a$, resulta:

$$\text{sen}(a+2a) = \text{sen } a \cos 2a + \text{sen } 2a \cos a$$

$$\therefore \quad \text{sen } 3a = \text{sen } a(\cos^2 a - \text{sen}^2 a) + (2\,\text{sen } a \cos a)\cos a$$
$$= \text{sen } a \cos^2 a - \text{sen}^3 a + 2\,\text{sen } a \cos^2 a$$

Y como: $\cos^2 a = 1 - \text{sen}^2 a$, sustituyendo resulta:

$$\text{sen } 3a = \text{sen } a(1 - \text{sen}^2 a) - \text{sen}^3 a + 2\,\text{sen } a(1 - \text{sen}^2 a)$$

$$\therefore \quad \text{sen } 3a = 3\,\text{sen } a - 4\,\text{sen}^3 a$$

Cálculo de cos 3*a*. Si en la fórmula:

$$\cos(a+b) = \cos a \cos b - \text{sen } a \,\text{sen } b$$

hacemos $b = 2a$, resulta:

$$\cos(a+2a) = \cos a \cos 2a - \text{sen } a \,\text{sen } 2a$$

$$\therefore \quad \cos 3a = \cos a(\cos^2 a - \text{sen}^2 a) - \text{sen } a(2\,\text{sen } a \cos a)$$
$$= \cos^3 a - \cos a \,\text{sen}^2 a - 2\cos a \,\text{sen}^2 a$$

Y sustituyendo $\text{sen}^2 a = 1 - \cos^2 a$, tendremos:

$$\cos 3a = \cos^3 a - \cos a\,(1 - \cos^2 a) - 2 \cos a\,(1 - \cos^2 a)$$
$$= \cos^3 a - \cos a + \cos^3 a - 2 \cos a + 2 \cos^3 a$$

$$\therefore \quad \cos 3a = 4 \cos^3 a - 3 \cos a$$

Cálculo de tan 3*a*. Si en la fórmula:

$$\tan (a + b) = \frac{\tan a + \tan b}{1 - \tan a \cdot \tan b}$$

hacemos $b = 2a$, resulta:

$$\tan (a + 2a) = \frac{\tan a + \tan 2a}{1 - \tan a \cdot \tan 2a}$$

Sustituyendo $\tan 2a = \dfrac{2 \tan a}{1 - \tan^2 a}$, resulta:

$$\tan 3a = \frac{\tan a + \dfrac{2 \tan a}{1 - \tan^2 a}}{1 - \tan a \cdot \dfrac{2 \tan a}{1 - \tan^2 a}} = \frac{\dfrac{\tan a - \tan^3 a + 2 \tan a}{1 - \tan^2 a}}{\dfrac{1 - \tan^2 a - 2 \tan^2 a}{1 - \tan^2 a}}$$

$$\therefore \quad \tan 3a = \frac{3 \tan a - \tan^3 a}{1 - 3 \tan^2 a}$$

408 FUNCIONES TRIGONOMÉTRICAS DE LA MITAD DEL ÁNGULO

Cálculo de sen $\frac{x}{2}$. Si en la fórmula:

$$\cos 2a = 1 - 2\,\text{sen}^2 a$$

hacemos $a = \dfrac{x}{2}$, resulta:

$$\cos \frac{2x}{2} = 1 - 2\,\text{sen}^2 \frac{x}{2}$$

$$\therefore \quad \cos x = 1 - 2\,\text{sen}^2 \frac{x}{2}$$

y despejando $\text{sen}^2 \dfrac{x}{2}$:

$$2\,\text{sen}^2 \frac{x}{2} = 1 - \cos x$$

$$\text{sen}^2 \frac{x}{2} = \frac{1 - \cos x}{2}$$

$$\therefore \quad \text{sen} \frac{x}{2} = \sqrt{\frac{1 - \cos x}{2}}$$

Cálculo de $\cos \frac{x}{2}$. Si en la fórmula:

$$\cos 2a = 2\cos^2 a - 1$$

hacemos $a = \frac{x}{2}$ resulta:

$$\cos^2 2\frac{x}{2} = 2\cos^2 \frac{x}{2} - 1$$

$$\therefore \quad \cos x = 2\cos^2 \frac{x}{2} - 1$$

y despejando $\cos^2 \frac{x}{2}$:

$$\cos^2 \frac{x}{2} = \frac{1+\cos x}{2}$$

$$\therefore \quad \cos \frac{x}{2} = \sqrt{\frac{1+\cos x}{2}}$$

Cálculo de $\tan \frac{x}{2}$. De la fórmula:

$$\tan \frac{x}{2} = \frac{\operatorname{sen} \frac{x}{2}}{\cos \frac{x}{2}}$$

$$\tan \frac{x}{2} = \frac{\sqrt{\frac{1-\cos x}{2}}}{\sqrt{\frac{1+\cos x}{2}}} = \sqrt{\frac{\frac{1-\cos x}{2}}{\frac{1+\cos x}{2}}}$$

$$\therefore \quad \tan \frac{x}{2} = \sqrt{\frac{1-\cos x}{1+\cos x}}$$

Ejercicios

1. Si $\operatorname{sen} q = \frac{3}{5}$, calcular el seno, el coseno y la tangente del ángulo $2q$.

R. $\operatorname{sen} 2q = \frac{24}{25}$

$\cos 2q = \frac{7}{25}$

$\tan 2q = \frac{24}{7}$

2. Sabiendo que sen $r = \frac{1}{2}$, calcular el seno, el coseno y la tangente del ángulo $3r$.

R. $\text{sen } 3r = 1$

$\cos 3r = 0$

$\tan 3r =$ no existe

3. Si sen $s = \frac{7}{15}$, calcular el seno, el coseno y la tangente del ángulo $\frac{s}{2}$.

R. $\text{sen } \frac{s}{2} = \sqrt{\frac{15 - 4\sqrt{11}}{30}}$

$\cos \frac{s}{2} = \sqrt{\frac{15 + 4\sqrt{11}}{30}}$

$\tan \frac{s}{2} = \frac{15 - 4\sqrt{11}}{7}$

4. Si cos $u = \frac{2}{5}$, calcular el seno, el coseno y la tangente de los ángulos $2u$ y $3u$.

R. $\text{sen } 2u = \frac{4\sqrt{21}}{25}$

$\cos 2u = \frac{-17}{25}$

$\tan 2u = \frac{-4\sqrt{21}}{17}$

$\text{sen } 3u = \frac{-9\sqrt{21}}{125}$

$\cos 3u = \frac{-118}{125}$

$\tan 3u = \frac{9\sqrt{21}}{118}$

5. Calcular las funciones trigonométricas de los ángulos de 15° y de 22° 30'.

R. $\text{sen } 15° = \frac{1}{2}\sqrt{2 - \sqrt{3}}$

$\cos 15° = \frac{1}{2}\sqrt{2 + \sqrt{3}}$

$\tan 15° = 2 - \sqrt{3}$

$\text{sen } 22° 30' = \frac{1}{2}\sqrt{2 - \sqrt{2}}$

$\cos 22° 30' = \frac{1}{2}\sqrt{2 + \sqrt{2}}$

$\tan 22° 30' = \sqrt{2} - 1$

$\cot 15° = 2 + \sqrt{3}$

$\sec 15° = 2\sqrt{2 - \sqrt{3}}$

$\csc 15° = 2\sqrt{2 + \sqrt{3}}$

$\cot 22° 30' = \sqrt{2} + 1$

$\sec 22° 30' = \sqrt{4 - 2\sqrt{2}}$

$\csc 22° 30' = \sqrt{4 + 2\sqrt{2}}$

6. Demostrar:

a) $\tan x \operatorname{sen} 2x = 2 \operatorname{sen}^2 x$

b) $\cos 2a = \cos^4 a - \operatorname{sen}^4 a$

c) $\dfrac{\operatorname{sen} 2y}{1 + \cos 2y} = \tan y$

d) $\dfrac{2}{\cot a + \tan a} = \operatorname{sen} 2a$

e) $\csc 2x = \dfrac{\operatorname{sen} 2x}{1 + \cos 2x} + \cot 2x$

f) $\dfrac{1 + \cos 2x}{\cot x} = \operatorname{sen} 2x$

g) $\dfrac{\cos 2x}{1 - \operatorname{sen} 2x} = \dfrac{1 + \tan x}{1 - \tan x}$

7. Resolver las siguientes ecuaciones.

NOTA: Las soluciones se dan para ángulos menores que 360°.

a) $\operatorname{sen} x = -\dfrac{1}{2} \operatorname{sen} 2x$ **R.** 0°, 180°

b) $\cos 2x = \cos^2 x$ **R.** 0°, 180°

c) $\tan x = \operatorname{sen} 2x$ **R.** 0°, 45°, 135°, 180°, 225°, 315°

d) $3 \tan x = -\tan 2x$ **R.** 0°, 52° 14', 127° 46', 180°, 232° 14', 307° 46'

409

TRANSFORMACIÓN DE SUMAS Y DIFERENCIAS DE SENOS, COSENOS Y TANGENTES EN PRODUCTOS

Si a y b son dos ángulos y hacemos:

$$a + b = A \qquad \text{y} \qquad a - b = B$$

al resolver el sistema:

$$a + b = A$$
$$a - b = B$$

Tenemos:

$$a = \frac{1}{2}(A + B), \qquad b = \frac{1}{2}(A - B).$$

Suma de senos. De las fórmulas:

$$\operatorname{sen}(a + b) = \operatorname{sen} a \cos b + \operatorname{sen} b \cos a \qquad (1)$$
$$\operatorname{sen}(a - b) = \operatorname{sen} a \cos b - \operatorname{sen} b \cos a \qquad (2)$$

Sumando (1) y (2), tenemos:

$$\operatorname{sen}(a + b) + \operatorname{sen}(a - b) = 2 \operatorname{sen} a \cos b$$

y sustituyendo los valores de $a + b$, $a - b$, a y b, resulta:

$$\text{sen } A + \text{sen } B = 2 \text{ sen } \frac{1}{2}(A + B) \cos \frac{1}{2}(A - B)$$

Diferencia de senos. De las mismas fórmulas restamos (1) y (2):

$$\text{sen }(a + b) = \text{sen } a \cos b + \text{sen } b \cos a \qquad (1)$$

$$-\text{sen }(a - b) = -\text{sen } a \cos b + \text{sen } b \cos a \qquad (2)$$

y resulta: $\text{sen }(a + b) - \text{sen }(a - b) = 2 \text{ sen } b \cos a$

Sustituyendo:

$$\text{sen } A - \text{sen } B = 2 \text{ sen } \frac{1}{2}(A - B) \cos \frac{1}{2}(A + B)$$

Suma de cosenos. De las fórmulas:

$$\cos (a + b) = \cos a \cos b - \text{sen } a \text{ sen } b \qquad (1)$$

$$\cos (a - b) = \cos a \cos b + \text{sen } a \text{ sen } b \qquad (2)$$

sumando (1) y (2):

$$\cos (a + b) + \cos (a - b) = 2 \cos a \cos b$$

y sustituyendo:

$$\cos A + \cos B = 2 \cos \frac{1}{2}(A + B) \cos \frac{1}{2}(A - B)$$

Diferencia de senos. En las mismas fórmulas:

$$\cos (a + b) = \cos a \cos b - \text{sen } a \text{ sen } b \qquad (1)$$

$$-\cos (a - b) = -\cos a \cos b - \text{sen } a \text{ sen } b \qquad (2)$$

Al restar (1) y (2), tenemos:

$$\cos (a + b) - \cos (a - b) = -2 \text{ sen } a \text{ sen } b$$

Sustituyendo:

$$\cos A - \cos B = -2 \text{ sen } \frac{1}{2}(A + B) \text{ sen } \frac{1}{2}(A - B)$$

Suma de tangentes. De la fórmula:

$$\tan A + \tan B = \frac{\text{sen } A}{\cos A} + \frac{\text{sen } B}{\cos B}$$

se deduce:

$$\tan A + \tan B = \frac{\text{sen } A \cos B + \text{sen } B \cos A}{\cos A \cos B}$$

$$\therefore \quad \tan A + \tan B = \frac{\text{sen }(A + B)}{\cos A \cos B}$$

Diferencia de tangentes. De la fórmula:

$$\tan A - \tan B = \frac{\operatorname{sen} A}{\cos A} - \frac{\operatorname{sen} B}{\cos B}$$

se deduce:

$$\tan A - \tan B = \frac{\operatorname{sen} A \cos B - \operatorname{sen} B \cos A}{\cos A \cos B}$$

$$\therefore \quad \tan A - \tan B = \frac{\operatorname{sen}(A - B)}{\cos A \cos B}$$

RESUMEN

410

$$\operatorname{sen} A + \operatorname{sen} B = 2 \operatorname{sen} \frac{1}{2}(A + B) \cos \frac{1}{2}(A - B)$$

$$\operatorname{sen} A - \operatorname{sen} B = 2 \operatorname{sen} \frac{1}{2}(A - B) \cos \frac{1}{2}(A + B)$$

$$\cos A + \cos B = 2 \cos \frac{1}{2}(A + B) \cos \frac{1}{2}(A - B)$$

$$\cos A - \cos B = -2 \operatorname{sen} \frac{1}{2}(A + B) \operatorname{sen} \frac{1}{2}(A - B)$$

$$\tan A + \tan B = \frac{\operatorname{sen}(A + B)}{\cos A \cdot \cos B}$$

$$\tan A - \tan B = \frac{\operatorname{sen}(A - B)}{\cos A \cdot \cos B}$$

Ejercicios

Transformar en producto:

1. sen 35° + sen 25° — **R.** cos 5°
2. sen 35° – sen 25° — **R.** $\sqrt{3}$ sen 5°
3. cos 5x + cos 3x — **R.** 2 cos 4x cos x
4. cos 8a + cos 2a — **R.** 2 cos 5a cos 3a
5. sen 4x – sen x — **R.** $2 \operatorname{sen} \frac{3}{2} x \cos \frac{5}{2} x$
6. sen (45° + x) – sen (45° – x) — **R.** $\sqrt{2}$ sen x
7. cos 25° – cos 35° — **R.** sen 5°
8. cos x – cos 4x — **R.** $2 \operatorname{sen} \frac{5}{2} x \operatorname{sen} \frac{3}{2} x$
9. sen 7x + sen 3x — **R.** 2 sen 5x cos 2x
10. cos 40° + cos 20° — **R.** $\sqrt{3}$ cos 10°

11. sen 105° – sen 15° **R.** $\frac{\sqrt{2}}{2}$

12. cos 10° – cos 70° **R.** sen 40°

13. cos (90° + a) – cos (90° – a) **R.** – 2 sen a

14. sen 90° – sen 30° **R.** $\frac{1}{2}$

15. cos 50° – cos 40° **R.** $-\sqrt{2}$ sen 5°

16. cos 60° – cos 30° **R.** $-\sqrt{2}$ sen 15°

17. sen 75° – sen 15° **R.** $\frac{\sqrt{2}}{2}$

18. cos 75° + cos 15° **R.** $\frac{\sqrt{6}}{2}$

19. sen 40° + sen 20° **R.** cos 10°

20. sen 75° + sen 15° **R.** $\frac{\sqrt{6}}{2}$

21. cos 5x + cos x **R.** 2 cos 3x cos 2x

22. cos 2x – cos x **R.** $-2 \operatorname{sen} \frac{3}{2}x \operatorname{sen} \frac{1}{2}x$

23. sen 2x + sen 3x **R.** $2 \operatorname{sen} \frac{5}{2}x \cos \frac{1}{2}x$

24. sen 7x – sen 9x **R.** – 2 sen x cos 8x

25. sen 3x + sen 5x **R.** 2 sen 4x cos x

26. tan 20° + tan 50° **R.** sec 50°

27. tan 30° + tan 60° **R.** $\frac{4\sqrt{3}}{3}$

28. tan 50° – tan 25° **R.** tan 25° sec 50°

29. tan 45° – tan 15° **R.** $\frac{\sqrt{2}}{2}$ sec 15°

30. tan (45° – a) + tan (45° + a) **R.** 2 sec 2a

31. sen 60° + cos 60° **R.** $\sqrt{2}$ cos 15°

32. cos 30° – sen 30° **R.** $\sqrt{2}$ sen 15°

33. sen 30° + cos 30° **R.** $\sqrt{2}$ cos 15°

34. cos 60° – sen 60° **R.** $-\sqrt{2}$ sen 15°

35. tan 60° + cot 60° **R.** $\frac{4}{3}\sqrt{3}$

Demostrar, transformando en producto, las siguientes igualdades:

36. $\frac{\cos 50° - \cos 40°}{\cos 25° - \cos 35°} = -\sqrt{2}$

37. $\dfrac{\text{sen } 35° - \text{sen } 25°}{\cos 50° - \cos 40°} = -\sqrt{\dfrac{3}{2}}$

38. $\cos 75° - \text{sen } 15° = \text{sen } 75° - \cos 15°$

39. $\text{sen } 60° + \cos 60° = \text{sen } 30° + \cos 30°$

40. $\dfrac{\text{sen } 35° - \text{sen } 25°}{\cos 25° - \cos 35°} = \dfrac{\cos 40° + \cos 20°}{\text{sen } 40° + \text{sen } 20°}$

Simplificar transformando en producto:

1. $\text{sen } (30° + x) + \text{sen } (30° - x)$ **R.** $\cos x$
2. $\text{sen } (45° + x) - \text{sen } (45° - x)$ **R.** $\sqrt{2}\ \text{sen } x$
3. $\cos (45° + x) + \cos (45° - x)$ **R.** $\sqrt{2} \cos x$
4. $\cos (30° + x) - \cos (30° - x)$ **R.** $-\text{sen } x$
5. $\dfrac{\text{sen } (\alpha + \beta) + \text{sen } (\alpha - \beta)}{\cos (\alpha + \beta) + \cos (\alpha - \beta)}$ **R.** $\tan \alpha$
6. $\dfrac{\text{sen } (\alpha + \beta) - \text{sen } (\alpha - \beta)}{\text{sen } (\alpha + \beta) + \text{sen } (\alpha - \beta)}$ **R.** $\cot \alpha \tan \beta$
7. $\dfrac{\cos (\alpha + \beta) - \cos (\alpha - \beta)}{\cos (\alpha + \beta) + \cos (\alpha - \beta)}$ **R.** $-\tan \alpha \tan \beta$
8. $\dfrac{\cos (\alpha + \beta) - \cos (\alpha - \beta)}{\text{sen } (\alpha + \beta) - \text{sen } (\alpha - \beta)}$ **R.** $-\tan \alpha$
9. $\dfrac{\text{sen } (\alpha + \beta) + \text{sen } (\alpha - \beta)}{\cos (\alpha + \beta) - \cos (\alpha - \beta)}$ **R.** $-\cot \beta$
10. $\dfrac{\cos (\alpha + \beta) + \cos (\alpha - \beta)}{\text{sen } (\alpha + \beta) - \text{sen } (\alpha - \beta)}$ **R.** $\cot \beta$

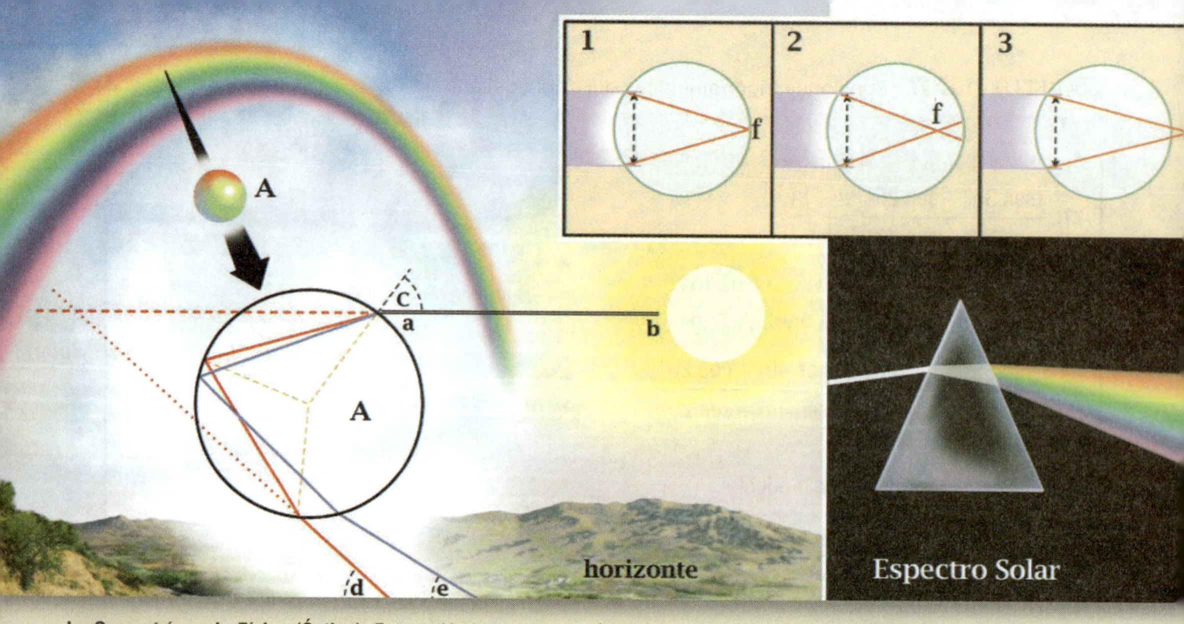

La Geometría en la Física (Óptica). En esta lámina presentamos el arco iris, interno o principal, y el gráfico geométrico con que se demuestra en Física el porqué del arco iris... "a-b" es un rayo de luz solar que toca una gota de agua. "c" La gota hace las veces del "prisma" (derecha), que descompone la luz blanca en los siete colores que forman el espectro solar. Los círculos de los gráficos 1, 2 y 3 pertenecen al ojo "emétrope", al "miope" y al "hipermétrope".

Capítulo XXVII

RESOLUCIÓN DE TRIÁNGULOS

411 RESOLUCIÓN DE TRIÁNGULOS

Si bien un triángulo consta de seis elementos: tres ángulos y tres lados, está perfectamente determinado si se conocen *tres* de ellos siempre que uno de los datos sea un lado. Resolver un triángulo consiste en calcular tres de los elementos cuando se conocen los otros tres.

412 TRIÁNGULOS RECTÁNGULOS

En el caso de los triángulos rectángulos, como tienen un ángulo recto, están determinados, es decir, se pueden resolver cuando se conocen dos de sus elementos siempre que uno sea un lado. Esto nos conduce a los siguientes casos de resolución de triángulos rectángulos:

I. **Dados los dos catetos.**
II. **Dados un cateto y la hipotenusa.**
III. **Dados un cateto y un ángulo agudo.**
IV. **Dados la hipotenusa y un ángulo agudo.**

Antes de resolver los triángulos véase más adelante **(Capítulo XXVIII)** el manejo de las tablas de funciones trigonométricas naturales **(Fig. 326)**.

Caso I

Dados los dos catetos:

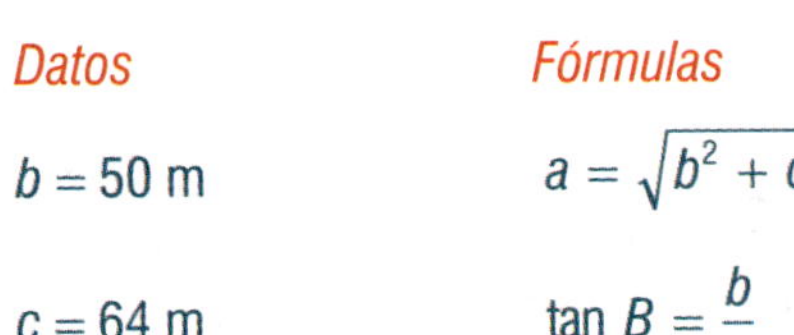

Datos	*Fórmulas*
$b = 50$ m	$a = \sqrt{b^2 + c^2}$
$c = 64$ m	$\tan B = \dfrac{b}{c}$
$A = 90°$	$C = 90° - B$

Figura 326

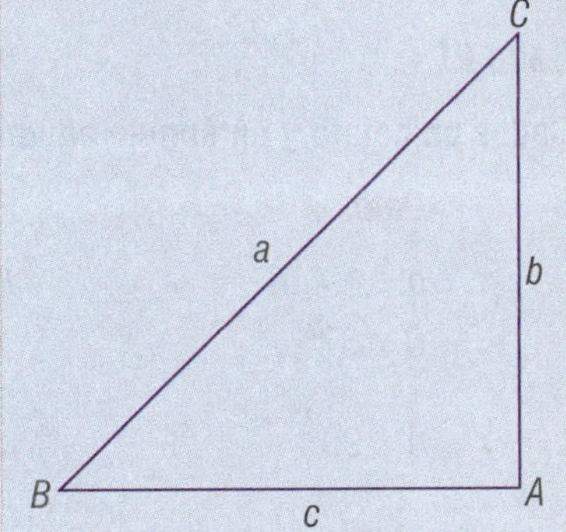

Cálculo de *a*

$$a = \sqrt{b^2 + c^2} = \sqrt{50^2 + 64^2} = \sqrt{2{,}500 + 4{,}096} = \sqrt{6{,}596} = 81.21 \text{ m}$$

Cálculo de *B*

$$\tan B = \frac{b}{c} = \frac{50}{64} = \frac{25}{32} = 0.78125$$

$$\therefore \quad B = 38°$$

Cálculo de *C*

$$C = 90° - B = 90° - 38° = 52°$$

Caso II

Dados un cateto y la hipotenusa (Fig. 327):

Datos	*Fórmulas*
$a = 60$ cm	$b = \sqrt{a^2 - c^2}$
$c = 28$ m	$\operatorname{sen} C = \dfrac{c}{a}$
$A = 90°$	$B = 90° - C$

Figura 327

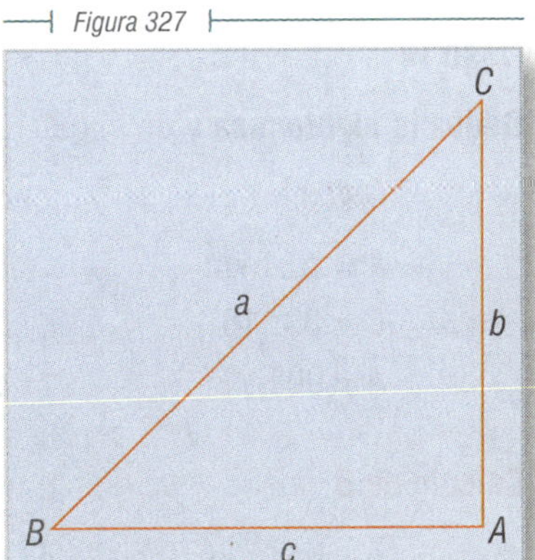

Cálculo de *b*

$$b = \sqrt{a^2 - c^2} = \sqrt{60^2 - 28^2} = \sqrt{3{,}600 - 784} = \sqrt{2{,}816} = 53.06 \text{ cm}$$

Cálculo de *C*

$$\operatorname{sen} C = \frac{c}{a} = \frac{28}{60} = \frac{14}{30} = \frac{7}{15} = 0.46666 \qquad \therefore \quad C = 27° \, 49'$$

Cálculo de *B*

$B = 90° - C = 90° - 27° 49' = 62° 11'$

Caso III

Dados un cateto y un ángulo agudo (Fig. 328):

Figura 328

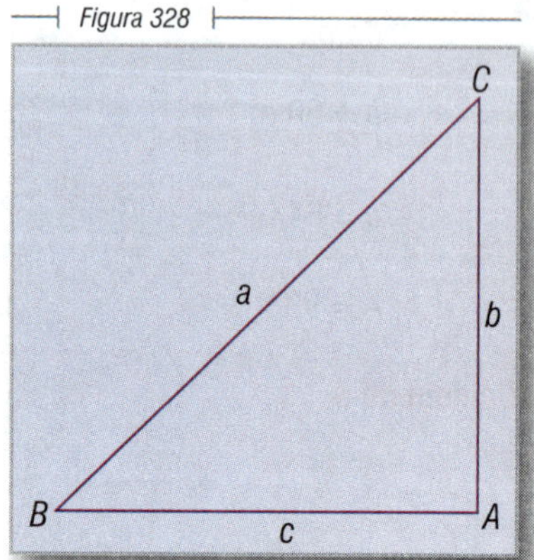

Datos	*Fórmulas*
$b = 1.4$ m	$B = 90° - C$
$C = 37°$	$c = b \tan C$
$A = 90°$	$a = \dfrac{b}{\text{sen } B}$

Cálculo de *B*

$B = 90° - C = 90° - 37° = 53°$

Cálculo de *c*

$c = b \tan C = 1.4 \tan 37° = 1.4 \times 0.75355 = 1.06$ m

Cálculo de *a*

$$a = \frac{b}{\text{sen } b} = \frac{1.4}{\text{sen } 53°} = \frac{1.4}{0.79864} = 1.76 \text{ m}$$

Caso IV

Dados la hipotenusa y un ángulo agudo (Fig. 329):

Figura 329

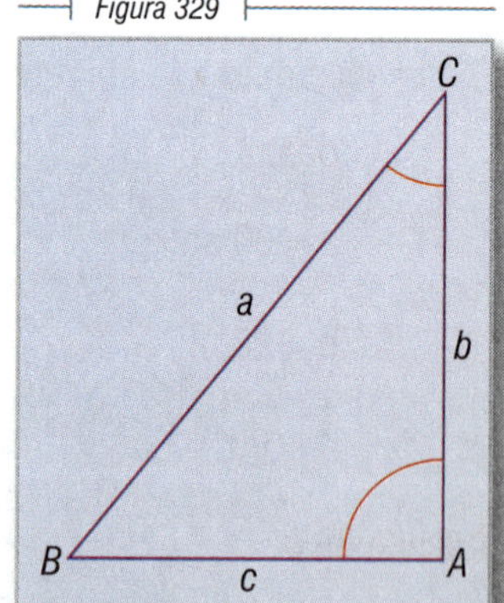

Datos	*Fórmulas*
$a = 20.1$ km	$B = 90° - C$
$C = 38° 16'$	$b = a \text{ sen } B$
$A = 90°$	$c = a \text{ sen } C$

Cálculo de *B*

$B = 90° - C = 90° - 38° 16' = 51° 44'$

Cálculo de *b*

$b = a \text{ sen } B = 20.1 \text{ sen } 51° 44' = 20.1 \times 0.78514 = 15.78$ km

Cálculo de *c*

$c = a \text{ sen } C = 20.1 \text{ sen } 38° 16' = 20.1 \times 0.61932 = 12.45$ km

ÁREA DE LOS TRIÁNGULOS RECTÁNGULOS 413

Sabemos que el área de un triángulo viene dada por la fórmula:

$$\text{Área} = \frac{1}{2}\,\text{base} \times \text{altura}$$

En el triángulo rectángulo se puede tomar por base y altura los dos catetos (Fig. 330).

Esta fórmula puede tomar las formas siguientes:

Figura 330

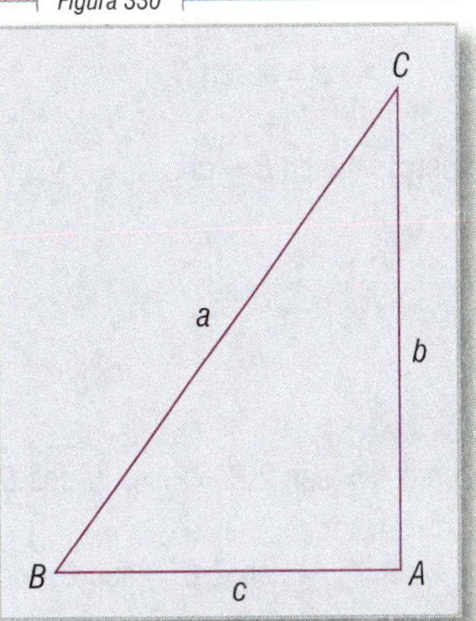

En el caso I:

$$A = \frac{1}{2}bc$$

En el caso II:

$$b = \sqrt{a^2 - c^2} \qquad A = \frac{1}{2}bc$$

$$c = \sqrt{a^2 - b^2} \qquad A = \frac{1}{2}\sqrt{a^2 - c^2}\,(c)$$

$$A = \frac{1}{2}c\sqrt{a^2 - c^2}$$

$$A = \frac{1}{2}c\sqrt{(a + c)(a - c)}$$

o también:

$$A = \frac{1}{2}b\sqrt{a^2 - b^2}$$

$$A = \frac{1}{2}b\sqrt{(a + b)(a - b)}$$

En el caso III:

$$A = \frac{1}{2}bc$$

$$c = b\tan C \qquad A = \frac{1}{2}b\,(b\tan C)$$

$$A = \frac{1}{2}b^2\tan C$$

o también:

$$A = \frac{1}{2}c^2 \tan B$$

En el caso IV:

$$A = \frac{1}{2}bc$$

$b = a \text{ sen } B$ $\qquad A = \frac{1}{2}a \text{ sen } B a \text{ sen } C$

$c = a \text{ sen } C$ $\qquad A = \frac{1}{2}a^2 \text{ sen } B \text{ sen } C$

pero: $\text{sen } B = \cos C$ y $\text{sen } C = \cos B$

$$\therefore \quad A = \frac{1}{2}a^2 \text{ sen } C \cos C \qquad (1)$$

$$\text{o} \quad A = \frac{1}{2}a^2 \text{ sen } B \cos B \qquad (2)$$

pero: $\text{sen } 2B = 2 \text{ sen } B \cos B$ y $\text{sen } 2C = 2 \text{ sen } C \cos C$

$$\therefore \quad \frac{1}{2} \text{ sen } 2B = \text{sen } B \cos B \quad (3) \qquad \text{y} \qquad \frac{1}{2} \text{ sen } 2C = \text{sen } C \cos C \quad (4)$$

Sustituyendo (3) en (2) y (4) en (1), tenemos:

$$A = \frac{1}{2}a^2 \cdot \frac{1}{2} \text{ sen } 2B \qquad \therefore \qquad A = \frac{1}{4}a^2 \text{ sen } 2B$$

$$\text{y} \quad A = \frac{1}{2}a^2 \cdot \frac{1}{2} \text{ sen } 2C \qquad \therefore \qquad A = \frac{1}{4}a^2 \text{ sen } 2C$$

Ejercicios

Resolver los siguientes triángulos *rectángulos* y hallar su área (A). Los números de los catetos e hipotenusas representan unidades de longitud cualesquiera (metros, pulgadas, etc.) de la misma clase en cada ejercicio.

1. $b = 50$ $\quad c = 40$ **R.** $a = 64.01$ $\quad B = 51° 20'$ $\quad C = 38° 40'$ $\quad A = 1{,}000$

2. $a = 30$ $\quad b = 25$ **R.** $c = 16.58$ $\quad B = 56° 26'$ $\quad C = 33° 34'$ $\quad A = 207.25$

3. $c = 60$ $\quad C = 28° 30'$ **R.** $b = 110.51$ $\quad B = 61° 30'$ $\quad a = 125.74$ $\quad A = 3{,}315.30$

4. $a = 4$ $B = 62° 30$ **R.** $b = 3.55$ $c = 1.84$ $C = 27° 30'$ $A = 3.27$

5. $b = 14$ $c = 18$ **R.** $a = 22.81$ $C = 52° 7'$ $B = 37° 53'$ $A = 126$

6. $a = 7.50$ $c = 5.25$ **R.** $b = 5.35$ $C = 44° 30'$ $B = 45° 30'$ $A = 14.04$

7. $b = 30$ $C = 40° 30'$ **R.** $c = 25.62$ $a = 39.45$ $B = 49° 30'$ $A = 384.30$

8. $a = 90$ $C = 20°$ **R.** $b = 84.57$ $c = 30.79$ $B = 70°$ $A = 1{,}301.95$

9. $b = 22$ $c = 45$ **R.** $a = 50.08$ $C = 63° 56'$ $B = 26° 4'$ $A = 495$

10. $a = 5.3$ $b = 4.7$ **R.** $c = 2.44$ $C = 27° 32'$ $B = 62° 28'$ $A = 5.73$

11. $c = 45$ $B = 65° 50'$ **R.** $b = 100.29$ $a = 109.75$ $C = 24° 10'$ $A = 2{,}256.52$

12. $a = 43.5$ $B = 38°$ **R.** $c = 34.27$ $b = 26.78$ $C = 52°$ $A = 458.87$

13. $b = 30$ $c = 40$ **R.** $a = 50$ $C = 53° 8'$ $B = 36° 52'$ $A = 600$

14. $a = 11.8$ $b = 3.8$ **R.** $c = 11.17$ $C = 71° 13'$ $B = 18° 47'$ $A = 21.22$

15. $b = 2$ $B = 27° 20'$ **R.** $c = 3.87$ $a = 4.35$ $C = 62° 40'$ $A = 3.87$

16. $a = 57.7$ $C = 29°$ **R.** $B = 61°$ $c = 27.97$ $b = 50.47$ $A = 705.82$

17. $b = 60$ $c = 80$ **R.** $a = 100$ $C = 53° 8'$ $B = 36° 52'$ $A = 2{,}400$

18. $a = 9.3$ $c = 6.2$ **R.** $b = 6.93$ $C = 41° 50'$ $B = 48° 10'$ $A = 21.48$

19. $b = 240$ $B = 62°$ **R.** $C = 28°$ $a = 271.92$ $c = 127.60$ $A = 15{,}312$

20. $a = 175.5$ $C = 27° 15'$ **R.** $B = 62° 45'$ $c = 8{,}036$ $b = 156.02$ $A = 6{,}268.88$

414 RESOLUCIÓN GENERAL DE TRIÁNGULOS OBLICUÁNGULOS

Para la resolución de triángulos oblicuángulos se puede aplicar la **ley de los senos**, la **ley de los cosenos** y la **ley de las tangentes**, como veremos a continuación.

415 LEY DE LOS SENOS

Los lados de un triángulo son proporcionales a los senos de los ángulos opuestos.

Para la demostración consideremos dos casos:

Caso I

El triángulo es acutángulo. Sea ABC (Fig. 331) un triángulo acutángulo.

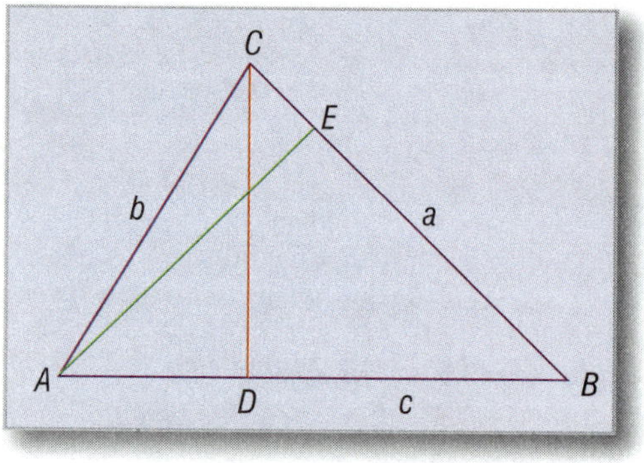

Tracemos las alturas $\overline{CD}$ y $\overline{AE}$.

Figura 331

En el $\triangle ACD$: $\frac{\overline{CD}}{b} = \text{sen } A$

$\therefore \quad \overline{CD} = b \text{ sen } A \quad (1)$

En el $\triangle BCD$: $\frac{\overline{CD}}{a} = \text{sen } B$

$\therefore \quad \overline{CD} = a \text{ sen } B \quad (2)$

Comparando (1) y (2), tenemos:

$b \text{ sen } A = a \text{ sen } B \quad \therefore \quad \frac{a}{\text{sen } A} = \frac{b}{\text{sen } B} \quad (3)$

En el $\triangle ACE$: $\frac{\overline{AE}}{b} = \text{sen } C \quad \therefore \quad \overline{AE} = b \text{ sen } C \quad (4)$

En el $\triangle ABE$: $\frac{\overline{AE}}{c} = \text{sen } B \quad \therefore \quad \overline{AE} = c \text{ sen } B \quad (5)$

Comparando (4) y (5), tenemos:

$b \text{ sen } C = c \text{ sen } B \quad \therefore \quad \frac{b}{\text{sen } B} = \frac{c}{\text{sen } C} \quad (6)$

Comparando (3) y (6), tenemos:

$$\frac{a}{\text{sen } A} = \frac{b}{\text{sen } B} = \frac{c}{\text{sen } C}$$

Caso II

El triángulo es obtusángulo. Sea $\triangle ABC$ (Fig. 332) un triángulo obtusángulo.

Tracemos las alturas $\overline{CD}$ y $\overline{AE}$.

En el $\triangle CDB$: $\frac{\overline{CD}}{a} = \text{sen } B \quad \therefore \quad \overline{CD} = a \text{ sen } B \quad (1)$

En el $\triangle CDA$: $\quad \dfrac{\overline{CD}}{b} = \text{sen}\,(180 - A) = \text{sen}\,A \quad \therefore \quad \overline{CD} = b\ \text{sen}\,A \qquad (2)$

Figura 332

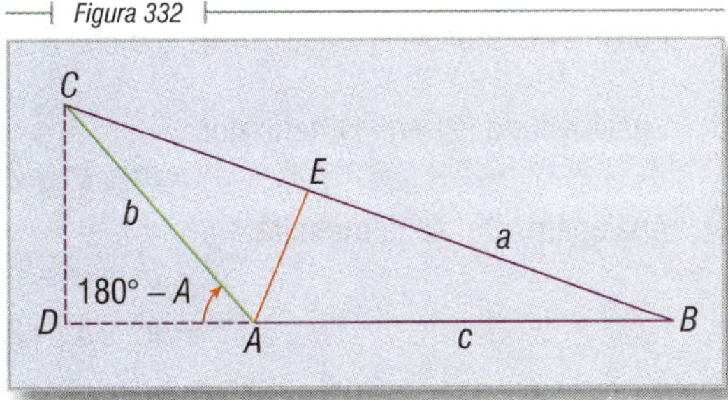

Comparando (1) y (2):

$$a\ \text{sen}\,B = b\ \text{sen}\,A$$

$$\therefore \quad \frac{a}{\text{sen}\,A} = \frac{b}{\text{sen}\,B} \qquad (3)$$

En el $\triangle AEC$:

$$\frac{\overline{AE}}{b} = \text{sen}\,C$$

$$\therefore \quad \overline{AE} = b\ \text{sen}\,C \qquad (4)$$

En el $\triangle AEB$:

$$\frac{\overline{AE}}{c} = \text{sen}\,B$$

$$\therefore \quad \overline{AE} = c\ \text{sen}\,B \qquad (5)$$

Comparando (4) y (5), tenemos:

$$b\ \text{sen}\,C = c\ \text{sen}\,B$$

$$\therefore \quad \frac{b}{\text{sen}\,B} = \frac{c}{\text{sen}\,C} \qquad (6)$$

Comparando (3) y (6), tenemos:

$$\therefore \quad \frac{a}{\text{sen}\,A} = \frac{b}{\text{sen}\,B} = \frac{c}{\text{sen}\,C} \qquad (6)$$

LEY DEL COSENO

416

El cuadrado de un lado de un triángulo es igual a la suma de los cuadrados de los otros dos lados, menos el doble del producto de dichos lados, por el coseno del ángulo que forman.

Para la demostración consideremos dos casos:

Caso I

El triángulo es acutángulo. Sea *ABC* (Fig. 333) un triángulo acutángulo.

Tracemos la altura $\overline{BD}$.

Figura 333

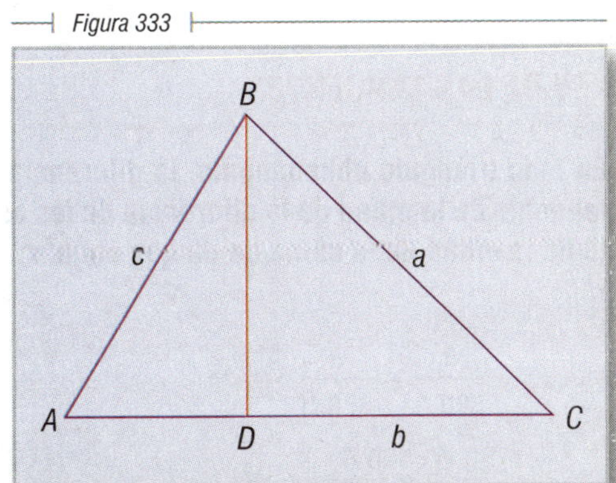

Por el teorema generalizado de Pitágoras, tenemos:

$$a^2 = b^2 + c^2 - 2b\,\overline{AD} \qquad (1)$$

Pero: $\dfrac{\overline{AD}}{c} = \cos A \qquad \therefore \qquad AD = c \cos A \qquad (2)$

Sustituyendo (2) en (1), tenemos:

$$a^2 = b^2 + c^2 - 2bc \cos A$$

Análogamente, se demuestra:

$$b^2 = a^2 + c^2 - 2ac \cos B$$
$$c^2 = a^2 + b^2 - 2ab \cos C$$

Caso II

El triángulo es obtusángulo. Sea *ABC* (Fig. 334) un triángulo obtusángulo.

Figura 334

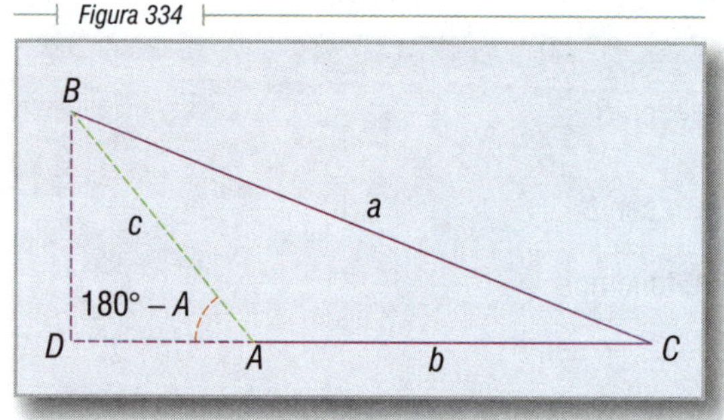

Tracemos la altura $\overline{BD}$, prolongando $\overline{AC}$. Sea $\angle A > 90°$.

Por el teorema generalizado de Pitágoras, tenemos:

$$a^2 = b^2 + c^2 + 2b\,\overline{AD} \qquad (1)$$

Pero: $\dfrac{\overline{AD}}{c} = \cos(180 - A) = -\cos A \qquad \therefore \qquad \overline{AD} = -c \cos A \qquad (2)$

Sustituyendo (2) en (1), tenemos:

$$a^2 = b^2 + c^2 + 2b(-c \cos A)$$
$$\therefore \quad a^2 = b^2 + c^2 - 2bc \cos A$$

417 LEY DE LAS TANGENTES

En todo triángulo oblicuángulo, la diferencia de dos de sus lados es a su suma como la tangente de la mitad de la diferencia de los ángulos opuestos a esos lados es a la tangente de la mitad de la suma de dichos ángulos.

Demostración

$$\frac{a}{\operatorname{sen} A} = \frac{a}{\operatorname{sen} B} \qquad \text{Ley de los senos}$$

$$\frac{a}{b} = \frac{\operatorname{sen} A}{\operatorname{sen} B} \qquad \text{Transponiendo}$$

$$\therefore \quad \frac{a-b}{a}=\frac{\text{sen } A-\text{sen } B}{\text{sen } A} \quad (1)$$

$$\frac{a+b}{a}=\frac{\text{sen } A+\text{sen } B}{\text{sen } A} \quad (2)$$

Propiedad de las proporciones

Dividiendo (1) entre (2), tenemos:

$$\frac{\dfrac{a-b}{a}}{\dfrac{a+b}{a}}=\frac{\dfrac{\text{sen } A-\text{sen } B}{\text{sen } A}}{\dfrac{\text{sen } A+\text{sen } B}{\text{sen } A}}$$

$$\therefore \quad \frac{a-b}{a+b}=\frac{\text{sen } A-\text{sen } B}{\text{sen } A+\text{sen } B}$$

Transformando en producto:

$$\frac{a-b}{a+b}=\frac{2 \text{ sen } \frac{1}{2}(A-B) \cos \frac{1}{2}(A+B)}{2 \text{ sen } \frac{1}{2}(A+B) \cos \frac{1}{2}(A-B)}$$

ordenando y simplificando:

$$\frac{a-b}{a+b}=\frac{\text{sen } \frac{1}{2}(A-B) \cos \frac{1}{2}(A+B)}{\cos \frac{1}{2}(A-B) \text{ sen } \frac{1}{2}(A+B)}$$

separando:

$$\frac{a-b}{a+b}=\frac{\text{sen } \frac{1}{2}(A-B)}{\cos \frac{1}{2}(A-B)} \cdot \frac{\cos \frac{1}{2}(A+B)}{\text{sen } \frac{1}{2}(A+B)} \quad (3)$$

Pero:

$$\frac{\text{sen } \frac{1}{2}(A-B)}{\cos \frac{1}{2}(A-B)}=\tan \frac{1}{2}(A-B) \quad (4)$$

y

$$\frac{\cos \frac{1}{2}(A+B)}{\text{sen } \frac{1}{2}(A+B)}=\cot \frac{1}{2}(A+B) \quad (5)$$

Sustituyendo (4) y (5) en (3), tenemos:

$$\frac{a-b}{a+b} = \tan\frac{1}{2}(A-B)\cot\frac{1}{2}(A+B) \qquad (6)$$

Y como:

$$\cot\frac{1}{2}(A+B) = \frac{1}{\tan\frac{1}{2}(A+B)} \qquad (7)$$

Sustituyendo (7) en (6), tenemos:

$$\frac{a-b}{a+b} = \tan\frac{1}{2}(A-B)\cdot\frac{1}{\tan\frac{1}{2}(A+B)}$$

$$\therefore \quad \frac{a-b}{a+b} = \frac{\tan\frac{1}{2}(A-B)}{\tan\frac{1}{2}(A+B)}$$

418 EJEMPLOS DE RESOLUCIÓN DE TRIÁNGULOS OBLICUÁNGULOS

Caso I

Conocidos los tres lados.

Ejemplo

Resolver el triángulo cuyos datos son:

$$a = 34, \qquad b = 40, \qquad c = 28$$

Se aplica la ley del coseno.

Cálculo de *A*:

$$a^2 = b^2 + c^2 - 2bc\cos A$$

Despejando cos *A*:

$$\cos A = \frac{b^2 + c^2 - a^2}{2bc}$$

$$\cos A = \frac{40^2 + 28^2 - 34^2}{2\times 40\times 28} = \frac{1{,}600 + 784 - 1{,}156}{2{,}240} = \frac{307}{560} = 0.54821$$

$$\therefore \quad A = 56°\ 45'$$

Cálculo de *B*:

Análogamente:

$$\cos B = \frac{a^2 + c^2 - b^2}{2ac}$$

$$\cos B = \frac{34^2 + 28^2 - 40^2}{2 \times 34 \times 28} = \frac{1,156 + 784 - 1,600}{1,904} = \frac{340}{1,904} = 0.17857$$

$\therefore \quad B = 79° \, 43'$

Cálculo de *C*:

Análogamente:

$$\cos C = \frac{a^2 + b^2 - c^2}{2ab}$$

$$\cos C = \frac{34^2 + 40^2 - 28^2}{2 \times 34 \times 40} = \frac{1,156 + 1,600 - 784}{2,720} = \frac{1,972}{2,720} = 0.72500$$

$\therefore \quad C = 43° \, 32'$

Es decir:

$$\begin{array}{rll} A = & 56° & 45' \\ B = & 79° & 43' \\ C = & 43° & 32' \\ \hline A + B + C = & 178° & 120' = 180° \end{array}$$

Ejercicios

Resolver los siguientes triángulos oblicuángulos.

1. $a = 41$, $b = 19.5$, $c = 32.48$ — **R.** $A = 101° \, 10'$, $B = 27° \, 50'$, $C = 51°$
2. $a = 5.312$, $b = 10.913$, $c = 13$ — **R.** $A = 23° \, 40'$, $B = 55° \, 33'$, $C = 100° \, 47'$
3. $a = 25$, $b = 31.51$, $c = 29.25$ — **R.** $A = 48° \, 25'$, $B = 70° \, 32'$, $C = 61° \, 3'$
4. $a = 85.04$, $b = 70$, $c = 79.20$ — **R.** $A = 69° \, 11'$, $B = 50° \, 18'$, $C = 60° \, 31'$
5. $a = 1,048$, $b = 1,136.82$, $c = 767.58$ — **R.** $A = 63° \, 20'$, $B = 75° \, 47'$, $C = 40° \, 53'$
6. $a = 33$, $b = 51.47$, $c = 46.25$ — **R.** $A = 39°$, $B = 79°$, $C = 62°$
7. $a = 32.56$, $b = 40$, $c = 16.79$ — **R.** $A = 52° \, 18'$, $B = 103° \, 37'$, $C = 24° \, 5'$

8. $a = 28$ **R.** $A = 53° 30'$
$b = 34$ $B = 77° 30'$
$c = 26.3$ $C = 49°$

9. $a = 13$ **R.** $A = 53° 8'$
$b = 4$ $B = 14° 15'$
$c = 15$ $C = 112° 37'$

10. $a = 10.59$ **R.** $A = 30° 40'$
$b = 14.77$ $B = 45° 20'$
$c = 20.15$ $C = 104°$

419 **CASO II**

Resolver un triángulo conocidos dos lados y el ángulo comprendido.

Ejemplo

Resolver el triángulo cuyos datos son:

$$A = 68° 18', \qquad b = 6, \qquad c = 10$$

Datos	*Fórmulas*
$A = 68° 18'$	$a = \sqrt{b^2 + c^2 - 2bc \cos A}$
$b = 6$	$\cos B = \dfrac{a^2 + c^2 - b^2}{2ac}$
$c = 10$	$\cos C = \dfrac{a^2 + b^2 - c^2}{2ab}$

Cálculo de *a*:

$$a = \sqrt{b^2 + c^2 - 2bc \cos A} = \sqrt{6^2 + 10^2 - 2 \times 6 \times 10 \cos 68° 18'}$$

$$a = \sqrt{36 + 100 - 120 \times 0.36975} = \sqrt{136 - 44.37} = \sqrt{91.63}$$

$$\therefore \quad a = 9.57$$

Cálculo de *B*:

$$\cos B = \frac{a^2 + c^2 - b^2}{2ac} = \frac{9.57^2 + 10^2 - 6^2}{2 \times 9.57 \times 10} = \frac{91.63 + 100 - 36}{191.4}$$

$$\cos B = \frac{191.63 - 36}{191.4} = \frac{155.63}{191.4} = 0.81311$$

$$\therefore \quad B = 35° 36'$$

Cálculo de C:

$$\cos C = \frac{a^2+b^2-c^2}{2ab} = \frac{9.57^2+6^2-10^2}{2\times 9.57\times 6} = \frac{91.63+36-100}{12\times 9.57}$$

$$\cos C = \frac{127.63-100}{114.84} = \frac{27.63}{114.84} = 0.24059$$

$\therefore \quad C = 76°\ 6'$

Ejercicios

Resolver los siguientes triángulos oblicuángulos:

1. $a = 32.45$, $b = 27.21$, $C = 66°\ 56'$ — **R.** $c = 33.19$, $A = 64°\ 6'$, $B = 48°\ 58'$
2. $b = 50$, $c = 66.6$, $A = 83°\ 26'$ — **R.** $a = 78.58$, $B = 39°\ 13'$, $C = 57°\ 21'$
3. $a = 40$, $c = 24.86$, $B = 98°\ 6'$ — **R.** $b = 50$, $A = 52°\ 24'$, $C = 29°\ 30'$
4. $a = 60$, $b = 50$, $C = 78°\ 28'$ — **R.** $c = 70$, $A = 57°\ 7'$, $B = 44°\ 25'$
5. $b = 49.8$, $c = 77.6$, $A = 59°\ 11'$ — **R.** $a = 67.4$, $B = 39°\ 23'$, $C = 81°\ 26'$
6. $c = 54.75$, $a = 318$, $B = 41°\ 27'$ — **R.** $b = 374$, $A = 34°\ 15'$, $C = 104°\ 18'$
7. $a = 1{,}126.5$, $b = 708.3$, $C = 63°\ 48'$ — **R.** $c = 1{,}032.3$, $A = 78°\ 13'$, $B = 37°\ 59'$
8. $b = 61.52$, $c = 83.44$, $A = 29°\ 14'$ — **R.** $a = 42.30$, $B = 45°\ 18'$, $C = 105°\ 28'$

9. $a = 11$
$b = 21$
$C = 97° 50'$

R. $A = 25° 50'$
$B = 56° 20'$
$C = 25$

10. $b = 40$
$c = 24.8$
$A = 98° 9'$

R. $a = 50$
$B = 52° 21'$
$C = 29° 30'$

420

CASO III

Dados un lado y dos ángulos.

Ejemplo

Datos

$A = 80° 25'$

$B = 35° 43'$

$c = 60$

Fórmulas

$A + B + C = 180°$

$$\frac{a}{\text{sen } A} = \frac{b}{\text{sen } B} = \frac{c}{\text{sen } C}$$

Cálculo de *C*:

$A + B + C = 180°$, $\quad 80° 25' + 35° 43' + C = 180°$, $\quad 116° 8' + C = 180°$

$\therefore \quad C = 180° - 116° 8' = 63° 52'$

Cálculo de *a*:

$$\frac{a}{\text{sen } A} = \frac{c}{\text{sen } C}, \qquad \frac{a}{\text{sen } 80° 25'} = \frac{60}{\text{sen } 63° 52'}$$

$$\frac{a}{0.98604} = \frac{60}{0.89777}$$

$$\therefore \quad a = \frac{60 \times 0.98604}{0.89777} = \frac{59.16240}{0.89777} = 65.88$$

Cálculo de *b*:

$$\frac{b}{\text{sen } B} = \frac{c}{\text{sen } C}, \qquad \frac{b}{\text{sen } 35° 43'} = \frac{60}{\text{sen } 63° 52'}$$

$$\frac{b}{0.58378} = \frac{60}{0.89777}$$

$$\therefore \quad b = \frac{60 \times 0.58378}{0.89777} = 39.01$$

Ejercicios

Resolver los siguientes triángulos oblicuángulos:

1. $a = 41$, $B = 27° 50'$, $C = 51°$ — **R.** $b = 19.5$, $c = 32.5$, $A = 101° 10'$
2. $a = 78.6$, $A = 83° 26'$, $B = 39° 13'$ — **R.** $b = 50$, $c = 66.6$, $C = 57° 21'$
3. $a = 1{,}048$, $A = 63° 20'$, $B = 75° 47'$ — **R.** $b = 1{,}136.8$, $c = 767.6$, $C = 40° 53'$
4. $b = 50$, $A = 57° 7'$, $C = 78° 28'$ — **R.** $a = 60$, $c = 70$, $B = 44° 25'$
5. $b = 31.5$, $A = 48° 25'$, $C = 61° 3'$ — **R.** $B = 70° 32'$, $a = 25$, $c = 29.25$
6. $c = 547.5$, $B = 41° 27'$, $C = 104° 18'$ — **R.** $b = 374$, $a = 318$, $A = 34° 15'$
7. $b = 40$, $B = 103° 37'$, $C = 24° 5'$ — **R.** $a = 32.6$, $c = 16.8$, $A = 52° 18'$
8. $b = 61.5$, $A = 29° 14'$, $B = 45° 18'$ — **R.** $a = 42.30$, $c = 83.44$, $C = 105° 28'$
9. $c = 15$, $C = 112° 37'$, $A = 53° 8'$ — **R.** $b = 4$, $a = 13$, $B = 14° 15'$
10. $c = 24.8$, $B = 52° 21'$, $C = 29° 30'$ — **R.** $a = 50$, $b = 40$, $A = 98° 9'$

ÁREA DE LOS TRIÁNGULOS OBLICUÁNGULOS

Caso I

Dados los tres lados. Se emplea la fórmula de Herón, ya estudiada en Geometría.

Ejemplo

Hallar el área del triángulo cuyos lados son $a = 18$, $b = 26$ y $c = 28$.

$$p = \frac{a+b+c}{2} \qquad p - a = 36 - 18 = 18$$

$$p = \frac{18+26+28}{2} \qquad p - b = 36 - 26 = 10$$

$$p = \frac{72}{2} = 36 \qquad p - c = 36 - 28 = 8$$

$$A_t = \sqrt{p(p-a)(p-b)(p-c)} = \sqrt{36 \times 18 \times 10 \times 8}$$

$$A_t = \sqrt{36 \times 9 \times 2 \times 2 \times 5 \times 4 \times 2} = \sqrt{36 \times 9 \times 4 \times 5 \times 4 \times 2}$$

$$A_t = 6 \times 3 \times 2 \times 2\sqrt{5 \times 2} = 72\sqrt{10} = 72 \times 3.162$$

$$\therefore \quad A_t = 227.694$$

Caso II

Dados los lados y el ángulo comprendido. Si los lados son a y b y el ángulo comprendido C, se utiliza la fórmula:

$$A = \frac{1}{2}ab \text{ sen } C$$

Demostración

De la fórmula:

$$A_t = \frac{1}{2}bh \qquad (1)$$

$$\frac{h}{a} = \text{sen } C$$

$$\therefore \quad h = a \text{ sen } C \qquad (2)$$

Sustituyendo (2) en (1):

$$A_t = \frac{1}{2}ba \text{ sen } C$$

Análogamente, se obtiene:

$$\text{Área} = \frac{1}{2}bc \text{ sen } A$$

$$\text{Área} = \frac{1}{2}ac \text{ sen } B$$

Figura 335

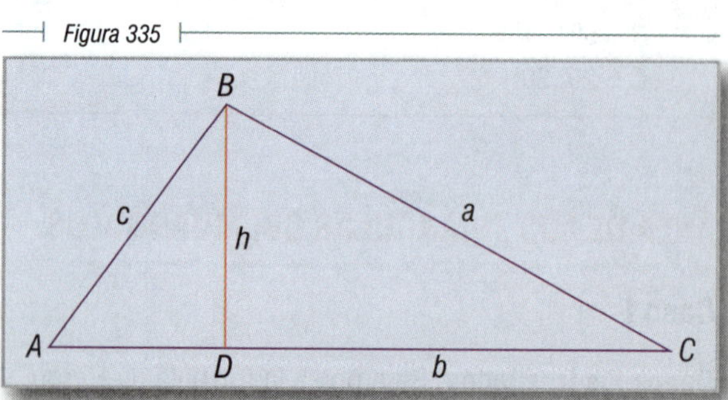

Ejemplo

Hallar el área del triángulo cuyos datos son $a = 7$, $b = 8$ y $C = 30°$.

$$A_t = \frac{1}{2} ab \text{ sen } C = \frac{1}{2} \times 7 \times 8 \text{ sen } 30°$$

$$A_t = \frac{1}{2} \times 56 \times 0.5 = 28 \times 0.5 = 14$$

$$\therefore \quad A = 14$$

Caso III

Dados un lado y dos ángulos. De la fórmula anterior:

$$A_t = \frac{1}{2} ab \text{ sen } C \qquad (1)$$

y de la ley de los senos:

$$\frac{a}{\text{sen } A} = \frac{b}{\text{sen } B}$$

se deduce, despejando b:

$$b = \frac{a \text{ sen } B}{\text{sen } A}$$

y sustituyendo en (1):

$$A_t = \frac{1}{2} a \left(\frac{a \text{ sen } B}{\text{sen } A} \right) \text{ sen } C$$

$$\therefore \quad A_t = \frac{a^2 \text{ sen } B \text{ sen } C}{2 \text{ sen } A}$$

De manera análoga, se obtiene:

$$A_t = \frac{b^2 \text{ sen } A \text{ sen } C}{2 \text{ sen } B}$$

$$\therefore \quad A_t = \frac{c^2 \text{ sen } A \text{ sen } B}{2 \text{ sen } C}$$

Ejemplo

Hallar el área del triángulo cuyos datos son $A = 70°$, $B = 50°$ y $c = 50$.

$$A_t = \frac{c^2 \text{ sen } A \text{ sen } B}{2 \text{ sen } C} = \frac{50^2 \text{ sen } 70° \text{ sen } 50°}{2 \text{ sen } 60°}$$

$$A_t = \frac{2{,}500 \times 0.93969 \times 0.76604}{2 \times 0.86603} = \frac{1{,}250 \times 0.93969 \times 0.76604}{0.86603}$$

$$A_t = \frac{899.7575}{0.86603} = 1{,}038.9$$

$$\therefore \quad A_t = 1{,}038.9$$

Ejercicios

Hallar las áreas de los triángulos oblicuángulos de los ejercicios anteriores de este capítulo.

RESPUESTAS

	EJERCICIOS (*Dados los tres lados*)	EJERCICIOS (*Dados dos lados y el ángulo comprendido*)	EJERCICIOS (*Dados un lado y dos ángulos*)
1.	310.68	405	310.68
2.	28.5	1,655	1,655
3.	345	493	372,000
4.	2,590	1,470	1,470
5.	372,000	1,660	345
6.	751	5,750	57,600
7.	266.2	354,900	266.2
8.	359	1,258.1	1,258.1
9.	24	124.3	24
10.	76	493	493

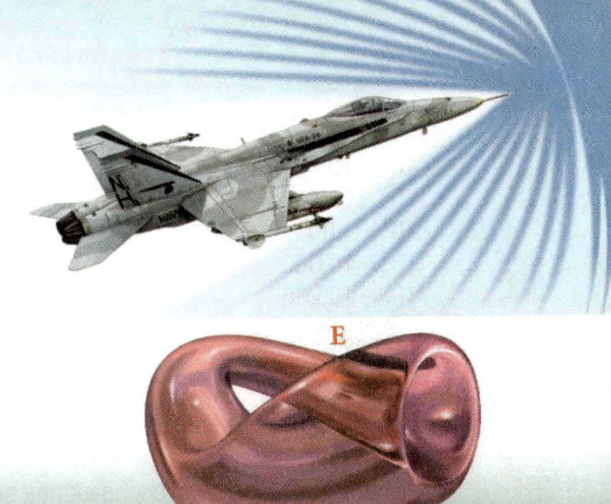

La Geometría y la Topología. La Topología o Matemática de lo posible viene a ser una Geometría que solamente tiene en cuenta los conceptos de orden y continuidad. Fue bautizada con ese nombre por Listing en 1847. Así, resulta la cinta de Möbius, sobre la que, si imaginamos un hombre caminando, puede pasar del "anverso" al "reverso" de la misma sin "atravesarla"; es decir, "continuamente". La botella de Klein (Fig. E) es otro ejemplo de superficie "unilátera".

Capítulo XXVIII

LOGARITMOS. LOGARITMOS DE LAS FUNCIONES TRIGONOMÉTRICAS

LOGARITMOS

Logaritmo de un número es el exponente a que hay que elevar otro número llamado base del sistema para obtener el número dado.

Si la base es 10, los logaritmos se llaman comunes, decimales o de Briggs. Son los más usados en la Matemática elemental.

Es decir, de las igualdades de la primera columna se deducen las de la segunda columna:

$10^{-3} = \frac{1}{10^3} = \frac{1}{1{,}000} = 0.001,$ resulta: $\log 0.001 = -3$

$10^{-2} = \frac{1}{10^2} = \frac{1}{100} = 0.01,$ resulta $\log 0.01 = -2$

$10^{-1} = \frac{1}{10^1} = \frac{1}{10} = 0.1,$ resulta: $\log 0.1 = -1$

$10^0 = 1$	resulta	$\log 1 = 0$
$10^1 = 10$	resulta	$\log 10 = 1$
$10^2 = 100$	resulta	$\log 100 = 2$
$10^3 = 1{,}000$	resulta	$\log 1{,}000 = 3$
$10^4 = 10{,}000$	resulta	$\log 10{,}000 = 4$
$10^5 = 100{,}000$	resulta	$\log 100{,}000 = 5$

y así sucesivamente.

423 PROPIEDADES DE LOS LOGARITMOS COMUNES

1. Los únicos números cuyos logaritmos son números enteros, son las potencias de 10 de exponente entero.

Ejemplos

$10^{-2} = 0.01$	$\log 0.01 = -2$
$10^{-1} = 0.1$	$\log 0.1 = -1$
$10^0 = 1$	$\log 1 = 0$
$10^1 = 10$	$\log 10 = 1$
$10^2 = 100$	$\log 100 = 2$
$10^3 = 1{,}000$	$\log 1{,}000 = 3$

2. Los números comprendidos entre 1 y 10 tienen sus logaritmos comprendidos entre 0 y 1, ya que $\log 1 = 0$ y $\log 10 = 1$.

Ejemplos

$\log 2 = 0.3010$	$\log 8 = 0.9031$
$\log 4 = 0.6021$	$\log 9 = 0.9542$

Los números comprendidos entre 100 y 1,000 tienen su logaritmo comprendido entre 2 y 3, ya que $\log 100 = 2$ y $\log 1{,}000 = 3$.

De manera análoga, los números comprendidos entre 1,000 y 10,000 tienen su logaritmo entre 3 y 4, ya que $\log 1{,}000 = 3$ y $\log 10{,}000 = 4$.

Ejemplos

$\log 200 = 2.3010$	$\log 2{,}000 = 3.3010$
$\log 400 = 2.6021$	$\log 4{,}000 = 3.6021$
$\log 800 = 2.9031$	$\log 8{,}000 = 3.9031$

3. Los números negativos no tienen logaritmo. El logaritmo de todo número que no sea una potencia de 10 de exponente entero consta de una parte entera y una parte decimal. La parte entera se llama característica y la parte decimal mantisa.

Ejemplos

log 2 = 0.3010	característica = 0 mantisa = 0.3010
log 400 = 2.6021	característica = 2 mantisa = 0.6021
log 8,000 = 3.9031	característica = 3 mantisa = 0.9031

La mantisa es *siempre* positiva.

La característica es *positiva* si el número es mayor que 1 y *negativa* cuando el número está comprendido entre 0 y 1.

La característica de los logaritmos de los números comprendidos entre 1 y 10 es cero.

Para hallar la característica del logaritmo de un *número* mayor que 1 se resta una unidad al número de cifras de su parte entera.

Ejemplos

4,856	tiene 4 cifras, la característica de su logaritmo es 3.
386	tiene 3 cifras, la característica de su logaritmo es 2.
8	tiene 1 cifra, la característica de su logaritmo es 0.
1,215.65	tiene 4 cifras de parte entera, la característica de su logaritmo es 3.

Para encontrar la característica de un *número* menor que 1, se suma la unidad al número de ceros que hay entre el punto decimal y la primera cifra significativa. Esta característica es negativa.

Ejemplos

La característica de log 0.4 es – 1.
La característica de log 0.05 es – 2.
La característica de log 0.008 es – 3.

Cuando se escribe un logaritmo cuya característica es negativa, el signo menos se coloca sobre la característica y no delante de ella, porque de esta manera afectaría a todo el logaritmo, y debemos recordar que las mantisas siempre son positivas.

Ejemplos

$\log 0.04 = \bar{2}.6021$	que significa:	$-2 + 0.6021$
$\log 0.0008 = \bar{4}.9031$	que significa:	$-4 + 0.9031$

424 CÁLCULO LOGARÍTMICO

Si B es la base de un sistema de logaritmos y M y N son dos números cualesquiera, tenemos:

Si: $\log M = x$ entonces: $B^x = M$ (1)

$\log N = y$ " $B^y = N$ (2)

Logaritmo de un producto. *El logaritmo de un producto es igual a la suma de los logaritmos de los factores.*

Al multiplicar miembro a miembro (1) y (2), tenemos:

$$B^x \cdot B^y = MN$$

$$B^{x+y} = MN$$

$$\therefore \quad \log MN = x + y \qquad (3)$$

Pero: $\log M = x$ y $\log N = y$.

Sustituyendo estos valores en (3), tenemos:

$$\log MN = \log M + \log N$$

Logaritmo de un cociente. *El logaritmo de un cociente es igual al logaritmo del dividendo menos el logaritmo del divisor.*

Dividiendo miembro a miembro (1) y (2), tenemos:

$$\frac{B^x}{B^y} = \frac{M}{N}$$

$$B^{x-y} = \frac{M}{N}$$

$$\therefore \quad \log \frac{M}{N} = x - y \qquad (4)$$

Pero: $\log M = x$ y $\log N = y$.

Sustituyendo estos valores en (4), tenemos:

$$\log \frac{M}{N} = \log M - \log N$$

Logaritmo de una potencia. *El logaritmo de una potencia es igual al exponente por el logaritmo de la base.*

Elevando a la potencia n, ambos miembros de la igualdad (1), tenemos:

$$(B^x)^n = M^n$$

$$\therefore \quad B^{n \cdot x} = M^n$$

$$\therefore \quad \log M^n = n \cdot x \qquad (5)$$

Y como: $\log M = x$, sustituyendo este valor en (5), tenemos:

$$\log M^n = n \log M$$

Logaritmo de una raíz. *El logaritmo de una raíz es igual al logaritmo del radicando dividido entre el índice de la raíz.*

Extrayendo raíz enésima en ambos miembros de la igualdad (1), tenemos:

$$\sqrt[n]{B^x} = \sqrt[n]{M}$$

$$\therefore \quad B^{\frac{x}{n}} = \sqrt[n]{M}$$

$$\therefore \quad \log \sqrt[n]{M} = \frac{x}{n} \qquad (6)$$

Y como: $\log M = x$, sustituyendo este valor en (6), tenemos:

$$\log \sqrt[n]{M} = \frac{\log M}{n}$$

Ejemplos

$$\log(3.4 \times 5.62) = \log 3.4 + \log 5.62$$

$$\log(25 \times 8.3 \times 615) = \log 25 + \log 8.3 + \log 615$$

$$\log \frac{1.8}{0.72} = \log 1.8 - \log 0.72$$

$$\log \frac{4.3 \times 5.9}{12.35} = \log 4.3 + \log 5.9 - \log 12.35$$

$$\log 3.2^9 = 9 \times \log 3.2$$

$$\log(7.8^5 \times 3.62) = 5 \log 7.8 + \log 3.62$$

$$\log \frac{4.6^4}{5} = 4 \times \log 4.6 - \log 5$$

$$\log \sqrt[5]{6.32} = \frac{\log 6.32}{5}$$

$$\log\left(\frac{\sqrt[4]{9}}{2}\right) = \frac{\log 9}{4} - \log 2$$

ANTILOGARITMOS

Se llama antilogaritmo al número a que corresponde un logaritmo dado.

Ejemplo

Si:	$\log 2 = 0.3010$	$\text{antilog } 0.3010 = 2$
"	$\log 40 = 1.6021$	$\text{antilog } 1.6021 = 40$
"	$\log 800 = 2.9031$	$\text{antilog } 2.9031 = 800$

Ejercicios

Calcular las características de los logaritmos de los siguientes números:

1. 432 — R. 2
2. 86 — R. 1
3. 7528 — R. 3
4. 13.56 — R. 1
5. 7.18 — R. 0
6. 436.925 — R. 2
7. 108.36 — R. 2
8. 23.01 — R. 1
9. 9.3426 — R. 0
10. 48.35272 — R. 1
11. 0.5 — R. $\bar{1}$
12. 0.0028 — R. $\bar{3}$
13. 0.000325 — R. $\bar{4}$
14. 0.00000083 — R. $\bar{7}$
15. 0.0000721 — R. $\bar{5}$
16. 48365 — R. 4
17. 324.762 — R. 2
18. 18.36509 — R. 1
19. 0.00723 — R. $\bar{3}$
20. 0.000015 — R. $\bar{5}$

Aplicar logaritmos a las siguientes expresiones:

21. ab — R. $\log ab = \log a + \log b$
22. $5x$ — R. $\log 5x = \log 5 + \log x$
23. 42×5.6 — R. $\log (42 \times 5.6) = \log 42 + \log 5.6$
24. $\frac{c}{d}$ — R. $\log \frac{c}{d} = \log c - \log d$
25. $\frac{x}{3}$ — R. $\log \frac{x}{3} = \log x - \log 3$

26. $\frac{ab}{x}$ R. $\log \frac{ab}{x} = \log a + \log b - \log x$

27. $\frac{cd}{5}$ R. $\log \frac{cd}{5} = \log c + \log d - \log 5$

28. x^n R. $\log x^n = n \log x$

29. b^4 R. $\log b^4 = 4 \times \log b$

30. 15^3 R. $\log 15^3 = 3 \times \log 15$

31. $3x^2$ R. $\log 3x^2 = \log 3 + 2 \times \log x$

32. $\frac{4b^3}{5}$ R. $\log \frac{4b^3}{5} = \log 4 + 3 \log b - \log 5$

33. $\sqrt[3]{A}$ R. $\log \sqrt[3]{A} = \frac{\log A}{3}$

34. $\frac{\sqrt[5]{12}}{x}$ R. $\log \frac{\sqrt[5]{12}}{x} = \frac{\log 12}{5} - \log x$

35. $\sqrt{M} \quad \sqrt[3]{N}$ R. $\log \sqrt{M} \cdot \sqrt[3]{N} = \frac{\log M}{2} + \frac{\log N}{3}$

36. Demostrar que:

$$\log \frac{\sqrt{1+n^2} - 1}{\sqrt{1+n^2} + 1} = 2[\log\left(\sqrt{1+n^2} - 1\right) - \log n]$$

Calcular los antilogaritmos en las siguientes expresiones.

37. $\log 2 = 0.3010$ R. 2

38. $\log y = 0.6021$ R. y

39. $\log z = 0.9031$ R. z

40. $\log 20 = 1.3010$ R. 20

41. $\log t = 2.6021$ R. t

42. $\log 8 = 0.9031$ R. 8

43. $\log m = \bar{1}.3010$ R. m

44. $\log 0.02 = \bar{2}.3010$ R. 0.02

45. $\log p = \bar{3}.9031$ R. p

46. $\log 100 = 2.000$ R. 100

47. $\log x = \bar{1}.8837$ R. x

48. $\log u = \bar{1}.9243$ R. u

49. $\log 3 = 0.4771$ R. 3

50. $\log h = 2.0016$ R. h

51. $\log w = 1.5145$ R. w

426 MANEJO DE LA TABLA DE LOGARITMOS

Existen muchas tablas de logaritmos de diversos autores cuyo manejo viene explicado en la misma tabla. Nos limitamos a explicar el manejo de la tabla incluida como apéndice a este texto. Se emplea esta tabla para resolver dos cuestiones:

a) Hallar el logaritmo de un número dado.

b) Hallar el antilogaritmo de un logaritmo dado.

A) *Hallar el logaritmo de un número.* Primero se determina la característica de acuerdo con lo explicado en la sección 423.

Para hallar la mantisa:

1. *Cuando se trata de un número de una cifra*: se toma la mantisa de la decena correspondiente a dicho número en la columna encabezada 0.

log 1 = 0.000

log 2 = 0.3010

N	0	1	2	3	4
10	0000	0043	0086	0128	0170
11	0414	0453	0492	0531	0569
12	0792	0828	0864	0899	0934
13	1139	1173	1206	1239	1271
14	1461	1492	1523	1553	1584
15	1761	1790	1818	1847	1875
16	2041	2068	2095	2122	2148
17	2304	2330	2355	2380	2405
18	2553	2577	2601	2625	2648
19	2788	2810	2833	2856	2878
20	3010	3032	3054	3075	3096
21	3222	3243	2363	3284	330[illegible]
22	3424	3444	3464	3483	35[illegible]
23	3617	3636	3655	3674	
24	3802	3820	3838	38[illegible]	

2. *Cuando se trata de un número de dos cifras.* Se busca el número en la columna *N* y se toma la mantisa en la columna encabezada cero.

log 51 = 1.7076

N	0	1	2	3	4
48	6812	6821			
49	6902	6911	6920	[illegible]	
50	6990	6998	7007	7016	[illegible]
51	7076	7084	7093	7101	71[illegible]
52	7160	7168	7177	7185	7193
53	7243	7251	7259	7267	7275
54	7324	7332	7340	7348	7356

log 2 = 1.9638

N	0	1	2	3	4
89	9494	9499	[illegible]		
90	9542	9547	9552	9557	
91	9590	9595	9600	9605	96
92	9638	9643	9647	9652	96
93	9685	9689	9694	9699	9703
94	9731	9736	9741	9745	9750
95	9777	9782	9786	9791	9795

3. *Cuando se trata de un número de tres cifras.* Se buscan las dos primeras cifras en la columna *N* y se toma la mantisa en la columna correspondiente a la tercera cifra.

log 382 = 2.5821

log 412 = 2.6149

N	0	1	2	3	4
34					
35	5441	5453			
36	5563	5575	5587	5599	
37	5682	5694	5705	5717	572
38	5798	5809	5821	5832	5843
39	5911	5922	5933	5944	5955
40	6021	6031	6042	6053	6064
41	6128	6138	6149	6160	6170
42	6232	6243	6253	6263	6274
43	6335	6345	6355	6365	6375
44	6435	6444	6454	6464	64
45	6532	6542	[illegible]	[illegible]	

4. *Cuando se trata de un número de más de tres cifras.* Este caso vamos a explicarlo desarrollando un ejemplo. Hallemos log 8.005. Primero determinamos la característica. Como la parte entera tiene una sola cifra, dicha característica es cero.

Determinemos la mantisa: se consideran las tres primeras cifras y buscamos log 8.00 y log 8.01.

log 8.00 = 0.9031

log 8.01 = 0.9036

N	0	1	2	3	4	
77	8865					
78	8921	8927	8932	8938		
79	8976	8982	8987	8993	8998	
80	9031	9036	9042	9047	9053	9058
81	9007	9090	9096	9101	9106	911
82	9138	9143	9149	9154	9159	91
83	9191	9196	9201	9206	9212	
84	9243	9248	9253	9258	9263	
85	9294	9299	9304	9309	9315	
86	9345	9350	9355	9360	[illegible]	
[illegible]	[illegible]	9400	9405			

$$\begin{array}{rl} - \log 8.01 = & 0.9036 \\ \log 8.00 = & \underline{0.9031} \\ & 0.0005 \end{array} \qquad \text{Diferencia correspondiente a } 0.01$$

Al conocer esta diferencia calculemos la diferencia correspondiente a 0.005.

$$\begin{array}{lcl} 0.01 & \text{———} & 0.00005 \\ 0.005 & \text{———} & x \end{array}$$

$$x = \frac{0.005 \times 0.0005}{0.01} = \frac{0.0000025}{0.01} = 0.00025$$

Entonces:

$$\begin{array}{rl} \log 8.00 & = 0.9031 \\ + \ \text{Diferencia para } 0.005 & = \underline{0.00025} \\ \log 8.005 & = 0.90335 \end{array}$$

427 MANERA DE HALLAR EL ANTILOGARITMO

1. *Cuando el logaritmo figura en la tabla.*

$\log x = 1.7076$

$x = 51$

$\log y = 3.7259$

$y = 5320$

$\log z = 0.7482$

$\log u = \bar{1}.7642$

$u = 0.581$

N	0	1	2	3	4	
50	6990	6998	7007	7016	7024	7
51	7076	7084	7093	7101	7110	7
52	7160	7168	7177	7185	7193	
53	7243	7251	7259	7267	7275	
54	7324	7332	7340	7348	7356	
55	7404	7412	7419	7427	743	
56	7482	7490	7497	7505	75	
57	7559	7566	7574	7582		
58	7634	7642	7649	7657		
59	7709	7716	7723	7731		
60	7782	7789	7796	7803		
61	7853	7860	7868	787		
62	7924	7931	7938	7		

Cuando la mantisa se encuentre en la columna encabezada por 0, el antilogaritmo se localiza en la columna encabezada por *N*.

Cuando la mantisa se ubica en una columna encabezada por 1, 2, etc., dicha cifra se coloca a continuación de las cifras tomadas en la columna *N*.

La característica nos determina la posición del punto decimal, esto es, el número de cifras de la parte entera.

2. *Cuando el logaritmo no figura en la tabla.*

Vamos a explicarlo con un ejemplo.

Tenemos: $\log x = 1.0875$. Queremos determinar el valor de x, es decir, el antilogaritmo correspondiente al logaritmo 1.0875.

Sabemos que la característica1 significa que el número tiene dos cifras en su parte entera. Nos falta buscar cuáles son estas cifras y esto lo da la mantisa 0.0875.

Buscamos en la tabla la mantisa que más se aproxime por *defecto*.

$x = 122$

N	0	1	2	3	4
10	0000	0043	0086	0128	0170
11	0414	0453	0492	0531	0569
12	0792	0828	0864	0899	0934
13	1139	1173	1206	1239	1271
14	1461	1492	1523	1553	1584
15	1761	1790	1818	1847	1875
16	[illegible]	[illegible]	[illegible]	[illegible]	[illegible]

En este caso encontramos que la mantisa 0.0864 corresponde al número 12 en la columna 2. Es decir, a un número cuyas cifras son 122.

Como sabemos que el número tiene dos cifras de parte entera, tenemos que aproximadamente el valor buscado es 12.2.

Si queremos obtener una aproximación mayor, es decir, más cifras decimales, hacemos lo siguiente:

a) Hallamos la diferencia entre la mantisa que tenemos y la que hemos tomado de la tabla. A esta diferencia la llamaremos primera diferencia:

$$\begin{array}{rr} & 0.0875 \\ - & 0.0864 \\ \hline \text{Primera diferencia} = & 0.0011 \end{array}$$

b) Hallamos la diferencia entre la mantisa tomada en la tabla y la mantisa siguiente que corresponde al numero 123. A esta diferencia la llamaremos segunda diferencia:

$$\begin{array}{rr} & 0.0899 \\ - & 0.0864 \\ \hline \text{Segunda diferencia} = & 0.0035 \end{array}$$

c) Ahora decimos:

Si 35 corresponde a una diferencia de 1
11 corresponde a una diferencia de x

$$x = \frac{11}{35} = 0.314$$

Luego, las cifras del número buscado son 12.2314.

Ejercicios

Calcular las siguientes expresiones, empleando logaritmos:

1. $\dfrac{53.2 \times 16.24}{89.2} =$ **R.** 9.685
2. $\dfrac{71.5 \times 8.64}{0.5 \times 8.6} =$ **R.** 143.665
3. $\dfrac{(-6.3) \times (-9.432)}{(-0.05) \times 816.5} =$ **R.** -1.455
4. $5^4 \times 0.3^3 =$ **R.** 16.875
5. $8^{\frac{1}{4}} \times 6^{\frac{1}{2}} \times 4^{\frac{2}{3}} =$ **R.** 10.366
6. $\dfrac{5^6}{4.3^4} =$ **R.** 45.703
7. $\dfrac{0.48^6}{2.4^4} =$ **R.** 0.000368
8. $\dfrac{8^{\frac{2}{3}}}{6^{\frac{8}{4}}} =$ **R.** 1.043
9. $\sqrt{8.36 \times 9.12} =$ **R.** 8.731
10. $\sqrt[4]{\dfrac{64.8 \times 203.5}{94.2}} =$ **R.** 3.4
11. $\sqrt[3]{\dfrac{3}{4}} \times \sqrt[4]{\dfrac{2}{5}} =$ **R.** 0.7225
12. $\left(\dfrac{7}{8}\right)^{\frac{3}{4}} =$ **R.** 0.905
13. $\left(\dfrac{0.06123}{0.1823}\right)^{\frac{2}{3}} =$ **R.** 0.483

14. $\sqrt{3}\times\sqrt{5}\times\sqrt{0.04}=$ **R.** 0.775

15. $\dfrac{\sqrt{46.28}\times\sqrt{62.15}}{\sqrt{215.3}}=$ **R.** 3.655

MANEJO DE LA TABLA DE FUNCIONES TRIGONOMÉTRICAS NATURALES

428

Esta tabla se emplea para resolver dos cuestiones:

1. Hallar el valor de una función trigonométrica de un ángulo dado.
2. Dado el valor de una función trigonométrica de un ángulo, hallar dicho ángulo.

Para hallar el valor de una función trigonométrica consideremos dos casos:

Caso I. Cuando el ángulo dado figura en la tabla. Para hallar el valor de una función de un ángulo menor de 45°, se busca el ángulo en la *primera columna de la izquierda* y el nombre de la función en la fila vertical correspondiente.

El valor de la función trigonométrica se halla en la intersección de la fila donde se lee el ángulo y la columna encabezada por la función trigonométrica buscada.

Ejemplo

Hallar cos 27° 20'.

Grados	Sen	Csc	Tan	Cot	Sec	Cos	
27° 0´	.4540	2.203	.5095	1.963	1.122	.8910	63° 0´
10´	566	190	132	949	124	807	50´
20´	592	178	169	935	126	884	40´
30´	.4617	2.166	.5206	1.921	1.127	.8870	30´
40´	643	154	243	957	129	857	20´
50´	669	142	280	894	131	843	10´
28° 0´	.4695	2.130	.5317	1.881	1.133	.8829	62° 0´
10´	720	118	354	868	134	816	50´
20´	746	107	392	855	136	802	40´
30´	.4772	2.096	.5430	1.842	1.138	.8788	30´
40´	797	085	467	820	140	774	20´
50´	[illegible]	074	505				
29° 0´			[illegible]				

cos 27° 20' = 0.8884

Si el ángulo dado es mayor que 45°, se busca el ángulo en la *última columna de la derecha* y el nombre de la función en la *última fila inferior*.

El valor de la función se halla en la intersección de la fila y la columna, igual que en el ejemplo anterior.

Ejemplos

1) Hallar cot 54° 10'.

							323	20
				703		204	307	10´
34°	0´	.5592	1.788	.6745	1.483	1.206	.8290	56° 0´
	10´	616	781	787	473	209	274	50´
	20´	640	773	830	464	211	258	40´
	30´	.5664	1.766	.6873	1.455	1.213	.8241	30´
	40´	688	758	916	446	216	225	20´
	50´	712	751	.6959	437	218	208	10´
35°	0´	.5736	1.743	.7002	1.428	1.221	.8192	55° 0´
	10´	760	736	046	419	223	175	50´
	20´	783	729	089	411	226	158	40´
	30´	.5807	1.722	.7133	1.402	1.228	.8141	30´
	40´	831	715	177	393	231	124	20´
	50´	854	708	221	385	233	107	10´
36°	0´	.5878	1.701	.7265	1.376	1.236	.8090	54° 0´
		Cos	**Sec**	**Cot**	**Tan**	**Csc**	**Sen**	**Grados**

cot 54° 10' = 0.7221

Caso II. Cuando el ángulo dado no figura en la tabla. En este caso, el valor de la función trigonométrica se determina por *interpolación*. La interpolación consiste en tomar dos valores inmediatamente próximos al valor buscado, uno superior y otro inferior, que se encuentren en la tabla y de ambos deducir el valor buscado.

2) Hallar el seno de 20° 15'.

Como el ángulo está comprendido entre 20° 10' y 20° 20', hallamos los senos de estos valores.

Grados		Sen	Csc	Tan	Cot	Sec	Cos	
18°	0´	.3090	3.236	.3249	3.078	1.051	.9511	72° 0´
	10´	118	207	281	047	052	502	50´
	20´	145	179	314	3.018	053	492	40´
	30´				2.989			
	40´	365				062	417	20´
	50´	393	947	607	773	063	407	10´
20°	0´	.3420	2.924	.3640	2.747	1.064	.9397	70° 0´
	10´	448	901	673	723	065	387	50´
	20´	475	878	706	699	066	377	40´
	30´	.3502	2.855	.3739	2.675	1.068	.9367	30´
	40´	529	833	772	651	069	356	20´
	50´	557	812	805	628	070	346	10´
21°	0´	3584	2.790	.3839	2.605	1.071	.9336	69° 0´
		611					325	50´
							315	

sen 20° 20' = 0.3475

sen 20° 10' = 0.3448

10' = 0.0027

Al establecer la proporción correspondiente, tenemos:

$$10' \text{ ——— } 0.0027 \qquad x = \frac{0.0027 \times 5}{10} = \frac{0.0027}{2}$$

$$5' \text{ ——— } x \qquad x = 0.00135$$

$$\begin{array}{rr} & \text{sen } 20° \, 10' = 0.34480 \\ + \text{ Parte proporcional a} & 5' = 0.00135 \\ \hline & \text{sen } 20° \, 10' = 0.34615 \end{array}$$

3) Hallar el coseno de 27° 23'.

Grados	Sen	Csc	Tan	Cot	Sec	Cos	
27° 0´	.4540	2.203	.5095	1.963	1.122	.8910	63° 0´
10´	566	190	132	949	124	897	50´
20´	592	178	169	935	126	884	40´
30´	.4617	2.166	.5206	1.921	1.127	.8870	30´
40´	643	154	243	907	129	857	20´
50´	669	142	280	894	131	843	10´
28° 0´	.4695	2.130	.5317	1.881	1.133	.8829	62° 0´
10´	720	118	354	868	134	816	50´
20´	746	107	392	855	136	802	40´
30´	.4772	2.096	.5430	1.842	1.138	.8788	30´
40´	797	085	467	829	140	774	20´
50´	823	074	505	816	142	760	[illegible]
[illegible]	[illegible]	[illegible]	[illegible]	1.804	[illegible]	[illegible]	[illegible]

$$\begin{array}{r} \cos 27° \, 20' = 0.8884 \\ \cos 27° \, 30' = 0.8870 \\ \hline 10' = 0.0014 \end{array}$$

$$10' \text{ ——— } 0.0014 \qquad x = \frac{0.0014 \times 3}{10}$$

$$3' \text{ ——— } x \qquad x = \frac{0.0042}{10} = 0.0004$$

$$\begin{array}{rr} & \cos \; 27° \, 20' = 0.8884 \\ - \text{ Parte proporcional a} & 3' = 0.0004 \\ \hline & \cos \; 27° \, 23' = 0.8880 \end{array}$$

Obsérvese que en este caso el valor obtenido para los 3' se *resta*, porque al aumentar el ángulo el coseno *disminuye*. Lo mismo sucede con la *cotangente* y *cosecante*.

429 MANEJO DE LA TABLA DE FUNCIONES TRIGONOMÉTRICAS LOGARÍTMICAS

Es posible hallar el logaritmo de una función trigonométrica, hallando primero el valor de la función por medio de la tabla de funciones naturales y después buscar el logaritmo de dicho valor.

Ejemplo

Hallar el valor de log sen 12° 20'.

Hallamos primero sen 12° 20' = 0.2136 y después log 0.2136 = $\overline{1}$.3296.

Por tanto: log sen 12° 20' = $\overline{1}$.3296.

Sin embargo, este procedimiento necesita emplear primero la tabla de funciones trigonométricas naturales y después la tabla de logaritmos.

Para eliminar esta operación en dos etapas, se han preparado tablas que dan directamente los logaritmos de las funciones trigonométricas.

Las tablas contenidas en el apéndice citan en la primera columna de la izquierda los ángulos desde 0° hasta 45° de 10' en 10'.

Los ángulos desde 45° hasta 90° se dan en orden inverso, en la primera columna de la derecha, de 10' en 10'.

Si el ángulo es menor que 45°, se busca en la columna de la izquierda y el nombre de la función se lee por la parte superior; cuando el ángulo es mayor que 45° se busca en la columna de la derecha y el nombre de la función se lee por la parte inferior.

Para facilitar la interpolación se dan columnas de diferencias. Estas columnas encabezadas por la letra d, están situadas a la derecha de las columnas *L sen* y *L cos*. Las columnas de la tangente y la cotangente, encabezadas por *L tan* y *L cot*, muestran una diferencia común situada entre las dos columnas y encabezada por las letras dc.

Los senos y los cosenos presentan un valor menor que la unidad y, por tanto, los logaritmos de estos valores tienen características negativas.

Como también las tangentes de los ángulos menores que 45°, y las cotangentes de ángulos mayores que 45° y menores que 90° son menores que la unidad, sus logaritmos presentan características negativas.

Para evitar escribir características negativas en la tabla, se pone 9 en lugar de $\overline{1}$; 8 en lugar de $\overline{2}$, etc.; por tanto, al tomarlos de la tabla debemos recordar este convenio.

Las características de los logaritmos de las tangentes de los ángulos comprendidos entre 45° y 90°, son las que figuran en la tabla; también lo son las de los logaritmos de las cotangentes de ángulos menores que 45°.

En esta tabla no aparecen los valores de los logaritmos de las secantes y las cosecantes. En caso que fuera necesario calcularlos recordemos que la secante y la cosecante son los recíprocos del coseno y el seno, respectivamente.

Ángulo	L Sen	d	L Cos	d	L Tan	dc	L Cot	
27° 0´	9.6570	2.5	9.9499	.7	9.7072	3.1	10.2928	63° 0´
10´	.6595	2.5	.9492	.7	.7103	3.1	.2897	50´
	.6620		.9486		.7134	3.1	.2866	
						3.1		
				.7				10´
				.7			10.2562	61° 0´
	.6878	2.2	.9411	.7	.7467	2.9	.2533	50´
	.6901	2.3	.9404	.7	.7497	3.0	.2503	40´
30´	.6923	2.2	.9397	.7	.7526	2.9	.2474	30´
40´	.6946	2.3	.9390	.7	.7556	3.0	.2444	20´
50´	.6968	2.2	.9383	.7	.7585	2.9	.2415	10´
30° 0´	9.6990	2.2	9.9375	.8	9.7614	2.9	10.2386	60° 0´
10´	.7012	2.2	.9368	.7	.7644	3.0	.2356	50´
20´	.7033	2.1	.9361	.7	.7673	2.9	.2327	40´
30´	.7055	2.2	.9353	.8	.7701	2.8	.2299	30´
40´	.7076	2.1	.9346	.7	.7730	2.9	.2270	20´
50´	.7097	2.1	.9338	.8	.7759	2.9	.2241	10´
31° 0´	9.7118	2.1	9.9331	.7	9.7788	2.9	10.2212	59° 0´
10´	.7139	2.1	.9323	.8	.7816	2.8	.2184	50´
20´	.7160	2.1	.9315	.8	.7845	2.9	.2155	40´
30´	.7181	2.1	.9308	.7	.7873	2.8	.2127	
40´	.7201	2.0	.9300	.8	.7902	2.8		
50´		2.1		.8	.7930			

Ejemplos

$\log \operatorname{sen} 30° = \bar{1}.6990$

$\log \cos 30°\ 10' = \bar{1}.9368$

$\log \tan 30°\ 40' = \bar{1}.7730$

$\log \cot 31° = 0.2212$

$\log \cot 31°\ 10' = 0.2184$

20´					.9595			
30´	.8297	1.4	.8676	1.1	.9621	2.6		
40´	.8311	1.4	.8665	1.2	.9646	2.5		
50´	.8324	1.3	.8653	1.2	.9671	2.5	.0329	10´
43° 0´	9.8338	1.4	9.8641	1.2	9.9097	2.6	10.0303	47° 0´
10´	.8351	1.3	.8629	1.2	.9722	2.5	.0278	50´
20´	.8365	1.4	.8618	1.1	.9747	2.5	.0253	40´
30´	.8378	1.3	.8606	1.2	.9772	2.5	.0228	30´
40´	.8391	1.3	.8594	1.2	.9798	2.6	.0202	20´
50´	.8405	1.4	.8582	1.2	.9823	2.5	.0177	10´
44° 0´	9.8418	1.3	9.8569	1.3	9.9848	2.5	10.0152	46° 0´
10´	.8431	1.3	.8557	1.2	.9874	2.6	.0126	50´
20´	.8444	1.3	.8545	1.2	.9899	2.5	.0101	40´
30´	.8457	1.3	.8532	1.3	.9924	2.5	.0076	30´
40´	.8469	1.3	.8520	1.2	.9949	2.5	.0051	20´
50´	.8482	1.3	.8507	1.3	9.9975	2.6	.0025	10´
45° 0´	9.8495	1.3	9.8495	1.2	10.0000	2.5	10.0000	45° 0´
	L Cos	d	L Sen	d	L Cot	dc	L Tan	Ángulo

Ejemplos

$\log \operatorname{sen} 45° 10' = \bar{1}.8507$

$\log \cos 45° 20' = \bar{1}.8469$

$\log \cos 45° 30' = \bar{1}.8457$

$\log \tan 45° 40' = 0.0101$

$\log \cot 45° 50' = \bar{1}.9874$

430 INTERPOLACIÓN

Cuando se trata de buscar el logaritmo de una función trigonométrica que no está en la tabla, ya que en ella los valores están calculados de 10' en 10', necesitamos hacer un cálculo auxiliar llamado *interpolación*. Vamos a explicarlo con ejemplos:

Ejemplos

1) Hallar log sen 30° 25'.

Buscamos: log sen 30° 20'.

$\operatorname{Log} \operatorname{sen} 30° 20' = \bar{1}.7033$

Tomamos de la columna d, la diferencia: 22 (veintidós diezmilésimas), que corresponde a 10'. Con esta diferencia, calculamos la diferencia correspondiente a 5'.

10' ———— 22

5' ———— x

$$x = \frac{22 \times 5'}{10'} = \frac{22}{2} = 11$$

Entonces, tenemos:

$$\begin{array}{rr} \log \operatorname{sen} 30° 20' = & \bar{1}.7033 \\ \text{Valor correspondiente a } 5' = & 11 \\ \hline \log \operatorname{sen} 30° 25' = & \bar{1}.7044 \end{array}$$

El valor correspondiente a 5' *lo sumamos* al log sen 30° 20', porque *el seno es una función creciente*. También, lo es la tangente.

2) Hallar log cot 45° 32'.

$\log \cot 45° 30' = \bar{1}.9924$

Tomamos de la columna dc la diferencia: 25 (veinticinco diezmilésimas) que corresponde a 10'. Sabiendo esta diferencia, calculamos la diferencia correspondiente a 2'.

10' ——— 25

2' ——— x

$$x=\frac{2'\times 25}{10'}=\frac{50}{10}=5$$

Entonces, tenemos:

log cot 45° 30' =	$\bar{1}.9924$
Valor correspondiente a 2' =	5
log cot 45° 32' =	$\bar{1}.9919$

El valor correspondiente a 2' *lo restamos* al log cot 45° 30', porque la *cotangente es una función decreciente*. También lo es el coseno.

Ejercicios

Hallar los siguientes valores:

1. log tan 5° **R.** $\bar{2}.9420$
2. log cot 9° 20' **R.** 0.7842
3. log sen 20° 32' **R.** $\bar{1}.5450$
4. log cos 25° 16' **R.** $\bar{1}.9563$
5. log sen 34° 40' **R.** $\bar{1}.7550$
6. log cos 51° **R.** $\bar{1}.7989$
7. log sen 59° 30' **R.** $\bar{1}.9353$
8. log tan 64° 42' **R.** 0.3254
9. log cot 71° 38' **R.** $\bar{1}.5211$
10. log cos 80° 20' **R.** $\bar{1}.2251$
11. log sen 85° **R.** $\bar{1}.9983$
12. log cos 55° 16' **R.** $\bar{1}.7557$
13. log tan 68° 12' **R.** 0.3979
14. log sen 74° 18' **R.** $\bar{1}.9835$
15. log cos 23° 12' **R.** $\bar{1}.9634$

16. log cot 13° 5' **R.** 0.6338

17. log cos 75° **R.** $\bar{1}.4130$

18. log cot 54° 6' **R.** $\bar{1}.8597$

19. log sen 68° 12' **R.** $\bar{1}.4865$

20. log cos 72° 9' **R.** $\bar{1}.4865$

La Geometría aplicada en la era del espacio. El hombre moderno se ha lanzado a la conquista del espacio sideral. Los satélites artificiales son verdaderos cerebros que registran cuantos datos interesan a los científicos. Estos vehículos espaciales han preparado el camino al hombre. El cosmonauta es el hombre del futuro. Estas naves que surcan la estratosfera nos ofrecen de nuevo formas de Geometría aplicada: esferas, conos, cilindros, triángulos, etc., al servicio de la ciencia moderna. Ilustraciones: 1. Discovery, transbordador espacial; 2. Estación espacial rusa MIR; 3. Telescopio espacial Hubble; 4. Sonda de exploración planetaria Cassini-Huygens, y 5. Lanzadera de la sonda Ulysses.

Capítulo XXIX

APLICACIONES DE LOS LOGARITMOS

APLICACIÓN DE LOS LOGARITMOS A LA RESOLUCIÓN DE TRIÁNGULOS Y AL CÁLCULO DE LAS ÁREAS 431

La aplicación de los logaritmos facilita notablemente la resolución de los triángulos a las áreas de los mismos, ya que los productos o cocientes se convierten en sumas o restas, respectivamente.

APLICACIÓN DE LOS LOGARITMOS PARA LA RESOLUCIÓN DE TRIÁNGULOS RECTÁNGULOS 432

A las fórmulas empleadas para resolver los triángulos rectángulos y calcular sus áreas se les aplica logaritmos sin hacerles transformación alguna.

Excepto el cálculo de la hipotenusa en el caso I, en el que se suele calcular sin emplear logaritmos.

Caso I

Resolver y calcular el área del triángulo:

$$b = 208, \qquad c = 160, \qquad \angle A = 90°.$$

Fórmulas: $a = \sqrt{b^2 + c^2}$ $\qquad \angle C = 90° - \angle B$

$$\tan B = \frac{b}{c} \qquad \text{Área} = \frac{b \cdot c}{2}$$

Cálculo de *a*:

$$a = \sqrt{b^2 + c^2} = \sqrt{208^2 + 160^2} = \sqrt{43{,}264 + 25{,}600} = \sqrt{68{,}864} = 262.04$$

Cálculo de $\angle B$:

$$\tan B = \frac{b}{c}$$

$\log \tan B = \log b - \log c$
$\log \tan B = \log 208 - \log 160$
$\log 208 = 2.3181$
$\log 160 = 2.2041$
$\log \tan B = 2.3181 - 2.2041 = 0.1140$

$\therefore \quad B = 52°\ 26'$

Cálculo de $\angle C$:

$\angle C = 90° - \angle B$
$= 90° - 52°\ 26'$
$= 37°\ 34'$

Cálculo del área: $A = \dfrac{bc}{2}$

$\log A = \log b + \log c - \log 2$
$\log A = \log 208 + \log 160 - \log 2$
$\log A = 2.3181 + 2.2041 - 0.3010$
$\log A = 4.2212$

$\therefore \quad A = 16642\ 31$

Caso II

Resolver y calcular el área del triángulo:

$$a = 690, \qquad b = 426, \qquad \angle A = 90°.$$

Fórmulas: $c = \sqrt{(a+b)(a-b)}$ $\qquad \operatorname{sen} B = \dfrac{b}{a}$

$$\angle C = 90° - \angle B \qquad \text{Área} = \frac{b}{2}\sqrt{(a+b)(a-b)}$$

Cálculo de *c*: $c = \sqrt{(a+b)(a-b)}$

$$\log c = \frac{\log (a+b) + \log (a-b)}{2}$$

$\log (a+b) = \log 1{,}116 = 3.0476$
$\log (a-b) = \log 264 = 2.4216$

$$\log c = \frac{3.0476 + 2.4216}{2} = \frac{5.4692}{2}$$

$\log c = 2.7346 \qquad \therefore \quad c = 542$

Cálculo de *B*: $\operatorname{sen} B = \frac{b}{a}$

$\log \operatorname{sen} B = \log b - \log a$
$\log \operatorname{sen} B = \log 426 - \log 690$
$\log 426 = 2.6294$
$\log 690 = 2.8388$
$\log \operatorname{sen} B = 2.6294 - 2.8388 = \bar{1}.7906$

$\therefore \quad \angle B = 38° \, 7'$

Cálculo de $\angle C$: $\angle C = 90° - \angle B = 90° - 38° \, 7'$

$\therefore \quad \angle C = 51° \, 53'$

Cálculo del área: $A = \frac{bc}{2}$

$\log A = \log b + \log c - \log 2$
$\log A = \log 426 + \log 542 - \log 2$
$\log 426 = 2.6294$
$\log 542 = 2.7346$
$\log 2 = 0.3010$
$\log A = 2.6294 + 2.7346 - 0.3010$
$\log A = 5.0630$

$\therefore \quad A = 115{,}600$

Caso III

Resolver y calcular el área del triángulo:

$c = 195, \qquad \angle B = 40° \, 20', \qquad \angle A = 90°.$

Fórmulas: $\angle C = 90° - \angle B \qquad b = c \tan B$

$a = \frac{c}{\operatorname{sen} C} \qquad \text{Área} = \frac{1}{2} c^2 \tan B$

Cálculo de $\angle C$: $\angle C = 90° - \angle B = 90° - 40° \, 20'$

$\therefore \quad \angle C = 49° \, 40'$

Cálculo de *b*: $b = c \tan B$

$\log b = \log 195 + \log \tan 40° \, 20'$
$\log 195 = 2.2900$
$\log \tan 40° \, 20' = \bar{1}.9289$
$\log b = 2.2900 + \bar{1}.9289 = 2.2189$

$\therefore \quad b = 165.5$

Cálculo de *a*:

$$a = \frac{c}{\text{sen } C}$$

$\log a = \log c - \log \text{sen } C$

$\log a = \log 195 - \log \text{sen } 49° \, 40'$

$\log 195 = 2.2900$

$\log \text{sen } 49° \, 40' = \bar{1}.8821$

$\log a = 2.4079$

$\therefore \quad a = 255.8$

Cálculo del área:

$$A = \frac{1}{2} c^2 \tan B$$

$\log A = 2 \log c + \log \tan B - \log 2$

$\log A = 2 \log 195 + \log \tan 40° \, 20' - \log 2$

$\log A = 2(2.2900) + \bar{1}.9289 - 0.3010$

$\log A = 4.5800 + \bar{1}.9289 - 0.3010$

$\log A = 4.2079$

$\therefore \quad A = 16{,}140$

Caso IV

Resolver y calcular el área del triángulo:

$a = 80, \qquad \angle C = 63° \, 15', \qquad \angle A = 90°.$

Fórmulas: $\angle B = 90° - \angle C \qquad c = a \text{ sen } C$

$b = a \text{ sen } B \qquad \text{Área} = \frac{1}{4} a^2 \text{ sen } 2C$

Cálculo del $\angle B$: $\angle B = 90° - \angle C = 90° - 63° \, 15'$

$\therefore \quad \angle B = 26° \, 45'$

Cálculo de *c*:

$c = a \text{ sen } C$

$\log c = \log a + \log \text{sen } C$

$\log c = \log 80 + \log \text{sen } 63° \, 15'$

$\log 80 = 1.9031$

$\log \text{sen } 63° \, 15' = \bar{1}.9508$

$\log c = 1.9031 + \bar{1}.9508$

$\log c = 1.8539$

$\therefore \quad c = 71.4$

Cálculo de b:

$b = a \text{ sen } B$

$\log b = \log a + \log \text{sen } B$

$\log b = \log 80 + \log \text{sen } 26° \, 45'$

$\log \text{sen } 26° \, 45' = \overline{1}.6533$

$\log b = 1.9031 + \overline{1}.6533$

$\log b = 1.5564$

$\therefore \quad b = 36.01$

Cálculo del área:

$A = \frac{1}{4} a^2 \text{ sen } 2C$

$A = \frac{1}{4} 80^2 \text{ sen } 2(63° \, 15')$

$A = \frac{1}{4} 80^2 \text{ sen } 126° \, 30'$

$\log A = 2 \log 80 + \log \text{sen } 126° \, 30' - \log 4$

$\log A = 2(1.9031) + \overline{1}.9052 - 0.6021$

$\log A = 3.8062 + \overline{1}.9052 - 0.6021$

$\log A = 3.1093$

$\therefore \quad A = 1{,}286$

Ejercicios

Resolver y calcular el área de los siguientes triángulos rectángulos, empleando logaritmos.

1. $b = 22$, $c = 45$ — **R.** $a = 50.08$, $\angle B = 26° \, 4'$, $\angle C = 63° \, 56'$, Área $= 495$

2. $a = 4$, $\angle B = 62° \, 30'$ — **R.** $b = 3.55$, $\angle C = 27° \, 30'$, $c = 1.84$, Área $= 3.27$

3. $b = 30$, $\angle C = 40° \, 30'$ — **R.** $c = 25.62$, $\angle B = 49° \, 30'$, $a = 39.45$, Área $= 384.30$

4. $a = 43.5$ **R.** $c = 34.28$
   $\angle B = 38°$ $\angle C = 52°$
   $b = 26.78$
   Área = 459.01

5. $b = 240$ **R.** $\angle C = 28°$
   $\angle B = 62°$ $c = 127.64$
   $a = 271.80$
   Área = 15,320

6. $c = 45$ **R.** $b = 100.29$
   $\angle B = 65°\ 50'$ $\angle C = 24°\ 10'$
   $a = 109.75$
   Área = 2,256

7. $c = 60$ **R.** $b = 110.51$
   $\angle C = 28°\ 30'$ $a = 125.74$
   Área = 3,315.30

8. Un ingeniero necesita medir la altura de una torre *AB*. Se sitúa en un punto *C*, de manera que $BC = 60$ m y $\angle ACB = 58°\ 10'$. Hallar dicha altura. **R.** 96.64 m

9. Un árbol de 12 m de altura proyecta una sombra de 20 m sobre un terreno horizontal. Hallar el ángulo de elevación del Sol. **R.** 30° 50'

10. Desde la parte superior de un faro de 60 m de altura sobre el nivel del mar, se observa un buque con un ángulo de depresión de 28° 30'. ¿Cuál es la distancia del buque al faro?
    R. 110.50 m

11. Un avión vuela rumbo al Este con una velocidad de 300 km/h. Se encuentra con un viento que viene del Norte, cuya velocidad es de 60 km/h. Hallar la velocidad resultante y el rumbo verdadero del avión. **R.** 305.8 km/h
    S 78° 50' *E*

12. Para medir la anchura *AB* de un río, un agrimensor escoje un punto *C*, tal que $BC = 30$ m, $\angle BCA = 62°$ y $\angle ABC = 90°$. Calcular la anchura del río. **R.** 56.42 m

13. Un túnel de 300 m de largo tiene una inclinación de 15° respecto a la horizontal. ¿Cuál es la diferencia de nivel en ambos extremos? R. 77.64 m

14. Se hace un disparo con un cañón que forma con la horizontal un ángulo de 40°. La velocidad de la bala es de 950 m/s. Hallar las componentes vertical y horizontal. **R.** Vert. = 727.70 m/s
    Horiz. = 610.66 m/s

15. En un tramo de carretera se asciende 50 m al recorrer 5 km. ¿Qué ángulo forma la carretera con la horizontal? **R.** 34'

16. Desde el último piso de un edificio de 50 m de altura, se observan dos autos estacionados en línea recta, en el mismo plano del observador. Los ángulos de depresión son: 38° y 21°. Hallar la distancia entre ellos. **R.** 191.7 m

17. Una loma tiene una altura de 1,200 m. Si desde un punto situado en el suelo, se observa la cúspide con un ángulo de elevación de 23° 40', ¿a qué distancia está dicho punto? **R.** 273.80 m

433

APLICACIÓN DE LOS LOGARITMOS PARA LA RESOLUCIÓN DE TRIÁNGULOS OBLICUÁNGULOS

1. **Seno de la mitad de un ángulo en función de los lados del triángulo.**

Aplicando la ley de cosenos al ángulo A, tenemos:

$$a^2 = b^2 + c^2 - 2bc\cos A$$

Figura 336

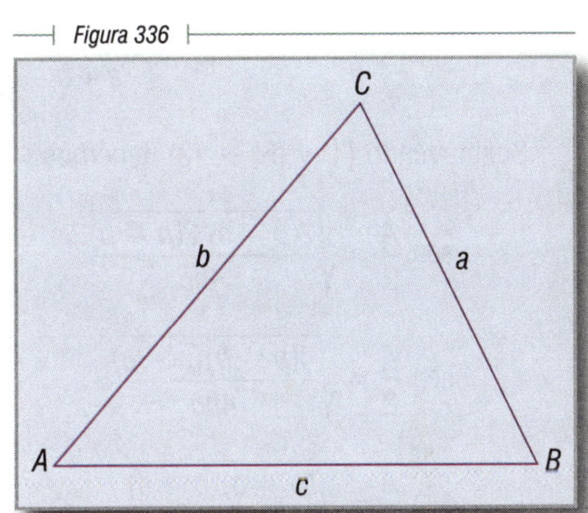

Despejando $\cos A$, tenemos:

$$a^2 - b^2 - c^2 = -2bc\cos A$$

$$-a^2 + b^2 + c^2 = 2bc\cos A$$

$$\therefore \quad \cos A = \frac{b^2 + c^2 - a^2}{2bc} \qquad (1)$$

Por otra parte, sabemos que:

$$\operatorname{sen}\frac{A}{2} = \sqrt{\frac{1-\cos A}{2}} \qquad (2)$$

Sustituyendo (1) en (2), tenemos:

$$\operatorname{sen}\frac{A}{2} = \sqrt{\frac{1-\dfrac{b^2+c^2-a^2}{2bc}}{2}}$$

$$\operatorname{sen}\frac{A}{2} = \sqrt{\frac{\dfrac{2bc-b^2-c^2+a^2}{2bc}}{2}} \qquad \text{Efectuando}$$

$$\operatorname{sen}\frac{A}{2} = \sqrt{\frac{a^2-(b^2-2bc+c^2)}{4bc}} \qquad \text{Agrupando}$$

$$\operatorname{sen}\frac{A}{2}=\sqrt{\frac{a^2-(b-c)^2}{4bc}}$$ Factorizando el trinomio

$$\operatorname{sen}\frac{A}{2}=\sqrt{\frac{(a+b-c)(a-b+c)}{4bc}} \quad (3)$$ Factorizando la diferencia de cuadrados

Llamando $2p$ al perímetro y restando $2b$ y $2c$, sucesivamente, tenemos:

$$\begin{array}{r} a+b+c=2p \\ -2b=-2b \\ \hline a-b+c=2p-2b \end{array}$$

$$\therefore \quad a-b+c=2(p-b) \quad (4)$$

Análogamente:

$$\begin{array}{r} a+b+c=2p \\ -2c=-2c \\ \hline a+b-c=2p-2c \end{array}$$

$$\therefore \quad a+b-c=2(p-c) \quad (5)$$

Sustituyendo (4) y (5) en (3), tenemos:

$$\operatorname{sen}\frac{A}{2}=\sqrt{\frac{2(p-c)\,2(p-b)}{4bc}}$$

$$\operatorname{sen}\frac{A}{2}=\sqrt{\frac{4(p-b)(p-c)}{4bc}}$$ Simplificando y ordenando

$$\therefore \quad \operatorname{sen}\frac{A}{2}=\sqrt{\frac{(p-b)(p-c)}{bc}}$$

En forma análoga, se obtiene:

$$\operatorname{sen}\frac{B}{2}=\sqrt{\frac{(p-a)(p-c)}{ac}}$$

$$\operatorname{sen}\frac{C}{2}=\sqrt{\frac{(p-a)(p-b)}{ab}} \quad (6)$$

2. **Coseno de la mitad de un ángulo en función de los lados del triángulo.**

$$\cos\frac{A}{2}=\sqrt{\frac{1+\cos A}{2}} \quad (7)$$

Sustituyendo (1) en (7), tenemos:

$$\cos\frac{A}{2}=\sqrt{\frac{1+\dfrac{b^2+c^2-a^2}{2bc}}{2}}$$

$$\cos\frac{A}{2}=\sqrt{\frac{\dfrac{2bc+b^2+c^2-a^2}{2bc}}{2}}$$ Efectuando

$$\cos\frac{A}{2}=\sqrt{\frac{\dfrac{(b^2+2bc+c^2)-a^2}{2bc}}{2}}$$ Agrupando

$$\cos\frac{A}{2}=\sqrt{\frac{(b^2+2bc+c^2)-a^2}{4bc}}$$ Efectuando

$$\cos\frac{A}{2}=\sqrt{\frac{(b+c)^2-a^2}{4bc}}$$ Factorizando el trinomio

$$\therefore\quad \cos\frac{A}{2}=\sqrt{\frac{(b+c+a)(b+c-a)}{4bc}} \quad (8)$$ Factorizando la diferencia de cuadrados

Si a $2p$ le restamos $2a$, tenemos:

$$\begin{array}{r} a+b+c=2p \\ -2a\qquad\quad =-2a \\ \hline -a+b+c=2p-2a \end{array} \quad (9)$$

$$b+c-a=2(p-a) \quad (10)$$

Sustituyendo (9) y (10) en (8), tenemos:

$$\cos\frac{A}{2}=\sqrt{\frac{2p[2(p-a)]}{4bc}}$$

$$\cos\frac{A}{2}=\sqrt{\frac{4p(p-a)}{4bc}}$$

$$\cos\frac{A}{2}=\sqrt{\frac{p(p-a)}{bc}}$$

En forma análoga, se obtiene:

$$\cos \frac{B}{2} = \sqrt{\frac{p(p-b)}{ac}}$$

$$\cos \frac{C}{2} = \sqrt{\frac{p(p-c)}{ab}}$$

3. Tangente de la mitad de un ángulo en función de los lados del triángulo.

$$\tan \frac{A}{2} = \frac{\operatorname{sen} \frac{A}{2}}{\cos \frac{A}{2}}$$

Sustituyendo los valores ya calculados de sen $\frac{A}{2}$ y cos $\frac{A}{2}$, tenemos:

$$\tan \frac{A}{2} = \frac{\sqrt{\frac{(p-b)(p-c)}{bc}}}{\sqrt{\frac{p(p-a)}{bc}}}$$

$$\therefore \quad \tan \frac{A}{2} = \sqrt{\frac{(p-b)(p-c)}{p(p-a)}}$$

De la misma manera, podemos calcular:

$$\tan \frac{B}{2} = \sqrt{\frac{(p-a)(p-c)}{p(p-b)}}$$

$$\tan \frac{C}{2} = \sqrt{\frac{(p-a)(p-b)}{p(p-c)}}$$

434 APLICACIÓN DE LOS LOGARITMOS PARA LA LEY DE LAS TANGENTES

La ley de los senos nos da:

$$\frac{a}{\operatorname{sen} A} = \frac{b}{\operatorname{sen} B}$$

cambiando los medios:

$$\frac{a}{b} = \frac{\operatorname{sen} A}{\operatorname{sen} B}$$

y aplicando una de las propiedades de las proporciones, tenemos:

$$\frac{a-b}{a+b}=\frac{\operatorname{sen} A-\operatorname{sen} B}{\operatorname{sen} A+\operatorname{sen} B}$$

Transformando en producto el numerador y denominador de la segunda razón:

$$\frac{a-b}{a+b}=\frac{\cos\frac{1}{2}(A+B)\operatorname{sen}\frac{1}{2}(A-B)}{\operatorname{sen}\frac{1}{2}(A+B)\cos\frac{1}{2}(A-B)}$$

$$\frac{a-b}{a+b}=\cot\frac{1}{2}(A+B)\tan\frac{1}{2}(A-B)$$

$$\frac{a-b}{a+b}=\frac{1}{\tan\frac{1}{2}(A+B)}\tan\frac{1}{2}(A-B)$$

$$\therefore\quad \frac{a-b}{a+b}=\frac{\tan\frac{1}{2}(A-B)}{\tan\frac{1}{2}(A+B)}$$

En la fórmula anterior es necesario que se cumpla $a > b$.

En caso de que $b > a$ bastaría con invertir las diferencias $a - b$ y $A - B$, es decir:

$$\frac{b-a}{b+a}=\frac{\tan\frac{1}{2}(B-A)}{\tan\frac{1}{2}(B+A)}$$

Resolución de triángulos oblicuángulos

Caso I

Dados los tres lados.

En la fórmula $\tan\frac{A}{2}=\sqrt{\frac{(p-b)(p-c)}{p(p-a)}}$, multiplicando ambos términos del quebrado por el paréntesis del denominador $(p - a)$, tenemos:

$$\tan\frac{A}{2}=\sqrt{\frac{(p-a)(p-b)(p-c)}{p(p-a)^2}}$$

$$\tan\frac{A}{2}=\frac{1}{p-a}\sqrt{\frac{(p-a)(p-b)(p-c)}{p}}$$

recordando que $r = \sqrt{\frac{(p-a)(p-b)(p-c)}{p}}$, donde r es el radio del círculo inscrito al triángulo y haciendo la sustitución correspondiente, tenemos:

$$\tan\frac{A}{2} = \frac{1}{p-a}r$$

$$\therefore \quad \tan\frac{A}{2} = \frac{r}{p-a}$$

Análogamente:

$$\tan\frac{B}{2} = \frac{r}{p-b} \qquad\qquad \tan\frac{C}{2} = \frac{r}{p-c}$$

Área: Sabemos que el área de un triángulo en función de sus lados viene dada por la fórmula $A = \sqrt{p(p-a)(p-b)(p-c)}$, que se atribuye a Herón, matemático alejandrino.

Multiplicando y dividiendo por p el radicando, tendremos:

$$A = \sqrt{\frac{p^2(p-a)(p-b)(p-c)}{p}}$$

$$A = p\sqrt{\frac{(p-a)(p-b)(p-c)}{p}}$$

$$\therefore \qquad A = pr$$

Ejemplo

Resolver el triángulo:

$$a = 163.6, \qquad b = 397.5, \qquad c = 253.7.$$

$$p = \frac{a+b+c}{2} = \frac{163.6+397.5+253.7}{2} = \frac{814.8}{2} = 407.4$$

$$p-a = 407.4 - 163.6 = 243.8$$
$$p-b = 407.4 - 397.5 = 9.9$$
$$p-c = 407.4 - 253.7 = 153.7$$

$$r = \sqrt{\frac{(p-a)(p-b)(p-c)}{p}}$$

$$\log r = \frac{\log(p-a) + \log(p-b) + \log(p-c) - \log p}{2}$$

$$\log(p-a) = \log 243.8 = 2.3870$$
$$\log(p-b) = \log 9.9 = 0.9956$$

$\log(p-c) = \log 153.7 = 2.1867$

$\log p = \log 407.4 = 2.6100$

$$\log r = \frac{2.3870 + 0.9956 + 2.1867 - 2.6100}{2} = \frac{2.9593}{2} = 1.4796$$

Cálculo del $\angle A$: $\tan\frac{A}{2} = \frac{r}{p-a}$

$$\log \tan\frac{A}{2} = \log r - \log(p-a)$$

$$\log \tan\frac{A}{2} = 1.4796 - 2.3870 = \bar{1}.0926$$

$$\frac{A}{2} = 7°\,3' \qquad \therefore \quad A = 14°\,6'$$

Cálculo del $\angle B$: $\tan\frac{B}{2} = \frac{r}{p-b}$

$$\log \tan\frac{B}{2} = \log r - \log(p-b)$$

$$\log \tan\frac{B}{2} = 1.4796 - 0.9956 = 0.4840$$

$$\frac{B}{2} = 71°\,50' \qquad \therefore \quad B = 143°\,40'$$

Cálculo del $\angle C$: $\tan\frac{C}{2} = \frac{r}{p-c}$

$$\log \tan\frac{C}{2} = \log r - \log(p-c)$$

$$\log \tan\frac{C}{2} = 1.4796 - 2.1867 = \bar{1}.2929$$

$$\frac{C}{2} = 11°\,6' \qquad \therefore \quad C = 22°\,12'$$

Área: $A = pr$

$\log A = \log p + \log r$

$\log A = 2.6100 + 1.4796 = 4.0896$

$\therefore \quad A = 12{,}290$

Caso II

Dados dos lados y el ángulo comprendido.

Cálculo de los ángulos. Sea C el ángulo dado.

Sabemos, por la ley de tangentes que:

$$\frac{a+b}{a-b}=\frac{\tan\frac{1}{2}(A+B)}{\tan\frac{1}{2}(A-B)}$$

$$\therefore \quad \tan\frac{1}{2}(A-B)=\frac{a-b}{a+b}\tan\frac{1}{2}(A+B) \qquad (1)$$

Pero:

$$\angle A+\angle B+\angle C=180°$$
$$\therefore \quad \angle A+\angle B=180°-\angle C$$

Dividiendo entre 2 ambos miembros:

$$\frac{A+B}{2}=\frac{180°-C}{2}$$

$$\therefore \quad \frac{1}{2}(A+B)=90°-\frac{C}{2}$$

Entonces:

$$\tan\frac{1}{2}(A+B)=\tan\left(90°-\frac{C}{2}\right)=\cot\frac{C}{2} \qquad (2)$$

Sustituyendo (2) en (1), tenemos:

$$\therefore \quad \tan\frac{1}{2}(A-B)=\frac{a-b}{a+b}\cot\frac{C}{2}$$

Esta fórmula y la que nos da $\angle A+\angle B$, nos permiten calcular el valor de A y el valor de B. Para calcular el lado, se emplea la ley de senos.

Ejemplo

Resolver el triángulo:

$$a=322, \qquad b=212, \qquad \angle C=110°.$$

$$\begin{array}{r} a=322 \\ b=212 \\ \hline a+b=534 \end{array} \qquad \begin{array}{r} a=322 \\ b=212 \\ \hline a-b=110 \end{array} \qquad \begin{array}{l} \angle A+\angle B+\angle C=180° \\ \angle A+\angle B=180°-\angle C=180°-110°=70° \end{array}$$

$$\tan\frac{1}{2}(A-B)=\frac{a-b}{a+b}\cot\frac{C}{2}$$

$$\log\tan\frac{1}{2}(A-B)=\log(a-b)+\log\cot\frac{C}{2}-\log(a+b)$$

$$\log \tan \frac{1}{2}(A-B) = \log 110 + \log \cot \frac{110°}{2} - \log 534$$

$$\log \tan \frac{1}{2}(A-B) = \log 110 + \log \cot 55° - \log 534$$

$$\log 110 = 2.0414$$
$$\log \cot 55° = \bar{1}.8452$$
$$\log 534 = 2.7275$$

$$\log \tan \frac{1}{2}(A-B) = 2.0414 + \bar{1}.8452 - 2.7275$$

$$\log \tan \frac{1}{2}(A-B) = \bar{1}.1591$$

$$\frac{1}{2}(A-B) = 8°\ 12' \quad \therefore \quad A-B = 16°\ 24'$$

Comparando con este valor y el de $\angle A + \angle B = 70°$, tenemos:

$$\begin{array}{r} A-B = 16°\ 24' \\ A+B = 70° \\ \hline 2A = 86°\ 24' \end{array} \qquad \therefore \quad \angle A = \frac{86°\ 24'}{2} \qquad \therefore \quad \angle A = 43°\ 12'$$

$$\begin{array}{r} A+B = 69°\ 60' \\ -A+B = -16°\ 24' \\ \hline 2B = 53°\ 36' \end{array} \qquad \therefore \quad \angle B = \frac{53°\ 36'}{2} \qquad \therefore \quad \angle B = 26°\ 48'$$

Comprobación:

$$\begin{array}{c} \angle A = 43°\ 12' \\ \angle B = 26°\ 48' \\ \angle C = 110° \\ \hline \angle A + \angle B + \angle C = 179°\ 60' = 180° \end{array}$$

Cálculo del lado c: Para calcular el lado c, se emplea la ley de los senos.

$$\frac{a}{\text{sen } A} = \frac{c}{\text{sen } C}$$

$$\therefore \quad c = \frac{a \text{ sen } C}{\text{sen } A}$$

$$\log c = \log a + \log \text{sen } C - \log \text{sen } A$$
$$= \log 322 + \log \text{sen } 110° - \log \text{sen } 43°\ 12'$$

$\log 322 = 2.5079$

$\log \operatorname{sen} 110° = \bar{1}.9730$

$\log \operatorname{sen} 43° 12' = \bar{1}.8354$

$\log c = 2.5079 + \bar{1}.9730 - \bar{1}.8354 = 2.6455$

$\therefore \quad c = \text{antilog } 2.6455 = 442$

Área: $A = \frac{1}{2} ab \operatorname{sen} C$

$\log A = \log a + \log b + \log \operatorname{sen} C - \log 2$

$= \log 322 + \log 212 + \log \operatorname{sen} 110° - \log 2$

$\log 322 = 2.5079$

$\log 212 = 2.3263$

$\log \operatorname{sen} 110° = \bar{1}.9730$

$\log 2 = 0.3010$

$\log A = 2.5079 + 2.3263 + \bar{1}.9730 - 0.3010 = 4.5062$

$\therefore \quad A = 32{,}100$ aproximadamente

Caso III

Dados un lado y dos ángulos.

Con la fórmula $\angle A + \angle B + \angle C = 180°$, se calcula el otro ángulo. Los lados se calculan por medio de la ley de senos:

$$\frac{a}{\operatorname{sen} A} = \frac{b}{\operatorname{sen} B} = \frac{c}{\operatorname{sen} C}$$

Ejemplo

Resolver el triángulo:

$\angle A = 75° 20'$, $\angle B = 40° 48'$, $c = 30.$

Cálculo del $\angle C$:

$\angle A + \angle B + \angle C = 180° \quad \therefore \quad \angle C = 180° - (\angle A + \angle B)$

$\angle C = 180° - (75° 20' + 40° 48') = 180° - 115° 68'$

$\therefore \quad \angle C = 63° 52'$

Cálculo del lado a:

$\frac{a}{\operatorname{sen} A} = \frac{c}{\operatorname{sen} C} \quad \therefore \quad a = \frac{c \operatorname{sen} A}{\operatorname{sen} C}$

$$\log a = \log c + \log \operatorname{sen} A - \log \operatorname{sen} C$$
$$= \log 30 + \log \operatorname{sen} 75° 20' - \log \operatorname{sen} 63° 52'$$

$\log 30 = 1.4771$

$\log \operatorname{sen} 75° 20' = \bar{1}.9856$

$\log \operatorname{sen} 63° 52' = \bar{1}.9531$

$\log a = 1.4771 + \bar{1}.9856 - \bar{1}.9531 = 1.5096$

$\therefore \quad a = 32.33$

Cálculo del lado *b*:

$$\frac{b}{\operatorname{sen} B} = \frac{c}{\operatorname{sen} C} \qquad \therefore \quad b = \frac{c \operatorname{sen} B}{\operatorname{sen} C}$$

$$\log b = \log c + \log \operatorname{sen} B - \log \operatorname{sen} C$$
$$= \log 30 + \log \operatorname{sen} 40° 48' - \log \operatorname{sen} 63° 52'$$

$\log 30 = 1.4771$

$\log \operatorname{sen} 40° 48' = \bar{1}.8152$

$\log \operatorname{sen} 63° 52' = \bar{1}.9531$

$\log b = 1.4771 + \bar{1}.8152 - \bar{1}.9531 = 1.3392$

$\therefore \quad b = 21.84$

Área: $$A = \frac{c^2 \operatorname{sen} A \operatorname{sen} B}{2 \operatorname{sen} (A + B)}$$

$$\log A = 2 \log c + \log \operatorname{sen} A + \log \operatorname{sen} B - [\log 2 + \log \operatorname{sen} (A + B)]$$
$$= 2 \log 30 + \log \operatorname{sen} 75° 20' + \log \operatorname{sen} 40° 48' - (\log 2 + \log \operatorname{sen} 116° 8')$$

$\log 30 = 1.4771$

$\log \operatorname{sen} 75° 20' = \bar{1}.9856$

$\log \operatorname{sen} 40° 48' = \bar{1}.8152$

$\log 2 = 0.3010$

$\log \operatorname{sen} 116° 8' = \bar{1}.9531$

$$\log A = 2(1.4771) + \bar{1}.9856 + \bar{1}.8152 - (0.3010 + \bar{1}.9531)$$
$$= 2.9542 + \bar{1}.8008 - 0.2541$$
$$= 2.5009$$

$\therefore \quad A = 316.9$

Ejercicios

Resolver los siguientes triángulos, empleando logaritmos.

1. $a = 41$, $b = 19.50$, $c = 32.48$ — **R.** $\angle A = 101° 10'$, $\angle B = 27° 50'$, $\angle C = 51°$

2. $a = 10.4$, $b = 9.5$, $\angle C = 45° 52'$ — **R.** $c = 7.8$, $\angle A = 73° 10'$, $\angle B = 60° 58'$

3. $a = 45$, $\angle A = 74° 54'$, $\angle B = 43° 21'$ — **R.** $b = 32$, $c = 41.06$, $\angle C = 61° 45'$

4. $a = 37.40$, $b = 38.25$, $c = 25$ — **R.** $\angle A = 68° 52'$, $\angle B = 72° 34'$, $\angle C = 38° 34'$

5. $b = 18$, $c = 31$, $\angle A = 53° 45'$ — **R.** $a = 25$, $\angle B = 35° 30'$, $\angle C = 90° 45'$

6. $b = 38.25$, $\angle B = 72° 33'$, $\angle C = 38° 34'$ — **R.** $a = 37.40$, $\angle A = 68° 53'$, $c = 25$

7. $a = 5.3$, $b = 10.9$, $c = 13$ — **R.** $\angle A = 23° 40'$, $\angle B = 55° 33'$, $\angle C = 100° 47'$

8. $a = 15.2$, $b = 40$, $c = 30$ — **R.** $\angle A = 19°$, $\angle B = 120° 59'$, $\angle C = 40° 1'$

9. $a = 731$, $b = 652$, $\angle C = 70° 25'$ — **R.** $c = 800$, $\angle A = 59° 25'$, $\angle B = 50° 10'$

10. $a = 42$, $b = 50$, $c = 53.24$ — **R.** $\angle A = 47° 50'$, $\angle B = 62° 2'$, $\angle C = 70° 8'$

11. $a = 25$, $b = 31.5$, $c = 29.3$ — **R.** $\angle A = 48° 25'$, $\angle B = 70° 32'$, $\angle C = 61° 3'$

12. $a = 15.19$ R. $b = 40$
$\angle B = 120° 59'$ $c = 30$
$\angle C = 40° 1'$ $\angle A = 19°$

13. $a = 17$ R. $\angle A = 56° 45'$
$b = 20$ $\angle B = 79° 43'$
$c = 14$ $\angle C = 43° 32'$

Resolver los siguientes triángulos y calcular su área, aplicando logaritmos.

14. $a = 4{,}732$ R. $\angle A = 50° 8'$
$b = 5{,}970$ $\angle B = 75° 32'$
$c = 5{,}009$ $\angle C = 54° 20'$
Área $= 11{,}470{,}000$

15. $b = 4{,}270$ R. $a = 3{,}038$
$c = 4{,}900$ $\angle B = 59° 46'$
$\angle A = 37° 56'$ $\angle C = 82° 18'$
Área $= 6{,}432{,}000$

16. $c = 2{,}700$ R. $b = 1{,}732$
$\angle A = 34° 47'$ $a = 1{,}615$
$\angle B = 37° 43'$ $\angle C = 107° 30'$
Área $= 1{,}334{,}000$

17. $a = 12.21$ R. $b = 25.17$
$c = 18.75$ $\angle A = 27° 40'$
$\angle B = 106° 52'$ $\angle C = 45° 28'$
Área $= 109.5$

18. $a = 76.34$ R. $\angle A = 39° 50'$
$b = 107.58$ $\angle B = 64° 32'$
$c = 115.44$ $\angle C = 75° 38'$
Área $= 3{,}978$

19. $a = 4{,}732$ R. $b = 5{,}970$
$\angle B = 75° 32'$ $c = 5{,}009$
$\angle C = 54° 20'$ $\angle A = 50° 8'$
Área $= 11{,}470{,}000$

20. $\angle A = 45° 46'$ R. $a = 875$
$\angle C = 25° 50'$ $c = 532$
$b = 1{,}158.7$ $\angle B = 108° 24'$
Área $= 220{,}900$

TABLAS MATEMÁTICAS

Logaritmos

TABLAS DE LOGARITMOS I

N	0	1	2	3	4	5	6	7	8	9
10	0000	0043	0086	0128	0170	0212	0253	0294	0334	0374
11	0414	0453	0492	0531	0569	0607	0645	0682	0719	0755
12	0792	0828	0864	0899	0934	0969	1004	1038	1072	1106
13	1139	1173	1206	1239	1271	1303	1335	1367	1399	1430
14	1461	1492	1523	1553	1584	1614	1644	1673	1703	1732
15	1761	1790	1818	1847	1875	1903	1931	1959	1987	2014
16	2041	2068	2095	2122	2148	2175	2201	2227	2253	2279
17	2304	2330	2355	2380	2405	2430	2455	2480	2504	2529
18	2553	2577	2601	2625	2648	2672	2695	2718	2742	2765
19	2788	2810	2833	2856	2878	2900	2923	2945	2967	2989
20	3010	3032	3054	3075	3096	3118	3139	3160	3181	3201
21	3222	3243	3263	3284	3304	3324	3345	3365	3385	3404
22	3424	3444	3464	3483	3502	3522	3541	3560	3579	3598
23	3617	3636	3655	3674	3692	3711	3729	3747	3766	3784
24	3802	3820	3838	3856	3874	3892	3909	3927	3945	3962
25	3979	3997	4014	4031	4048	4065	4082	4099	4116	4133
26	4150	4166	4183	4200	4216	4232	4249	4265	4281	4298
27	4314	4330	4346	4362	4378	4393	4409	4425	4440	4456
28	4472	4487	4502	4518	4533	4548	4564	4579	4594	4609
29	4624	4639	4654	4669	4683	4698	4713	4728	4742	4757
30	4771	4786	4800	4814	4829	4843	4857	4871	4886	4900
31	4914	4928	4942	4955	4969	4983	4997	5011	5024	5038
32	5051	5065	5079	5092	5105	5119	5132	5145	5159	5172
33	5185	5198	5211	5224	5237	5250	5263	5276	5289	5302
34	5315	5328	5340	5353	5366	5378	5391	5403	5416	5428
35	5441	5453	5465	5478	5490	5502	5514	5527	5539	5551
36	5563	5575	5587	5599	5611	5623	5635	5647	5658	5670
37	5682	5694	5705	5717	5729	5740	5752	5763	5775	5786
38	5798	5809	5821	5832	5843	5855	5866	5877	5888	5899
39	5911	5922	5933	5944	5955	5966	5977	5988	5999	6010
40	6021	6031	6042	6053	6064	6075	6085	6096	6107	6117
41	6128	6138	6149	6160	6170	6180	6191	6201	6212	6222
42	6232	6243	6253	6263	6274	6284	6294	6304	6314	6325
43	6335	6345	6355	6365	6375	6385	6395	6405	6415	6425
44	6435	6444	6454	6464	6474	6484	6493	6503	6513	6522
45	6532	6542	6551	6561	6571	6580	6590	6599	6609	6618
46	6628	6637	6646	6656	6665	6675	6684	6693	6702	6712
47	6721	6730	6739	6749	6758	6767	6776	6785	6794	6803
48	6812	6821	6830	6839	6848	6857	6866	6875	6884	6893
49	6902	6911	6920	6928	6937	6946	6955	6964	6972	6981
50	6990	6998	7007	7016	7024	7033	7042	7050	7059	7067
51	7076	7084	7093	7101	7110	7118	7126	7135	7143	7152
52	7160	7168	7177	7185	7193	7202	7210	7218	7226	7235
53	7243	7251	7259	7267	7275	7284	7292	7300	7308	7316
54	7324	7332	7340	7348	7356	7364	7372	7380	7388	7396

TABLAS DE LOGARITMOS II

N	0	1	2	3	4	5	6	7	8	9
55	7404	7412	7419	7427	7435	7443	7451	7459	7466	7474
56	7482	7490	7497	7505	7513	7520	7528	7536	7543	7551
57	7559	7566	7574	7582	7589	7597	7604	7612	7619	7627
58	7634	7642	7649	7657	7664	7672	7679	7686	7694	7701
59	7709	7716	7723	7731	7738	7745	7752	7760	7767	7774
60	7782	7789	7796	7803	7810	7818	7825	7832	7839	7846
61	7853	7860	7868	7875	7882	7889	7896	7903	7910	7917
62	7924	7931	7938	7945	7952	7959	7966	7973	7980	7987
63	7993	8000	8007	8014	8021	8028	8035	8041	8048	8055
64	8062	8069	8075	8082	8089	8096	8102	8109	8116	8122
65	8129	8136	8142	8149	8156	8162	8169	8176	8182	8189
66	8195	8202	8209	8215	8222	8228	8235	8241	8248	8254
67	8261	8267	8274	8280	8287	8293	8299	8306	8312	8319
68	8325	8331	8338	8344	8351	8357	8363	8370	8376	8382
69	8388	8395	8401	8407	8414	8420	8426	8432	8439	8445
70	8451	8457	8463	8470	8476	8482	8488	8494	8500	8506
71	8513	8519	8525	8531	8537	8543	8549	8555	8561	8567
72	8573	8579	8585	8591	8597	8603	8609	8615	8621	8627
73	8633	8639	8645	8651	8657	8663	8669	8675	8681	8686
74	8692	8698	8704	8710	8716	8722	8727	8733	8739	8745
75	8751	8756	8762	8768	8774	8779	8785	8791	8797	8802
76	8808	8814	8820	8825	8831	8837	8842	8848	8854	8859
77	8865	8871	8876	8882	8887	8893	8899	8904	8910	8915
78	8921	8927	8932	8938	8943	8949	8954	8960	8965	8971
79	8976	8982	8987	8993	8998	9004	9009	9015	9020	9025
80	9031	9036	9042	9047	9053	9058	9063	9069	9074	9079
81	9085	9090	9096	9101	9106	9112	9117	9122	9128	9133
82	9138	9143	9149	9154	9159	9165	9170	9175	9180	9186
83	9191	9196	9201	9206	9212	9217	9222	9227	9232	9238
84	9243	9248	9253	9258	9263	9269	9274	9279	9284	9289
85	9294	9299	9304	9309	9315	9320	9325	9330	9335	9340
86	9345	9350	9355	9360	9365	9370	9375	9380	9385	9390
87	9395	9400	9405	9410	9415	9420	9425	9430	9435	9440
88	9445	9450	9455	9460	9465	9469	9474	9479	9484	9489
89	9494	9499	9504	9509	9513	9518	9523	9528	9533	9538
90	9542	9547	9552	9557	9562	9566	9571	9576	9581	9586
91	9590	9595	9600	9605	9609	9614	9619	9624	9628	9633
92	9638	9643	9647	9652	9657	9661	9666	9671	9675	9680
93	9685	9689	9694	9699	9703	9708	9713	9717	9722	9727
94	9731	9736	9741	9745	9750	9754	9759	9763	9768	9773
95	9777	9782	9786	9791	9795	9800	9805	9809	9814	9818
96	9823	9827	9832	9836	9841	9845	9850	9854	9859	9863
97	9868	9872	9877	9881	9886	9890	9894	9899	9908	9908
98	9912	9917	9921	9926	9930	9934	9939	9943	9948	9952
99	9956	9961	9965	9969	9974	9978	9983	9987	9991	9996

Funciones trigonométricas naturales

TABLAS DE FUNCIONES TRIGONOMÉTRICAS NATURALES I

Grados	Sen	Csc	Tan	Cot	Sec	Cos	
0° 0´	.0000		.0000		1.000	1.0000	90° 0´
10´	029	343.8	029	343.8	000	000	50´
20´	058	171.9	058	171.9	000	000	40´
30´	.0087	114.6	.0087	114.6	1.000	1.0000	30´
40´	116	85.95	116	85.94	000	0.9999	20´
50´	145	68.76	145	68.75	000	999	10´
1° 0´	.0175	57.30	.0175	57.29	1.000	.9998	89° 0´
10´	204	49.11	204	49.10	000	998	50´
20´	233	42.98	233	42.96	000	997	40´
30´	.0262	38.20	.0262	38.19	1.000	.9997	30´
40´	291	34.38	291	34.37	000	996	20´
50´	320	31.26	320	31.24	001	995	10´
2° 0´	.0349	28.65	.0349	28.64	1.001	.9994	88° 0´
10´	378	26.45	378	26.43	001	993	50´
20´	407	24.56	407	24.54	001	992	40´
30´	.0436	22.93	.0437	22.90	1.001	.9990	30´
40´	465	21.49	466	21.47	001	989	20´
50´	494	20.23	495	20.21	001	988	10´
3° 0´	.0523	19.11	.0524	19.08	1.001	.9986	87° 0´
10´	552	18.10	553	18.07	002	985	50´
20´	581	17.20	582	17.17	002	983	40´
30´	.0610	16.38	.0612	16.35	1.002	.9981	30´
40´	640	15.64	641	15.60	002	980	20´
50´	669	14.96	670	14.92	002	978	10´
4° 0´	.0698	14.34	.0699	14.30	1.002	.9976	86° 0´
10´	727	13.76	729	13.73	003	974	50´
20´	756	13.23	758	13.20	003	971	40´
30´	.0785	12.75	.0787	12.71	1.003	.9969	30´
40´	814	12.29	816	12.25	003	967	20´
50´	843	11.87	846	11.83	004	964	10´
5° 0´	.0872	11.47	.0875	11.43	1.004	.9962	85° 0´
10´	901	11.10	904	11.06	004	959	50´
20´	929	10.76	934	10.71	004	957	40´
30´	.0958	10.43	.0963	10.39	1.005	.9954	30´
40´	.0987	10.13	.0992	10.08	005	951	20´
50´	.1016	9.839	.1022	9.788	005	948	10´
6° 0´	.1045	9.567	.1051	9.514	1.006	.9945	84° 0´
10´	074	9.309	080	9.255	006	942	50´
20´	103	9.065	110	9.010	006	939	40´
30´	.1132	8.834	.1139	8.777	1.006	.9936	30´
40´	161	8.614	169	8.556	007	932	20´
50´	190	8.405	198	8.345	007	929	10´
7° 0´	.1219	8.206	.1228	8.144	1.008	.9925	83° 0´
10´	248	8.016	257	7.953	008	922	50´
20´	276	7.834	287	7.770	008	918	40´
30´	.1305	7.661	.1317	7.596	1.009	.9914	30´
40´	334	7.496	346	7.429	009	911	20´
50´	363	7.337	376	7.269	009	907	10´
8° 0´	.1392	7.185	.1405	7.115	1.010	.9903	82° 0´
10´	421	7.040	435	6.968	010	899	50´
20´	449	6.900	465	6.827	011	894	40´
30´	.1478	6.765	.1495	6.691	1.011	.9890	30´
40´	507	6.636	524	6.561	012	886	20´
50´	536	6.512	554	6.435	012	881	10´
9° 0´	.1564	6.392	.1584	6.314	1.012	.9877	81° 0´
	Cos	Sec	Cot	Tan	Csc	Sen	Grados

TABLAS DE FUNCIONES TRIGONOMÉTRICAS NATURALES II

Grados		Sen	Csc	Tan	Cot	Sec	Cos		
9°	0´	.1564	6.392	.1584	6.314	1.012	.9877	81°	0´
	10´	593	277	614	197	013	872		50´
	20´	622	166	644	6.084	013	868		40´
	30´	.1650	6.059	.1673	5.976	1.014	.9863		30´
	40´	679	5.955	703	871	014	858		20´
	50´	708	855	733	769	01	853		10´
10°	0´	.1736	5.759	.1763	5.671	1.015	.9848	80°	0´
	10´	765	665	793	576	016	843		50´
	20´	794	575	823	485	016	838		40´
	30´	.1822	5.487	.1853	5.396	1.017	.9833		30´
	40´	851	403	883	309	018	827		20´
	50´	880	320	914	226	018	822		10´
11°	0´	.1908	5.241	.1944	5.145	1.019	.9816	79°	0´
	10´	937	164	.1974	5.066	019	811		50´
	20´	965	089	.2004	4.989	020	805		40´
	30´	.1994	5.016	.2035	4.915	1.020	.9799		30´
	40´	.2022	4.945	065	843	021	793		20´
	50´	051	876	095	773	022	787		10´
12°	0´	.2079	4.810	.2126	4.705	1.022	.9781	78°	0´
	10´	108	745	156	638	023	775		50´
	20´	136	682	186	574	024	769		40´
	30´	.2164	4.620	.2217	4.511	1.024	.9763		30´
	40´	193	560	247	449	025	757		20´
	50´	221	502	278	390	026	750		10´
13°	0´	.2250	4.445	.2309	4.331	1.026	.9744	77°	0´
	10´	278	390	339	275	027	737		50´
	20´	306	336	370	219	028	730		40´
	30´	.2334	4.284	.2401	4.165	1.028	.9724		30´
	40´	363	232	432	113	029	717		20´
	50´	391	182	462	061	030	710		10´
14°	0´	.2419	4.134	.2493	4.011	1.031	.9703	76°	0´
	10´	447	086	524	3.962	031	696		50´
	20´	476	4.039	555	914	032	689		40´
	30´	.2504	3.994	.2586	3.867	1.033	.9681		30´
	40´	532	950	617	821	034	674		20´
	50´	560	906	648	776	034	667		10´
15°	0´	.2588	3.864	.2679	3.732	1.035	.9659	75°	0´
	10´	616	822	711	689	036	652		50´
	20´	644	782	742	647	037	644		40´
	30´	.2672	3.742	.2773	3.606	1.038	.9636		30´
	40´	700	703	805	566	039	628		20´
	50´	728	665	836	526	039	621		10´
16°	0´	.2756	3.628	.2867	3.487	1.040	.9613	74°	0´
	10´	784	592	899	450	041	605		50´
	20´	812	556	931	412	042	596		40´
	30´	.2840	3.521	.2962	3.376	1.043	.9588		30´
	40´	868	487	.2994	340	044	580		20´
	50´	896	453	.3026	305	045	572		10´
17°	0´	.2924	3.420	.3057	3.271	1.046	.9563	73°	0´
	10´	952	388	089	237	047	555		50´
	20´	.2979	357	121	204	048	546		40´
	30´	.3007	3.326	.3153	3.172	1.048	.9537		30´
	40´	035	295	185	140	049	528		20´
	50´	062	265	217	108	050	520		10´
18°	0´	.3090	3.236	.3249	3.078	1.051	.9511	72°	0´
		Cos	Sec	Cot	Tan	Csc	Sen	Grados	

TABLAS DE FUNCIONES TRIGONOMÉTRICAS NATURALES III

Grados	Sen	Csc	Tan	Cot	Sec	Cos	
18° 0´	.3090	3.236	.3249	3.078	1.051	.9511	72° 0´
10´	118	207	281	047	052	502	50´
20´	145	179	314	3.018	053	492	40´
30´	.3173	3.152	.3346	2.989	1.054	.9483	30´
40´	201	124	378	960	056	474	20´
50´	228	098	411	932	057	465	10´
19° 0´	.3256	3.072	.3443	2.904	1.058	.9455	71° 0´
10´	283	046	476	877	059	446	50´
20´	311	3.021	508	850	060	436	40´
30´	.3338	2.996	.3541	2.824	1.061	.9426	30´
40´	365	971	574	798	062	417	20´
50´	393	947	607	773	063	407	10´
20° 0´	.3420	2.924	.3640	2.747	1.064	.9397	70° 0´
10´	448	901	673	723	065	387	50´
20´	475	878	706	699	066	377	40´
30´	.3502	2.855	.3739	2.675	1.068	.9367	30´
40´	529	833	772	651	069	356	20´
50´	557	812	805	628	070	346	10´
21° 0´	.3584	2.790	.3839	2.605	1.071	.9336	69° 0´
10´	611	769	872	583	072	325	50´
20´	638	749	906	560	074	315	40´
30´	.3665	2.729	.3939	2.539	1.075	.9304	30´
40´	692	709	.3973	517	076	293	20´
50´	719	689	.4006	496	077	283	10´
22° 0´	.3746	2.669	.4040	2.475	1.079	.9272	68° 0´
10´	773	650	074	455	080	261	50´
20´	800	632	108	434	081	250	40´
30´	.3827	2.613	.4142	2.414	1.082	.9239	30´
40´	854	595	176	394	084	228	20´
50´	881	577	210	375	085	216	10´
23° 0´	.3907	2.559	.4245	2.356	1.086	.9205	67° 0´
10´	934	542	279	337	088	194	50´
20´	961	525	314	318	089	182	40´
30´	.3987	2.508	.4348	2.300	1.090	.9171	30´
40´	.4014	491	383	282	092	159	20´
50´	041	475	417	264	093	147	10´
24° 0´	.4067	2.459	.4452	2.246	1.095	.9135	66° 0´
10´	094	443	487	229	090	124	50´
20´	120	427	522	211	097	112	40´
30´	.4147	2.411	.4557	2.194	1.099	.9100	30´
40´	173	396	592	177	100	088	20´
50´	200	381	628	161	102	075	10´
25° 0´	.4226	2.366	.4663	2.145	1.103	.9063	65° 0´
10´	253	352	699	128	105	051	50´
20´	279	337	734	112	106	038	40´
30´	.4305	2.323	.4770	2.097	1.108	.9026	30´
40´	331	309	806	081	109	013	20´
50´	358	295	841	066	111	.9001	10´
26° 0´	.4384	2.281	.4877	2.050	1.113	.8988	64° 0´
10´	410	268	913	035	114	975	50´
20´	436	254	950	020	116	962	40´
30´	.4462	2.241	.4986	2.006	1.117	.8949	30´
40´	488	228	.5022	1.991	119	936	20´
50´	514	215	059	977	121	923	10´
27° 0´	.4540	2.203	.5095	1.963	1.122	.8910	63° 0´
	Cos	Sec	Cot	Tan	Csc	Sen	Grados

TABLAS DE FUNCIONES TRIGONOMÉTRICAS NATURALES IV

Grados	Sen	Csc	Tan	Cot	Sec	Cos	
27° 0´	.4540	2.203	.5095	1.963	1.122	.8910	63° 0´
10´	566	190	132	949	124	897	50´
20´	592	178	169	935	126	884	40´
30´	.4617	2.166	.5206	1.921	1.127	.8870	30´
40´	643	154	243	907	129	857	20´
50´	669	142	280	894	131	843	10´
28° 0´	.4695	2.130	.5317	1.881	1.133	.8829	62° 0´
10´	720	118	354	868	134	816	50´
20´	746	107	392	855	136	802	40´
30´	.4772	2.096	.5430	1.842	1.138	.8788	30´
40´	797	085	467	829	140	774	20´
50´	823	074	505	816	142	760	10´
29° 0´	.4848	2.063	.5543	1.804	1.143	.8746	61° 0´
10´	874	052	581	792	145	732	50´
20´	899	041	619	780	147	718	40´
30´	.4924	2.031	.5658	1.767	1.149	.8704	30´
40´	950	020	696	756	151	689	20´
50´	.4975	010	735	744	153	675	10´
30° 0´	.5000	2.000	.5774	1.732	1.155	.8660	60° 0´
10´	025	1.990	812	720	157	646	50´
20´	050	980	851	709	159	631	40´
30´	.5075	1.970	.5890	1.698	1.161	.8616	30´
40´	100	961	930	686	163	601	20´
50´	125	951	.5969	675	165	587	10´
31° 0´	.5150	1.942	.6009	1.664	1.167	.8572	59° 0´
10´	175	932	048	653	169	557	50´
20´	200	923	088	643	171	542	40´
30´	.5225	1.914	.6128	1.632	1.173	.8526	30´
40´	250	905	168	621	175	511	20´
50´	275	896	208	611	177	496	10´
32° 0´	.5299	1.887	.6249	1.600	1.179	.8480	58° 0´
10´	324	878	289	590	181	465	50´
20´	348	870	330	580	184	450	40´
30´	.5373	1.861	.6371	1.570	1.186	.8434	30´
40´	398	853	412	560	188	418	20´
50´	422	844	453	550	190	403	10´
33° 0´	.5446	1.836	.6494	1.540	1.192	.8387	57° 0´
10´	471	828	536	530	195	371	50´
20´	495	820	577	520	197	355	40´
30´	.5519	1.812	.6619	1.511	1.199	.8339	30´
40´	544	804	661	501	202	323	20´
50´	568	796	703	1.492	204	307	10´
34° 0´	.5592	1.788	.6745	1.483	1.206	.8290	56° 0´
10´	616	781	787	473	209	274	50´
20´	640	773	830	464	211	258	40´
30´	.5664	1.766	.6873	1.455	1.213	.8241	30´
40´	688	758	916	446	216	225	20´
50´	712	751	.6959	437	218	208	10´
35° 0´	.5736	1.743	.7002	1.428	1.221	.8192	55° 0´
10´	760	736	046	419	223	175	50´
20´	783	729	089	411	226	158	40´
30´	.5807	1.722	.7133	1.402	1.228	.8141	30´
40´	831	715	177	393	231	124	20´
50´	854	708	221	385	233	107	10´
36° 0´	.5878	1.701	.7265	1.376	1.236	.8090	54° 0´
	Cos	Sec	Cot	Tan	Csc	Sen	Grados

TABLAS DE FUNCIONES TRIGONOMÉTRICAS NATURALES V

Grados		Sen	Csc	Tan	Cot	Sec	Cos		
36°	0´	.5878	1.701	.7265	1.376	1.236	.8090	54°	0´
	10´	901	695	310	368	239	073		50´
	20´	925	688	355	360	241	056		40´
	30´	.5948	1.681	.7400	1.351	1.244	.8039		30´
	40´	972	675	445	343	247	021		20´
	50´	.5995	668	490	335	249	.8004		10´
37°	0´	.6018	1.662	.7536	1.327	1.252	.7986	53°	0´
	10´	041	655	581	319	255	969		50´
	20´	065	649	627	311	258	951		40´
	30´	.6088	1.643	.7673	1.303	1.260	.7934		30´
	40´	111	636	720	295	263	916		20´
	50´	134	630	766	288	266	898		10´
38°	0´	.6157	1.624	.7813	1.280	1.269	.7880	52°	0´
	10´	180	618	860	272	272	862		50´
	20´	202	612	907	265	275	844		40´
	30´	.6225	1.606	.7954	1.257	1.278	.7826		30´
	40´	248	601	.8002	250	281	808		20´
	50´	271	595	050	242	284	790		10´
39°	0´	.6293	1.589	.8098	1.235	1.287	.7771	51°	0´
	10´	316	583	146	228	290	753		50´
	20´	338	578	195	220	293	735		40´
	30´	.6361	1.572	.8243	1.213	1.296	.7716		30´
	40´	383	567	292	206	299	698		20´
	50´	406	561	342	199	302	679		10´
40°	0´	.6428	1.556	.8391	1.192	1.305	.7660	50°	0´
	10´	450	550	441	185	309	642		50´
	20´	472	545	491	178	312	623		40´
	30´	.6494	1.540	.8541	1.171	1.315	.7604		30´
	40´	517	535	591	164	318	585		20´
	50´	539	529	642	157	322	566		10´
41°	0´	.6561	1.524	.8693	1.150	1.325	.7547	49°	0´
	10´	583	519	744	144	328	528		50´
	20´	604	514	796	137	332	509		40´
	30´	.6626	1.509	.8847	1.130	1.335	.7490		30´
	40´	648	504	899	124	339	470		20´
	50´	670	499	.8952	117	342	451		10´
42°	0´	.6691	1.494	.9004	1.111	1.346	.7431	48°	0´
	10´	713	490	057	104	349	412		50´
	20´	734	485	110	098	353	392		40´
	30´	.6756	1.480	.9163	1.091	1.356	.7373		30´
	40´	777	476	217	085	360	353		20´
	50´	799	471	271	079	364	333		10´
43°	0´	.6820	1.466	.9325	1.072	1.307	.7314	47°	0´
	10´	841	462	380	066	371	294		50´
	20´	862	457	435	060	375	274		40´
	30´	.6884	1.453	.9490	1.054	1.379	.7254		30´
	40´	995	448	545	048	382	234		20´
	50´	926	444	601	042	386	214		10´
44°	0´	.6947	1.440	.9657	1.036	1.390	.7193	46°	0´
	10´	967	435	713	030	394	173		50´
	20´	.6988	431	770	024	398	153		40´
	30´	.7009	1.427	.9827	1.018	1.402	.7133		30´
	40´	030	423	884	012	406	112		20´
	50´	050	418	.9942	006	410	092		10´
45°	0´	.7071	1.414	1.000	1.000	1.414	.7071	45°	0´
		Cos	Sec	Cot	Tan	Csc	Sen	Grados	

Logaritmos de las funciones trigonométricas

TABLAS DE LOGARITMOS DE LAS FUNCIONES TRIGONOMÉTRICAS I

Ángulo	L Sen	d	L Cos	d	L Tan	dc	L Cot	
0° 0´			10.0000					90° 0
10´	7.4637		.0000	.0	7.4637		12.5363	50´
20´	.7648	301.1	.0000	.0	.7648	301.1	.2352	40´
30´	7.9408	176.0	.0000	.0	7.9409	176.1	12.0591	30´
40´	8.0658	125.0	.0000	.0	8.0658	124.9	11.9342	20´
50´	.1627	96.9	10.0000	.0	.1627	96.9	.8373	10´
1° 0´	8.2419	79.2	9.9999	.1	8.2419	79.2	11.7581	89° 0´
10´	.3088	66.9	.9999	.0	.3089	67.0	.6911	50´
20´	.3668	58.0	.9999	.0	.3669	58.0	.6331	40´
30´	.4179	51.1	.9999	.0	.4181	51.2	.5819	30´
40´	.4637	45.8	.9998	.1	.4638	45.7	.5362	20´
50´	.5050	41.3	.9998	.0	.5053	41.5	.4947	10´
2° 0´	8.5428	37.8	9.9997	.1	8.5431	37.8	11.4569	88° 0´
10´	.5776	34.8	.9997	.0	.5779	34.8	.4221	50´
20´	.6097	32.1	.9996	.1	.6101	32.2	.3899	40´
30´	.6397	30.0	.9996	.0	.6401	30.0	.3599	30´
40´	.6677	28.0	.9995	.1	.6682	28.1	.3318	20´
50´	.6940	26.3	.9995	.0	.6945	26.3	.3055	10´
3° 0´	8.7188	24.8	9.9994	.1	8.7194	24.9	11.2806	87° 0´
10´	.7423	23.5	.9993	.1	.7429	23.5	.2571	50´
20´	.7645	22.2	.9993	.0	.7652	22.3	.2348	40´
30´	.7857	21.2	.9992	.1	.7865	21.3	.2135	30´
40´	.8059	20.2	.9991	.1	.8067	20.2	.1933	20´
50´	.8251	19.2	.9990	.1	.8261	19.4	.1739	10´
4° 0´	8.8436	18.5	9.9989	.1	8.8446	18.5	11.1554	86° 0´
10´	.8613	17.7	.9989	.0	.8624	17.8	.1376	50´
20´	.8783	17.0	.9988	.1	.8795	17.1	.1205	40´
30´	.8946	16.3	.9987	.1	.8960	16.5	.1040	30´
40´	.9104	15.8	.9986	.1	.9118	15.8	.0882	20´
50´	.9256	15.2	.9985	.1	.9272	15.4	.0728	10´
5° 0´	8.9403	14.7	9.9983	.2	8.9420	14.8	11.0580	85° 0´
10´	.9545	14.2	.9982	.1	.9563	14.3	.0437	50´
20´	.9682	13.7	.9981	.1	.9701	13.8	.0299	40´
30´	.9816	13.4	.9980	.1	.9836	13.5	.0164	30´
40´	8.9945	12.9	.9979	.1	8.9966	13.0	11.0034	20´
50´	9.0070	12.5	.9977	.2	9.0093	12.7	10.9907	10´
6° 0´	9.0192	12.2	9.9976	.1	9.0216	12.3	10.9784	84° 0´
10´	.0311	11.9	.9975	.1	.0336	12.0	.9664	50´
20´	.0426	11.5	.9973	.2	.0453	11.7	.9547	40´
30´	.0539	11.3	.9972	.1	.0567	11.4	.9433	30´
40´	.0648	10.9	.9971	.1	.0678	11.1	.9322	20´
50´	.0755	10.7	.9969	.2	.0786	10.8	.9214	10´
7° 0´	9.0859	10.4	9.9968	.1	9.0891	10.5	10.9109	83° 0´
10´	.0961	10.2	.9966	.2	.0995	10.4	.9005	50´
20´	.1060	9.9	.9964	.2	.1096	10.1	.8904	40´
30´	.1157	9.7	.9963	.1	.1194	9.8	.8806	30´
40´	.1252	9.5	.9961	.2	.1291	9.7	.8709	20´
50´	.1345	9.3	.9959	.2	.1385	9.4	.8615	10´
8° 0´	9.1436	9.1	9.9958	.1	9.1478	9.3	10.8522	82° 0´
10´	.1525	8.9	.9956	.2	.1569	9.1	.8431	50´
20´	.1612	8.7	.9954	.2	.1658	8.9	.8342	40´
30´	.1697	8.5	.9952	.2	.1745	8.7	.8255	30´
40´	.1781	8.4	.9950	.2	.1831	8.6	.8169	20´
50´	.1863	8.2	.9948	.2	.1915	8.4	.8085	10´
9° 0´	9.1943	8.0	9.9946	.2	9.1997	8.2	10.8003	81° 0´
	L Cos	d	L Sen	d	L Cot	dc	L Tan	Ángulo

TABLAS DE LOGARITMOS DE LAS FUNCIONES TRIGONOMÉTRICAS II

Ángulo	L Sen	d	L Cos	d	L Tan	dc	L Cot	
9° 0´	9.1943		9.9946		9.1997		10.8003	81° 0
10´	.2022	7.9	.9944	.2	.2078	8.1	.7922	50´
20´	.2100	7.8	.9942	.2	.2158	8.0	.7842	40´
30´	.2176	7.6	.9940	.2	.2236	7.8	.7764	30´
40´	.2251	7.5	.9938	.2	.2313	7.7	.7687	20´
50´	.2324	7.3	.9936	.2	.2389	7.6	.7611	10´
10° 0´	9.2397	7.3	9.9934	.2	9.2463	7.4	10.7537	80° 0´
10´	.2468	7.1	.9931	.3	.2536	7.3	.7464	50´
20´	.2538	7.0	.9929	.2	.2609	7.3	.7391	40´
30´	.2606	6.8	.9927	.2	.2680	7.1	.7320	30´
40´	.2674	6.8	.9924	.3	.2750	7.0	.7350	20´
50´	.2740	6.6	.9922	.2	.2819	6.9	.7181	10´
11° 0´	9.2806	6.6	9.9919	.3	9.2887	6.8	10.7113	79° 0´
10´	.2870	6.4	.9917	.2	.2953	6.6	.7047	50´
20´	.2934	6.4	.9914	.3	.3020	6.7	.6980	40´
30´	.2997	6.3	.9912	.2	.3085	6.5	.6915	30´
40´	.3058	6.1	.9909	.3	.3149	6.4	.6851	20´
50´	.3119	6.1	.9907	.2	.3212	6.3	.6788	10´
12° 0´	9.3179	6.0	9.9904	.3	9.3275	6.3	10.6725	78° 0´
10´	.3238	5.9	.9901	.3	.3336	6.1	.6664	50´
20´	.3296	5.8	.9899	.2	.3397	6.1	.6603	40´
30´	.3353	5.7	.9896	.3	.3458	6.1	.6542	30´
40´	.3410	5.7	.9893	.3	.3517	5.9	.6483	20´
50´	.3466	5.6	.9890	.3	.3576	5.9	.6424	10´
13° 0´	9.3521	5.5	9.9887	.3	9.3634	5.8	10.6366	77° 0´
10´	.3575	5.4	.9884	.3	.3691	5.7	.6309	50´
20´	.3629	5.4	.9881	.3	.3748	5.7	.6252	40´
30´	.3682	5.3	.9878	.3	.3804	5.6	.6196	30´
40´	.3734	5.2	.9875	.3	.3859	5.5	.6141	20´
50´	.3786	5.2	.9872	.3	.3914	5.5	.6086	10´
14° 0´	9.3837	5.1	9.9869	.3	9.3968	5.4	10.6032	76° 0´
10´	.3887	5.0	.9866	.3	.4021	5.3	.5979	50´
20´	.3937	5.0	.9863	.3	.4074	5.3	.5926	40´
30´	.3986	4.9	.9859	.4	.4127	5.3	.5873	30´
40´	.4035	4.9	.9856	.3	.4178	5.1	.5822	20´
50´	.4083	4.8	.9853	.3	.4230	5.2	.5770	10´
15° 0´	9.4130	4.7	9.9849	.4	9.4281	5.1	10.5719	75° 0´
10´	.4177	4.7	.9846	.3	.4331	5.0	.5669	50´
20´	.4223	4.6	.9843	.3	.4381	5.0	.5619	40´
30´	.4269	4.6	.9839	.4	.4430	4.9	.5570	30´
40´	.4314	4.5	.9836	.3	.4479	4.9	.5521	20´
50´	.4359	4.5	.9832	.4	.4527	4.8	.5473	10´
16° 0´	9.4403	4.4	9.9828	.4	9.4575	4.8	10.5425	74° 0´
10´	.4447	4.4	.9825	.3	.4622	4.7	.5378	50´
20´	.4491	4.4	.9821	.4	.4669	4.7	.5331	40´
30´	.4533	4.2	.9817	.4	.4716	4.7	.5284	30´
40´	.4576	4.3	.9814	.3	.4762	4.6	.5238	20´
50´	.4618	4.2	.9810	.4	.4808	4.6	.5192	10´
17° 0´	9.4659	4.1	9.9806	.4	9.4853	4.5	10.5147	73° 0´
10´	.4700	4.1	.9802	.4	.4898	4.5	.5102	50´
20´	.4741	4.1	.9798	.4	.4943	4.5	.5057	40´
30´	.4781	4.0	.9794	.4	.4987	4.4	.5013	30´
40´	.4821	4.0	.9790	.4	.5031	4.4	.4969	20´
50´	.4861	4.0	.9786	.4	.5075	4.4	.4925	10´
18° 0´	9.4900	3.9	9.9782	.4	9.5118	4.3	10.4882	72° 0´
	L Cos	d	L Sen	d	L Cot	dc	L Tan	Ángulo

TABLAS DE LOGARITMOS DE LAS FUNCIONES TRIGONOMÉTRICAS III

Ángulo	L Sen	d	L Cos	d	L Tan	dc	L Cot	
18° 0′	9.4900		9.9782		9.5118		10.4882	72° 0′
10′	.4939	3.9	.9778	.4	.5161	4.3	.4839	50′
20′	.4977	3.8	.9774	.4	.5203	4.2	.4797	40′
30′	.5015	3.8	.9770	.4	.5245	4.2	.4755	30′
40′	.5052	3.7	.9765	.5	.5287	4.2	.4713	20′
50′	.5090	3.8	.9761	.4	.5329	4.2	.4671	10′
19° 0′	9.5126	3.6	9.9757	.4	9.5370	4.1	10.4630	71° 0′
10′	.5163	3.7	.9752	.5	.5411	4.1	.4589	50′
20′	.5199	3.6	.9748	.4	.5451	4.0	.4549	40′
30′	.5235	3.6	.9743	.5	.5491	4.0	.4509	30′
40′	.5270	3.5	.9739	.4	.5531	4.0	.4469	20′
50′	.5306	3.6	.9734	.5	.5571	4.0	.4129	10′
20° 0′	9.5341	3.5	9.9730	.4	9.5611	4.0	10.4389	70° 0′
10′	.5375	3.4	.9725	.5	.5650	3.9	.4350	50′
20′	.5409	3.4	.9721	.4	.5689	3.9	.4311	40′
30′	.5443	3.4	.9716	.5	.5727	3.8	.4273	30′
40′	.5477	3.4	.9711	.5	.5766	3.9	.4234	20′
50′	.5510	3.3	.9706	.5	.5804	3.8	.4196	10′
21° 0′	9.5543	3.3	9.9702	.4	9.5842	3.8	10.4158	69° 0′
10′	.5576	3.3	.9697	.5	.5879	3.7	.4121	50′
20′	.5609	3.3	.9692	.5	.5917	3.8	.4083	40′
30′	.5641	3.2	.9687	.5	.5954	3.7	.4046	30′
40′	.5673	3.2	.9682	.5	.5991	3.7	.4009	20′
50′	.5704	3.1	.9677	.5	.6028	3.7	.3972	10′
22° 0′	9.5736	3.2	9.9672	.5	9.6064	3.6	10.3936	68° 0′
10′	.5767	3.1	.9667	.5	.6100	3.6	.3900	50′
20′	.5798	3.1	.9661	.6	.6136	3.6	.3864	40′
30′	.5828	3.0	.9656	.5	.6172	3.6	.3828	30′
40′	.5859	3.1	.9651	.5	.6208	3.6	.3792	20′
50′	.5889	3.0	.9646	.5	.6243	3.5	.3757	10′
23° 0′	9.5919	3.0	9.9640	.6	9.6279	3.6	10.3721	67° 0′
10′	.5948	2.9	.9635	.5	.6314	3.5	.3686	50′
20′	.5978	3.0	.9629	.6	.6348	3.4	.3652	40′
30′	.6007	2.9	.9624	.5	.6383	3.5	.3617	30′
40′	.6036	2.9	.9618	.6	.6417	3.4	.3583	20′
50′	.6065	2.9	.9613	.5	.6452	3.5	.3548	10′
24° 0′	9.6093	2.8	9.9607	.6	9.6486	3.4	10.3514	66° 0′
10′	.6121	2.8	.9602	.5	.6520	3.4	.3480	50′
20′	.6149	2.8	.9596	.6	.6553	3.3	.3447	40′
30′	.6177	2.8	.9590	.6	.6587	3.4	.3413	30′
40′	.6205	2.8	.9584	.6	.6620	3.3	.3380	20′
50′	.6232	2.7	.9579	.5	.6654	3.4	.3346	10′
25° 0′	9.6259	2.7	9.9573	.6	9.6687	3.3	10.3313	65° 0′
10′	.6286	2.7	.9567	.6	.6720	3.3	.3280	50′
20′	.6313	2.7	.9561	.6	.6752	3.2	.3248	40′
30′	.6340	2.7	.9555	.6	.6785	3.3	.3215	30′
40′	.6366	2.6	.9549	.6	.6817	3.2	.3183	20′
50′	.6392	2.6	.9543	.6	.6850	3.3	.3150	10′
26° 0′	9.6418	2.6	9.9537	.6	9.6882	3.2	10.3118	64° 0′
10′	.6444	2.6	.9530	.7	.6914	3.2	.3086	50′
20′	.6470	2.6	.9524	.6	.6946	3.2	.3054	40′
30′	.6495	2.5	.9518	.6	.6977	3.1	.3023	30′
40′	.6521	2.6	.9512	.6	.7009	3.2	.2991	20′
50′	.6546	2.5	.9505	.7	.7040	3.1	.2960	10′
27° 0′	9.6570	2.4	9.9499	.6	9.7072	3.2	10.2928	63° 0′
	L Cos	d	L Sen	d	L Cot	dc	L Tan	Ángulo

TABLAS DE LOGARITMOS DE LAS FUNCIONES TRIGONOMÉTRICAS IV

Ángulo	L Sen	d	L Cos	d	L Tan	dc	L Cot	
27° 0´	9.6570		9.9499		9.7072		10.2928	63° 0´
10´	.6595	2.5	.9492	.7	.7103	3.1	.2897	50´
20´	.6620	2.5	.9486	.6	.7134	3.1	.2866	40´
30´	.6644	2.4	.9479	.7	.7165	3.1	.2835	30´
40´	.6668	2.4	.9473	.6	.7196	3.1	.2804	20´
50´	.6692	2.4	.9466	.7	.7226	3.0	.2774	10´
28° 0´	9.6716	2.4	9.9459	.7	9.7257	3.1	10.2743	62° 0´
10´	.6740	2.4	.9453	.6	.7287	3.0	.2713	50´
20´	.6763	2.3	.9446	.7	.7317	3.0	.2683	40´
30´	.6787	2.4	.9439	.7	.7348	3.1	.2652	30´
40´	.6810	2.3	.9432	.7	.7378	3.0	.2622	20´
50´	.6833	2.3	.9425	.7	.7408	3.0	.2592	10´
29° 0´	9.6856	2.3	9.9418	.7	9.7438	3.0	10.2562	61° 0´
10´	.6878	2.2	.9411	.7	.7467	2.9	.2533	50´
20´	.6901	2.3	.9404	.7	.7497	3.0	.2503	40´
30´	.6923	2.2	.9397	.7	.7526	2.9	.2474	30´
40´	.6946	2.3	.9390	.7	.7556	3.0	.2444	20´
50´	.6968	2.2	.9383	.7	.7585	2.9	.2415	10´
30° 0´	9.6990	2.2	9.9375	.8	9.7614	2.9	10.2386	60° 0´
10´	.7012	2.2	.9368	.7	.7644	3.0	.2356	50´
20´	.7033	2.1	.9361	.7	.7673	2.9	.2327	40´
30´	.7055	2.2	.9353	.8	.7701	2.8	.2299	30´
40´	.7076	2.1	.9346	.7	.7730	2.9	.2270	20´
50´	.7097	2.1	.9338	.8	.7759	2.9	.2241	10´
31° 0´	9.7118	2.1	9.9331	.7	9.7788	2.9	10.2212	59° 0´
10´	.7139	2.1	.9323	.8	.7816	2.8	.2184	50´
20´	.7160	2.1	.9315	.8	.7845	2.9	.2155	40´
30´	.7181	2.1	.9308	.7	.7873	2.8	.2127	30´
40´	.7201	2.0	.9300	.8	.7902	2.9	.2098	20´
50´	.7222	2.1	.9292	.8	.7930	2.8	.2070	10´
32° 0´	9.7242	2.0	9.9284	.8	9.7958	2.8	10.2042	58° 0´
10´	.7262	2.0	.9276	.8	.7986	2.8	.2014	50´
20´	.7282	2.0	.9268	.8	.8014	2.8	.1986	40´
30´	.7302	2.0	.9260	.8	.8042	2.8	.1958	30´
40´	.7322	2.0	.9252	.8	.8070	2.8	.1930	20´
50´	.7342	2.0	.9244	.8	.8097	2.7	.1903	10´
33° 0´	9.7361	1.9	9.9236	.8	9.8125	2.8	10.1875	57° 0´
10´	.7380	1.9	.9228	.8	.8153	2.8	.1847	50´
20´	.7400	2.0	.9219	.9	.8180	2.7	.1820	40´
30´	.7419	1.9	.9211	.8	.8208	2.8	.1792	30´
40´	.7438	1.9	.9203	.8	.8235	2.7	.1765	20´
50´	.7457	1.9	.9194	.9	.8263	2.8	.1737	10´
34° 0´	9.7476	1.9	9.9186	.8	9.8290	2.7	10.1710	56° 0´
10´	.7494	1.8	.9177	.9	.8317	2.7	.1683	50´
20´	.7513	1.9	.9169	.8	.8344	2.7	.1656	40´
30´	.7531	1.8	.9160	.9	.8371	2.7	.1629	30´
40´	.7550	1.9	.9151	.9	.8398	2.7	.1602	20´
50´	.7568	1.8	.9142	.9	.8425	2.7	.1575	10´
35° 0´	9.7586	1.8	9.9134	.8	9.8452	2.7	10.1548	55° 0´
10´	.7604	1.8	.9125	.9	.8479	2.7	.1521	50´
20´	.7622	1.8	.9116	.9	.8506	2.7	.1494	40´
30´	.7640	1.8	.9107	.9	.8533	2.7	.1467	30´
40´	.7657	1.7	.9098	.9	.8559	2.6	.1441	20´
50´	.7675	1.8	.9089	.9	.8586	2.7	.1414	10´
36° 0´	9.7692	1.7	9.9080	.9	9.8613	2.7	10.1387	54° 0´
	L Cos	d	L Sen	d	L Cot	dc	L Tan	Ángulo

TABLAS DE LOGARITMOS DE LAS FUNCIONES TRIGONOMÉTRICAS V

Ángulo	L Sen	d	L Cos	d	L Tan	dc	L Cot	
36° 0´	9.7692		9.9080		9.8613		10.1387	54° 0´
10´	.7710	1.8	.9070	1.0	.8639	2.6	.1361	50´
20´	.7727	1.7	.9061	.9	.8666	2.7	.1334	40´
30´	.7744	1.7	.9052	.9	.8692	2.6	.1308	30´
40´	.7761	1.7	.9042	1.0	.8718	2.6	.1282	20´
50´	.7778	1.7	.9033	.9	.8745	2.7	.1255	10´
37° 0´	9.7795	1.7	9.9023	1.0	9.8771	2.6	10.1229	53° 0´
10´	.7811	1.6	.9014	.9	.8797	2.6	.1203	50´
20´	.7828	1.7	.9004	1.0	.8824	2.7	.1176	40´
30´	.7844	1.6	.8995	.9	.8850	2.6	.1150	30´
40´	.7861	1.7	.8985	1.0	.8876	2.6	.1124	20´
50´	.7877	1.6	.8975	1.0	.8902	2.6	.1098	10´
38° 0´	9.7893	1.6	9.8965	1.0	9.8928	2.6	10.1072	52° 0´
10´	.7910	1.7	.8955	1.0	.8954	2.6	.1046	50´
20´	.7926	1.6	.8945	1.0	.8980	2.6	.1020	40´
30´	.7941	1.5	.8935	1.0	.9006	2.6	.0994	30´
40´	.7957	1.6	.8925	1.0	.9032	2.6	.0968	20´
50´	.7973	1.6	.8915	1.0	.9058	2.6	.0942	10´
39° 0´	9.7989	1.6	9.8905	1.0	9.9084	2.6	10.0916	51° 0´
10´	.8004	1.5	.8895	1.0	.9110	2.6	.0890	50´
20´	.8020	1.6	.8884	1.1	.9135	2.5	.0865	40´
30´	.8035	1.5	.8874	1.0	.9161	2.6	.0839	30´
40´	.8050	1.5	.8864	1.0	.9187	2.6	.0813	20´
50´	.8066	1.6	.8853	1.1	.9212	2.5	.0788	10´
40° 0´	9.8081	1.5	9.8843	1.0	9.9238	2.6	10.0762	50° 0´
10´	.8096	1.5	.8832	1.1	.9264	2.6	.0736	50´
20´	.8111	1.5	.8821	1.1	.9289	2.5	.0711	40´
30´	.8125	1.4	.8810	1.1	.9315	2.6	.0685	30´
40´	.8140	1.5	.8800	1.0	.9341	2.6	.0659	20´
50´	.8155	1.5	.8789	1.1	.9366	2.5	.0634	10´
41° 0´	9.8169	1.4	9.8778	1.1	9.9392	2.6	10.0608	49° 0´
10´	.8184	1.5	.8767	1.1	.9417	2.5	.0583	50´
20´	.8198	1.4	.8756	1.1	.9443	2.6	.0557	40´
30´	.8213	1.5	.8745	1.1	.9468	2.5	.0532	30´
40´	.8227	1.4	.8733	1.2	.9494	2.6	.0506	20´
50´	.8241	1.4	.8722	1.1	.9519	2.5	.0481	10´
42° 0´	9.8255	1.4	9.8711	1.1	9.9544	2.5	10.0456	48° 0´
10´	.8269	1.4	.8699	1.2	.9570	2.6	.0430	50´
20´	.8283	1.4	.8688	1.1	.9595	2.5	.0405	40´
30´	.8297	1.4	.8676	1.2	.9621	2.6	.0379	30´
40´	.8311	1.4	.8665	1.1	.9646	2.5	.0354	20´
50´	.8324	1.3	.8653	1.2	.9671	2.5	.0329	10´
43° 0´	9.8338	1.4	9.8641	1.2	9.9697	2.6	10.0303	47° 0´
10´	.8351	1.3	.8629	1.2	.9722	2.5	.0278	50´
20´	.8365	1.4	.8618	1.1	.9747	2.5	.0253	40´
30´	.8378	1.3	.8606	1.2	.9772	2.5	.0228	30´
40´	.8391	1.3	.8594	1.2	.9798	2.6	.0202	20´
50´	.8405	1.4	.8582	1.2	.9823	2.5	.0177	10´
44° 0´	9.8418	1.3	9.8569	1.3	9.9848	2.5	10.0152	46° 0´
10´	.8431	1.3	.8557	1.2	.9874	2.6	.0126	50´
20´	.8444	1.3	.8545	1.2	.9899	2.5	.0101	40´
30´	.8457	1.3	.8532	1.3	.9924	2.5	.0076	30´
40´	.8469	1.2	.8520	1.2	.9949	2.5	.0051	20´
50´	.8482	1.3	.8507	1.3	9.9975	2.6	.0025	10´
45° 0´	9.8495	1.3	9.8495	1.2	10.0000	2.5	10.0000	45° 0´
	L Cos	d	L Sen	d	L Cot	dc	L Tan	Ángulo

Complementos

TABLA DE EXPONENCIALES, RAÍCES Y RECÍPROCAS

n	n^2	n^3	$\sqrt{n}$	$\sqrt[3]{n}$	$1/n$
1	1	1	1.000	1.000	1.0000
2	4	8	1.414	1.260	.5000
3	9	27	1.732	1.442	.3333
4	16	64	2.000	1.587	.2500
5	25	125	2.236	1.710	.2000
6	36	216	2.449	1.817	.1667
7	49	343	2.646	1.913	.1429
8	64	512	2.828	2.000	.1250
9	81	729	3.000	2.080	.1111
10	100	1,000	3.162	2.154	.1000
11	121	1,331	3.317	2.224	.0909
12	144	1,728	3.464	2.289	.0833
13	169	2,197	3.606	2.351	.0769
14	196	2,744	3.742	2.410	.0714
15	225	3,375	3.873	2.466	.0667
16	256	4,096	4.000	2.520	.0625
17	289	4,913	4.123	2.571	.0588
18	324	5,832	4.243	2.621	.0556
19	361	6,859	4.359	2.668	.0526
20	400	8,000	4.472	2.714	.0500
21	441	9,261	4.583	2.759	.0476
22	494	10,648	4.690	2.802	.0455
23	529	12,167	4.796	2.844	.0435
24	576	13,824	4.899	2.884	.0417
25	625	15,625	5.000	2.924	.0400
26	676	17,576	5.099	2.962	.0385
27	729	19,683	5.196	3.000	.0370
28	784	21,952	5.292	3.037	.0357
29	841	24,389	5.385	3.072	.0345
30	900	27,000	5.477	3.107	.0333
31	961	29,791	5.568	3.141	.0323
32	1,024	32,768	5.657	3.175	.0312
33	1,089	35,937	5.745	3.208	.0303
34	1,156	39,304	5.831	3.240	.0294
35	1,225	42,875	5.916	3.271	.0286
36	1,296	46,656	6.000	3.302	.0278
37	1,369	50,653	6.083	3.332	.0270
38	1,444	54,872	6.164	3.362	.0263
39	1,521	59,319	6.245	3.391	.0256
40	1,600	64,000	6.325	3.420	.0250
41	1,681	68,921	6.403	3.448	.0244
42	1,764	74,088	6.481	3.476	.0238
43	1,849	79,507	6.557	3.503	.0233
44	1,936	85,184	6.633	3.530	.0227
45	2,025	91,125	6.708	3.557	.0222
46	2,116	97,336	6.782	3.583	.0217
47	2,209	103,823	6.856	3.609	.0213
48	2,304	110,592	6.928	3.634	.0208
49	2,401	117,649	7.000	3.659	.0204
50	2,500	125,000	7.071	3.684	.0200

n	n^2	n^3	$\sqrt{n}$	$\sqrt[3]{n}$	$1/n$
51	2,601	132,651	7.141	3.708	.0196
52	2,704	140,608	7.211	3.733	.0192
53	2,809	148,877	7.280	3.756	.0189
54	2,916	157,464	7.348	3.780	.0185
55	3,025	166,375	7.416	3.803	.0182
56	3,136	175,616	7.483	3.826	.0179
57	3.249	185,193	7.550	3.849	.0175
58	3,364	195,112	7.616	3.871	.0172
59	3,481	205,379	7.681	3.893	.0169
60	3.600	216,000	7.746	3.915	.0167
61	3,721	226,981	7.810	3.936	.0164
62	3,844	238,328	7.874	3.958	.0161
63	3,969	250,047	7.937	3.979	.0159
64	4.096	262,144	8.000	4.000	.0156
65	4,225	274,625	8.062	4.021	.0154
66	4,356	287,496	8.124	4.041	.0152
67	4,489	300,763	8.185	4.062	.0149
68	4,624	314,432	8.246	4.082	.0147
69	4,761	328,509	8.307	4.102	.0145
70	4,900	343,000	8.367	4.121	.0143
71	5,041	357,911	8.426	4.141	.0141
72	5,184	373.248	8.485	4.160	.0139
73	5,329	389,017	8.544	4.179	.0137
74	5,476	405,224	8.602	4.198	.0135
75	5,625	421,875	8.660	4.217	.0133
76	5,776	438,976	8.718	4.236	.0132
77	5,929	456,533	8.775	4.254	.0130
78	6,084	474,552	8.832	4.273	.0128
79	6,241	493,039	8.888	4.291	.0127
80	6,400	512,000	8.944	4.309	.0125
81	6,561	531,441	9.000	4.327	.0123
82	6,724	551,368	9.055	4.344	.0122
83	6,889	571,787	9.110	4.362	.0120
84	7,056	592,704	9.165	4.380	.0119
85	7,225	614,125	9.220	4.397	.0118
86	7,396	636,056	9.274	4.414	.0116
87	7,569	658,503	9.327	4.431	.0115
88	7,744	681.472	9.381	4.448	.0114
89	7,921	704,969	9.434	4.465	.0112
90	8,100	729,000	9.487	4.481	.0111
91	8,281	753,571	9.539	4.498	.0110
92	8,464	778,688	9.592	4.514	.0109
93	8,649	804,357	9.644	4.531	.0108
94	8,836	830,584	9.695	4.547	.0106
95	9,025	857,375	9.747	4.563	.0105
96	9,216	884,736	9.798	4.579	.0104
97	9,409	912,673	9.849	4.595	.0103
98	9,604	941,192	9.899	4.610	.0102
99	9,801	970,299	9.950	4.626	.0101
100	10,000	1,000,000	10.000	4.642	.0100

Soluciones geométricas

TABLAS DE RESOLUCIÓN DE FIGURAS PLANAS

Figura	Nombre	Claves	Perímetro	Área
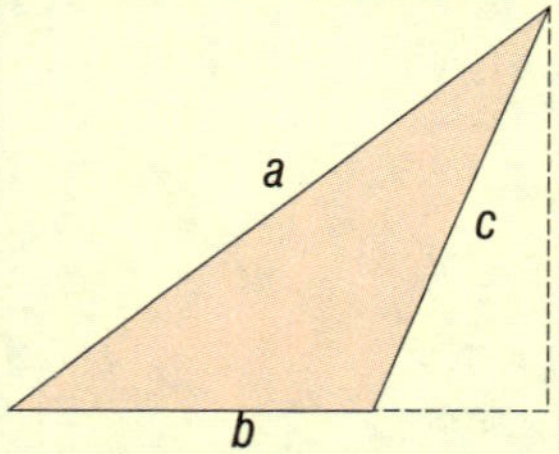 a, b, c	TRIÁNGULO	a, b, c = lados h = altura s = semiperímetro	$P = a + b + c$	$A = \frac{bh}{2}$ $s = \frac{a+b+c}{2}$
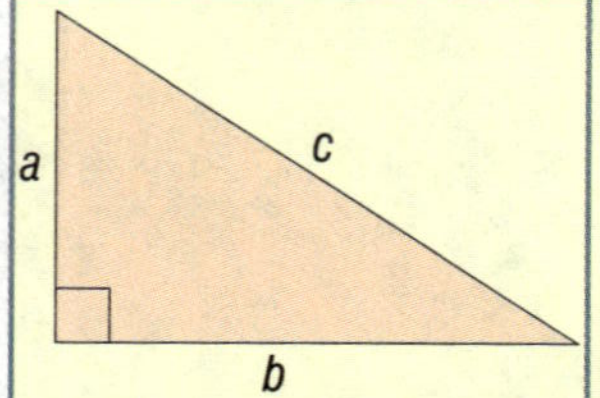 a, b, c	TRIÁNGULO RECTÁNGULO	a, b = lados menores (catetos) c = lado mayor (hipotenusa)	$P = a + b + c$	$A = \frac{ab}{2}$
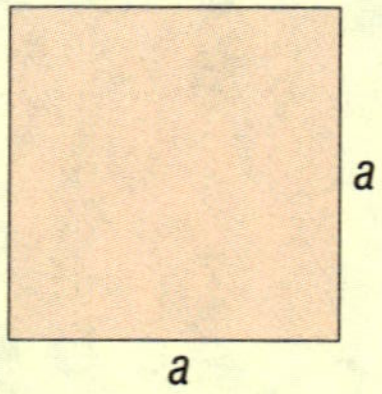 a, a	CUADRADO	a = lado	$P = 4a$	$A = a^2$
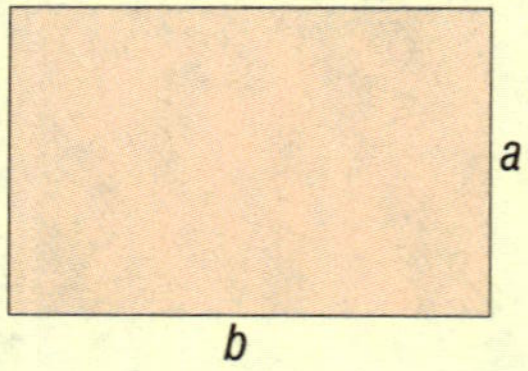 a, b	RECTÁNGULO	a = altura b = base	$P = a(a + b)$	$A = ba$

TABLAS DE RESOLUCIÓN DE FIGURAS PLANAS

Figura	Nombre	Claves	Perímetro	Área
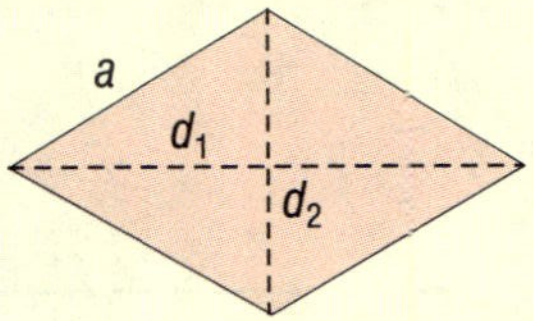	ROMBO	a = lado d_1, d_2 = diagonales	$P = 4a$	$A = \frac{d_1 d_2}{2}$
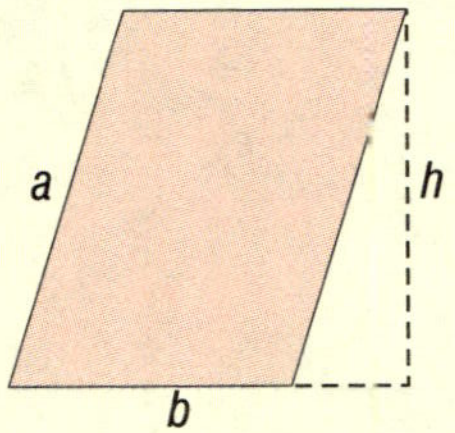	PARALELOGRAMO	a, b = lados h = altura	$P = 2(a + b)$	$A = bh$
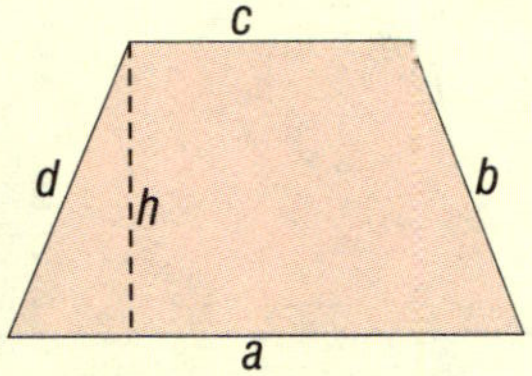	TRAPECIO	a, b, c, d = lados a, c = lados paralelos h = altura	$P = a + b + c + d$	$A = \left(\frac{a + c}{2}\right)h$
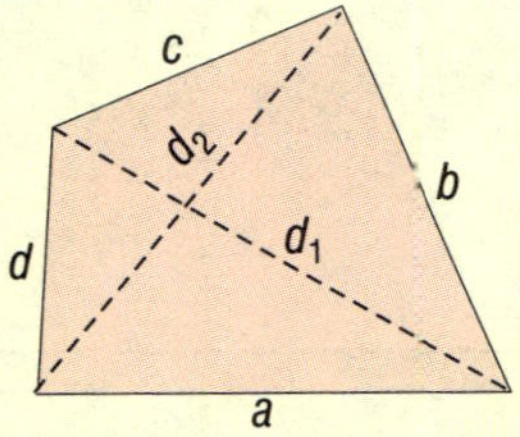	TRAPEZOIDE O CUADRILÁTERO	a, b, c, d = lados d_1, d_2 = diagonales	$P = a + b + c + d$	$A = \frac{1}{2}\sqrt{4(d_1 d_2)^2 - (a^2 - b^2 + c^2 - d^2)^2}$

TABLAS DE RESOLUCIÓN DE FIGURAS PLANAS

Figura	Nombre	Claves	Perímetro	Área
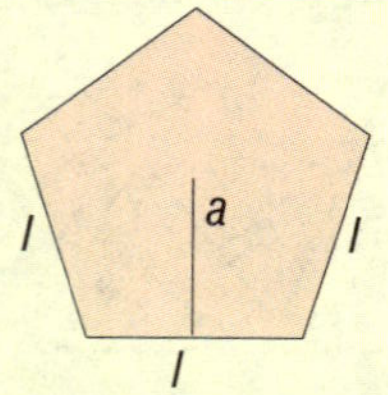	PENTÁGONO	l = lado a = apotema	$P = 5l$	$A = \frac{Pa}{2}, A = 1.721\ l^2$
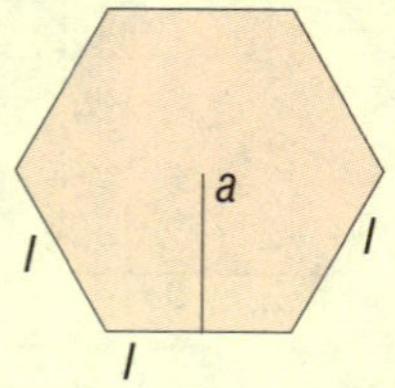	HEXÁGONO	l = lado a = apotema	$P = 6l$	$A = \frac{Pa}{2}, A = 2.598\ l^2$
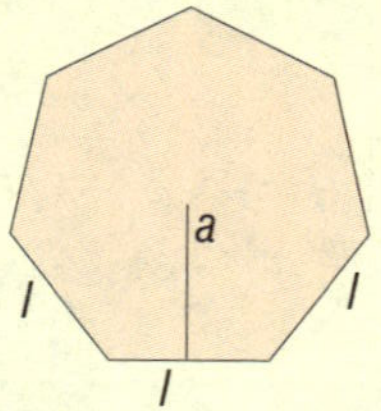	HEPTÁGONO	l = lado a = apotema	$P = 7l$	$A = \frac{Pa}{2}, A = 3.634\ l^2$
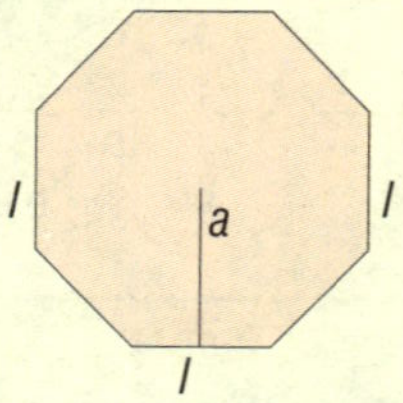	OCTÁGONO	l = lado a = apotema	$P = 8l$	$A = \frac{Pa}{2}, A = 4.828\ l^2$

TABLAS DE RESOLUCIÓN DE FIGURAS PLANAS

Figura	Nombre	Claves	Perímetro	Área
	ENEÁGONO	l = lado a = apotema	$P = 9l$	$A = \frac{Pa}{2}$
	DECÁGONO	l = lado a = apotema	$P = 10l$	$A = \frac{Pa}{2}$
	CÍRCULO	D = diámetro r = radio $\pi = 3.1416$	$P = \pi D$ $P = 2\pi r$	$A = \frac{\pi D^2}{4}$ $A = \pi r^2$
	CORONA CIRCULAR	d_1 = diámetro mayor d_2 = diámetro menor r_1 = radio mayor r_2 = radio menor	P. ext $= \pi d_1$ P. int. $= \pi d_2$ P. total $= \pi(d_1 + d_2)$	$A = \frac{\pi}{4}(d_1^2 - d_2^2)$ $A = \pi(r_1^2 - r_2^2)$

TABLAS DE RESOLUCIÓN DE FIGURAS PLANAS

Figura	Nombre	Claves	Perímetro	Área
	SECTOR CIRCULAR	l = longitud del arco r = radio n = número de grados	$l = 0.\ 01745\, r\, n$ $P = l + 2r$	$A = \frac{\pi r^2 n}{360}$ $A = \frac{lr}{2}$
	SEGMENTO CIRCULAR	c = cuerda r = radio h = altura n = número de grados	$P = 0.\ 01745\, r\, n + c$	$A = \frac{\pi r^2 n}{360} - \frac{c(r-h)}{2}$
	CUADRANTE	r = radio c = cuerda	$P = \frac{1}{2} r\pi + 2r$	$A = \frac{\pi r^2}{4} = 0.3927\, c^2$
	EMBECADURA	r = radio c = cuerda	$P = \frac{1}{2} r\pi + 2r$	$A = r^2 - \frac{\pi r^2}{4}$

TABLAS DE RESOLUCIÓN DE CUERPOS GEOMÉTRICOS

Figura	Nombre	Claves	Área	Volumen
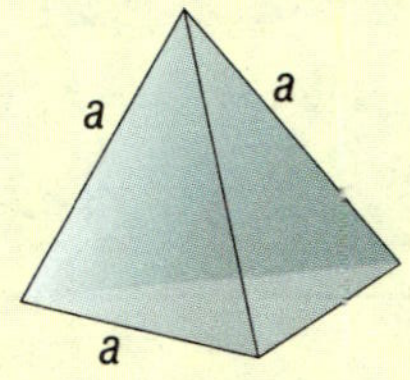	TETRAEDRO	a = arista	$A = 1.7321\, a^2$	$V = 0.1178\, a^3$
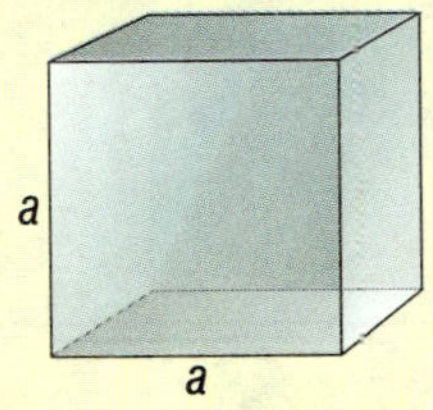	CUBO	a = arista	$A = 6a^2$	$V = a^3$
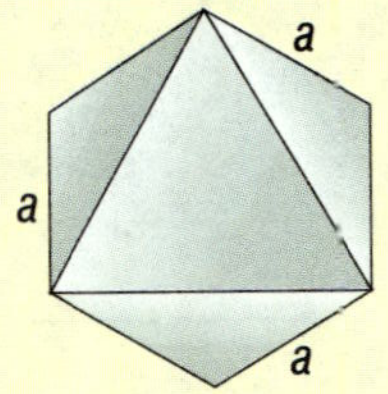	OCTAEDRO	a = arista	$A = 3.4642\, a^2$	$V = 0.4714\, a^3$
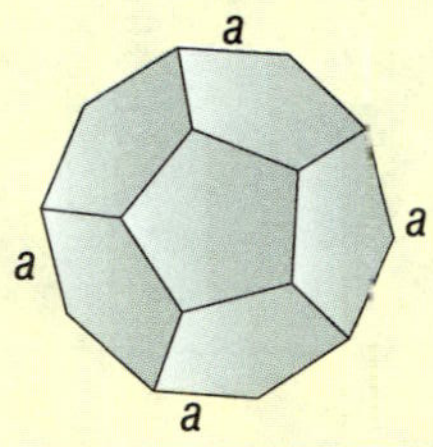	DODECAEDRO	a = arista	$A = 20.6457\, a^2$	$V = 7.6631\, a^3$

TABLAS DE RESOLUCIÓN DE CUERPOS GEOMÉTRICOS

Figura	Nombre	Claves	Área	Volumen
	ICOSAEDRO	a = arista	$A = 8.66025\, a^2$	$V = 2.1817\, a^3$
	PRISMA CUALQUIERA	a = arista lateral P = perímetro de la sección recta A_b = área de la base h = altura	$A_l = Pa$ $A_t = Pa + 2A_b$	$V = A_b h$
	PRISMA RECTO	h = altura P = perímetro de la base A_b = área de la base	$A_l = Ph$ $A_t = Ph + 2A_b$	$V = A_b h$
	PARALELEPÍPEDO RECTÁNGULO	a = largo b = ancho c = altura	$A_l = 2(a + b)c$ $A_t = 2(a + b)c + 2ab$	$V = abc$

TABLAS DE RESOLUCIÓN DE CUERPOS GEOMÉTRICOS

Figura	Nombre	Claves	Área	Volumen
	PIRÁMIDE CUALQUIERA	A_l = suma de las caras laterales A_b = área de la base A_t = área total h = altura	$A_t = A_l + A_b$	$V = \frac{1}{3} A_b h$
	PIRÁMIDE REGULAR	P = Perímetro de la base a = apotema A_b = área de la base h = altura	$A_l = \frac{1}{2} Pa$ $A_t = \frac{1}{2} Pa + A_b$	$V = \frac{1}{3} A_b h$
	TRONCO DE PIRÁMIDE REGULAR	a = apotema h = altura P = perímetro de la base superior P' = perímetro de la base inferior A_b = área de la base superior A'_b = área de la base inferior	$A_l = \left(\frac{P + P'}{2}\right) a$ $A_t = \left(\frac{P + P'}{2}\right) a + A_b + A_b'$	$V = \frac{1}{3} h(A_b + A_b' + \sqrt{A_b A_b'})$
	CILINDRO	g = generatriz C = perímetro de la sección recta A_b = área de la base h = altura	$A_l = Cg$ $A_t = Cg + 2A_b$	$V = A_b h$

TABLAS DE RESOLUCIÓN DE CUERPOS GEOMÉTRICOS

Figura	Nombre	Claves	Área	Volumen
	CILINDRO CIRCULAR RECTO	h = altura r = radio de la base	$A_l = 2\pi rh$ $A_t = 2\pi rh + 2\pi r^2$	$V = \pi r^2 h$
	CONO CIRCULAR RECTO	g = generatriz h = altura r = radio de la base	$A_l = \pi rg$ $A_t = \pi rg + \pi r^2$	$V = \frac{1}{3}\pi r^2 h$
	TRONCO DE CONO CIRCULAR RECTO	g = generatriz r_1 = radio de la base mayor r_2 = radio de la base menor h = altura	$A_l = \pi g(r_1 + r_2)$ $A_t = \pi g(r_1 + r_2) + \pi(r_1^2 + r_2^2)$	$V = \frac{1}{3}\pi h(r_1^2 + r_2^2 + r_1 r_2)$
	ESFERA	r = radio de la esfera	$A = 4\pi r^2$	$V = \frac{4}{3}\pi r^2$

Repasos de Álgebra

Estos repasos de Álgebra se incluyen en este texto con el fin de que el alumno cuente con el bagaje matemático necesario y suficiente para que los problemas planteados a lo largo de este libro, puedan solucionarse en armonía y sin lagunas que puedan arrastrar de conocimientos impartidos anteriormente. Por ello, cada uno de los 29 repasos funciona correlativamente con los 29 capítulos de que consta este libro; es conveniente que el alumno responda cada repaso antes de empezar a estudiar el capítulo correspondiente.

Repaso 1 de Álgebra

Hallar el valor numérico de las siguientes expresiones, si $a = 1$, $b = 2$, $c = 3$, $d = 4$, $m = \frac{1}{2}$, $n = \frac{2}{3}$, $p = \frac{1}{4}$.

1) $(4p + 2b)(18n - 24p) + 2(8m + 2)(40p + a)$ **R.** 162

2) $\dfrac{\left(a + \frac{d}{b}\right)}{(d - b)} \cdot \dfrac{\left(5 + \frac{2}{m^2}\right)}{p^2}$ **R.** 312

3) $(a + b)\left(\sqrt{c^2 + 8b} - m\sqrt{n^2}\right)$ **R.** 14

4) $\left(\dfrac{\sqrt{a + c}}{2} + \dfrac{\sqrt{6n}}{2}\right) \div (c + d)\sqrt{p}$ **R.** $\frac{4}{7}$

5) $3(c - b)\sqrt{32m} - 2(d - a)\sqrt{16p} - \dfrac{2}{n}$ **R.** -3

6) $\dfrac{\sqrt{6abc}}{2\sqrt{8b}} + \dfrac{\sqrt{3mn}}{2(b - a)} - \dfrac{cdnp}{abc}$ **R.** $\frac{11}{12}$

7) $\dfrac{a^2 + b^2}{b^2 - a^2} + 3(a + b)(2a + 3b)$ **R.** $73\frac{2}{3}$

8) $b^2 + \left(\dfrac{1}{a} + \dfrac{1}{b}\right)\left(\dfrac{1}{b} + \dfrac{1}{c}\right) + \left(\dfrac{1}{n} + \dfrac{1}{m}\right)^2$ **R.** $17\frac{1}{2}$

9) $(2m + 3n)(4p + 2c) - 4m^2n^2$ **R.** $20\frac{5}{9}$

10) $\dfrac{m^2 - 2n^2}{p} + \dfrac{p^2 + c^2}{n}$ **R.** $11\frac{11}{288}$

Repaso 2 de Álgebra

Sumar las expresiones siguientes:

1) $nx + cn - ab, -ab + 8nx - 2cn - ab + nx - 5$

R. $10nx - 3ab - cn - 5$

2) $a^3 + b^3, -3a^2b + ab^2 - b^3 - 5a^3 - 6ab^2 + 8, 3a^2b - 2b^3$

R. $-4a^3 - 5ab^2 - 2b^3 + 8$

3) $27m^3 + 125n^3, -9m^2n + 25mn^2 - 14mn^2 - 8, 11mn^2 + 10m^2n$

R. $27m^3 + m^2n + 22mn^2 + 125n^3 - 8$

4) $x^{a-1} + y^{b-2} + m^{x-4}, 2x^{a-1} - 2y^{b-2} - 2m^{x-4}, 3y^{b-2} - 2m^{x-4}$

R. $3x^{a-1} + 2y^{b-2} - 3m^{x-4}$

5) $n^{b-1} - m^{x-3} + 8, -5n^{b-1} - 3m^{x-3} + 10, 4n^{b-1} + 5m^{x-3} - 18$

R. m^{x-3}

6) $x^3y - xy^3 + 5, x^4 - x^2y^2 + 5x^3y - 6, -6xy^3 + x^2y^2 + 2, -y^4 + 3xy^3 + 1$

R. $x^4 + 6x^3y - 4xy^3 - y^4 + 2$

7) $\frac{3}{4}a^2 + \frac{2}{3}b^2, -\frac{1}{3}ab + \frac{1}{9}b^2, \frac{1}{6}ab - \frac{1}{3}b^2$

R. $\frac{3}{4}a^2 - \frac{1}{6}ab + \frac{4}{9}b^2$

8) $\frac{9}{17}m^2 + \frac{25}{34}n^2 - \frac{1}{4}, -15mn + \frac{1}{2}, \frac{5}{17}n^2 + \frac{7}{34}m^2 - \frac{1}{4} - \frac{7}{34}m^2 - 30mn + 3$

R. $\frac{9}{17}m^2 - 45mn + \frac{35}{34}n^2 + 3$

9) $\frac{1}{2}b^2m - \frac{3}{5}cn - 2, \frac{3}{4}b^2m + 6 - \frac{1}{10}cn - \frac{1}{4}b^2m + \frac{1}{25}cn + 4, 2cn + \frac{3}{5} - \frac{1}{8}b^2m$

R. $\frac{7}{8}b^2m + \frac{67}{50}cn + 8\frac{3}{5}$

10) $0.2a^3 + 0.4ab^2 - 0.5a^2b, -0.8b^3 + 0.6b^2 - 0.3a^2b, -0.4a^3 + 6 + 0.7a^2b, 0.2a^3 + 0.9b^3 + 0.6ab^2$

R. $-0.1a^2b + ab^2 + 0.1b^3 + 6 + 0.6b^2$

Repaso 3 de Álgebra

1) De la suma de $ab + bc + ac$ con $-7bc + 8ac - 9$, restar la suma de $4ac - 3bc + 5ab$ con $3bc + 5ac - ab$.

R. $-3ab - 6bc - 9$

2) De la suma de $a^2x - 3x^3$ más $a^3 + 3ax^2$, restar la suma de $-5a^2x + 11ax^2 - 11x^3$ con $a^3 + 8x^3 - 4a^2x + 6ax^2$.

R. $10a^2x - 14ax^2$

3) De la suma de $x^4 + x^2 - 3$, $-3x + 5 - x^3$, $-5x^2 + 4x + x^4$, restar la suma de $-7x^3 + 8x^2 - 3x + 1$ con $x^4 - 3$.

R. $x^4 + 6x^3 - 12x^2 + 4x + 4$

4) De la suma de $m^4 - n^4$, $-7mn^3 + 17m^3n - 4m^2n^2$, $-m^4 + 6m^2n^2 - 8n^4$, restar la suma de $6 - m^4$ con $-m^2n^2 + mn^3 - 4$.

R. $m^4 + 17m^3n + 3m^2n^2 - 8mn^3 - 9n^4 - 2$

5) De la suma de $a - 7 + a^3$, $a^5 - a^4 - 6a^2 + 8$, $-5a^2 - 11a + 26$, restar la suma de $-a^3 + a^2 - a^4$ con $-15 + 16a^3 - 8a^2 - 7a$.

R. $a^5 - 14a^3 - 4a^2 - 3a + 42$

6) Restar la suma de $a^2 + b^2 - ab$, $7b^2 - 8ab + 3a^2$, $-5a^2 - 17b^2 + 11ab$ de la suma de $3b^2 - a^2 + 9ab$ con $-8ab - 7b^2$.

R. $5b^2 - ab$

7) Restar la suma de $m^4 - 1$, $-m^3 + 8m^2 - 6m + 5$; $-7m - m^2 + 1$ de la suma de $m^5 - 16$ con $-16m^4 + 7m^2 - 3$.

R. $m^5 - 17m^4 + m^3 + 13m - 24$

8) Restar la suma de $x^5 - y^5$, $-2x^4y + 5x^3y^2 - 7x^3y^2$, $-6xy^4 - 7x^2y^3 - 8$ de la suma de $-x^3y^2 + 7x^4y + 11xy^4$ con $-xy^4 - 1$.

R. $-x^5 + 9x^4y + x^3y^2 + 7x^2y^3 + 16xy^4 + y^5 + 7$

9) Restar la suma de $7a^4 - a^6 - 8a$, $-3a^5 + 11a^3 - a^2 + 4$; $-6a^4 - 11a^3 - 2a + 8$, $-5a^3 + 5a^2 - 4a + 1$ de la suma de $-3a^4 + 7a^2 - 8a + 5$ con $5a^5 - 7a^3 + 41a^2 - 50a + 8$.

R. $a^6 + 8a^5 - 4a^4 - 2a^3 + 44a^2 - 44a$

10) Restar la suma de $a^5 - 7a^3x^2 + 9$, $-20a^4x + 21a^2x^3 - 199x^4$, $x^5 + 9a^3x^2 - 80$ de la suma de $-4x^5 + 18a^3x^2 - 8$, $-9a^4x - 17a^3x^2 + 11a^2x^3$, $a^5 + 36$.

R. $-5x^5 + 199x^4 - 10a^2x^3 - a^3x^2 + 11a^4x + 99$

Repaso 4 de Álgebra

Simplificar suprimiendo signos de agrupación y reduciendo términos semejantes.

1) $4x^2 + [-(x^2 - xy) + (-3y^2 + 2xy) - (3x^2 + y^2)]$ **R.** $3xy - 4y^2$

2) $a + \{(-2a + b) - (-a + b - c) + a\}$ **R.** $a + c$

3) $2x + [-5x - (-2y + \{-x + y\})]$ **R.** $-2x + y$

4) $-(a + b) + \{-3a + b - [-2a + b - (a - b)] + 2a\}$ **R.** $a - 2b$

5) $-(-a + b) + [-(a + b) - (-2a + 3b) + (-b + a - b)]$ **R.** $3a - 7b$

6) $7m^2 - \{-[m^2 + 3n - (5 - n) - (-3 + m^2)]\} - (2n + 3)$ **R.** $7m^2 + 2n - 5$

7) $2a - (-4a + b) - \{-[-4a + (b - a) - (-b + a)]\}$ **R.** b

8) $-[-(-a)] - [+(-a)] + \{-[-b + c] - [+(-c)]\}$ **R.** b

9) $-\{-[-(a + b) - c)]\} - \{+[-(c - a + b)]\} + \{-[-a + (-b)]\}$ **R.** $-a + b$

10) $-x + \{-(x + y) - [-x + (y - z) - (-x + y)] + y\}$ **R.** $-2y + z$

Repaso 5 de Álgebra

Simplificar:

1) $-(a+b)-3[2a+b-(a+2)]$ **R.** $-4a-4b+6$

2) $-[3x-2y+(x-2y)-2(x+y)-3(2x+1)]$ **R.** $4x+6y+3$

3) $4x^2-\{-3x+5-[-x+x(2+x)]\}$ **R.** $5x^2+4x-5$

4) $a-(x+y)-3(x-y)+2[-(x-2y)-2(-x-y)]$ **R.** $a-2x+10y$

5) $-2(a-b)-3(a+2b)-4\{a-2b+2[-a+b-1+2(a-b)]\}$ **R.** $-17a+12b+8$

6) $m-3(m+n)+\{-[-(-2n+n)-2-3(m-n+1)+m]\}$ **R.** $-7n+5$

7) $-3(x-2y)+2\{-4[-2x-3(x+y)]\}-\{-[-(x+y)]\}$ **R.** $36x+29y$

8) $5\{-(a+b)-3[-2a+3b-(a+b)+(-a-b)+2(-a+b)]-a\}$ **R.** $80a-50b$

9) $-3\{-[+(-a+b)]\}-4\{-[-(-a-b)]\}$ **R.** $a+7b$

10) $-a+b-2(a-b)+3\{-[2a+b-3(a+b-1)]\}-3[-a+2(-1+a)]$ **R.** $-3a+9b-3$

Repaso 6 de Álgebra

Hallar el valor numérico de las expresiones siguientes, para:

$$a = -1, b = 2, c = -\frac{1}{2}$$

1) $(a-b)^2 + (b-c)^2 - (a-c)^2$ **R.** 15

2) $(b+a)^3 - (b-c)^3 - (a-c)^3$ **R.** $-14\frac{1}{2}$

3) $\frac{ab}{c} + \frac{ac}{b} - \frac{bc}{a}$ **R.** $3\frac{1}{4}$

4) $(a+b+c)^2 - (a-b-c)^2 + c$ **R.** $-6\frac{1}{2}$

5) $3(2a+b) - 4a(b+c) - 2c(a-b)$ **R.** 3

Hallar el valor numérico de las expresiones siguientes, para:

$$a = 2, b = \frac{1}{3}, x = -2, y = -1, m = 3, n = \frac{1}{2}$$

6) $\frac{x^4}{8} - \frac{x^2y}{2} + \frac{3xy^2}{2} - y^3$ **R.** 2

7) $(a-x)^2 + (x-y)^2 + (x^2-y^2)(m+x-n)$ **R.** $18\frac{1}{2}$

8) $(3x-2y)(2n-24n) + 4x^2y^2 - \frac{x-y}{2}$ **R.** $60\frac{1}{2}$

9) $\frac{4x}{3y} - \frac{x^3}{2+y^3} + \left(\frac{1}{n} - \frac{1}{b}\right)x + x^4 - m$ **R.** $25\frac{2}{3}$

10) $\frac{3a}{x} + \frac{2y}{m} + \frac{17n}{y} - \frac{m}{n} + 2(x-y+4)$ **R.** $-12\frac{1}{6}$

Repaso 7 de Álgebra

Desarrollar estas ecuaciones:

1) $(x+2)^2$ **R.** x^2+4x+4

2) $(x+2)(x+3)$ **R.** x^2+5x+6

3) $(x+1)(x-1)$ **R.** x^2-1

4) $(x-1)^2$ **R.** x^2-2x+1

5) $(1+b)^3$ **R.** $1+3b+3b^2+b^3$

6) $(a+b)(a-b)(a^2-b^2)$ **R.** $a^4-2a^2b^2+b^4$

7) $(x+1)(x-1)(x^2-2)$ **R.** x^4-3x^2+2

8) $(2a+x)^3$ **R.** $8a^3+12a^2x+6ax^2+x^3$

9) $(x+5)(x-5)(x^2+1)$ **R.** x^4-24x^2-25

10) $(a+2)(a-3)(a-2)(a+3)$ **R.** a^4-13a^2+36

Repaso 8 de Álgebra

Resolver las ecuaciones siguientes:

1) $(x-2)^2-(3-x)^2=1$ **R.** 3

2) $14-(5x-1)(2x+3)=17-(10x+1)(x-6)$ **R.** $-\frac{1}{12}$

3) $(x-2)^2+x(x-3)=3(x+4)(x-3)-(x+2)(x-1)+2$ **R.** 4

4) $(3x-1)^2-5(x-2)-(2x+3)^2-(5x+2)(x-1)=0$ **R.** $\frac{1}{5}$

5) $2(x-3)^2-3(x+1)^2+(x-5)(x-3)+4(x^2-5x+1)=4x^2-12$ **R.** 1

6) $5(x-2)^2-5(x+3)^2+(2x-1)(5x+2)-10x^2=0$ **R.** $-\frac{9}{17}$

7) $x^2-5x+15=x(x-3)-14+5(x-2)+3(13-2x)$ **R.** 0

8) $3(5x-6)(3x+2)-6(3x+4)(x-1)-3(9x+1)(x-2)=0$ **R.** $\frac{2}{7}$

9) $7(x-4)^2-3(x+5)^2=4(x+1)(x-1)-2$ **R.** $\frac{1}{2}$

10) $5(1-x)^2-6(x^2-3x-7)=x(x-3)-2x(x+5)-2$ **R.** $-\frac{7}{3}$

Repaso 9 de Álgebra

Descomponer en factores:

1) $2a^2x + 2ax^2 - 3ax$ **R.** $ax\,(2a + 2x - 3)$

2) $(x + y)\,(n + 1) - 3(n + 1)$ **R.** $(n + 1)\,(x + y - 3)$

3) $6m - 9n + 21nx - 14mx$ **R.** $(2m - 3n)\,(3 - 7x)$

4) $a^6 - 2a^3b^3 + b^6$ **R.** $(a^3 - b^3)^2$

5) $1 + \frac{2b}{3} + \frac{b^2}{9}$ **R.** $\left(1 + \frac{b}{3}\right)^2$

6) $a^2m^4n^6 - 144$ **R.** $(am^2n^3 + 12)\,(am^2n^3 - 12)$

7) $a^6 - (a - 1)^2$ **R.** $(a^3 + a - 1)\,(a^3 - a + 1)$

8) $a^2 - b^2 - 2bc - c^2$ **R.** $(a + b + c)\,(a - b - c)$

9) $(x + y)^2 + n^2 - m^2 - 2n\,(x + y)$ **R.** $(x + y + m - n)\,(x + y - m - n)$

10) $c^4 - 5c^2 + 100$ **R.** $(c^2 + 5c + 10)\,(c^2 - 5c + 10)$

Repaso 10 de Álgebra

Descomponer en factores:

1) $4m^4 + 81n^4$ **R.** $(2m^2 + 6mn + 9n^2)\ (2m^2 - 6mn + 9n^2)$

2) $m^2 - 12m + 11$ **R.** $(m - 1)\ (m - 11)$

3) $x^2 + 8x - 180$ **R.** $(x + 18)\ (x - 10)$

4) $m^2 + mn - 56n^2$ **R.** $(m + 8n)\ (m - 7n)$

5) $(c + d)^2 - 18(c + d) + 65$ **R.** $(c + d - 5)\ (c + d - 13)$

6) $2a^2 + 5a + 2$ **R.** $(a + 2)\ (2a + 1)$

7) $x^3 + 3x^2 + 3x + 1$ **R.** $(x + 1)^3$

8) $8x^3 - 27y^3$ **R.** $(2x - 3y)\ (4x^2 + 6xy + 9y^2)$

9) $27x^3 - (x - y)^3$ **R.** $(2x + y)\ (13x^2 - 5xy + y^2)$

10) $x^7 + 128$ **R.** $(x + 2)\ (x^6 - 2x^5 + 4x^4 - 8x^3 + 16x^2 - 32x + 64)$

Repaso 11 de Álgebra

Descomponer en factores:

1) $ax^3 + 10ax^2 + 25ax$ **R.** $ax\,(x+5)^2$

2) $3abx^2 - 3abx - 18ab$ **R.** $3ab(x-3)\,(x+2)$

3) $(x+y)^4 - 1$ **R.** $(x^2+2xy+y^2+1)\,(x+y+1)\,(x+y-1)$

4) $64 - x^6$ **R.** $(2+x)\,(2-x)\,(x^2+2x+4)\,(x^2-2x+4)$

5) $x^5 - x$ **R.** $x(x^2+1)\,(x+1)\,(x-1)$

6) $5a^4 - 3{,}125$ **R.** $5(a^2+25)\,(a+5)\,(a-5)$

7) $1 - a^6b^6$ **R.** $(1+ab)\,(1-ab)\,(1+ab+a^2b^2)\,(1-ab+a^2b^2)$

8) $a^7 - ab^6$ **R.** $a(a+b)\,(a-b)\,(a^2+ab+b^2)\,(a^2-ab+b^2)$

9) $3 - 3a^6$ **R.** $3(1+a)\,(1-a)\,(a^2+a+1)\,(a^2-a+1)$

10) $x^7 + x^4 - 81x^3 - 81$ **R.** $(x+1)\,(x+3)\,(x-3)\,(x^2+9)\,(x^2-x+1)$

Repaso 12 de Álgebra

Hallar el M.C.D. de:

1) $a^2 - b^2, a^2 - 2ab + b^2$ **R.** $a - b$

2) $4x^2 - y^2, (2x - y)^2$ **R.** $2x - y$

3) $4a^2 + 8a - 12, 2a^2 - 6a + 4, 6a^2 + 18a - 24$ **R.** $2(a - 1)$

4) $3x^2 - x, 27x^3 - 1, 18x^2 - 6x + 3ax - a + 6x - 2$ **R.** $3x - 1$

5) $2a^2 + am + 4a - 2m, 2am^2 - m^3, 6a^2 + 5am - 4m^2$ **R.** $2a - m$

Hallar el M.C.M. de:

6) $3a^2x - 9a^2, x^2 - 6x + 9$ **R.** $3a^2(x - 3)^2$

7) $(x - 1)^2; x^2 - 1$ **R.** $(x + 1)(x - 1)^2$

8) $a^2 + a - 30, a^2 + 3a - 18$ **R.** $(a + 6)(a - 5)(a - 3)$

9) $2a^2 + 2a, 3a^2 - 3a, a^4 - a^2$ **R.** $6a^2(a + 1)(a - 1)$

10) $1 - a^3, 1 - a, 1 - a^2, 1 - 2a + a^2$ **R.** $(1 + a)(1 - a)^2(1 + a + a^2)$

Repaso 13 de Álgebra

Simplificar:

1) $\dfrac{8-a^3}{a^2+2a-8}$ R. $-\dfrac{a^2+2a+4}{a+4}$

2) $\dfrac{a^2-b^2}{b^3-a^3}$ R. $-\dfrac{a+b}{a^2+ab+b^2}$

3) $\dfrac{3bx-6x}{8-b^3}$ R. $-\dfrac{3x}{b^2+2b+4}$

4) $\dfrac{(x-5)^3}{125-x^3}$ R. $-\dfrac{(x-5)^2}{x^2+5x+25}$

5) $\dfrac{5x^3-15x^2y}{90x^3y^2-10x^5}$ R. $-\dfrac{1}{2x(3y+x)}$

Efectuar:

6) $\dfrac{1}{ax}-\dfrac{1}{a^2+ax}+\dfrac{1}{a+x}$ R. $\dfrac{x+1}{x(a+x)}$

7) $\dfrac{3x+2}{x^2+3x-10}-\dfrac{5x+1}{x^2+4x-5}+\dfrac{4x-1}{x^2-3x+2}$ R. $\dfrac{2x^2+27x-5}{(x+5)\,(x-2)\,(x-1)}$

8) $\dfrac{1}{5a+5}+\dfrac{1}{5a-5}-\dfrac{1}{10+10a}$ R. $\dfrac{3a+1}{10(a+1)\,(a-1)}$

9) $\dfrac{a+b}{a^2-ab}+\dfrac{a}{b^2-a^2}$ R. $\dfrac{b^2+2ab}{a(a+b)\,(a-b)}$

10) $\dfrac{x+3y}{y+x}+\dfrac{3y^2}{x^2-y^2}-\dfrac{x}{y-x}$ R. $\dfrac{2x^2+3xy}{(x+y)\,(x-y)}$

Repaso 14 de Álgebra

Efectuar:

1) $\frac{a+1}{a-1}\times\frac{3a-3}{2a+2}\div\frac{a^2-a}{a^2+a-2}$ **R.** $\frac{3(a+2)}{2a}$

2) $\frac{a^2-8a+7}{a^2-11a+30}\times\frac{a^2-36}{a^2-1}\div\frac{a^2-a-42}{a^2-4a-5}$ **R.** 1

3) $\frac{(a+b)^2-c^2}{(a-b)^2-c^2}\times\frac{(a+c)^2-b^2}{a^2+ab-ac}\div\frac{a+b+c}{a^2}$ **R.** $\frac{a(a+b+c)}{a-b-c}$

4) $\frac{m^2+6mn+9n^2}{2m^2n+7mn^2+3n^3}\times\frac{4m^2-n^2}{8m^2-2mn-n^2}\div\frac{m^3+27n^3}{16m^2+8mn+n^2}$ **R.** $\frac{4m+n}{n(m^2-3mn+9n^2)}$

5) $\frac{(a^2-3a)^2}{9+a^2}\times\frac{27-a^3}{(a+3)^2-3a}\div\frac{a^4-9a^2}{(a^2+3a)^2}$ **R.** $a^2(a-3)$

Hallar el verdadero valor de:

6) $\frac{x-2}{x+3}$ para $x=2$ **R.** 0

7) $\frac{x^2-a^2}{x^2+a^2}$ para $x=a$ **R.** 0

8) $\frac{a^2-a-6}{a^2+2a-15}$ para $a=3$ **R.** $\frac{5}{8}$

9) $\frac{x^2-7x+6}{x^2-2x+1}$ para $x=1$ **R.** ∞ (no existe)

10) $\frac{x^2-y^2}{xy-y^2}$ para $y=x$ **R.** 2

Repaso 15 de Álgebra

Simplificar:

1) $\dfrac{\dfrac{b}{a}}{1-\dfrac{b^2}{a^2}} \div \dfrac{1+\dfrac{b}{a-b}}{2-\dfrac{a-3b}{a-b}}$ **R.** $\dfrac{b}{a-b}$

2) $\dfrac{a-b+\dfrac{a^2+b^2}{a+b}}{a+b-\dfrac{a^2-2b^2}{a-b}} \times \dfrac{b+\dfrac{b^2}{a}}{a-b} \times \dfrac{1}{1+\dfrac{2a-b}{b}}$ **R.** 1

Resolver:

3) $\dfrac{x-2}{3}-\dfrac{x-3}{4}=\dfrac{x-4}{5}$ **R.** $7\frac{4}{7}$

4) $\dfrac{3}{5}\left(\dfrac{2x-1}{6}\right)-\dfrac{4}{3}\left(\dfrac{3x+2}{4}\right)-\dfrac{1}{5}\left(\dfrac{x-2}{3}\right)+\dfrac{1}{5}=0$ **R.** $-\dfrac{1}{2}$

5) $\dfrac{3}{x-4}=\dfrac{2}{x-3}+\dfrac{8}{x^2-7x+12}$ **R.** 9

6) $\dfrac{1}{6-2x}-\dfrac{4}{5-5x}=\dfrac{10}{12-4x}-\dfrac{3}{10-10x}$ **R.** $1\frac{2}{5}$

7) $ax-a(a+b)=-x-(1+ab)$ **R.** $a-1$

8) $x(a+b)-3-a(a-2)=2(x-1)-x(a-b)$ **R.** $\dfrac{a-1}{2}$

9) $\dfrac{x+m}{m}-\dfrac{x+n}{n}=\dfrac{m^2+n^2}{mn}-2$ **R.** $n-m$

10) $\dfrac{3}{4}\left(\dfrac{x}{b}+\dfrac{x}{a}\right)-\dfrac{1}{3}\left(\dfrac{x}{b}-\dfrac{x}{a}\right)=\dfrac{5a+13b}{12a}$ **R.** b

Repaso 16 de Álgebra

En la fórmula:

1) $A = h\dfrac{(b+b')}{2}$, despejar b R. $b = \dfrac{2A - hb'}{h}$

2) $A = \dfrac{1}{2}(a-1)n$, despejar n R. $n = \dfrac{2A}{a-1}$

3) $A = \pi r^2$, despejar r R. $r = \sqrt{\dfrac{A}{\pi}}$

4) $a^2 = b^2 + c^2$, despejar b R. $b = \sqrt{a^2 - c^2}$

5) $V = \dfrac{1}{3}h\pi r^2$, despejar r R. $r = \sqrt{\dfrac{3V}{\pi h}}$

Representar gráficamente:

6) $y = 3x + 3$

7) $y = x - 3$

8) $y = \dfrac{x}{2} + 4$

9) $y = x^2 + 1$

10) $x^2 + y^2 = 49$

Repaso 17 de Álgebra

Resolver los siguientes sistemas de ecuaciones:

1) $7x - 4y = 5$
$9x + 8y = 13$ **R.** $x = 1,\ y = \frac{1}{2}$

2) $x - 5y = 8$
$-7x + 62y = 25$ **R.** $x = 23,\ y = 3$

3) $11x - 9y = 2$
$13x - 15y = -2$ **R.** $x = 1,\ y = 1$

4) $3x - (9x + y) = 5y - (2x + 9y)$
$4x - (3y + 7) = 5y - 47$ **R.** $x = 6,\ y = 8$

5) $x = -\frac{3y + 3}{6}$
$y = -\frac{1 + 5x}{4}$ **R.** $x = -1,\ y = 1$

6) $\frac{x}{m} + \frac{y}{n} = 2m$
$mx - ny = m^3 - mn^2$ **R.** $x = m^2,\ y = mn$

7) $\frac{9}{x} + \frac{10}{y} = -11$
$\frac{7}{x} - \frac{15}{y} = -4$ **R.** $x = -1,\ y = -5$

8) $ax + 2y = 2$
$\frac{ax}{2} - 3y = -1$ **R.** $x = \frac{1}{a},\ y = \frac{1}{2}$

9) $\frac{3x}{5} + \frac{y}{4} = 2$
$x - 5y = 25$ **R.** $x = 5,\ y = -4$

10) $\frac{x - 2}{2} - \frac{y - 3}{3} = 4$
$\frac{y - 2}{2} + \frac{x - 3}{3} = -\frac{11}{3}$ **R.** $x = 4,\ y = -6$

Repaso 18 de Álgebra

Resolver los siguientes sistemas de ecuaciones:

1) $6x + 3y + 2z = 12$

$9x - y + 4z = 37$

$10x + 5y + 3z = 21$

R. $x = 5$

$y = -4$

$z = -3$

2) $x + 2z = 11$

$2y + z = 0$

$x + 2z = 11$

R. $x = 3$

$y = -2$

$z = 4$

3) $\frac{x}{2} + \frac{y}{2} - \frac{z}{3} = 3$

$\frac{x}{3} + \frac{y}{6} - \frac{z}{2} = -5$

$\frac{x}{6} - \frac{y}{3} + \frac{z}{6} = 0$

R. $x = 6$

$y = 12$

$z = 18$

4) $\frac{1}{x} + \frac{1}{y} = 5$

$\frac{1}{x} + \frac{1}{z} = 6$

$\frac{1}{y} + \frac{1}{z} = 7$

R. $x = \frac{1}{2}$

$y = \frac{1}{3}$

$z = \frac{1}{4}$

5) $7x + 10y + 4z = -2$

$5x - 2y + 6z = 38$

$3x + y - z = 21$

R. $x = 8$

$y = -5$

$z = -2$

Hallar el valor de las determinantes siguientes:

6) $\begin{vmatrix} 2 & 5 & -1 \\ 3 & -4 & 3 \\ 6 & 2 & 4 \end{vmatrix}$ **R.** -44

7) $\begin{vmatrix} 3 & 2 & 5 \\ -1 & -3 & 4 \\ 2 & -2 & 5 \end{vmatrix}$ **R.** 45

8) Resolver gráficamente:

$$x + y + z = 5$$
$$3x + 2y + z = 8$$
$$2x + 3y + 3z = 14$$

R. $x = 1$
$y = 1$
$z = 3$

9)

$$2x + 2y + 3z = 24$$
$$4x + 5y + 2z = 35$$
$$3x + 2y + z = 19$$

R. $x = 3$
$y = 3$
$z = 4$

10) Resolver:

$$2x - 3y + z + 4u = 0$$
$$3x + y - 5z - 3u = -10$$
$$6x + 2y - z + u = -3$$
$$x + y - 4z - 3u = -6$$

R. $x = -3$
$y = 4$
$z = -2$
$u = 5$

Repaso 19 de Álgebra

Desarrollar, aplicando la regla adecuada:

1) $(9ab^2 + 5a^2b^3)^2$ **R.** $81a^2b^4 + 90a^3b^5 + 25a^4b^6$

2) $\left(\frac{2}{5}m^4 - \frac{5}{4}n^3\right)^2$ **R.** $\frac{4}{25}m^8 - m^4n^3 + \frac{25}{16}n^6$

3) $(a^8 + 9a^5x^4)^3$ **R.** $a^{24} + 27a^{21}x^4 + 243a^{18}x^8 + 729a^{15}x^{12}$

4) $\left(\frac{7}{8}x^5 - \frac{4}{7}y^6\right)^3$ **R.** $\frac{343}{512}x^{15} - \frac{21}{16}x^{10}y^6 + \frac{6}{7}x^5y^{12} - \frac{64}{343}y^{18}$

5) $(5x^4 - 7x^2 + 3x)^2$ **R.** $25x^8 - 70x^6 + 30x^5 + 49x^4 - 42x^3 + 9x^2$

6) $\left(\frac{a^2}{4} - \frac{3}{5} + \frac{b^2}{9}\right)^2$ **R.** $\frac{a^4}{16} - \frac{3a^2}{10} + \frac{a^2b^2}{18} + \frac{9}{25} - \frac{2b^2}{15} + \frac{b^4}{81}$

7) $(x^4 - x^2 - 2)^3$ **R.** $x^{12} - 3x^{10} - 3x^8 + 11x^6 + 6x^4 - 12x^2 - 8$

8) $\left(3 - \frac{x^2}{3}\right)^5$ **R.** $243 - 135x^2 + 30x^4 - \frac{10x^6}{3} + \frac{5x^8}{27} - \frac{x^{10}}{243}$

9) $\left(\frac{a}{3} - \frac{3}{b}\right)^6$ **R.** $\frac{a^6}{729} - \frac{2a^5}{27b} + \frac{5a^4}{3b^2} - \frac{20a^3}{b^3} + \frac{135a^2}{b^4} - \frac{486a}{b^5} + \frac{729}{b^6}$

Hallar el 6º término del desarrollo de:

10) $\left(3a - \frac{b}{2}\right)^8$ **R.** $-14a^3b^5$

Repaso 20 de Álgebra

1) $\sqrt[4]{81a^{12}b^{24}}$ R. $3a^3b^6$

2) $\sqrt{x^6 - 2x^5 + 3x^4 + 1 + 2x - x^2}$ R. $x^3 - x^2 + x + 1$

3) $\sqrt{\frac{x^2}{9} + \frac{79}{3} - \frac{20}{x} - \frac{10x}{3} + \frac{4}{x^2}}$ R. $\frac{x}{3} - 5 + \frac{2}{x}$

4) $\sqrt[3]{x^{12} - 3x^8 - 3x^{10} + 6x^4 + 11x^6 - 12x^2 - 8}$ R. $x^4 - x^2 - 2$

5) $\sqrt[3]{\frac{a^3}{8b^3} + \frac{15a}{8b} - \frac{5}{2} - \frac{3a^2}{4b^2} + \frac{15b}{8a} - \frac{3b^2}{4a^2} + \frac{b^3}{8a^3}}$ R. $\frac{a}{2b} - 1 + \frac{b}{2a}$

Expresar con radical.

6) $x^{\frac{3}{2}} y^{\frac{1}{4}} z^{\frac{1}{5}}$ R. $x\sqrt{x}\,\sqrt[4]{y}\,\sqrt[5]{z}$

Expresar con exponente positivo.

7) $\frac{3}{x^{-1}y^{-5}}$ R. $3xy^5$

8) Expresar sin denominador.

$\frac{3a^2b^3}{a^{-1}x}$ R. $3a^3b^3x^{-1}$

9) Expresar con exponente positivo.

$\sqrt{a^{-3}}$ R. $\frac{1}{a^{\frac{3}{2}}}$

10) Hallar el valor de:

$(25)^{-\frac{1}{2}}$ R. $\frac{1}{5}$

Repaso 21 de Álgebra

1) Hallar el valor numérico para $x = 16$, $y = 8$.

$$\frac{x^{\frac{3}{4}}}{y^{-2}} + x^{-\frac{1}{2}}y^{-\frac{1}{3}} - x^0y^0 + \frac{x^4}{y^{\frac{4}{3}}}$$

R. $4{,}607\frac{1}{8}$

2) Multiplicar x^{-2} por $x^{-\frac{1}{3}}$. **R.** $x^{-\frac{7}{2}}$

3) Multiplicar ordenando previamente.

$$a^{-1} + 2a^{-\frac{1}{2}}b^{-\frac{1}{2}} + 2b^{-1} \text{ por } a^{-1} - a^{-\frac{1}{2}}b^{-\frac{1}{2}} + b^{-1}$$

R. $a^{-2} + a^{-\frac{3}{2}}b^{-\frac{1}{2}} + a^{-1}b^{-1} + 2b^{-2}$

4) Dividir $a^{\frac{1}{3}}$ entre a. **R.** $a^{-\frac{2}{3}}$

5) Dividir ordenando previamente.

$$15a^3 - 19a + a^2 + 17 - 24a^{-1} + 10a^{-2} \text{ entre } 3a + 2 - 5a^{-1}$$

R. $5a^2 - 3a + 4 - 2a^{-1}$

6) Hallar el valor de:

$$\left(a^{-\frac{2}{3}}\right)^3$$

R. a^{-2}

7) Desarrollar $\left(\sqrt{x} - \sqrt{y}\right)^3$. **R.** $x^{\frac{3}{2}} - 3xy^{\frac{1}{3}} + 3x^{\frac{1}{2}}y - y^{\frac{3}{2}}$

8) $\sqrt{a^2 + 4a^{\frac{7}{4}} - 2a^{\frac{3}{2}} - 12a^{\frac{5}{4}} + 9a}$ **R.** $a + 2a^{\frac{3}{4}} - 3a^{\frac{1}{2}}$

9) $\sqrt{a^4 - 10a + \frac{25}{a^2} - \frac{20}{a^3} + \frac{4}{a^4} + 4}$ **R.** $a^2 - 5a^{-1} + 2a^{-2}$

10) $\sqrt{a^4b^4 + 6a^2b^2 + 7 - \frac{6}{a^2b^2} + \frac{1}{a^4b^4}}$ **R.** $a^2b^2 + 3 - a^{-2}b^{-2}$

Repaso 22 de Álgebra

Simplificar:

1) $5a\sqrt[3]{160x^7y^9z^{13}}$ R. $10ax^2y^3z^4\sqrt[3]{20xz}$

2) $\frac{3}{2}\sqrt{\frac{4a^2}{27y^3}}$ R. $\frac{a}{3y^2}\sqrt{3y}$

3) $\sqrt[4]{25a^2b^2}$ R. $\sqrt{5ab}$

4) Hacer entero el radical:

$5x^2y\sqrt{3}$ R. $\sqrt{75x^4y^2}$

5) Reducir al mínimo común índice:

$\sqrt[3]{2ab},\ \sqrt[5]{3a^2x},\ \sqrt[15]{5a^3x^2}$ R. $\sqrt[15]{32a^5b^5}$

$\sqrt[15]{27a^6x^3}$

$\sqrt[15]{5a^3x^2}$

6) Escribir de mayor a menor:

$\sqrt{3},\ \sqrt[3]{5},\ \sqrt[5]{32}$ R. $\sqrt[5]{32},\ \sqrt{3},\ \sqrt[3]{5}$

7) Reducir:

$2\sqrt{5}-\frac{1}{2}\sqrt{5}+\frac{3}{4}\sqrt{5}$ R. $\frac{9}{4}\sqrt{5}$

8) Simplificar:

$2\sqrt{700}-15\sqrt{\frac{1}{45}}+4\sqrt{\frac{5}{16}}-56\sqrt{\frac{1}{7}}$ R. $12\sqrt{7}$

9) Simplificar:

$\sqrt{m^2n}-\sqrt{9m^2n}+\sqrt{16mn^2}-\sqrt{4mn^2}$ R. $12n\sqrt{m}-2m\sqrt{n}$

10) Simplificar:

$\frac{3}{5}\sqrt[3]{625}-\frac{3}{2}\sqrt[3]{192}+\frac{1}{7}\sqrt[3]{1,715}-\frac{3}{8}\sqrt[3]{1,536}$ R. $4\sqrt{5}-9\sqrt{3}$

Repaso 23 de Álgebra

Efectuar:

1) $5\sqrt{12} \times 3\sqrt{75}$ R. 450

2) $(\sqrt{2} + \sqrt{3} + \sqrt{5}) \times (\sqrt{2} - \sqrt{3})$ R. $\sqrt{10} - \sqrt{15} - 1$

3) $\sqrt[4]{25x^2y^3} \times \sqrt[6]{125x^2}$ R. $5\sqrt[12]{x^{10}y^9}$

4) $\sqrt{75x^2y^3} \div 5\sqrt{3xy}$ R. $y\sqrt{x}$

5) $\frac{1}{2}\sqrt{2x} \div \frac{1}{4}\sqrt[6]{16x^4}$ R. $\frac{2}{\sqrt[6]{2x}}$

Desarrollar:

6) $(\sqrt{2} - \sqrt{3})^2$ R. $5 - 2\sqrt{6}$

7) Simplificar:

$\sqrt{2}\,\sqrt{2}$ R. 2

8) $\frac{1}{\sqrt[3]{9x}}$ R. $\frac{1}{3x}\sqrt[3]{3x^2}$

9) $\frac{19}{5\sqrt{2} - 4\sqrt{3}}$ R. $\frac{95\sqrt{2} + 76\sqrt{3}}{2}$

10) $\frac{\sqrt{a} + \sqrt{x}}{2\sqrt{a} + \sqrt{x}}$ R. $\frac{2a - x + \sqrt{ax}}{4a - x}$

Repaso 24 de Álgebra

1) Racionalizar $\dfrac{2-\sqrt{3}}{2+\sqrt{3}+\sqrt{5}}$. **R.** $\dfrac{2\sqrt{3}+8\sqrt{5}-5\sqrt{15}-1}{22}$

2) Dividir $\sqrt{2}+\sqrt{5}$ entre $\sqrt{2}-\sqrt{5}$. **R.** $\dfrac{7+2\sqrt{10}}{-3}$

3) Resolver $\sqrt{9x-14}=3\sqrt{x+10}-4$. **R.** 15

4) Resolver $\dfrac{6}{\sqrt{x+8}}=\sqrt{x+8}-\sqrt{x}$. **R.** 1

5) Simplificar $3\sqrt{-b^4}$. **R.** $3b^2i$

6) Simplificar $3\sqrt{-64}-5\sqrt{-49}+3\sqrt{-121}$. **R.** $22i$

7) Multiplicar $2\sqrt{-7}\times 3\sqrt{-28}$. **R.** -84

8) Dividir $\sqrt{-150}\div\sqrt{-3}$. **R.** $5\sqrt{2}$

9) Sumar $12-11\sqrt{-1}$, $8+7\sqrt{-1}$. **R.** $20-4i$

10) Sumar $1-i$, $4+3i$, $\sqrt{2}+5i$. **R.** $\left(5+\sqrt{2}\right)+7i$

Repaso 25 de Álgebra

1) Sumar $9+i\sqrt{3}, 9-i\sqrt{3}$. **R.** 18

2) Restar $8-7\sqrt{-1}$ de $15-4\sqrt{-1}$. **R.** $7+3i$

3) De $-3-7\sqrt{-1}$ restar $-3+7\sqrt{-1}$. **R.** $-14i$

4) Multiplicar $8-\sqrt{-9}$ por $11+\sqrt{-25}$. **R.** $103+7i$

5) Multiplicar $\sqrt{2}-5i$ por $\sqrt{2}+5i$. **R.** 27

6) Dividir $\left(5-3\sqrt{-1}\right)$ entre $\left(3+4\sqrt{-1}\right)$. **R.** $\dfrac{3-29i}{25}$

7) Representar gráficamente:

$-1-5i$

8) Resolver $49x^2-70x+25=0$. **R.** $\dfrac{5}{7}$

9) Resolver $(x-5)^2-(x-6)^2=(2x-3)^2-118$. **R.** $7, -3\dfrac{1}{2}$

10) Resolver $(2x-3)^2-(x+5)^2=-23$. **R.** $7, \dfrac{1}{3}$

Repaso 26 de Álgebra

Resolver las siguientes ecuaciones:

1) $5x(x-1)-2(2x^2-7x)=-8$ **R.** $-1, -8$

2) $\dfrac{x-135}{x}-\dfrac{10(5x+5)}{x^2}=-18$ **R.** $10, -\dfrac{5}{19}$

3) $x(x-1)-5(x-2)=2$ **R.** $2, 4$

4) $x^2-2ax+a^2-b^2=0$ **R.** $(a-b), (a+b)$

5) $\left(x+\dfrac{1}{3}\right)\left(x-\dfrac{1}{3}\right)=\dfrac{1}{3}$ **R.** $\pm\dfrac{2}{3}$

6) $(x-3)^2-(2x+5)^2=-16$ **R.** $0, -8\dfrac{2}{3}$

7) $2\sqrt{x}-\sqrt{x+5}=1$ **R.** 4

8) $\sqrt{5x-1}-\sqrt{1-x}=\sqrt{4x}$ **R.** $1, \dfrac{1}{5}$

9) $\sqrt{x+3}+\dfrac{6}{\sqrt{x+3}}=5$ **R.** $1, 6$

10) $\sqrt{x}+\sqrt{x+8}=2\sqrt{x+3}$ **R.** 1

Repaso 27 de Álgebra

Determinar el carácter de las raíces, sin resolver la ecuación.

1) $3x^2 - 2x + 5 = 0$ — **R.** Imaginarias

2) $3x^2 + 5x - 2 = 0$ — **R.** Reales, desiguales

3) $36x^2 + 12x + 1 = 0$ — **R.** Reales, iguales

4) Investigar si $-\frac{1}{5}$ y 2 son las raíces de $5x^2 - 11x + 2 = 0$. — **R.** No

5) Determinar la ecuación cuyas raíces son 0 y 2. — **R.** $x^2 - 2x = 0$

6) Hallar dos números cuya suma es $-3\frac{1}{3}$ y cuyo producto es 1. — **R.** -3 y $-\frac{1}{3}$

7) Descomponer en factores, hallando las raíces:

$11x^2 - 153x - 180$ — **R.** $(11x + 12)(x - 15)$

Resolver:

8) $x^2 - 25 = 0$ — **R.** -5 y 5

9) $x^4 - 45x^2 - 196 = 0$ — **R.** ± 7

10) $x^8 - 41x^4 + 400 = 0$ — **R.** $\pm\sqrt{5}$, ± 2

Repaso 28 de Álgebra

1) Transformar en suma de radicales simples:

$\sqrt{73 - 12\sqrt{35}}$ **R.** $3\sqrt{5} - 2\sqrt{7}$

2) Hallar el 17° término de la progresión aritmética:

$\div \frac{2}{3}, \frac{5}{6}, 1$ **R.** $3\frac{1}{3}$

3) Hallar la razón de la progresión aritmética:

$\div 1, \ldots, -4$

donde -4 es el 10° término. **R.** $-\frac{5}{9}$

4) Hallar la suma de los 9 primeros términos de la progresión aritmética:

$\div \frac{1}{2}, 1, \frac{3}{2}, \ldots$ **R.** $22\frac{1}{2}$

5) Interpolar cuatro medios aritméticos entre 5 y 12. **R.** $5, 6\frac{2}{5}, 7\frac{4}{5}, 9\frac{1}{5}, 10\frac{3}{5}, 12$

6) Hallar el 7° término de la progresión geométrica:

$\because 3 : 2 : \frac{4}{3}$ **R.** $\frac{64}{243}$

7) Hallar el 5° término de la progresión geométrica:

$\because \frac{5}{6} : \frac{1}{2} : : :$ **R.** $\frac{27}{250}$

8) Hallar la razón de la progresión geométrica de 8 términos:

$\because 5 : : : : : 640$ **R.** 2

9) Hallar la suma de los 10 primeros términos de:

$\because 2\frac{1}{4} : 1\frac{1}{2}$ **R.** $6\frac{5{,}537}{8{,}748}$

10) Interpolar 5 medios geométricos entre 128 y 2. **R.** 128 : 64 : 32 : 16 : 8 : 4 : 2

Repaso 29 de Álgebra

Hallar el valor, empleando logaritmos:

1) $95.13 \div 7.23$ **R.** 13.1577

2) 0.15^3 **R.** 0.0034

3) $5\frac{1}{2} \times 3\frac{2}{3}$ **R.** 4.6512

4) $\sqrt[3]{\frac{56,813}{33,117}}$ **R.** 1.2077

Dados: $\log 2 = 0.3010$, $\log 3 = 0.4771$
$\log 5 = 0.6990$, $\log 7 = 0.8451$

Hallar:

5) $\log 120$ **R.** 2.0792

6) $\log 0.875$ **R.** $\bar{1}.9420$

Resolver:

7) $0.2^x = 0.0016$ **R.** 4

8) $5^{x-2} = 625$ **R.** 6

Hallar el número de términos de la progresión:

9) $\div\div 2 : 3 : \ldots : \frac{243}{16}$ **R.** 6

10) $\div\div 6 : 8 : \ldots : \frac{2,048}{81}$ **R.** 6

Ejercicios adicionales

Nota a los ejercicios adicionales

El departamento de matemáticas de Grupo Editorial Patria, ha preparado esta guía, tomando en cuenta lo siguiente:

1. Este texto se ha dividido en 90 partes para hacer las clases muchos más didácticas y participativas, y lograr una mejor comprensión de todos los temas del libro.
2. Se ha puesto especial énfasis en los puntos que el profesor desearía que sus alumnos tuvieran presentes en todo momento.
3. Al adjuntar esta guía, se ha aumentado el libro original en 450 problemas y, en cada una de estas 90 partes se han intercalado 5 problemas que, después de cada sesión, el alumno podrá resolver a manera de tarea o bien podrán utilizarse para efectuar pruebas o exámenes, razón por la cual deliberadamente se han omitido las respuesta.
4. Esta guía se hizo para impartir el curso de Geometría Plana y del Espacio, no obstante que el libro contiene también otros capítulos adicionales como son Trigonometría, Logaritmos, Resolución de triángulos empleando logaritmos, etcétera.
5. A título de sugerencia para el profesor sería recomendable que después de exponer la parte teórica de una cierta sesión y dar los ejemplos que creyera conveniente, invitara a sus alumnos a resolver algunos de los problemas del libro que tienen respuesta, que se encuentran al final de cada capítulo, para que después de adquirir la confianza suficiente, intentaran resolver los de la guía.
6. Los problemas de la guía podrán calificarse como exámenes si se juzga conveniente o bien emplearse para tareas.
7. Por regla general, un profesor se ve obligado a recurrir a otros textos en busca de problemas adicionales. Esta guía tiene por objeto ahorrarle este trabajo sin que se quiera pasar por alto que para impartir una asignatura siempre es necesario consultar otros libros.
8. Con el objetivo de enfatizar algunos puntos, se ha creído conveniente introducir el color para facilitar la tarea del estudiante.
9. En la mayoría de los problemas hay un espacio para sus respuestas, sin embargo, se encontrarán algunos cuya solución deberá hacerse por separado debido al trazado de curva que requiera el problema en particular o la demostración de un teorema.
10. Se agradece de antemano cualquier sugerencia respecto a esta guía con el fin de mejorarla.

Los Editores

Introducción

BREVE RESEÑA HISTÓRICA

(pp. 1-6)

1

Babilonia, Egipto, Grecia
Tales de Mileto
Pitágoras de Samos
Euclides (*Elementos*)
Platón
Arquímedes de Siracusa
Apolonio de Perga
Herón de Alejandría
Geometrías no euclidianas
Lobatchevsky
Riemann

Puntos importantes

a) ¿Cómo contribuyeron estos científicos en la formación de la Geometría?
b) Ejemplos sobre la aplicación de la Geometría en los problemas prácticos.

Ejercicios adicionales

1. ¿A quién se debe el descubrimiento y la demostración de la relación $a^2 = b^2 + c^2$ para cualquier triángulo rectángulo?

Respuesta: ____________________

2. Señalar qué aportaciones dio Euclides a la Geometría.

Respuesta: ____________________

3. ¿Quién demostró la fórmula para hallar el área de un triángulo en función de sus lados?

Respuesta: ____________________

4. ¿En dónde comienza a formarse la Geometría como ciencia deductiva?

Respuesta: ____________________

5. ¿En qué principios se basa la Geometría euclidiana?

Respuesta: ____________________

Calificación: ____________________

Generalidades

2

(pp. 7-10)

Secciones

1. Método deductivo
2. Axioma
3. Postulado
4. Teorema
5. Corolario
6. Teorema recíproco
7. Lema
8. Nota
9. Problema

Puntos importantes

a) Diferencia fundamental entre los conceptos anteriores.
b) Aplicación de los conceptos anteriores por medio de ejemplos.

Ejercicios adicionales

1. Explicar en qué consiste el método deductivo.

Respuesta: ______________________________

____

2. Decir si todo teorema recíproco es verdadero. Dar un ejemplo de acuerdo con su respuesta.

Respuesta: ______________________________

____

3. ¿Es posible que de un Corolario se deduzca un teorema? Dar razones.

Respuesta: ______________________________

____

4. De los siguientes enunciados, señalar cuál es teorema, axioma, postulado o problema:

a) Construir la circunferencia que pasa por tres puntos dados.

Respuesta: ______________________________

____

b) El todo es mayor que sus partes.

Respuesta: ______________________________

____

c) Hay infinitos puntos.

Respuesta: ______________________________

____

d) La suma de los ángulos interiores de un triángulo es igual a dos ángulos rectos.

Respuesta: ______________________________

____

5. ¿Qué entiende por lema y por escolio?

Respuesta: ______________________________

____

Calificación: ______________

3

(pp. 10-12)

Secciones

- 10 Punto
- 11 Línea
- 12 Cuerpos físicos y cuerpos geométricos
- 13 Superficies

Puntos importantes

a) Concepto de punto y línea.
b) Ejemplos de línea recta, curva, quebrada, cerrada.
c) Dimensiones de punto y línea.
d) Cuerpos geométricos. Sus dimensiones.
e) Superficies de los cuerpos. Sus dimensiones.

Ejercicios adicionales

1. Trazar dos puntos a 8 cm de distancia uno del otro. Trazar un tercer punto que diste 6 cm de cada uno de los dos puntos anteriores. ¿Qué observas?

Respuesta: ____________________

2. Trazar dos puntos sobre el papel. Trazar una línea recta que pase por ellos. ¿Puede trazarse otra línea recta que pase por dichos puntos, diferente de la anterior?

Respuesta: ____________________

3. Trazar un punto en una hoja de papel. Trazar una línea recta que pase por el punto. ¿Cuántas líneas rectas se pueden trazar que pasen por dicho punto?

Respuesta: ____________________

4. ¿Cuántas superficies tiene el siguiente cuerpo geométrico? Señale por medio de letras dichas superficies.

Respuesta: ____________________

____

____

____

____

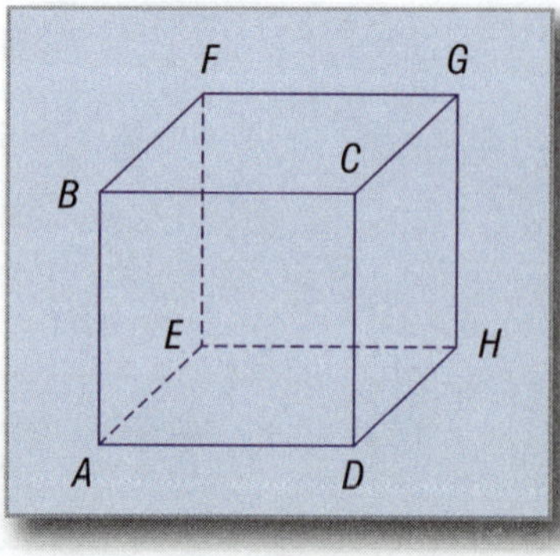

5. ¿Cuántas líneas rectas tiene la siguiente figura geométrica? ¿Es correcto decir que la figura es un cuerpo geométrico? ¿Por qué?

Respuesta: ______________________________

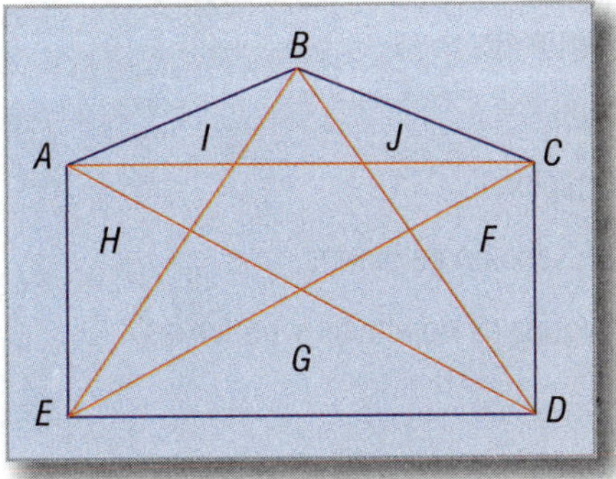

Calificación: ____________________

4

(pp. 12-14)

Secciones

14 Semirrecta
15 Segmento
16 Plano
17 Semiplano
18 Intersección de planos
19 Poligonales cóncavas y convexas

Puntos importantes

a) Comprender los conceptos de semirrecta y segmento. Condición para que tres puntos estén en una línea recta.
b) Propiedades características de los planos. Representación de un plano por medio de dos líneas rectas o por medio de tres puntos.
c) Ejemplos de intersecciones de planos y la línea diferente que se forma en la intersección de dichos planos.
d) Definición de poligonal cóncava y convexa. Lados y vértices de la poligonal.

Ejercicios adicionales

1. ¿Es posible que por tres puntos diferentes pasen dos planos diferentes?

Respuesta: ______

2. ¿En cuántas formas podría representar un plano?

Respuesta: ______

3. ¿Qué línea se forma en la intersección de las superficies de la figura?

Respuesta: ______

______

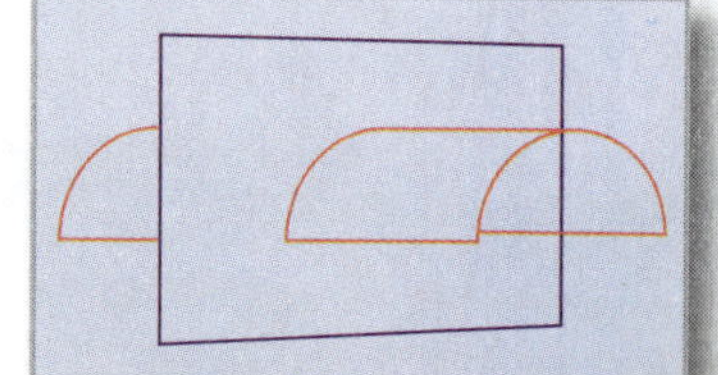

4. Medir la poligonal siguiente y dar su longitud total en centímetros.

Respuesta: ______

______

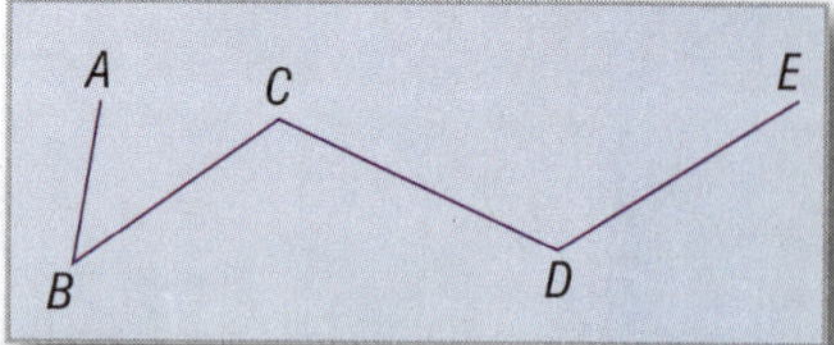

5. ¿Cuántos lados tiene la poligonal anterior? ¿Cuántos vértices?

Respuesta: ______

Calificación: ______

(pp. 14-17) **5**

Secciones

- 20 Medida de segmentos
- 21 Error
- 22 Operaciones con segmentos
- 23 Igualdad y desigualdad de segmentos

Puntos importantes

a) Diferencia entre el Sistema Métrico Decimal y el Sistema Inglés.
b) Medición de segmentos utilizando la regla y el compás.
c) Diversas clases de errores (de paralaje, variación de instrumento, medición, etc.).
d) Ejercicios diversos de suma, resta, multiplicación, igualdad y desigualdad de segmentos.

Ejercicios adicionales

1. Dados los segmentos a y b, dibujar los segmentos $2a$, $3b$, $a - b$, $2a + b$.

   Respuesta: ____________________

2. Con base en la figura de la derecha, completar lo siguiente:

   $\overline{BD} = \overline{DE} +$ ____________

   $\overline{AC} = \overline{AE} +$ ____________

   $\overline{EB} = \overline{BD} -$ ____________

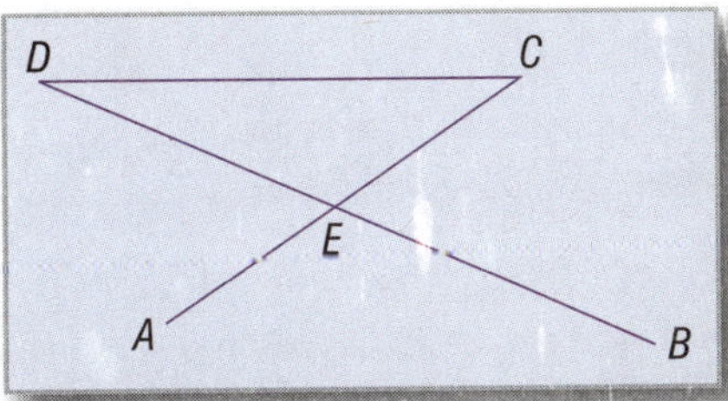

3. El segmento $\overline{AB}$ mide 4 cm. Dividir el segmento $\overline{AC}$ en las mismas partes que el segmento $\overline{AB}$. ¿Cuánto mide cada parte de $\overline{AC}$?

   Respuesta: ____________________

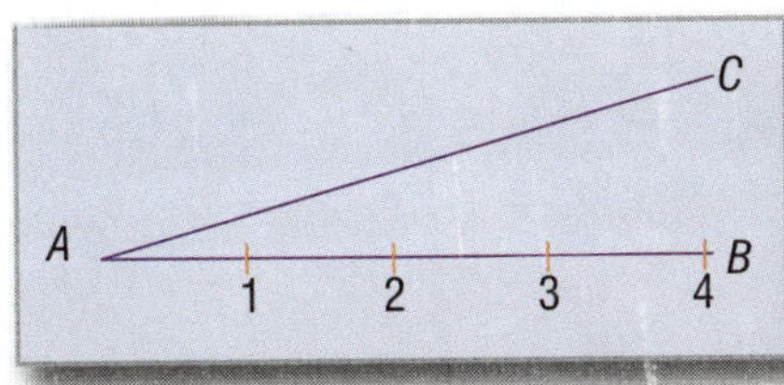

4. Dados los segmentos siguientes, completar lo que a continuación se expresa, con los signos =, < o >:

a) $\overline{AB}$ _____ $\overline{CD}$

b) $\overline{AB}$ _____ $\overline{EF}$

c) $\overline{GH}$ _____ $\overline{AB}$

d) $\overline{EF}$ _____ $\overline{CD}$

5. ¿En cuántas partes podría dividir un segmento dado?

Respuesta: ____

Calificación: ____________________

(pp. 17-21)

Secciones

24 Geometría

25 Teorema 1

Puntos importantes

a) Memorizar el concepto de Geometría.
b) Diversas Geometrías que existen dentro de las Matemáticas y diferencia entre cada una de ellas.
c) Demostrar el Teorema 1, señalando lo que es hipótesis, construcción auxiliar y demostración.
d) Ejemplos de poligonales según la envolvente y la envuelta.

Ejercicios adicionales

1. Demostrar que la suma de dos lados cualesquiera de un triángulo es mayor que el tercer lado.

   Respuesta: ______________________________

2. ¿Cómo se le llama a la Geometría que estudia los cuerpos geométricos?

   Respuesta: ______________________________

3. Citar tres tipos de Geometría diferentes que se estudian dentro de las Matemáticas.

   Respuesta: ______________________________

   ____

4. Dibujar una poligonal señalando cuál es la envolvente y cuál la envuelta.

5. ¿Por qué las poligonales son convexas? Si no son convexas, ¿es posible que la envuelta sea mayor que la envolvente?

   Respuesta: ______________________________

   ____

Calificación: ______________

Ángulos

7

(pp. 22-24)

Secciones

 Ángulo

 Medida de ángulos

 Relación entre grado sexagesimal y el radián

Puntos importantes

a) Medición de diferentes ángulos.
b) Concepto de vértice y de lados de un ángulo.
c) Notar que se puede dividir la circunferencia en cualquier forma y la ventaja de dividirla en grados sexagesimales.
d) Sistema circular. El radián. Ejemplos donde se utilice el sistema circular.
e) Memorizar la fórmula para la conversión entre grado sexagesimal y el radián.

Ejercicios adicionales

1. Dibujar dos rectas que formen un ángulo de:
   a) 30° 20'
   b) 65° 40'
   c) 110° 30'
   d) 200° 15'
   e) 300° 50'
   en el sistema sexagesimal.

2. ¿Cuál es el ángulo que expresado en radianes o en grados sexagesimales tiene el mismo valor numérico?

   Respuesta: ______________________

3. Trazar dos rectas que formen un ángulo de:
   a) $100^g\ 50^m\ 80^s$
   b) $200^g\ 75^m\ 30^s$
   c) $350^g\ 10^m\ 90^s$
   en el sistema centesimal.

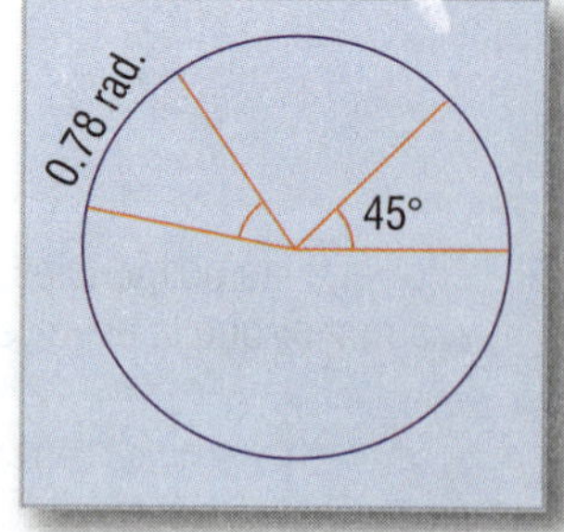

4. En la figura, ¿qué ángulo es mayor?

   Respuesta: ______________

5. ¿Cuántos segundos tiene un ángulo de 320° 40'?

   Respuesta: ______________________

Calificación: ______________

(pp. 24-26)

8

Secciones

29 Ángulos adyacentes
30 Ángulo recto
31 Ángulo llano
32 Ángulos complementarios
33 Complemento de un ángulo
34 Ángulos suplementarios
35 Suplemento de un ángulo

Puntos importantes

a) Definición de ángulos: adyacentes, rectos, llanos, complementarios y suplementarios.
b) Complemento y suplemento de un ángulo.

Ejercicios adicionales

1. Los $\angle AOB$ y $\angle BOC$ son ángulos adyacentes. Si el $\angle AOB = 18°\ 25'\ 30''$, obtener el valor de $\angle BOC$.

Respuesta: ____________________

2. Los $\angle AOB$ y $\angle BOC$ son complementarios. Obtener el valor del $\angle AOB$ si $\angle BOC = 40°\ 15'\ 45''$.

Respuesta: ____________________

3. ¿Cuál es el suplemento de cada uno de los siguientes ángulos?
a) $10°\ 15'\ 18''$
b) $85°\ 45'\ 33''$
c) $105°\ 30'\ 02''$

Respuesta: a) __________, *b)* __________, *c)* __________

4. ¿Cuándo se dice que dos ángulos son complementarios?, ¿y cuándo son suplementarios?

Respuesta: ____________________

5. Obtener tres ángulos cuya suma sea igual a un ángulo llano, el primero sea el quíntuple del tercero, y el segundo sea el cuádruple del tercero.

Respuesta: ____________________

Calificación: ____________________

(pp. 26-27)

Secciones

- 36 Teorema 2
- 37 Ángulos opuestos por el vértice
- 38 Teorema 3
- 39 Ángulos consecutivos

Puntos importantes

a) Demostración de los teoremas 2 y 3, señalando la construcción auxiliar en cada caso.
b) Concepto y definición de ángulos opuestos por el vértice.
c) Ejemplos de ángulos consecutivos.

Ejercicios adicionales

De la figura, obtener:

1. El valor del $\angle AOD$.

   Respuesta: ______________

2. El valor del $\angle DOB$.

   Respuesta: ______________

3. El valor del $\angle AOD + \angle DOB$.

   Respuesta: ______________

4. ¿Se puede decir que los $\angle AOB$ y $\angle DOC$ son consecutivos?

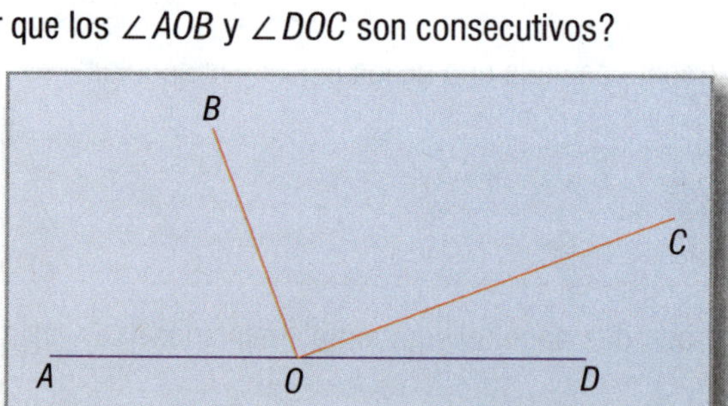

   Respuesta: ______________

5. De la figura anterior, ¿cuáles ángulos son consecutivos y por qué?

   Respuesta: ______________

Calificación: ______________

(pp. 28-31) **10**

Secciones

40 Teorema 4

41 Teorema 5

Puntos importantes

a) Demostración de los teoremas 4 y 5.
b) Recalcar la forma de construir la hipótesis y la demostración de los teoremas.

Ejercicios adicionales

1. Dado el siguiente teorema, demostrarlo empleando los conceptos de hipótesis, tesis, construcción auxiliar y demostración.

La suma de los ángulos internos de un triángulo es 180°.

Sugerencia:

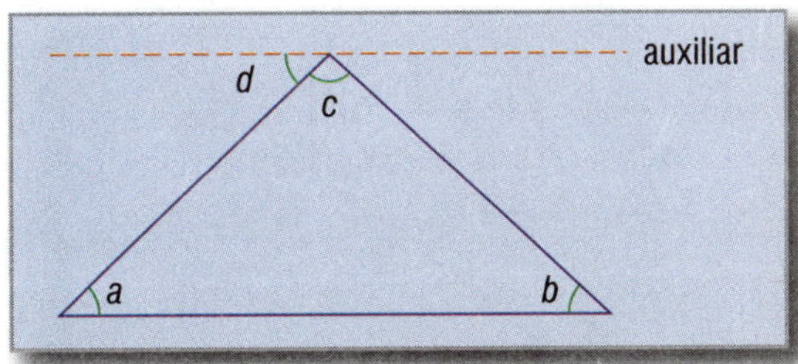

Aprovechar la propiedad de que $\angle a = \angle d$ por ser ángulos alternos internos.

2. De la figura siguiente:

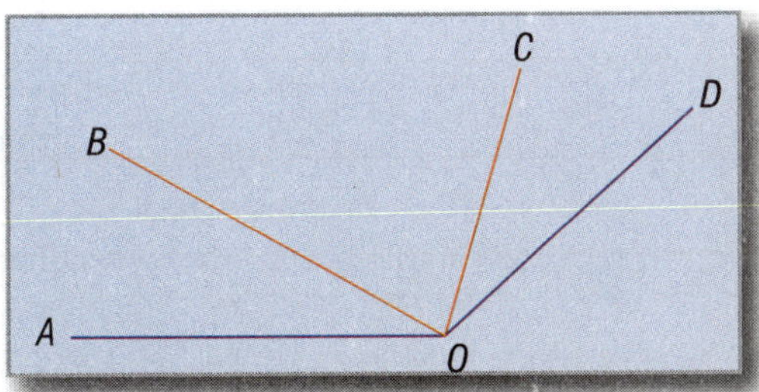

¿Cuál es el ángulo igual a $\angle AOD - \angle COD$?

Respuesta: ____

3. De la figura anterior, ¿cuál es el ángulo igual a $\angle AOD + \angle BOD - \angle COD$?

Respuesta: ____

4. ¿Podría asegurarse que los $\angle AOB$ y $\angle BCD$ son adyacentes? Dar razones.

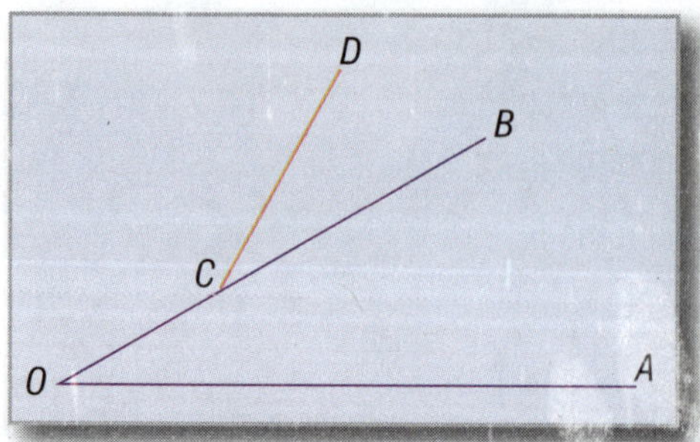

Respuesta: ______________________________

____

____

5. Si el $\angle 1$ es igual al doble del $\angle 2$, y el $\angle 2$ es el triple del $\angle 3$, ¿cuánto mide cada ángulo?

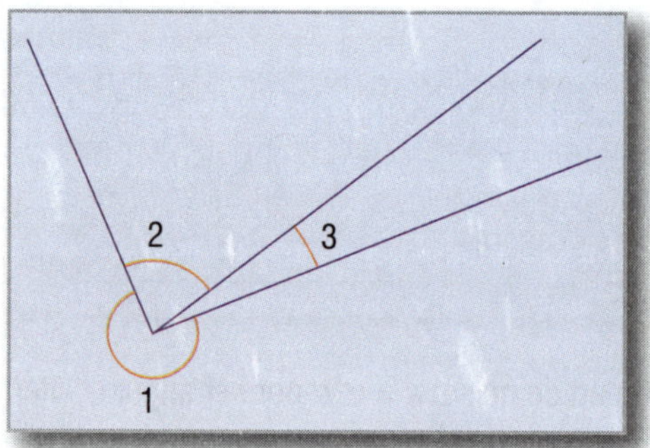

Respuesta: $\angle 1 =$ ______________________________

$\angle 2 =$ ______________________________

$\angle 3 =$ ______________________________

Calificación: ______________

Perpendicularidad y paralelismo. Rectas cortadas por una secante. Ángulos que se forman

(pp. 32-35)

11

Secciones

Puntos importantes

a) Concepto de rectas perpendiculares.
b) Análisis de lo que se verifica cuando se traza una línea perpendicular y varias oblicuas por un punto exterior a una recta.
c) Análisis de lo que se verifica al trazar por un punto exterior a una recta varias rectas que corten a la primera.

Ejercicios adicionales

1. ¿Cuándo decimos que dos rectas son perpendiculares?

Respuesta: ______________________________

____

2. Si por un punto exterior a una recta trazamos una perpendicular y varias oblicuas, ¿será mayor alguna de las oblicuas de la perpendicular del punto a la recta?

Respuesta: ______________________________

____

3. Si $\overline{CD}$ es perpendicular a $\overline{AB}$, ¿será $\overline{AB}$ perpendicular a $\overline{CD}$? ¿Por qué?

Respuesta: ______________________________

____

4. ¿Cuántas perpendiculares a una recta podemos trazar que tengan la propiedad de pasar por un punto exterior a dicha recta?

Respuesta: ____

____

5. Si $\overline{AB} = 2\,\overline{BC}$ y $\overline{OB} \perp \overline{AC}$, ¿será $\overline{OA}$ mayor, igual o menor que $\overline{OC}$? Explicar en qué se basa para dar la respuesta.

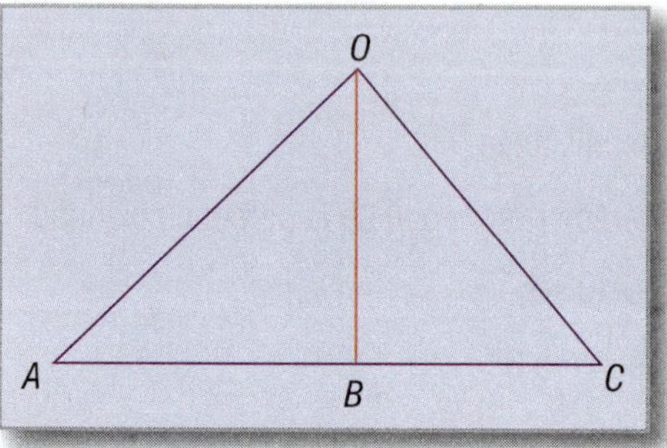

Respuesta: ____

____

____

Calificación: ____________________

(pp. 35-36)

12

Secciones

Puntos importantes

a) Concepto de distancia de un punto a una recta.
b) Concepto de paralelismo.
c) En el teorema 7, observar el hecho de que por un punto no pueden pasar dos perpendiculares a la misma recta.

Ejercicios adicionales

1. ¿Cuál es la distancia más corta que hay de un punto a una recta?

Respuesta: ______________________________

2. ¿Cuándo decimos que dos rectas son paralelas?

Respuesta: ______________________________

____

3. ¿Qué propiedad es aquella por la cual aceptamos que toda recta es paralela a sí misma?

Respuesta: ______________________________

____

4. ¿Cuántas paralelas a una recta dada se pueden trazar por un punto exterior a dicha recta?

Respuesta: ______________________________

5. Si dos segmentos oblicuos son iguales, ¿equidistan sus pies del pie de la perpendicular?

Respuesta: ______________________________

Calificación: ______________

13

(pp. 36-38)

Secciones

Puntos importantes

a) Estudio del postulado de Euclides.

b) Observación respecto a que la negación de este postulado dio origen a las Geometrías no euclidianas.

c) A partir del postulado, deducir los Corolarios I, II y III.

d) Los caracteres del paralelismo pueden ser expresados también como:

1° Reflexivo
2° Simétrico
3° Transitivo

que son los mismos que los enunciados en la sección 55.

e) En qué consiste el método de reducción al absurdo.

Ejercicios adicionales

1. ¿Qué podemos decir de dos rectas de un plano que son perpendiculares a una tercera?

Respuesta: ______________________________

____

2. ¿Cuántas paralelas a una recta dada se pueden trazar por un punto exterior a dicha recta?

Respuesta: ______________________________

____

3. ¿Qué podemos decir de dos rectas paralelas a una tercera?

Respuesta: ______________________________

____

4. ¿Cómo es una perpendicular a una recta, respecto a las paralelas de esta recta?

Respuesta: ____

____

5. Explicar en qué consiste el método de reducción al absurdo.

Respuesta: ____

____

Calificación: ____________________

14

(pp. 38-40)

Secciones

57 Problemas gráficos

58 Rectas cortadas por una secante

Puntos importantes

a) Trazar una perpendicular a una recta dada, que pase por uno de sus puntos (por un extremo, por el centro o por cualquier otro punto).

b) Trazar paralelas a una recta dada, que pasen por un punto exterior a dicha recta.

c) Trazo de la bisectriz de un ángulo cualquiera.

Ejercicios adicionales

1. Trazar la perpendicular al segmento $\overline{AB}$, que pase por el punto medio de dicho segmento.

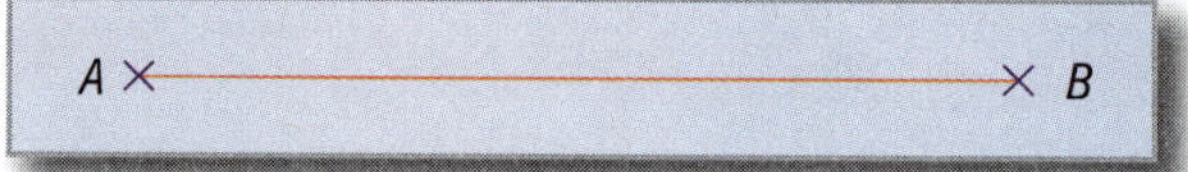

2. Trazar la perpendicular al segmento $\overline{AB}$ anterior, que pase por el punto B.

3. ¿Cómo trazaría la misma perpendicular del ejercicio 2 sin prolongar el segmento $\overline{AB}$?

4. Trazar una paralela al segmento $\overline{AB}$, que pase por el punto P.

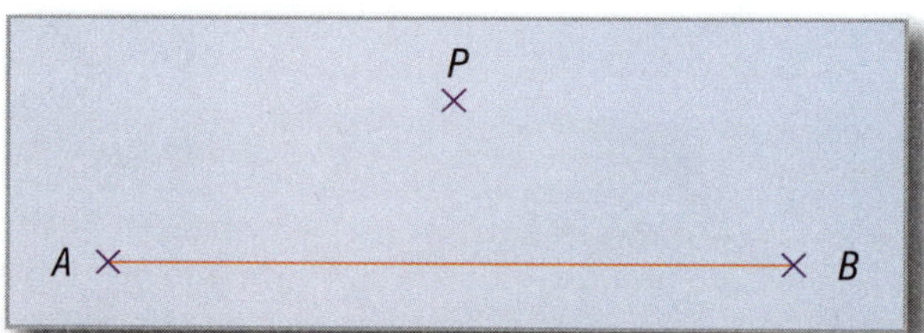

5. Trazar la bisectriz del $\angle AOB$.

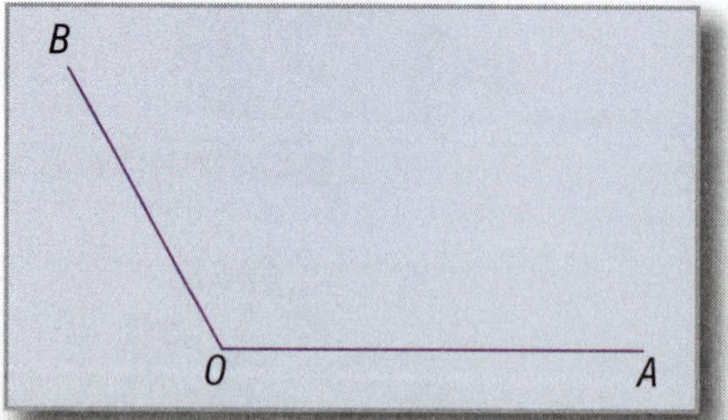

Calificación: ____________________

(pp. 40-42)

15

Secciones

Puntos importantes

a) Dadas dos rectas cortadas por una secante, reconocer los distintos ángulos que se forman (internos, externos, etc.).
b) Postulado de las paralelas cortadas por una secante.
c) Teorema 8.

Ejercicios adicionales

1. Dada la figura siguiente, escribir qué tipo de ángulos son:

a) $\angle b$ y $\angle h$, $\angle e$ y $\angle c$
b) $\angle b$ y $\angle c$, $\angle e$ y $\angle h$
c) $\angle a$ y $\angle d$, $\angle f$ y $\angle g$
d) $\angle a$ y $\angle e$, $\angle d$ y $\angle h$
e) $\angle c$ y $\angle h$, $\angle b$ y $\angle e$

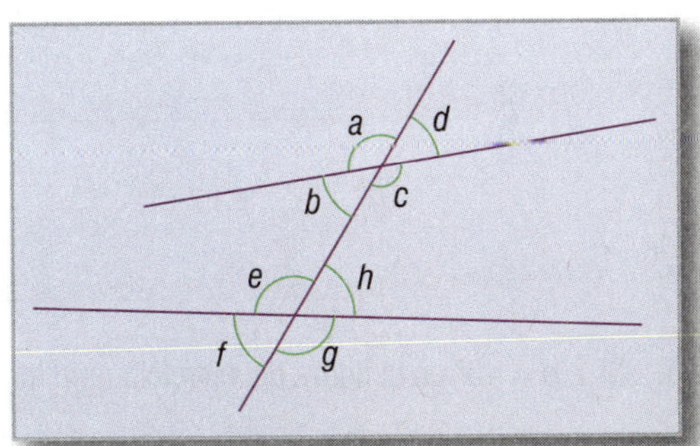

Respuesta: a) __________, *b*) __________, *c*) __________,

d) __________, *e*) __________.

2. Demostrar que la suma de los ángulos internos de un triángulo cualquiera es 180°.

Respuesta: ____

____

3. Dada la figura, demostrar que la suma de sus ángulos internos es 360°.

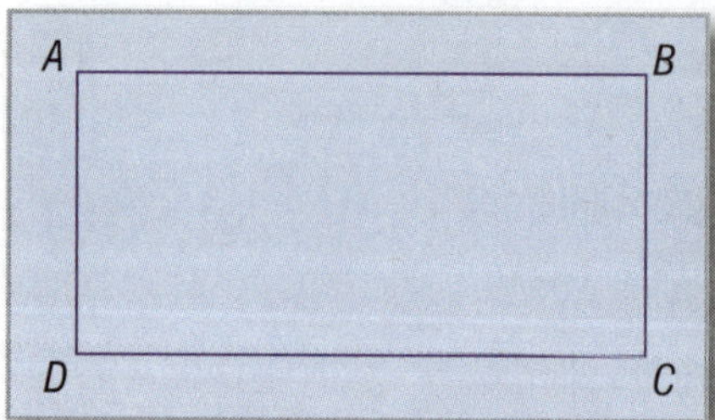

Respuesta: ______________________________

____

4. Si $\overline{MN} \parallel \overline{PQ}$,

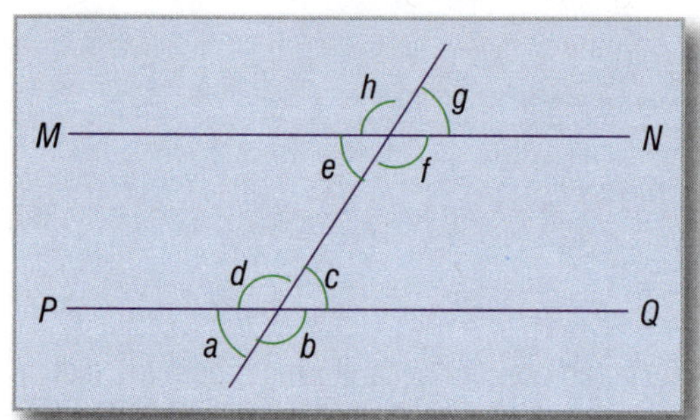

decir qué nombre reciben los ángulos:

a) $\angle d$ y $\angle h$, $\angle a$ y $\angle c$, $\angle c$ y $\angle g$, $\angle b$ y $\angle f$.
b) $\angle h$ y $\angle f$, $\angle g$ y $\angle c$, $\angle d$ y $\angle b$, $\angle c$ y $\angle a$.
c) $\angle f$ y $\angle d$, $\angle e$ y $\angle c$, $\angle h$ y $\angle b$, $\angle g$ y $\angle a$.

Respuestas: a) ______________________________

b) ______________________________

c) ______________________________

5. Si $\angle g = 49°$ en la figura del ejercicio anterior, escriba los valores de los siguientes ángulos:

a) $\angle h$ *b*) $\angle e$ *c*) $\angle f$ *d*) $\angle a$ *e*) $\angle b$ *f*) $\angle c$ *g*) $\angle d$

Respuestas: a) __________, *b*) __________, *c*) __________,

d) __________, *e*) __________, *f*) __________,

g) __________.

Calificación: ______________________

(pp. 42-46)

16

Secciones

68 Teorema 9

69 Recíproco

70 Teorema 10

71 Recíproco

72 Teorema 11

73 Recíproco

Puntos importantes

a) Demostración de los teoremas 9, 10 y 11.

b) Recíprocos respectivos de los teoremas anteriores.

c) Notar que los tres teoremas anteriores tienen teoremas recíprocos y no todos los teoremas tienen su recíproco.

Ejercicios adicionales

1. De la figura, si $\overline{GF}$ es la bisectriz de $\angle EFD$, $\overline{EH}$ es la bisectriz de $\angle BEF$ y $\overline{CD} \parallel \overline{AB}$.

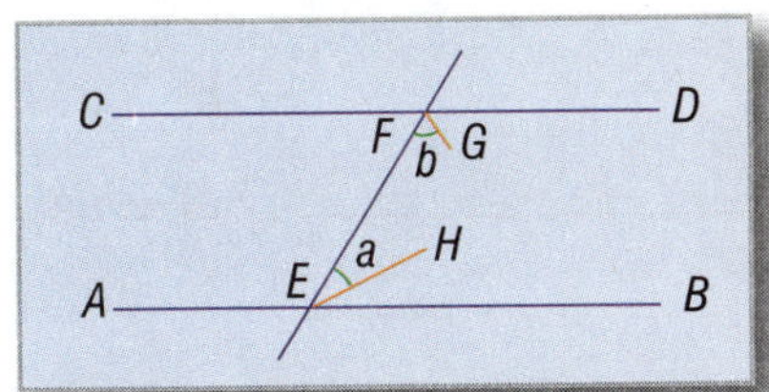

demostrar que $\angle a + \angle b = 90°$.

Respuesta: ____

2. Si el $\angle 1$ es igual al $\angle 2$ más el $\angle 3$, demostrar que $\overline{AB}$ es paralela a $\overline{CD}$.

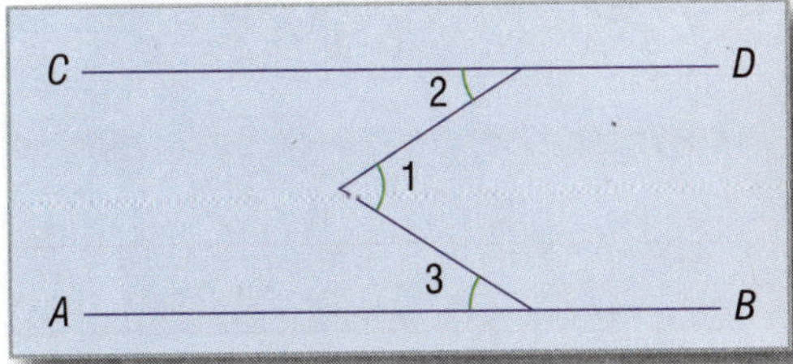

Respuesta: ____

____

3. Si $\overline{AB} \parallel \overline{CD}$, $\overline{RS} \perp \overline{ST}$, y $\angle 1 = 55°$, indicar el valor de los siguientes ángulos:

a) $\angle 2$
b) $\angle 3$
c) $\angle 4$
d) $\angle 5$

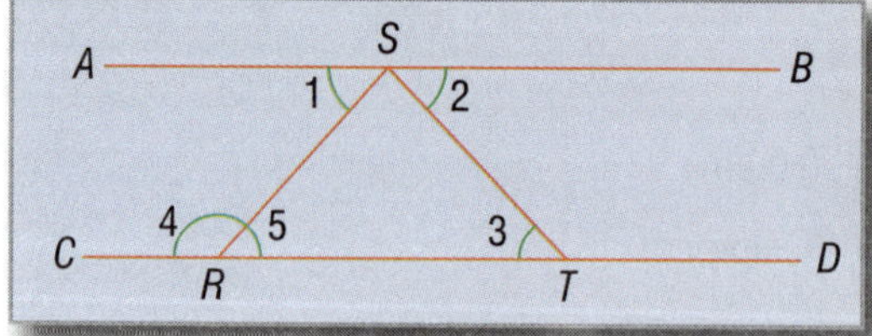

Respuestas: *a*) $\angle 2 =$ __________, *b*) $\angle 3 =$ __________,
c) $\angle 4 =$ __________, *d*) $\angle 5 =$ __________.

4. Si $\overline{MN} \parallel \overline{OP}$, $\angle a = 10°$, $\angle f = 60°$, indicar el valor de los ángulos siguientes:

a) $\angle b$
b) $\angle c$
c) $\angle d$
d) $\angle e$
e) $\angle g$

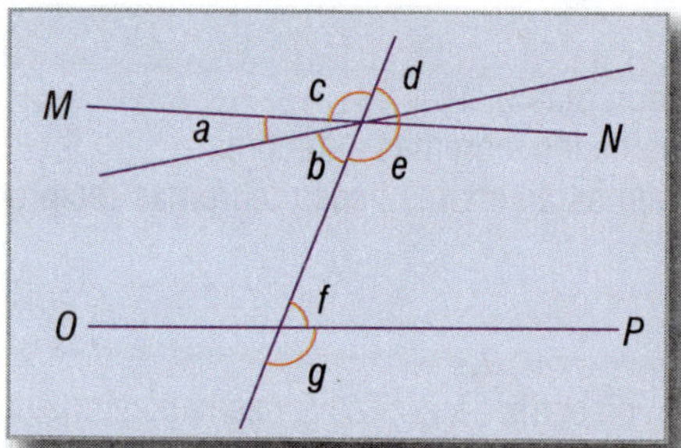

Respuestas: *a*) $\angle b =$ __________, *b*) $\angle c =$ __________,
c) $\angle d =$ __________, *d*) $\angle e =$ __________,
e) $\angle g =$ __________.

5. Si $\angle 1 = \angle 2$ y $\angle 3 = \angle 4$, demostrar $\angle 5 = \angle 3 + \angle 1 - \angle 6$.

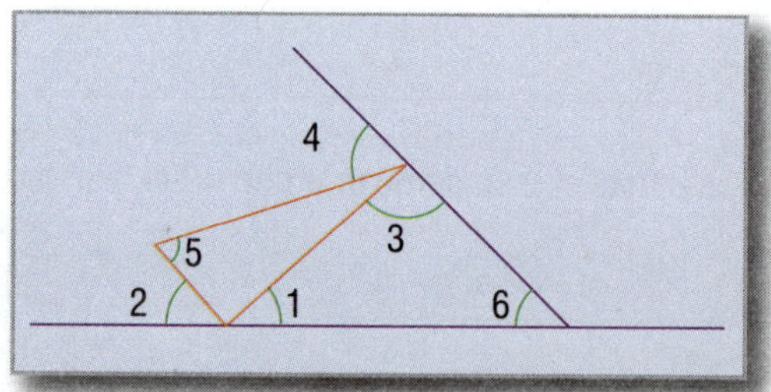

Respuesta: ____________________

____

Calificación: __________

Ángulos con lados paralelos o perpendiculares

(pp. 47-49)

17

Secciones

 Teorema 12

 Teorema 13

 Teorema 14

Puntos importantes

a) Teoremas 12, 13 y 14.

Ejercicios adicionales

Dado el teorema siguiente: **si los lados de un ángulo son perpendiculares a los lados de otro, los ángulos son iguales o suplementarios**, completar lo que se indica.

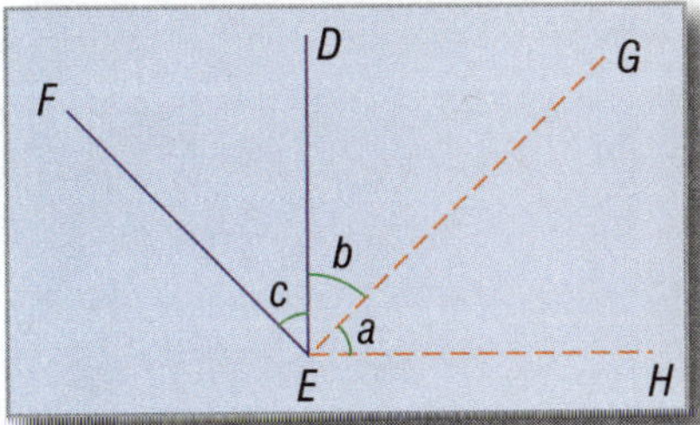

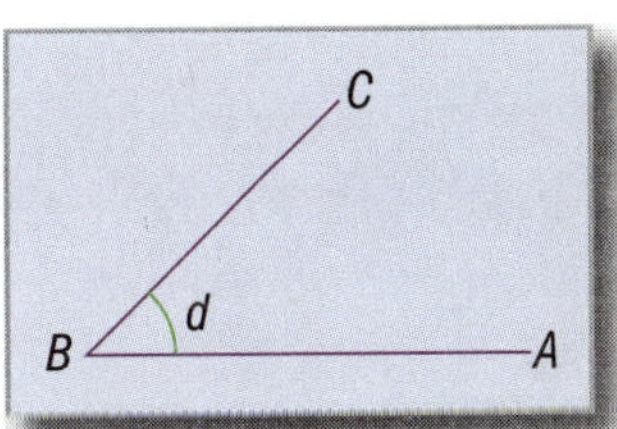

Hipótesis: $\overline{AB} \perp \overline{DE}$ y $\overline{FE} \perp \overline{BC}$
Tesis: $\angle d = \angle c$
Construcción auxiliar: Trácese $\overline{EG} \perp \overline{FE}$ y $\overline{EH} \perp \overline{DE}$.
Demostración:

1. $\overline{BA} \perp \overline{DE} \therefore \overline{BA} \parallel \overline{EH}$. ¿Por qué?

   Respuesta: ______________________

2. $\therefore \angle d = \angle a$. ¿Por qué?

   Respuesta: ______________________

3. $\angle c$ es el complemento de $\angle b$. ¿Por qué?

   Respuesta: ______________________

4. $\angle a$ también es complemento de $\angle b$. ¿Por qué?

Respuesta: ______________________________

5. $\therefore \angle c = \angle a$. ¿Por qué?

Respuesta: ______________________________

____

y se concluye que $\angle d = \angle c$.

Calificación: ______________

18

(pp. 49-53)

Secciones

 Teorema 15

 Teorema 16

 Teorema 17

Puntos importantes

a) Teoremas 15, 16 y 17.

b) Dada cualquier figura que representa la igualdad de ángulos, definir la igualdad de éstos en forma rápida y correcta.

Ejercicios adicionales

Indicar si los siguientes enunciados son falsos o verdaderos:

1. Si dos ángulos tienen sus lados respectivamente perpendiculares, dichos ángulos son complementarios.

Respuesta: ____________________

2. Si un punto pertenece a la bisectriz de un ángulo, éste es equidistante de los lados del ángulo.

Respuesta: ____________________

3. Si dos ángulos son complementarios a un mismo ángulo, estos ángulos son suplementarios.

Respuesta: ____________________

4. Dos ángulos son adyacentes cuando tienen un lado común.

Respuesta: ____________________

5. Si los lados de un ángulo son paralelos a los lados de otro, dichos ángulos son iguales o suplementarios.

Respuesta: ____________________

Calificación: ____________________

Triángulos y generalidades

19

(pp. 54-58)

Secciones

80 Triángulo

81 Clasificación de los triángulos

82 Rectas y puntos notables en el triángulo

Puntos importantes

a) Definición de triángulo.
b) Elementos de un triángulo.
c) Clasificación de los triángulos atendiendo a sus lados y ángulos.
d) Qué se entiende por perímetro y por semiperímetro. Fórmula del semiperímetro de un triángulo cualquiera.
e) Memorización de lo que es: mediana, altura, bisectriz, incentro, baricentro, ortocentro, circuncentro y mediatriz de un triángulo.

Ejercicios adicionales

1. Según sus lados, ¿qué clase de triángulos son los siguientes?

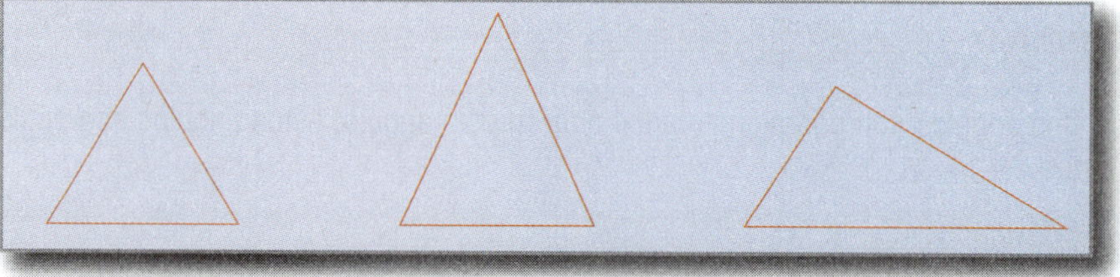

Respuesta: ______________________________

2. Según sus ángulos, ¿qué clase de triángulos son los siguientes?

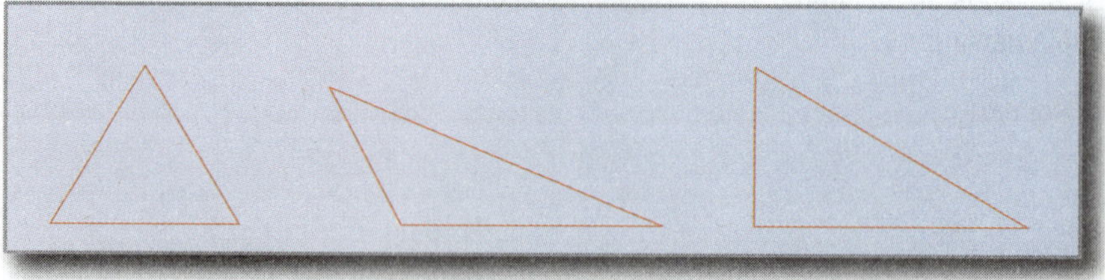

Respuesta: ______________________________

3. Decir los nombres de los siguientes elementos del triángulo en el cual se cumple que: $\overline{AC} = \overline{CD}$, $\overline{AD} \perp \overline{BG}$, $\overline{GD} \perp \overline{AF}$ y $\overline{GE} = \overline{ED}$.

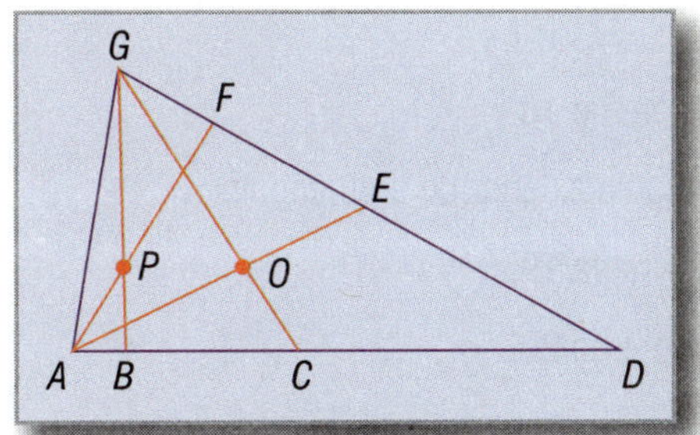

a) $\overline{AE}$, *b*) $\overline{GB}$, *c*) Punto O, *d*) Punto P.

Respuesta: *a*) ________, *b*) ________,
c) ________, *d*) ________.

4. Escribir los nombres de los siguientes elementos del triángulo, en el cual se cumple que: $\overline{AD} = \overline{DB}$, $\overline{AE} = \overline{EC}$, $\overline{ER} \perp \overline{AC}$, $\overline{NR} \perp \overline{AB}$, $\angle a = \angle b$, $\angle c = \angle d$.

a) $\overline{ER}$
b) $\overline{AS}$
c) Punto Q
d) Punto R

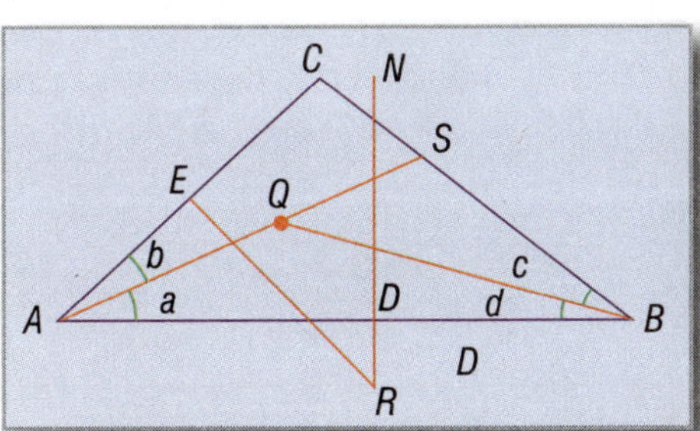

Respuesta: *a*) ________, *b*) ________,
c) ________, *d*) ________.

5. ¿En qué clase de triángulos coinciden el baricentro, ortocentro, incentro y el circuncentro?

Respuesta: ____________________

Calificación: ____________

20

(pp. 58-60)

Secciones

- 83 Teorema 18
- 84 Ángulo exterior de un triángulo
- 85 Teorema 19
- 86 Teorema 20

Puntos importantes

a) Señalar el ángulo exterior en diferentes clases de triángulos.
b) Memorizar los teoremas 18 y 20, ya que se aplican constantemente en diversas ciencias.

Ejercicios adicionales

1. Si el $\angle 1$ es igual a 30° y $\angle EBC$ es recto, dar los valores de los $\angle BAC + \angle ACB$ y $\angle ABC$.

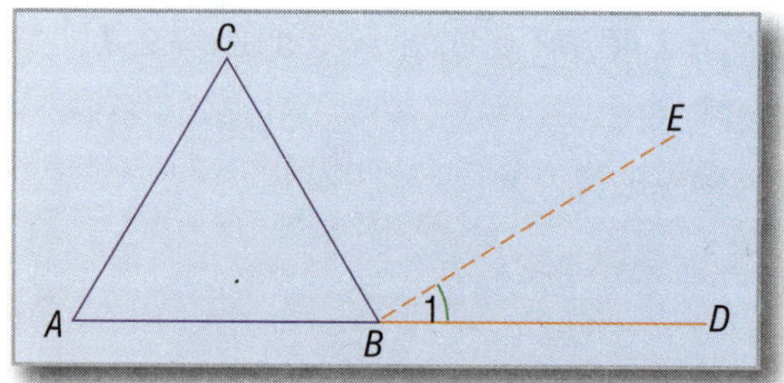

Respuesta: ____________________

2. Encontrar el ángulo en el vértice de un triángulo isósceles, si el ángulo exterior en dicho vértice es igual a 140°.

Respuesta: ____________________

3. Un triángulo isósceles tiene un ángulo de 30° en el vértice. ¿Qué ángulos forman las bisectrices de los otros dos ángulos?

Respuesta: ____________________

4. ¿Cuál es el menor ángulo que puede formarse en un triángulo rectángulo?

Respuesta: ____________________

5. ¿Es cierto que en un triángulo equilátero de cualquier magnitud el ángulo exterior en cualquier vértice siempre será igual a 120°? ¿Por qué?

Respuesta: ____________________

Calificación: ____________________

21

(pp. 60-63)

Secciones

 Igualdad de triángulos

 Propiedades de los triángulos

Puntos importantes

a) Enunciado de los teoremas de igualdad de triángulos.
b) Mínimo de condiciones que deben cumplirse para que dos triángulos sean iguales.
c) Lados y ángulos homólogos de un triángulo.
d) Propiedades de los triángulos.

Ejercicios adicionales

Responder con **Falso** o **Verdadero** a los siguientes enunciados.

1. Dos triángulos son iguales si tienen los tres lados respectivamente iguales.

   Respuesta: ______

2. En un triángulo, un lado es mayor que la suma de los otros dos lados y menor que la diferencia.

   Respuesta: ______

3. Dos triángulos son iguales si superpuestos coinciden.

   Respuesta: ______

4. Dos triángulos son iguales si tienen iguales dos lados y el ángulo comprendido entre ellos.

   Respuesta: ______

5. En un triángulo, a mayor lado se opone menor ángulo y viceversa.

   Respuesta: ______

Calificación: ______

Casos de igualdad de triángulos

22

(pp. 64-67)

Secciones

89 Primer caso

90 Segundo caso

91 Tercer caso

Puntos importantes

a) Explicar en qué consiste el método de superposición para facilitar la demostración de los teoremas correspondientes a los casos primero, segundo y tercero de igualdad de triángulos.

b) Memorización de los tres teoremas anteriores.

Ejercicios adicionales

En la figura siguiente:

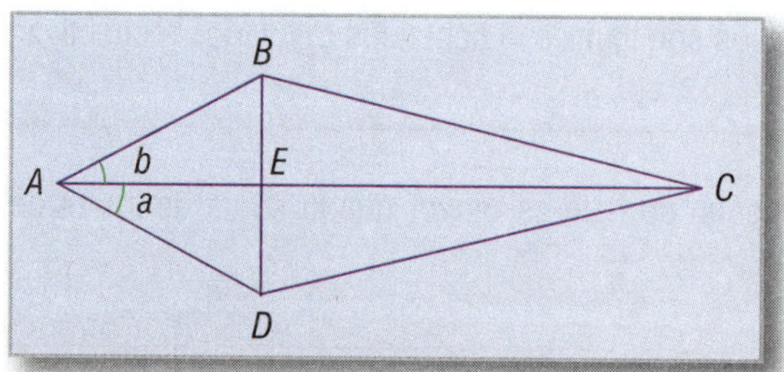

se cumple que $\overline{AB} = \overline{AD}$ y $\overline{DC} = \overline{BC}$. Demostrar que:

1. $\angle a = \angle b$

Respuesta: ______________________________

2. $\triangle ADE$ es igual a $\triangle ABE$

Respuesta: ______________________________

3. $\overline{BE} = \overline{ED}$

Respuesta: ______________________________

4. $\overline{AC} \perp \overline{BD}$

Respuesta: ______________________________

5. $\triangle ABC = \triangle ADC$

Respuesta: ______________________________

Calificación: ______________________________

(pp. 67-72)

23

Secciones

92 Igualdad de triángulos rectángulos

93 Aplicaciones de la igualdad de triángulos

Puntos importantes

a) Máximas condiciones para que se cumpla la igualdad en los triángulos rectángulos.
b) Diferentes casos y demostración de cada uno de ellos.
c) Aplicaciones diversas que pueden realizarse utilizando la propiedad de igualdad de triángulos rectángulos.

Ejercicios adicionales

1. Si $\overline{BD}$ es la bisectriz del $\angle ABC$, $\overline{CD} \perp \overline{BC}$ y $\overline{AD} \perp \overline{AB}$.

   Demostrar que $\overline{CD} = \overline{AD}$.

   Respuesta: ______________________________

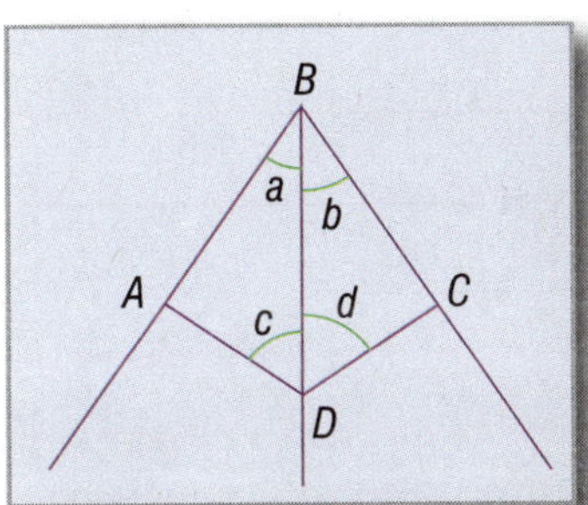

2. De la figura anterior, si $\overline{CD} = \overline{AD}$, $\overline{CD} \perp \overline{BC}$ y $\overline{AD} \perp \overline{AB}$, demostrar que $\overline{BD}$ es la bisectriz del $\angle ABC$.

   Respuesta: ______________________________

3. Si $\triangle ABC$ es isósceles, $\overline{AC} = \overline{BC}$ y $\overline{CD}$ es la bisectriz del $\angle ACB$, demostrar que $\triangle ADC = \triangle BDC$.

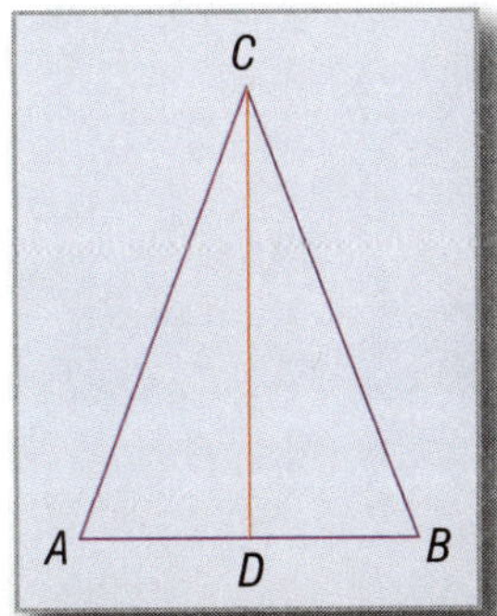

Respuesta: ______________________________

____

4. En la figura anterior, si $\overline{CD}$ es la bisectriz de $\angle ACB$ y $\overline{CD} \perp \overline{AB}$, demostrar que $\triangle ADC = \triangle BDC$.

Respuesta: ______________________________

____

5. Demostrar el siguiente Corolario deducido de los teoremas de igualdad de triángulos rectángulos: **Si un ángulo agudo de un triángulo rectángulo es igual a un ángulo agudo de otro triángulo rectángulo, los otros ángulos agudos de ambos triángulos rectángulos son iguales.**

Respuesta: ______________________________

____

____

Calificación: ______________________________

Polígonos

(pp. 73-75)

24

Secciones

94 Definiciones

95 Diagonal

Puntos importantes

a) Definición de polígono.
b) Elementos de un polígono.
c) Perímetro. Fórmula del perímetro de un polígono cualquiera.
d) Memorizar los nombres de los polígonos de acuerdo con el número de lados que tengan éstos.
e) Definición de diagonal de un polígono.

Ejercicios adicionales

1. ¿Cómo se llama el polígono que tiene todos sus lados y ángulos iguales?

Respuesta: ______

2. Si un polígono tiene n lados, ¿cuántos vértices tendrá?, ¿y cuántos ángulos?

Respuesta: ______

3. Si un polígono regular tiene 12 lados y cada lado mide 4.5 cm, ¿cuánto mide su perímetro?

Respuesta: ______

4. Decir el nombre de los polígonos siguientes de acuerdo con el número de lados dados:

a) Tres lados *Respuesta:* ______
b) Cuatro lados ______
c) Cinco lados ______
d) Seis lados ______
e) Ocho lados ______
f) Diez lados ______
g) Doce lados ______

5. Definir lo que es diagonal de un polígono.

Respuesta: ______

Calificación: ______

25

(pp. 75-78)

Secciones

96 Teorema 24

97 Valor de un ángulo interior de un polígono regular

98 Teorema 25

99 Valor de un ángulo exterior de un polígono regular

100 Teorema 26

Puntos importantes

a) Memorizar la fórmula para obtener la suma de los ángulos interiores de un polígono en función del número de lados de dicho polígono.

b) Deducir el valor de un ángulo interior de un polígono regular, partiendo de la fórmula anterior.

c) Analizar el teorema 25.

d) Fórmula del valor de un ángulo exterior de un polígono regular en función del número de lados del polígono.

e) Aplicación del teorema 26 en diferentes polígonos.

Ejercicios adicionales

1. La razón de la suma de los ángulos interiores de un polígono a la suma de los ángulos exteriores es de 5:1. ¿De qué polígono se trata?

Respuesta: ______________________

2. La suma de los ángulos interiores de un polígono es igual a cuatro veces la suma de los ángulos exteriores de dicho polígono. ¿De qué polígono se trata?

Respuesta: ______________________

3. En el siguiente pentágono regular, calcular el valor de los ángulos que se muestran.

a) $\angle a =$ ______________

b) $\angle b =$ ______________

c) $\angle c =$ ______________

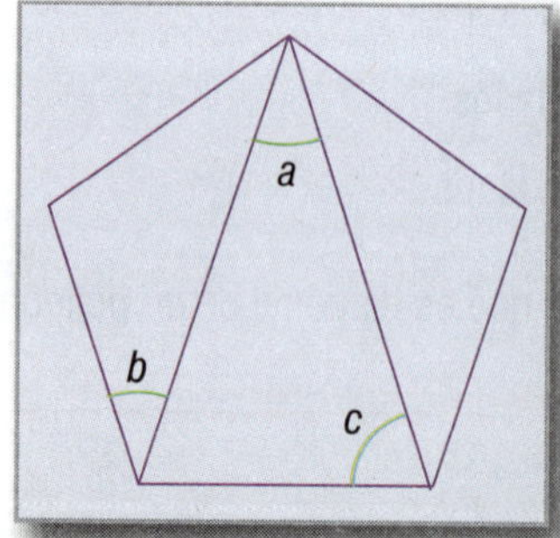

4. En la figura se encuentra dibujado un polígono regular. Conteste lo que a continuación se pide:

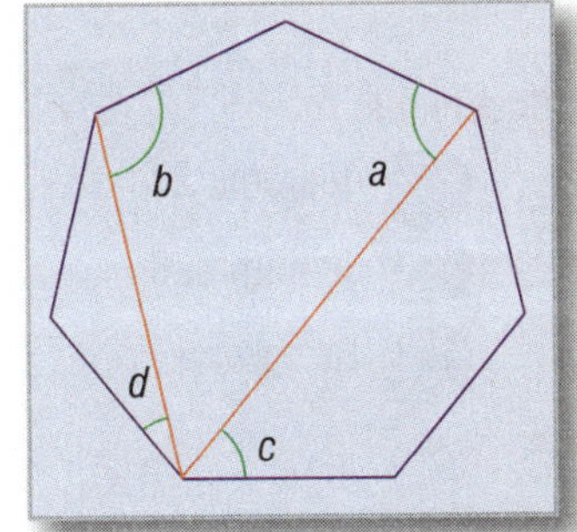

a) $\angle a =$ ____________

b) $\angle b =$ ____________

c) $\angle c =$ ____________

d) $\angle d =$ ____________

5. Si la suma de los ángulos exteriores de un polígono regular es igual a la suma de los ángulos interiores de dicho polígono, ¿cuántos lados tiene?

Respuesta: ____

Calificación: ____________________

26

(pp. 78-80)

Secciones

 Teorema 27

 Teorema 28

 Recíproco

Puntos importantes

a) Número total de diagonales que pueden trazarse desde todos los vértices en un polígono cualquiera.

b) Aplicación de la fórmula anterior de diversos polígonos.

c) Igualdad de polígonos al descomponerlos en igual número de triángulos que sean respectivamente iguales.

Ejercicios adicionales

1. Si el número de diagonales que pueden trazarse desde un vértice de un polígono es igual a la suma de los ángulos interiores dividido entre 240, ¿de qué polígono se trata?

   Respuesta: ____________________

2. El número de diagonales que pueden trazarse desde un vértice de un polígono es igual a la suma de los ángulos exteriores menos 358, ¿cuántos lados tiene dicho polígono?

   Respuesta: ____________________

3. ¿Cuál es el número total de diagonales que se pueden trazar en un eneágono?

   Respuesta: ____________________

4. ¿Cuál es el polígono en el cual se pueden trazar 90 diagonales en total?

   Respuesta: ____________________

5. Si el número total de diagonales que se pueden trazar en un polígono es igual al cuádruple del número de diagonales que se pueden trazar desde un vértice, ¿de qué polígono se trata?

   Respuesta: ____________________

Calificación: ____________________

Cuadriláteros

27

(pp. 81-83)

Secciones

104 Cuadrilátero
105 Lados opuestos
106 Lados consecutivos
107 Vértices y ángulos opuestos
108 Suma de ángulos interiores
109 Diagonales desde un vértice
110 Número total de diagonales

Puntos importantes

a) Definición de cuadrilátero.
b) Elementos de un cuadrilátero.
c) Aplicación de las fórmulas ya vistas, que nos dan la suma de los ángulos interiores, las diagonales desde un vértice y el número total de diagonales en un cuadrilátero.

Ejercicios adicionales

1. ¿Cuál es el número de diagonales que se pueden trazar desde un vértice en un cuadrilátero?

Respuesta: ______

2. ¿Cuál es el número total de diagonales que se pueden trazar en un cuadrilátero?

Respuesta: ______

3. ¿Cuál es el valor de la suma de los ángulos interiores en un cuadrilátero?

Respuesta: ______

4. **La suma de los ángulos interiores de un cuadrilátero es igual a la suma de los ángulos exteriores de dicho cuadrilátero.** Demostrar esta aseveración, aplicando las fórmulas adecuadas.

Respuesta: ______

5. Expresar lo que se entiende por vértices y ángulos opuestos de un cuadrilátero.

Respuesta: ______

Calificación: ______

28

(pp. 83-85)

Secciones

111 Clasificación de los cuadriláteros

112 Clasificación de los paralelogramos

113 Clasificación y elementos de los trapecios

114 Clasificación de los trapezoides

Puntos importantes

a) Memorización de la clasificación de los cuadriláteros.
b) Reconocer por medio de las figuras de qué tipo de cuadrilátero se trata.
c) Nombres de los trapecios y elementos de los mismos.

Ejercicios adicionales

Decir si los siguientes enunciados son **Falsos** o **Verdaderos**:

1. El rectángulo es el cuadrilátero que tiene sus cuatros ángulos y lados iguales.

Respuesta: ____________________

2. El romboide es el cuadrilátero que tiene los lados iguales y los ángulos contiguos desiguales.

Respuesta: ____________________

3. Los trapecios rectángulos son los cuadriláteros que tienen dos ángulos rectos.

Respuesta: ____________________

4. La distancia entre las bases de un trapecio se llama diagonal.

Respuesta: ____________________

5. En los trapezoides simétricos, las diagonales forman un ángulo de 60°.

Respuesta: ____________________

Calificación: ____________________

29

(pp. 86-88)

Secciones

115 Propiedades de los paralelogramos

116 Teorema 29

 Recíproco

Puntos importantes

a) Demostración de las propiedades de los paralelogramos.
b) Mostrar la ventaja en la construcción de paralelogramos, conociendo sus propiedades.
c) Propiedades particulares del rectángulo, rombo y cuadrado, a partir de las propiedades generales de los paralelogramos.
d) Demostración del teorema 29 y su teorema recíproco.

Ejercicios adicionales

1. Construir un cuadrado cuya diagonal sea igual a 4 cm.

Respuesta: __________

2. Construir un rombo cuya diagonal sea igual a 5 cm.

3. ¿Cuál sería el máximo valor que puede tener un lado de un rectángulo, si las diagonales son iguales a 7 cm cada una?

Respuesta: __________

4. Demostrar la siguiente propiedad de los paralelogramos: **Dos ángulos consecutivos de un paralelogramo son suplementarios.**

Respuesta: __________

5. Al aplicar la igualdad de triángulos, demostrar que: **las diagonales de un rectángulo son iguales.**

Respuesta: ____

____

Calificación: ____________________

Segmentos proporcionales

(pp. 89-91)

30

Secciones

Puntos importantes

a) Explicar lo que se entiende por razón y proporción.
b) Definir lo que es el antecedente y el consecuente en una proporción cualquiera.
c) Memorizar las propiedades principales de las proporciones indicadas en la sección 118.
d) Analizar lo que es cuarta, tercera y media proporcional.
e) Comprender el concepto de segmentos proporcionales.

Ejercicios adicionales

1. Un número es igual a 275 veces otro número y la razón de estos dos números es 7:12. Hallar dichos números.

Respuesta: ____________________

2. Encontrar la media proporcional entre 6 y 24.

Respuesta: ____________________

3. Hallar la cuarta proporcional de 3, 5 y 27.

Respuesta: ____________________

4. Encontrar el valor de x en la proporción:

$$\frac{x}{2y} = \frac{18y}{x}$$

Respuesta. ____________________

5. Hallar el valor de x en la siguiente proporción.

$$(2x + 8) : (x + 2) = (2x + 5) : (x + 1)$$

Respuesta: ____________________

Calificación: ____________________

31

(pp. 91-94)

Secciones

Puntos importantes

a) Establecer la forma de dividir un segmento en una razón dada.
b) Demostrar que el punto *P* que se obtiene al dividir el segmento en una razón dada es único.
c) Teorema de Tales.
d) Demostrar que el teorema de Tales es absolutamente general y que se verifica para cualquier número de paralelas y cualquier posición de las transversales.
e) Demostrar que el teorema también se verifica lo mismo que los segmentos sean conmensurables o inconmensurables entre sí.
f) Explicar lo que significa que dos segmentos sean conmensurables o inconmensurables entre sí.

Ejercicios adicionales

1. Dividir el segmento $\overline{AB}$ en la razón $\frac{3}{5}$.

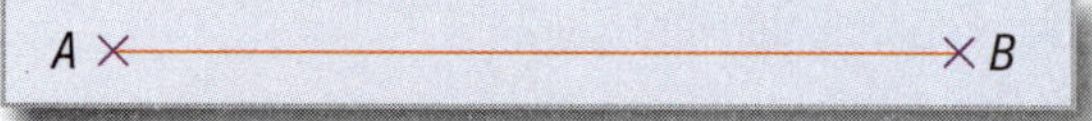

2. Dividir el segmento $\overline{AB}$ en la razón $\frac{5}{3}$.

3. Si $\frac{x-2}{4}=\frac{c}{3}$, demostrar que también $\frac{x+2}{4}=\frac{c+3}{3}$.

Respuesta: ____________________

____

4. ¿Son $\sqrt{2}$ y $\sqrt{3}$ conmensurables?

Respuesta: ____________________

5. Demostrar que en la figura $\frac{\overline{CB}}{\overline{BA}} = \frac{\overline{CD}}{\overline{DE}}$ si se cumple que $\overline{BD} \parallel \overline{AE}$.

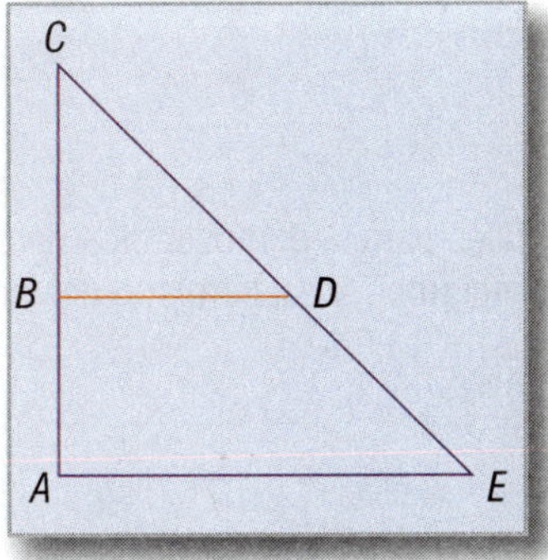

Respuesta: ____________________

____

Calificación: ____________________

32

(pp. 94-96)

Secciones

Teorema 32

Recíproco

Corolario

Puntos importantes

a) Aplicación del teorema de Tales para la demostración del teorema 32.
b) Demostración del teorema recíproco y del corolario del teorema 32.

Ejercicios adicionales

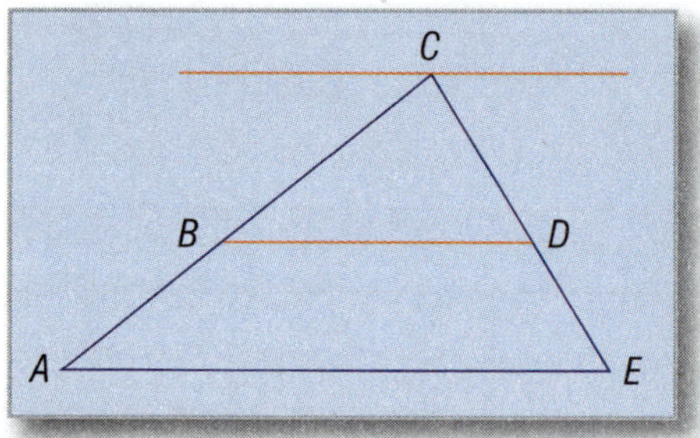

1. En la figura, si $\overline{BD} \parallel \overline{AE}$ y $\overline{CB} = 2\,\overline{AB}$, ¿qué valor tiene $\overline{CD}$ y $\overline{DE}$?

Respuesta: ______

2. En la figura, si $\overline{BD} \parallel \overline{AE}$ y $\overline{CB} = 9$ cm, $\overline{BA} = 4.5$ cm y $\overline{CD} = 7$ cm, ¿qué valor tiene $\overline{DE}$?

Respuesta: ______

3. En la figura, si $\overline{BD} \parallel \overline{AE}$ y $\overline{CB} = \frac{2}{3}\,\overline{CA}$, ¿qué valor tienen $\overline{CD}$ y $\overline{CE}$?

Respuesta: ______

4. Los lados no paralelos de un trapezoide miden 10 y 15 cm, respectivamente. Una recta paralela a las bases divide el lado de 10 cm en la razón 1:4. Encontrar en qué razón queda dividido el segmento que mide 15 cm.

Respuesta: ______

5. Una línea paralela a un lado de un triángulo y que pasa por el centroide de dicho triángulo, ¿en qué razón divide a los otros dos lados del triángulo?

Respuesta: ______

Calificación: ______

(pp. 97-98)

33

Secciones

Teorema 33

Problema

Comprobación

Puntos importantes

a) Propiedad de la bisectriz de un ángulo interior de un triángulo.

b) Forma de calcular los segmentos determinados en uno de los lados de un triángulo, por la bisectriz del ángulo opuesto a dicho lado.

c) Enseñar a comprobar los valores obtenidos sumando los segmentos. La suma de estos segmentos debe ser igual a la magnitud del lado considerado del triángulo.

Ejercicios adicionales

1. Los tres lados de un triángulo miden 20, 16 y 12 cm. Encontrar los segmentos determinados en el lado menor por la bisectriz del ángulo opuesto a dicho lado.

   Respuesta: ______________________________

2. Repetir el ejercicio 1, pero determinando los segmentos en el lado mayor.

   Respuesta: ______________________________

3. Mostrar cómo dividir un lado de un triángulo en segmentos proporcionales a los otros dos lados.

   Respuesta: ______________________________

4. Los tres lados de un triángulo miden 16, 24 y 32. Encontrar los segmentos determinados en el lado mayor por la bisectriz del ángulo opuesto a dicho lado.

   Respuesta: ______________________________

5. Repetir el ejercicio anterior, pero determinando los segmentos sobre el lado menor.

   Respuesta: ______________________________

Calificación: ____________________

34

(pp. 99-103)

Secciones

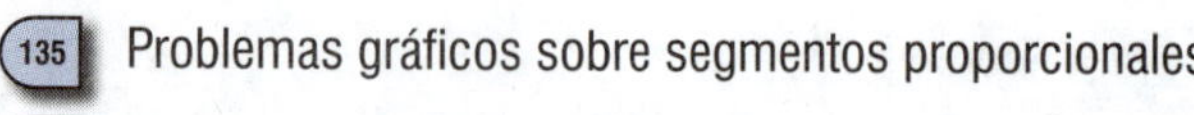

135 Problemas gráficos sobre segmentos proporcionales
136 Dividir un segmento en partes proporcionales a varios números
137 Hallar la cuarta proporcional a tres segmentos dados
138 Hallar la tercera proporcional a dos segmentos dados

Puntos importantes

a) Resolución de problemas relativos a razones y proporciones empleando el método gráfico.
b) Ejercitar el manejo del compás y la regla.

Ejercicios adicionales

Resolver los ejercicios siguientes gráficamente:

1. Dividir proporcionalmente en 3, 5 y 7 partes un segmento de 15 cm.

Respuesta: ______________________

2. Hallar la cuarta proporcional de segmentos que miden 3, 6 y 9 cm.

Respuesta: ______________________

3. Hallar la tercera proporcional de segmentos que miden 5 y 7 cm.

Respuesta: ______________________

4. Dados los segmentos w, y, z, construir un segmento x, tal que $yx = wz$.

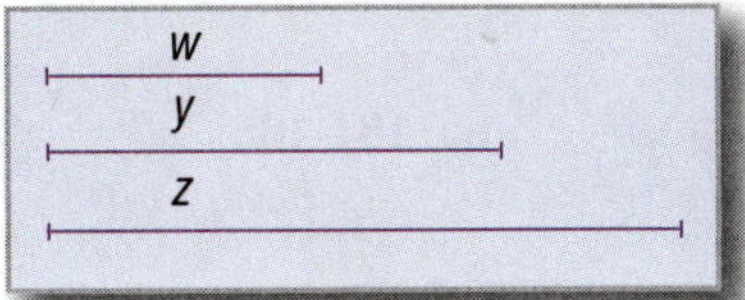

Respuesta: ________________________

5. Encontrar la cuarta proporcional de segmentos que miden 2, 5 y 3 cm en magnitud, respectivamente. Compruébese de manera algebraica.

Respuesta: ________________________

Calificación: ____________

Semejanza de triángulos

35

(pp. 104-106)

Secciones

139 Definición

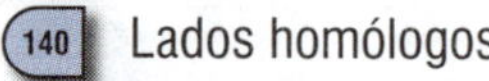

140 Lados homólogos

141 Caracteres de la semejanza de triángulos

142 Razón de semejanza

143 Manera de establecer la proporcionalidad de los lados

Puntos importantes

a) Definición de semejanza de triángulos.
b) Signo de semejanza.
c) Memorizar la forma de establecer la proporcionalidad de los lados.
d) Los caracteres de la semejanza de triángulos también pueden ser definidos como: reflexivo, simétrico y transitivo.

Ejercicios adicionales

1. Definir lo que se entiende por lados homólogos de un triángulo.

Respuesta: ______________________________

2. ¿Qué se entiende por razón de semejanza en un triángulo?

Respuesta: ______________________________

3. Establecer la proporcionalidad de los lados de los triángulos siguientes en los cuales se cumple que $\angle a = \angle d$, $\angle b = \angle e$, $\angle c = \angle f$.

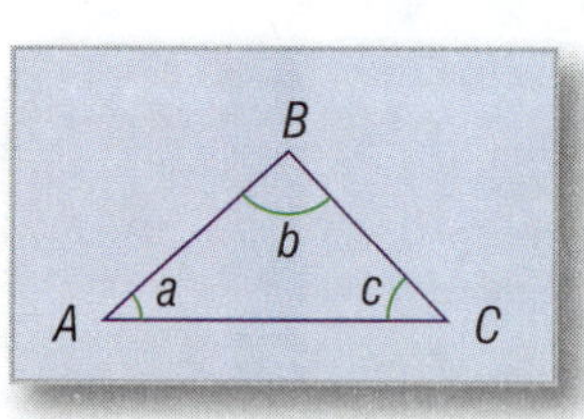

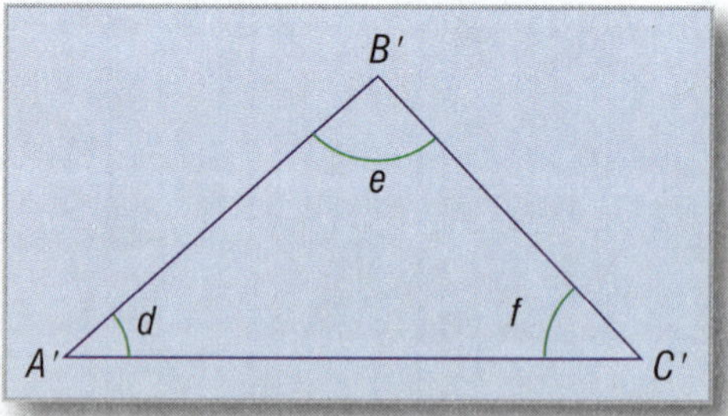

Respuesta: ______________________________

____

4. ¿Cuándo se dice que dos triángulos son semejantes?

Respuesta: ______________________________

____

5. Si los ángulos de dos triángulos son respectivamente iguales, ¿serán iguales también sus lados respectivos?

Respuesta: ______________________________

____

Calificación: ____________________

36

(pp. 106-108)

Secciones

 Teorema 34

 Casos de semejanza de triángulos

Puntos importantes

a) Teorema fundamental de existencia de triángulos semejantes.
b) Teorema recíproco.
c) Definición de los casos de semejanza de triángulos.
d) Memorizar los casos y ejemplificarlos numéricamente.

Ejercicios adicionales

Contestar **Falso** o **Verdadero** los siguientes enunciados:

1. Toda paralela o un lado forma con los otros dos lados un triángulo igual al primero.

   Respuesta: ______________________

2. Dos triángulos son semejantes si tienen dos lados respectivamente iguales.

   Respuesta: ______________________

3. Dos triángulos son semejantes si tienen dos lados proporcionales e igual el ángulo opuesto a uno de estos lados.

   Respuesta: ______________________

4. Dos triángulos son semejantes si tienen dos ángulos respectivamente iguales.

   Respuesta: ______________________

5. Todo triángulo semejante a otro es igual a uno de los triángulos que pueden obtenerse trazando una paralela a la base de éste.

   Respuesta: ______________________

Calificación: ______________________

37

(pp. 108-112)

Secciones

 Primer caso

147 Segundo caso

148 Tercer caso

Puntos importantes

a) Importancia fundamental de los casos de semejanza de triángulos, debida a su constante aplicación.

b) Demostración de los tres casos utilizando el teorema fundamental de existencia de triángulos semejantes.

Ejercicios adicionales

Indicar la proporción necesaria para demostrar la semejanza de triángulos en los siguientes ejercicios:

1.

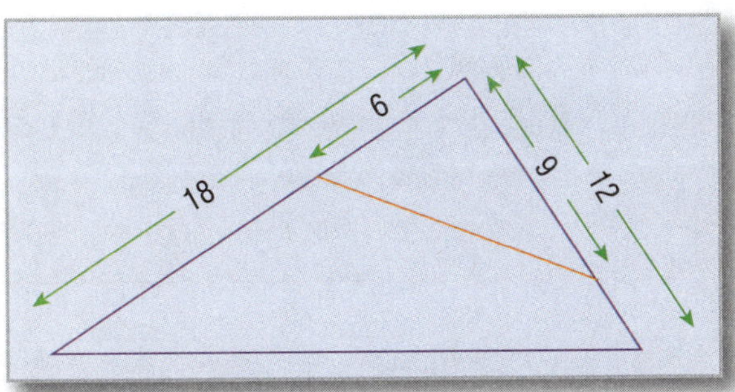

Respuesta: ________________________

2.

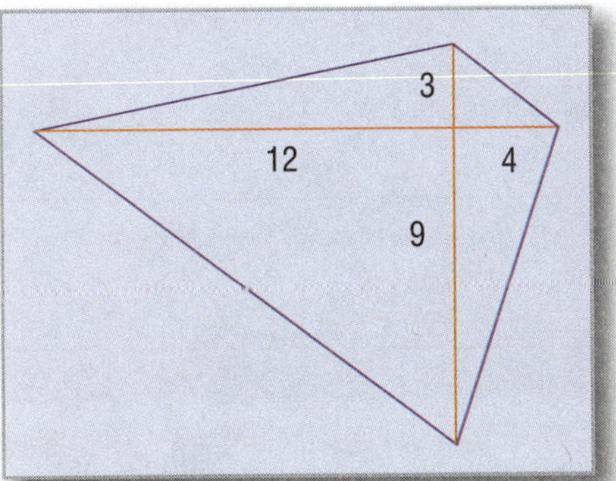

Respuesta: ________________________

3.

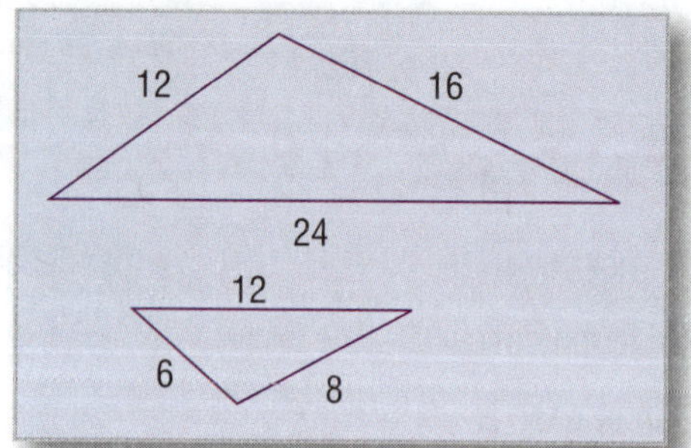

Respuesta: ______________________________

4.

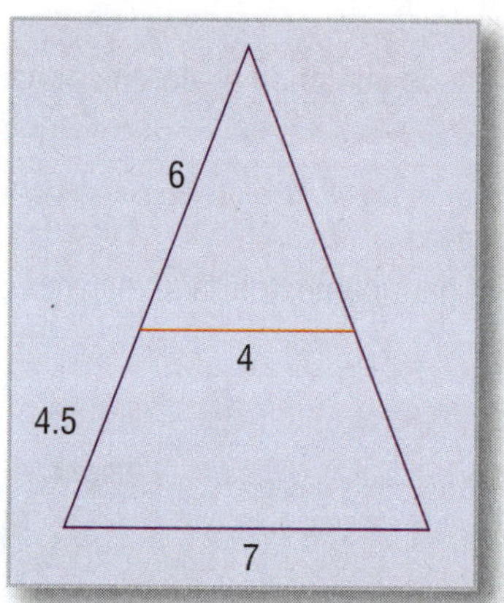

Respuesta: ______________________________

5.

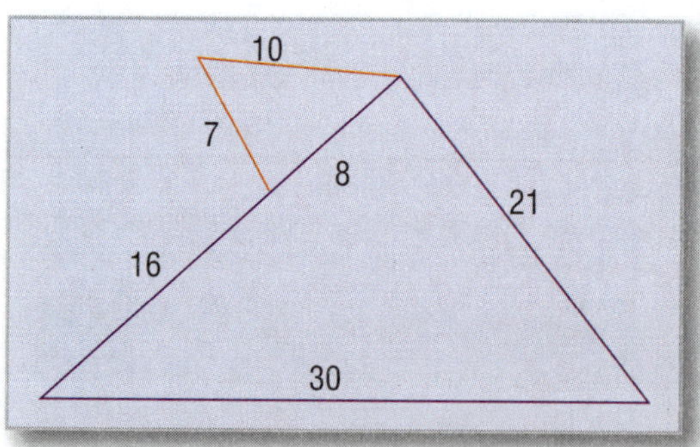

Respuesta: ______________________________

Calificación: ____________________

(pp. 112-116) **38**

Secciones

 Casos de semejanza de triángulos rectángulos

 Proporcionalidad de las alturas de dos triángulos semejantes

Puntos importantes

a) Razonar los casos de semejanza de triángulos rectángulos.
b) Notar que las demostraciones se facilitan al tratar con triángulos rectángulos.
c) Ejemplos relativos a la proporcionalidad de las alturas de dos triángulos semejantes.

Ejercicios adicionales

1. La sombra de un árbol cuya altura no se conoce, mide 15 m, y la sombra de una vara vertical de 6 m de alto mide 2 m. Las medidas fueron tomadas a la misma hora, estando el árbol y la vara muy próximos uno del otro, ¿qué altura tiene el árbol?

Respuesta: ______________________________

____

Demostrar los siguientes enunciados:

2. Dos triángulos son semejantes si sus lados son respectivamente paralelos.

Respuesta: ______________________________

____

____

3. Dos triángulos son semejantes si sus lados son respectivamente perpendiculares.

Respuesta: ______________________________

____

____

4. Dos triángulos semejantes a un tercero son semejantes entre sí.

Respuesta: ______________________________

____

____

5. La altura trazada a la hipotenusa de un triángulo rectángulo divide al triángulo en dos triángulos semejantes entre sí y con dicho triángulo.

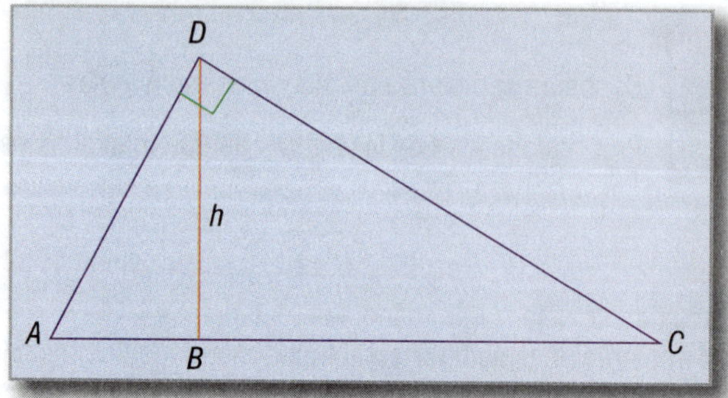

Respuesta: ______________________________

Calificación: ____________________

Relaciones métricas en los triángulos

(pp. 117-120) **39**

Secciones

 Proyecciones

 Proyecciones de los lados de un triángulo

 Teorema 38

Puntos importantes

a) Hacer notar que las proyecciones son la base de la Geometría descriptiva.
b) Definición de proyección.
c) Proyección de un segmento en varias posiciones sobre una recta dada.
d) Cómo expresar proyecciones para evitar confusiones.
e) Estudiar con cuidado lo que se verifica al trazar la altura correspondiente a la hipotenusa en un triángulo rectángulo.

Ejercicios adicionales

1. ¿Qué conclusiones se pueden obtener si las proyecciones de dos lados de un triángulo sobre el tercer lado son iguales?

   Respuesta: ____________________

2. ¿Cuál es la proyección de un segmento sobre una recta, si dicho segmento es paralelo a la recta?

   Respuesta: ____________________

3. ¿Cuál será la proyección si el segmento es perpendicular a la recta?

   Respuesta: ____________________

4. ¿Son únicas las proyecciones de los catetos de un triángulo rectángulo sobre la hipotenusa?

   Respuesta: ____________________

5. En un triángulo rectángulo, ¿cuál sería la proyección de un cateto sobre otro?

   Respuesta: ____________________

Calificación: ____________

40

(pp. 120-123)

Secciones

 Teorema 39

 Corolario 1

156 Teorema 40

157 Teorema 41

Puntos importantes

a) Memorizar el teorema de Pitágoras.
b) Generalizar el teorema de Pitágoras.
c) Aplicación de la ley de Pitágoras para la resolución de un rombo, un triángulo isósceles, un trapecio, etcétera.

Ejercicios adicionales

1. Encontrar la altura de un triángulo isósceles si su base mide 8 cm y sus lados iguales miden 10 cada uno.

   Respuesta: ______________________________

2. Encontrar el lado *l* de un rombo si sus diagonales miden 30 y 40 cm, respectivamente.

   Respuesta: ______________________________

3. Hallar la diagonal *d* de un rombo si su lado mide 26 cm y la otra diagonal mide 20 cm.

   Respuesta: ______________________________

4. Encontrar la altura del trapecio de la figura:

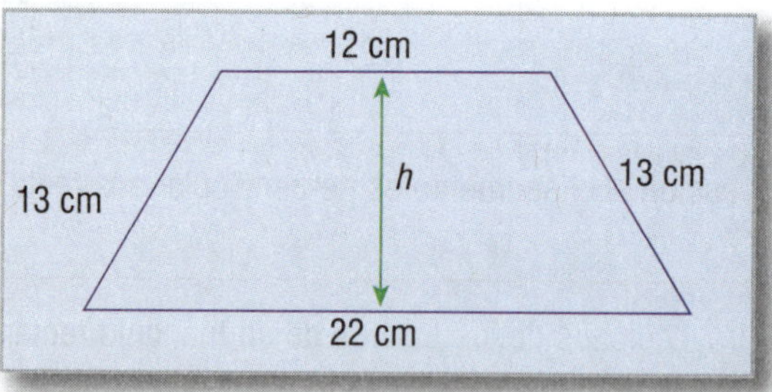

   Respuesta: ______________________________

5. Encontrar el lado de un cuadrado si su diagonal mide 5 cm.

   Respuesta: ______________________________

Calificación: ______________________

(pp. 123-127)

41

Secciones

 Clasificación de un triángulo conociendo los tres lados

 Cálculo de la proyección de un lado sobre otro

 Cálculo de la altura de un triángulo en función de los lados

Puntos importantes

a) Aplicación del teorema de Pitágoras para reconocer si un triángulo es rectángulo, acutángulo u obtuságulo.
b) Proyecciones de un lado de un triángulo sobre otro lado.
c) Memorizar la fórmula para calcular la altura de un triángulo en función de sus lados.

Ejercicios adicionales

1. Clasificar los triángulos siguientes, dados sus lados:

a) $a = 7$, $b = 6$, $c = \sqrt{85}$.
b) $a = 6$, $b = 5$, $c = 8$.
c) $a = 7$, $b = 6$, $c = 6.5$.

Respuesta: a) ________, *b)* ________, *c)* ________.

2. Dados los lados de un triángulo: $a = 14$, $b = 7$, $c = 9$, calcular la proyección de los lados a y b sobre el lado c.

Respuesta: ________________________________

____

3. Calcular la menor altura de los siguientes triángulos:

a) $a = 12$, $b = 18$, $c = 16$.
b) $a = 30$, $b = 24$, $c = 18$.
c) $a = 2$, $b = 3$, $c = 4$.

Respuesta: a) ________, *b)* ________, *c)* ________.

4. Calcular la mayor altura de los siguientes triángulos:

a) $a = 9$, $b = 8$, $c = 6$.
b) $a = 8$, $b = 6$, $c = 11$.
c) $a = 7$, $b = 8$, $c = 10$.

Respuesta: a) ________, *b)* ________, *c)* ________.

5. Dadas las tres alturas de un triángulo, ¿podrían calcularse los tres lados de dicho triángulo?

Respuesta: ______________________________

____

Calificación: ______________

Circunferencia y círculo

(pp. 128-131) **42**

Secciones

161 Definición
162 Puntos interiores y puntos exteriores
163 Círculo
164 Circunferencias iguales
165 Arco de la circunferencia
166 Cuerda
167 Diámetro
168 Posiciones de una recta y una circunferencia
169 Figuras en el círculo
170 Ángulos centrales y arcos correspondientes

Puntos importantes

a) Conceptos que deben memorizarse:
— Definición de circunferencia y círculo.
— Cuerda, arco y diámetro de la circunferencia.
— Secante y tangente a una circunferencia.

b) Figuras que deben analizarse:
— Segmento circular — Corona circular — Sector circular — Trapecio circular

c) Puntos comunes de una secante y una tangente con una circunferencia.

d) Comprender el concepto de ángulo central y de arco correspondiente a dicho ángulo.

Ejercicios adicionales

Identificar los siguientes elementos en las figuras y escribir el número que les corresponde.

____ Punto interior	____ Arco	____ Diámetro	____ Tangente	____ Segmento circular
____ Punto exterior	____ Cuerda	____ Secante	____ Radio	____ Sector circular
____ Corona circular		____ Trapecio circular		____ Ángulo central

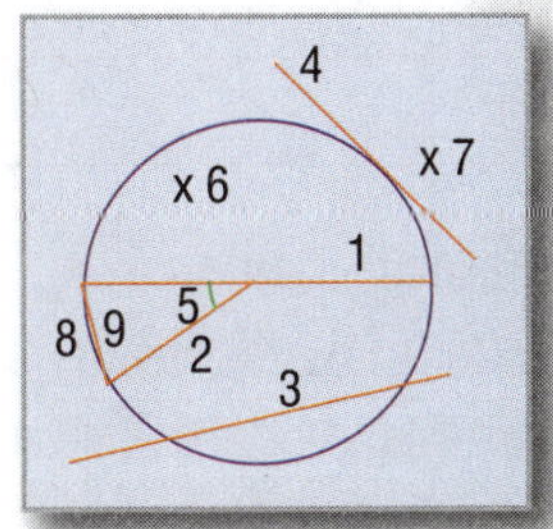

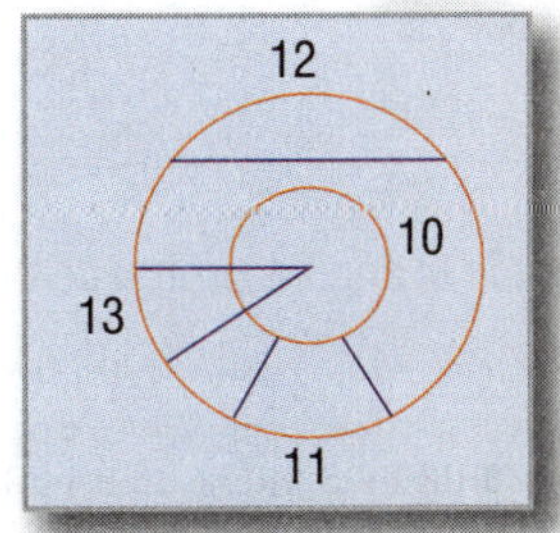

Calificación: ____________________

43

(pp. 131-133)

Secciones

- 171 Igualdad de ángulos y arcos
- 172 Desigualdad de ángulos y arcos
- 173 Arcos consecutivos, y suma y diferencia de arcos
- 174 Teorema 42

Puntos importantes

a) Ejemplos de igualdad y desigualdad de ángulos y arcos.
b) Operaciones de suma y diferencia de arcos.
c) Propiedades del diámetro.

Ejercicios adicionales

1. Si un arco se divide en dos partes, ¿su ángulo central quedará dividido también en dos partes?

   Respuesta: ____________________

2. En la figura siguiente, *O* es el centro de la circunferencia y $\overline{AB}$ es su diámetro.

   Si $\overline{OD} \parallel \overline{AC}$, demostrar que $\angle a = \angle b$.

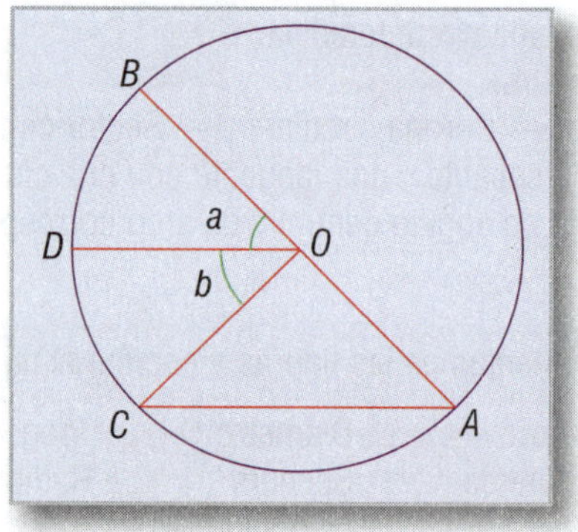

   Respuesta: ____________________

   ____

3. ¿Cuánto mide el ángulo central de una cuerda igual al radio del círculo?

   Respuesta: ____________________

4. ¿Cómo se llaman los lados de un ángulo inscrito?

   Respuesta: ____________________

5. Si $\overline{OB} \perp \overline{AC}$, demostrar que $\angle a = \angle b$.

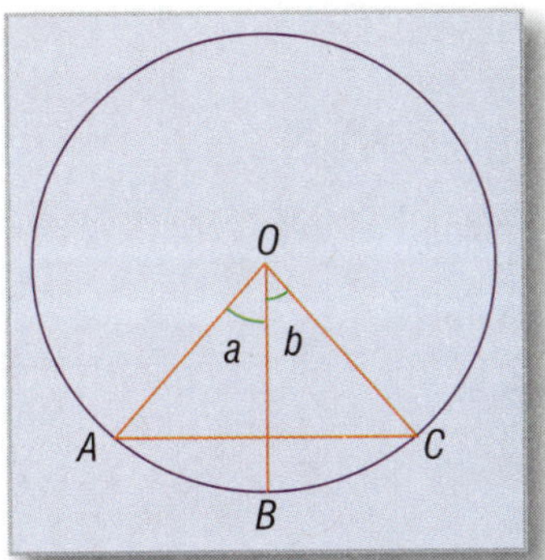

Respuesta: ____

____

Calificación: ____________________

44

(pp. 133-135)

Secciones

175 Semicircunferencias

176 Semicírculos

177 Teorema 43

178 Teorema 44

Puntos importantes

a) Comprender el concepto de semicircunferencia y semicírculo.
b) Estudiar con cuidado el teorema 43.
c) Comprender el teorema 44.

Ejercicios adicionales

1. En la figura, si $\overline{AC}$ es diámetro de la circunferencia, demostrar que $\angle ABC$ es recto.

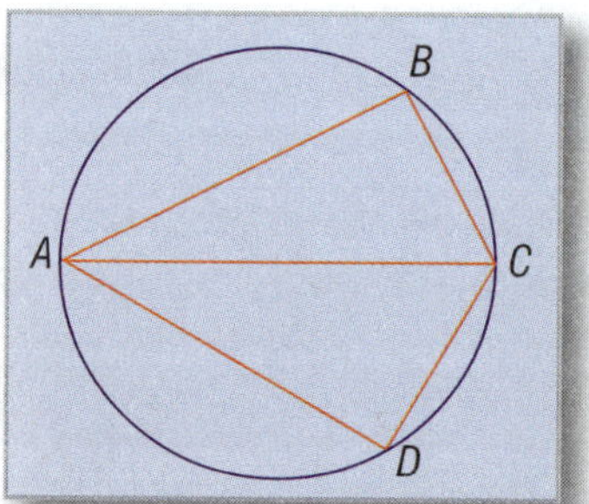

Respuesta: ____________________

2. En la figura anterior, si $\overline{AB} = \overline{AD}$ y $\overline{BC} = \overline{DC}$, demostrar que $\overline{AC}$ es el diámetro.

Respuesta: ____________________

3. En la figura, $\overline{AB}$ es el diámetro y la bisectriz del $\angle ACD$. $\overline{ON} \perp \overline{AC}$ y $\overline{OM} \perp \overline{AD}$. Demostrar que $\overline{AC} = \overline{AD}$.

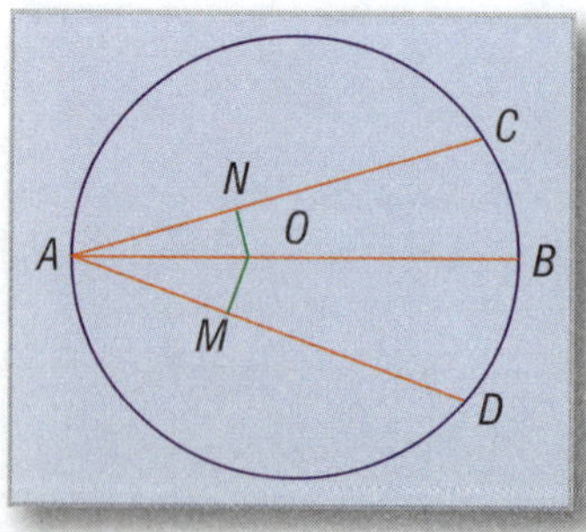

Respuesta: ____

____

4. En la figura anterior, si $\widehat{AD} = \widehat{AC}$, $\overline{ON} \perp \overline{AC}$ y $\overline{OM} \perp \overline{AD}$, demostrar que $\angle AON = \angle AOM$.

Respuesta: ____

____

5. ¿Es lo mismo decir semicircunferencia que semicírculo? ¿Por qué?

Respuesta: ____

Calificación: ____________________

45

(pp. 135-138)

Secciones

179 Teorema 45

180 Teorema recíproco

181 Teorema 46

182 Teorema recíproco

Puntos importantes

a) Relaciones entre las cuerdas y los arcos correspondientes.
b) Relaciones entre las cuerdas y sus distancias al centro.
c) Ejercicios de aplicación para la comprensión de dichas relaciones.
d) Teoremas recíprocos respectivos.

Ejercicios adicionales

Contestar con **Falso** o **Verdadero** los siguientes enunciados:

1. Diámetros del mismo círculo o de círculos iguales son iguales.

Respuesta: ______________________

2. En círculos iguales, las cuerdas iguales tienen arcos iguales.

Respuesta: ______________________

3. Un diámetro perpendicular a una cuerda biseca dicha cuerda y su arco.

Respuesta: ______________________

4. Si un radio biseca a una cuerda; entonces forma con dicha cuerda 60°.

Respuesta: ______________________

5. En un mismo círculo, cuerdas iguales equidistan del centro del círculo.

Respuesta: ______________________

Calificación: ______________________

(pp. 138-141) **46**

Secciones

183 Tangente a la circunferencia
184 Teorema 47
185 Teorema recíproco
186 Normal a una circunferencia
187 Teorema 48

Puntos importantes

a) Tangente y normal a una circunferencia.
b) Punto de tangencia o punto de contacto.
c) Perpendicularidad de la tangente con el radio en el punto de contacto.
d) Demostración del teorema 47.
e) Distancia de un punto a una circunferencia (cuando el punto es interior y exterior).

Ejercicios adicionales

1. ¿Cómo se llama el punto común a una circunferencia y a su tangente?

Respuesta: ____________________

2. Demostrar: Una línea recta perpendicular a un radio de una circunferencia en su extremo es tangente a dicha circunferencia.

Respuesta: ____________________

3. Demostrar que $\angle a = \angle b$ en la figura, si $\overline{BD}$ es el diámetro de la circunferencia y $\overline{BD} \parallel \overline{AC}$.

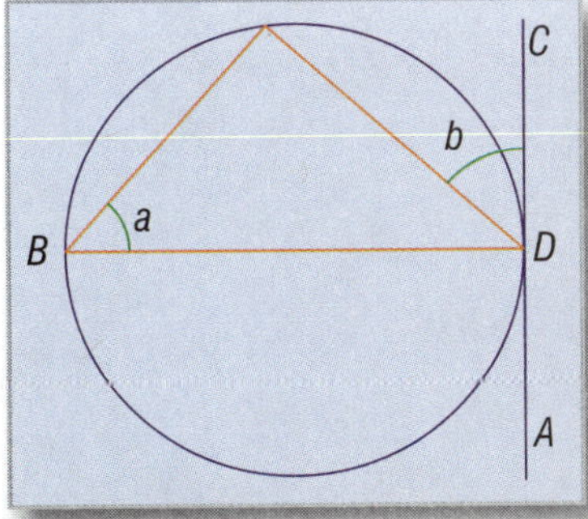

Respuesta: ____________________

____

4. Si $\overline{AB}$ es tangente a la circunferencia y O es el centro de dicha circunferencia, encontrar el radio de la circunferencia si $\overline{AB} = 4$ y $\overline{AO} = 6$.

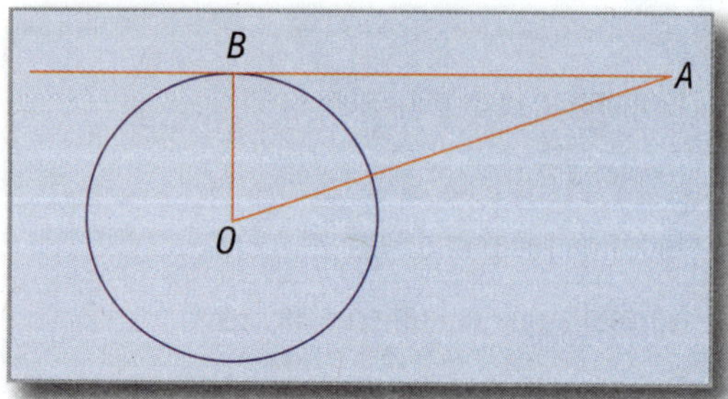

Respuesta: ______________________________

5. En la figura anterior, si el radio de la circunferencia es igual a 8 y $\overline{AB} = 12$, encontrar $\overline{AO}$.

Respuesta: ______________________________

Calificación: ____________________

47

(pp. 141-144)

Secciones

Puntos importantes

a) Posiciones relativas de dos circunferencias.
b) Propiedades respecto a la distancia entre los centros de las circunferencias.
c) Puntos comunes según sus posiciones relativas.

Ejercicios adicionales

En el espacio en blanco escribir el número correspondiente de acuerdo con la posición de las circunferencias siguientes:

__________ Circunferencias tangentes interiormente
__________ Circunferencias tangentes exteriormente
__________ Circunferencias exteriores
__________ Circunferencias secantes
__________ Circunferencias interiores

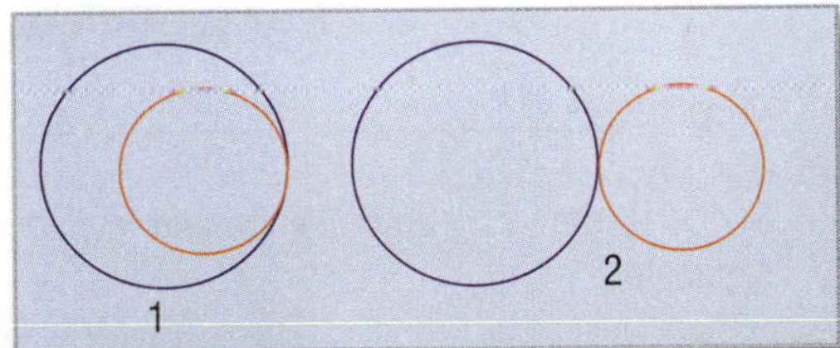

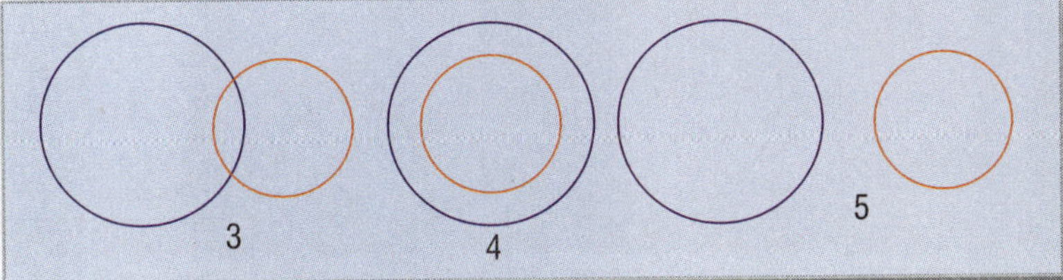

Calificación: ____________________

48

(pp. 144-148)

Secciones

Puntos importantes

a) Aprender las fórmulas respectivas que nos dan las distancias entre los centros de dos circunferencias de acuerdo con posiciones relativas.

b) Demostración del teorema 50. Recalcar el hecho de que las paralelas pueden estar en cualquier posición respecto a la circunferencia, en los tres casos de dicho teorema.

Ejercicios adicionales

1. Si $r_1 = 4$ cm y $r_2 = 6$ cm, encontrar la distancia entre los centros de las circunferencias siguientes:

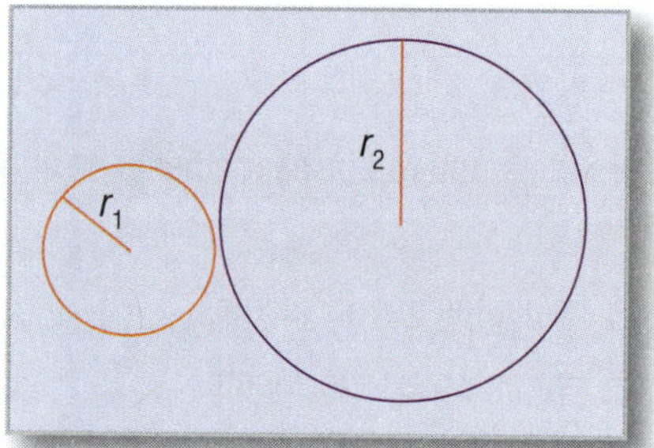

Respuesta: ______________________________

2. Si $r_1 = 10$ cm y $r_2 = 20$ cm, encontrar la distancia entre los centros de las circunferencias siguientes:

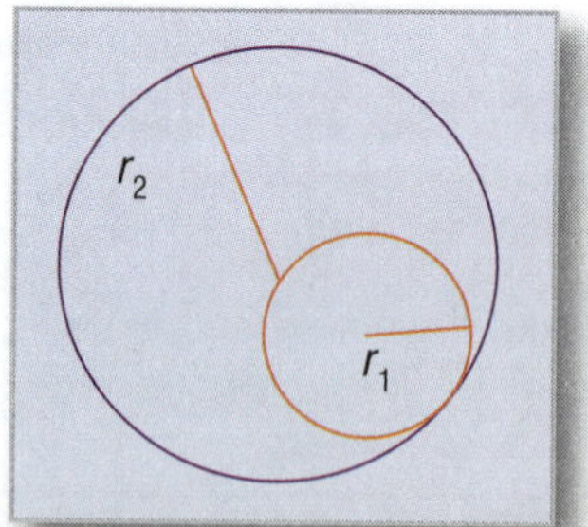

Respuesta: ______________________________

3. Demostrar: Si dos líneas rectas determinan arcos iguales en una circunferencia, éstas son paralelas.

Respuesta: ____

____

4. Construir gráficamente la tangente a la circunferencia siguiente en el punto *A*.

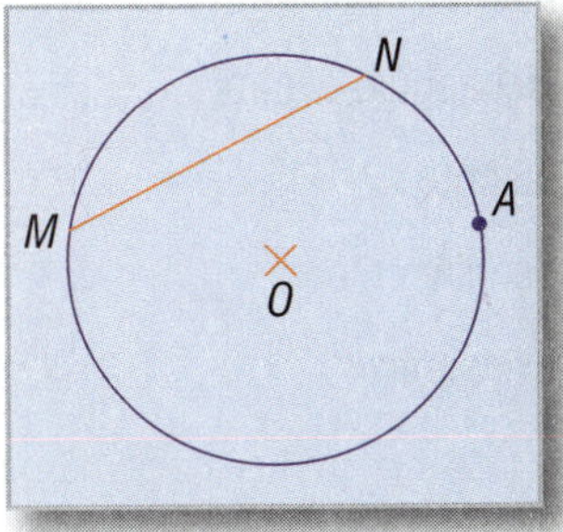

5. Construir en la figura anterior una tangente paralela a la cuerda $\overline{MN}$ de la circunferencia del ejercicio anterior.

Calificación: ____________________

Ángulos en la circunferencia

49

(pp. 149-151)

Secciones

- 198 Ángulo central
- 199 Medida del ángulo central
- 200 Ángulo inscrito
- 201 Ángulo semiinscrito
- 202 Ángulo exinscrito

Puntos importantes

a) Definiciones de ángulos en la circunferencia.

b) Comprender el concepto de que a igualdad de ángulos las longitudes de los arcos son distintas para circunferencias diferentes.

c) Comprender lo que es ángulo inscrito, semiinscrito y exinscrito.

Ejercicios adicionales

1. Escribir el nombre de los siguientes ángulos de la figura:

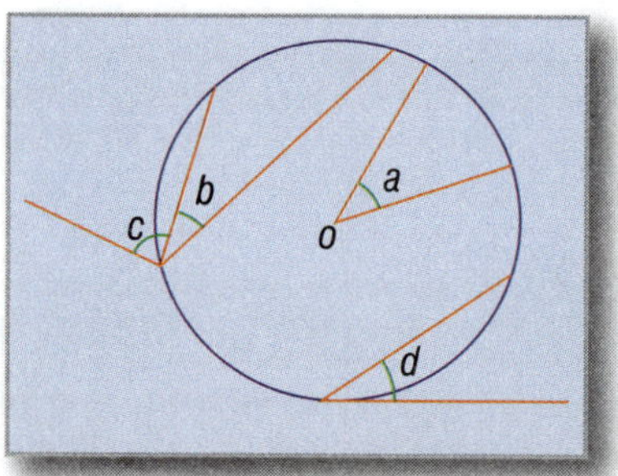

Respuestas: $\angle a$: ______________________

$\angle b$: ______________________

$\angle c$: ______________________

$\angle d$: ______________________

2. ¿Cuál es el mayor valor de un ángulo inscrito en una circunferencia?

Respuesta: ______________________

3. Demostrar: En una misma circunferencia o en circunferencias iguales, los ángulos centrales son proporcionales a sus arcos correspondientes.

Respuesta: ____________________

____

4. Trazar, utilizando un transportador, los ángulos siguientes:

a) 23°, *b*) 47°, *c*) 115°, *d*) 223°, *e*) 345°.

Respuesta: ____________________

5. Definir qué es ángulo semiinscrito y ángulo exinscrito.

Respuesta: ____________________

____

____

Calificación: ____________________

50

(pp. 151-154)

Secciones

Puntos importantes

a) Medida del ángulo inscrito. Demostración de los diferentes casos tomando en cuenta la posición del centro de la circunferencia respecto a los lados del ángulo inscrito

b) Ejemplificar el corolario 1. Todos los ángulos inscritos en el mismo arco son iguales. Definición de arco capaz.

c) Memorizar el corolario 2 del teorema 51.

Ejercicios adicionales

De la figura siguiente:

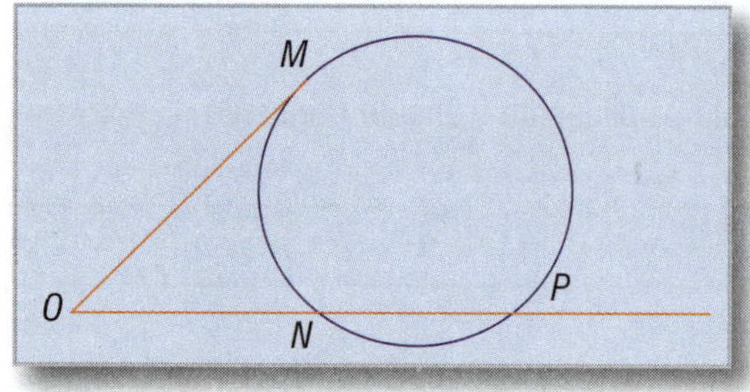

1. Si $\overset{\frown}{MP} = 220°$ y $\angle O = 40°$, encontrar $\overset{\frown}{MN}$.

Respuesta: ____________________

2. Si $\overset{\frown}{MN} = 55°$ y $\angle O = 30°$, encontrar $\overset{\frown}{MP}$.

Respuesta: ____________________

3. Si $\overset{\frown}{MP} = 200°$ y $\overset{\frown}{PN} = 110°$, encontrar $\angle O$.

Respuesta: ____________________

4. Si $\overset{\frown}{PN} = 120°$ y $\overset{\frown}{MN} = 70°$, encontrar $\angle O$.

Respuesta: ____________________

5. En la figura siguiente, encontrar x y y, si $x = \widehat{AB}$, $y = \angle O$.

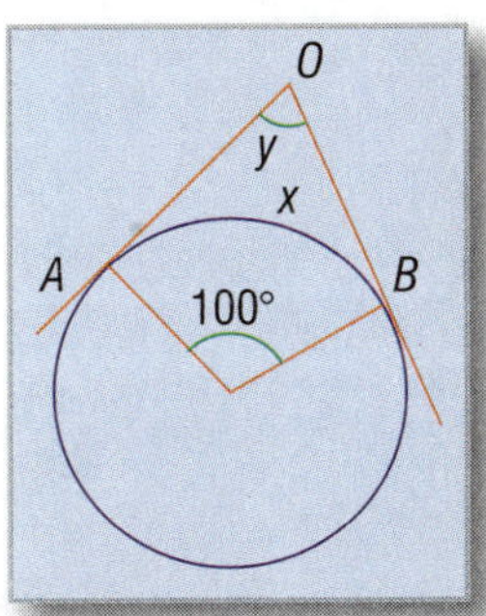

Respuesta: ______________________________

Calificación: ________________

51

(pp. 154-156)

Secciones

207 Teorema 52

208 Teorema 53

209 Ángulo interior

210 Ángulo exterior

Puntos importantes

a) Demostración de los teoremas 52 y 53 respecto a la medida del ángulo semiinscrito y del ángulo exinscrito en una circunferencia.

b) Recordar lo que es punto exterior y punto interior a una circunferencia.

c) Definición de ángulo interior y ángulo exterior.

Ejercicios adicionales

1. Si $x = 50°$, encontrar y en la figura siguiente:

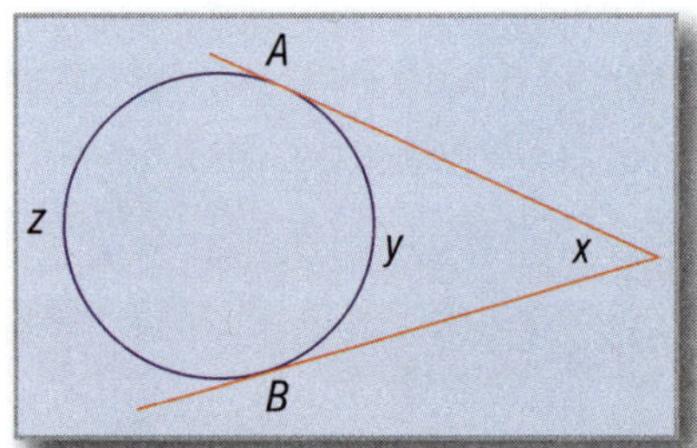

Respuesta: ______________________

2. En la figura anterior, si $z = 200°$, encontrar x.

Respuesta: ______________________

3. En la figura siguiente, si $\widehat{AB} = 100°$ y $\widehat{CD} = 90°$, encontrar $\angle BOA$.

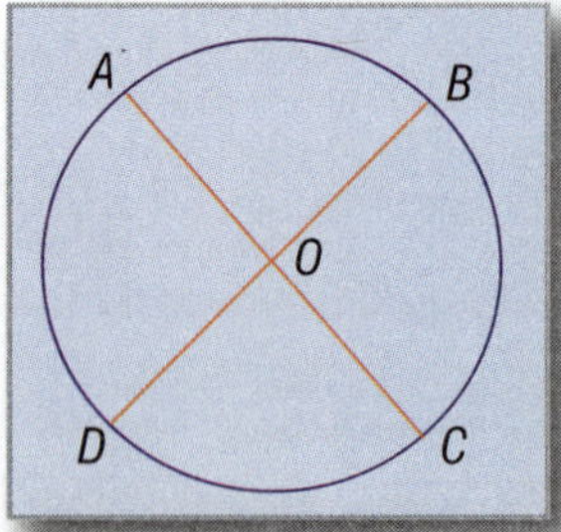

Respuesta: ______________________

4. En la figura anterior, si $\angle DOA = 60°$ y $\widehat{AB} = 105°$, encontrar $\angle CD$.

Respuesta: ______________________

5. En la figura siguiente, si $\widehat{AB} = 180°$ y $\angle COA = 73°$, encontrar $\widehat{BC}$.

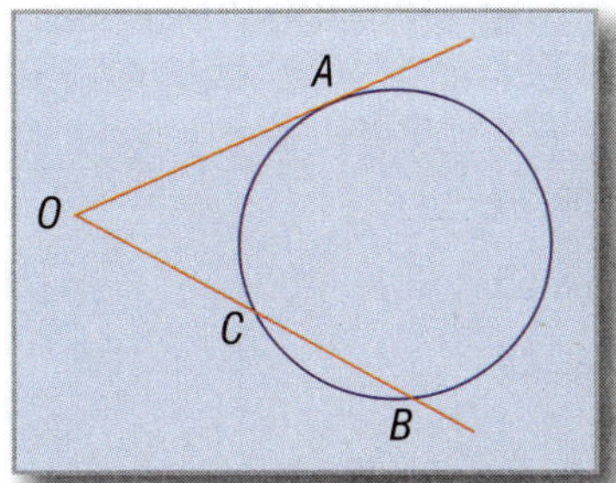

Respuesta: ______________________

Calificación: ______________

Relaciones métricas en la circunferencia

52

(pp. 157-161)

Secciones

 Teorema 54

 Teorema 55

 Teorema 56

Puntos importantes

a) Medida del ángulo interior y del ángulo exterior a una circunferencia.
b) Memorizar las fórmulas que nos dan dichas medidas.
c) Ejemplos diversos sobre medidas de ángulos interiores y exteriores.
d) Fórmula que nos da la relación entre dos cuerdas que se cortan en una circunferencia.

Ejercicios adicionales

En la figura, si O es el centro de la circunferencia, $\angle ODE = 22°$ y $\overset{\frown}{CD} = 93°$, encontrar:

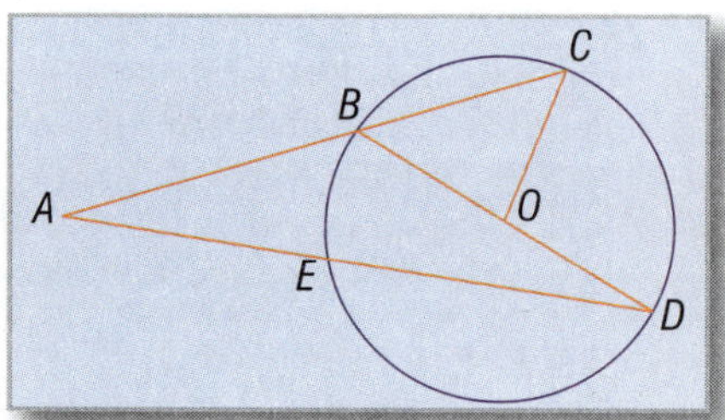

1. La medida del $\angle COD$.

   Respuesta: ______

2. La medida del $\overset{\frown}{BE}$.

   Respuesta: ______

3. La medida del $\overset{\frown}{BC}$.

   Respuesta: ______

4. La medida del $\angle BAE$.

   Respuesta: ______

5. Inscribir geométricamente un ángulo de 45° en una circunferencia.

   Respuesta: ______

Calificación: ______

(pp. 161-163)

53

Secciones

Puntos importantes

a) Conceptos que deben memorizarse:
— Fórmula de la relación entre secantes.
— Fórmula de la relación entre la tangente y la secante trazadas desde un punto exterior a una circunferencia.

b) Comprender el concepto de segmento áureo.

c) Con la propiedad de las proporciones, calcular analíticamente el segmento áureo y establecer la fórmula respectiva.

Ejercicios adicionales

1. La circunferencia de la figura tiene 6 cm de radio; siendo O su centro, $\overline{AB} = 2$ cm y $\overline{AE} =$ 4 cm, calcular $\overline{AC}$.

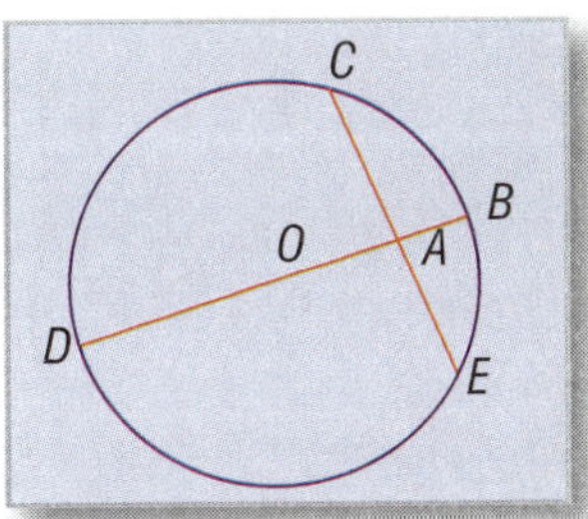

Respuesta: ______________________

2. Si en la figura anterior $\overline{AD} = 18$ cm, $\overline{AB} = 3$ cm y $\overline{AC} = 5$ cm, calcular $\overline{AE}$.

Respuesta: ______________________

3. Si en la figura $\overline{AB} = 4$ cm, $\overline{CD} = 3.5$ cm y $\overline{QB} = 5$ cm, calcular $\overline{QD}$.

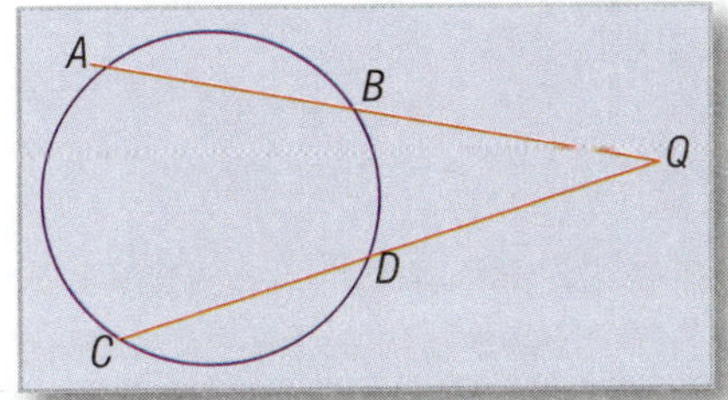

Respuesta: ______________________

4. En la figura siguiente, si $\overline{QT} = 15$ cm y $\overline{QA} = 7$ cm, encontrar el valor de $\overline{AB}$.

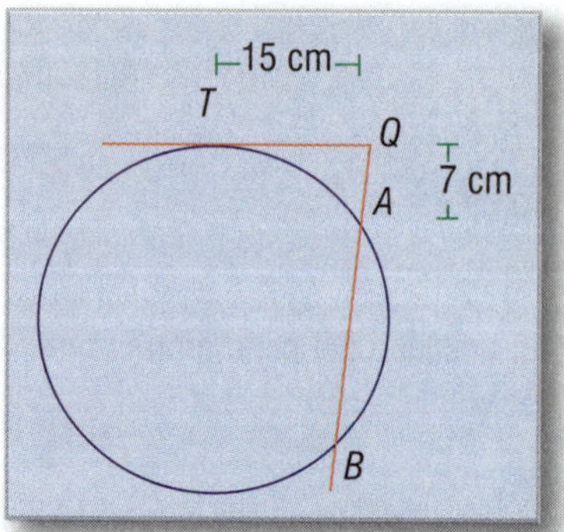

Respuesta: ____________________

5. Si el segmento áureo de un segmento es igual a 7 cm, ¿cuánto mide dicho segmento?

Respuesta: ____________________

Calificación: ____________________

(pp. 163-166)

54

Secciones

218 Ejemplos

219 División áurea de un segmento. Solución gráfica

220 Justificación del método gráfico

Puntos importantes

a) Realizar los ejemplos de la sección 218 para calcular los segmentos áureos.
b) Forma de resolver el problema de la división áurea gráficamente.
c) Comparar soluciones gráficas y analíticas, y establecer la justificación del método gráfico.

Ejercicios adicionales

1. Encontrar la fórmula con la que se obtenga el segmento en función del segmento áureo: $a = f\,(x)$.

Respuesta: ______________________________

2. ¿Cuál es el segmento cuyo segmento áureo es igual a 11 cm?

Respuesta: ______________________________

3. Encontrar de manera gráfica el segmento áureo de un segmento de 11 cm de longitud.

Respuesta: ______________________________

____

4. Demostrar que el segmento total es igual a 1.61 veces el segmento áureo.

Respuesta: ______________________________

5. Hallar gráficamente el segmento áureo de 19 cm y comprobar de manera analítica.

Respuesta: ______________________________

Calificación: ______________

Relaciones métricas en los polígonos regulares

55

(pp. 167-170)

Secciones

221 Polígonos regulares
222 Polígono inscrito
223 Circunferencia circunscrita
224 Polígono circunscrito
225 Circunferencia inscrita
226 Radio de un polígono regular
227 Ángulo central
228 Teorema 59
229 Corolario
230 Teorema 60

Puntos importantes

a) Conceptos que deben memorizarse:
— Definición de polígono regular.
— Radio de un polígono regular.
— Ángulo central.

b) Comprender los conceptos de:
— Polígono inscrito y circunscrito.
— Circunferencia inscrita y circunscrita.

c) Forma de trazar gráficamente un polígono inscrito o circunscrito a una circunferencia.

d) Demostración de los teoremas 59 y 60.

Ejercicios adicionales

Definir los términos que a continuación se indican:

1. Polígonos regulares.

Respuesta: ______________________________

____

2. Polígono inscrito y polígono circunscrito.

Respuesta: ______________________________

____

____

3. Circunferencia inscrita y circunferencia circunscrita.

Respuesta: ______________________________

____

____

4. Radio de un polígono regular.

Respuesta: ______________________________

____

____

5. Ángulo central.

Respuesta: ______________________________

____

____

Calificación: ______________

56

(pp. 170-172)

Secciones

 Teorema 61

 Apotema

 Cálculo de la apotema en función del lado y del radio

Puntos importantes

a) Memorizar el concepto de apotema.
b) Analizar el teorema 61 y generalizarlo: Todo polígono regular puede ser inscrito o circunscrito a una circunferencia.
c) Analizar la construcción gráfica necesaria para calcular la fórmula del apotema en función del lado y del radio.
d) Hacer notar que el teorema de Pitágoras es la única ayuda necesaria para llegar a dicha fórmula.

Ejercicios adicionales

1. ¿Qué se entiende por apotema?

   Respuesta: ______________________________

   ____

2. Demostrar que todo polígono regular puede ser circunscrito en una circunferencia.

   Respuesta: ______________________________

   ____

3. ¿Cuánto mide la apotema de un hexágono de 6 cm de radio?

   Respuesta: ______________________________

4. Expresar el lado de un polígono en función del radio y de la apotema.

   Respuesta: ______________________________

   ____

5. ¿Cuánto mide el radio de un hexágono si su apotema es igual a 8 cm?

   Respuesta: ______________________________

Calificación: ______________

(pp. 172-176)

57

Secciones

 Cálculo del lado del polígono regular inscrito de doble número de lados

 Cálculo del lado del polígono circunscrito

 Aplicaciones

Puntos importantes

a) Razonar la forma de construir la fórmula del lado del polígono regular inscrito de doble número de lados.

b) Notar que se utiliza sólo el teorema de Pitágoras generalizado y la fórmula del apotema en función del radio y del lado para obtener la fórmula anterior.

c) Memorizar las construcciones auxiliares para el cálculo de los lados del polígono inscrito y circunscrito.

d) Resolver los ejemplos de la sección 236.

Ejercicios adicionales

1. Calcular el lado de un dodecágono inscrito en una circunferencia, en la cual se encuentra inscrito un hexágono cuyo lado mide 4 cm.

Respuesta: ______________________________

2. Si el lado de un cuadrado inscrito en una circunferencia es igual a 23 cm, calcular el lado del octágono inscrito en la misma circunferencia.

Respuesta: ______________________________

3. Basándose en los datos del ejercicio 2, calcular el lado del polígono de 32 lados inscrito en la misma circunferencia.

Respuesta: ______________________________

4. El lado de un pentágono inscrito en una circunferencia de 18 cm de radio mide $9\sqrt{5.53}$ cm, calcular el lado del decágono inscrito en la misma circunferencia.

Respuesta: ______________________________

5. Calcular el lado del polígono de 20 lados inscrito en la circunferencia del ejercicio 4.

Respuesta: ______________________________

Calificación: ______________________________

58

(pp. 176-179)

Secciones

Puntos importantes

a) Memorizar el hecho de que el lado del hexágono regular inscrito es igual al radio.

b) Cálculo del hexágono regular, del triángulo equilátero y del cuadrado inscrito.

c) Deducir los pasos necesarios para el cálculo del lado de cualquier polígono inscrito en una circunferencia.

Ejercicios adicionales

1. Calcular el lado del hexágono regular inscrito en una circunferencia de 7.62 cm de diámetro.

Respuesta: ______________________

2. El lado de un triángulo equilátero inscrito en una circunferencia mide 3.6 cm. Calcular el lado del cuadrado inscrito en la misma circunferencia.

Respuesta: ______________________

3. ¿Cuánto mide la altura de un triángulo equilátero inscrito en una circunferencia de 7.6 cm de radio?

Respuesta: ______________________

4. El lado de un cuadrado inscrito en una circunferencia mide 11 cm. Calcular el lado del triángulo equilátero inscrito en la misma circunferencia.

Respuesta: ______________________

5. Aplicar la propiedad del segmento áureo para calcular el lado del decágono regular inscrito en una circunferencia de 1 m de radio.

Respuesta: ______________________

Calificación: ______________________

(pp. 179-183)

59

Secciones

241 Cálculo del lado del decágono regular inscrito en una circunferencia

242 Teorema 63

243 Cálculo del lado del pentágono regular inscrito en una circunferencia

244 Cálculo del lado del octágono regular inscrito en una circunferencia

Puntos importantes

a) Propiedad que tiene el lado del decágono regular inscrito respecto al segmento áureo del radio.

b) Con esta propiedad, calcular el lado del decágono inscrito.

c) Razonar la propiedad que tiene el lado del pentágono regular. Estudiar la construcción auxiliar detenidamente.

d) Cálculo del pentágono y octágono regulares inscritos.

e) Comprobación del lado del pentágono por los dos métodos.

Ejercicios adicionales

1. Con la propiedad del segmento áureo, calcular el lado del decágono regular inscrito en una circunferencia de 21 cm de diámetro.

Respuesta: ____________________

2. Si un decágono inscrito en una circunferencia tiene 10 cm de medida por lado, calcular el valor del radio de la circunferencia a la que está inscrito.

Respuesta: ____________________

3. Con la propiedad que tiene el lado del pentágono regular, encontrar el valor de un lado de éste si está inscrito a una circunferencia que tiene un radio de 14 cm.

Respuesta: ____________________

4. Construir el resultado del problema anterior, midiendo la hipotenusa y comparándola con el resultado obtenido analíticamente.

Respuesta: ____________________

5. Si el lado de un octágono regular es igual a 3 cm, calcular el radio de la circunferencia a la que puede estar inscrito.

Respuesta: ____________________

Calificación: ____________________

Polígonos semejantes. Medida de la circunferencia

60

(pp. 183-189)

Secciones

 Cálculo del lado del dodecágono regular inscrito en una circunferencia

 Resumen de las fórmulas de los polígonos regulares

 Polígonos semejantes

 Observación importante

Puntos importantes

a) Cálculo del lado dodecágono regular inscrito.
b) Hacer un cuadro general de las fórmulas obtenidas y dando el valor de un radio cualquiera, aplicar las fórmulas para calcular el lado de cualquier polígono inscrito.
c) Establecer los requisitos indispensables para que dos polígonos sean semejantes.
d) Definición de lados homólogos en dos polígonos semejantes.
e) Explicar lo que significa:
— Condición necesaria.
— Condición suficiente.
— Condición necesaria y suficiente.

Ejercicios adicionales

1. Hallar el lado del dodecágono regular inscrito en una circunferencia que tiene 2 m de radio.

Respuesta: ______________________________

2. Expresar el lado del octágono regular inscrito en una circunferencia, en función del lado del pentágono regular inscrito en la misma circunferencia.

Respuesta: ______________________________

3. Encontrar la fórmula del lado del dodecágono regular inscrito en una circunferencia, en función del lado del octágono regular inscrito en la misma circunferencia.

Respuesta: ______________________________

4. ¿En necesaria y suficiente la condición de que dos polígonos son semejantes cuando tienen sus ángulos ordenadamente iguales y sus lados homólogos proporcionales?

Respuesta: ______________________________

5. ¿Cuándo se dice que una condición es necesaria y cuándo que es suficiente?

Respuesta: ______________________________

Calificación: ____________________

61

(pp. 189-192)

Secciones

- 249 Teorema 64
- 250 Teorema 65
- 251 Corolario
- 252 Teorema 66

Puntos importantes

a) Teorema 64 de semejanza de polígonos regulares.
b) Razón de los lados, de los radios y de las apotemas de dos polígonos regulares del mismo número de lados.
c) Memorizar la fórmula encontrada en el teorema 65.
d) Demostración de que la razón entre el perímetro de un polígono regular y el radio o diámetro de la circunferencia circunscrita es constante. Ejemplificar.
e) Aprovechar la propiedad de las poligonales (envolvente y envuelta) para demostrar el teorema 66.

Ejercicios adicionales

Contestar con **Falso** o **Verdadero** los siguientes enunciados:

1. Dos polígonos irregulares del mismo número de lados son semejantes.

   Respuesta: ______________________

2. La razón de los lados de dos polígonos regulares del mismo número de lados es igual a la razón de sus diámetros.

   Respuesta: ______________________

3. La razón entre el perímetro de un polígono regular y el radio de la circunferencia circunscrita es constante para todos los polígonos regulares del mismo número de lados.

   Respuesta: ______________________

4. En una circunferencia, el perímetro de un polígono regular de $2n$ lados es menor que el perímetro del polígono regular inscrito de n lados.

   Respuesta: ______________________

5. La razón de los perímetro de dos polígonos regulares del mismo número de lados inscritos en circunferencias diferentes es igual a la razón de los diámetros de dichas circunferencias.

   Respuesta: ______________________

Calificación: ______________________

(pp. 193-196)

62

Secciones

- 253 Teorema 67
- 254 Longitud de la circunferencia
- 255 Relación entre la apotema y el radio
- 256 Teorema 68
- 257 Corolario
- 258 El número π
- 259 Corolario

Puntos importantes

a) Explicar lo que se entiende por límite.
b) Demostración de que el límite del polígono inscrito, cuando el número de lados se hace infinito, es la circunferencia en la cual está inscrito dicho polígono.
c) Analizar la relación de la circunferencia y del diámetro para cualquier circunferencia.
d) El número π. Diversas formas de obtenerlo. Irracionalidad de dicho número.
e) Memorizar la fórmula $C = 2\pi r$.

Ejercicios adicionales

Contestar con **Sí** o **No** los siguientes ejercicios:

1. La relación de la circunferencia y el radio es constante para todas las circunferencias.

   Respuesta: ____________________

2. La longitud de una circunferencia depende de su diámetro.

   Respuesta: ____________________

3. La razón de las longitudes de dos circunferencias cualesquiera es constante.

   Respuesta: ____________________

4. Podemos trazar una circunferencia si conocemos el valor de su longitud.

   Respuesta: ____________________

5. El número π es racional.

   Respuesta: ____________________

Calificación: ____________________

63

(pp. 196-202)

Secciones

260 Cálculo de la longitud de una circunferencia

261 Longitud de un arco de circunferencia de $n°$

262 Cálculo de valores aproximados de π

263 Método gráfico para rectificar aproximadamente una circunferencia

264 Justificación de la construcción anterior

Puntos importantes

a) Aplicaciones de la fórmula de la circunferencia en función del radio.

b) Memorización de la fórmula que nos da la longitud de un arco de $n°$ en función del radio.

c) Entender la forma de obtener valores cada vez más aproximados al valor de π (método de los perímetros).

d) Analizar el método gráfico para rectificar una circunferencia.

Ejercicios adicionales

1. La longitud de una circunferencia es de 3 m. Calcular el radio de dicha circunferencia.

   Respuesta: ____________________

2. El lado del pentágono inscrito en una circunferencia mide 3 cm. Hallar el valor de la longitud de la circunferencia.

   Respuesta: ____________________

3. Un arco de 60° mide 6 m. Hallar el diámetro de la circunferencia que contiene dicho arco.

   Respuesta: ____________________

4. Rectificar gráficamente una circunferencia que tiene 4 cm de diámetro.

   Respuesta: ____________________

5. Hallar el $\angle AOB$ en la figura, con los datos siguientes: $\overset{\frown}{AB} = 2$ m, $\overline{OB}$ = radio = 1.5 m.

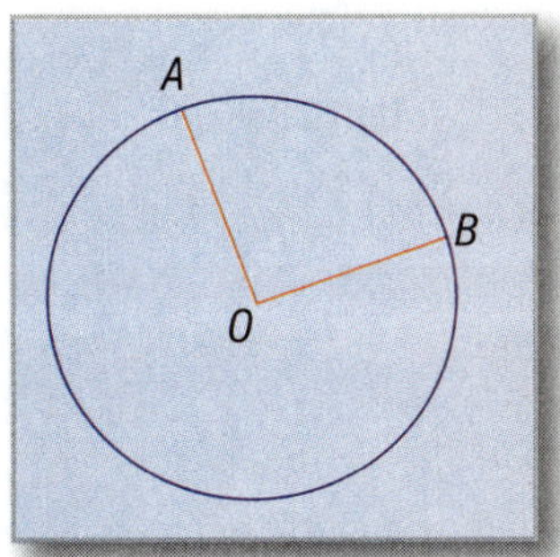

Respuesta: ____________________

Calificación: ____________________

Áreas

64

(pp. 203-205)

Secciones

 265 Superficie

 266 Área

 267 Medida de una superficie

 268 Suma y diferencia de áreas

 269 Figuras equivalentes

 270 Caracteres de la equivalencia de figuras

Puntos importantes

a) Conceptos que deben memorizarse.
— Definición de superficie.
— Definición de área.
— Figuras equivalentes.

b) Comprender el concepto de "medir una superficie".

c) Forma de medir una superficie.

d) Ejercicios respecto a suma y diferencia de áreas.

e) Caracteres de equivalencia.

Ejercicios adicionales

1. Definir qué es área.

Respuesta: ______________________________

____

2. Definir qué es superficie.

Respuesta: ______________________________

____

3. ¿Cómo son las áreas de dos figuras equivalentes?

Respuesta: ______________________________

____

4. Expresar los caracteres o propiedades de la equivalencia de figuras.

Respuesta: ____

____

5. ¿Cómo se efectúa la medida de una superficie?

Respuesta: ____

____

____

Calificación: ____________________

65

(pp. 205-207)

Secciones

271 Teorema 69

272 Teorema 70

273 Teorema 71

Puntos importantes

a) Explicar lo que significa unidad común de medida.
b) Analizar el teorema 69.
c) A partir del teorema 69, demostrar los teoremas 70 y 71.
d) Ejercicios que facilitan la compresión de estos teoremas.

Ejercicios adicionales

1. Dos rectángulos son iguales si sus bases y alturas también lo son.

Respuesta: ______________________________

____

2. Si dos rectángulos tienen las alturas iguales, sus áreas son proporcionales a las bases.

Respuesta: ______________________________

____

3. La razón de las áreas de dos rectángulos es proporcional a la razón del producto de las bases por sus alturas.

Respuesta: ______________________________

____

4. Si en la figura, A es el punto medio de $\overline{BC}$ y $\overline{DE}$ y $\overline{BD} \parallel \overline{CE}$, demostrar que el área del $\triangle BDE$ es igual al área del $\triangle BCE$.

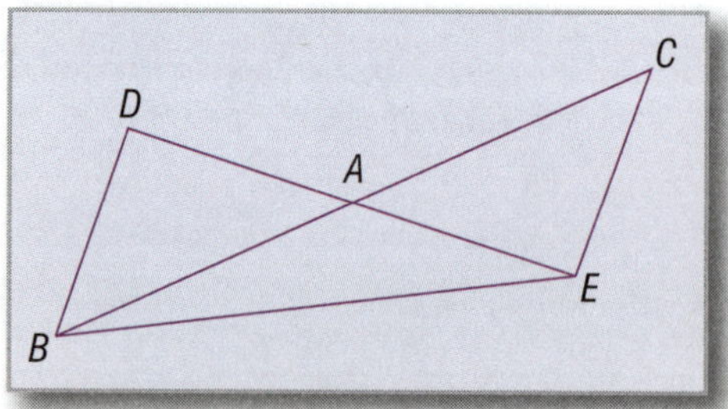

Respuesta: ______________________________

5. Si en la figura, O es el punto medio de $\overline{MN}$ y $\overline{BD}$, y $ABCD$ es un paralelogramo. Demostrar que el área del paralelogramo $ABNM$ = área del paralelogramo $MNCD$.

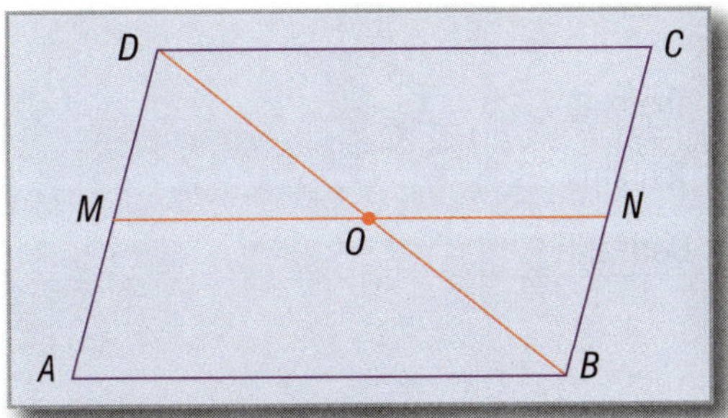

Respuesta: ________________________________

____

Calificación: ____________________

(pp. 207-209)

Secciones

- 274 Teorema 72
- 275 Teorema 73
- 276 Corolario

Puntos importantes

a) Memorizar la fórmula para obtener el área del rectángulo.
b) Deducir el área del cuadrado a partir de la del rectángulo.
c) Memorizar la fórmula del área del cuadrado.

Ejercicios adicionales

1. El área de un cuadrado es igual a 60 cm^2. Encontrar el radio del círculo en que puede estar inscrito.

   Respuesta: ______________________________

2. La diagonal de un rectángulo mide 10 cm y forma un ángulo de 35° con un lado. Hallar el área del rectángulo.

   Respuesta: ______________________________

3. El área de un rectángulo es de 43 cm^2 y un lado mide 6 cm. Encontrar el valor de la diagonal del rectángulo.

   Respuesta: ______________________________

4. El lado de un cuadrado mide $x - 2$. Encontrar su área.

   Respuesta: ______________________________

5. Un terreno está valuado en $300.00 el metro cuadrado. Si mide 18 m de lado y el terreno tiene forma cuadrangular, ¿cuál es el precio de dicho terreno?

   Respuesta: ______________________________

Calificación: ____________________

(pp. 209-212)

67

Secciones

- 277 Teorema 74
- 278 Teorema 75
- 279 Corolario 1
- 280 Corolario 2
- 281 Corolario 3

Puntos importantes

a) Área del paralelogramo.
b) Razonar las áreas del paralelogramo y del rectángulo.
c) Memorizar el área del triángulo.
d) Demostrar el corolario 1 y 2.
e) Recordar la definición de equivalencia de figuras geométricas.

Ejercicios adicionales

1. Si las áreas de un rectángulo y un paralelogramo son iguales, ¿cuál será la altura del paralelogramo si su base mide 10 cm, y la base y la altura del rectángulo miden 14 y 12 cm, respectivamente?

Respuesta: ____________________

2. Encontrar el área de la figura siguiente:

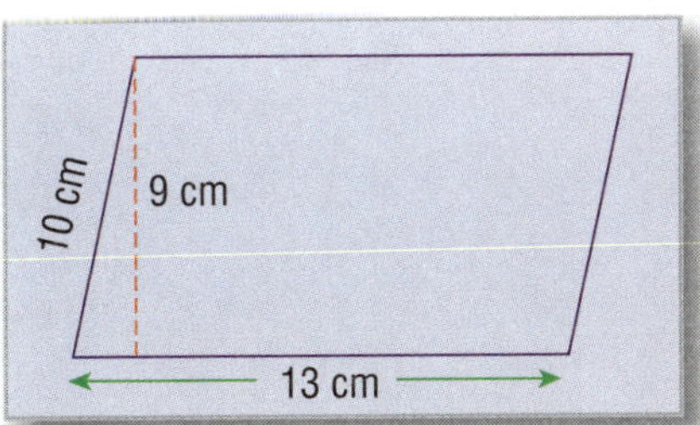

Respuesta: ____________________

3. Si un triángulo y un cuadrado tienen áreas y bases iguales, y el lado del cuadrado es igual a 7 cm, ¿cuál es la altura del triángulo?

Respuesta: ____________________

4. La hipotenusa y un lado de un triángulo rectángulo miden 24 y 17 cm, respectivamente. Encontrar el área del triángulo rectángulo.

Respuesta: ______________________________

____

5. Expresar el área de un paralelogramo en función del área de un triángulo que tenga igual base y altura que dicho paralelogramo.

Respuesta: ______________________________

____

Calificación: ____________________

(pp. 212-214)

68

Secciones

Teorema 76

Teorema 77

Puntos importantes

a) Deducción del teorema 76 y 77.
b) Aplicación de los teoremas anteriores en ejercicios diversos.

Ejercicios adicionales

1. Encontrar el área del $\triangle ABC$ si $\overline{AD} = 6$ m, $\overline{AE} = 7$ m, $\overline{BD} = 1$ m, $\angle DAE = 60°$ y área del $\triangle ADE = 18.19$ m^2.

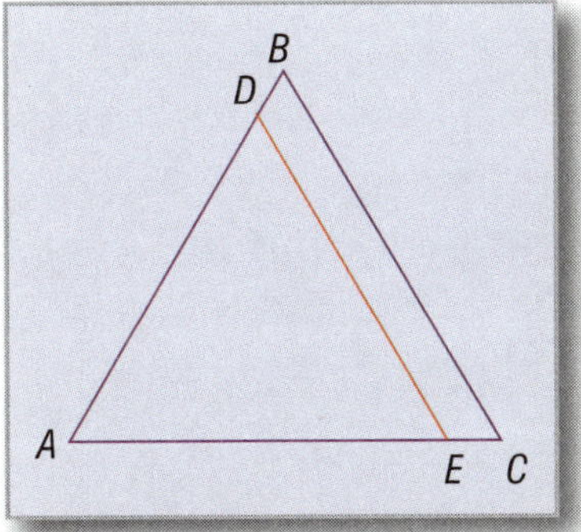

Respuesta: ____

2. En la figura siguiente $\overline{AC} = 8$ m, $\overline{AC'} = 9$ m y el área del $\triangle ABC = 30$ m^2. Encontrar el área del $\triangle AB'C'$.

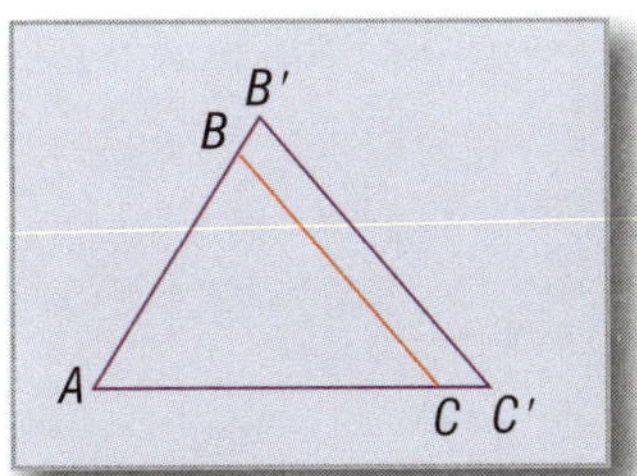

Respuesta: ____

3. En la figura anterior, si $\overline{AB} = 6$ m, el área del $\triangle AB'C' = 60$ m^2 y el área del $\triangle ABC = 50$ m^2. Encontrar la magnitud del lado $\overline{AB'}$.

Respuesta: ____

4. En la figura anterior, si $\overline{AB}' = 3\,\overline{AB}$ y el área del $\triangle ABC = 10\text{ m}^2$. Encontrar el área del $\triangle AB'C'$.

Respuesta: ______________________________

5. En la figura anterior, si $\triangle AB'C' = 2\,\triangle ABC$ y $\overline{AC} = 3$ cm. Encontrar $\overline{AC}'$.

Respuesta: ______________________________

Calificación: ________________

(pp. 214-216)

69

Secciones

 Teorema 78

 Teorema 79

 Teorema 80

Puntos importantes

a) Memorizar la fórmula del área del triángulo en función de sus lados.
b) Deducir de esta fórmula el área del triángulo equilátero.
c) Analizar la fórmula del área del triángulo en función de sus lados y del radio de la circunferencia inscrita.

Ejercicios adicionales

1. Los lados de un triángulo son 6, 7 y 10 m, respectivamente. Hallar su área.

   Respuesta: __________

2. En un triángulo, un lado mide 3 m, otro lado 5 m y su semiperímetro es igual a 3.75 m. Encontrar el área de dicho triángulo.

   Respuesta: __________

3. El área de un triángulo es igual a 28 cm^2 y dos lados miden 9.5 y 7.8 cm, respectivamente. Hallar el valor de su semiperímetro.

   Respuesta: __________

4. El área de un triángulo equilátero es igual a 13 cm^2. Encontrar el valor del lado.

   Respuesta: __________

5. El semiperímetro y el área de un triángulo miden 3 cm y $\sqrt{3}$ cm^2, respectivamente. Encontrar el radio de la circunferencia inscrita en dicho triángulo.

   Respuesta: __________

Calificación: __________

70

(pp. 217-220)

Secciones

 Teorema 81

 Teorema 82

 Corolario

 Teorema 83

Puntos importantes

a) Conceptos que deben memorizarse.
— Área del triángulo en función de sus lados y del radio de la circunferencia circunscrita.
— Área del rombo.
— Área del cuadrado en función de su diagonal.
— Área del trapecio.

b) Comparar las fórmulas del área del cuadrado en función de su diagonal y la del rombo.

c) Escribir las fórmulas de las áreas con palabras y memorizarlas de esta manera.

Ejercicios adicionales

1. Encontrar la fórmula del radio de la circunferencia circunscrita en un triángulo, en función de los lados únicamente de dicho triángulo.

   Respuesta: ____________________

2. Si los lados de un triángulo miden 7, 7.5 y 8 cm, respectivamente; encontrar el área y el radio de la circunferencia circunscrita en dicho triángulo.

   Respuesta: ____________________

3. El área de un rombo es igual a 28 cm^2. Encontrar el valor de la diagonal.

   Respuesta: ____________________

4. La diagonal de un cuadrado mide 6 cm. Hallar su área.

   Respuesta: ____________________

5. Demostrar que el área de un trapecio es igual al producto de la altura por la línea media, la cual es el segmento que une los puntos medios de los lados no paralelos.

   Respuesta: ____________________

Calificación: ____________________

(pp. 220-223)

71

Secciones

 Teorema 84

 Teorema 85

 Corolario

Puntos importantes

a) Conceptos que deben memorizarse:
— Área de un polígono regular.
— Área del círculo.

b) Estudiar los teoremas 84 y 85.

c) Analizar los conceptos de límite para la demostración del área del círculo.

Ejercicios adicionales

1. El área de un pentágono es igual a 23 m^2. Encontrar el valor de su lado.

   Respuesta: __________

2. Encontrar el área de un triángulo equilátero si su apotema es igual a $2\sqrt{3}$ cm.

   Respuesta: __________

3. Hallar el área de una circunferencia si su diámetro mide 3 m.

   Respuesta: __________

4. El área de una circunferencia es igual a 20 m^2. Hallar el lado del pentágono inscrito en dicha circunferencia.

   Respuesta: __________

5. La apotema de un hexágono es igual a 13 cm. Hallar el valor de la razón de las áreas de la circunferencia circunscrita y de dicho polígono.

   Respuesta: __________

Calificación: __________

72

(pp. 223-226)

Secciones

- 294 Teorema 86
- 295 Teorema 87
- 296 Corolario
- 297 Sectores circulares semejantes
- 298 Teorema 88

Puntos importantes

a) Deducción del área de una corona circular.
b) Memorizar la fórmula del área del sector circular.
c) Comparar el área del sector circular con el área de un triángulo que tenga por base la longitud del arco del sector y por altura el radio de la circunferencia.
d) Propiedades de los sectores circulares semejantes.

Ejercicios adicionales

1. Calcular el área de una corona circular comprendida entre dos circunferencias de longitudes iguales a 12π m y 10π m, respectivamente.

Respuesta: ____________________

2. El área de una corona circular es igual a 33 m^2 y su radio mayor mide 4 m. Encontrar el radio menor de dicha corona.

Respuesta: ____________________

3. Hallar la medida del ángulo central de un arco cuya longitud es de 12π cm, si el área del sector circular es igual a 48π cm^2.

Respuesta: ____________________

4. Si el área de un sector de una circunferencia de 4 m de radio mide 16 m^2, encontrar el área del sector semejante al anterior en una circunferencia de 5 m de radio.

Respuesta: ____________________

5. Determinar el área de un sector circular de 60°, si el radio de la circunferencia es igual a 6 cm.

Respuesta: ____________________

Calificación: ____________________

(pp. 226-232)

73

Secciones

 Teorema 89

 Corolario

 Área del segmento circular

Puntos importantes

a) Deducir la fórmula para calcular el área del trapecio circular.
b) Equivalencia entre el trapecio circular y el trapecio rectilíneo. Condiciones.
c) Razonar la forma de hallar el área de un segmento circular.
d) Hacer un resumen de fórmulas para su aplicación directa.

Ejercicios adicionales

1. Encontrar el área de un trapecio circular limitado por dos radios que forman un ángulo central de 25° y por dos arcos de radios 28 y 35 cm, respectivamente.

   Respuesta: ____________________

2. Hallar el área de un segmento circular, si el radio de la circunferencia es de 8 cm y su ángulo central es de 75°.

   Respuesta: ____________________

3. Calcular el área de un segmento circular si su cuerda mide 20 cm y está a una distancia de 4 cm del centro de la circunferencia.

   Respuesta: ____________________

4. Hallar el área de la figura siguiente:

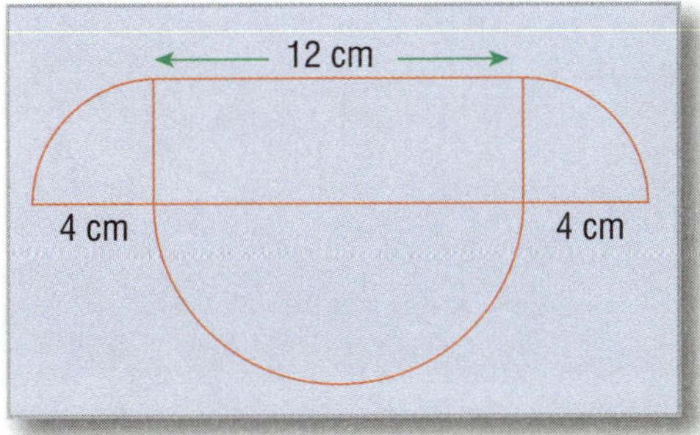

Respuesta: ____________________

5. Hallar el área sombreada de la figura siguiente, donde r_1 y r_2 son los radios de las circunferencias correspondientes.

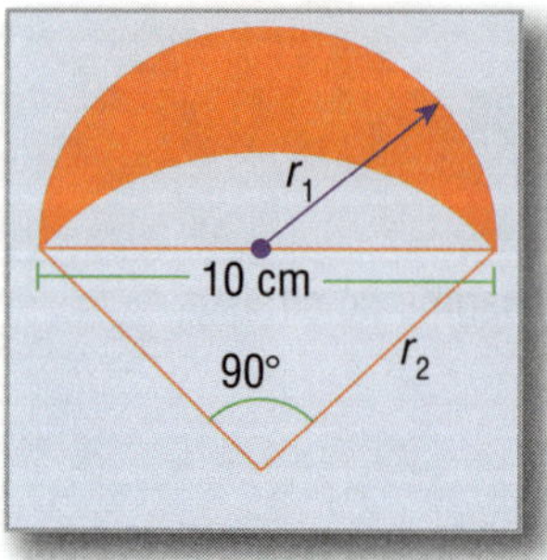

Respuesta: ______________________________

Calificación: ____________________

Rectas y planos

(pp. 233-236)

74

Secciones

 Determinación del plano

 Posiciones de dos planos

 Posiciones de una recta y un plano

 Posiciones de dos rectas en el espacio

 Teorema 90

 Teorema 91

 Corolario

 Teorema 92

Puntos importantes

a) Analizar las diversas formas de determinar un plano.
b) Comprobar que las únicas posiciones que pueden tener dos planos entre sí son: cortarse o ser paralelos.
c) Determinar las posiciones que pueden ocupar una recta y un plano. Igualmente para las posiciones de dos rectas en el espacio.
d) Intersecciones de dos planos paralelos con un tercer plano que los corte.
e) Analizar los teoremas 91 y 92.

Ejercicios adicionales

1. ¿Puede determinarse un plano por dos puntos? ¿Por tres puntos situados en una línea recta? ¿Por qué?

Respuesta: ______________________

____

____

2. ¿Es posible que la intersección de dos planos sea un punto? Justificar su respuesta.

Respuesta: ______________________

____

____

3. ¿Cuándo una recta y un plano tienen más de un punto común?

Respuesta: ____________________

____

4. ¿En qué caso dos rectas tienen más de un punto común?

Respuesta: ____________________

____

5. Demostrar el teorema siguiente: Una recta perpendicular a otras dos que se intersecan, es perpendicular al plano formado por dichas rectas.

Respuesta: ____________________

____

Calificación: ____________________

(pp. 236-239)

75

Secciones

Puntos importantes

a) Analizar los teoremas 93 y 94.
b) Estudiar detenidamente el teorema 95.
c) Demostrar que los segmentos correspondientes que se forman al cortar dos rectas con un sistema de planos son proporcionales.
d) Memorizar el concepto de recta perpendicular a un plano y pie de la perpendicular.

Ejercicios adicionales

Contestar con **Falso** o **Verdadero** los siguientes enunciados:

1. Si un plano corta a uno de dos planos paralelos, corta también al otro.

   Respuesta: ______________________

2. Si dos planos son paralelos a un mismo plano; entonces tienen una recta común.

   Respuesta: ______________________

3. Dos rectas paralelas a una tercera tienen un punto común.

   Respuesta: ______________________

4. Si se cortan dos rectas por un par de planos paralelos, los segmentos correspondientes son proporcionales.

   Respuesta: ______________________

5. Una recta es perpendicular a un plano si es perpendicular a una de las rectas del plano que pasan por la intersección.

   Respuesta: ______________________

Calificación: ______________________

76

(pp. 239-242)

Secciones

315 Distancia de un punto P a un plano α

316 Paralelismo y perpendicularidad

317 Distancia entre dos planos α y β paralelos

318 Postulados

319 Ángulo diedro

320 Ángulo rectilíneo correspondiente a un diedro. Medida de un ángulo diedro

321 Igualdad y desigualdad de ángulos diedros

322 Ángulos diedros consecutivos

Puntos importantes

a) Analizar cuál es la distancia de un punto P a un plano α.

b) Comprobar que dos rectas paralelas son perpendiculares a un plano, si y sólo si una de las rectas es perpendicular a dicho plano.

c) Visualizar dos planos paralelos en el espacio y la distancia entre dichos planos. Comprobar que esta distancia es la mínima que existe entre los planos.

d) Memorizar los conceptos de:
— Ángulo diedro.
— Caras del diedro.
— Aristas del diedro.
— Ángulo rectilíneo de un diedro.
— Ángulos diedros consecutivos.

e) Definición de igualdad y desigualdad de ángulos diedros.

Ejercicios adicionales

1. ¿Cuál es la distancia del punto P al plano de la figura, si $\triangle APB$ es perpendicular al plano, $\overline{AB} = 16$ cm, $\overline{AP} = 12$ cm y $\overline{BP} = 18$ cm?

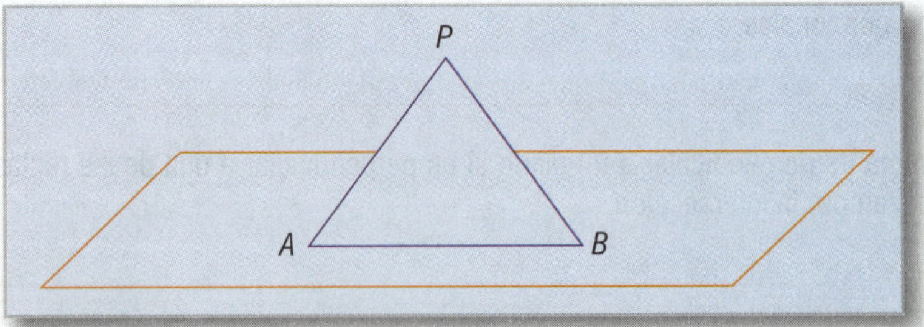

Respuesta: ______________________

2. ¿Cuál es la distancia entre dos planos paralelos?

Respuesta: ____

3. Explicar qué es un ángulo diedro.

Respuesta: ____

4. En la figura siguiente encontrar dos pares de ángulos diedros consecutivos.

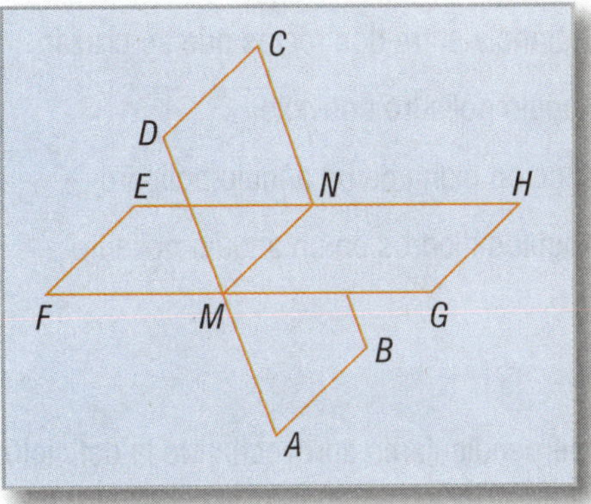

Respuesta: ____

5. ¿Una arista común puede tener dos ángulos diedros? ¿Puede tener una cara común? ¿Por qué?

Respuesta: ____

____

Calificación: ____________________

77

(pp. 242-245)

Secciones

Puntos importantes

a) Definición de planos perpendiculares aprovechando la definición de ángulo diedro.
b) Comprobar las propiedades de los planos.
c) Perpendicularidad de los planos bisectores de dos diedros adyacentes.
d) Proyectar diversos puntos sobre un mismo plano y verificar el paralelismo de las perpendiculares bajadas de los puntos al plano.
e) Analizar cuál es la distancia entre dos rectas que guarden diferentes posiciones en el espacio.
f) Memorizar los conceptos siguientes:
— Plano bisector de un ángulo diedro.
— Ángulo poliedro convexo.
— Ángulos diedros en un ángulo poliedro.
— Sección plana de un ángulo poliedro.

Ejercicios adicionales

1. Demostrar: Dos planos son perpendiculares entre sí, si uno de ellos forma con el otro dos ángulos diedros adyacentes iguales.

Respuesta: ____________________

____

2. Demostrar: Si de un punto interior a un ángulo diedro trazamos las perpendiculares a las caras del diedro, el plano determinado por las rectas perpendiculares será perpendicular a las caras del diedro.

Respuesta: ____________________

____

3. Demostrar: Cualquier punto que equidiste de las caras de un ángulo diedro está contenido en un plano que biseca dicho ángulo diedro.

Respuesta: ______________________________

____

4. La distancia del punto *P* a la arista del ángulo diedro recto *ABMN* es igual a 30 cm. Encontrar la distancia del punto *P* considerado a las caras del diedro, si dicho punto está contenido en el plano bisector del ángulo diedro recto *ABMN*.

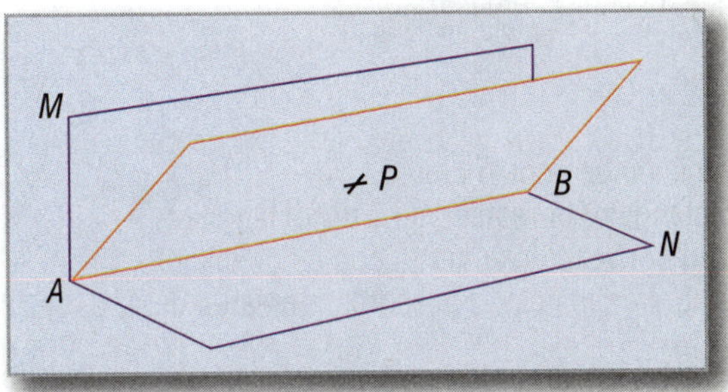

Respuesta: ______________________________

5. Un segmento de recta que mide 18 cm forma un ángulo de 60° con un plano α. Encontrar la longitud de su proyección en el plano α.

Respuesta: ______________________________

Calificación: ______________

78

(pp. 245-249)

Secciones

 Ángulo triedro

 Clasificación de los triedros

 Poliedro convexo

 Poliedros regulares

Puntos importantes

a) Memorizar la definición de ángulo triedro.
b) Definir: triedro rectángulo, birrectángulo y trirrectángulo.
c) Dibujar un poliedro convexo de acuerdo con su definición.
d) Memorizar el nombre de los cinco poliedros regulares de 4, 6, 8, 12 y 20 caras, respectivamente.
e) Comprobar que únicamente hay cinco poliedros regulares convexos.

Ejercicios adicionales

1. Definir qué es un ángulo triedro.

   Respuesta: ____________________

2. ¿Cuáles son los triedros isósceles?

   Respuesta: ____________________

3. ¿Cuál es la propiedad más importante que tiene un poliedro convexo?

   Respuesta: ____________________

4. ¿Cuántos poliedros regulares convexos existen y por qué razón?

   Respuesta: ____________________

5. Dado el número de caras de los poliedros regulares, escribir su nombre correspondiente enseguida de cada uno de ellos:

   a) Cuatro caras: ____________

   b) Seis caras: ____________

   c) Ocho caras: ____________

   d) Doce caras: ____________

   e) Veinte caras: ____________

Calificación: ____________

Prismas y pirámides

(pp. 250-253) **79**

Secciones

Puntos importantes

a) Memorizar los conceptos de:
— Prisma.
— Prisma recto.
— Prisma oblicuo.
— Paralelepípedo.
— Ortoedro.
— Cubo.
— Romboedro.
— Pirámide.

b) Estudiar lo que son las caras laterales, aristas laterales y altura de un prisma.

c) Clasificación de los prismas.

d) Verificar que en el ortoedro, el cuadrado de la diagonal es igual a la suma de los cuadrados de las tres aristas que concurren en un mismo vértice. Notar que la aplicación del teorema de Pitágoras es lo más importante para realizar esta demostración.

e) Clasificación de las pirámides.

Ejercicios adicionales

1. Definir qué es un prisma.

Respuesta: ____________________

____

2. ¿Cuánto mide la diagonal de un ortoedro si sus lados son 4, 6 y 8 cm, respectivamente?

Respuesta: ____________________

3. Deducir la fórmula de la diagonal de un cubo en función de un lado l.

Respuesta: ______________________________

4. ¿Qué es una pirámide?

Respuesta: ______________________________

____

5. ¿En qué se basa la clasificación de las pirámides?

Respuesta: ______________________________

____

Calificación: ______________________

(pp. 254-257) **80**

Secciones

341 Pirámide regular

342 Teorema 98

343 Áreas de los poliedros

344 Prisma recto

345 Sección recta de un prisma

346 Área lateral de un prisma cualquiera

Puntos importantes

a) Estudiar el teorema 98.
b) Memorizar los conceptos de:
— Pirámide regular.
— Apotema de una pirámide regular.
c) Analizar lo que es el área total y el área lateral de un prisma o pirámide.
d) Deducir las fórmulas del área lateral y total de un prisma recto.
e) Determinar las diversas rectas formadas en prismas diferentes.

Ejercicios adicionales

1. La altura de una pirámide de base cuadrada es igual a 16 m y el área de una sección paralela al plano de la base y a 6 m de ésta, es de 56.25 m^2. Hallar el área de la base de la pirámide.

   Respuesta: ____________________

2. Encontrar el área lateral y el área total de un prisma recto de 7.5 cm de alto, que tiene por base un pentágono cuyos lados miden 3 cm.

   Respuesta: ____________________

3. Si el área lateral y total de un prisma recto miden 85 y 200 cm^2, encontrar la altura de dicho prisma si su base es un octágono regular.

   Respuesta: ____________________

4. Encontrar el área lateral de un prisma recto si su base es un triángulo equilátero con un área de 15 cm^2 y su altura es igual al triple de la magnitud de un lado de la base.

   Respuesta: ____________________

5. El perímetro de la base de un prisma recto mide 14 m y su área lateral es igual a 324 m^2. Encontrar su altura.

   Respuesta: ____________________

Calificación: ____________________

81

(pp. 257-261)

Secciones

 Pirámide regular

 Tronco de pirámide. Área lateral y total

Puntos importantes

a) Examinar el área lateral de una pirámide regular y memorizar su fórmula respectiva.
b) Deducir la fórmula del área total de una pirámide regular cualquiera.
c) Estudiar lo que es un tronco de pirámide y pirámide deficiente.
d) Estudiar cuidadosamente la fórmula del área lateral y la del área total de un tronco de pirámide.

Ejercicios adicionales

1. Encontrar el área lateral de una pirámide regular si el perímetro de la base mide 108 m y la altura de una de las caras laterales es igual a 11 m.

   Respuesta: ______________________

2. Encontrar la fórmula del área total de una pirámide cuadrangular en función de las diagonales de la base y de la altura de la pirámide.

   Respuesta: ______________________

3. El perímetro de la base mayor de un tronco de pirámide es igual a 85 cm, y el semiperímetro de la base menor es igual a $\frac{2}{5}$ del perímetro de la base mayor. Encontrar la apotema del tronco si su área lateral mide 800 cm^2.

   Respuesta: ______________________

4. La base de una pirámide cuadrangular mide 8 cm de lado. Si el área total es igual al doble del área lateral de la pirámide, encontrar el valor de dichas áreas.

   Respuesta: ______________________

5. Hallar el área total de un tronco de pirámide hexagonal regular si las bases miden 8 y 5 cm de lado respectivamente, y la altura del tronco de pirámide es de 5 cm.

   Respuesta: ______________________

Calificación: ______________

Volúmenes de los poliedros

(pp. 262-265)

82

Secciones

349 Definiciones

350 Teorema 99

Puntos importantes

a) Memorizar la definición de volumen de un poliedro.
b) Estudiar las diferentes unidades que existen para expresar el volumen de un cuerpo.
c) Fórmula del volumen de un ortoedro.

Ejercicios adicionales

1. Explicar qué es volumen de un poliedro.

   Respuesta: ______

2. ¿Cuántos cm^3 hay en 18 m^3?

   Respuesta: ______

3. Si el volumen de un ortoedro es igual a 25 m^3 y el área de la base 10 m^2, encontrar la altura de dicho ortoedro.

   Respuesta: ______

4. Encontrar la fórmula del volumen de un cubo en función de su diagonal.

   Respuesta: ______

5. Si el volumen de un cubo es numéricamente igual al doble del cuadrado de un lado de dicho cubo, encontrar el lado y el volumen del cubo.

   Respuesta: ______

Calificación: ______

83

(pp. 265-268)

Secciones

351 Teorema 100

352 Teorema 101

353 Teorema 102

354 Prismas iguales

355 Prisma truncado

Puntos importantes

a) Estudiar los teoremas 100, 101 y 102.
b) Igualdad de prismas. Propiedades.
c) Memorizar la definición de prisma truncado.

Ejercicios adicionales

Contestar con **Verdadero** o **Falso** los siguientes enunciados:

1. La razón de los volúmenes de dos pirámides de igual base es igual a la razón de sus alturas repectivas.

   Respuesta: ____________________

2. La razón de los volúmenes de dos pirámides de igual altura es proporcional al producto de sus bases respectivas.

   Respuesta: ____________________

3. La razón de los volúmenes de dos ortoedros es igual a la razón de los productos de dos de sus dimensiones.

   Respuesta: ____________________

4. Dos prismas rectos cuyas bases y alturas son iguales, tienen diferentes áreas laterales.

   Respuesta: ____________________

5. Un prisma truncado es la porción de un prisma comprendida entre la base y un plano paralelo a dicha base que corta a todas las aristas laterales.

   Respuesta: ____________________

Calificación: ____________________

84

(pp. 268-271)

Secciones

Puntos importantes

a) Estudiar la equivalencia de prismas. Verificar la igualdad de volúmenes en prismas equivalentes.
b) Demostrar la equivalencia que existe entre el prisma oblicuo y el prisma recto, y las condiciones necesarias para que se cumpla esta equivalencia.
c) Memorizar el volumen de un paralelepípedo recto.
d) Deducir el volumen de un paralelepípedo cualquiera.

Ejercicios adicionales

1. Si el volumen de un paralelepípedo recto es igual al doble de la base y al triple de la altura, encontrar dicho volumen.

   Respuesta: ____________________

2. Expresar el volumen de un paralelepípedo recto cuya base es un cuadrado, en función de la diagonal de la base si la altura es igual a las dos terceras partes de la diagonal.

   Respuesta: ____________________

3. ¿Cuándo son dos prismas equivalentes?

   Respuesta: ____________________

4. Escribir los caracteres que tiene la equivalencia de prismas.

   Respuesta: ____________________

5. ¿Qué condiciones deben existir para que un prisma oblicuo sea equivalente a un prisma recto?

   Respuesta: ____________________

   ____

Calificación: __________

85

(pp. 272-275)

Secciones

 Teorema 106

 Teorema 107

 Teorema 108

Puntos importantes

a) Descomponer cualquier paralelepípedo en dos prismas triangulares equivalentes.
b) Estudiar el teorema 107.
c) Demostrar la equivalencia que existe entre dos tetraedros de igual altura y bases equivalentes.
d) Recordar la definición de límite.

Ejercicios adicionales

1. Encontrar el volumen del prisma triangular de la figura siguiente:

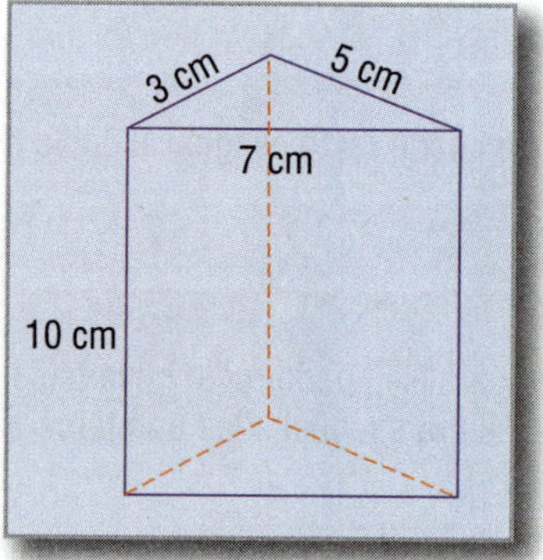

Respuesta: ______________________________

2. Establecer la fórmula del volumen de un prisma triangular en función de la altura y los lados de la base de dicho prisma.

Respuesta: ______________________________

3. ¿Cuál es el límite de los volúmenes de los prismas inscritos en un tetraedro?

Respuesta: ______________________________

4. ¿Por dónde debe pasar el plano que divide a un paralelepípedo en dos prismas triangulares equivalentes? ¿Por qué?

Respuesta: ______________________________

____

5. Encontrar la fórmula del volumen del tetraedro regular en función de una de sus aristas.

Respuesta: ____

____

Calificación: ____________________

86

(pp. 275-277)

Secciones

 Teorema 109

 Teorema 110

Puntos importantes

a) Demostrar que el volumen del tetraedro es igual a la tercera parte del volumen de un prisma triangular de la misma base e igual altura.
b) A partir del teorema anterior, establecer la fórmula del volumen de una pirámide cualquiera.
c) Memorizar dicha fórmula y expresarla con palabras.

Ejercicios adicionales

1. Demostrar: Toda pirámide es la tercera parte de un prisma que tenga igual base e igual altura.

   Respuesta: ______________________________

   ____

2. Encontrar el volumen de una pirámide cuya base mide 108 m^2 y su altura es igual a 12 m.

   Respuesta: ______________________________

3. Demostrar: La razón de los volúmenes de dos pirámides es igual a la de los productos de sus bases por sus alturas.

   Respuesta: ______________________________

   ____

4. Encontrar el volumen de una pirámide que mide 7 m de altura y cuya base es un rombo cuyas diagonales miden 4 y 3.5 m.

   Respuesta: ______________________________

5. Demostrar: Dos pirámides de igual altura y bases equivalentes, son equivalentes.

   Respuesta: ______________________________

   ____

Calificación: ______________

(pp. 278-282) **87**

Secciones

 Teorema 111

 Teorema 112

 Volumen del tronco de pirámide de bases paralelas

Puntos importantes

a) Memorizar el teorema 111, demostrarlo y analizarlo cuidadosamente.
b) Establecer la fórmula del teorema anterior.
c) Estudiar detenidamente el teorema 112.
d) Deducir la fórmula del volumen del tronco de pirámide de bases paralelas.

Ejercicios adicionales

Encontrar el volumen de los troncos de pirámides siguientes:

1.

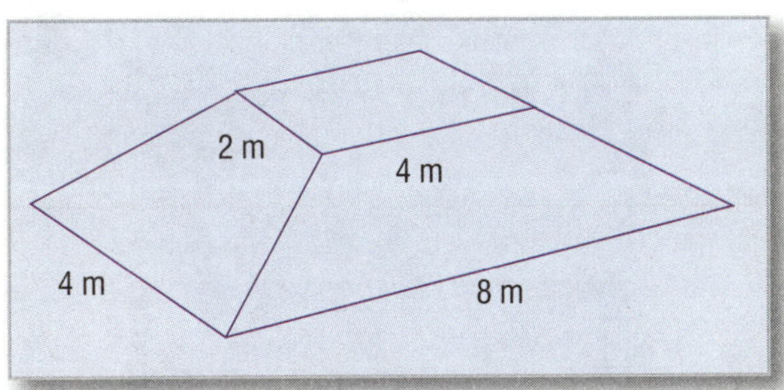

Respuesta: ______

2.

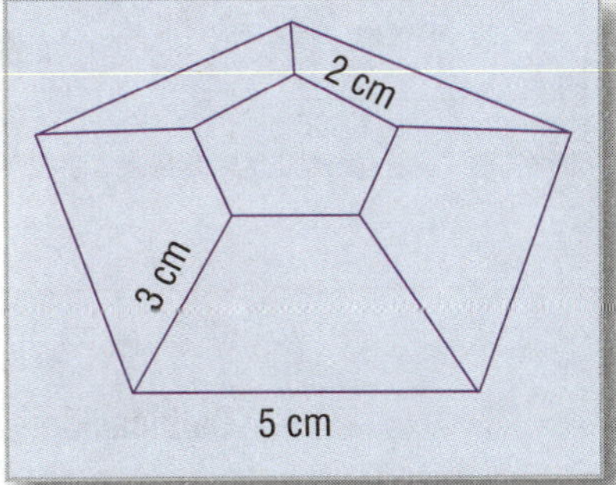

Respuesta: ______

3.

$r_1 = 5$ cm
$r_2 = 8$ cm
$t = 11$ cm

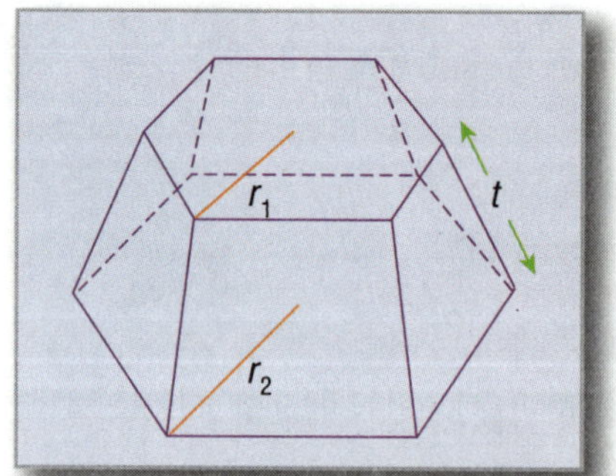

Respuesta: ______

4.

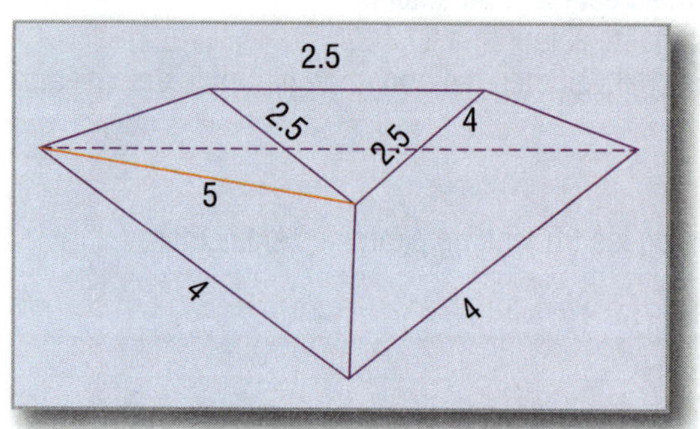

Respuesta: ______

5.

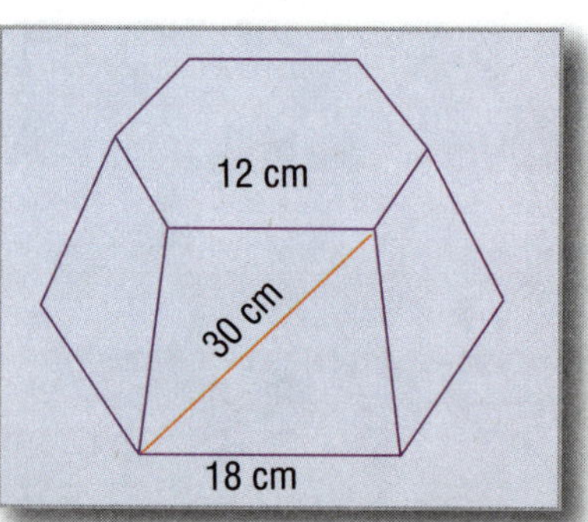

Respuesta: ______

Calificación: ______

Cuerpos redondos

(pp. 283-289) **88**

Secciones

 Superficie de revolución

 Cilindro. Áreas lateral y total. Volumen

 Superficie cónica de revolución

 Cono circular recto. Áreas lateral y total. Volumen

Puntos importantes

a) Entender qué es una superficie de revolución.
b) Estudiar el trazo de las superficies de un cilindro, un cono y una esfera.
c) Establecer las fórmulas del área lateral, total y del volumen de un cilindro.
d) Memorizar las definiciones siguientes:
- — Cilindro.
- — Volumen del cilindro.
- — Superficie cónica de revolución.
- — Generatriz y directriz de un cono.
- — Cono circular recto.

e) Deducir las fórmulas del área lateral, total y del volumen del cono circular recto.

Ejercicios adicionales

1. ¿Cómo se traza una superficie de revolución?

Respuesta: ______________________________

____

2. Encontrar el área lateral, total y el volumen de un cilindro de 6 m de altura y 3 m de radio.

Respuesta: ______________________________

____

3. ¿Qué superficies dan origen a un cilindro, un cono y una esfera?

Respuesta: ______________________________

____

4. Si el área lateral y el área total de un cono circular miden 43 y 65 cm^2, respectivamente; hallar el valor de la generatriz y del radio de dicho cono.

Respuesta: ____________________

5. Si el volumen de un cono y su altura miden 100 m^3 y 4 m, respectivamente; hallar su radio.

Respuesta: ____________________

Calificación: ____________________

(pp. 289-294) **89**

Secciones

372 Tronco de cono. Áreas lateral y total

373 Superficie esférica y esfera

374 Posiciones relativas de una recta y una esfera

375 Cono y cilindro circunscrito a una esfera

376 Figuras en la superficie esférica y en la esfera

Puntos importantes

a) Memorizar las definiciones siguientes:
- — Tronco de cono.
- — Superficie esférica.
- — Esfera.
- — Casquete esférico.
- — Segmento esférico.
- — Huso esférico.
- — Cuña esférica.
- — Triángulo esférico.
- — Ángulo esférico.

b) Deducir las fórmulas correspondientes al área lateral, total y al volumen del tronco de cono.

c) Estudiar las posiciones relativas de una recta y una esfera.

d) Obtención del cono y del cilindro circunscritos en una esfera determinada.

Ejercicios adicionales

1. Encontrar el valor del área lateral y del área total de un tronco de cono que miden 8 y 6.5 cm de radio, cuya generatriz forma un ángulo de 45° con el radio mayor.

Respuesta: ______________________________

2. Hallar el volumen de un tronco de cono que tiene una altura de 16 m y cuyos radios miden 9 y 7 m, respectivamente.

Respuesta: ______________________________

3. Definir qué es un casquete esférico y un segmento esférico.

Respuesta: ______________________________

____

4. ¿Cómo se llama la porción de superficie esférica limitada por dos semicírculos máximos?

Respuesta: ____________________

5. ¿Qué es un ángulo esférico?, ¿qué es un triángulo esférico?

Respuesta: ____________________

Calificación: ____________

(pp. 294-301)

90

Secciones

 Área de una esfera y de figuras esféricas

 Relación entre el área de una esfera y la del cilindro circunscrito

 Volumen de la esfera

Puntos importantes

a) Establecer los pasos necesarios para encontrar la fórmula del área de una superficie esférica.
b) Deducir las áreas de una zona esférica y de un huso esférico.
c) Establecer la fórmula del volumen de la esfera.
d) Memorizar la fórmula del volumen de la esfera en función de su radio.

Ejercicios adicionales

1. Encontrar el área de una superficie esférica de 3.8 m de diámetro.

Respuesta: ______

2. Si el radio de una esfera mide 5.4 cm y la altura de un casquete esférico es igual a 3.2 cm, encontrar el área de dicho casquete esférico.

Respuesta: ______

3. Encontrar el volumen comprendido entre la parte exterior de la esfera y la parte interior de la figura siguiente:

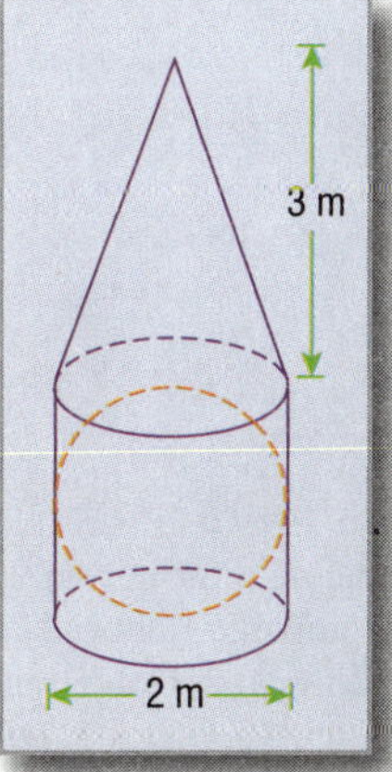

Respuesta: ______

4. Si el volumen de una esfera es igual a 283 cm^3, encontrar su diámetro.

Respuesta: ______

5. Encontrar el volumen comprendido entre la esfera y el tetraedro regular inscrito si el radio de la esfera es igual a 1 m.

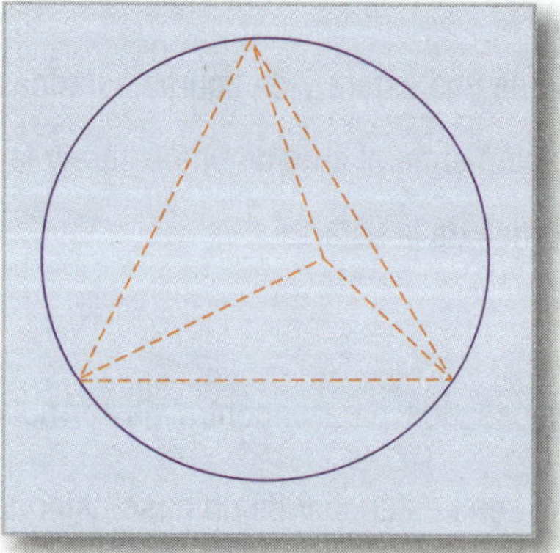

Respuesta: ______________________________

Calificación: ____________________

Esta obra se terminó de imprimir en Octubre del 2009
en los talleres de Compañía Editorial Ultra S.A. de C.V.
Centeno No. 162 Local 2, Col. Granjas Esmeralda
C.P. 09810, México, D.F.